OEUVRES

DE LAVOISIER

OEUVRES

DE LAVOISIER

PUBLIÉES PAR LES SOINS

DE S. EXC. LE MINISTRE DE L'INSTRUCTION PUBLIQUE

TOME IV

MÉMOIRES ET RAPPORTS

SUR DIVERS SUJETS DE CHIMIE ET DE PHYSIQUE PURES

OU APPLIQUÉES À L'HISTOIRE NATURELLE, À L'ADMINISTRATION ET À L'HYGIÈNE PUBLIQUE

PIÈCES RELATIVES À L'HISTOIRE DE L'ACADÉMIE ET AU BUREAU DE CONSULTATION DES ARTS ET MÉTIERS

PARIS

IMPRIMERIE IMPÉRIALE

M DCCC LXVIII

MÉMOIRES
DE LAVOISIER.

OBSERVATION
D'UNE AURORE BORÉALE
FAITE À VILLERS-COTTERETS
LE 24 OCTOBRE 1763.

Latitude de Villers-Cotterets.................. 49° 15′ 58″
Longitude orientale....................... 29′ 8″

Le 24 octobre 1763, à 6ʰ 25ᵐ du soir, le ciel étant parfaitement serein, je m'aperçus qu'il y avait vers le nord un commencement d'aurore boréale.

Du côté de l'est le ciel était éclairé par la lune, qui n'était élevée que de quelques degrés au-dessus de l'horizon. Du côté de l'ouest, on voyait encore la lumière du crépuscule très-distinctement renfermée dans une portion de cercle élevée à peu près, suivant que je l'ai estimé, de 18 degrés au-dessus de l'horizon.

Vers le nord on voyait un segment circulaire, ou du moins que je supposerai quant à présent tel, noirâtre ou obscur, parfaitement terminé, et dont la convexité regardait le zénith; il était environné d'une espèce de limbe lumineux concentrique, d'où partaient quelques rayons ou jets de lumière, comme s'il eût caché à nos yeux le foyer de quelque incendie.

A 6^h 32, 33 et 35 minutes, ayant cherché à déterminer la position du segment noirâtre, je trouvai qu'il occupait à peu près l'angle formé par le vertical de la Claire de Persée et celui de la Brillante de la Couronne, c'est-à-dire qu'il sous-tendait dans le ciel la corde d'un arc d'environ 129 degrés : d'où l'on voit que le point milieu déclinait de $16\frac{1}{2}$ ou $\frac{1}{3}$ degrés vers l'ouest.

Sa position était encore déterminée par les deux étoiles d'en bas du carré de la grande Ourse, qu'il rasait, de manière cependant que la Précédente sud y était un peu renfermée; du côté de l'est il touchait la petite étoile du Cocher, de la quatrième grandeur, appelée ε par Flamsteed, et, du côté de l'ouest, l'Arcturus y était tant soit peu engagé.

Quant au limbe éclatant, j'ai jugé à 7^h 37 ou 38 minutes, qu'il était au moins d'un tiers plus grand que l'arc-en-ciel, ce qui me donne à peu près $3\frac{1}{2}$ degrés, la grandeur moyenne de l'arc-en-ciel étant de $2°$ $15'$. Il en partait toujours quelques rayons, mais peu élevés et peu marqués. Ce qu'il y avait de plus remarquable, dans cet instant, était un jet de lumière plus grand et plus éclatant que les autres, qui s'élevait immédiatement de l'horizon jusqu'à l'étoile polaire.

A 6^h 40^m, la Précédente sud était débarrassée; le segment était un peu diminué, et s'était porté sensiblement vers l'ouest; il occupait alors l'angle formé par un vertical qu'on aurait fait passer un peu à l'ouest de la Brillante, de la Couronne, et un autre entre l'étoile polaire et Cassiopée, un peu plus près cependant de cette dernière constellation, ce qui donne une amplitude d'environ 106 degrés et la déclinaison du point milieu de 27 degrés vers l'ouest.

Depuis 6^h 40 ou 45 minutes, le segment obscur parut s'abaisser et s'effacer peu à peu, de sorte qu'à 7 heures il n'était presque plus sensible; on ne cessa cependant pas durant cet intervalle de voir de temps en temps des jets de lumière; la partie du nord avait toujours paru éclairée; principalement à 7^h 53 ou 54 minutes, la lumière était plus vive qu'elle n'avait encore été.

Ayant cessé d'observer pendant quelques instants, je m'aperçus à $7^h 8^m$ que le segment obscur était reparu plus grand qu'il n'était auparavant, de sorte que les deux étoiles sud du grand Chariot y étaient absolument engagées, tandis que les deux étoiles nord se trouvaient dans le limbe lumineux qui l'environnait, et qui n'était alors presque point distingué du reste du ciel. Cela n'empêchait cependant pas qu'elles n'eussent presque autant d'éclat qu'auparavant aussi bien que l'Arcturus, qui commençait à s'approcher de l'horizon, et qu'on voyait briller au milieu du cercle noir, ce qui le rendait seulement un peu rouge.

A 7^h 15^m le même segment paraissait occuper l'arc de l'horizon compris entre le vertical de la Claire de Persée et à peu près celui de la Lyre, ce qui donne $137\frac{1}{4}$ degrés d'amplitude et, pour la déclinaison du point milieu, $16\frac{1}{4}$ degrés vers l'ouest.

Vers 7^h 25^m, il était tellement augmenté que la grande Ourse y était engagée tout entière, ce qui n'empêchait pas qu'on n'aperçût quelques-unes des étoiles des pattes malgré la lumière de la lune, qui était très-vive; le ciel ne m'ayant fourni dans cet instant aucune étoile remarquable pour déterminer les pointes du segment, j'ai estimé qu'il ne pouvait guère être moindre de 148 degrés; j'ai de plus observé qu'il rasait la petite étoile de la Chèvre appelée ε par Flamsteed.

Il est bon de remarquer que depuis $7^h 8^m$, que le segment obscur avait commencé à reparaître, le limbe concentrique brillant n'avait été que peu ou point du tout sensible, qu'on n'avait vu vers le nord aucune lumière remarquable, et qu'il n'en était point parti de colonnes ou de jets lumineux comme auparavant, de sorte qu'à proprement parler l'aurore boréale ne subsistait plus.

Toutes ces observations avaient été faites dans la plaine, et je les avais écrites sur-le-champ au clair de la lune, qui avait toujours été très-brillante; mais, voyant que le ciel demeurait assez constamment dans le même état, je regagnai la maison. Ce ne fut qu'à 8^h 30^m que je m'aperçus que l'aurore boréale était recommencée, et qu'elle était plus brillante qu'elle n'avait encore été. Comme j'avais regardé de temps en temps le ciel, il y a apparence qu'il n'y avait pas long-temps. Au reste toute la partie du nord était vivement éclairée; le cercle noir subsistait encore environné du limbe éclatant; on en voyait partir un grand nombre de jets de lumière, tandis que d'autres partaient immédiatement de l'horizon.

Comme la maison où je me trouvais était en grande partie masquée du côté du nord, je pris le parti de la quitter pour regagner le lieu d'où j'avais observé une heure auparavant. Je m'étais muni d'une boussole divisée en degrés garnie d'une alidade. A $8^h 55^m$ je pris l'angle et je trouvai que la portion de l'horizon occupée par l'aurore boréale était de $136 \frac{1}{2}$ degrés et la déclinaison du point milieu de $18 \frac{1}{4}$ degrés vers l'ouest : j'ai supposé pour cette opération la déclinaison de l'aiguille aimantée de 19 degrés juste. Pendant tout cet intervalle, le ciel n'avait pas cessé d'offrir un spectacle très-brillant. Le cercle concentrique lumineux subsistait encore, mais au lieu d'être bien terminé comme il avait toujours été, sa partie supérieure paraissait se confondre avec une matière de même couleur, c'est-à-dire blanchâtre et lumineuse, ressemblant parfaitement à un nuage rare et léger qui ne cachait aucune étoile à la vue. Cette matière paraissait avoir un mouvement d'ondulation dont l'origine était vers l'horizon, et qui se communiquait successivement jusqu'à la partie supérieure; il partait immédiatement de l'horizon un grand nombre de rayons ou de bandes lumineuses, qui, en passant sur le cercle noir, imitaient assez bien les replis, les clairs-obscurs et les ombres d'une draperie blanche. On eût dit même que cette draperie avait une espèce de mouvement horizontal d'ondulation, les rayons éclatants paraissant d'instants en instants prendre la place des bandes obscures, et réciproquement; tantôt les rayons ne s'élevaient qu'à une hauteur de 40 ou 50 degrés; tantôt ils semblaient s'élancer avec plus de force, et se rassemblaient à 15 ou 20 degrés au delà du zénith; quelquefois ils s'éteignaient tout à coup, et quelques instants après le ciel paraissait plus enflammé que jamais.

Je finissais d'écrire à la lueur d'une lanterne quelques notes suc-

cinctes pour me rappeler les observations précédentes. Je me préparais
à déterminer avec exactitude la position du cercle noir, lorsque, à $9^h 5^m$,
jetant les yeux sur le ciel, je ne vis plus à sa place qu'un nuage léger,
noirâtre, tirant sur le violet, tout à fait détaché de l'horizon, qui occupait dans le ciel l'angle entre le vertical du bout de la queue de la
grande Ourse et celui de la Brillante de la Lyre, c'est-à-dire un angle
d'environ 50 degrés. Ce nuage parut s'évanouir en un instant, et il
ne resta plus de vestige d'aurore boréale.

Quoique je n'aie rien d'exact sur la position du cercle ou segment
noirâtre pour ce dernier instant, j'observerai cependant qu'il m'a toujours paru décroître à proportion qu'il partait un plus grand nombre
de rayons ou jets de lumière, comme si la matière de l'aurore boréale
eût été prise à ses dépens.

J'ajouterai encore une remarque que j'aurais dû naturellement placer
plus haut, c'est que les rayons, jets lumineux, ou bandes lumineuses
étaient plus larges à leur base que dans la partie supérieure, de sorte
qu'au point de réunion ils n'avaient presque plus d'épaisseur.

J'avais soupçonné pendant l'observation que le segment circulaire,
ou du moins ce que j'ai appelé jusqu'à présent tel, pouvait être une portion de courbe quelconque différente du cercle. Pour m'en éclaircir,
j'ai essayé de faire passer une courbe par les cinq points que me donne
l'observation de $6^h 33$ et 35 minutes, et j'ai trouvé qu'ils étaient tous
dans une ellipse très-excentrique régulière, ou sensiblement telle, dont
le grand axe est parallèle à l'horizon et élevé au-dessus de $3° 45'$. Les
dimensions de cette ellipse sont telles qu'en supposant le demi-grand
axe de 1000 parties, on a 947,3 pour la demi-excentricité, et 273,6
pour le demi-petit axe; ou, si l'on aime mieux, ces dimensions en degrés
mesurés sur un des grands cercles de la sphère, le demi-grand axe occupait dans le ciel un angle de $64° 30'$, la demi-excentricité de $62° 6'$
et le demi-petit axe de $17° 40'$. Ajoutant maintenant cette dernière
quantité à l'élévation du centre au-dessus de l'horizon, on a pour la
hauteur du point le plus élevé, ou, ce qui est la même chose, de l'extrémité du petit axe, $21° 25'$.

Je voulais appliquer la même opération à l'observation de 7ʰ 25ᵐ, qui me donne quatre points de la courbe; mais, comme la plupart de ces points ne sont déterminés qu'à peu près, il ne m'a pas été possible d'en déduire avec certitude les dimensions. J'ai cependant tout lieu de présumer que c'était encore une ellipse à peu près semblable à la première, mais plus grande, dont le grand axe était parallèle à l'horizon, et le centre plus élevé que dans l'observation précédente, enfin dont la plus grande hauteur était à peu près de 26 degrés.

Outre cette aurore boréale, il y en a encore eu deux autres visibles à Villers-Cotterets, l'une le 17 octobre, l'autre le 21. J'ai moi-même été témoin de la première; ce ne fut qu'à 10 heures du soir que je m'en aperçus; j'ignore si elle durait depuis longtemps; elle était assez semblable à celle dont on vient de voir le détail, et accompagnée des mêmes circonstances. Ayant cherché sur-le-champ à déterminer l'amplitude de la partie enflammée du ciel, je trouvai, tant à l'aide de la boussole que de quelques étoiles fixes, qu'elle était au moins de 160 degrés, la déclinaison du point milieu de 23, 24 ou 25 degrés.

Je ne donne cette observation que comme une approximation qui peut être éloignée de plusieurs degrés de la vérité, ayant été faite dans un jardin fort étroit, masqué du côté de l'est et de l'ouest par deux murailles, et du côté du nord par un bâtiment. Au reste, depuis 10ʰ jusqu'à 10ʰ 20ᵐ, l'aurore boréale ne cessa pas d'être brillante; les jets de lumière s'élevaient même quelquefois jusqu'en un point au delà du zénith de quelques degrés; c'était là le centre de réunion. Depuis 10ʰ 20ᵐ elle parut décroître assez sensiblement, de sorte qu'à 10ʰ 30ᵐ on ne voyait plus rien. A 10ʰ 40ᵐ on revit une clarté assez vive du côté du nord; il partit même quelques colonnes de lumière, comme si l'aurore boréale eût été près de recommencer; mais au bout de quelques instants tout s'éteignit, et je n'ai plus rien revu jusque près de 11ʰ 30ᵐ que j'ai cessé d'observer.

Quant à l'aurore boréale du 21, des personnes du pays m'ont assuré qu'elle avait été fort brillante et qu'elle n'avait duré que peu d'instants. Je n'ai rien pu savoir de plus, pas même l'heure précise de son apparition. Différentes circonstances me portent à croire que c'était entre 7 et 8 heures; pour moi, j'étais ce jour-là à quatre lieues de Villers-Cotterets; le hasard fit même que je ne quittai la promenade qu'à la nuit fermée, sans que j'eusse vu le moindre vestige d'aurore boréale; je regardai même le ciel vers les 9 heures et je ne vis rien davantage; il faisait alors un brouillard assez considérable, qui ne fit qu'augmenter jusqu'au lendemain.

Deux jours avant la première de ces aurores boréales, c'est-à-dire le 15, on avait vu dans l'air, une demi-heure ou trois quarts d'heure après le coucher du soleil, ce que M. Muschenbröck appelle des *poutres* ou des *flèches lumineuses*. Elles étaient parfaitement semblables à ces nuages légers qu'on voit quelquefois dans l'atmosphère, ce qu'on exprime en disant que le temps est *vergeté;* je les aurais même sans doute confondues si je ne les avais vues.

RAPPORT

SUR DES TOILES BLANCHIES

PAR LE Sr LAPOSTOLLE,

TEINTURIER.

11 Juin 1768.

Nous avons été nommés par l'Académie, M. Fougeroux et moi, pour examiner des toiles peintes et brodées blanchies par le sieur Lapostolle, maître teinturier. Des toiles extrêmement rousses et grasses sont sorties de ses mains parfaitement blanches et les couleurs ne paraissaient pas altérées. Des morceaux des mêmes toiles blanchis par un autre teinturier ont conservé une teinte rousse très-sensible; il y avait de l'altération dans les couleurs et surtout dans les toiles communes. Ce n'est pas que les moyens qu'emploie le sieur Lapostolle ne soient connus de ses confrères et qu'ils ne sachent que ces moyens sont beaucoup préférables à la méthode ordinaire, mais il faut un emplacement disposé pour le blanchissage de ces toiles que n'ont pas la plupart des teinturiers; aussi refusent-ils communément de blanchir les toiles très-sales et très-grasses, ou bien ils les blanchissent mal.

C'est donc rendre justice au sieur Lapostolle que de déclarer qu'il a cherché les moyens les plus sûrs pour blanchir les toiles peintes et brodées, sans en altérer les couleurs, et qu'il réussit très-bien dans son travail.

OBSERVATIONS

SUR LES LIMAÇONS.

J'ai mis le 26 juin dernier sous une cloche de jardin sept limaçons auxquels j'avais coupé la tête un peu au-dessus des quatre cornes. J'avais numéroté chacun de ces limaçons, et j'avais mis dans de petites fioles séparées, également numérotées et pleines d'esprit-de-vin affaibli, chacune des têtes que j'avais coupées.

J'observerai ici que, quelque célérité qu'on apporte dans l'opération, la section ne se trouve jamais perpendiculaire à la direction de l'animal; sitôt en effet qu'il se sent atteint par l'instrument tranchant, il se retire avec beaucoup de rapidité; or il résulte de ce mouvement précisément le même effet que si, l'animal demeurant en repos, la section eût été faite dans un plan incliné par rapport à l'horizon. Il n'est pas facile de savoir s'il se fait un épanchement considérable d'humeur après cette opération, car le limaçon se retire sur-le-champ dans sa coquille, et il ne se montre pas de quelque temps.

Je me suis aperçu au bout de quelques jours que la plupart avaient changé de place, ce qui n'avait pu s'opérer sans qu'ils fussent sortis de la coquille. Cependant comme je les avais laissés à la campagne, et que je ne pouvais les observer tous les jours, je n'ai pu en surprendre aucun dans le moment du développement. Au bout de huit à dix jours il y en avait trois de morts. Les quatre autres étaient en très-bon état; ils se contractaient sitôt qu'on les touchait, et se renfonçaient de plus en plus dans la coquille. Il y en avait un des quatre qui s'était muré comme ils ont coutume de faire pendant l'hiver.

Le dix-neuvième jour, voyant que je n'avais pu les surprendre hors de la coquille, j'ai pris le parti de les en faire sortir de force. Je les ai mis pour cela dans une eau tiède, comme je l'avais vu pratiquer à M..... mais il n'y en a que deux qui soient sortis complétement, les deux autres ont fait beaucoup de mouvements, mais ils ne se sont point développés en entier.

Le limaçon que j'ai fait sortir le premier est celui marqué n° 2. Il est de l'espèce de ceux qu'on nomme *vignerons*. La surface de la partie coupée m'avait paru d'abord presque dans le même état que si l'opération n'eût été faite que quelques instants auparavant. Elle était cependant recouverte d'une peau fine non ridée, assez semblable à celle qui se trouve sous la partie de l'animal qu'on nomme *le pied*. On remarquait aussi un point noir de chaque côté, celui de la droite était plus sensible. Ces points ne sont autre chose que l'intersection du muscle qui opère le mouvement et le développement des cornes.

· Je fis sortir de nouveau le lendemain le même limaçon; il se tint longtemps hors de la coquille, et se promena, de sorte que j'eus la facilité de l'observer tout à mon aise. Je vis très-distinctement au milieu de la partie coupée l'ouverture ou extrémité du canal intestinal. Elle n'était pas tout à fait ronde, elle avait à peu près la figure d'un cœur dont la base aurait été en bas et la pointe en haut. Cette extrémité du canal intestinal paraissait être devenue la bouche, et cette figure de cœur est celle qu'elle a dans l'état naturel.

Le limaçon paraissait faire des efforts pour allonger l'extrémité de ce canal ou bouche, de sorte que, quand il était étendu, cette extrémité excédait beaucoup le plan de la section, ce qui formait une espèce de tête. Il faisait également effort pour allonger les muscles des cornes; cet effort ne paraissait produire aucun effet du côté gauche, sans doute à cause de la résistance de la peau, mais du côté droit il en résultait dans des instants une saillie ou allongement assez considérable de ce muscle; ce qui formait un commencement de corne bien marquée, d'en-

viron une demi-ligne de longueur. J'ai observé à peu près la même
chose sur les autres limaçons, mais moins en détail; ils étaient d'ailleurs moins avancés que celui-ci.

Il résulte de tout ceci, premièrement, que, lorsqu'on a coupé la tête
d'un limaçon, l'extrémité du canal intestinal fait l'office de bouche et
devient sans doute au bout d'un certain temps une véritable bouche;
secondement, que le muscle moteur des cornes, faisant effort pour s'allonger, distend peu à peu la peau, l'oblige de se prêter et de s'allonger,
d'où il résulte peu à peu de nouvelles cornes. Le limaçon, au moyen
de ce développement, se trouve muni de tous les organes qui lui avaient
été retranchés. Je sais que ceux qui se sont occupés de l'anatomie du
limaçon ont observé des espèces de dents dans la bouche de cet animal. Je n'ai encore rien vu qui puisse me conduire à juger si les dents
se reforment ou non, je rendrai compte à l'Académie de mes observations, à mesure qu'elles auront été faites.

PROJET DE RAPPORT

SUR UNE TABLE DES PESANTEURS SPÉCIFIQUES

PRÉSENTÉE

PAR M. THEVENARD[1].

CAPITAINE DE PORT À LORIENT.

Nous avons été chargés, M. Brisson et moi, par l'Académie d'examiner une table de la pesanteur spécifique de quelques corps solides et fluides, par M. Thevenard, capitaine de port à Lorient.

Le but que l'auteur s'est proposé dans cette table est de donner plus d'étendue à celle que M. Muschenbröck avait déjà publiée dans son Essai de physique et de la rendre surtout applicable à l'usage du commerce et de la marine. C'est ce que l'auteur annonce dans les réflexions préliminaires qui précèdent la table.

M. Muschenbröck et, en général, tous ceux qui ont fait des expériences sur la pesanteur spécifique des corps se sont contentés d'en donner le résultat en parties proportionnelles à celui de l'eau. M. Thevenard a pensé qu'il était à propos d'y joindre la pesanteur réelle d'un volume donné des différents corps. Il a tout réduit au pied cube. La table de M. Thevenard contient en conséquence deux différentes colonnes. Il a mis dans la première le rapport du poids des différents corps avec celui de l'eau de pluie; il a mis dans la seconde la pesanteur

---

[1] M. Thevenard, a qui je l'ai communiqué, a jugé à propos de retirer son mémoire le 14 juin 1768.

du pied cube de ces mêmes corps. On ne saurait nier que cette façon de présenter la pesanteur spécifique des corps ne soit infiniment plus commode, surtout dans l'usage du commerce.

M. Thevenard ne s'est pas contenté de réduire au pied cube les expériences de M. Muschenbröck, il en a fait beaucoup de nouvelles, qu'il a distinguées par un astérisque. Celles qu'il a faites sur les corps solides sont de deux espèces : tantôt il a pesé les corps qu'il a soumis à ses expériences dans l'air et dans l'eau, et il en a conclu la pesanteur de ces corps en parties proportionnelles à l'eau. Puis, par une proportion, il a déterminé la pesanteur du pied cube de ces mêmes corps. Tantôt il a arrangé les matières dont il voulait connaître la pesanteur dans un vase dont les dimensions étaient d'un pied en tout sens; il en a ensuite déterminé la pesanteur au moyen de la balance. Voilà au moins ce que nous avons cru devoir conclure de l'examen de la table de M. Thevenard, car, à ne s'en rapporter qu'à ce qui est annoncé dans les réflexions qui précèdent la table, il semblerait que toutes les expériences de l'auteur ont été faites sur un volume d'un pied cube, ce qui est certainement impossible. M. Thevenard ne nous a pas paru non plus s'expliquer assez clairement sur un autre objet : il se rencontre un grand nombre d'articles où il reste incertain si la pesanteur donnée dans la table est la pesanteur hydrostatique, c'est-à-dire celle de ces matières en masse, ou bien simplement arrangées dans le cube. Or, il est aisé de concevoir que ces deux espèces de pesanteur peuvent être, dans certaines circonstances, énormément différentes.

Le vase cubique dont M. Thevenard s'est servi dans ses expériences était d'un pied sur chaque face, exécuté en cuivre et renforcé extérieurement de barres de fer. Nous aurions désiré qu'il eût donné quelques détails sur les moyens qu'il a employés pour donner à ce vase les dimensions précises qui lui étaient nécessaires. Les moindres erreurs, en effet, deviennent de conséquence sur une surface aussi étendue. Il aurait été aussi à propos que M. Thevenard eût parlé de la balance dont il s'est servi. Les pesées qu'il a été obligé de faire vont quelquefois jusqu'à quatre et cinq quintaux. Or il est difficile avec les balances

ordinaires de répondre de quelques onces d'erreur sur un poids aussi
considérable.

Dans les expériences qui regardent les fluides, M. Thevenard a pris
beaucoup de précautions pour que le vase cubique fût toujours rempli
jusqu'à ses bords et qu'il ne le fût pas au delà. Nous doutons cependant que cette méthode puisse jamais conduire à des résultats scrupuleusement exacts sur la pesanteur comparée des fluides. Les expériences
mêmes de l'auteur paraissent en donner la preuve. L'eau de puits se
trouve en effet, suivant lui, plus légère que l'eau de pluie, et le pied
cube de cette dernière se trouve de onze onces plus pesant que celui
d'eau distillée. Ces différents résultats ne s'accordent pas avec les idées
et les expériences des physiciens. Il est vrai qu'ils sont à très peu de
chose près conformes à ceux de M. Muschenbröck; mais les expériences
de ce dernier ayant été faites par le moyen de la balance hydrostatique, c'est-à-dire sur de très-petits volumes de fluide, on ne doit pas
être surpris que les résultats ne soient pas scrupuleusement exacts.
Ceux de M. Thevenard, quoique par une méthode différente, ne le
sont pas davantage; mais ce qui nous a paru le plus singulier c'est que
les erreurs sont à très-peu près les mêmes.

Nous pensons donc que l'Académie peut approuver les expériences
de M. Thevenard comme pouvant être de quelque utilité dans la marine et dans le commerce, lors toutefois qu'il aura revu de nouveau les
calculs, qu'il aura répété les expériences douteuses et qu'il aura donné
de nouveaux éclaircissements sur les objets que nous avons indiqués.
Du reste, comme la plupart des expériences de l'auteur consistent à
déterminer la pesanteur des ballots de différentes marchandises et non
pas la pesanteur spécifique des corps; comme, d'ailleurs, les méthodes
qu'il a employées ne paraissent pas d'une exactitude suffisante pour
qu'elles puissent être utiles aux physiciens, nous ne pensons pas que
cette table doive être imprimée dans le Recueil des Mémoires présentés
à l'Académie.

HISTOIRE DE L'ANÉMOMÈTRE

POUR LE RAPPORT DU MÉMOIRE DE M.........

1° Dans les *Transactions philosophiques* c'est une plaque mobile sur le limbe d'un quart de cercle. Le vent est supposé souffler perpendiculairement dessus.

2° Un anémomètre de M. Wolf. Il consiste en quatre ailes comme celles d'un moulin à vent. Elles font mouvoir un rayon, lequel a une rainure dans laquelle se meut un corps qui s'éloigne ou s'approche du centre du mouvement jusqu'à ce qu'il fasse équilibre.

3° Un anémomètre de M. d'Ons en Bray, *Mém. Acad.* 1734, p. 169.

4° Un anémomètre de M. Bouguer, v. *Trait. du navire.*

5° Description d'un anémomètre de M. Poleni. C'est un plan vertical suspendu en l'air qu'il oppose au vent; il juge de la force par l'éloignement de la verticale.

Celui de M. Bouger consiste en un plan sur lequel agit le courant. Ce plan est soutenu dans son milieu par une verge de fer qui entre dans un canon ou tuyau, lequel contient un ressort à boudin; on juge de la force du vent par l'enfoncement de la verge de fer; on fait par expérience une graduation sur la tige de la verge et l'on a, par ce moyen, l'effort du vent en livres, onces, etc. On peut donner à la surface un pied carré et on déterminera aisément par cet instrument l'effort du vent sur les voiles, sous tel angle même qu'on voudra, sans qu'on soit obligé de faire aucune réduction.

VITESSE DU VENT [1].

Un vent passablement fort fait parcourir 24 pieds par seconde, d'après M. Mariotte.

Les vents impétueux de ce pays parcourent 32 pieds, d'après M. Mariotte.

On prétend qu'il y a des exemples d'ouragan terrible où le vent avait une vitesse plus que double.

Ayant la vitesse du vent et le rapport de pesanteur de l'air avec un fluide quelconque, il est toujours aisé de trouver l'effort qu'il produit, et réciproquement.

M. Bouger, *Traité de la manœuvre des vaisseaux*, p. 184, donne une table de la force du vent sur une surface d'un pied carré pour toutes les vitesses données.

Ceci est dit pour les impulsions perpendiculaires; pour les impulsions obliques, l'effort décroît dans le rapport du sinus de l'angle d'inclinaison au sinus total.

---

[1] *Encyclopédie,* article *Vent.*

RAPPORT

SUR

L'ARÉOMÈTRE DE CARTIER.

Nous avons été chargés par l'Académie, M. Brisson et moi, d'examiner différents aréomètres ou pèse-liqueurs construits en métal par M. Cartier, et ces aréomètres se rapprochent plus ou moins de la figure d'un œuf; un de ceux qu'il nous a remis entre les mains était comprimé dans sa partie supérieure, ce qui lui donnait la forme d'un vase. La partie inférieure de ces instruments est lestée convenablement afin qu'ils se tiennent droits dans le fluide dont on veut déterminer la pesanteur. Une lame de métal mince et étroite, soudée à la partie supérieure, forme la tige. Cette lame, qu'on a substituée à la tige cylindrique des aréomètres ordinaires, a l'avantage d'être plus commode pour y marquer les divisions.

Il se rencontre toujours un assez grand embarras dans la construction de l'aréomètre ordinaire; il faut nécessairement sacrifier ou la commodité, ou la sensibilité de l'instrument. Si l'on veut en effet que sa marche soit sensible, il faut que la tige soit mince, et l'on ne peut se dispenser dans ce cas de lui donner une longueur très-considérable; l'instrument devient alors d'un usage embarrassant à bien des égards et inapplicable au commerce. Si l'on veut au contraire rendre l'aréomètre commode et portatif, on ne le peut qu'en raccourcissant considérablement la tige; il est alors nécessaire de lui donner plus de grosseur, afin que cette grosseur, compensant le défaut de longueur, il en résulte toujours une tige de même volume ou de même solidité.

Il est aisé de sentir que, dans ce cas, la marche de l'instrument n'est plus aussi sensible; les graduations, en effet, qui sont marquées sur la tige exprimant les différences de volume occupées par un poids d'eau toujours égal, plus cette tige sera grosse, moins il faudra de longueur pour équivaloir à une solidité donnée. Cette difficulté de construction est d'autant plus grande que l'aréomètre est destiné à comparer des fluides dont la pesanteur spécifique diffère davantage. M. Cartier ne pouvait pas manquer de l'éprouver, puisque son objet était de mesurer tous les degrés de pesanteur intermédiaire entre l'eau-de-vie la plus faible et l'esprit-de-vin le mieux rectifié.

M. Cartier a pensé qu'on pouvait remédier à cet inconvénient en augmentant le poids de l'aréomètre suivant les différentes liqueurs dans lesquelles il devait être plongé. Pour cet effet, il a d'abord construit et gradué son instrument précisément comme s'il n'avait dû servir qu'à déterminer la pesanteur de l'esprit-de-vin et des eaux-de-vie les plus fortes. Lorsque ensuite le même aréomètre est plongé dans une eau-de-vie plus faible, il y surnage et n'entre plus jusqu'à la tige; il ajoute alors un anneau ou petite platine de métal de pesanteur convenable, trouée par le milieu et qui s'enfile dans la tige; l'instrument devient ainsi plus pesant et enfonce alors suffisamment dans les eaux-de-vie de second ordre. On substitue de même des anneaux plus lourds pour les eaux-de-vie de troisième, quatrième, cinquième ordre, etc. et ainsi successivement jusqu'aux eaux-de-vie les plus faibles et jusqu'à l'eau; la tige, par ce moyen, qui n'a que quelques pouces de longueur, fait l'office d'une beaucoup plus longue.

Quelque avantageux que paraisse au premier coup d'œil l'usage de ces anneaux, il ne sera pas difficile de faire sentir qu'ils doivent être absolument rejetés; ils changent en effet non-seulement le poids, mais le volume de l'aréomètre; ils n'augmentent donc pas la pesanteur de l'instrument de la totalité de leur poids, mais seulement de leur poids moins celui du fluide dans lequel ils sont plongés et qu'ils dé-

placent; d'où il suit qu'il résulte de chaque addition d'anneaux autant
de nouveaux aréomètres différents en poids et en volume et qui n'ont
rien de commun que la tige. Or il est facile de concevoir que la
marche de chacun de ces aréomètres ne sera pas la même, puisque les
graduations marquées sur la tige ne répondront pas dans chacun d'eux
à des fractions d'un même entier.

On a fait sentir à l'auteur ces difficultés, et il a essayé d'y remédier
par le moyen qui suit : il a terminé la partie inférieure de son aréomètre par une olive ou ellipse creuse composée de deux hémisphères
qui s'assemblent à vis; c'est dans l'intérieur de cette ellipse que M. Cartier place ses poids, et alors ils n'augmentent plus le volume de l'instrument. Mais, en supposant que la vis soit assez bien faite en sortant
des mains de l'ouvrier pour empêcher que le fluide ne s'introduise dans
l'intérieur de l'olive, il est impossible qu'elle ne s'use peu à peu, et,
pour peu qu'elle laisse passer quelques gouttes du fluide, il en résultera des erreurs très-considérables.

Nous concluons donc que M. Cartier est éloigné de l'objet qu'il s'é-
tait proposé, c'est-à-dire d'avoir construit un aréomètre de comparaison applicable aux usages du commerce; la graduation dans ceux qu'il
propose est absolument arbitraire et n'exprime rien. Loin donc d'avoir
corrigé dans les instruments aucun des défauts de l'aréomètre ordinaire,
il en a encore ajouté de nouveaux. Nous croyons cependant devoir dire
en sa faveur qu'il a de l'adresse et de l'intelligence dans l'exécution, et
nous ne doutons pas qu'il ne pût remplir avec succès les vues qui
pourraient lui être fournies par les physiciens relativement à cet objet.

A l'Académie, le 13 août 1768.

Signé Brisson et Lavoisier.

Nous avons déjà rendu compte des tentatives faites par M. Cartier
pour construire en métal un aréomètre ou pèse-liqueur de comparaison
et d'usage dans le commerce; nous avons fait voir que, dans ceux qu'il
a présentés, la quantité de fluide déplacé variait non-seulement en rai-

son de la portion plus ou moins longue de la tige qui était plongée, comme dans l'aréomètre ordinaire, mais qu'elle variait encore par l'addition de petits anneaux métalliques dont l'auteur se servait pour augmenter le poids de l'instrument et qui se trouvaient eux-mêmes plongés dans le fluide; d'où nous avons conclu que, loin de pouvoir construire par cette méthode différents pèse-liqueurs comparables entre eux, chacun au contraire en particulier n'était pas comparable avec lui-même, de sorte que les pèse-liqueurs de M. Cartier n'étaient susceptibles d'aucune précision, ni pour la physique, ni pour le commerce. Nous avons terminé ce rapport en rendant justice à l'adresse et à l'intelligence de l'auteur dans l'exécution. M. Cartier vient de justifier encore par de nouvelles preuves ce que nous avions avancé en sa faveur.

D'après les défauts que nous avions reprochés au pèse-liqueurs qu'il avait présenté et d'après les avis que nous lui avons donnés, il en a construit un nouveau qui n'a pas les mêmes inconvénients. Nous ne nous étendrons pas sur la description de cet instrument; il est déjà connu de l'Académie et il ne diffère que par la forme de celui que je lui ai présenté il y a quelques mois; les poids se placent sur un petit bassin qui est au haut de la tige de l'instrument, de sorte que le volume du fluide déplacé est toujours le même. On peut rendre cet instrument aussi sensible que l'on veut, en rendant la tige plus fine, et l'on n'a pas besoin pour cela d'en augmenter la longueur. Nous pensons donc que ce pèse-liqueurs peut remplir les vues qu'on se propose dans le commerce, et notamment dans celui des eaux-de-vie, lorsque, toutefois, les physiciens auront dressé des tables de la pesanteur des eaux-de-vie de différentes qualités.

RAPPORT SUR UN MÉMOIRE

SUR

LA THÉORIE DES COULEURS

PRÉSENTÉ

PAR M. DE LA FOLIE.

Nous avons à rendre compte à l'Académie, M. Macquer et moi, d'un mémoire sur la théorie des couleurs par M. de La Folie.

Ce mémoire commence par une exposition succincte de la théorie newtonienne des couleurs. Tout le monde sait que le célèbre Newton admettait dans les rayons solaires sept couleurs primitives, dont les diverses combinaisons forment toutes les nuances que nous connaissons. Les expériences qui prouvent l'existence de ces sept couleurs sont trop connues des savants pour qu'il soit nécessaire de les rappeler ici. Cependant, malgré la force des preuves rapportées par le célèbre Anglais, M. de La Folie a cru pouvoir réduire à trois les couleurs du spectre solaire. Ces couleurs sont le jaune, le bleu et le rouge; les couleurs intermédiaires ne sont point, suivant lui, des couleurs simples, ce sont des couleurs moyennes et composées. On sait en effet que les rayons rouges combinés avec les jaunes forment l'orangé; que les rayons bleus combinés avec les jaunes forment le vert, etc.

Nous n'examinerons pas ici jusqu'à quel point ce système peut être rendu vraisemblable, nous nous contenterons de dire que ce n'est que par des raisonnements que M. de La Folie a cherché à l'appuyer; or ce sont de bien faibles armes lorsqu'il s'agit d'attaquer une théorie fondée sur des expériences aussi conséquentes et aussi décisives que celles de l'illustre Newton.

Nous conviendrons avec M. de La Folie qu'on peut, en combinant ensemble deux à deux le rouge, le jaune et le bleu, former toutes les couleurs du spectre solaire, mais nous lui répondrons en même temps que ces couleurs de mélange diffèrent essentiellement de celles qui sont reçues directement du prisme; si l'on fait en effet passer ces rayons combinés par un prisme, ils se divisent de nouveau et l'on obtient séparément les deux espèces de rayons dont ils étaient composés. Par quelque nombre de prismes au contraire qu'on fasse passer les rayons simples, ils sont toujours les mêmes, on ne peut parvenir à les altérer. Bien plus, si l'on reçoit l'image que forment ces rayons simples sur un carton blanc, et qu'on la regarde avec un prisme, elle paraît toujours ronde et de même couleur; tandis que l'image formée par la combinaison de deux rayons de différentes couleurs paraît oblongue à travers le prisme, et se partage en deux parties, dont chacune représente la couleur des rayons dont l'image était composée.

Si les expériences de Newton ne suffisaient pas pour convaincre M. de La Folie de l'existence des sept couleurs primitives, nous lui demanderions comment il peut, dans son système, expliquer la formation de la couleur violette. Cette couleur résulte d'après lui de la combinaison des rayons rouges et bleus; or ces rayons sont presque aux deux extrémités du spectre solaire, ils sont séparés par l'orangé, le jaune et le vert; comment donc concevoir qu'ils puissent se combiner ensemble? Nous pourrions encore ajouter un raisonnement qui n'est pas moins frappant : si les rayons solaires n'étaient composés que de trois couleurs, de rouge, de jaune et de bleu, il s'ensuivrait qu'avec ces trois couleurs seules réunies on pourrait former le blanc. L'expérience prouve cependant au contraire que le mélange de ces trois couleurs n'en forme qu'une peu décidée, fort différente du blanc, et qui participe des trois couleurs qui ont servi à la former; d'où il suit que trois couleurs ne suffiraient pas pour remplir le but de la nature, puisque dans

cette hypothèse nous aurions été privés de la couleur blanche, la plus
belle et la plus éclatante de toutes.

M. de La Folie appuie encore son opinion sur un fait absolument
faux; il prétend que, si après avoir réfracté la lumière dans le sens vertical on la réfractait encore dans le sens horizontal, on multiplierait
encore le nombre et la diversité des couleurs. Les expériences de Newton
sont formellement contraires à cette assertion, et cette partie de son
Optique est à peu près celle de toutes qui est la plus forte en preuves.
M. l'abbé Nollet, dans ses leçons physiques, fait voir que les rayons solaires, une fois séparés par le prisme, ne subissent plus de changement
dans quelque sens qu'on les réfracte.

Nous devons ajouter encore, avant de finir cet article, que M. Dufay
n'admettait, ainsi que M. de La Folie, que trois couleurs primitives.
On peut consulter un Mémoire sur la teinture de ce savant physicien
(année 1737, page 253), à la fin duquel il a exposé cette opinion. On
ne saurait nier qu'elle ne soit très-soutenable et même vraie dans le
sens dans lequel elle a été présentée par M. Dufay : il ne prétendait en
effet dire autre chose sinon qu'avec trois couleurs, le jaune, le rouge
et le bleu, on pouvait produire toutes les variétés possibles de couleurs.
Or, à l'exception du blanc, il n'y a rien en cela qui ne cadre avec les
expériences de Newton; on peut encore voir cette même opinion développée et en partie prouvée par des expériences dans un petit traité
de M. Le Blon, imprimé en français et en anglais sous le titre d'*Harmonie du Coloris dans la teinture réduite en pratique*. Mais, de ce que
M. Dufay disait qu'on pouvait avec trois couleurs imiter toutes celles
du spectre solaire, il ne faut pas en conclure qu'il ait jamais entendu
dire que le spectre solaire ne fût composé que de trois espèces de
rayons. Nous avons cru devoir cette distinction à la mémoire de M. Dufay, d'autant plus qu'elle ne paraît pas avoir été saisie par M. Mon-
tucla dans son Histoire des mathématiques.

D'après ces préliminaires, M. de La Folie entreprend de donner une
théorie de la manière dont les objets nous paraissent diversement colorés; il suppose la surface des corps couverte de petits prismes qui ré-

fractent la lumière avant qu'elle parvienne jusqu'à eux. « On connaît,
« dit l'auteur, l'expérience de Newton ; en faisant passer la lumière par
« un prisme, on interpose un carton percé qui ne laisse passage qu'à
« tel ou tel rayon ; c'est le même effet pour les couleurs de tous les
« corps ; le petit prisme adhérent sur un corps réfléchit sur ce corps
« même tous les rayons colorants, et les surfaces de ce corps, en rai-
« son de leur direction plus ou moins oblique et de leurs différentes
« positions, empêchent que tels ou tels rayons se réfléchissent vers
« nous. »

Il ne sera pas difficile de faire voir que ce système est destitué de
tout fondement ; on sait par les expériences de Newton qu'à peu de
distance du prisme la lumière qui le traverse est seulement colorée vers
les bords, en haut en rouge, en bas en pourpre et en violet. C'est que
la séparation des bandes colorées n'est encore que commencée, il n'y
a que les extrêmes qui soient un peu séparées ; ce n'est qu'en éloignant
sensiblement le carton qui reçoit l'image que les couleurs se distinguent. Il suit de là que les prismes que M. de La Folie suppose adhérents à la surface des corps ne suffisent pas pour expliquer la variété
des couleurs et qu'ils ne peuvent même en faire aucune séparation, à
moins qu'on n'admette que les prismes ne touchent pas à la surface du
corps coloré, qu'elle forme une surface particulière et séparée, très-
sensiblement distante de la première ; or une pareille supposition ré-
pugne à tout principe de physique.

Nous croyons qu'il suffit d'avoir détruit le principe sur lequel l'auteur appuie toute sa théorie, et nous nous croyons dispensés par là
d'entrer dans le détail des conséquences qu'il en tire.

M. de La Folie passe ensuite à l'explication des causes qui concourent à l'altération des couleurs ; il admet pour cet effet dans l'air un
excès d'alcali pendant l'été et un acide pendant l'hiver, et c'est à ces deux
agents qu'il attribue les changements que nous voyons arriver à la plupart des couleurs, et notamment des couleurs tendres. Nous ne prétendons pas nier que les différents sels qui sont répandus dans l'air n'a-
gissent sur les couleurs, mais nous ne pouvons regarder cette cause

comme aussi générale que M. de La Folie paraît le penser, et elle ne
nous paraît pas, à beaucoup près, rendre raison de tous ces phénomènes. Il ne nous sera pas difficile de le faire sentir.

On peut distinguer en général deux espèces de débouillis dans la
teinture, ceux dont la qualité est acide, tels que l'alun, le tartre, etc.
d'autres qui agissent comme alcali, tel qu'est le savon. Parmi les couleurs qu'on nomme de *faux teint*, les unes résistent à l'action des débouillis acides, les autres à l'action des débouillis alcalins, mais elles
sont toujours altérées par l'une ou par l'autre; l'air agit au contraire
indistinctement sur toutes et les détruit à la longue; il faudrait donc
dans les principes de M. de La Folie admettre en même temps, dans
l'air, un acide et un alcali libre. Or une telle supposition souffre
nécessairement beaucoup de difficultés et ne pourrait même être admise qu'autant qu'elle serait appuyée sur les expériences les plus décisives.

Mais, en admettant même ce principe, il ne suffirait pas encore
pour expliquer le plus grand nombre des phénomènes qui arrivent
dans les couleurs, tels sont par exemple ceux des encres de sympa-
thie et particulièrement de celles qui sont formées par le cobalt. On
sait que la couleur de ces encres paraît et disparaît à volonté suivant le degré plus ou moins chaud de température auquel elles sont
exposées. Or nous ne concevons pas comment il serait possible que les
acides ou les alcalis de l'air fussent en assez grande quantité pour agir
avec autant d'énergie et de célérité; il faudrait d'ailleurs prouver que
le changement de couleur n'aurait pas lieu dans le vide de la machine
pneumatique, et cela même est fort douteux.

Enfin cette hypothèse ne nous paraît pas expliquer d'une manière
satisfaisante les changements subits qui arrivent à certaines couleurs,
tel est par exemple le développement de la couleur rouge, de la liqueur du buccin de mer, ou de la pourpre des anciens. Cette liqueur
est presque sans couleur au sortir de l'animal, mais elle n'a pas essuyé
pendant quelques minutes le contact de l'air qu'elle devient d'un rouge
de pourpre. M. de Réaumur a fait voir dans un mémoire imprimé

parmi ceux de l'Académie pour l'année 1711, page 168, que le contact de l'air libre n'était pas même nécessaire pour le développement de la couleur. Il a mis dans une bouteille de verre très-exactement bouchée de la liqueur du buccin de mer; il a agité quelque temps la bouteille, et la liqueur est devenue rouge. Il est vrai qu'il est nécessaire pour le succès de l'expérience qu'il reste une petite portion d'air dans la bouteille, autrement il ne serait pas possible de donner de mouvement à la liqueur; mais, quand cette portion d'air serait d'un ou deux pouces cubiques, comment peut-on concevoir qu'il y ait assez d'acide ou d'alcali dans un si petit volume pour produire quelque effet sensible? Si cette petite portion d'air au surplus laissait encore quelque scrupule, il serait facile de le dissiper par une expérience décisive : elle consiste à mêler avec la liqueur du buccin une très-petite portion d'acide ou d'alcali. Il est certain que, si c'est en raison de la petite quantité de ces substances qui se trouve combinée dans l'air que se fait le développement de la couleur, le mélange de l'acide ou de l'alcali doit la développer également; cependant l'expérience a été faite par M. de Réaumur, et il n'est résulté aucun développement de couleur de ces différentes combinaisons.

M. de La Folie appuie encore son système par quelques expériences sur la manière de détacher les étoffes; il est certain que, lorsque des couleurs ont été altérées par un alcali, il est presque toujours possible de les restituer par un acide, et réciproquement; mais nous ne voyons rien en cela de favorable à la théorie de M. de La Folie, puisqu'il est impossible au contraire de restituer des couleurs qui ont été altérées à un certain point par l'air.

Nous passerons légèrement sur une digression de l'auteur sur un moyen de parvenir à la connaissance des maladies par les différentes altérations des couleurs; il prétend que la plupart viennent d'un excès d'acide ou d'alcali dans les humeurs, et ce sentiment est celui de la plupart des chimistes du siècle dernier et singulièrement celui de Tachenius. Il propose, en conséquence, d'employer des étoffes teintes de couleurs tendres, de les appliquer sur la peau du malade et d'observer quelle est l'altération qui leur arrive, afin d'en tirer des conséquences sur la qualité des humeurs.

Nous ignorons jusqu'à quel point cette méthode pourrait être utile en médecine, mais nous ne pouvons dissimuler qu'elle exige du médecin qui s'en servirait les attentions les plus scrupuleuses, et qu'elle pourrait souvent, malgré ses précautions, le jeter dans l'erreur; l'odeur désagréable qui se fait sentir dans la chambre des malades ne vient le plus souvent que d'un alcali volatil très-subtil qui s'exhale des excrétions; cet alcali ne manquera pas d'agir sur les couleurs et de faire soupçonner au médecin une alcalescence dans les humeurs qui n'y existera réellement pas.

Nous avons parcouru successivement les principaux objets qu'embrasse le mémoire de M. de La Folie; nous sommes obligés de dire que la plupart des idées qui y sont contenues nous ont paru plus ingénieuses que vraies, et que nous n'y avons pas trouvé un assez grand fonds d'expériences neuves pour que l'Académie pût en approuver l'impression; ce mémoire au surplus annonce dans l'auteur beaucoup d'imagination et une connaissance étendue de l'art de la teinture. L'Académie ne peut que l'exhorter à suivre une carrière aussi intéressante et dans laquelle il s'est déjà fait connaître précédemment d'une manière avantageuse.

RAPPORT

SUR LES LANTERNES

DE M. DUFOURNY DE VILLIERS.

14 Décembre 1768.

Nous, commissaires nommés par l'Académie, avons examiné des lanternes présentées par M. Dufourny de Villiers, avec un mémoire en forme d'extrait, contenant quelques détails sur l'illumination d'une grande ville en général et de Paris en particulier.

Un réverbère n'est autre chose qu'un miroir quelconque, métallique ou autre, disposé de manière à réfléchir la lumière qui, sans lui, aurait été perdue, et à la porter vers le plan, ou en général vers les objets qu'on veut éclairer. La plus parfaite des lanternes à réverbère sera donc celle dans laquelle tous les rayons qui partiront du corps éclairant tourneront au profit de l'objet à éclairer, sans qu'il y en ait aucun qui se dissipe ou qui se porte vers un autre, ou, ce qui revient encore au même, le réverbère le plus parfait possible sera celui dont la disposition sera telle, qu'une ligne droite étant tirée du corps éclairant, dans telle direction qu'on voudra, elle parvienne toujours au plan, soit directement, soit après la réflexion.

Dans la plupart des lanternes qui ont été proposées, et notamment dans celles qui servent maintenant à éclairer les rues de Paris, il y a une portion assez considérable de lumière absolument perdue : telle est celle, par exemple, qui se porte vers le haut de la lanterne; telle est aussi celle qui est réfléchie horizontalement ou presque horizon-

talement par le réverbère. Cette dernière, en effet, ne rencontre pas
le plan de la chaussée, ou du moins elle le rencontre trop loin pour
l'éclairer suffisamment. Les rayons horizontaux ont d'ailleurs un autre
inconvénient, ils causent à l'œil une impression trop vive qui le fatigue; et comme ils frappent perpendiculairement le fond de la rétine,
tandis que les objets environnants n'en sont frappés qu'obliquement, il
en résulte que ces objets sont beaucoup moins éclairés que l'œil, et
que, par conséquent, les rayons qui sont réfléchis de ces objets vers
l'œil n'y font qu'une impression très-faible en comparaison de ceux
qui viennent directement du réverbère. Ces rayons produisent encore
sur l'œil un autre phénomène dont l'effet est réellement de diminuer la
quantité de lumière qui parvient à la rétine. Une lumière vive ne peut,
en effet, frapper la rétine sans obliger la prunelle à se contracter; or
la prunelle ne peut se contracter sans que le nombre des rayons réfléchis par le plan et qui parvenaient à la rétine soit diminué. C'est
de ces différents effets réunis que le public entend parler lorsqu'il dit
que les réverbères *éblouissent*.

M. Dufourny a pensé qu'on pouvait remédier à ces inconvénients
par des réverbères d'une construction tout à fait différente de ceux
qui avaient été employés avant lui. Nous allons essayer d'en donner
une idée en peu de mots.

Le premier qu'il a fait exécuter consistait en deux portions de cônes
paraboliques tronqués obliquement au sommet, et réunis ensemble de
manière que leur foyer fût commun. L'axe de chacun de ces deux cônes
formait avec l'horizon un angle de 5 degrés et ils formaient ensemble,
par leur réunion au foyer commun, un angle de 170 degrés. Une
seule mèche était placée dans le foyer commun, et la lumière directe
qui en partait, jointe à la lumière réfléchie par chacun des réverbères,
éclairait à la fois les deux côtés de la rue. Si le réservoir destiné à
contenir l'huile eût été placé sous la mèche même, il aurait occasionné
un cône d'ombre considérable au-dessous de la lanterne. Pour y remédier, M. Dufourny a placé le réservoir sur le côté du réverbère. L'huile
se fournit à la mèche par un tuyau de communication et la baigne

toujours à la même hauteur par le mécanisme ordinaire de la lampe de
Cardan, appelée communément *lampe à pompe.*

Nous ne nous arrêterons pas à faire sentir les défauts de ce premier
réverbère, en supposant, comme on l'annonce, qu'il fût régulièrement
parabolique. M. Dufourny les a reconnus lui-même et les a corrigés,
ainsi que nous ne tarderons pas à en rendre compte. Nous nous contenterons de dire ici que la figure parabolique nous paraît une des
moins propres à servir de réverbère. On sait, en effet, que c'est une
propriété de cette courbe de réfléchir parallèlement à son axe tous les
rayons qui sont partis de son foyer ; or, ces rayons étant parallèles
entre eux, ils ne peuvent éclairer qu'un petit espace, tandis que le
reste demeure dans l'obscurité, ce qui est directement contraire à
l'objet qu'on se propose dans l'illumination des rues d'une grande ville.
On peut rendre, il est vrai, les rayons de la courbe divergents entre
eux en plaçant le corps éclairant entre le foyer et le sommet de la
courbe, ou bien entre le même foyer et l'extrémité du paramètre
opposée à celle où l'on veut porter la lumière. C'est de ces deux
moyens réunis que s'était servi sans doute M. Dufourny pour donner
aux rayons de sa première lanterne la divergence convenable; mais il
en résultait toujours un grand inconvénient, c'est que la lumière n'était
pas également répartie, de sorte que des endroits se trouvaient vivement frappés de lumière, tandis que d'autres n'étaient que médiocrement éclairés.

M. Dufourny a pensé qu'on pouvait corriger les défauts de ce premier essai en substituant au cône parabolique une autre courbe mécanique. Il ne suffisait pas que cette courbe fût construite de manière à
réfléchir une égale portion de lumière dans tous les points de l'espace
à éclairer. Cette disposition n'aurait pas, à beaucoup près, rempli l'objet que l'auteur se proposait. La lumière décroît, en effet, en raison
du carré de la distance; la lumière ne peut donc être égale dans tous
les points de l'espace à éclairer, qu'autant que la courbe qui doit servir
de réverbère aura la propriété de restituer la lumière; c'est-à-dire
qu'autant que la quantité de lumière renvoyée par le réverbère à

chaque point de l'espace à éclairer croîtra proportionnellement au carré de la distance.

Sur ce principe, M. Dufourny a construit un nouveau réverbère beaucoup supérieur au premier; il a calculé séparément par la trigonométrie les différentes portions de courbe qui devaient lui servir d'éléments, qui devaient en quelque façon en constituer la charpente. Il est parvenu à former un solide dont la surface remplissait à peu près l'objet qu'il s'était proposé. L'auteur n'entre dans aucun détail sur la marche qu'il a suivie dans ses calculs. Il renvoie, pour cet objet, à un ouvrage considérable qu'il annonce et dont le mémoire qu'il présente n'est qu'un extrait.

Quelque soin que M. Dufourny ait apporté dans la théorie, il ne faut pas croire qu'il soit parvenu dans la pratique à une précision absolue. Les expériences que j'ai faites pendant l'hiver de 1766 et 1767 sur ses lanternes, et sur toutes celles qui étaient alors exposées dans les rues de Paris, m'ont appris que la lumière n'était pas parfaitement égale dans tout l'espace éclairé, mais que la différence n'était pas considérable. J'ai reçu, par exemple, la nuit du 26 au 27 février 1767, sur un lucimètre dont je donnerai la description ailleurs, la lumière d'une de ces lanternes, exposées alors rue des Prouvaires. Je me servais, pour terme de comparaison, de deux bougies, suivant la méthode de M. Bouguer, dont je mouchais toujours la mèche à la même longueur dans l'instant de l'observation. Je les éloignais ou je les approchais jusqu'à ce que leur lumière reçue sur le lucimètre fût égale à celle de la lanterne, également reçue sur le même lucimètre; je mesurais alors exactement la distance des bougies et celle de la lanterne à l'instrument, et, de la comparaison de ces distances, je concluais le rapport des lumières. Je répétais cette opération successivement à différentes distances de la lanterne, et cela dans le plus court espace de temps qu'il était possible, afin qu'il ne pût y avoir de variation sensible dans la lumière de la lampe. J'ai trouvé, par le résultat de ces expériences, que la lumière des lanternes de M. Dufourny, loin de décroître comme le carré de la distance, ainsi qu'elle aurait dû faire dans l'ordre naturel, ne décroissait

pas même comme la simple distance, et que la loi qu'elle suivait était
à peu près celle de l'unité divisée par la racine carrée de la distance.
Je rendrai compte plus en détail de ces expériences, ainsi que d'un
grand nombre d'autres dans l'ouvrage que je me propose de publier
sur les différents moyens d'éclairer les rues d'une grande ville.

Nous excéderions les bornes d'un rapport si nous voulions essayer
de faire sentir les différentes raisons pour lesquelles la pratique ne
cadre pas avec la théorie; nous ne ferions d'ailleurs que répéter ce
qui se trouvera ailleurs. Au reste, nous devons faire observer que, dans
la plupart des cas de l'illumination d'une ville, la lumière de chaque
lanterne se joint dans ses extrémités à celle de la lanterne voisine. Or
il suit, de cet accroissement de lumière dans les extrémités, qu'il s'en
faut de très-peu que la lumière ne soit parfaitement égale dans tous
les points de l'espace éclairé par la lanterne de M. Dufourny.

Nous aurions désiré, ainsi que nous l'avons déjà fait sentir, que l'auteur fût entré dans quelques détails sur les moyens qu'il a employés
pour calculer la courbure de ses réverbères; qu'il eût fait sentir comment il était parvenu à exécuter avec exactitude une courbe tout à fait
irrégulière et qui ne peut être décrite que par des moyens purement
mécaniques. Ces différents détails manquent absolument à l'extrait de
mémoire qui nous a été remis par l'auteur; mais il n'en est pas moins
vrai que les différents réverbères qu'il a exposés dans les rues de Paris se sont toujours trouvés exécutés avec une précision supérieure à
presque tout ce qui a été fait en ce genre.

Indépendamment de cette lanterne à une mèche, M. Dufourny en
a présenté deux autres à deux mèches. Les réverbères de ces deux lanternes sont des courbes sphériques concaves, et c'est en plaçant le corps
éclairant entre le foyer et la surface de la courbe qu'il est parvenu à
donner aux rayons la divergence nécessaire pour distribuer la lumière
dans tout l'espace à éclairer. Les réverbères de ces deux lanternes embrassent une portion de sphère très-considérable; elles jettent, en conséquence, une lumière très-vive et font un très-grand effet. Nous ne
pouvons dissimuler cependant qu'on ne puisse leur appliquer la plu-

part des reproches qu'on a coutume de faire contre les lanternes à réverbères. Nous les avons déjà exposés au commencement de ce rapport. Ces reproches sont la répartition inégale de la lumière et l'éblouissement causé par la portion qui se réfléchit presque horizontalement.

Ces reproches, à la vérité, ne regardent en quelque façon qu'une de ces deux lanternes; dans l'autre, la lumière est plus douce, s'il est permis de se servir de ce terme, et beaucoup mieux répartie; mais nous avons remarqué, dans l'une et dans l'autre, un défaut qui paraît assez essentiel. Le courant d'air qui traverse la lanterne et qui en emporte la fumée circule en sortant autour du réservoir à pompe, dans lequel est contenue l'huile; or cet air est nécessairement très-chaud; il ne manquera donc pas de dilater l'air et l'huile contenus dans le réverbère, et il en sortira par le bec une quantité plus ou moins considérable. Ces difficultés ne sont pas, il est vrai, absolument insurmontables, et nous en avons une preuve bien complète dans les épreuves longtemps soutenues auxquelles ces lanternes ont été soumises l'hiver dernier dans les rues de Paris. Nous pensons cependant que la lanterne à une mèche, dont nous avons parlé plus haut, est préférable à celles-ci et qu'elle est plus économique.

Nous ne prétendons pas, au surplus, assigner aucun rang aux lanternes de M. Dufourny parmi celles qui ont été proposées pour éclairer les rues de Paris. La partie de l'optique applicable à l'illumination des villes est presque encore à naître, et il s'en faut bien qu'on ait encore rassemblé le nombre des expériences nécessaires pour pouvoir prendre, sur cet objet, un parti fixe et suffisamment motivé; du moins, si les expériences ont été faites, elles ne sont point encore publiques.

Nous suivrons donc ici l'esprit de l'Académie. Elle s'est toujours fait une loi de suspendre son jugement plutôt que de porter un jugement hasardé, et c'est ce qu'elle a déjà fait relativement à l'illumination des rues de Paris. Nous nous bornerons, en conséquence, à rappeler ici succinctement les principaux avantages et les principaux inconvénients des lanternes proposées par M. Dufourny, en attendant que de nouvelles lumières nous mettent en état de porter un jugement solide.

Ces avantages consistent, 1° en ce qu'elles nous paraissent donner plus de lumière que les autres, à dépense égale, d'où il suit qu'elles sont plus économiques; 2° en ce que la lumière est presque uniforme dans tous les points de l'espace éclairé; 3° en ce qu'elles n'éblouissent pas, ce qui est une suite de l'égalité de la lumière; 4° en ce que la mèche est droite dans ces lanternes, c'est-à-dire perpendiculaire à l'horizon, ce qui leur donne un avantage très-réel sur celles dans lesquelles la mèche est inclinée, ainsi qu'il résulte du grand nombre d'expériences que j'ai faites sur cet objet et qui n'ont point encore été publiées.

A ces grands avantages, nous opposerons les inconvénients qui suivent : 1° le prix de la lanterne : il est, en effet, plus considérable que celui des lanternes à réverbère qui servent maintenant à éclairer les rues de Paris; 2° le prix et la difficulté des réparations : les réverbères, en effet, étant fixés à demeure dans la lanterne, on ne peut y faire de réparations sans la démonter en partie; 3° un peu plus d'embarras et de difficulté dans le service journalier : il faut en effet nettoyer tous les jours les réverbères dans la lanterne même à laquelle ils sont fixés, et c'est une difficulté très-réelle dans certains quartiers de Paris; 4° la construction de la lampe. On peut distinguer, dans cette lampe, quatre parties : le porte-mèche, le bec et le bassin, qui tiennent ensemble, et le réservoir. De ces quatre parties, deux, savoir, le bec et le bassin, sont fixées à la lanterne, ou du moins ils ne peuvent en être séparés qu'avec peine; or il en résulte deux inconvénients. Le premier est que, dans le cas où la lampe viendrait à s'éteindre avant que toute l'huile fût consommée, on ne pourrait retirer le réservoir sans qu'une portion d'huile se répandît; et, en supposant que la partie épanchée ne fût pas assez considérable pour dégorger par le bec, il en résulterait toujours, dans les froids de l'hiver, que cette portion d'huile, venant à se congeler, boucherait le passage qui communique du réservoir à la mèche. Le second inconvénient consiste dans la difficulté de vider tous les jours le bassin de cette même lampe. Il est rare que l'huile soit consommée, dans une lampe, jusqu'à la dernière goutte. Il en reste toujours une petite portion qui est épaissie, et même en partie décomposée, à force d'avoir circulé dans la mèche. L'huile, dans cet état, n'est presque plus combustible, ainsi que mes expériences me l'ont fait connaître. D'où il suit que, ce résidu se trouvant mêlé, le lendemain, avec de nouvelle huile, il en altère la qualité, il obstrue les pores de la mèche et fait languir la flamme beaucoup plus tôt qu'elle ne devrait. Nous croyons trouver un autre inconvénient dans la position du réservoir; il est placé tout à fait hors de la cage de la lanterne, et, par conséquent, exposé au froid pendant l'hiver. Ce ne pourra donc être que par des précautions particulières qu'on pourra parvenir à empêcher la congélation de l'huile contenue dans ce réservoir, et, quoique ces précautions aient été employées avec succès par M. Dufourny pendant les froids rigoureux de l'hiver dernier, il n'en est pas moins vrai que ces précautions mêmes doivent être mises au nombre des inconvénients.

On pourrait peut-être encore mettre au nombre des objections qu'on peut faire contre ces lanternes qu'elles contribuent moins que les autres à la décoration de la ville. Mais comme cette décoration ne peut être achetée qu'aux dépens d'une partie de la lumière destinée à éclairer le voisinage de la lanterne, nous ne pensons pas qu'on doive la regarder comme un avantage bien réel; nous pensons au moins qu'on ne doit y avoir égard pour se décider entre deux lanternes qu'autant que toutes choses seraient d'ailleurs égales.

Nous venons de faire un tableau aussi exact qu'il nous a été possible des avantages qui rendent les lanternes de M. Dufourny préférables à celles qui ont été proposées jusqu'à ce jour pour éclairer les rues d'une grande ville, et nous avons exposé en même temps les inconvénients qui leur sont particuliers. Mais ce que nous devons ajouter en faveur de M. Dufourny, c'est que, de quelque côté que penche la balance, on ne peut s'empêcher de reconnaître qu'elles annoncent chez l'auteur beaucoup d'imagination, beaucoup de ressources dans les détails et des connaissances de physique très-étendues.

Par rapport au mémoire qui a été lu à l'Académie par M. Dufourny,

5.

on y trouve un grand nombre d'observations curieuses et intéressantes. Cependant, comme ce mémoire n'est que l'extrait d'un ouvrage beaucoup plus considérable que l'auteur annonce; comme il ne présente en quelque façon qu'un tableau de ses idées et qu'il a même supprimé le plus grand nombre des expériences sur lesquelles elles sont appuyées, nous ne pensons pas que l'Académie puisse en porter, quant à présent, un jugement définitif. Elle ne peut, au surplus qu'exhorter M. Dufourny à mettre la dernière main à son ouvrage. Nous ne doutons pas qu'il ne répande de nouvelles lumières sur cette partie intéressante de la physique.

Fait à l'Académie des sciences, à Paris, le 14 décembre 1768.

Signé BRISSON et LAVOISIER.

ADDITION

AU RAPPORT PRÉCÉDENT.

Nous avons omis de faire mention, dans ce rapport, d'un avantage très-réel qu'ont les lanternes de M. Dufourny sur celles qui éclairent maintenant les rues de Paris. Dans ces dernières, les rayons qui sont réfléchis par le réverbère et qui traversent le verre sont assez rassemblés pour y produire une chaleur considérable. L'air froid et des gouttes de pluie qui viennent en même temps frapper la partie extérieure de ce même verre, y produisent une contraction subite, et il en résulte des fractures très-fréquentes. Le même inconvénient n'a pas lieu dans les lanternes de M. Dufourny ; la chaleur que reçoit le verre n'est jamais assez grande pour le faire casser. Nous ajouterons, avant de finir cet article, quelques réflexions sur ce qui peut contribuer à rendre, dans les lanternes actuelles, la fracture des verres plus ou moins fréquente. Cet objet nous a paru assez intéressant dans les circonstances pour qu'il nous fût permis de nous y arrêter.

M. Dufourny fait observer, dans son mémoire, que les lanternes à réverbère qui servent maintenant à éclairer les rues de Paris ne sont pas tout à fait semblables à celles qui avaient été exposées par M. Bailly ; elles sont un peu moins hautes et un peu plus évasées dans la partie supérieure. On ne peut nier que cette forme n'ait un peu plus d'élégance ; elle a d'ailleurs quelques autres avantages qu'il serait trop long de détailler ici. M. Dufourny a remarqué, et nous l'avons observé de même, que les verres se cassaient plus souvent dans les lanternes ainsi

corrigées que dans celles de la première construction; il a cru en trouver
la raison dans l'évasement qui leur a été donné par le haut. On n'a pu,
suivant lui, écarter les verres et les éloigner de la flamme de la lampe
sans les rapprocher en même temps du foyer du réverbère et sans augmenter, par conséquent, la chaleur à laquelle ces verres étaient exposés. Nous ne sommes pas entièrement de l'avis de M. Dufourny sur
cet article, et nous ne pensons pas que les petits changements faits
dans la forme puissent produire une différence aussi considérable que
M. Dufourny se l'est persuadé; nous allons exposer les motifs sur lesquels est appuyé notre sentiment.

Les réverbères des lanternes exposées dans les rues de Paris sont
des courbes sphériques concaves; la lumière en occupe à peu près le
foyer, c'est-à-dire qu'elle est placée environ au quart du diamètre de
la sphère. Il résulte de cette construction que, si la flamme n'était
qu'un seul point lumineux, tous les rayons qui en partiraient et qui seraient réfléchis par le réverbère seraient parallèles entre eux; mais
comme cette même flamme occupe un espace assez étendu, relativement aux proportions du réverbère, il en résulte qu'une partie des
rayons sont convergents, d'autres divergents, quelques autres, enfin,
sont parallèles à l'axe de la sphère. Il suit de cet exposé qu'il n'y a pas
de foyer réel dans les lanternes qui servent maintenant à éclairer les
rues de Paris, de sorte que la chaleur est toujours sensiblement la
même, soit qu'on approche le verre de la lumière, soit qu'on l'en
éloigne. Il est vrai qu'il arrive rarement que la flamme soit placée
précisément au quart du diamètre de la sphère; presque toujours elle
est un peu en deçà ou un peu au delà; il se trouve, dans ce dernier
cas, après la réflexion, plus de rayons convergents que de divergents,
et il peut bien se faire alors que le verre reçoive un peu plus de chaleur
lorsqu'il est éloigné de la flamme que lorsqu'il en est proche; mais la
différence ne peut jamais être bien considérable. En observant d'ailleurs
un grand nombre de lanternes dont les verres avaient été cassés, nous
avons remarqué qu'il y en avait presque autant de celles dont la lumière était en deçà qu'au delà du vrai foyer du réverbère. Il aurait dû

cependant s'en trouver beaucoup plus de ces dernières dans les principes de M. Dufourny.

Nous pensons donc que les corrections faites dans la forme de la lanterne ne suffisent pas pour expliquer pourquoi il se casse un plus grand nombre de celles qui ont été construites en dernier lieu que des précédentes. Nous serions plutôt portés à croire que la qualité du verre en est la cause. Les chimistes éprouvent, en effet, tous les jours qu'il se trouve des espèces de verre beaucoup plus propres les unes que les autres à résister à l'action de la chaleur. C'est principalement de la lenteur du refroidissement qu'on leur a fait éprouver que dépend cette propriété. Mais, indépendamment de la qualité du verre, il y aura toujours une précaution nécessaire à prendre pour éviter la fracture ; ce sera d'avancer assez le rebord du toit de la lanterne pour que la pluie ne puisse jamais frapper la partie échauffée du verre. Enfin, si ces deux moyens ne suffisaient pas, on pourrait en employer un plus efficace encore, ce serait de former le carreau de la lanterne de deux morceaux de verre rapportés l'un contre l'autre et réunis le plus exactement qu'il serait possible. Le cadre dans lequel ces verres seraient placés les maintiendrait suffisamment sans qu'il fût besoin de les assujettir par un plomb. D'après cette disposition, la chaleur n'agirait plus dans le milieu du verre, elle agirait sur les bords, et il en supporterait beaucoup plus aisément l'action.

RAPPORT

SUR

UNE PIERRE

QU'ON PRÉTEND ÊTRE TOMBÉE DU CIEL

PENDANT UN ORAGE.

Nous avons été chargés par l'Académie, M. Fougeroux, M. Cadet et moi, de lui rendre compte d'une observation communiquée par M. l'abbé Bachelay, sur une pierre qu'on prétend être tombée du ciel pendant un orage.

Il n'y a peut-être pas de pierres dont l'histoire fût aussi étendue que celle des pierres de tonnerre, si l'on voulait rassembler tout ce qui a été écrit à ce sujet par les différents auteurs. On peut en juger par le grand nombre de substances qui portent ce nom. Cependant, malgré l'opinion accréditée parmi les anciens, les vrais physiciens ont toujours regardé comme fort douteuse l'existence de ces pierres. On peut consulter à ce sujet un mémoire de M. Lemery, imprimé parmi ceux de l'Académie, année 1700.

Si l'existence des pierres de tonnerre a été regardée comme suspecte dans un temps où les physiciens n'avaient presque aucune idée de la nature du tonnerre, à plus forte raison doit-elle le paraître aujourd'hui que les physiciens modernes ont découvert que les effets de ce météore étaient les mêmes que ceux de l'électricité. Quoi qu'il en soit, nous allons rapporter fidèlement le fait qui a été communiqué par

M. Bachelay; nous examinerons ensuite quelles sont les conséquences qu'on peut en tirer.

Le 13 septembre 1768, sur les quatre heures et demie du soir, il parut du côté du château de la Chevallerie, près de Lucé, petite ville du Maine, un nuage orageux, dans lequel se fit entendre un coup de tonnerre fort sec et à peu près semblable à un coup de canon. On entendit à la suite, dans un espace d'environ deux lieues et demie, sans apercevoir aucun feu, un sifflement considérable dans l'air, et qui imitait si bien le mugissement d'un bœuf que plusieurs personnes y furent trompées. Enfin plusieurs particuliers qui travaillaient à la récolte dans la paroisse du Périgué, à trois lieues environ de Lucé, ayant entendu le même bruit, regardèrent en haut et virent un corps opaque qui décrivait une courbe et qui alla tomber sur une pelouse dans le grand chemin du Mans, auprès duquel ils travaillaient. Tous y coururent promptement et trouvèrent une espèce de pierre dont environ la moitié était enfoncée dans la terre, mais elle était si chaude et si brûlante, qu'il n'était pas possible d'y toucher. Alors ils furent tous saisis de frayeur et prirent la fuite; mais, étant revenus quelque temps après, ils virent qu'elle n'avait pas changé de place, et ils la trouvèrent assez refroidie pour pouvoir la manier et l'examiner de plus près. Cette pierre pesait sept livres et demie, elle était de forme triangulaire, c'est-à-dire qu'elle présentait trois espèces de cornes arrondies, dont une, dans le moment de la chute, était entrée dans le gazon; toute la partie qui était entrée dans la terre était de couleur grise ou cendrée, tandis que le reste, qui était exposé à l'air, était extrêmement noir. M. l'abbé Bachelay, s'étant procuré un morceau de cette pierre, l'a présenté à l'Académie et a paru désirer en même temps qu'on en déterminât la nature. Nous allons rendre compte des expériences que nous avons faites dans cette vue; elles nous aideront à déterminer ce qu'on doit penser d'un fait aussi singulier.

La substance de cette pierre est d'un gris de cendre pâle; lorsqu'on en regarde le grain à la loupe, on aperçoit qu'elle est parsemée d'une infinité de petits points brillants métalliques, d'un jaune pâle; sa surface extérieure, celle qui, suivant M. l'abbé Bachelay, n'était point engagée dans la terre, était couverte d'une petite couche très-mince d'une matière noire, boursouflée dans des endroits, et qui paraissait avoir été fondue. Cette pierre, frappée dans l'intérieur avec l'acier, ne donnait aucune étincelle; si l'on frappait au contraire sur la petite couche extérieure, qui paraissait avoir été attaquée par le feu, on parvenait à en tirer quelques-unes.

Nous avons d'abord soumis cette pierre à l'épreuve de la balance hydrostatique, et nous avons observé qu'elle perdait, à très-peu près, dans l'eau les deux septièmes de son poids, ou, plus exactement, que sa pesanteur spécifique était à celle de l'eau, dans le rapport de 3535 à 1000. Cette pesanteur était déjà beaucoup supérieure à celle des pierres siliceuses; elle nous annonçait par conséquent une quantité de parties métalliques assez considérable.

Cette pierre ayant été réduite en poudre, elle a d'abord été combinée à cru avec le flux noir, et nous avons obtenu un verre noir tout à fait semblable, en apparence, à la croûte qui recouvrait la surface de la pierre. Une portion de la même poudre a été mise dans une écuelle à calciner; elle a d'abord subi une chaleur beaucoup supérieure à l'eau bouillante, sans qu'il se soit élevé aucune vapeur sulfureuse; mais lorsque la matière a approché du point où elle commence à rougir, alors le soufre s'est dégagé en abondance, et nous sommes parvenus à en séparer la totalité sans être obligés de hausser beaucoup le degré.

La calcination ayant été faite, nous avons procédé à la réduction; afin d'obtenir la partie métallique, nous avons mêlé à cet effet, dans un creuset, une partie de la pierre réduite en poudre et calcinée avec quatre parties de flux noir, et nous avons poussé au feu, dans un fourneau à vent, jusqu'à ce que le tout fût parfaitement fondu. Nous avons alors retiré le creuset du feu, et l'ayant cassé, après toutefois que les matières ont été refroidies, nous n'avons trouvé qu'une masse alcaline noire, d'où nous avons cru pouvoir présumer que le métal contenu dans cette pierre était du fer, et qu'il s'était combiné avec l'alcali.

N'ayant pu parvenir à séparer la partie métallique par la voie sèche, nous avons eu recours à la voie humide; nous avons observé d'abord, en général, ainsi que M. l'abbé Bachelay l'annonce, que l'acide nitreux n'avait presque point d'action sur cette pierre, que l'acide vitriolique et l'acide marin en avaient au contraire une beaucoup plus grande; qu'elle y excitait une petite effervescence accompagnée d'un dégagement d'odeur de foie de soufre, mais beaucoup plus considérable lorsque l'expérience a été faite par l'acide marin que par l'acide vitriolique; enfin que cette pierre, mise en morceaux dans ces deux acides, y divisait et se réduisait en parties extrêmement fines, qui, mêlées avec de petites bulles d'air qui s'étaient dégagées, donnaient à la liqueur surnageante une apparence gélatineuse : ce phénomène s'observe dans un grand nombre de dissolutions, et surtout dans celles qui se font par l'acide marin.

Nous étant ainsi assurés que les acides agissaient sur cette pierre, nous avons cru devoir profiter de cette circonstance pour séparer, par la voie humide, les différentes substances dont elle était composée, et, pour compléter ce qui nous avait manqué par la voie sèche. Nous avons pris, en conséquence, deux gros de cette pierre en poudre, nous avons versé dessus de l'acide vitriolique; il s'est excité d'abord une effervescence assez vive, mais bientôt elle s'est ralentie, et a duré ainsi pendant plusieurs jours; lorsqu'elle a été entièrement passée, nous avons décanté la liqueur surnageante, et l'ayant mise à évaporer, nous en avons retiré des cristaux de vitriol martial en losanges assez réguliers, imprégnés d'une quantité d'eau mère assez considérable; le résidu ayant été pesé et lavé, il s'est trouvé diminué de 52 grains, c'est-à-dire qu'il ne pesait plus que 1 gros 20 grains. Le vitriol que nous avions obtenu de cette opération, ayant été redissous dans l'eau et combiné avec de l'alcali fixe saturé de matière colorante par la méthode de M. Macquer, nous en avons retiré 1 gros 40 grains de bleu de Prusse; la liqueur surnageante nous a paru contenir quelques vestiges d'alun.

Il nous restait à examiner ensuite quelle était la nature de la terre restant après que le fer en avait été séparé : nous l'avons calcinée,

6.

à cet effet, à petit feu; il s'est séparé pendant cette opération beaucoup de vapeurs sulfureuses. Après quoi, ayant pesé la matière, il ne s'est plus trouvé que 1 gros 8 grains; ce résidu ne nous a paru être autre chose qu'une terre vitrifiable très-divisée. Nous concluons de la comparaison de ces différentes expériences, que 100 grains de la pierre présentée à l'Académie par M. Bachelay contien.nent :

1°.....................	8 grains $\frac{1}{8}$	de soufre.
2°.....................	36	de fer.
3°.....................	55　$\frac{1}{9}$	de terre vitrifiable.
Total.........	100 grains.	

Il nous reste maintenant à examiner ce qui résulte des connaissances que nous avons acquises par cette analyse; il nous a paru d'abord que cette pierre n'avait pas été exposée à un degré de chaleur bien considérable ni bien longtemps continué. Nous avons vu, en effet, qu'elle se décomposait à un degré de chaleur inférieur à celui qui la faisait rougir. Si donc elle avait été fortement échauffée, elle aurait dû nous parvenir dans un état de décomposition et dépouillée de tout son soufre.

Nous croyons donc pouvoir conclure, d'après la seule analyse et indépendamment d'un grand nombre d'autres raisons qu'il serait inutile de détailler, que la pierre présentée par M. Bachelay ne doit point son origine au tonnerre, qu'elle n'est point tombée du ciel, qu'elle n'a pas été formée non plus par des matières minérales mises en fusion par le feu du tonnerre, comme on aurait pu le présumer; que cette pierre n'est autre chose qu'une espèce de grès pyriteux qui n'a rien de particulier, si ce n'est l'odeur hépatique qui s'en exhale pendant la dissolution par l'acide marin; ce phénomène, en effet, n'a pas lieu dans la dissolution des pyrites ordinaires. L'opinion qui nous paraît la plus probable, celle qui cadre le mieux avec les principes reçus en physique, avec les faits rapportés par M. l'abbé Bachelay et avec nos propres expériences, c'est que cette pierre, qui peut-être était couverte d'une petite couche de terre ou de gazon, aura été frappée par la foudre et qu'elle aura été ainsi mise en évidence; la chaleur aura été assez grande pour fondre la superficie de la partie frappée, mais elle n'aura pas été assez longtemps continuée pour pouvoir pénétrer dans l'intérieur : c'est ce qui fait que la pierre n'a point été décomposée. La quantité considérable de matières métalliques qu'elle contenait, en opposant moins de résistance qu'un autre corps au courant de matière électrique, aura peut-être pu contribuer même à déterminer la direction de la foudre : on observe, en effet, qu'elle se porte plus volontiers vers les corps qui sont les plus électrisables par communication. Nous ne devons pas laisser ignorer ici une circonstance assez singulière : M. Morand fils nous ayant remis un fragment de pierre des environs de Coutances, qu'on prétendait également être tombée du ciel, elle s'est trouvée à très-peu de chose près de la même nature que celle de M. l'abbé Bachelay; c'est de même un grès parsemé de points de pyrite martiale. et elle ne diffère de l'autre qu'en ce qu'elle ne donne point d'odeur de foie de soufre avec l'esprit de sel. Nous ne croyons pas qu'on puisse conclure autre chose de cette ressemblance, sinon que le tonnerre tombe de préférence sur les substances métalliques, et peut-être encore plus sur les matières pyriteuses.

Au reste, quelque fabuleux que puissent paraître ces sortes de faits, comme en les rapprochant des expériences et des réflexions que nous venons de rapporter ils peuvent contribuer à éclaircir l'histoire des pierres de tonnerre, nous pensons qu'il sera à propos d'en faire mention dans l'Histoire de l'Académie.

RAPPORT

SUR

UNE MÉTHODE A L'USAGE DES GRAVEURS

DE BLASON.

Nous avons examiné par ordre de l'Académie, M. de Montigny et moi, une méthode proposée et exécutée par le sieur Montulay à l'usage des graveurs de blason. Cette méthode consiste à composer une grande planche de cuivre de plusieurs planches plus petites dont on peut changer à volonté les positions.

On aperçoit que ces transpositions exigent un châssis de cuivre dans lequel les petites planches soient exactement jointes et assujetties, afin qu'elles ne puissent avoir aucun mouvement lorsqu'elles sont en place, c'est ce que le sieur Montulay a exécuté d'une manière simple et ingénieuse. Il est aisé de sentir que cette méthode peut être avantageuse aux graveurs de blason, qui sont souvent dans le cas de transposer des armoiries ou même de les employer en différentes suites dans les nobiliaires généraux ou particuliers. Cette mécanique paraît rendre la réimpression de ces sortes d'ouvrages plus facile et moins dispendieuse.

Quoique l'objet dont M. Montulay s'est occupé ne soit pas d'une utilité fort étendue, cependant, comme il intéresse l'art de la gravure et qu'elle peut en faire des applications heureuses, nous croyons que cette méthode, proposée quant à présent pour les ouvrages du blason, peut être approuvée par l'Académie.

RAPPORT

sur

UN PROJET DE CONSTRUCTION DE CHEMINÉE.

Nous avons été chargés par l'Académie, M. Brisson et moi, de lui rendre compte d'un projet de construction de cheminée propre à garantir de la fumée, par M. de La Serre Darous. Quoique le moyen proposé soit assez simple, il nous serait cependant difficile de l'exposer d'une manière intelligible sans le secours de figures; au reste ce moyen ne nous a paru répugner à aucun principe de physique; mais comme en ce genre les expériences sont un guide plus sûr que la théorie, ou qu'elles doivent au moins s'appuyer mutuellement, nous pensons que l'Académie ne peut faire autre chose que d'exciter M. de La Serre à s'occuper de cet objet utile, et de l'engager à lui faire part du résultat de ses épreuves.

Fait à l'Académie, ce 8 juillet 1769.

RAPPORT

SUR

L'ART DU TAPISSIER.

Nous avons examiné par ordre de l'Académie, M. Brisson et moi, un ouvrage manuscrit ayant pour titre *l'Art du tapissier*, accompagné de dessins destinés à en faciliter l'intelligence. Cet ouvrage contient un exposé assez exact des différentes opérations de l'art dont il traite, mais il nous a paru qu'il n'était ni assez méthodique, ni assez clair; qu'il y manquait un grand nombre de définitions et de descriptions essentielles, de sorte qu'il était inintelligible pour le plus grand nombre des lecteurs; les dessins, d'ailleurs, sont exécutés sans principes et sans perspective; ils ne présentent que des idées très-imparfaites des objets qu'on a voulu rendre.

Enfin nous pensons que cet ouvrage, quoique bon à certains égards, manque essentiellement par la forme, qu'il ne peut être regardé que comme des mémoires non rédigés qui pourraient être utiles à ceux qui voudraient se charger de la description de l'art du tapissier, mais que, dans l'état où il est, il ne peut mériter l'approbation de l'Académie.

RAPPORT

SUR

DES PAPIERS FAÇON DE HOLLANDE.

17 Janvier 1770.

Nous avons examiné par ordre de l'Académie, M. Delalande et moi, différents échantillons de papiers préparés à la façon de Hollande par M. Lebrun. L'effet de cette préparation, dont il ne nous a pas communiqué le procédé, est de donner plus de blancheur au papier, de le rendre plus lisse et plus uni, et de procurer à du papier commun une grande partie des propriétés reconnues dans ce qu'on appelle *le papier de Hollande*. L'Académie a sous les yeux les épreuves que nous avons fait faire par M. Lebrun pour constater les avantages de sa méthode. Elle peut y voir, entre autres, une feuille de papier d'impression très-commune que nous avons remise entre ses mains, parafée de l'un de nous. M. Lebrun en a préparé un feuillet suivant sa méthode et l'autre est resté brut. Celui qui a été préparé a acquis un coup d'œil bleuâtre et beaucoup plus de blancheur que l'autre; il est aussi beaucoup plus lisse et plus disposé à recevoir les traits de l'écriture; en général il paraît avoir acquis par la préparation la qualité d'un papier beaucoup plus cher.

Cette même préparation réussit également sur du papier imprimé et même sur des estampes; l'impression ni la gravure n'en paraissent aucunement altérées; elles acquièrent même plus d'éclat en raison de la blancheur du papier, qui contraste mieux avec la noirceur des traits.

Il résulte encore des épreuves que nous avons faites que le papier ainsi préparé n'est pas pénétré plus aisément par l'encre qu'il ne l'était auparavant; nous ne pouvons pas dissimuler cependant qu'elle ne s'y étende un peu davantage que sur le vrai papier de Hollande et que les traits n'y soient un peu moins nettement terminés. Quoi qu'il en soit, nous pensons que cette préparation mérite l'approbation de l'Académie, non pas comme une découverte, puisqu'elle a lieu depuis longtemps en Hollande, mais comme un objet de recherche utile à la société et intéressant pour le commerce national, et qui mérite, par conséquent, d'être encouragé.

RAPPORT

SUR

DIFFÉRENTES PIERRES DE RIOM,

EN AUVERGNE.

Nous avons été nommés par l'Académie, M. de Montigny, M. Fougeroux et moi, pour examiner différentes pierres de Riom, en Auvergne, envoyées par M. Dutour, avec une notice contenant quelques réflexions relatives à leur nature.

Les observations qui résultent de l'examen de ces pierres et de la notice qui y est jointe nous paraissent se réduire à trois : la première consiste en différentes empreintes de feuilles que M. Dutour a remarquées sur des lames de tripoli, de la carrière de Menac, en Auvergne; ces empreintes sont assez bien marquées, et les végétaux dont elles présentent les fragments paraîtraient appartenir à la classe des arbres. Du reste, il est difficile de déterminer précisément à quel genre on doit les rapporter, si elles sont indigènes ou exotiques. Il nous a paru seulement que ces empreintes différaient de celles qui se trouvent communément dans les premiers bancs de charbon de terre.

Quoique ce fait ne soit pas absolument neuf, puisque M. Ludwig et M. Gardeil ont même été jusqu'à prétendre que le tripoli était en tout ou en partie formé par des substances végétales, et que M. Guettard et M. Fougeroux aient fait mention de ce même fait dans les mémoires qu'ils ont donnés sur cette matière en 1755 et 1769, cependant, comme

7.

les naturalistes ne sont point encore entièrement d'accord entre eux
sur la nature et sur la formation du tripoli, on ne peut que savoir gré
à M. Dutour d'avoir rassemblé des faits propres à jeter quelque jour
sur cette matière, et nous concluons à ce qu'il en soit fait mention dans
l'histoire de l'Académie. Nous croyons en même temps qu'il ne sera pas
hors de propos d'y ajouter que les échantillons de pierres envoyées
par M. Dutour sous le nom de *tripoli* ne sont autre chose que des schistes
durs, tels qu'on en trouve en beaucoup d'endroits.

La seconde observation de M. Dutour a pour objet deux pierres
assez semblables en apparence et qui ne sont autre chose que des
espèces de laves poreuses, l'une est de Volvic, l'autre vient d'une
tuilerie. La ressemblance de ces deux pierres pourrait porter à croire
que c'est la même matière en fusion qui a formé l'une et l'autre.
M. Dutour présume d'après cela que les laves de Volvic ont été formées par des argiles fondues par le feu du volcan. Ce fait ne nous
paraît pas assez bien établi pour qu'il doive en être fait mention dans
l'Histoire de l'Académie. Il est possible en effet qu'il se soit trouvé, dans
le fourneau dans lequel la tuile a été cuite, quelque terre ou pierre
fort différente de l'argile, qui, par sa fusion ou sa combinaison, ait formé
l'espèce de lave dont il est question. Au reste, l'observation de M. Dutour contribuera toujours à faire voir qu'il est possible d'imiter parfaitement la nature dans les productions des volcans.

Enfin M. Dutour termine sa notice par quelques réflexions sur des
pierres branchues qui se rencontrent dans des espèces de tuf, il les regarde comme différents noyaux d'une masse ou rocher de pierre calcaire qui s'est détruit.

Comme M. Dutour s'est étendu d'une manière particulière sur ces
sortes de pierres dans un mémoire imprimé parmi ceux présentés à l'A-
cadémie, nous croyons être dispensés d'entrer dans aucun détail à ce
sujet et nous nous contenterons de renvoyer à son mémoire.

RAPPORT

SUR

UN FAUTEUIL A L'USAGE DES MALADES.

7 Février 1770.

Nous avons été chargés par l'Académie, M. Vaucanson et moi, de lui rendre compte d'un fauteuil à l'usage des gens âgés, infirmes ou convalescents, qui lui a été présenté par le sieur Ferry.

La mécanique de ce fauteuil a trois objets : premièrement de faire marcher le fauteuil à la volonté de celui qui y est assis;

Secondement, de baisser le dossier sous tel angle qu'on le juge à propos et de lui donner même une situation presque horizontale;

Troisièmement, de prolonger le siége assez en avant pour soutenir les jambes du malade, dans le cas où il voudrait faire un lit du fauteuil.

Le premier de ces trois objets est rempli au moyen de deux manivelles que le malade peut mouvoir lui-même. Elles communiquent chacune, à l'aide d'une bascule de renvoi, le mouvement à un engrenage qui fait mouvoir deux roues placées sous les deux pieds de derrière du fauteuil.

Le second objet est rempli au moyen d'un arc de cercle denté qui est mené par une mécanique presque semblable à celle dont on vient de parler.

Enfin le prolongement du siége se fait par le moyen d'un double châssis de fer qui sort de dessous le fauteuil. L'action qui le fait mouvoir est encore celle d'une manivelle.

Le mécanisme au moyen duquel l'un de ces châssis s'élève pour se mettre au niveau du siége est la partie de cette machine qui nous a paru la plus ingénieuse.

Lorsque le double châssis est sorti pour la plus grande partie de dessous le siége, le châssis supérieur se trouve arrêté par un frein, tandis que l'autre continue son mouvement. Cette circonstance oblige une espèce de chevalet qui se trouve entre les deux châssis, et qui est mobile entre chacun d'eux, à se lever, de sorte qu'à l'extrémité du mouvement le châssis supérieur se trouve écarté de l'inférieur de toute la hauteur du chevalet, ce qui le met précisément au niveau du siége.

Quoique cette mécanique ne soit pas absolument nouvelle puisqu'elle a beaucoup de rapport à celle qui sert à élever le parterre de l'Opéra pour le mettre au niveau du théâtre, M. Ferry a le mérite d'en avoir fait ici une application ingénieuse. Nous l'exhortons cependant à simplifier son fauteuil, le plus qu'il lui sera possible, afin d'en diminuer le prix. Nous ne pouvons dissimuler que dans l'état actuel il ne fût très-considérable; il serait bon aussi qu'il le rendît plus léger, et qu'il évitât le porte à faux considérable qu'occasionne le prolongement du siége. Au reste, nous devons à M. Ferry la justice de dire que son fauteuil remplit bien l'objet qu'il a eu en vue, et qu'il annonce dans l'auteur l'esprit d'invention et beaucoup d'adresse dans l'exécution.

DÉTAIL DES OBSERVATIONS

FAITES, À DIEPPE ET AU HAVRE,

POUR ÉPROUVER

LE NOUVEL INSTRUMENT PROPOSÉ PAR M. DE CASSINI,

PAR M. LAVOISIER ET M. FOURRAY,

PROFESSEUR D'HYDROGRAPHIE À DIEPPE.

On n'entrera ici dans aucun détail sur la construction et les usages de l'instrument de M. de Cassini; ils ont été suffisamment expliqués dans les mémoires qu'il a lus à l'Académie des sciences et dans la brochure qu'il a publiée. Nous nous contenterons donc de rapporter ici le détail des observations que nous avons faites, soit en mer, soit à terre, conformément au journal qui en a été dressé exactement chaque jour, et qui a été signé de nous et des capitaines de vaisseaux qui ont assisté à nos opérations.

Le moyen qui nous a paru le plus propre pour parvenir à la vérification de l'instrument de M. de Cassini a été premièrement de comparer les hauteurs données en mer par cet instrument avec celles conclues par l'heure observée à une pendule bien réglée; secondement, de comparer les mêmes hauteurs avec celles données par l'octant.

Quoique M. Fourray, l'un de nous, eût chez lui une méridienne filaire faite avec soin, et qu'elle eût pu suffire à la rigueur pour régler une pendule; cependant; comme elle n'était pas encore exactement vérifiée, nous avons pensé qu'il serait plus sûr de nous servir de la méthode des hauteurs correspondantes.

OBSERVATIONS FAITES À DIEPPE.

Du 1er avril 1770.

En conséquence, le dimanche 1er avril, le soleil s'étant montré dès le matin, nous nous sommes occupés à régler à terre une pendule à secondes par des hauteurs correspondantes prises avec l'instrument même de M. de Cassini.

Le même instrument nous a servi à déterminer à midi la plus grande hauteur du soleil pour en conclure la latitude. Le bord supérieur s'est trouvé toucher exactement la ligne de 45 degrés, d'après quoi nous avons établi le calcul suivant :

Hauteur du bord supérieur à midi	45°	0′	0″
Demi-diamètre	″	16	2
Hauteur du centre	44	43	58
Réfraction	″	″	57
Hauteur vraie	44	43	1
Déclinaison	4	40	5
Hauteur de l'équateur	40	2	56
Distance du zénith à l'horizon	90	″	″
Latitude	49	57	4

Cette détermination ne diffère que de 1′ 47″ en plus de celle qui se trouve dans la Connaissance des temps, et de..... dans le même sens de la latitude conclue par les opérations trigonométriques de la carte de France.

L'opération des hauteurs correspondantes ayant été achevée et la pendule ayant été exactement réglée, nous avons fait transporter sur les quatre heures après midi, à bord d'une chaloupe, les deux instruments de M. de Cassini, celui d'un pied et celui de six pouces de hauteur, avec un octant fort exact appartenant à M. Fourray, nous nous sommes munis en même temps d'une montre à secondes fort exacte, que nous avons mise à l'heure sur la pendule.

Il soufflait ce jour-là un vent d'ouest assez vif et la mer était assez agitée; nous avons cherché à plusieurs reprises à prendre hauteur avec les deux instruments de M. de Cassini, mais la mer était trop forte, et quelque attention qu'aient apportée les deux observateurs dont le concours est nécessaire pour cette observation, il s'est trouvé constamment une incertitude d'un ou deux degrés dans les observations. Nous avons essayé en même temps de prendre hauteur avec l'octant; quoique la mer fût extrêmement agitée et que les vagues cachassent fréquemment l'horizon à cause de la petitesse du bâtiment, cependant, en saisissant le moment où la chaloupe était sur le haut d'une vague, nous sommes parvenus à déterminer la hauteur du soleil à deux ou trois minutes près tout au plus, ce que nous avons reconnu en comparant les hauteurs observées avec l'heure marquée par la montre.

Du 2 avril 1770.

Le 2, le temps ayant été couvert toute la journée, il n'a été possible de tenter aucune observation.

Du 3 avril 1770.

Le 3, le soleil s'est montré dès le matin; mais, comme il était placé du côté des falaises et qu'il n'aurait pas été possible de prendre hauteur avec l'octant autrement que par derrière, nous avons jugé plus à propos de remettre à l'après-midi.

Nous avons profité cependant du beau temps pour vérifier la pendule par quelques hauteurs du soleil prises avant midi avec l'instrument de M. de Cassini. Nous avons aussi observé la latitude, qui s'est trouvée de 49° 59′, ainsi qu'on peut en juger par le calcul suivant :

Hauteur du bord inférieur à midi..........	45°	12′	″″
Demi-diamètre...................... +	″	16	2
Hauteur vraie du centre................	45	28	2

Réfraction.............................	〃°	〃′	57″
Hauteur apparente du centre..............	45	27	5
Distance du zénith à l'horizon.............	90	〃	〃
Distance du soleil au zénith..............	44	32	55
Déclinaison...........................	5	26	5
Latitude.............................	49	59	〃

Cette détermination donne une différence de 3′ 43″ en excès de celle qui se trouve dans la Connaissance des temps, et de........ seulement de celle déduite des opérations trigonométriques de la carte de France.

Vers les 4 heures après midi, l'instrument fut porté en mer et nous nous embarquâmes sur une chaloupe un peu plus grande; mais une brume qui déroba le soleil à peu près à cette heure nous mit dans l'impossibilité de faire aucune opération.

Du 4 avril 1770.

Le temps a été couvert pendant la plus grande partie de la matinée, mais le soleil s'est montré dans l'après-midi; nous nous sommes en conséquence embarqués de nouveau, mais la mer était encore plus agitée que la première fois et nous avons reconnu à plusieurs reprises qu'il était impossible dans ces circonstances de faire aucun usage de l'instrument de M. de Cassini; nous sommes parvenus cependant à prendre quelques hauteurs avec l'octant, quoique avec un peu de difficulté, et elles se sont trouvées assez exactes.

Les circonstances n'ayant point été favorables à l'épreuve que nous avions en vue, et le temps ne permettant pas à l'un de nous de rester davantage à Dieppe, nous avons pris le parti d'interrompre la suite de nos opérations et de les différer jusqu'au Havre.

OBSERVATIONS FAITES AU HAVRE.

Du 14 avril 1770.

Le temps ne nous ayant pas permis de prendre des hauteurs correspondantes le premier jour, nous nous sommes contentés de prendre le midi à une méridienne qui passe pour exacte, mais que nous nous proposions de vérifier dans la suite par des hauteurs correspondantes. L'heure marquée par une pendule à secondes, bien réglée, appartenant à M. Prevost, horloger au Havre, ayant été comparée avec le midi donné par la méridienne, s'est trouvée retarder de 3^m 15^s.

Nous nous étions préparés ce même jour à nous embarquer sur le premier bâtiment qui sortirait du port ou de nous rendre à bord de ceux qui pourraient se montrer en rade; mais il ne s'est trouvé ce jour-là aucune occasion de remplir notre objet.

Le soir nous nous sommes préparés à faire l'observation de la latitude au moment du passage de quelque étoile par le méridien, par le moyen du petit quart de cercle qui fait partie de l'instrument. Nos premières tentatives s'étaient tournées vers l'étoile polaire, mais nous avons reconnu qu'elle était trop élevée au-dessus de l'horizon pour pouvoir être observée commodément, et, qu'en général l'instrument ne pouvait servir pour toutes les hauteurs au delà de 50 degrés; en effet, au delà de ce degré, la distance qui se trouve entre le bout de la lunette et la tablette de bois qui porte l'instrument est trop peu considérable pour pouvoir y placer l'œil. On aurait pu à la rigueur observer le passage de Procyon; mais, comme cette étoile était encore fort élevée au-dessus de l'horizon, il existait pour elle une partie du même inconvénient. Nous avons pris en conséquence le parti d'attendre l'Épi de la Vierge, qui devait passer à 11^h 22^m du soir.

Le temps était calme et serein, et l'observation a été faite avec toute l'attention dont nous étions capables; nous croyons pouvoir assurer qu'on peut compter sur son exactitude.

OBSERVATION FAITE AU HAVRE
POUR EN DÉTERMINER LA LATITUDE.

14 avril 1770.

	°	′	″
Hauteur de l'Épi de la Vierge lors de son passage au méridien du côté du nord, observé avec la lunette ou petit quart de cercle joint à l'instrument de M. de Cassini, l'étoile étant précisément au point d'intersection des deux fils.............	30°	22′	15″
Réfraction	"	1	36
	30	20	39
Quantité dont l'instrument baisse les astres .. +	"	11	30
Hauteur vraie........................	30°	32′	9″
Déclinaison méridionale .... +	9	57	17
Élévation de l'équateur.................	40	29	26
	90		
Hauteur du pôle ou latitude.............	49°	30′	34″

Cette observation a été faite chez M. l'abbé Dicquemarre, dont les talents pour la physique et l'astronomie sont déjà connus du public.

Du 15 avril 1770.

Il n'est sorti aucun vaisseau pendant la journée à cause de la fête; il ne s'en est point non plus montré à la rade. Nous nous sommes informés avec soin s'il ne se trouvait point dans le port quelque vaisseau prêt à mettre à la voile. Nous avons appris que le capitaine Bachelay devait partir le lendemain pour Saint-Domingue, sur le vaisseau *la Jeanne-Julie*, du port de 200 tonneaux.

Du 16 avril 1770.

En conséquence nous avions fait tous nos préparatifs pour nous embarquer vers le midi, c'est-à-dire à l'heure de la pleine mer; mais pendant la nuit du 15 au 16, le vent avait absolument changé et le bâtiment ne put sortir du port.

Toute la matinée, la mer a été couverte d'un brouillard épais, et le soleil n'a commencé à se montrer que vers une heure de l'après-midi.

Vers les trois heures, on apercevait à la rade un vaisseau hollandais qui paraissait se disposer à mouiller. Comme le soleil se montrait par intervalle à travers les nuages, nous nous sommes embarqués sur-le-champ dans une chaloupe, mais avant que nous eussions joint le na-.vire, le soleil était déjà couvert et il ne reparut plus, du reste de la journée.

Du 17 avril 1770.

Le temps était presque serein dès le matin et tout semblait annon-cer une belle journée; il soufflait seulement un vent un peu fort de l'ouest-nord-ouest. Le vaisseau que nous avions été joindre la veille était encore à la rade; nous nous sommes en conséquence embarqués pour le rejoindre de nouveau; mais le vent et la marée nous étaient direc-tement contraires, de sorte qu'après avoir lutté longtemps avec le secours réuni des voiles et des rames il ne nous a pas été possible de doubler la jetée qui est à l'extrémité du port.

M. Lecomte, capitaine du vaisseau *la Douce-Marie*, du port de 240 tonneaux, et M. Cordier, ancien capitaine du vaisseau négrier *le Jason*, s'étaient joints à nous, de sorte que toutes les observations qui ont été faites pendant cette journée, pendant la suivante, ont été communes avec eux. Les circonstances nous ayant obligés de rentrer dans le port, nous avons trouvé à notre arrivée le passager du Havre à Honfleur qui se préparait à partir, nous y avons fait transporter nos instruments et nous nous sommes embarqués; nous nous étions munis d'une montre à secondes fort exacte, qui avait été mise à l'heure sur la pendule.

Il était environ midi lorsque nous sommes sortis du port. Cette heure, il est vrai, n'était pas très-favorable pour les opérations que nous méditions, puisque c'était précisément celle où le soleil variait le

moins en hauteur; mais le temps, dont nous avions déjà plus d'une fois
éprouvé l'inconstance, ne nous permettait pas de différer et nous n'aurions pu le faire sans risquer de manquer notre opération. La mer était
assez calme et le vaisseau n'éprouvait qu'une médiocre agitation. Les premières épreuves n'ont pas été d'abord accompagnées d'un grand succès,
les marins mêmes qui étaient avec nous paraissaient désespérer de l'o-
pération.

Cependant, avec une attention plus suivie et un peu d'usage de
l'instrument, nous sommes tous parvenus à prendre des hauteurs;
nous allons les transcrire ici et les rapprocher en même temps de celles
conclues par l'heure marquée par la montre.

NOMS des OBSERVATEURS.	HEURES marquées par la montre.	HEURE VRAIE conclue par des hauteurs absolues prises à terre.	HAUTEUR observée avec le gnomon d'un pied.	HAUTEUR APPARENTE. calculée d'après l'heure.	ERREURS.
M. Lavoisier..	0^t 16^m	0^t 17^m 35^s	$51°$ $20'$ centre.	$50°$ $55'$ $50''$ centre.	+ 24' 10"
M. Lavoisier..	0 54	0 55 35	49 50 centre.	49 26 8 centre.	+ 23 52
M. Cordier...	1 6	1 7 35	49 0 centre.	48 40 9 centre.	+ 19 51
M. Fourray...	1 15	1 16 35	48 0 b. inf.	47 43 54 b. inf.	+ 16 6
M. Le Comte.	1 18	1 19 35	48 0 centre.	47 45 51 centre.	+ 14 19
M. Lavoisier..	1 22	1 23 35	48 6 b. sup.	47 41 39 b. sup.	+ 24 21

Il résulte de ces observations,

Premièrement, que l'erreur a toujours été en plus dans chacune
d'elles; nous reviendrons incessamment sur cet article;

Secondement, que cette erreur est communément de 20 à 25 minutes de degré, quoique les circonstances de l'observation fussent
assez semblables. Or 25' de degré ne donnent qu'une erreur de 2 à
3 minutes de temps jusqu'à 50 degrés de latitude, pourvu toutefois
que l'observation soit faite au moins à deux heures de distance du
midi.

OBSERVATIONS FAITES À HONFLEUR.

Le soir du même jour nous avons essayé de nouveau de prendre la hauteur de l'étoile polaire avec la lunette du quart de cercle, mais nous avons éprouvé les mêmes difficultés que le 14.

Nous avons ensuite essayé de prendre la hauteur de quelques-unes des étoiles de Cassiopée; mais le temps, qui se couvrait par intervalle, ne nous a pas permis de les observer à leur passage au méridien.

L'étoile..... de Cassiopée s'étant découverte pendant quelques instants, nous en avons déterminé la hauteur de $19°\ 10'$ à $12^h\ 3^m$ de temps vrai.

Du 18 avril.

Le matin nous avons essayé de relever des angles à terre d'une maison située sur les bords de la mer à Honfleur, presqu'à l'extrémité de la jetée la plus méridionale de ce port. On a d'abord placé la lunette sur le clocher d'Harfleur, et l'on a disposé l'instrument de manière que l'alidade répondît exactement au point zéro de la division; on a observé ensuite différents angles en observant de ramener chaque fois la lunette sur le clocher d'Harfleur pour s'assurer que l'instrument n'avait point été dérangé; l'alidade a toujours marqué exactement zéro à chacune de ces observations.

Voici le détail des angles qui ont été observés :

Du clocher d'Harfleur à celui de Gonfreville...	$21°$	$21'$	$20''$
Du clocher d'Harfleur à celui de Rogerville....	29	7	"
Du clocher d'Harfleur au cap de la Hogue.....	94	20	"

L'usage de cet instrument comme graphomètre a paru extrêmement commode, et il a été jugé supérieur à tous ceux qui ont été employés jusqu'ici.

L'après-midi, nous nous sommes embarqués pour retourner au

Havre; mais le temps était entièrement couvert et il a plu même pendant une partie de la traversée.

SUITE DES OBSERVATIONS FAITES AU HAVRE.

Du 19 avril.

Le soleil s'étant montré à midi, nous en avons profité pour observer sa plus grande hauteur. Le bord supérieur, observé à midi, touchait exactement à la ligne de 52°, d'après quoi nous avons établi le calcul suivant :

Hauteur du bord supérieur.............	52°	1′	″″
Demi-diamètre du soleil................	″	15	57
Hauteur vraie du centre...............	51	45	3
Réfraction.........................	″	″	44
	51	44	19
Déclinaison boréale.................	11	16	53
Élévation de l'équateur...............	40	27	26″
	90	″	″
Latitude du Havre..................	49°	32′	34″

Du 20 avril.

Le temps, jusqu'à ce jour, avait été tellement inconstant qu'il n'avait presque pas été possible de prendre des hauteurs correspondantes. M. Lavoisier, l'un de nous, ayant été obligé de partir pour Rouen le même jour, M. Fourray est resté au Havre pour y vérifier la pendule.

Le 20, au matin, le soleil était entièrement découvert, mais, vers les neuf heures, il commença à s'obscurcir, et, à onze heures, il était entièrement caché. M. Fourray profita le matin de quelques intervalles pour prendre des hauteurs absolues; nous joignons ici le détail de ses observations.

HAUTEUR DU SOLEIL OBSERVÉE AU HAVRE

LE 20 AVRIL 1770.

HEURE A LA PENDULE.			HAUTEUR DU SOLEIL.		HEURES QUE DEVRAIT MARQUER LA PENDULE.			RETARD DE LA PENDULE.	
9^h	24^m	48^s	Bord supérieur...	$41°$					
	26	58	Centre	41	9^h	28^m	58^s	2^m	0^s
	29	12	Bord inférieur....	41					
9^h 34^m 3^s {	31	42	Bord supérieur...	42					
	36	25	Bord inférieur....	42	9	36	50	2	47
	9 42	56	Centre	43	9	44	57	2	1
Somme......................								6^m	48^s
Retard moyen								2	16

Si des $2^m 16^s$ dont la pendule retardait le 20, on retranche 41^s dont le temps vrai avait avancé sur le temps moyen pendant l'intervalle du 17 au 20, on aura $1^m 35^s$ pour le retard de la pendule le 17 avril 1770. C'est précisément cette correction que nous avons faite à l'heure de la pendule dans les observations rapportées ci-dessus.

Du 23 avril.

De retour à Rouen, nous avons voulu tenter un nouvel essai sur la rivière de Seine; elle était un peu agitée ce jour-là. M. Dulaque, professeur d'hydrographie à Rouen, et M. Fourray, ont estimé la hauteur du bord supérieur à $40°$ juste. Lorsqu'une montre à secondes mise à l'heure sur le temps vrai marquait $9^h 12^m$, la hauteur apparente du bord supérieur à cette heure devait être de $39°\,52'\,6''$, ce qui donne une erreur de $7'\,54''$ dans l'observation.

Il est bon de remarquer que, lorsque le soleil est au-dessus de 45 degrés et que son image tombe sur la tablette horizontale de l'instrument, la hauteur peut être déterminée par un seul observateur; l'œil peut alors voir à la fois le niveau et l'image du soleil. Il n'en est pas de même pour les hauteurs au-dessous de 45 degrés; alors le concours de deux observateurs est absolument nécessaire, ce qui rend l'observation plus difficile et plus embarrassante.

Nous avons conclu plus haut que l'instrument de M. de Cassini ne donnait l'heure en mer qu'à deux ou trois minutes près, même dans les circonstances favorables, mais nous avons remarqué en même temps que les erreurs étaient toutes dans le même sens; il semblerait qu'on peut conclure que tous les observateurs ont naturellement une propension involontaire à estimer la hauteur plus grande qu'elle ne l'est véritablement, d'où il suit qu'avec un usage fréquent de cet instrument on pourrait s'accoutumer à en estimer les erreurs, et alors il pourrait donner l'heure en mer à la précision d'une ou deux minutes tout au plus; mais nous sommes obligés de convenir en même temps que cette précision n'approche pas encore de celle qu'on peut obtenir avec l'octant.

On pourra remarquer encore que les latitudes déterminées avec le même instrument ne diffèrent que de deux, trois ou quatre minutes tout au plus des latitudes vraies, et qu'elles pèchent toutes en excès. Cette différence constante vient sans doute d'un défaut ou dans la division ou dans la construction de l'instrument, d'où il suit qu'il est probable qu'en tenant compte de cette erreur, qui peut-être est constante, on pourrait, par le moyen de l'instrument de M. de Cassini, déterminer la latitude sur terre à une minute près.

Nous concluons de tout ceci que l'instrument proposé par M. de Cassini peut être employé avec succès à terre, qu'il est également exact et commode pour prendre des hauteurs correspondantes du soleil, et qu'il peut donner les hauteurs absolues à la précision de une ou deux minutes environ; que cet instrument peut être employé en mer à défaut d'octant, auquel nous sommes cependant obligés d'avouer qu'il est bien inférieur, que le quart de cercle qui y est joint rend cet instrument d'un usage encore plus étendu, qu'il peut servir à vérifier de temps en temps la marche du gnomon et à prendre des hauteurs correspondantes et absolues pour déterminer l'heure et la latitude; que le quart de cercle est très-exact et très-commode comme graphomètre, enfin que l'ensemble de cet instrument doit être regardé comme précieux pour les ingénieurs en ce qu'il peut satisfaire à toutes les opérations qui leur sont nécessaires, soit pour le ciel, soit pour la terre.

RAPPORT

SUR

UN NOUVEAU MOYEN DE PROCURER DE L'EAU

À LA VILLE DE PARIS.

Nous avons examiné, par ordre de l'Académie, M. de Montigny, M. Vaucanson, M. Perronet et moi, un mémoire présenté à l'Académie par M. Perrin, sur un nouveau moyen de procurer de l'eau à la ville de Paris.

Le projet de M. Perrin consiste à conduire, par un canal souterrain, l'eau de la rivière de Seine jusque sous l'Estrapade. Un vaste puits de 120 pieds de profondeur, divisé en deux parties de 60 pieds chacune, descendrait perpendiculairement du haut de l'Estrapade jusqu'au canal. L'eau serait élevée par une mécanique toute semblable à celle qui s'observe au puits de Bicêtre : elle consisterait en cinquante treuils, vingt-cinq à chaque étage, garnis chacun de quatre seaux, deux montants et deux descendants; chacun d'eux contiendrait trois muids d'eau, et il ne mettrait qu'une minute de temps pour s'élever du fond de chaque puits, c'est-à-dire d'une hauteur de 60 pieds. Il suit de cet exposé, que chacun des treuils de la machine de M. Perrin élèverait six muids d'eau par minute et que le produit total de la machine serait de cent cinquante muids d'eau par minute, à la hauteur de l'Estrapade.

Nous n'entrerons ici dans aucun détail sur les avantages ou les incon-

vénients que ce projet peut présenter au premier coup d'œil. Ces discussions seraient absolument superflues. Nous nous contenterons de rapprocher la machine de M. Perrin des premiers principes de la mécanique
et de faire voir à l'Académie combien elle est éloignée de pouvoir produire l'effet annoncé.

L'effet d'une machine, quelque parfaite qu'on la suppose, ne peut
jamais excéder l'effet naturel de la puissance qui la meut. Or cet effet
n'est autre chose que le poids multiplié par la vitesse. Si, par exemple,
la force d'un homme est telle qu'il puisse élever un poids de 30 livres
à une hauteur de 15 toises par minute, l'effet d'une machine mue
par un homme ne pourra jamais excéder le produit de 30 multiplié
par 15.

C'est d'après ce principe que M. Desaguillier, à la fin du tome second, détermine le maximum de la perfection des machines hydrauliques. Un homme, suivant lui, avec la meilleure machine hydraulique,
ne peut élever plus d'un muid d'eau, c'est-à-dire 560 livres à 10 pieds
de hauteur, pendant l'espace d'une minute. M. Daniel Bernouilli établit de même qu'un homme, avec la machine la plus parfaite, ne peut
élever, à chaque seconde, qu'un pied cube d'eau à 1 pied de hauteur.
Il résulte de la détermination de M. Desaguillier qu'un homme ne peut
élever que 46 $\frac{2}{3}$ livres d'eau à la hauteur de 120 pieds, et de celle de
M. Daniel Bernouilli, qu'il n'en peut élever que 35 livres. En prenant
à peu près un milieu entre ces deux déterminations, on pourra évaluer à 42 livres la quantité d'eau qu'un homme très-robuste, et dans
les circonstances les plus favorables, peut élever en une minute à la
hauteur de 120 pieds. Or 42 livres répondent précisément à 1 pouce 1/2
des fontainiers.

Il ne sera pas difficile, d'après cela, de déterminer quel sera le nombre
d'hommes nécessaires pour produire l'effet annoncé par M. Perrin. Il prétend fournir, par les moyens qu'il propose, 150 muids d'eau par minute,
c'est-à-dire 84,000 livres d'eau. Or, à raison de 42 livres par homme,
il ne peut produire cet effet qu'en appliquant continuellement à sa machine la force réunie de deux mille hommes. Mais des hommes ne

peuvent guère travailler plus de huit heures sur vingt-quatre, d'où il suit que, pour produire l'effet annoncé, il faudrait employer au moins six mille hommes, tandis que, dans son mémoire, M. Perrin ne compte que sur quatre ou cinq cents. Il est bon de remarquer que nous calculons toujours ici d'après la machine hydraulique la plus parfaite possible. Il est aisé de voir, au contraire, que celle proposée par M. Perrin est une des plus imparfaites.

Nous pourrions ajouter, à l'appui de ces calculs, des expériences faites l'année dernière par M. Perronet, l'un de nous, d'après les ordres de M. le contrôleur général, sur les treuils des carrières des environs de Paris, relativement à ce même projet. Nous pourrions y joindre quelques réflexions sur les difficultés de faire travailler à la fois vingt hommes dans chaque roue, et sur beaucoup d'autres inconvénients qu'entraînerait ce projet. Nous pourrions aussi relever, dans le mémoire de M. Perrin, un grand nombre de passages qui répugnent à tout principe de physique et de mécanique. Mais nous pensons que ce que nous avons exposé suffit pour donner une idée du projet, et nous regardons comme inutile d'entrer dans de plus grands détails.

Nous concluons donc que le projet de M. Perrin ne mérite aucune approbation de la part de l'Académie, qu'il est le plus dispendieux et le moins praticable de tous ceux qui ont été proposés; en un mot, nous ne trouvons à y louer que le zèle que l'auteur annonce pour le bien public.

PREMIER RAPPORT

SUR

LES SOUFFLETS A CHUTE D'EAU.

Nous avons examiné, par ordre de l'Académie, un mémoire de M. Barthès de Marmorières sur les soufflets à chute d'eau, qui sert de suite à celui qu'il avait présenté à l'Académie en 1742, et imprimé dans le troisième volume des *Savants étrangers*.

M. Barthès a en vue de rechercher, premièrement, ce qu'il y a de physique dans la théorie de ces soufflets; deuxièmement, les avantages dont ils sont susceptibles; troisièmement, de donner des règles sur les mouvements des soufflets à panneaux; quatrièmement, enfin, de comparer les effets de ces deux espèces de soufflets, pour juger desquels il convient de se servir préférablement. M. Barthès a décrit, dans son premier mémoire, ces espèces de soufflets, qui demandent une chute d'eau depuis 15 jusqu'à 30 pieds. On fait tomber l'eau par un tuyau vertical dans une caisse nommée *trompe*, qui a une ou plusieurs ouvertures pratiquées près du fond inférieur, afin qu'elle puisse s'écouler. On ajoute un second tuyau sur le fond supérieur de cette caisse, pour recevoir l'air que l'eau, en tombant, y a entraîné et le porter au fourneau.

M. Barthès observe que, lorsque l'eau se divise en tombant dans les tuyaux ou arbres creux, il se forme toujours des vides entre les gouttes, à toute hauteur de chute, puisque, dit-il, dans le cas où ces gouttes s'entre-toucheraient toutes par quatre points diamétralement opposés,

qui est celui où les vides seraient les plus petits possible, ces vides
suffiraient pour laisser remonter presque tout l'air parvenu dans la
caisse ou trompe, s'il n'y avait quelque obstacle pour l'empêcher. Car,
ajoute-t-il, le rapport de la surface du grand cercle de chaque goutte
avec le carré de son diamètre étant celui de 11 à 14, il s'ensuit que la
somme des issues par le tuyau ou arbre creux serait de 14 pouces environ, si la base de leur calibre était de 7 pouces 6 lignes de côté,
comme celle de la forge de Saint-Pierre, où furent faites plusieurs des
expériences rapportées dans le premier mémoire. Or, continue-t-il,
l'ouverture de la tuyère ayant 16 lignes de diamètre, il en résulterait
que l'air comprimé dans la trompe trouverait des issues entre les
gouttes pour remonter, dont la somme serait environ neuf fois plus
grande que cette ouverture, par laquelle l'air darde le feu. Mais, comme
cela n'arrive pas, M. Barthès explique, d'une manière très-ingénieuse,
l'obstacle au reflux de l'air par les gouttes mêmes, en comparant les
gouttes d'eau qui tombent dans l'arbre creux à celles d'une grande pluie
qui, en tombant sur une surface, sont suivies rarement en même place
de quelques autres; mais qu'au contraire elles s'écartent toutes de
cette espèce d'uniformité, en sorte qu'il en tombe plusieurs autour de
chacune de celles qui ont précédé, pendant quelques instants, sans
qu'aucune parvienne au même endroit : d'où il arrive que l'air est
chassé et comprimé continuellement dans la trompe; c'est par un pareil mécanisme de la nature, dit M. Barthès, qu'on peut expliquer
pourquoi ces nuées, dont parle M. de Mariotte dans son Traité du
mouvement, produisent et chassent, au moyen de la pluie qui en
tombe, le grand vent qui souffle si fort devant elles.

M. Barthès conclut de cette explication que l'air sera d'autant plus
comprimé dans les arbres creux que la chute sera plus grande : il cite
les preuves qu'il en a données dans son premier mémoire. L'expérience
démontre ce fait journellement à ceux qui font usage de pareils soufflets. Comme c'est en raison des surfaces que l'eau pousse une plus
grande quantité d'air, il donne la manière d'augmenter cette division
par la construction et les proportions des parties qui composent la

machine, il donne des calculs et des raisons très-satisfaisantes sur tout
ce qu'il avance.

Dans l'article 2ᵉ, M. Barthès compare la construction des différents
soufflets à chute d'eau, fait voir les défauts et les avantages des uns et
des autres; il démontre jusqu'où va l'ignorance des constructeurs qui
s'attachent scrupuleusement à des proportions uniquement autorisées
par l'usage et démenties par la théorie et l'expérience.

Il observe que l'usage du Languedoc et des Pyrénées est d'avoir des
réservoirs à l'embouchure des tuyaux ou arbres creux des soufflets ci-
dessus, lesquels diminuent d'autant plus la hauteur de la chute d'eau,
à compter depuis leur fond, qu'ils sont plus profonds; d'où il résulte
que la construction de ceux de Tivoli et des forges sur l'Isère, décrits
dans le premier mémoire, est préférable, puisqu'ils n'ont point de réservoir. M. Barthès voudrait aussi qu'on fît descendre aussi bas que
possible l'extrémité des arbres creux, pour gagner plus qu'on ne l'a fait
du côté de la chute.

En supposant qu'une grande division de l'eau augmente la force des
soufflets, M. Barthès propose le moyen qui paraît effectivement le plus
propre à l'opérer; ce serait de placer, dans les arbres creux, une plaque
de tôle ou de cuivre de la grandeur qu'embrasse l'eau à l'embouchure
de chaque arbre, percée de petites ouvertures rondes et semblable-
ment situées entre elles, comme le sont celles des cribles; le seul
inconvénient qu'y trouverait M. Barthès serait celui d'augmenter les
calibres des arbres creux; il serait fort à souhaiter que l'expérience
d'une pareille construction se fît par comparaison avec celle qui est
en usage.

M. Barthès rappelle des expériences rapportées dans son premier
mémoire; il perça des trous à différentes hauteurs sur l'un des tuyaux
des soufflets pour juger de l'amplitude des jets d'eau et d'air qui en
sortaient; il pensa alors qu'il était essentiel de bien calfater les trous,
les fentes et les joints des planches ou arbres creux qui composent les
tuyaux. Il est aujourd'hui d'un avis contraire, puisqu'il dit que les
jets d'eau et d'air qui jaillissaient par les ouvertures faites aux parois

des arbres creux, indiquent qu'on peut, sans porter le moindre préjudice aux soufflets qui dardent le feu des fourneaux des forges, ménager à ces parois des jets d'air propres en même temps à souffler
ailleurs, comme pour forges, martinets, etc. Voici de quelle façon il
continue à s'exprimer : « Il semble cependant, au premier moment
« qu'on y pensera, que, l'air des arbres creux passant ailleurs qu'à la
« trompe, cette quantité ne soit autant de moins pour elle; mais en y
« regardant de plus près, on jugera que la chute continuelle de l'eau
« ne perdra rien de son accélération dans tous les points de la hau-
« teur. Elle aura donc partout la même force pour comprimer l'air de
« la même manière qu'elle le comprimerait sans les échappées des pa-
« rois. Mais qui fournira, dira-t-on, cette plus grande quantité d'air
« que ces échappées exigeront? Les trompilles ou les trous au haut des
« arbres creux en fourniront toujours à proportion de la dépense. Ce
« sera comme une source intarissable qui, soufflant de ces trompilles à
« proportion que toutes les ouvertures en dépenseront, choquera l'eau
« tombante, et contribuera à une plus grande division de l'eau. »

Nous sommes persuadés que, si M. Barthès avait fait quelques expériences sur cela, il serait revenu à sa première opinion : il prouve clairement, dans son mémoire, que les soufflets dont il est ici question
donnent d'autant plus d'air qu'ils ont plus de chute d'eau; or cette
chute a deux objets : 1° celui d'une plus grande division d'eau, et par
conséquent d'un plus grand volume d'air; 2° de comprimer celui-ci en
raison de la hauteur de la colonne. Si donc on donne passage à cet air
dans les parties latérales des arbres creux, on diminuera d'autant plus
la compression, et, par conséquent, le volume d'air qui sortira de la
trompe, que l'on aura percé plus de trous. M. Barthès propose ensuite
de profiter de la chute d'eau nécessaire aux soufflets à trompe pour
donner le mouvement à un soufflet centrifuge. La machine dont il
donne le dessin est composée d'une grande caisse carrée qui peut être
considérée comme la trompe du soufflet; il prolonge l'arbre creux jusqu'à un canal placé dans le fond de la caisse, un peu au-dessus de la
surface des eaux, qui doivent être toujours maintenues à une certaine

hauteur pour que l'air ne puisse s'échapper avec elles. Ce canal est un peu incliné et dirigé contre les ailes d'une roue renfermée dans la trompe, laquelle, par le moyen d'un second tourillon, qui pourra être considéré comme une continuation du premier, donnera le mouvement à des vannes d'un soufflet centrifuge dont la boîte qui le renfermera sera solidement établie sur le fond inférieur de la trompe, et qui pourra se démonter à volonté : elle portera un tuyau de fer en forme d'entonnoir, dont la petite ouverture y sera bien arrêtée. Quant à la grande, elle le sera sur le côté de la trompe, en se débouchant à l'air extérieur, sans que celui renfermé dans la trompe y puisse communiquer, non pas même par les ouvertures dans lesquelles l'axe tournera. A cette fin, M. Barthès propose d'appliquer autour d'elle une lisière ou une peau recouverte de sa laine : il prescrit de construire au-dessus de chaque roue une pyramide recourbée pour diriger dans le fourneau le vent de chacun des soufflets.

Si l'on examine avec attention cette machine, et qu'on réfléchisse sur son effet, on verra que l'eau, en tombant dans l'arbre creux, aura perdu, par l'éparpillement, une grande partie de la vitesse acquise dans sa chute; il ne lui restera donc que celle que M. Barthès se propose de lui donner par l'inclinaison du canal qui est renfermé dans la trompe, laquelle doit être très-grande, puisque les roues des soufflets centrifuges ne donnent du vent qu'autant qu'elles sont mues avec une très-grande vitesse. Or cette chute ne pouvant se donner qu'aux dépens de celle de l'arbre creux, il résulte qu'il n'y aurait aucun avantage dans cette nouvelle construction, qui d'ailleurs serait difficile et dispendieuse. Au reste, cette machine ne nous paraît point assez simple pour son objet.

L'article 3ᵉ concerne les soufflets à panneaux. M. Barthès dit avec raison, et le prouve, que ces sortes de soufflets ne fournissent jamais un vent uniforme : il donne la théorie de leur construction, les effets qu'on doit en attendre et les inconvénients qui peuvent en résulter.

Dans l'article 4ᵉ, il compare les soufflets à chute d'eau avec ceux à panneaux; il démontre que les premiers sont à préférer, même avec toute leur imperfection. M. Barthès observe néanmoins, comme l'expérience le démontre tous les jours, qu'il est des cas où l'on ne peut faire absolument usage des soufflets à chute d'eau : ce sont ceux où les chutes d'eau sont trop petites. Pour peu qu'on réfléchisse sur leur construction et sur tout ce qui a été rapporté précédemment, on sera convaincu de la justesse de l'observation, sans avoir besoin d'en dire davantage.

Le mémoire dont nous venons de rendre compte peut être très-utile à ceux qui s'occupent à perfectionner des machines aussi nécessaires aux arts que le sont les soufflets : c'est pourquoi nous concluons que, lorsque M. Barthès aura retranché de son mémoire presque tout l'article 2ᵉ, savoir, son idée sur l'espèce de crible qu'il voudrait placer dans les arbres, ceux pour la plus grande division de l'eau, son sentiment sur les jets d'air qu'on peut tirer des arbres creux et le projet du soufflet centrifuge qu'il propose d'ajouter aux soufflets à chute d'eau, il méritera alors d'avoir le même sort que celui auquel il sert de suite, c'est-à-dire d'être imprimé dans le recueil des mémoires présentés à l'Académie.

Fait au Louvre, le 11 février 1769.

Signé JARS, LAVOISIER.

SECOND RAPPORT

SUR

LES SOUFFLETS A CHUTE D'EAU.

8 Août 1770.

Nous avons examiné, par ordre de l'Académie, en février 1769, M. Jars et moi, un mémoire de M. Barthès sur les soufflets à chute d'eau, pour servir de suite à celui qu'il avait donné en 1742.

M. Barthès ayant adressé depuis cette époque à l'Académie de nouvelles observations sur ce même objet, elle nous a nommés M. Macquer et moi pour lui en rendre compte.

Comme l'Académie peut avoir perdu de vue l'état de la question, nous allons en faire de nouveau l'exposition et essayer de fixer ses idées sur la nature, l'effet, et la théorie des soufflets à trompe.

Un soufflet à trompe consiste en un canal ou tuyau vertical de vingt à trente pieds de longueur, auquel l'eau est continuellement fournie par un réservoir placé dans la partie supérieure. La partie inférieure de ce tuyau aboutit dans une cuve ou trompe exactement fermée de toutes parts; l'eau s'y éparpille par sa chute et il s'en dégage une quantité d'air considérable qui, ne pouvant remonter par le canal supérieur, est forcée d'enfiler une espèce de tuyau qui le conduit au fourneau.

Il est bon d'ajouter à cette description, qu'à quelques pieds au-dessous du réservoir supérieur qui fournit l'eau, le canal ou tuyau perpendiculaire a un étranglement considérable qui le réduit environ à moitié ou au tiers de son diamètre. Au-dessous de cet étranglement le

canal ou tuyau est percé de plusieurs trous par lesquels l'air s'introduit librement dans son intérieur. Cet air se mêle avec l'eau et descend
avec elle jusque dans la cuve.

Il résulte clairement de cette description que tout l'air qui, après
l'éparpillement, sort par la tuyère pour entrer dans le fourneau, est
celui même qui s'est introduit par les trous latéraux pratiqués à la partie
supérieure du canal et qui s'est mêlé avec l'eau. Le mécanisme par lequel
l'air extérieur se trouve ainsi poussé dans l'intérieur du canal tient
à une théorie très-délicate dont il serait trop long de rendre compte,
et sur laquelle même les géomètres et les physiciens ne sont pas parfaitement d'accord. Il suffira de dire que cette espèce de succion qui
s'opère par la chute de l'eau dans l'intérieur d'un canal est démontrée
par une expérience décisive de M. Bernouilli. Il a adapté à un tuyau
perpendiculaire un autre tuyau latéral recourbé en bas; il a fait tremper
l'extrémité de ce dernier dans un vase plein d'eau; il a ensuite versé de
l'eau par la partie supérieure du tuyau perpendiculaire. Aussitôt l'eau
du vase dans lequel trempait le tuyau recourbé a commencé à s'élever
et à se mêler avec celle du canal perpendiculaire jusqu'à ce que l'eau
du vase fût entièrement épuisée. Sans prétendre prendre aucun parti
sur la cause de ce phénomène, qui a partagé deux grands géomètres de
ce siècle, il résulte toujours de cette expérience que l'eau qui descend
dans un canal perpendiculaire opère une espèce de succion, ce qui explique d'une manière très-naturelle la manière dont l'air s'introduit
dans le soufflet à trompe.

M. Barthès propose de pratiquer à différentes hauteurs, le long du
canal du soufflet à trompe, des tuyaux latéraux qui porteront de l'air
à différents fourneaux, et il prétend que l'effet du soufflet à trompe placé
dans le bas n'en serait point diminué. Nous pensons, d'après ce qui vient
d'être exposé, que ces tuyaux, loin de fournir de l'air, en absorberont
au contraire, surtout s'ils étaient placés dans le haut du canal; mais,
en supposant même qu'ils en pussent fournir dans la partie inférieure,
ce serait nécessairement en diminution de celui qui doit sortir après
l'éparpillement. L'effet des soufflets latéraux serait donc de diminuer

celui du soufflet principal. Au reste, comme dans ces sortes de matières sur lesquelles la théorie n'est pas encore parfaitement établie, il est important de s'éclairer continuellement par l'expérience.

L'Académie ne peut que savoir gré à M. Barthès des épreuves qu'il pourra faire en ce genre; l'objet est assez important pour qu'elle croie devoir l'exhorter à les multiplier autant qu'il sera possible.

M. Barthès propose ensuite de placer dans l'intérieur du tuyau des espèces de cribles, dont l'effet serait de diviser l'eau; nous ne voyons pas clairement quel serait l'avantage qui pourait en résulter; nous ne serions pas cependant éloignés de croire que, placés à quelque distance au-dessous de l'étranglement dont on a parlé plus haut, ils pourraient peut-être contribuer à augmenter l'effet du soufflet; c'est encore un article sur lequel nous croyons devoir aussi renvoyer à l'expérience.

Un troisième objet, sur lequel M. Barthès paraît insister dans ses dernières observations, c'est sur le soufflet centrifuge qu'il prétend faire marcher par le moyen de l'eau rassemblée dans la cuve ou trompe après l'éparpillement. Il est certain que l'eau de l'arbre creux, lorsqu'elle aura été éparpillée dans la trompe et qu'elle sera ensuite rassemblée, sera aussi propre qu'une autre à mener une machine hydraulique quelconque.

M. Barthès propose en conséquence de placer dans l'intérieur même de la trompe une roue garnie de palettes, que l'eau fera mouvoir après s'être rassemblée; il prolonge d'un côté l'axe ou tourillon de cette roue jusque en dehors de la trompe; il est bien essentiel que l'ouverture du cylindre par où passe le tourillon l'embrasse exactement de toute part et soit garnie de manière à ne point laisser échapper l'air. Cet axe ainsi prolongé sera garni, selon lui, hors de la trompe des vannes d'un soufflet centrifuge, et l'air sera chassé par une espèce de pyramide ou entonnoir dont l'embouchure aboutira dans la tuyère du fourneau. Nous observerons à cet égard que l'eau perdra par l'éparpillement toute la vitesse qu'elle avait acquise par sa chute le long du tuyau. Elle ne pourra donc agir qu'en raison de la vitesse acquise par l'inclinaison du canal, qui la conduira dans la roue simplement par son poids; il s'en fau-

dra donc beaucoup qu'elle ait autant de force que M. Barthès se l'imagine. On sait, en effet, que les soufflets centrifuges ne donnent de vent
qu'autant que les roues sont mues avec beaucoup de rapidité. Nous
pensons donc qu'en supposant même qu'on pût faire usage de cette
force, ce ne pourait être que pour faire mouvoir une machine dont le
mouvement serait fort lent.

Quoi qu'il en soit, l'Académie ne peut qu'applaudir aux vues de
M. Barthès; mais, comme en même temps quelques-unes d'entre elles
paraissent s'écarter des idées reçues en physique, nous croyons qu'elle
ne peut les adopter qu'avec beaucoup de restriction et en le priant
de les confirmer, s'il est possible, par quelques expériences.

RAPPORT

UN MÉMOIRE SUR LE TARTRE

DE M. ROUELLE LE CADET.

Nous avons été chargés par l'Académie, M. Bourdelin et moi, de lui rendre compte d'un mémoire sur le tartre, dans lequel on démontre que l'alcali fixe y est tout formé et qu'il est l'ouvrage de la végétation, par M. Rouelle le Cadet.

Avant d'entrer dans le détail des expériences contenues dans ce mémoire, nous pensons qu'il ne sera pas hors de propos de placer ici une histoire très-succincte des sentiments qui ont partagé les chimistes sur la formation des alcalis. Cet exposé fera connaître à l'Académie quel est précisément l'état de la question et la mettra à portée de distinguer ce qui appartient à M. Rouelle d'avec ce qui appartient à ceux qui l'ont devancé.

Sitôt que la chimie théorique a eu acquis quelque consistance, il s'est établi deux opinions sur la formation des alcalis. Les uns ont prétendu qu'ils existaient dans les végétaux antérieurement à la combustion, qu'ils étaient seulement masqués par des parties acides et huileuses, avec lesquelles ils étaient combinés et dont l'action du feu ne faisait que les dégager; les autres ont prétendu au contraire que les alcalis étaient l'ouvrage du feu, que les végétaux avant la combustion ne contenaient que les matériaux propres à les former, que l'acide végétal entrait pour beaucoup dans leur combinaison, et que c'était à son union avec la terre et le phlogistique qu'était dû l'alcali fixe. Il est aisé de voir en quoi ces deux opinions diffèrent l'une de l'autre; dans la première, les alcalis sont des êtres résultant de la décomposition des sels des végétaux; dans la seconde, au contraire, ce sont les acides végétaux, auxquels le feu a ajouté de nouvelles parties. Cette seconde opinion a été celle de Stahl, et de Boerhaave; ils ont prétendu, l'un et l'autre, que les alcalis étaient l'ouvrage du feu. Juncker, Neuman[1], et presque tous les chimistes allemands ont embrassé la même opinion. Mais il faut avouer en même temps que c'est plutôt par des raisonnements qu'ils ont appuyé leur sentiment que par de solides expériences; le peu même qu'ils en ont rapporté leur est plutôt contraire que favorable.

Tandis que l'opinion de Stahl et de ses disciples s'établissait en Allemagne, elle trouvait déjà des contradicteurs en France. M. Bourdelin, l'un de nous, donna, dès 1728, une dissertation, dans laquelle il combat fortement l'opinion de Stahl. L'objet de son mémoire consiste à prouver que l'effet de la combustion n'est que de chasser les parties volatiles des plantes, décomposer leurs sels essentiels, séparer les acides de leur base, de sorte que les alcalis qui existaient dans la plante, mais qui y étaient dans un état de neutralité, se trouvaient absolument libres après la combustion. Les preuves rapportées dans le mémoire que nous venons de citer nous ont paru si solides et si conformes aux vérités les mieux établies, que nous ne concevons pas comment le système de Stahl n'en a pas reçu une plus forte atteinte.

Depuis ce mémoire, M. Duhamel, dans son Traité de l'exploitation des forêts, a repris de nouveau la question. On trouve à la tête de cet ouvrage une analyse chimique très-détaillée du bois et des végétaux en général. L'auteur y examine les différentes opinions qui ont partagé les chimistes sur l'origine des alcalis; il fait voir que ces sels sont tout

[1] Voyez Stahl, *Fundamenta chimiæ;* Boerhaave, *Elementa chimiæ;* Neuman, *Philosophical transactions,* t. XXXIII, n° 392; Juncker, *Conspectus chimiæ.*

formés dans les végétaux antérieurement à la combustion, qu'ils y
existent dans deux états, ou combinés avec l'acide nitreux, c'est-à-dire
sous la forme d'un véritable nitre, tel qu'il avait été démontré dans les
plantes par M. Lemery en 1717, ou combinés avec des matières grasses
et résineuses avec lesquelles ils forment une espèce de savon. M. Duhamel ajoute même nommément, par rapport au tartre : « On peut
« conclure de ces expériences que le tartre du vin est un sel savonneux
« formé par beaucoup de substance grasse, unie en partie à un acide
« approchant de la nature du vinaigre, en partie à un sel alcali fixe,
« et en partie à une terre absorbante. »

Quelque lumière qu'eussent répandue sur la formation des alcalis le
travail de M. Bourdelin, celui de M. Lemery et celui de M. Duhamel, il
ne pouvait qu'être avantageux que cette partie de la chimie fût encore
éclairée par de nouvelles expériences. C'est l'objet que se sont proposé
presque en même temps deux chimistes très-célèbres, M. Marggraf et
M. Rouelle le Cadet. Ils ont démontré complétement, l'un et l'autre,
que l'alcali fixe était tout formé dans le tartre, qu'on pouvait l'en tirer
par la voie des combinaisons, et sans employer le secours du feu.
Quoique le mémoire de M. Marggraf ait devancé de plusieurs années
celui de M. Rouelle, le travail de ce dernier aura toujours un mérite
très-réel aux yeux des chimistes; les expériences de M. Marggraf y sont
presque toutes répétées et étendues; on y trouve d'ailleurs plusieurs
vérités tout à fait neuves et extrêmement intéressantes : c'est ce que
nous allons essayer de faire voir par les détails qui suivent.

M. Rouelle divise son mémoire en trois parties. Il examine dans la
première le résultat de la combinaison de la crème de tartre avec les
trois acides minéraux. Presque toute cette partie du mémoire de
M. Rouelle lui est commune avec M. Marggraf : il fait voir de même que
le chimiste de Berlin, et seulement par des manipulations un peu différentes, que, toutes les fois qu'on unit ensemble un acide minéral quelconque avec la crème de tartre, on obtient toujours une quantité plus
ou moins grande de sel neutre à base d'alcali fixe; d'où ils concluent
l'un et l'autre que l'alcali fixe est tout formé dans le tartre. Mais une

expérience très-singulière, qui appartient entièrement à M. Rouelle,
c'est la décomposition totale de la crème de tartre par l'acide nitreux.
Il fait voir, à la fin de cette première partie de son mémoire, qu'en
cohobant à plusieurs reprises de l'acide nitreux fumant, fait à la façon
de Glauber, sur de la crème de tartre, on parvient à la changer en
entier en une masse saline qui n'est autre chose qu'un nitre pur, sans
qu'on puisse y retrouver le moindre vestige de crème de tartre.

La seconde partie du mémoire de M. Rouelle traite de la combinaison
de la crème de tartre avec les terres absorbantes et avec les chaux de
plomb. Cette matière avait été déjà traitée, en 1731 et 1733, par
MM. Duhamel et Grosse, à la vérité dans d'autres vues; aussi M. Rouelle
convient-il lui-même qu'il doit beaucoup à ces habiles chimistes. Cependant ce même sujet que MM. Duhamel et Grosse paraissaient avoir
épuisé, considéré sous un autre point de vue, a fourni à M. Rouelle
les plus singulières découvertes. L'objet de cette seconde partie du mémoire est de prouver qu'il n'existe qu'une seule et même espèce de sel
végétal; que dans les différentes combinaisons qu'on a coutume de faire
pour rendre le tartre soluble, soit qu'on emploie l'alcali fixe, soit
qu'on emploie la chaux, soit qu'on emploie une terre absorbante quelconque, soit enfin qu'on emploie le minium ou la litharge, il en résulte toujours un même sel composé de l'acide du tartre uni à un alcali
fixe et qu'on retrouve à peine dans ce sel quelques atomes de la terre
ou de la substance métallique qui a été employée pour le former. Cette
partie du mémoire de M. Rouelle est appuyée sur les expériences les
plus décisives : cependant leur résultat nous a paru si singulier et si
peu conforme aux idées que les chimistes s'étaient formées sur cet objet,
que nous avons cru devoir en répéter une partie, avant de rendre
compte de son mémoire à l'Académie.

Notre première expérience a été de combiner la crème de tartre
avec une terre absorbante. Nous avons jeté à cet effet une livre de crème
de tartre en poudre dans six livres d'eau bouillante, il ne s'est dissous
qu'une très-petite portion de sel, le reste est demeuré au fond du
vase. Nous avons jeté dans cette même eau de la craie réduite en

poudre et passée au tamis, il s'est fait sur-le-champ une vive efferves-
sence; la crème de tartre s'est dissoute entièrement; en même temps il
s'est déposé une quantité considérable de terre. Nous étions persuadés
d'abord que cette terre était, ou une craie pure, qui, malgré les précautions que nous avions prises, était surabondante à la combinaison;
ou peut-être une portion de la terre même qui avait servi à purifier le
tartre et dont une portion était entrée dans la combinaison de ses cristaux; mais, ayant examiné ce dépôt avec plus d'attention, nous avons
reconnu que ce que nous prenions d'abord pour une terre était une
substance saline presque insoluble, et dans un état de neutralité. Les
particules de cette poudre portées au microscope se sont trouvées autant de petits cristaux régulièrement figurés et à peu près semblables à
ceux que fournit l'alun. Nous avons décanté la liqueur surnageante à
ce dépôt et nous l'avons filtrée; l'ayant ensuite fait évaporer, nous avons
obtenu un sel végétal, ou tartre soluble, tel qu'il a été décrit par
M. Duhamel[1].

Voilà donc deux différentes substances très-distinctes qui résultent
de la combinaison de la crème de tartre avec la terre absorbante; l'une
presque insoluble dans l'eau et qui se dépose pour la plus grande partie
au fond du vase, l'autre au contraire très-soluble, qui ne commence à
cristalliser que lorsque la plus grande partie du flegme a été évaporée.

Par l'examen que nous avons fait de ces deux substances, nous avons
reconnu que la moins soluble était un sel à base terreuse tandis que
l'autre était un sel végétal à base d'alcali fixe. Nous ne nous étendrons pas ici sur les expériences que nous avons faites sur le sel à
base terreuse; nous savons que M. Rouelle se propose de donner un
mémoire sur la nature de ce sel, et en général sur l'étiologie de cette
combinaison; notre objet n'est point ici de prévenir ses expériences;
nous nous contenterons donc de rapporter celles que nous avons
faites.

[1] *Mémoires de l'Académie royale des sciences,* 1732.

Pour constater que le sel le plus soluble, celui qui a été décrit par différents chimistes et qui a été regardé par tous comme un sel végétal à base terreuse, est véritablement à base d'alcali fixe ainsi que l'avance M. Rouelle, nous avons fait dissoudre dans de l'eau distillée une portion de ce sel; nous avons mis de cette solution dans trois capsules différentes, et, ayant versé dans l'une de l'alcali fixe en deliquium, nous n'avons point eu de précipité sensible.

Nous avons versé dans une autre de l'acide vitriolique, et dans une troisième de l'acide nitreux. Il s'est précipité dans ces deux dernières combinaisons une poudre blanche que nous n'avons pas eu de peine à reconnaître pour de la crème de tartre très-peu dénaturée. Ayant filtré ces deux combinaisons, nous les avons mises à évaporer et nous avons eu, d'une part, du tartre vitriolé, et, de l'autre, du nitre en longues et belles aiguilles; d'où il suit, comme l'avance M. Rouelle, que la combinaison de la crème de tartre avec la craie fournit un sel végétal à base d'alcali fixe.

Nous avons cru devoir répéter également l'expérience de la combinaison du tartre avec les chaux de plomb. Nous avons mis une livre de crème de tartre en poudre dans quatre livres d'eau bouillante, et nous y avons jeté ensuite peu à peu du minium; il s'est fait une effervescence assez vive, pendant laquelle toute la crème de tartre s'est dissoute. Il nous paraissait d'abord que le minium se dissolvait en même temps, mais bientôt nous nous sommes aperçus qu'il se précipitait presque aussitôt sous la forme d'une poudre d'un rouge pâle, ou couleur de brique. Nous avons employé 12 à 13 onces de minium pour parvenir à une entière saturation. Lorsque la combinaison a été faite, nous avons décanté la liqueur surnageante et, ayant fait sécher la poudre rougeâtre qui était au fond du vase, nous avons trouvé qu'elle pesait une livre 4 onces et demie, de sorte que le minium, loin de s'être dissous dans la liqueur comme nous nous y étions attendus, avait acquis 7 à 8 onces de poids : or il était clair que ce ne pouvait être qu'aux dépens de la crème de tartre.

La liqueur qui surnageait à ce dépôt était extrêmement grasse et

colorée; nous l'avons évaporée à siccité à l'aide de la simple chaleur
du bain-marie, et nous avons obtenu une masse saline pesant environ
6 onces. Cette masse saline, redissoute de nouveau dans l'eau et évaporée convenablement, nous a donné un sel végétal en assez beaux
cristaux ; les dernières portions de la liqueur étaient extrêmement
grasses, et ont refusé de cristalliser. Nous avons fait dissoudre de ce sel
dans de l'eau, nous y avons versé de l'alcali fixe ordinaire et de l'alcali fixe saturé de la matière colorante du bleu de Prusse par la méthode de M. Macquer, mais nous n'avons point eu de précipité sensible ;
l'acide vitriolique et l'acide nitreux versés en quantité convenable sur
une pareille solution ont précipité une crème de tartre en poudre fine ;
les liqueurs surnageantes ayant été filtrées et évaporées, nous avons
obtenu d'une part du tartre vitriolé, et de l'autre du nitre, sans que,
dans ces différentes combinaisons, nous ayons aperçu aucun vestige de
plomb. Il est donc très-vrai comme l'avance M. Rouelle qu'on obtient
toujours un même sel végétal, ou tartre soluble, dans les différentes
combinaisons de la crème de tartre, soit avec l'alcali fixe, soit avec les
terres absorbantes, soit avec les chaux de plomb.

M. Rouelle ne donne aucune étiologie de ce singulier phénomène ;
il la réserve pour un autre mémoire. Personne n'est plus en état que
cet habile chimiste de tirer tout le parti qu'il est possible d'une découverte aussi intéressante, et nous ne doutons pas qu'elle ne le con-
duise à des conséquences de la plus grande importance.

La troisième partie du mémoire de M. Rouelle contient une décomposition du tartre par le vitriol de Mars; cette expérience avait été déjà
faite par Glauber, mais il avait été bien éloigné d'en sentir les conséquences, et l'étiologie qu'il en a donnée était absolument fausse.

Quoique le mémoire de M. Rouelle ne soit pas entièrement neuf, ainsi
qu'il le reconnaît lui-même, on jugera cependant par l'exposé que nous
venons d'en faire qu'il contient des découvertes de la plus grande importance et telles même qu'elles ont paru incroyables à la plupart des
chimistes à la première lecture de son mémoire. On trouve d'ailleurs
dans ce mémoire une suite très-considérable d'expériences bien liées les

unes aux autres et dans lesquelles il n'est pas difficile de voir que l'auteur a toujours été guidé par les lumières de la plus saine chimie : nous croyons en conséquence que ce mémoire sera reçu très-favorablement du public et qu'il mérite d'être imprimé dans le Recueil des Mémoires présentés à l'Académie.

RAPPORT

SUR

L'ANALYSE D'UNE SOURCE D'EAU SULFUREUSE

PAR M. LE VEILLARD.

7 Août 1771.

L'Académie nous a chargés, M. Macquer et moi, de lui rendre compte d'une analyse de l'eau de la fontaine sulfureuse de Montmorency, par M. Le Veillard.

Quelque nombreuses que soient les analyses d'eau, on est obligé de reconnaître qu'il n'en existe qu'un très-petit nombre qu'on puisse regarder comme bien faites. Celle dont nous avons à rendre compte aujourd'hui est de ce dernier nombre, et nous ne balançons pas d'avancer que M. Le Veillard a mis en usage toutes les ressources connues jusqu'à ce jour pour parvenir à une analyse exacte.

Nous ne nous arrêterons pas à décrire les différents procédés que M. Le Veillard a employés pour remplir cet objet. Ce mémoire est fait avec tant de précision que nous ne pourrions, en quelque façon, que le transcrire dans les mêmes termes. Nous nous contenterons donc de présenter ici le résultat de ses expériences.

L'eau de la fontaine de Montmorency donne, par son odeur, des indices assurés de la présence du soufre. On ne peut parvenir cependant à en retenir aucune portion, ni par la sublimation ni par aucune autre opération. Il n'en est pas de même du dépôt spontané qui se sépare de cette eau et qu'on trouve le long du canal dans lequel elle coule

au sortir de sa source. Ce dépôt, d'après les expériences de M. Le
Veillard, est composé d'une petite portion de soufre mêlé ou combiné
avec de la terre calcaire et de la sélénite.

L'eau de la fontaine de Montmorency a une propriété particulière
qui peut la rendre extrêmement précieuse dans l'usage médicinal;
elle peut se conserver très-longtemps sans perdre de ses propriétés,
pourvu qu'on la tienne à la cave et dans des bouteilles exactement
bouchées.

Si l'on soumet cette eau à la distillation, les premières portions qui
passent dans le récipient conservent une odeur de foie de soufre très-
marquée. Si l'on pousse plus loin l'opération, l'eau passe pure et sans
odeur, mais ce qui reste dans la cucurbite conserve toujours la même
odeur de foie de soufre, et précipite toujours également en noir toutes
les dissolutions métalliques. Cette seconde propriété n'est pas moins
importante que la première, puisqu'il en résulte que cette eau peut
être échauffée sans perdre de sa qualité, et par conséquent qu'elle peut
être employée avec le plus grand succès pour les bains.

L'évaporation de cette eau, faite à l'air libre et dans des vaisseaux
ouverts, a laissé 6 $\frac{1}{2}$ grains de terre, 4 grains de sélénite, 1 $\frac{1}{2}$ grain
de sel de Glauber, $\frac{1}{4}$ grain de sel marin à base terreuse, une très-petite portion d'alun et une matière gommeuse et gélatineuse. Mais ce
qu'il y a de plus remarquable, c'est que les produits obtenus par la
distillation dans les vaisseaux fermés se sont trouvés sensiblement plus
considérables que ceux obtenus par une évaporation à l'air libre. Ce
fait, qui avait déjà été annoncé, acquiert un nouveau degré de certitude par les expériences de M. Le Veillard, et il paraît qu'on peut
en conclure que l'évaporation à l'air libre n'est pas un moyen aussi infaillible qu'on l'avait présumé pour connaître la quantité des sels contenus dans l'eau, surtout lorsqu'ils ne s'y trouvent qu'en très-petite
quantité.

M. Le Veillard a répété plusieurs fois ses expériences sur l'eau de
la fontaine de Montmorency puisée en différentes saisons, et il a trouvé
constamment qu'au commencement de l'automne elle contenait une

petite portion de sel ammoniac. Il présume que les feuilles et plantes qui croupissent dans la fontaine dans cette saison peuvent en être la cause; il porte le même jugement de la matière gommeuse dont il a été question ci-dessus. Nous nous bornerons à ce court extrait du mémoire de M. Le Veillard, et nous croyons en avoir assez dit pour donner une idée de la nature de l'eau sulfureuse de Montmorency et du mérite de l'analyse qui en a été faite par M. Le Veillard.

M. Macquer, l'un de nous, et M. Cotte, prêtre de l'Oratoire, professeur à Montmorency, se sont déjà occupés de quelques expériences sur cette même eau, ainsi que l'annonce M. Le Veillard au commencement de son mémoire; elles sont consignées dans un mémoire que l'Académie a jugé digne d'être imprimé dans les Mémoires des savants étrangers. Quoique ce mémoire contienne des observations très-intéressantes et dont les résultats se rapportent pour la plus grande partie avec ceux de M. Le Veillard, nous pensons cependant que le public verra avec plaisir une nouvelle analyse de la même eau, plus étendue et plus complète que la précédente, faite avec tout le soin et l'exactitude que l'art peut comporter; nous pensons, en conséquence, que le mémoire de M. Le Veillard est très-digne de l'approbation de l'Académie et d'être imprimé dans les Mémoires des savants étrangers.

RAPPORT

SUR

DIVERSES OBSERVATIONS MINÉRALOGIQUES

DE M. L'ABBÉ MARIE,

LU À L'ACADÉMIE LE 21 AOÛT 1771.

Nous avons examiné par ordre de l'Académie, M. Morand fils et moi, différentes observations minéralogiques sur la province de Rouergue, communiquées à l'Académie par M. l'abbé Marie, professeur de mathématiques au collége Mazarin.

Les premières observations de M. l'abbé Marie concernent la fontaine thermale de Chaudesaigues. La source en est extrêmement abondante; un thermomètre à l'esprit-de-vin, qui marquait zéro au terme de la congélation, $10\frac{1}{4}$ degrés à la température des caves de l'Observatoire, et 110 degrés à l'eau bouillante, plongé dans la fontaine, y est monté à 76 degrés. Cette eau, d'après les expériences de M. Marie, ne paraît contenir que du sel marin et quelques portions de bitume. C'est au moins ce qu'on peut conclure du goût bitumineux qu'on y remarque lorsqu'elle est nouvellement puisée, et du précipité qu'on en obtient par la dissolution d'argent dans l'esprit de nitre.

A ces observations sur la nature des eaux de Chaudesaigues, M. l'abbé Marie en joint quelques autres sur leur position; il détaille l'artifice singulier que les habitants du pays ont pratiqué pour suppléer au bois, qui est devenu rare et cher dans ce canton; ils ont ménagé sous le rez-de-chaussée de leur habitation des canaux dans lesquels ils font passer l'eau de la source principale; il en résulte autant d'étuves qui procurent une assez forte chaleur. Les pavés ou carreaux qui recouvrent ces conduits sont presque brûlants.

M. l'abbé Marie décrit ensuite en peu de mots les différents bains chauds et les étuves qui ont été pratiqués pour le secours des malades. Il ne paraît pas, d'après les observations qu'il a rassemblées, que les eaux de Chaudesaigues changent jamais de température; on ne s'aperçoit pas non plus qu'elles se gonflent pendant la saison pluvieuse ni qu'elles baissent pendant les plus grandes sécheresses de l'été. Ces observations s'accordent avec ce que nous connaissons de presque toutes les eaux chaudes, et il paraîtrait qu'on peut en conclure qu'elles viennent d'une très-grande profondeur.

De l'examen des eaux thermales de Chaudesaigues, M. l'abbé Marie passe à celui d'une petite fontaine non minérale qui sort du penchant d'une montagne appelé *le Rougnouse*. Cette eau ne donne aucun précipité, ni par la dissolution d'argent par l'acide nitreux, ni par l'alcali fixe; d'où l'on peut conclure ou qu'elle est fort pure ou qu'elle ne contient que du sel de Glauber.

La fontaine du moulin du Ban paraît, d'après les expériences de M. l'abbé Marie, à peu près de même nature, à l'exception qu'elle contient une très-petite portion de sel marin.

La fontaine de Ruc, ainsi appelée du nom du jardin à travers lequel elle coule, donne une couleur d'un vert sale et épais par la décoction de noix de galle. Elle ne donne presque aucun précipité, ni par la dissolution d'argent ni par l'alcali fixe; d'où l'on peut conclure qu'elle ne contient ni sel marin, ni sel à base terreuse; il est très-probable qu'elle ne contient que du fer, et que ce fer même n'est pas dans l'état de vitriol.

Enfin, M. l'abbé Marie termine ses observations sur les eaux des environs de Chaudesaigues, par celle qui porte le nom de *la Condamine*; elle ne paraît différer de la précédente qu'en ce que le fer y est en plus grande abondance. A ces observations sur les eaux des environs de Chaudesaigues, M. l'abbé Marie en fait succéder d'autres sur la mi-

néralogie de cette province. Comme elles sont très-nombreuses, nous
ne nous arrêterons qu'à quelques-unes.

Les environs de Bransac offrent des montagnes en feu sur lesquelles
on a pratiqué plusieurs étuves. Elles consistent en des espèces de fosses
dans lesquelles on descend les malades; la chaleur en est inférieure
de 1 ou 2 degrés à celle du sang. M. l'abbé Marie présume que le feu
souterrain qui échauffe ces étuves doit sa cause et son aliment à l'incendie des charbons de terre qui se sont enflammés dans le sein de la
montagne; ce qu'il y a de certain, c'est que depuis la rive du Lot, vis-
à-vis du village de Levignac jusqu'à Formi, c'est-à-dire dans une
étendue d'une grande lieue carrée de terrain, il se rencontre à chaque
pas des indices de charbon de terre; on n'a pas besoin de fouiller pour
en découvrir.

Les environs du village de Bransac sont encore remarquables par
plusieurs sources d'eaux minérales. Elles sont ferrugineuses, et le fer
paraît y être dans un état de vitriol; elles donnent toutes, en effet, une
couleur d'encre avec la noix de galle. La dissolution d'argent paraît
y démontrer, en outre, la présence d'une quantité assez considérable
de sel marin.

Nous supprimons ici les détails dans lesquels est entré M. l'abbé
Marie sur la nature des pierres des terrains qu'il a parcourus, sur les
mines de charbon de terre et sur différentes carrières de marbre qui
se rencontrent dans la province de Rouergue. Nous nous contenterons
de dire que la plupart de ses observations nous ont paru intéressantes
et bien vues, qu'elles sont dignes des éloges de l'Académie, et que son
mémoire pourra mériter d'être imprimé parmi ceux présentés à l'Académie par des savants étrangers, après que l'auteur en aura retranché
quelques détails et qu'il y aura fait quelques corrections que nous nous
proposons de lui indiquer.

RAPPORT

SUR

L'ART DE LA LINGÈRE.

L'Art de la lingère, présenté à l'Académie, contient beaucoup de recherches très-intéressantes et un travail très-étendu, qui paraît embrasser toutes les parties de cet art; mais on pense qu'avant d'être dans le cas de l'impression, il conviendrait d'en changer la forme, de le rendre plus méthodique et de donner un autre ordre aux chapitres qui le composent. Pour donner à l'auteur l'idée du genre de corrections qu'on indique ici, on va former une table des différents chapitres qui doivent composer l'ouvrage, dans l'ordre qui paraît le plus convenable.

TABLE DES CHAPITRES DE L'ART DE LA LINGÈRE.

INTRODUCTION.

Chapitre Ier. — De la communauté des lingères et de ses statuts.

Chapitre II. — De l'aune et de ses fractions.

Chapitre III. — De la mesure.

Chapitre IV. — Des différentes espèces de toiles qu'emploie la lingère.

Chapitre V. — Des différents points de couture qui sont en usage dans la lingerie; de la marque du linge et de la couture des dentelles.

Chapitre vi. — Explication des termes en usage dans l'Art de la lingerie.

QUATRIÈME PARTIE.

De quelques ouvrages à usage de femme qui n'ont pas été compris dans le trousseau.

Article 1ᵉʳ. —— Des coiffures de deuil.

Article 2.   — Des baigneuses ou bastiennes.

Article 3.   — Des chemises de bain.

CINQUIÈME PARTIE.

Du linge de table.

SIXIÈME PARTIE.

Du linge d'église.

PREMIER RAPPORT

SUR

UN TRAITÉ DE LA CULTURE DU COLZA

ET DE LA NAVETTE

ET DES HUILES QU'ON EN EXTRAIT,

PAR M. L'ABBÉ ROSIER.

Du 29 janvier 1772.

Nous avons examiné, M. Tillet et moi, un mémoire présenté à l'Académie par M. l'abbé Rosier, intitulé *Traité de la culture des semences du chou nommé colza et de celle de navette, avec les moyens d'en extraire une huile douce dépouillée de son mauvais goût et de son odeur désagréable.*

Ce mémoire est divisé en deux parties : la première traite uniquement de la culture du colza et de la navette; la seconde, des procédés qu'on emploie pour en exprimer l'huile et des moyens qu'on pourrait employer pour la perfectionner.

Nous ne suivrons pas M. l'abbé Rosier dans tous les détails qu'il donne de la culture du chou; nous essayerons seulement d'en donner une idée succincte, en insistant sur les points que M. Rosier juge susceptibles de perfection.

Le colza se cultive de deux manières, ou bien on le sème en pépinières, et on le transplante dans le commencement d'octobre; ou bien on le sème en plein champ comme le blé, et on le laisse croître dans la même terre jusqu'au moment de la récolte. Chacune de ces deux méthodes a des avantages qui lui sont propres : celle de semer en pépinières procure, en général, une récolte plus abondante; celle de semer en plein champ est plus économique, elle épargne du temps, du terrain et de l'argent. Il est difficile de déterminer à laquelle de ces deux méthodes on doit s'attacher; on ne peut guère se décider à cet égard que d'après des circonstances locales et particulières, d'après une étude réfléchie de la nature des terrains, et surtout d'après l'expérience. Cependant, en général, M. l'abbé Rosier donne la préférence aux pépinières, il en apporte des raisons très-solides. Une des plus frappantes, c'est que, la culture du colza étant-communément destinée à succéder à celle du blé, le cultivateur n'a pas le temps suffisant pour donner à la terre les façons nécessaires, ou bien il est forcé de les donner avec précipitation, tandis que, par la méthode des pépinières, il a une partie du mois d'août et tout celui de septembre pour préparer la terre. Indépendamment des motifs que le raisonnement peut fournir en faveur des pépinières, l'expérience des Flamands et des Alsaciens forme un nouvel argument bien fort; mais il fait observer en même temps que, dans ces provinces, le temps de la récolte du colza étant combiné avec celui de plusieurs autres cultures de différents genres qui la précèdent et qui la suivent presque toujours immédiatement, la méthode des pépinières se trouve souvent nécessitée par les circonstances, et l'on ne doit peut-être pas en conclure que cette méthode soit plus avantageuse en elle-même, et qu'on doive l'employer indistinctement dans des provinces où la culture de cette plante n'est précédée d'aucune autre, et où la disette d'hommes rend la main-d'œuvre plus dispendieuse et le terrain moins précieux.

Après avoir examiné les différentes opérations qu'exige la culture du colza, l'auteur passe à la récolte, à la conservation de cette graine et aux précautions qu'elle exige. Elles se réduisent toutes à l'obtenir pure et à la garantir de l'humidité.

M. l'abbé Rosier a rassemblé, dans cette première partie de son mémoire, ce qu'on peut dire de plus intéressant et de plus utile sur la culture du colza; il existait déjà quelque chose de connu sur cette matière, mais M. Rosier y a beaucoup ajouté, et l'on peut dire que ce mémoire forme un traité complet de la culture du colza.

L'objet du second mémoire de M. l'abbé Rosier est d'assigner la différence qui existe entre l'huile d'olive et celle de colza, de rechercher les causes de cette différence et de donner aux cultivateurs un procédé qui puisse procurer à cette dernière presque toutes les qualités de la première.

L'huile d'olive n'est, suivant lui, qu'une huile par expression, presque pure, et dans laquelle il n'existe que peu de corps muqueux et de matière extractive.

L'huile de colza, au contraire, telle qu'on la fabrique en Flandre, contient, en outre de l'huile par expression, qui la constitue, une portion de substance mucilagineuse assez considérable, une partie résineuse et une huile essentielle âcre. C'est à ces substances, en quelque façon étrangères à l'huile de colza, qu'elle doit son goût, son odeur âcre et désagréable, la fumée épaisse qu'elle répand lorsqu'on la brûle, la facilité qu'elle a de se rancir, la propriété de rouiller le fer et l'acier, enfin ce dépôt abondant qu'elle fait avec le temps au fond des vases qui la contiennent.

Après avoir exposé les différences qui existent entre l'huile d'olive et l'huile de colza, M. Rosier entreprend de remonter jusqu'aux causes mêmes de cette différence; il examine les différentes parties de la graine de cette plante, et fait voir qu'indépendamment de l'huile extractive répandue dans le parenchyme il existe une substance gommo-résineuse et résino-extractive, dont le siége est sans doute principalement dans la pellicule qui sert d'enveloppe à la graine et qui se mêle avec l'huile lorsqu'on la fabrique; enfin que cette même graine contient une huile essentielle éthérée dont l'odeur et l'âcreté donnent une qualité désagréable à l'huile qu'on en exprime. C'est d'après ces principes et ces observations que M. l'abbé Rosier entreprend de donner une méthode pour corriger les huiles de navette et de colza, et pour les ramener ou au moins les rapprocher de la perfection de l'huile d'olive. Elle consiste à faire macérer les graines, après qu'elles ont été recueillies, dans une lessive de cendre ou une liqueur alcaline quelconque. L'effet de cette opération est de dissoudre la substance résineuse et la portion d'huile éthérée contenue dans l'enveloppe de la semence; l'huile qu'on exprime ensuite se trouve dépouillée de ces deux principes. Un auteur anglais avait déjà proposé, dans le *Manual register*, de perfectionner ces huiles en les mêlant, après leur fabrication, avec une substance alcaline. Cette méthode peut avoir ses avantages, mais ils sont balancés par des inconvénients très-réels. Premièrement, une partie de la substance alcaline s'unit avec l'huile, forme du savon, et le savon lui-même, se redissolvant dans l'huile, doit en altérer la qualité. Secondement, il résulte des expériences de M. Rosier que l'alcali mêlé avec l'huile de colza, loin de lui ôter le goût désagréable qui lui est propre, le développe, au contraire, encore davantage et le rend beaucoup plus sensible.

Nous pensons donc que l'application de l'alcali sur le grain même et avant la fabrication de l'huile, comme le propose M. l'abbé Rosier, est infiniment plus avantageux que l'application de ce même alcali sur l'huile après sa fabrication.

La méthode proposée par M. Rosier pour la semence du colza est la même qu'on a coutume de pratiquer dans nos provinces méridionales pour les olives qu'on destine pour la table : on les dépouille, par une lessive alcaline, de toute leur amertume; elle est due probablement, comme dans la graine du colza, à une substance résineuse contenue dans la pellicule du fruit. Il résulte de cette analogie une nouvelle présomption en faveur de M. Rosier; mais, quelque conforme qu'elle soit avec la théorie et avec les expériences mêmes de l'auteur, nous ne nous dissimulons pas que, sur ces sortes d'objets, il est toujours nécessaire d'en appeler à une expérience en grand, et surtout à celles faites par les cultivateurs. Quoi qu'il en soit, nous devons à M. Rosier la justice de dire que son mémoire est plein de recherches curieuses et intéressantes, que plusieurs vérités connues y sont présentées d'une manière neuve, et qu'en tout l'auteur a été guidé par la saine doctrine des chimistes; enfin il a rassemblé sous un même point de vue tout ce qu'on pouvait dire de plus intéressant et de plus utile sur la culture du colza et sur l'huile qu'on en fabrique, et nous jugeons qu'il est très-digne d'être approuvé par l'Académie et d'être imprimé sous son privilége.

SECOND. RAPPORT

SUR

LE TRAITÉ DE M. L'ABBÉ ROSIER.

Du 26 mars 1774.

M. l'abbé Rosier a présenté à l'Académie, à la fin de l'année 1771, deux mémoires sur la culture de l'espèce de chou nommé *colza*, sur celle de la navette, et sur les moyens d'extraire de leurs semences une huile douce dépouillée de tout mauvais goût et de toute odeur désagréable.

Nous nous sommes attachés, dans le compte que nous avons rendu de cet ouvrage, M. Tillet et moi, le 29 janvier 1772, à mettre la compagnie à portée de juger de la manière dont l'auteur avait rempli le plan qu'il s'était proposé; nous nous contenterons, en conséquence, de lui rappeler aujourd'hui que cet ouvrage forme un traité complet sur la culture du colza et de la navette, que la méthode enseignée par l'auteur pour extraire de leurs semences une huile douce et agréable est puisée dans les meilleurs principes de physique et de chimie, et qu'il est d'autant plus probable qu'elle réussira en grand et entre les mains des cultivateurs, qu'elle est déjà pratiquée dans nos provinces méridionales pour la préparation des olives de table; enfin nous avons conclu alors que l'ouvrage de M. l'abbé Rosier méritait l'approbation de l'Académie et d'être imprimé sous son privilége.

Depuis cette époque, M. l'abbé Rosier a joint à ces deux mémoires un avant-propos qu'il a soumis également au jugement de l'Académie, et elle a nommé M. Macquer et moi pour lui en faire le rapport. Cet

avant-propos mérite d'autant plus toute son attention qu'il roule sur
un objet qui pourrait intéresser le commerce national et la santé des
citoyens.

M. l'abbé Rosier prétend qu'une partie des huiles qui se vendent à
Paris comme huiles d'olives sont coupées et altérées par un mélange
plus ou moins considérable d'huile de pavot, vulgairement appelée *huile
d'œillette*. Les expériences sur lesquelles il établit cette assertion nous
ont paru assez décisives pour qu'il fût difficile de la révoquer en doute.

Les causes des manœuvres qui se sont introduites à cet égard dans
le commerce sont, suivant M. l'abbé Rosier, 1° la qualité même de
l'huile d'œillette, qui n'a presque aucun goût, qui se rapproche en
cela beaucoup de l'huile d'olive et qui peut être mêlée avec elle sans
que cela l'altère sensiblement; 2° le bas prix auquel il est possible
de se la procurer; 3° la proximité des provinces où elle se fabrique;
4° enfin la loi qui prohibe l'usage de l'huile d'œillette pour entrer
dans les aliments, prohibition qui empêche les marchands de la vendre
sous son véritable nom.

Cette dernière considération conduit M. l'abbé Rosier à quelques
réflexions sur la loi même qui a prononcé la prohibition; il observe
d'abord que cette loi est demeurée sans effet, puisque, malgré les
peines qu'elle a prononcées, le pavot ne s'en cultive pas moins librement dans le royaume, et que l'huile qu'on tire de ses semences ne
s'en consomme pas moins dans la capitale. Il va plus loin, et il avance
de plus que cette loi est sans objet, parce que l'huile de pavot ou d'œillette, loin d'être narcotique, comme elle l'annonce dans le préambule,
ne contient, au contraire, rien de nuisible à la santé. Il invoque, à cet
égard, deux décrets de la Faculté de médecine de Paris, l'un du 26 juin
1717, l'autre du 29 janvier dernier, qui décident formellement la question en faveur de l'huile de pavot ou d'œillette. Ces deux pièces ont
d'autant plus de poids dans la question qu'elles se trouvent conformes
au sentiment unanime de tous les naturalistes modernes, qu'elles sont
justifiées d'ailleurs par l'exemple de presque tous les peuples du Nord,
de ceux des Pays-Bas, de la Flandre, de l'Alsace, du Beaujolais, de

la Lorraine et de la Franche-Comté. Dans tous ces pays et dans beaucoup d'autres, l'huile de pavot est une des plus en usage, et l'on n'a jamais reconnu qu'elle produisît de mauvais effets. Il paraît prouvé, d'après ces différentes autorités, que la loi qui prohibe l'huile d'œillette porte sur une supposition qui n'est pas exacte, et nous sommes, à cet égard, entièrement de l'avis de M. l'abbé Rosier.

Nous sommes bien éloignés de prétendre critiquer par là une loi sage sans doute dans le temps où elle a été rendue. On n'avait pas, vraisemblablement alors, des connaissances aussi précises de la nature et des effets de l'huile de pavot, et les magistrats ont pensé que, dans une matière aussi importante, il fallait choisir le parti le plus sûr; mais aujourd'hui qu'il est prouvé que l'huile de semences de pavot ne contient rien de nuisible à la santé, qu'elle peut remplacer l'huile d'olive à bien des égards, et qu'elle la remplace en effet dans le commerce, sans qu'il existe aucun moyen de s'y opposer, la loi prohibitive, loin d'avoir l'objet d'utilité qu'elle a eu en vue, entraîne au contraire différents inconvénients qui doivent engager à la réformer. Ces inconvénients sont, 1° de donner lieu à des mélanges contraires à la bonne foi et à la confiance nécessaires dans le commerce, et qui cesseraient de l'être s'ils étaient avoués; 2° de ralentir une culture intéressante pour plusieurs provinces du royaume; 3° de laisser passer à l'étranger des sommes considérables dont il serait possible de conserver la plus grande partie en France; 4° d'occasionner un renchérissement nécessaire dans l'huile d'olive par le défaut d'une autre huile qui pourra entrer en concurrence avec elle.

L'objet dont M. l'abbé Rosier s'occupe dans l'avant-propos dont nous venons de rendre compte nous a paru intéressant relativement à l'objet d'utilité publique qu'il a en vue et par la saine physique qui l'a guidé dans ses recherches, et nous pensons qu'il ne mérite pas moins l'approbation de l'Académie que le corps de l'ouvrage qu'elle a déjà jugé digne de l'impression.

Fait à l'Académie, ce 26 mars 1774.

Signé LAVOISIER et MACQUER.

RAPPORT

SUR UNE MANIÈRE D'ALLUMER

SIMULTANÉMENT

UN GRAND NOMBRE DE LAMPIONS.

Du 4 février 1772.

J'avais été chargé par l'Académie, le 22 mai 1770, de lui rendre compte d'un mémoire de M. Varennes de Beost, sur la manière d'allumer en peu de temps un grand nombre de lampions, par le moyen de mèches de communication. Plusieurs circonstances ont retardé jusqu'à ce jour le rapport de ce mémoire.

Les premières tentatives qui aient été faites en ce genre, ou au moins qui aient été données au public, sont de M. Perinet Dorval, dans son Essai sur les feux d'artifice pour le spectacle et pour la guerre. Il propose, premièrement, d'imbiber la mèche de chaque lampion avec de l'huile d'aspic; secondement, d'établir une communication entre chaque lampion avec des mèches de coton également trempées dans l'huile d'aspic, et il ajoute que la promptitude avec laquelle le dessin de feu se trouve formé est surprenante et fait un spectacle très-agréable. Ce procédé, dont il paraît qu'il a été fait quelques essais en grand, n'est pas sans inconvénients, et ils n'ont point échappé à M. Varennes de Beost. En effet, l'huile d'aspic, qui n'est autre chose que l'huile essentielle de lavande, étant très-volatile par sa nature, il faudrait allumer les mèches dans l'instant même qu'elles ont été imbibées, ce qui est d'une pratique très-difficile dans une illumination très en grand.

Indépendamment de cette première méthode, M. Perinet Dorval en propose une autre; mais elle paraît avoir encore plus d'inconvénients que la première.

Les fêtes relatives au mariage de Mgr le Dauphin étaient une époque bien propre à tourner les vues des savants vers cet objet. M. Varennes de Beost y fut engagé, M. de La Fert, intendant des mines, et M. Challe, de l'Académie royale de peinture, furent chargés l'un et l'autre de l'ordonnance des fêtes; et voici quelles furent à peu près les vues d'après lesquelles ils se conduisirent :

La térébenthine était d'un côté trop cassante pour pouvoir être employée seule; elle brûlait d'ailleurs trop lentement pour remplir son objet. D'un autre côté, les huiles essentielles étaient trop volatiles et il était à craindre qu'elles ne s'échappassent avant l'instant important.

M. Varennes de Beost ne vit d'autre parti à prendre que de corriger l'une par l'autre, de combiner la térébenthine avec de l'huile essentielle, d'en former une espèce de vernis dans lequel on tremperait le coton pour l'en imbiber, et dont on formerait ensuite des mèches de communication destinées à transmettre la flamme.

M. Varennes de Beost donne deux manières d'enduire les mèches de coton de ce vernis. La première consiste à mettre le peloton en entier dans un pot dans lequel on aurait fait fondre la composition, et de le dévider ensuite à mesure qu'on l'emploie, en tournant le coton autour de chaque mèche des lampions. La seconde se rapproche de la méthode qu'emploient les carriers pour faire de la bougie filée, à l'exception qu'on n'a pas ici besoin de filière, parce que la mèche ne prend jamais trop de vernis lorsqu'il est au degré de chaleur convenable.

M. Varennes de Beost donne différentes compositions de vernis propres à remplir le même objet. Celle qui lui a paru le mieux réussir consiste en un mélange de huit livres de térébenthine, de deux livres d'huile essentielle de térébenthine et d'une livre de camphre. Cette composition a l'inconvénient de poisser les doigts pendant qu'on l'emploie; mais il paraît que les vernis plus secs ont d'autres inconvénients et qu'au total le premier doit être préféré.

14.

M. Varennes de Beost entre ensuite dans des détails très-étendus sur la manière de disposer les mèches. Tout se réduit à peu près à les arranger de manière que la flamme se communique toujours de bas en haut, d'éviter surtout de placer les mèches horizontalement et de faire en sorte qu'elles aient toujours une inclinaison en montant du côté où la flamme doit se communiquer; il serait à craindre, sans cette précaution, que la communication ne fût lente et qu'elle ne s'interrompît même quelquefois.

La méthode de M. Varennes de Beost a été employée avec succès pour illuminer le parc de Versailles. Nous sommes cependant encore porté à croire qu'elle est susceptible de perfection, soit dans la composition des vernis, soit dans la disposition des mèches. Quoi qu'il en soit, nous croyons qu'il est intéressant de consigner dans les Mémoires des savants étrangers les expériences et les recettes de M. Varennes de Beost, et nous pensons que son mémoire est très-propre à servir de guide à ceux qui, dans la suite, voudraient s'occuper du même objet.

RAPPORT

SUR LA RÂPE A TABAC

DE M. BERTAUX.

Du 28 mars 1772.

L'Académie nous a chargés, M. Le Roy et moi, de lui rendre compte d'une nouvelle râpe destinée à mettre le tabac en poudre, présentée par M. Bertaux.

On ne peut mieux donner idée de cette machine qu'en la comparant à un moulin à blé; mais, au lieu que, dans cette dernière machine, la meule supérieure tourne sur l'inférieure, on fait tourner, dans celle proposée, des carottes de tabac, contenues dans des moules de bois, sur une portion circulaire de râpe qui représente en quelque façon la meule fixe. Ce mouvement est imprimé par une manivelle menée par un homme et communiqué par un rouage. A mesure que les carottes diminuent, elles s'abaissent par le moyen d'un poids dont elles sont chargées et qui les applique continuellement à la surface de la râpe. Le tabac qui est pulvérisé retombe dans un entonnoir, précisément comme dans un moulin à blé, et il est bluté de la même manière. La portion de tabac qui n'a pas été suffisamment pulvérisée est remise à la râpe pour y recevoir un nouveau froissement, qui achève de la réduire en poudre.

La machine, dans l'état où nous l'avons vue, a quelques défauts de construction; nous pensons, par exemple, que le rouage n'est pas bien proportionné, et qu'un homme ne pourrait que difficilement conduire la machine. Mais quand on corrigerait les petits défauts que nous y avons remarqués, ce qui n'est pas difficile, nous ne pensons pas qu'on doive en attendre tout l'effet que l'auteur annonce. Il prétend qu'un seul homme pourrait pulvériser par jour cinquante à soixante livres de tabac, et nous sommes, au contraire, persuadés qu'il ne pourrait qu'avec peine en pulvériser douze ou quinze.

Quoi qu'il en soit, ce n'est pas d'aujourd'hui que les artistes se sont occupés de faciliter les moyens de mettre le tabac en poudre; le Recueil des machines de l'Académie contient différentes espèces de râpes qu'elle a jugées, dans le temps, dignes de son approbation. La plupart de ces machines cependant ne sont pas sans défaut; un des principaux consiste en ce que les carottes tournant toujours dans le même sens, ou étant toujours dans une même situation, il se fait des barbes ou bavures des deux côtés du bout, et, les barbes étant plutôt arrachées que râpées, il en résulte que le tabac n'est que très-imparfaitement pulvérisé.

Ce fut pour remédier à cet inconvénient que M. d'Ons-en-Bray présenta à l'Académie, en 1745, une râpe d'une construction nouvelle. Indépendamment du mouvement imprimé à la râpe ou au tabac, comme dans toutes les autres, il en imprimait un circulaire à la carotte, il la faisait tourner sur elle-même, de sorte que toutes les parties se réduisaient également en poudre. Quoique l'idée de cette mécanique parût très-heureuse, nous ne voyons cependant pas qu'elle ait été adoptée ni dans les manufactures de tabac ni dans le public.

En 1766, un machiniste piémontais, nommé Rebuffaty, présenta à l'Académie différentes machines, au nombre desquelles était une râpe à tabac; il assura alors qu'elle avait été exécutée dans une manufacture à Turin; elle consistait dans une râpe tournante adaptée à un arbre vertical qu'on faisait mouvoir, soit par la force des hommes, soit par celle des chevaux. Les carottes distribuées sur la circonférence étaient continuellement pressées par un poids.

La machine de M. Bertaux, dans laquelle les carottes tournent sur la râpe, n'est que l'inverse de celle de Rebuffaty; encore dans le temps l'idée n'en fut-elle pas jugée nouvelle. MM. Le Roy et . . . . . , commissaires nommés par l'Académie pour lui rendre compte de la râpe de Rebuffaty, observèrent, 1° que le tabac s'échauffait considérablement pendant la pulvérisation ; 2° qu'il était nécessaire de couper de temps en temps les cordes des carottes, ce qui retardait la manœuvre : 3° qu'il se faisait des barbes ou bavures, comme le remarque M. d'Onsen-Bray. En conséquence, cette machine ne fut pas jugée digne de l'approbation de l'Académie.

Il existe, en général, deux moyens de pulvériser le tabac : la râpe et le moulin. Le moulin a l'inconvénient d'échauffer le tabac pendant la pulvérisation ; cette chaleur peut aller jusqu'à 40 degrés du thermomètre de M. de Réaumur. Les gens délicats et recherchés prétendent que ce degré de chaleur suffit pour faire perdre au tabac une partie de son parfum et de sa qualité. La râpe n'a pas cet inconvénient, mais, d'un autre côté, elle expédie beaucoup moins, et la main-d'œuvre de la pulvérisation s'en trouve augmentée. Ce qui pourrait porter à croire que l'inconvénient qu'on attribue aux moulins n'est pas aussi considérable que quelques personnes le pensent, c'est que son usage a prévalu et qu'on l'emploie généralement aujourd'hui chez tous les débitants. Il peut bien être, et nous sommes portés à le croire, que la manière dont M. Bertaux applique la force de l'homme à la râpe ait quelque avantage et que la machine fasse plus d'ouvrage qu'une râpe ordinaire, où le tabac est conduit à la main ; mais nous ne pensons pas qu'elle soit aussi expéditive que le moulin. Quoi qu'il en soit, la machine de M. Bertaux peut être regardée comme une application heureuse d'une machine très-connue, et elle pourrait être employée utilement par ceux qui attacheraient une grande supériorité au tabac râpé sur le tabac mouliné. Nous pensons que, sous ce point de vue, elle peut mériter l'approbation de l'Académie, mais nous doutons, en même temps, que cette supériorité soit assez grande pour faire préférer l'usage de la râpe de M. Bertaux à celui des moulins qui sont actuellement en usage. Au moyen de quoi nous croyons devoir le prévenir qu'il ne doit pas espérer tirer un grand parti de son invention.

RAPPORT

SUR

L'ART D'EXPLOITER LES MINES DE CHARBON DE TERRE,

PAR M. MORAND FILS.

Du 2 septembre 1771.

Nous avons été chargés par l'Académie, M. Le Roy et moi, de lui rendre compte de la seconde partie de l'Art d'exploiter les mines de charbon de terre, par M. Morand fils; nous allons essayer de lui donner une idée de la manière dont est traité cet important ouvrage.

Il est peu de connaissances sur lesquelles les savants français soient aussi en retard, par rapport aux autres nations, que sur l'exploitation des mines en général; les Anglais, et surtout les Allemands, peuvent citer un grand nombre d'ouvrages où les travaux des mines sont décrits dans tout leur détail, les Français n'en peuvent citer aucun. Ce n'est pas que la France ne renferme dans son sein un grand nombre de mines et de presque toutes les espèces, mais le peu de richesse des veines, la cherté de la main-d'œuvre, la fertilité même du royaume, mine plus précieuse que celles de Saxe et du Pérou, ont été un obstacle au succès de presque toutes les entreprises de ce genre.

Si la France a jusqu'ici retiré peu d'avantages de l'exploitation des mines métalliques, il n'en est pas de même de celles du charbon de terre; presque toutes les entreprises qui ont été formées pour l'extraction de ce minéral ont été fructueuses lorsqu'elles ont été bien conduites, et l'on ne peut calculer la masse immense de richesses qu'a procurées cette branche de production à l'État et aux particuliers qui s'y sont livrés.

Il est aisé de sentir d'après cela combien un travail suivi sur l'exploitation des mines de charbon de terre, entrepris et exécuté dans le sein de l'Académie est intéressant pour les savants, pour l'État et pour le public.

L'exploitation du charbon de terre a beaucoup de choses communes avec l'exploitation des mines en général. Si le travail de ces dernières eût été décrit par quelque écrivain français, si l'art en eût été donné parmi ceux de l'Académie, M. Morand aurait pu, comme il l'observe lui-même, se dispenser d'entrer dans une infinité de détails; il n'aurait traité que ce qui était absolument propre au charbon de terre, et il aurait renvoyé pour tout le reste aux arts déjà décrits. M. Morand a été privé de ce secours, de sorte qu'une partie de son ouvrage peut être regardée en quelque façon comme une introduction au travail des mines en général.

M. Morand a divisé en deux parties l'Art d'exploiter le charbon de terre, la première est déjà entre les mains du public. Il n'y avait envisagé ce minéral que comme objet d'histoire naturelle et il avait décrit dans cette vue tout ce qui a rapport à la situation des bancs, à la nature des substances qui les accompagnent, aux singularités qui s'y rencontrent. M. Morand, dans la seconde partie que nous avons pour objet de faire connaître aujourd'hui à l'Académie, envisage le charbon de terre comme branche importante de commerce; il a rassemblé en conséquence dans cette seconde partie tous les détails relatifs à l'extraction, à l'emploi et au commerce de charbon de terre; ces trois objets forment à peu près la division de son ouvrage.

M. Morand débute, dans la première section, par une description détaillée relativement aux travaux des veines de charbon de terre, de leur situation et de leur marche. Ces veines sont communément inclinées à l'horizon; tantôt elles s'approchent de la ligne perpendiculaire, elles se nomment alors *pendages de roisse;* tantôt elles sont presque horizontales, et on les désigne alors par le nom de *pendages de platures.* Toutes ces

veines (c'est au moins ce qu'on observe dans le pays de Liége) prennent
leur origine au jour, c'est-à-dire à la surface de la terre; elles descendent
ensuite dans la même direction jusques à une certaine profondeur; alors
elles forment, à une distance plus ou moins grande, différents angles
qui les rapprochent insensiblement de la ligne horizontale jusques à
ce qu'enfin, après avoir passé par la situation horizontale, elles remon-
tent à la surface de la terre en formant une figure symétrique fort régulière. Il y a donc apparence, d'après les observations rapportées par
M. Morand, que les pendages de roisse deviennent des pendages de
plature dans toutes les veines du pays de Liége et qu'elles redeviennent
ensuite pendages de roisse. Ce qu'on observe encore de très-singulier,
c'est que presque jamais les veines ne marchent seules; elles sont toutes
accompagnées d'autres veines qui marchent parallèlement avec elles,
qui se réfléchissent sous les mêmes angles et qui toutes ensemble forment une figure presque régulière. Nous avons cru devoir mettre dans
quelques détails cette disposition singulière sous les yeux de l'Académie,
attendu que personne avant M. Morand ne l'avait encore fait connaître
avec autant de précision et de clarté.

Une des parties les plus importantes de l'art d'exploiter le charbon
de terre consiste, 1° à se former un tableau exact de la situation des
veines, à juger de l'ensemble de leur marche par la connaissance du
petit nombre de points qu'on connaît; 2° à se mettre en état, comme
on dit, de dépouiller les veines, dans quelque pendage qu'elles soient
situées, de pouvoir les suivre à une grande profondeur, dans quelque
nombre qu'elles soient les unes au-dessus des autres; 3° en un mot, à
attaquer les veines dans l'endroit où l'exploitation est la plus commode,
la plus sûre et la moins dispendieuse.

Cette partie de l'art est la plus importante et la plus difficile; elle
exige des combinaisons très-compliquées de la part de celui qui dirige
l'exploitation, des connaissances très-étendues et très-multipliées, et,
quand on considérera toutes les qualités qu'elle exige, on ne sera plus
surpris si quelques-unes des entreprises qui ont été faites en ce genre
ont eu si peu de succès.

M. Morand, après avoir décrit la marche des veines, passe aux travaux nécessaires pour les exploiter; les ouvriers et leurs différentes fonctions, les outils, les instruments et leurs différents usages sont les premiers objets de ses recherches. Les instruments servent ou pour les travaux extérieurs, ou pour les travaux intérieurs, ou pour l'épuisement des eaux. Ces différents titres forment les subdivisions de cette partie de l'ouvrage; il serait trop long d'en donner l'extrait détaillé. Nous nous contenterons de dire que la pompe à feu est la seule machine hydraulique intéressante qu'on emploie dans les mines de charbon de terre, mais M. Morand n'en parle que d'une manière très-succincte, attendu qu'elle doit être décrite particulièrement dans les Arts de l'Académie.

Ce que nous venons d'exposer jusqu'ici n'est en quelque façon que le préliminaire de l'art d'exploiter le charbon de terre. M. Morand s'occupe ensuite de l'exploitation elle-même; il traite d'abord de l'architecture souterraine des mines. L'exploitation d'une mine porte sur deux opérations générales, arriver à la veine et travailler la veine. On arrive à la veine par des puits perpendiculaires, quelquefois par des percements latéraux formés dans le flanc de la montagne; cette dernière méthode a de grands avantages en ce qu'elle procure un écoulement naturel à l'eau, mais elle est rarement praticable, parce que les mines de charbon de terre s'enfoncent communément beaucoup au-dessous du niveau des vallées. Dans toutes les exploitations un peu considérables, indépendamment du puits principal, il y en a de particuliers, les uns destinés à donner de l'air à la mine, les autres à placer des machines hydrauliques, les autres à tirer les matières. Il est aisé de concevoir que ceux destinés à tirer l'eau doivent toujours être construits sur ce qu'on appelle *l'aval des veines*, c'est-à-dire dans la partie la plus basse de l'exploitation.

Après avoir parlé des différents puits ou fosses nécessaires dans l'exploitation, avoir décrit l'usage de chacun d'eux et les avoir désignés par les noms usités dans le langage des mineurs, M. Morand passe à ce qu'on appelle *tailles* et *voies souterraines*. Si l'on a bien conçu ce qui a été dit plus haut de la disposition des veines, on se les représente comme des solides de cinq à six pieds d'épaisseur, et qui s'étendent à des distances plus ou moins grandes dans les autres dimensions. Ces solides de charbon de terre ne peuvent être exploités qu'avec certaines précautions, les ouvriers doivent y former des espèces de chambres, c'est ce qu'on nomme *tailles;* ils doivent ménager des passages de communication d'une chambre à l'autre, soit pour le transport du charbon, soit pour l'écoulement des eaux, soit enfin pour la circulation de l'air, c'est ce qu'on nomme *voies.* On conçoit encore qu'on ne peut se dispenser de laisser des parties solides fort considérables pour éviter les éboulements, des espèces de piliers fort massifs, et c'est ce qu'on appelle *serres.* Ces routes souterraines, ces chambres, portent différents noms suivant la disposition des veines; nous nous dispenserons d'entrer dans ces détails; ils sont exposés dans l'ouvrage avec toute l'étendue qu'on peut désirer.

Indépendamment des travaux nécessaires pour arriver aux veines, l'air et l'eau occasionnent dans leur exploitation des difficultés presque insurmontables. Un renouvellement presque continuel de l'air est indispensablement nécessaire pour entretenir la vie des animaux. L'air respiré par des hommes est un poison pour d'autres hommes; de là la nécessité d'entretenir un air perpétuellement circulant dans la mine. Deux obstacles s'opposent à cette circulation : 1° l'air des mines ne communique que par une ouverture très-étroite avec le reste de l'atmosphère; 2° l'air qui y est contenu dans les profonds souterrains est chargé de vapeurs et d'humidité; il est donc plus lourd que l'air de l'atmosphère, il tend donc à occuper la partie basse et par conséquent à demeurer stagnant dans l'intérieur de la mine; 3° la distribution même des galeries des mines tend à entretenir de plus en plus l'air dans cet état de stagnation.

Une vive agitation communiquée à l'air par le moyen des branches d'arbres que les ouvriers remuent avec rapidité suffit dans certaines occasions pour les mettre en sûreté, c'est-à-dire pour chasser une partie de l'air de la mine, et pour le renouveler par d'autre. L'air de l'atmosphère dans cette occasion est à l'air stagnant dans la mine à peu près comme du vin qu'on fait nager sur de l'eau; on sait que la moindre agitation suffit pour occasionner un mélange.

Il est un grand nombre de circonstances, surtout dans les grandes exploitations, où le simple ébranlement imprimé a l'air par le mouvement de quelques branches d'arbres ne serait pas suffisant pour occasionner le renouvellement d'air nécessaire; l'art a imaginé des moyens plus commodes, plus sûrs et plus applicables à de grands travaux. D'abord dans toutes les mines un peu considérables, indépendamment des puits nécessaires pour la descente des ouvriers, pour l'extraction de la mine et pour l'élèvement des eaux, on a coutume d'en pratiquer d'autres uniquement destinés à la circulation de l'air, et qu'on nomme à cet effet *puits d'airage*. Il y en a souvent plusieurs distribués à certaines distances et disposés de manière à établir un courant d'air; lorsque ces puits ne produisent pas tout l'effet qu'on se croyait en droit d'en attendre, on allume dans le milieu un feu plus ou moins vif; on emploie à cet effet le bois ou le charbon, alors l'air dilaté par ce feu devient plus léger que l'air de l'atmosphère; il est par conséquent obligé de monter et de s'échapper par l'ouverture supérieure du puits, tandis que l'air de l'atmosphère s'introduit par d'autres ouvertures pour remplacer celui-ci. Souvent, pour accélérer le courant d'air dans les puits d'airage, on pratique à leur sortie de terre un long tuyau de 40 à 50 pieds de hauteur, à peu près de la même manière et dans la même vue qu'on a coutume de le faire pour accélérer le courant d'air dans nos fourneaux chimiques.

Il arrive quelquefois encore, lorsque la mine a été longtemps sans être habitée, que l'air s'enflamme au moment où les ouvriers y rentrent, qu'il les renverse et les suffoque : c'est le contact de la lumière qu'ils portent à la main qui communique la flamme aux vapeurs contenues dans l'air. L'agitation, le renouvellement et la circulation de l'air sont encore les moyens qu'on emploie pour prévenir ces accidents.

Il n'est point de travaux souterrains où l'on soit plus contrarié par les eaux que dans les mines de charbon de terre; ces eaux viennent ou

des veines mêmes de charbon, ou des bancs voisins, ou enfin des bancs
supérieurs et principalement de ceux qui sont peu éloignés de la surface de la terre. Dans le dernier de ces trois cas, les mineurs emploient
une méthode assez ingénieuse pour arrêter le courant d'eau. Elle n'est
guère praticable que lorsque les bancs sont à peu près horizontaux;
elle consiste, lorsqu'ils rencontrent un niveau d'eau, à disposer des
planches ou des pièces de bois tout autour du trou, à les serrer, le plus
près qu'il est possible, l'une contre l'autre, enfin à les garnir de chaux,
de ciment, de glaise, de mousse, de manière qu'elles ne laissent aucun
passage à l'eau. Cette façon de traverser un niveau d'eau porte le
nom de *cuvelage,* sans doute parce que dans l'origine on se servait de
cuves ou de *tonneaux* pour remplir cet objet. Cette dernière pratique est
même suivie dans les glaisières des environs de Paris. Lorsque les ouvriers sont arrivés à l'eau et qu'ils veulent creuser au delà, ils descendent dans leur trou une futaille défoncée, à peu près du même diamètre; ils l'environnent et la lutent de toutes parts avec de la glaise
bien corroyée. L'eau se trouve ainsi arrêtée par les parois extérieures
du tonneau, elle ne peut plus inonder le trou, et les ouvriers continuent
de creuser d'abord dans le tonneau même et ensuite au delà, sans être
incommodés.

Les circonstances ne permettent pas toujours, comme on l'a déjà dit,
de se servir de cette méthode, et elle n'est applicable qu'aux niveaux
d'eau qui se rencontrent dans le haut des fosses. Par rapport aux eaux
qui se rencontrent et qui coulent de toutes parts dans les bancs infé-
rieurs, on les rassemble, par le moyen de rigoles artistement pratiquées, dans des réservoirs creusés au-dessous du niveau des travaux.
De là on les élève jusqu'à l'embouchure des puits par le moyen de
pompes et de machines hydrauliques de différentes espèces. Lorsque le
local le permet, on écoule ces eaux par le moyen d'un percement latéral
qui aboutit à la surface de la terre dans le flanc de la montagne.

Après avoir terminé ce qui regarde l'épuisement des eaux, M. Morand donne une idée du nivellement, et de la manière de faire usage
de la boussole dans les mines. Il passe ensuite à la description méca-

nique du travail relatif à l'ouverture d'une fosse ou bure à la poursuite
des veines dans quelque pendage qu'elles se trouvent, de quelque manière qu'elles soient situées, soit qu'elles soient régulières ou non, soit
qu'elles soient continues ou interrompues.

Cette première section de la seconde partie de l'ouvrage de M. Morand est terminée par un traité sur les usages de la houille ou charbon
de terre dans le pays de Liége. Indépendamment des arts et des manufactures de différentes espèces dans lesquels il est employé, les
Liégeois s'en servent encore dans l'intérieur de leur ménage, et ils l'appliquent aux mêmes usages que le charbon de bois et le bois lui-même.
Ce qu'il y a de plus remarquable, c'est qu'ils ne l'emploient pas pur,
et tel qu'il est sorti de la mine; ils le mêlent, dans différentes proportions, et suivant la qualité du charbon, avec une espèce de glaise; ils
la détrempent, la pétrissent et, par le moyen d'une espèce de moule, ils
en forment des boulettes ovales. On conçoit qu'on ne prend pour cette
préparation que la portion du charbon de terre qui approche le plus
d'être réduite en poussière, celle qui serait le moins de défaite dans le
commerce; on varie les doses de la terre et du charbon suivant le degré
de force qu'on veut donner à ce dernier.

La différence de la matière combustible doit nécessairement entraîner
des différences dans la manière de la brûler. C'est à quoi M. Morand
ne manque pas de s'arrêter; il décrit d'abord les porte-feu, qui ne sont
autre chose que des espèces de corbeilles de fer dans lesquelles on place
le charbon; ces corbeilles se placent et s'appuient sur un massif de
maçonnerie fait de briques qui leur tient lieu de ce que nous appelons
la plaque de la cheminée. L'arrangement du charbon de terre dans les
corbeilles n'est point une chose indifférente; on mêle avec les boules
de charbon préparé quelques morceaux de charbon brut, et on allume
le tout avec quelques morceaux de bois sec.

La construction des cheminées destinées à la combustion du charbon
de terre varie suivant les lieux où elles doivent être placées. M. Morand décrit celles des appartements, qu'il distingue en cheminées en
chapelle et cheminées en œil de bœuf; on en trouve la gravure dans

son ouvrage; il décrit ensuite celles qu'on emploie pour les cuisines et tous les ustensiles qui y sont relatifs.

Cette première section est terminée par des détails extrêmement intéressants sur le métier de houilleur, qui forme communauté dans le pays de Liége; enfin sur la jurisprudence, sur les lois qui les régissent et qui servent à maintenir le bon ordre.

M. Morand, après avoir traité, dans la première section de sa seconde partie, de l'exploitation du charbon de terre dans le pays de Liége, passe, dans la seconde, à la comparaison des méthodes usitées dans presque tous les pays de l'Europe. Il a fait usage, dans cette seconde section, de tous les ouvrages imprimés publiés dans différentes langues, d'un grand nombre de mémoires qui lui ont été communiqués, enfin de tous les renseignements qu'il a pu se procurer. Il suit, à l'égard de chaque pays à peu près le même ordre qu'il a suivi pour le pays de Liége.

L'exploitation du charbon de terre en Angleterre étant à peu près portée au degré de perfection dont elle est susceptible, c'est par elle qu'il a cru devoir commencer. Ce commerce y forme un objet de la plus grande importance; aussi les lois s'en sont-elles occupées d'une manière très-particulière.

Le droit d'ouvrir des mines, en Angleterre comme en France, appartient ou au roi, ou à des seigneurs engagistes; ce droit se nomme *droit de Royalty*. Ceux qui présument avoir dans leur propre fonds du charbon de terre commencent par s'arranger avec ceux qui ont le droit de Royalty; ils font, communément à frais communs, un trou de sonde. Les règlements n'ont pas abandonné à tout particulier le droit de faire ces sortes de *fouilles;* ils ont pensé sans doute que, cette opération importante devenant la base d'une entreprise, il convenait qu'elle fût faite par un homme expert et avoué de l'État. Cette opération d'ailleurs n'est pas aussi facile qu'elle le paraît au premier coup d'œil; elle demande des précautions délicates, et il est important qu'elle soit confiée à un homme qui, par une longue expérience, ait acquis l'habitude de reconnaître les terrains.

Il y a donc un maître foreur en Angleterre, auquel on s'adresse pour faire les trous de sonde. Celui de Newcastle a acquis une telle expérience qu'on assure qu'il connaît les couches intérieures de la terre à vingt milles à la ronde jusqu'à cent toises de profondeur. M. Morand décrit à cette occasion la tarière anglaise. Quoique cet instrument ait beaucoup de rapport avec celui qu'on emploie en France et dans le pays de Liége, et qui a été décrit dans la première section, cependant la nouvelle description qu'on en trouve dans cet article de l'ouvrage de M. Morand ajoute aux connaissances qu'il en avait données précédemment, principalement par rapport à la manière de se servir de l'instrument.

M. Morand passe ensuite à la description des bancs qui s'observent en Angleterre pour parvenir au charbon; il entre dans le détail des différentes qualités de charbon qu'on y rencontre, des moyens qu'on emploie dans l'exploitation, enfin il donne une idée des lois qui régissent cette branche de commerce.

L'article de l'Angleterre est suivi de celui du pays d'Outre-Meuse, de celui du Hainaut autrichien, de celui du Hainaut français et successivement de celui particulier pour chaque province de France; M. Morand a rassemblé sur chacune d'elles le détail des différentes exploitations qui y ont été établies, ou qu'on a tenté d'y établir, et il discute les probabilités plus ou moins grandes de réussir à y découvrir du charbon de terre.

Cette troisième section est terminée par des observations sur l'Auvergne, le Forez et le Bourbonnais, dont les mines servent à l'approvisionnement de la ville de Paris.

Il ne restait plus, après avoir exposé dans les deux premières sections de la seconde partie les pratiques usitées dans toute l'Europe pour l'exploitation du charbon de terre, qu'à donner des principes généraux sur cette même exploitation, et à joindre en quelque façon le secours de la théorie à celui de l'expérience; c'est cet objet que M. Morand s'est attaché à remplir dans la troisième section de sa seconde partie.

Il s'occupe d'abord des indices auxquels on peut reconnaître ou soupçonner le charbon de terre; il donne à cette occasion une idée de la disposition des montagnes et des couches terrestres qui composent le globe; cette partie intéressante de l'ouvrage de M. Morand a été extraite du savant article *Géographie physique*, du Dictionnaire encyclopédique dont le public est redevable à M. Desmarets; il résume ensuite ce qui a rapport au sondage, au pendage des mines, enfin à l'épuisement des eaux. Ce dernier article comprend des détails intéressants sur la force des hommes et des chevaux, sur la dépense nécessaire pour l'établissement et l'entretien des machines à feu.

L'airage des mines forme encore un article intéressant de cette troisième section. M. Morand y donne l'extrait des mémoires de MM. de Gensanne et Jars, et la traduction de celui de M. Triewald, extrait des Mémoires de l'Académie de Suède, année 1740. Il résulte des recherches de ces savants minéralogistes que c'est à la trop grande condensation de l'air dans les mines qu'on doit attribuer les funestes effets qu'éprouvent si souvent les mineurs, et que tout l'art consiste, pour les prévenir, à établir une circulation d'air dans la mine. Les moyens employés pour remplir cet objet sont, d'après les principes des savants que nous venons de citer, des canaux ou tuyaux, des soufflets ou plutôt des pompes aspirantes d'air, des ventilateurs, des réservoirs d'air, etc. M. Morand a fait de savantes recherches sur ces différentes méthodes et il les donne dans le plus grand détail.

Après quelques observations sur les fentes aqueuses et sur les machines qu'on emploie pour élever le charbon de terre, etc. M. Morand passe aux calculs de la dépense de l'exploitation d'une mine. Les prix portés dans cet article ne peuvent que varier infiniment suivant les différents pays, mais il est aisé de sentir combien toute base, quelque incertaine qu'elle puisse être, est encore précieuse pour ceux qui veulent former des entreprises de ce genre.

Ces détails sont suivis d'une dissertation très-intéressante sur les usages du charbon de terre. M. Morand donne les moyens d'en tirer différents remèdes pour la médecine, d'en extraire une huile de pétrole, et il décrit l'art de l'employer pour faire la chaux, tel qu'on le pratique sur les bords du Rhône. Il donne à la suite l'histoire des tentatives qui ont été faites pour appliquer le feu du charbon de terre à la fonte des mines, la méthode de brûler le charbon de terre, de lui enlever par le feu son huile, son soufre, et de le réduire en un véritable charbon; enfin il passe en revue tous les arts qui emploient, ou qui peuvent employer le charbon de terre avec avantage.

M. Morand, dans la première section de cette seconde partie, était entré dans quelques détails sur les usages économiques du charbon de terre, et sur sa combinaison avec les argiles. L'importance de cet objet l'a engagé à y revenir dans cette troisième section; il s'est attaché surtout à y déterminer la qualité de chaque espèce de charbon, et à donner les caractères qui peuvent servir à les distinguer. Il entre dans les mêmes détails sur les argiles, et il indique quelle espèce d'argile convient à chaque espèce de charbon, et réciproquement. Il applique particulièrement ces connaissances au local de la ville de Paris; il décrit tous les endroits de ses environs où l'on tire de la glaise, de la marne, ou d'autres terres propres à être alliées au charbon de terre, enfin il donne dans le plus grand détail l'art de faire cette union; il décrit les différents ateliers qu'il serait nécessaire de construire pour une opération en grand, les ouvriers qu'il faudrait employer, leurs manipulations, etc.

L'entrée des charbons de terre de l'étranger en France, la sortie de ceux de France pour l'étranger, forment un objet important dans la balance du commerce; les droits établis sur ce charbon, tant à l'entrée qu'à la sortie, forment en même temps un objet de revenu considérable pour le roi. Le plan du gouvernement, depuis M. Colbert, a toujours été de charger de droits à l'entrée les charbons de terre étrangers pour donner un avantage aux charbons de terre nationaux. Des circonstances particulières, telles que les disettes, ont obligé quelquefois de s'écarter de ces principes, mais on y est toujours revenu. Ce plan d'administration sans doute était sage, mais il n'était pas encore suffisant et il existait un autre moyen beaucoup plus efficace de favoriser les exploitations

nationales; il consistait à décharger les charbons de terre qui en proviennent de tous droits, soit à la sortie du royaume, soit à la circulation, soit enfin à l'entrée des villes et surtout de celle de Paris. Un
ministre, que l'Académie a l'honneur de compter parmi ses membres, en
avait conçu le projet en 1763, mais il fut contrarié par des intérêts
particuliers et par des obstacles de différents genres, et les choses sont
demeurées dans le même.état. Cet objet est discuté savamment dans
l'ouvrage de M. Morand, et d'après les vrais principes d'administration.
Il ne nous a pas été difficile de reconnaître la savante main qui lui en
avait fourni les matériaux.

Enfin M. Morand termine son ouvrage en rapprochant l'extrait
des différents règlements concernant le commerce du charbon de terre
dans la ville de Paris; il détaille les différentes espèces de marchands
par lesquels se fait ce commerce, les charges et offices qui ont été créés,
soit pour la sûreté réciproque des vendeurs et des acheteurs, soit pour
procurer à l'État des secours momentanés par la vente de ces offices.

Il est aisé de voir, d'après le compte que nous venons de rendre de
l'ouvrage de M. Morand, qu'il n'a pas eu pour objet de donner une
simple description des travaux relatifs à l'extraction du charbon de terre
de sa mine; il a suivi ce minéral dans le commerce et dans les différents ateliers qui en font usage; il a envisagé son objet, relativement à
l'histoire naturelle, relativement aux travaux minéralogiques, relativement au commerce, enfin relativement à l'administration. Sous tous
ces points de vue nous croyons que M. Morand a rempli le plan qu'il
s'était formé; nous ne doutons pas en conséquence que son ouvrage ne
soit très-utile et très-favorablement accueilli du public, et nous croyons
que l'Académie doit en permettre l'impression.

RAPPORT

SUR UN SAVON BLANC

PRÉSENTÉ

PAR M. GŒZAND.

L'Académie nous a chargés, M. Macquer, M. Tillet et moi, d'examiner un savon blanc présenté par M. Gœzand[1], qu'il assure être en état de donner à un prix beaucoup plus bas que le savon ordinaire. L'examen que nous avons fait de ce savon ne nous y a fait reconnaître aucun mélange de graisse, de suif, ni rien de nuisible pour le linge ou pour ceux qui l'emploient à savonner; il nous a paru dans un état de neutralité parfaite, et nous l'avons jugé propre à être employé aux mêmes usages que le savon ordinaire; mais nous croyons que, pour produire les mêmes effets, il sera nécessaire d'en employer une quantité plus considérable.

[1] M. Gœzand avait proposé une méthode pour raffiner avec avantage le savon blanc de Marseille.

RAPPORT SUR UN MÉMOIRE

DE M. LE VEILLARD,

SUR

LA DÉCOMPOSITION DU NITRE.

Du 18 Novembre 1772.

Nous avons été chargés par l'Académie, M. Cadet et moi, de lui rendre compte d'un mémoire sur la décomposition du nitre, par M. Le Veillard. Avant de l'entretenir des expériences intéressantes qu'il renferme, nous allons donner ici en peu de mots l'historique de ce qui était connu sur cette matière.

Viganus et Basile Valentin sont les premiers qui aient soumis le nitre à la distillation. Leur méthode pour le décomposer et pour obtenir son acide consistait à le mêler avec une certaine quantité de glaise, de bol ou d'argile. Une foule d'artistes, depuis eux, ont répété la même expérience sans y rien ajouter. Nous ne parlons pas ici de la distillation du nitre par l'arsenic, donnée par Glauber, ni des travaux de Borrichius pour obtenir l'acide le plus concentré possible. Ce que nous pourrions dire à cet égard serait absolument étranger à l'objet de M. Le Veillard.

Depuis Viganus et Basile Valentin, l'illustre Boyle annonça que le nitre pouvait se décomposer par lui-même dans les vaisseaux fermés, et il prétendit qu'il en avait obtenu l'acide en le distillant sans intermède dans une retorte de verre.

Zwelfer prétendit avoir eu le même résultat en employant le verre pilé pour intermède.

On pourrait douter, à la lecture des ouvrages de Stahl, qu'il se soit occupé d'expériences directes sur la décomposition du nitre, et l'on serait tenté de croire qu'il ne parle que d'après l'expérience des autres. Quoi qu'il en soit, on y lit en plusieurs endroits que le sable et les cailloux en poudre décomposent le nitre dans les vaisseaux fermés. Ce célèbre auteur, à cette occasion, ne peut s'empêcher de jeter des doutes sur l'expérience de Boyle; il observe, en effet, que la décomposition du nitre, soit par lui-même, soit à l'aide de la plupart des intermèdes, exigeant un degré de feu très-violent, cette expérience n'a pu être faite comme Boyle l'avance dans une retorte de verre. Stahl ajoute encore (*Traité des sels*) un fait très-remarquable, c'est que la même terre peut servir plusieurs fois pour la distillation du nitre; mais ce dernier fait se trouve contredit dans un autre endroit de ses ouvrages, et il l'a été depuis par Juncker.

M. Pott a senti comme Stahl la difficulté de l'expérience de Boyle, mais il a prétendu, comme ce dernier, qu'on pouvait décomposer le nitre par lui-même, en se servant d'une retorte de fer. Nous ne pouvons dissimuler que cette expérience de M. Pott ne soit presque aussi embarrassante à expliquer que celle de Boyle. Comment concevoir, en effet, que l'acide nitreux, en supposant qu'il se dégage, ne se combine pas avec le fer de la retorte, avec lequel il a tant d'analogie, et qu'il n'en dissolve pas au moins le col à mesure que l'acide s'y rassemble.

Si d'un côté presque toutes les expériences faites sur la décomposition du nitre présentaient de l'incertitude, les opinions sur les conséquences qu'on devait en tirer ne s'accordaient pas mieux. Quelques chimistes pensaient que les argiles agissaient sur le nitre par une petite portion d'acide vitriolique qu'ils y supposaient. Juncker était de ce sentiment, et c'était de même à une petite quantité d'acide, qu'il supposait dans le sable et dans les cailloux, qu'il attribuait leur action sur le nitre. D'autres chimistes assuraient que les argiles ne faisaient qu'étendre et diviser le nitre, qu'elles l'empêchaient de fondre, et qu'elles le laissaient par là plus exposé à l'action du feu; d'autres enfin disaient que de même que les fluides, lorsqu'ils sont au point d'ébullition, ont acquis le plus grand degré de chaleur qu'ils soient susceptibles de prendre, de même le nitre seul, dans une retorte, ne pouvait s'échauffer que jusqu'au point où il commence à bouillir; mais qu'à l'aide d'un intermède on pouvait retarder son ébullition et lui faire supporter une chaleur beaucoup plus forte. Stahl, sans avoir adopté formellement d'opinion sur cet article, était flottant entre toutes.

L'extrême violence du feu et la longue continuité qu'exige ce genre d'expériences avaient lassé sans doute la persévérance des artistes, et c'était vraisemblablement la cause de la diversité de ces opinions.

Cette incertitude sur la cause de la décomposition du nitre régnait encore en 1768, lorsque M. Monet adressa à l'Académie de Turin un mémoire sur la distillation du nitre et du sel marin par la glaise; il y fit voir que les glaises n'agissaient point dans cette opération par leur acide vitriolique, parce qu'elles n'en contiennent pas, mais que c'était la base alcaline du nitre et du sel marin qui se combinait avec la glaise qui formait avec elle une espèce de vitrification. Ce mémoire de M. Monet n'est point encore parvenu jusqu'à nous, et nous ne le connaissons que par une note assez succincte, insérée à la page 262 de sa *Nouvelle Hydrologie*. M. Le Veillard nous a même assuré n'en avoir eu aucune connaissance dans le temps de la rédaction de son mémoire. Quoi qu'il en soit, nous ne pouvons dissimuler que le travail de M. Le Veillard n'ait beaucoup de rapport, quant à son objet, avec ce que nous connaissons de celui de M. Monet. Pour ce qui est de la manière dont cet objet est rempli, il ne nous est pas possible d'établir aucune espèce de comparaison, et nous nous contenterons de mettre sous les yeux de l'Académie le détail abrégé des expériences de M. Le Veillard. Il commence par faire voir qu'une partie de nitre mêlée avec quatre de sablon pur, exposée d'abord à un feu modéré dans des retortes de grès, puis poussée pendant vingt et une heures au feu le plus violent, se décompose en entier et donne la totalité de son acide. Le résidu de la distillation forme une masse qui se dissout dans l'eau, qui, évaporée, donne une belle gelée, enfin qui, par tous les acides, donne un précipité terreux tout semblable à celui qu'on obtient du *liquor silicum*.

Ce qu'il y a de remarquable, c'est que cette terre précipitée du *liquor silicum* ne se dissout pas, suivant M. Le Veillard, dans les acides, et ne fait même aucune effervescence avec eux. Cette assertion est directement contraire à ce qu'avancent M. Pott dans sa *Lithéo-géognosie* et M. Baumé dans son ouvrage intitulé *Manuel de Chimie*, puisque ce dernier même prétend que cette terre, combinée avec l'acide vitriolique, donne de l'alcali.

Cette contradiction nous a paru d'une assez grande importance pour mériter toute l'attention de l'Académie, et nous avons cru devoir répéter l'expérience. Nous nous sommes munis, en conséquence, 1° de *liquor silicum*, fait à la façon de Glauber, c'est-à-dire par le moyen des cailloux; 2° de cette même combinaison, faite avec du sablon très-pur de la forêt de Senlis; et nous avons observé qu'en étendant dans beaucoup d'eau le *liquor silicum* et en versant dessus un acide quelconque, il était possible de dissoudre la terre en même temps qu'elle se précipite, ou au moins de la tenir suspendue à l'aide de la matière saline en dissolution, mais que, sitôt que cette terre a été une fois précipitée, il n'est plus possible de la redissoudre dans l'acide vitriolique, en quelque état que soit cet acide, encore moins d'en former de l'alun. Les bornes d'un rapport ne nous permettant pas de nous étendre davantage sur cette expérience, nous nous contenterons de dire qu'elle nous a laissés entrevoir des vérités très-importantes.

M. Le Veillard a fait la même distillation avec un mélange de quatre parties de verre en poudre et une de nitre; l'effet a été le même, et le nitre a été décomposé comme dans la première expérience. Il a obtenu quelque peu de vapeurs acides d'un mélange de nitre et d'os calcinés, mais la totalité de l'acide n'a point passé dans le récipient; sans doute il est demeuré engagé dans la terre calcaire animale avec laquelle le nitre était combiné.

Chacune de ces opérations exige au moins douze heures de feu; c'est sans doute à cette persévérance que tiennent et la réussite des expériences de M. Le Veillard, et le défaut de succès de ceux qui l'ont précédé.

Enfin M. Le Veillard a observé que le nitre, distillé seul, sans addition, sans intermède, dans une cornue de grès, donne bien quelques vapeurs acides, mais que cette décomposition était très-incomplète, quelque longtemps que le feu fût continué, et M. Le Veillard concilie par cette expérience tout ce que les auteurs anciens semblent avoir avancé de contradictoire.

M. Le Veillard passe ensuite à la discussion de la cause de la décomposition du nitre par l'argile.

M. Baumé avait prétendu qu'en faisant bouillir le résidu de la distillation par la glaise dans une lessive alcaline, on obtenait du tartre vitriolé. M. Le Veillard assure avoir répété un grand nombre de fois cette expérience sans avoir obtenu de tartre vitriolé, et il se trouve d'accord à cet égard avec M. Monet, et en contradiction formelle avec M. Baumé.

Quelque fortes que fussent les indications tirées des expériences précédentes, pour porter à croire que ce n'était point par l'acide vitriolique contenu dans la glaise que se faisaient la décomposition du nitre et le dégagement de son acide, M. Le Veillard est parvenu à le prouver d'une manière encore plus satisfaisante; il fait voir que toutes les fois qu'on distille du nitre, soit avec de l'argile bien sèche, soit avec du verre en poudre, ce même verre et cette même argile bien lessivés après l'opération, loin d'avoir perdu de leur poids, en ont acquis au contraire, et il a observé qu'en examinant ce résidu avec attention on y voyait des globules de verre formés par la combinaison de l'acali fixe du nitre avec l'intermède.

D'après ces observations, la cause de la décomposition du nitre est palpable; on sait que le verre, le sable, l'argile combinés avec de l'alcali fixe, forment une fritte de verre. L'alcali du nitre, quoique combiné avec un acide, n'en a pas moins cette propriété; mais, comme il paraît en même temps que son acide ne peut entrer dans la combinaison du verre, il demeure libre, et la chaleur le fait passer dans le récipient.

M. Le Veillard donne le complément de cette démonstration chimique en faisant voir que l'alcali fixe existe encore dans le résidu de la distillation du nitre par la glaise, et que, quoique dans une espèce d'état de vitrification, on peut le séparer par les trois acides minéraux, et qu'il en résulte ou du tartre vitriolé, ou du nitre, ou du sel de Sylvius, suivant l'acide qui a été employé.

De ces différentes expériences, M. Le Veillard conclut que l'acide vitriolique n'est point l'intermède nécessaire de la distillation du nitre, que le sable pur, le verre même le décomposent; enfin que la distillation du nitre par la glaise ne prouve point qu'elle contienne de l'acide vitriolique; que ce n'est point par son moyen qu'elle sert à la séparation de l'acide dans cette opération, mais qu'elle parvient à le dégager en s'unissant à la base du nitre et en formant avec elle une substance vitreuse insoluble dans l'eau.

Ces conclusions nous paraissent des conséquences immédiates et évidentes des expériences de M. Le Veillard. Son mémoire nous a paru, en général, clair, méthodique, et ses expériences bien concertées et bien vues. Par rapport à la contradiction qu'elles présentent avec celles publiées par M. Baumé, le temps ne nous a pas permis de nous mettre en état de prononcer sur toutes. Ce que nous pouvons assurer, c'est que les expériences de M. Le Veillard forment un corps de preuves bien lié auquel il est difficile de se refuser. Quoi qu'il en soit, nous ne pouvons trop inviter M. Le Veillard à s'assurer de plus en plus de la certitude de ses résultats, et nous croyons que son mémoire méritera ensuite d'être imprimé dans le Recueil des Savants étrangers, en faisant note cependant du travail de M. Monet sur le même objet.

Fait à l'Académie, le 23 décembre 1772.

Signé Cadet, Lavoisier.

RAPPORT

SUR

L'ÉTABLISSEMENT D'UNE FABRIQUE D'AMIDON.

M. du Bois a soumis au jugement de l'Académie un projet d'établissement d'une fabrique d'amidon sans blé ni recoupes, et dans lequel il se propose de ne faire entrer que des matières végétales gâtées et de peu de valeur, et elle nous a nommés, M. Cadet et moi, pour assister aux expériences relatives et lui en rendre compte.

La fabrication parfaite de l'amidon étant une opération d'un mois environ, on conçoit qu'il ne nous aurait pas été facile d'en suivre scrupuleusement tous les détails : aussi nous sommes-nous contentés d'assister aux opérations principales, et nous nous en sommes rapportés, pour le surplus, au journal qu'en a tenu M. du Bois.

Il a été mis le 26 août de cette année, en notre présence, dans un tonneau de contenance de demi-queue de Bourgogne environ :

50 livres de haricots et de lentilles gâtées;

16 livres de riz avarié;

12 livres environ de pommes de terre;

6 livres de racine de bryone ou couleuvrée.

Les pommes de terre avaient été grossièrement écrasées; les autres matières étaient en poudre. Le tout a été exactement mêlé et détrempé avec une suffisante quantité d'eau. On y a ajouté environ deux pintes de différentes liqueurs propres à exciter ou à favoriser la fermentation acide; on sait, en effet, que c'est par cette opération que se dégage l'amidon; la composition de ces liqueurs ne nous a pas été communiquée.

Après cette première opération, que les amidonniers appellent *mise en trempe*, on a laissé reposer les matières; la fermentation acide s'est excitée insensiblement dans le mélange, et vers le 4 septembre elle était à son terme et l'amidon était formé. Il n'était plus question que de l'obtenir pur et de le séparer des matières étrangères avec lesquelles il était mêlé.

Pour y parvenir, on a décanté toute l'eau et les graisses surnageantes à la matière précipitée; on y a passé ensuite de nouvelle eau, et l'on a filtré cette espèce de pulpe à travers un tamis de crin pour en séparer le gros son; cette opération se nomme, en termes de l'art, *laver les sons*.

Les jours suivants ont été employés à ce qu'on appelle *rafraîchir* l'amidon, c'est-à-dire à lui faire éprouver différentes lotions.

Le 12 on a passé les blancs, c'est-à-dire qu'on a filtré la pulpe à travers un tamis de soie pour en séparer les corps étrangers.

Le 16 on a décanté toute l'eau surnageante; on a séparé le gros d'avec le blanc, c'est-à-dire d'avec l'amidon proprement dit; on a mis ce dernier à égoutter dans un panier d'osier; cette opération se nomme *laver les blancs*.

Les jours suivants on a travaillé le gros pour en tirer l'amidon commun.

Lorsque l'amidon a été suffisamment égoutté on l'a mis à sécher dans un grenier exposé à l'air; enfin, le 27, il a été écrasé pour être porté à l'étuve, dont il n'a été tiré que le 30.

Cette opération a rendu 19 livres $\frac{1}{4}$ d'amidon fin et 22 livres d'amidon commun, c'est-à-dire environ moitié du poids des matières employées. Cet amidon, sans être d'une blancheur parfaite, nous a paru d'une assez bonne qualité, et il était aisé de juger que, dans une opération plus en grand et avec des soins particuliers, il serait possible d'en obtenir de très-beaux des mêmes matières.

Cette expérience confirme ce qu'on savait déjà, que les substances végétales en général, et surtout les substances farineuses, traitées convenablement, peuvent donner un amidon tout semblable à celui qu'on retire du blé.

Les pharmaciens savent qu'on retire, de la racine de bryone ou couleuvrée (*Bryonia aspera sive alba baccis rubris*), une fécule qui n'est autre chose que de l'amidon; on en tire également de la racine d'*Arum vulgare maculatum an non maculatum* de Tournefort, de celles de l'*Asphodelus primus Clusii*, de celles de la cassave ou manioc, des pommes de terre et des truffes rouges, enfin d'un grand nombre d'autres plantes et racines.

M. du Bois n'est pas non plus le premier qui ait formé le projet d'un établissement de ce genre. Le sieur Vandeuil, dans la vue d'économiser la consommation des grains, sollicita, en 1714, un privilége pour fabriquer exclusivement, pendant vingt ans, de l'amidon de racines. Mais, afin que cette exclusion ne fût pas préjudiciable au commerce des amidonniers et qu'elle ne dégénérât pas en abus, l'arrêt du conseil et les lettres patentes, qui intervinrent les 20 novembre 1714 et 20 janvier 1716, portèrent non-seulement qu'il serait loisible à tous les sujets de Sa Majesté de fabriquer des amidons de recoupes, mais même qu'en cas d'interruption pendant un an de la fabrication des amidons de racine, le sieur Vandeuil serait déchu de son privilége.

L'Académie fut consultée, en 1739, par le parlement de Paris, sur un pareil privilége, et son avis fut favorable. Le sieur Ghise, qui le sollicitait, se proposait de ne faire entrer dans la fabrication de son amidon que des pommes de terre et des truffes rouges.

En général, l'Académie n'a pu et ne peut encore qu'applaudir à un projet qui tend à économiser une substance aussi précieuse que le blé; mais, comme en même temps une de ses obligations essentielles est d'éclairer autant qu'il est en elle ceux qui s'occupent de projets utiles, nous allons terminer ce rapport par quelques réflexions sur celui de M. du Bois.

Une première réflexion, qui nous paraît frappante et qui doit tenir en garde tous ceux qui se proposent de fabriquer de l'amidon sans blé, c'est qu'aucun des établissements de ce genre qui ont été tentés jusqu'à ce jour n'a pu se soutenir. Sans doute que le meilleur marché de la matière première se trouve compensé par la qualité plus défectueuse de l'amidon et par la moindre quantité qu'on en tire. On se convaincra de plus en plus de la vérité de cette opinion, lorsqu'on fera attention que ce n'est pas avec de bon blé que se fabrique communément l'amidon; les règlements des amidonniers leur prescrivent de ne se servir que de blé gâté, de gruau et de recoupettes; or ces dernières matières ne sont autre chose que le son le plus fin; c'est donc une matière de peu de valeur en elle-même qu'on emploie à faire l'amidon, et la fabrication de cette substance ne consomme du blé que la portion qui ne peut servir à la nourriture des hommes.

Ces réflexions sont généralement applicables à tous les amidons fabriqués sans gruau et recoupettes; celui que M. du Bois se propose de fabriquer avec des fèves et des lentilles gâtées, est susceptible de quelques observations qui lui sont particulières.

Premièrement, il se fabrique tous les ans dans Paris environ 3 millions pesants d'amidon, et cet objet ne forme pas le tiers de la fabrication totale qui se fait dans le royaume. On peut donc évaluer à 10 millions pesants la fabrication totale de l'amidon en France; une pareille fabrication suppose, dans les proportions ci-dessus, l'emploi de 20 millions pesants de matières premières. Or il est très-probable qu'on aurait peine à rassembler en France 500 millions de fèves, de lentilles et de riz gâté. Une fabrication fondée sur l'emploi de ces matières ne peut donc jamais être susceptible d'une grande extension, elle ne peut procurer qu'un bénéfice très-médiocre à l'entrepreneur, et il ne peut en résulter sur le blé qu'une économie presque insensible pour le Gouvernement.

Secondement, ce n'est pas non plus sur la racine de la couleuvrée qu'on peut se fonder pour un établissement en grand : cette plante n'est pas assez commune pour cela, et l'on ne pourrait la mettre en culture réglée sans occuper un terrain qui serait employé plus utilement par du blé.

Ce n'est donc que sur les pommes de terre qu'on pourrait former une spéculation raisonnable pour une fabrique d'amidon en grand; encore le prix de cette denrée est-il beaucoup augmenté depuis quelques années : nous croyons pouvoir assurer, d'ailleurs, que la quantité d'amidon qu'on en retirerait en proportion du poids serait infiniment moindre que celle qu'on retire du blé, du riz et des fèves, de sorte qu'il est probable que le bénéfice serait, ou très-modique, ou peut-être nul.

Nous croyons devoir nous borner à ces réflexions sur le projet de M. du Bois, dont nous avons cherché à faire sentir les avantages et les inconvénients; mais, comme en même temps l'Académie s'est fait une loi de ne prononcer que sur des inventions nouvelles et que le projet de M. du Bois ne présente que des choses déjà connues, nous pensons qu'elle ne peut que louer le zèle de l'auteur sans lui donner son approbation.

Fait au Louvre, le 25 novembre 1772.

Signé Lavoisier, Cadet.

EXTRAIT

DES

REGISTRES DE L'ACADÉMIE ROYALE DES SCIENCES

DU 25 NOVEMBRE 1772.

MM. Cadet et Lavoisier, qui avaient été nommés pour assister à une expérience de M. du Bois sur une fabrication d'amidon, en ayant fait leur rapport, et ayant dit que le sieur du Bois avait mis en trempe en leur présence dans un même tonneau :

50 livres de haricots et de lentilles gâtées;

16 livres de riz avarié;

12 livres environ de pommes de terre;

6 livres de racine de bryone ou couleuvrée;

Et qu'après les opérations et manipulations convenables, à la plupart desquelles ils avaient assisté, le sieur du Bois avait retiré de ces matières environ moitié d'amidon, qui leur avait paru d'assez bonne qualité,

L'Académie a jugé que cette expérience confirmait une vérité, déjà bien reconnue, qu'on pouvait faire de l'amidon avec la plupart des substances végétales et surtout avec les farineuses.

En foi de quoi, j'ai signé le présent certificat à Paris, le 25 novembre 1772 [1].

[1] De la main de Lavoisier : «Certificat préparé pour la signature du secrétaire perpétuel.» (*Note de l'éditeur.*)

RAPPORT

SUR UN MÉMOIRE DE M. DE MACHY

SUR

LES HUILES PAR EXPRESSION.

Du 16 décembre 1772.

L'Académie nous a chargés, M. Bourdelin, M. Macquer et moi, de lui rendre compte d'un mémoire de M. de Machy sur les huiles par expression.

L'auteur fait d'abord voir que toutes les huiles par expression contiennent une quantité considérable de corps muqueux ou mucilagineux, très-légèrement combiné dans la plupart, qui s'en sépare souvent de lui-même par le dépôt, qui forme, dans quelques-unes, jusqu'au quart de leur poids.

Ce qu'il y a de singulier, et dont la première observation nous paraît appartenir à M. de Machy, c'est que la plupart des baumes, celui de Canada, celui de copahu, même l'huile de térébenthine, contiennent une portion de cette même substance; mais la quantité en est peu considérable. M. de Machy donne à entendre que c'est à la grande abondance de cette substance dans les huiles exprimées, que tient une de leurs différences principales avec les huiles essentielles.

M. de Machy passe ensuite à l'examen de la nature de cette substance muqueuse. Il observe qu'elle n'est soluble ni dans l'esprit-de-vin, ni dans l'eau, et qu'elle ne se combine même qu'avec peine avec les huiles, à moins que l'union ne soit aidée par la chaleur. Cette circonstance explique, d'une façon très-satisfaisante, pourquoi les huiles tirées sans feu contiennent très-peu de cette substance, tandis qu'on en trouve beaucoup davantage dans celles qui ont été tirées avec le secours du feu.

La substance muqueuse des huiles donne par la distillation, comme toutes les matières végétales, de l'acide et de l'huile empyreumatique; le charbon réduit en cendres ne contient presque point d'alcali fixe. De ces différentes expériences, M. de Machy conclut que la substance qu'on sépare de l'huile, soit par le dépôt, soit par d'autres opérations chimiques, tient en quelque façon le milieu entre l'état muqueux et l'état huileux.

L'auteur détruit, à cette occasion, une expérience de M. Geoffroy, consignée dans les Mémoires de cette Académie. Ce savant chimiste avait prétendu que l'huile par expression, séparée du savon par un acide, acquérait la propriété d'être soluble dans l'esprit-de-vin. M. de Machy assure que cette expérience n'est vraie qu'autant que la séparation de l'alcali fixe et de l'huile n'a pas été complétement faite.

M. de Machy observe ensuite que les huiles dépouillées de leur partie muqueuse deviennent par là moins propres à s'unir à l'alcali fixe, et que le savon qui résulte de cette union acquiert beaucoup plus difficilement une consistance solide. Par la même raison, l'addition d'une petite portion de mucilage est un moyen sûr de favoriser la saponification, et les huiles mêmes les plus volatiles acquièrent par là une aptitude singulière à s'unir à l'alcali fixe.

L'examen de la partie muqueuse des huiles conduit l'auteur à l'examen de ce qui constitue leur propriété siccative. Nous ne le suivrons pas dans ses expériences, nous nous contenterons de dire qu'elles le portent à croire que cette propriété est due à une union plus parfaite de l'huile avec sa partie mucilagineuse, à une espèce de vernis qui résulte de cette dissolution. Une quantité considérable d'eau unie au corps muqueux s'oppose, suivant lui, dans l'huile non siccative, à la combinaison; mais, sitôt que cette humidité a été enlevée, par quelque opération que ce soit, l'union, la dissolution a lieu, et l'huile devient siccative.

18.

M. de Machy prétend encore qu'il existe une analogie très-marquée entre la substance mucilagineuse des huiles et l'amidon qu'on retire des végétaux, et cette circonstance le conduit à l'examen de l'effet des acides sur l'amidon. Il fait voir que, si on les étend dans une grande quantité d'eau, ils forment, avec l'amidon, des gelées très-agréables au goût.

M. de Machy termine son mémoire par une observation singulière sur la décomposition du nitre mercuriel par le vinaigre radical, et réciproquement de la terre foliée mercurielle par l'acide nitreux. Cette double expérience formerait une exception bien formelle à la table des affinités; mais, quoique nous ne cherchions pas à jeter de doute sur la vérité du fait, nous invitons M. de Machy à répéter soigneusement cette expérience, afin de s'assurer de plus en plus de la réalité du résultat.

Indépendamment des expériences dont nous venons de rendre compte, et qui forment le principal objet du mémoire de M. de Machy, il contient encore plusieurs autres faits qui ne sont pas moins intéressants. Il prétend, par exemple, qu'on peut retirer, par expression, du cacao, de la muscade, de l'anis et de quelques autres substances, deux huiles très-distinctes, l'une par la seule chaleur de la vapeur de l'eau bouillante, l'autre en faisant presser le marc. Il a retiré de l'anis ces deux huiles, même en très-grande abondance. Mais ce qu'il y a de très-remarquable, c'est que le marc d'anis, ainsi dépouillé par expression, distillé ensuite à la manière accoutumée, donne une quantité d'huile essentielle à peu près égale à celle qu'on obtiendrait de l'anis entier. Réciproquement, de l'anis épuisé par la distillation donne la même quantité d'huile par expression.

D'après l'exposé que nous venons de faire du mémoire de M. de Machy, l'Académie jugera aisément qu'il contient des expériences et des observations intéressantes et qu'il ajoute aux connaissances qu'on avait déjà sur la nature des huiles et sur la partie muqueuse qu'elles contiennent; nous pensons, en conséquence, qu'il mérite d'être imprimé dans le recueil que l'Académie publie sous le titre de *Mémoires présentés par les savants étrangers*.

RAPPORT

SUR UN MÉMOIRE DE M. MITOUARD

SUR

LA DISTILLATION DU PHOSPHORE.

Du 16 décembre 1772.

L'Académie nous a chargés, M. Macquer et moi, de lui rendre compte d'un mémoire de M. Mitouard, dans lequel il s'est proposé d'examiner différentes substances qui se trouvent dans les vaisseaux où l'on distille le phosphore et qu'on a coutume de rejeter, quoiqu'il fût encore possible d'en tirer parti.

M. Mitouard observe d'abord que, indépendamment du phosphore qu'on trouve, sous différentes formes, attaché, soit au col de la cornue, soit aux parois du récipient, on y peut distinguer encore deux substances très-analogues au phosphore : 1º des écailles d'un brun rougeâtre, qui ne sont autre chose que du phosphore à demi brûlé et qui a perdu une portion de son principe inflammable; 2º une grande quantité de matière blanche pulvérulente qui occupe le fond du ballon et qui a toute l'apparence du tartre rouge en poudre.

Cette matière blanche pulvérulente a fait un des principaux objets des recherches de M. Mitouard. Jetée sur une pelle chaude, elle y brûle et donne une lumière tout à fait semblable à celle qu'on obtient de la combustion du phosphore. Mêlée avec quantité suffisante de nitre, elle donne, par la détonation, un sel neutre phosphorique à base d'alcali fixe, qui se cristallise en lames plates, mais qui tombe en deliquium à l'air.

A mesure que ce sel s'unit à l'eau, soit par le deliquium, soit par une dissolution plus prompte, il laisse échapper une certaine quantité d'une terre blanche insoluble dans les acides, telle que M. de Fougeroux l'a déjà aperçue en faisant bouillir du phosphore dans l'eau. Cette terre, qui paraît être aussi celle que M. Marggraf présume entrer dans la combinaison de l'acide phosphorique, conserve un caractère salin, dont elle ne peut être dépouillée que par des lotions répétées; aussi est-elle très-fusible avant ces lotions et beaucoup plus réfractaire ensuite.

M. Mitouard donne un autre procédé pour décomposer cette matière pulvérulente et pour en obtenir l'acide : c'est la combustion avec les précautions qu'il décrit. L'acide qu'il a tiré par ce procédé peut se concentrer par évaporation et l'on parvient à le réduire sous une forme gélatineuse analogue à l'huile de vitriol glaciale.

Ce qui nous paraît très-remarquable, c'est que, à quelque degré de concentration qu'on porte cet acide, son poids est toujours supérieur à celui de la poudre phosphorique qu'on avait employée. M. Mitouard attribue ce phénomène à l'humidité de l'air ou à l'air lui-même contenu dans les vaisseaux où se fait la combustion.

La poudre phosphorique, brûlée dans l'appareil indiqué par M. Mitouard, laisse, sur les parois intérieures de la cornue et même à l'entrée du ballon, une couche ou enduit d'un jaune orangé. Cette substance, qui est très-analogue à la matière écailleuse dont on a parlé plus haut, est également un phosphore dépouillé d'une partie de son phlogistique.

Cette matière orangée est encore susceptible de s'enflammer et elle se résout, par la combustion, en un acide et une terre blanche, telle qu'on l'a décrite ci-dessus.

De ces expériences, M. Mitouard conclut que la matière pulvérulente qui se trouve au fond du ballon, dans la distillation du phosphore, n'est autre chose que le phosphore lui-même, combiné avec une portion de terre blanche indissoluble dans les acides, et de nature particulière.

M. Mitouard donne à cette occasion un procédé qu'il regarde comme infaillible pour reconnaître la présence de l'acide phosphorique dans toute substance saline; il consiste à étendre le sel dans lequel on soupçonne l'acide phosphorique dans une certaine quantité d'eau et à le mêler, dans cet état, avec une dissolution de mercure par l'acide nitreux. Aussitôt il se fait un précipité blanc résultant de l'union de l'acide phosphorique avec le mercure, mais qui diffère du sublimé corrosif en ce qu'il n'est point susceptible de sublimation comme lui.

Ces expériences, qui ne forment encore qu'une partie de celles que M. Mitouard se propose de communiquer à l'Académie sur ce même objet, le portent à conclure qu'en ménageant les matières qu'on a regardées jusqu'ici comme inutiles, on peut parvenir à doubler la quantité de phosphore qu'on a coutume d'obtenir dans le procédé ordinaire.

Ce mémoire de M. Mitouard nous a paru contenir des observations très-intéressantes, propres à répandre de nouvelles lumières sur la nature du phosphore et de son acide; il y donne d'ailleurs un moyen simple et peu dispendieux d'obtenir l'acide du phosphore en abondance, en le combinant à la base du nitre, et le procédé ne manquera pas de faciliter les recherches de ceux qui voudraient faire une étude particulière de la nature de cet acide. Nous pensons, en conséquence, que ce mémoire mérite l'approbation de l'Académie et d'être imprimé dans le recueil des mémoires qui lui sont présentés par des savants étrangers.

RAPPORT

SUR

UN MOYEN D'ÉVITER LA CORRUPTION DE L'EAU

À BORD DES NAVIRES.

Du 9 janvier 1773.

Nous avons examiné, par ordre de l'Académie, MM. Malouin, Baumé et moi, une liqueur préparée par M. Faure de Beaufort, qu'il prétend avoir la propriété de prévenir la corruption de l'eau embarquée dans les vaisseaux pour les voyages de long cours, et à laquelle il attribue un grand nombre de propriétés médicinales.

Quoique l'auteur nous ait fait part des différentes matières qu'il fait entrer dans la composition de sa liqueur antiputride, cependant, comme en même temps nous nous sommes engagés au secret, nous ne pouvons communiquer ces détails à l'Académie. Nous nous contenterons de dire que l'acide vitriolique, ou esprit de soufre, est la partie dominante et la plus active de cette liqueur. L'analyse y peut découvrir, en outre, quelques vestiges de liqueur spiritueuse et différents sels vitrioliques en très-petites quantités : tels que la sélénite, le sel polychrestc de Glaser et le sel de Glauber; enfin l'odorat y reconnaît une partie aromatique huileuse et bitumineuse. En général cette liqueur ne nous paraît pouvoir agir que comme un acide vitriolique très-affaibli. Ce chaos de drogues de toute espèce que l'auteur y fait entrer, loin d'ajouter quelque chose aux propriétés de l'acide, ne tendent, au contraire, qu'à les affaiblir et à en diminuer l'effet; tels sont les alcalis salins et terreux. Le choix d'ailleurs mal entendu de ces drogues, l'insolubilité ou presque insolubilité de quelques-unes dans l'eau et dans les acides annoncent dans l'auteur peu de connaissance de la nature des corps et des lois les plus connues de la chimie.

On conçoit que la partie dominante de la liqueur de M. Faure de Beaufort étant l'acide vitriolique, la propriété qu'a cet acide de s'unir aux parties alcalescentes et de les neutraliser la rend propre à prévenir ou même à corriger la corruption des eaux; mais cette idée ne nous paraît avoir rien d'assez nouveau pour mériter l'approbation de l'Académie, et nous pensons même qu'il est des moyens beaucoup plus simples et d'une conséquence moins dangereuse pour remplir le même objet.

Quant aux certificats qui nous ont été remis par M. Faure de Beaufort, sur un grand nombre de cures opérées par l'usage de sa liqueur antiputride, ils ne prouvent autre chose que la grande efficacité de l'acide vitriolique dans les maladies qui doivent leur origine à l'alcalescence des humeurs. Mais, comme ce second objet n'est point du ressort de l'Académie, nous ne croyons pas qu'il mérite plus son attention que le premier. Nous pensons même qu'il ne doit être donné aucune communication de ce rapport à M. Faure de Beaufort, dans la crainte qu'on ne puisse en tirer des conséquences qui ne seraient pas dans les vues de l'Académie.

Fait à l'Académie, le 9 janvier 1773.

RAPPORT

L'ASSAINISSEMENT DES EAUX CORROMPUES.

Du 27 avril 1774.

M. de Boynes, ministre de la marine, a communiqué à l'Académie un mémoire de M. Dufaud, officier au régiment provincial de Paris, sur les moyens de garantir les soldats et matelots des maladies occasionnées par l'usage des eaux corrompues, et l'Académie nous a nommés, MM. Macquer, de Montigny, Cadet et moi, pour lui en rendre compte.

M. Dufaud établit d'abord que la plupart des maladies auxquelles les matelots et les soldats sont sujets viennent de la mauvaise qualité de l'air et des eaux.

Il cite, à cet égard, les autorités les plus respectables, celle de M. Pringle, dans son Traité des maladies, et celle de M. de Jussieu, dans les Mémoires de cette Académie, etc. Il n'est pas aussi bien fondé lorsqu'il avance que quelques eaux contiennent un quart ou un tiers de leur poids de substances salines ou étrangères, et nous pouvons assurer, au contraire, qu'à l'exception de l'eau de la mer et de celle de quelques fontaines salées il est extrêmement rare de trouver des eaux qui contiennent un centième de leur poids de matières salines ou terreuses.

M. Dufaud, après s'être étendu sur tous les dangers qui sont la suite de l'usage de l'eau corrompue, s'occupe des moyens que l'on pourrait employer pour y remédier; ils sont au nombre de deux, mais le second n'étant point du ressort de l'Académie, nous ne nous attacherons

qu'au premier. Il consiste à filtrer l'eau corrompue ou de mauvaise
qualité dans une machine, à l'instar de celle établie, il y a quelques
années, à la pointe de l'île Saint-Louis, pour filtrer l'eau de la Seine.
La machine que M. Dufaud propose doit être exécutée en fer-blanc; elle
ne pèsera que 20 livres, et elle pourra être portée par le cheval de
peloton.

Les avantages que M. Dufaud attache à la pureté de l'eau sont in-
contestables; mais premièrement il ne faut pas croire que la filtration
puisse, dans un grand nombre de cas, remplir l'objet qu'il se propose.
La plupart des substances qui rendent l'eau malfaisante sont ou dans
la classe des matières extractives, ou dans celle des matières salines;
les unes et les autres existent dans l'eau dans un état de dissolution,
et elles passent à travers les filtres, quelle qu'en soit la disposition.
Secondement, sa machine à filtrer n'a aucun avantage particulier, et
elle n'est pas préférable à la plupart de celles qui sont en usage dans
les arts et dans la société; enfin le moyen même qu'il propose, celui de
filtrer l'eau, est si connu, si ancien et si pratiqué, que le mémoire de
M. Dufaud ne nous a paru mériter aucune attention de l'Académie.

Fait au Louvre, le 27 avril 1774.

Signé CADET, LAVOISIER, MACQUER et DE MONTIGNY.

RAPPORT

SUR UNE MACHINE

DESTINÉE

A RÉDUIRE LE TABAC EN POUDRE.

L'Académie nous a nommés, M. de Montigny et moi, pour examiner une machine destinée à réduire le tabac en poudre, présentée par M. Morel.

Cette machine consiste en une râpe cylindrique qui se meut par le moyen d'une manivelle. La carotte destinée à être réduite en poudre est contenue dans une boîte ou moule cylindrique; elle pose sur la râpe et elle s'abaisse, à mesure qu'elle diminue, par le moyen d'un poids qui la charge et qui l'applique continuellement à la râpe. Le tabac, à mesure qu'il est déchiré ou pulvérisé, tombe sur un tamis incliné auquel la machine communique un mouvement continuel par le moyen d'un cliquet.

L'axe de la même manivelle qui fait tourner la râpe est prolongé et porte à son extrémité une roue dentée qui engrène dans une lanterne et qui fait tourner une meule de bois d'orme. Cette meule mobile repose sur une autre fixée de la même manière que dans les moulins à blé. C'est entre ces meules que le tabac, après avoir reçu une pulvérisation grossière par la râpe, est réduit en poudre fine. Il tombe au sortir des meules dans un tamis qui représente à peu près le blutoir des moulins à blé et qui peut être plus ou moins serré, suivant le degré de finesse qu'on veut donner au tabac.

On peut juger, par cette description, que M. Morel a cherché à réunir dans une seule machine les avantages de la râpe et du moulin; mais nous observerons à cet égard, 1° que l'idée d'une râpe cylindrique n'est pas nouvelle et qu'il en existe une dans la manufacture de tabac de Nancy construite sur ce principe; 2° qu'indépendamment de ce que le moulin que M. Morel a joint à sa machine ne diffère en rien pour le mécanisme du moulin à blé, l'idée même de l'appliquer à la pulvérisation du tabac n'est pas nouvelle. Il y a en effet bien des années qu'on pulvérise le tabac à Dunkerque par le moyen de moulins tout semblables qui sont mus par la force du vent. Quoi qu'il en soit, nous serions assez portés à croire que la machine proposée par M. Morel a quelques avantages sur les moulins ordinaires qu'on a coutume d'employer à la pulvérisation du tabac; nous pensons qu'elle sera plus économique, c'est-à-dire qu'elle pulvérisera plus de tabac en un temps donné et avec une force donnée, et qu'elle l'échauffera moins. Reste à savoir si le déchet ne sera pas un peu plus considérable et à évaluer de combien cette circonstance diminuera les avantages de la machine.

Envisagée sous ces différents points de vue, la machine de M. Morel nous a paru mériter les éloges de l'Académie, et l'on peut la regarder comme une application heureuse des moyens déjà connus pour mettre le tabac en poudre; mais en même temps nous ne pensons pas qu'elle contienne rien d'assez nouveau ni même d'assez avantageux pour mériter l'approbation de l'Académie.

RAPPORT

SUR

UNE NOUVELLE RÂPE A TABAC.

Du 2 avril 1773.

Nous avons été chargés par l'Académie, M. Le Roy et moi, de lui rendre compte d'une nouvelle râpe à tabac présentée par M. Berthelot.

Cette machine consiste en une râpe oblongue, composée de lames de scies posées parallèlement à côté les unes des autres. Cette râpe se meut en avant et en arrière par un mouvement que deux hommes placés à chaque bout lui impriment avec le pied. Ce principe de mouvement a déjà été adapté par M. Berthelot à d'autres machines qui sont connues de l'Académie. Pendant que la râpe se meut ainsi sous le tabac, un mouvement circulaire, imprimé à la boîte qui contient les carottes par le moyen d'une corde qui s'enveloppe et se développe dessus, leur fait décrire un demi-cercle, d'où il résulte que tous les bouts se présentent dans toutes les directions possibles à la râpe.

Nous ne nous étendrons pas ici sur le principe du mouvement que l'Académie connaît et qu'elle a été à portée de discuter en d'autres occasions; nous nous contenterons de donner ici en peu de mots une idée des machines qui ont été proposées pour remplir le même objet, et nous essayerons de faire sentir en quoi celle de M. Berthelot en diffère et ce qu'elle peut avoir de préférable.

Le recueil des machines de l'Académie contient différentes espèces de râpes qu'elle a jugées, dans le temps, dignes de son approbation; la

plupart de ces machines cependant ne sont point exemptes de défauts;
ils sont détaillés dans un mémoire de M. d'Ons-en-Bray, imprimé parmi
ceux de l'année 1745 : un des principaux consiste en ce que, les carottes étant toujours dans la même situation par rapport à la râpe, il
se fait des barbes ou bavures des deux côtés du bout, et, ces barbes
étant plutôt arrachées que râpées, il en résulte que le tabac n'est que
très-imparfaitement pulvérisé.

Ce fut pour remédier à cet inconvénient que M. d'Ons-en-Bray proposa alors à l'Académie une râpe d'une construction nouvelle. Indépendamment du mouvement relatif de la râpe et du tabac qui se
trouvait dans celle-ci, comme dans toutes les râpes ordinaires, il
en imprimait un autre, circulaire, à la carotte ; il la faisait tourner sur
elle-même, et il prétendait qu'il devait en résulter une pulvérisation
beaucoup plus prompte et plus complète. Toute la machine était menée
par une manivelle. Quoique cette idée parût heureuse, nous ne voyons
pas qu'elle ait été adoptée, ni dans les manufactures de tabac, ni dans
le public.

Ce que nous venons de dire de la machine de M. d'Ons-en-Bray
suffit pour faire connaître qu'elle ne diffère de celle de M. Berthelot
que par la manière dont le mouvement est appliqué à la machine, et
nous croyons à cet égard que celle de M. Berthelot pourrait avoir
quelque avantage.

Nous ajouterons, avant de terminer ce rapport, quelques réflexions
qui nous paraissent propres à fixer ce qu'on doit penser de la râpe de
M. Berthelot, et de presque toutes les machines de ce genre. Le public a, en général, adopté deux moyens pour parvenir à réduire le
tabac en poudre, la râpe et le moulin. Le moulin a l'inconvénient de
donner lieu à un frottement considérable dont l'effet est d'échauffer le
tabac et de lui faire prendre un degré de chaleur de 40 ou 50 degrés
du thermomètre de M. de Réaumur. Quoique cette chaleur soit fort
inférieure à celle qui serait nécessaire pour opérer sa décomposition
chimique, les personnes très-délicates prétendent qu'elle est suffisante
pour enlever au tabac sa partie la plus volatile et son parfum. La

râpe, sur laquelle un homme promène une carotte à la main à la manière ordinaire, n'a pas le même inconvénient, le tabac ne prend pas alors un degré de chaleur fort peu supérieur à celui de l'air environnant, et il est probable qu'il y gagne. L'inconvénient qu'on reproche aux moulins deviendra également applicable à la râpe, sitôt que, par le moyen d'une machine, on rendra le mouvement beaucoup plus rapide et la pression beaucoup plus forte; alors le frottement sera plus considérable, et la râpe échauffera le tabac comme le moulin, sans peut-être réunir les mêmes avantages.

De toutes les considérations ci-dessus exposées, nous croyons pouvoir conclure, 1° que la machine de M. Berthelot serait plus avantageuse que la râpe ordinaire en ce qu'elle pulvériserait beaucoup plus de tabac en temps égal et à force égale; 2° qu'il serait à craindre qu'une partie de cet avantage ne fût détruite par l'imperfection même de la pulvérisation; il est probable, en effet, que la plus grande partie du tabac ne serait réduite qu'en poudre grossière, et qu'on serait obligé d'avoir recours à d'autres moyens pour le porter au degré de finesse convenable; 3° qu'il n'est pas décidé que ce moyen fût préférable à l'usage des moulins; 4° enfin, que cette machine a tant de rapports avec celle proposée par M. d'Ons-en-Bray, que l'Académie ne peut l'approuver comme nouvelle et qu'elle ne peut que renvoyer M. Berthelot au mémoire qui en contient la description.

Fait à l'Académie, le 2 avril 1773.

LAVOISIER. LEROY.

RAPPORT

SUR

UNE OBSERVATION DE M. HERRMANN.

Du 9 juin 1773.

L'Académie m'a chargé d'examiner une observation de M. Herrmann, docteur en médecine à Strasbourg, qui lui a été communiquée par M. Guettard.

M. Herrmann prétend avoir trouvé, dans les environs de Strasbourg, une source claire, limpide et agréable à boire, qui contient une véritable huile dans un état de dissolution. Cette source est située dans une vallée et sort du pied d'une montagne couverte de vignes. La surface de la terre en cet endroit est composée d'une terre jaune ou rougeâtre mêlée de gros cailloux; la côte opposée contient des carrières de pierres calcaires dont les fentes présentent une efflorescence calcaire connue : *lac lunæ*. Au-dessous des carrières, se trouvent des blocs de terre glaise. Cette eau incruste les réservoirs le long desquels elle coule d'une couche assez compacte de terre calcaire.

Lorsqu'on fait bouillir l'eau de cette fontaine, on voit se séparer, à sa surface, de la terre mêlée avec de la graisse. La terre la plus grossière se sépare bientôt en tombant au fond et la plus fine reste mêlée avec la graisse.

Cette graisse, dont M. Herrmann a fait parvenir quelque portion à l'Académie, se fige aisément. Quand elle a été purifiée de tous corps étrangers, elle a une ressemblance presque parfaite avec du suif animal. J'ai essayé en vain de la dissoudre dans de l'esprit-de-vin très-rectifié : il ne l'a qu'à peine attaquée. Elle s'y est à la vérité divisée par la chaleur et par l'ébullition; mais, sitôt que le mélange a été refroidi, le suif s'est rassemblé, et l'esprit-de-vin n'en a conservé presque aucun vestige. La lessive des savonniers ne m'a pas paru avoir plus d'action sur cette graisse; elle s'y divise également par l'ébullition; mais il n'y a pas de combinaison, et, à mesure que la liqueur se refroidit, la graisse se rassemble à la surface.

Le suif animal ordinaire présente précisément les mêmes phénomènes, et la ressemblance m'a paru assez parfaite pour me faire naître quelque inquiétude sur l'observation de M. Herrmann. On ne connaît point, jusqu'à présent, d'eau aussi éminemment savonneuse que cella dont il parle. La graisse, d'ailleurs, qu'il en a tirée n'est point dans un état propre à la combinaison savonneuse. On vient de voir en effet qu'elle n'est point susceptible de se combiner avec l'alcali rendu caustique. Ces différentes circonstances semblent exiger que l'Académie engage M. Herrmann à lui adresser des détails plus circonstanciés sur cette eau et sur les expériences auxquelles il l'a soumise; il serait même à propos qu'il en envoyât quelques pintes dans des vases de verre cachetés, et qu'il eût soin de les faire remplir en présence de personnes qui pussent donner à l'analyse qui en serait faite toute l'authenticité nécessaire.

Nous pensons qu'en attendant l'Académie doit s'abstenir de porter aucun jugement sur une observation aussi singulière.

RAPPORT

SUR

UN MÉMOIRE DE BUCQUET

SUR L'AIR FIXE.

Du 12 juin 1773.

L'Académie nous a chargés, M. Desmarets et moi, de lui rendre compte d'un mémoire de M. Bucquet ayant pour titre *Expériences physico-chimiques sur l'air qui se dégage des corps dans le temps de leur décomposition et qu'on connaît sous le nom vulgaire d'air fixé.*

M. Bucquet commence par un abrégé historique très-concis de ce qu'ont pensé les chimistes sur la combinaison de l'air dans les corps. Plusieurs d'entre eux n'ont point regardé cette substance comme principe constituant des corps. Parmi les auteurs qui ont embrassé ce sentiment, on peut citer Paracelse, Becher et Stahl; nous ajouterons même, à l'appui de ce que dit M. Bucquet à cet égard, un passage formel de ce dernier auteur. Stahl écrivait encore en 1731, dans son ouvrage intitulé *Experimenta, observationes et animadversiones*, § 47 :

« Elastica illa expansio aeri ita per essentiam propria est, ut nun-« quam ad vere aggregationem nec ipse in se, nec in ullis mixtionibus « coivisse sentiri possit. »

D'un autre côté, Van Helmont avait observé que, dans un grand nombre de circonstances, il se dégageait des corps une substance élastique qu'il appelait *gaz*. Boyle avait été plus loin, et il n'avait pas fait de difficulté de regarder le gaz comme de l'air. Le célèbre Newton avait adopté la même opinion, et il en parle dans plusieurs endroits de son

20.

optique ; mais ni l'un ni l'autre n'avaient soupçonné qu'il différât de l'air atmosphérique. Les expériences de Hales le conduisirent à des conséquences à peu près semblables. On en peut dire autant de Boerhave. Il indique dans son *Traité de l'air* différents moyens de produire cette substance en combinant des acides, soit avec des alcalis, soit avec de la craie, soit avec des huiles ; il indique également la possibilité d'en extraire par la combustion, par la fermentation et par la distillation ; mais il n'attribue à cet air aucune propriété différente de l'air atmosphérique.

MM. Black et Macbride sont les premiers qui ont cru devoir assigner une différence essentielle entre l'air fixe ou fixé et l'air de l'atmosphère. M. Jacquin, en adoptant leur théorie sur la fixation de l'air dans les corps, ne paraît pas être persuadé que celui qu'on désigne sous le nom d'*air fixe* soit différent de l'air de l'atmosphère.

Telle était l'incertitude des physiciens et des chimistes sur la nature de l'air fixe au moment où M. Bucquet commença ses expériences.

On sent combien il était essentiel de s'occuper d'expériences propres à terminer, s'il était possible, la question importante qui divisait les savants les plus célèbres.

C'est le but que M. Bucquet s'est proposé dans le mémoire dont nous rendons compte. Toutes ses expériences ont été faites sous les yeux de M. le duc de la Rochefoucauld, dans son laboratoire et concurremment avec lui. Aussi ces deux savants doivent-ils avoir une part égale à la reconnaissance du public.

M. Bucquet s'est proposé d'examiner d'abord si l'air fixe est le même que celui de l'atmosphère ; secondement, s'il est le même de quelque corps qu'il ait été tiré.

Pour remplir cet objet, M. Bucquet a adopté l'appareil décrit dans M. Macbride ; mais, comme cet appareil a le grand inconvénient de ne permettre d'opérer que sur de l'air fixe mélangé avec une quantité très-notable d'air atmosphérique, M. Bucquet a cru devoir y faire quelques changements. Il y a adapté des robinets et une espèce d'ajutage propre à visser l'une des bouteilles à une machine pneumatique ; enfin il a

disposé l'une des bouteilles, de manière que la partie supérieure pût
se dévisser et qu'on pût y introduire un baromètre d'épreuve. M. Bucquet a appelé *bouteille des mélanges* celle destinée à recevoir les substances qu'il devait combiner ensemble pour produire de l'air. Il a appelé *bouteille de réception* celle destinée à recevoir les substances qu'il se
proposait d'exposer à l'émanation de l'air dégagé.

Il est résulté des expériences faites par M. Bucquet avec cet appareil
que l'air, dégagé de tous les acides sans exception, combiné, soit avec
la craie, soit avec les alcalis, était absolument le même. Il a seulement
observé que celui tiré de l'alcali volatil conservait une odeur de viande
pourrie. Il a trouvé de même une identité très-parfaite entre l'air qui
se dégage des matières en fermentation et celui qui se dégage de
celles en effervescence. Cet air a une odeur pénétrante que M. Bucquet appelle *odeur gazeuse*. Il précipite la chaux contenue dans l'eau
de chaux; il la change en terre calcaire et il lui rend la propriété de
faire effervescence avec les acides; il produit sur les alcalis caustiques
des effets à peu près semblables; il leur rend la propriété de faire effervescence et celle de cristalliser.

L'air fixe, dans tous ces cas, ne contient rien des substances salines
dont il a été tiré. Du sirop de violette exposé pendant plus de douze
heures à son action, dans l'appareil de M. Macbride, n'en a été aucunement altéré.

M. Bucquet a soumis ce même air aux expériences connues pour en
déterminer le poids et la compressibilité. Ses résultats n'ont pas différé
sensiblement de ceux qu'on obtient en employant l'air ordinaire.

M. Bucquet examine ensuite l'air produit par la dissolution des substances métalliques, et il le trouve fort différent de celui qui se dégage,
soit par l'effervescence, soit par la fermentation. Cet air n'est point
susceptible de se combiner avec l'eau. Il refuse également de se combiner, soit avec la chaux, soit avec les alcalis caustiques. Quelque longtemps qu'on les expose à son action, ils ne recouvrent pas la propriété
de faire effervescence avec les acides.

L'air fixé, dégagé d'une effervescence, combiné ensuite avec le vin, ne le change point en vinaigre, il lui communique seulement un goût acerbe, qui pourrait être cependant le premier degré de la fermentation acéteuse.

M. Bucquet examine ensuite si l'air produit, soit par l'effervescence, soit par les fermentations, est inflammable comme celui tiré de la dissolution du zinc et du fer par l'acide vitriolique, ou par l'acide marin comme l'avait avancé M. Hales, mais il n'a pu parvenir à l'enflammer.

De ces expériences, M. Bucquet conclut que l'air tiré, soit des effervescences, soit des fermentations, soit des dissolutions métalliques, n'est pas précisément le même que celui de l'atmosphère, quoique égal en pesanteur et en élasticité; que celui tiré des effervescences et des fermentations diffère de l'air atmosphérique et de l'air des dissolutions métalliques en ce qu'il a une aptitude très-grande à se combiner avec la chaux, avec les alcalis et même avec l'eau; enfin, que l'air des dissolutions métalliques a le caractère distinctif de pouvoir s'enflammer.

Quoique ces expériences aient beaucoup de rapport avec celles publiées avant M. Bucqvet et surtout avec celles de M. Priestley, elles n'en sont pas moins précieuses pour la physique. Dans une matière qui laisse encore autant d'obscurité, on ne saurait trop multiplier les expériences, et c'est beaucoup que de savoir qu'on peut arriver au même but par des routes différentes.

RAPPORT

SUR

L'EXAMEN DE LA MINE DE PLOMB BLANCHE

DE POULLAOUEN EN BRETAGNE [1].

Du 26 mars 1774.

M. Sage avait avancé, dans plusieurs ouvrages et mémoires, que le minéral connu sous le nom de *mine de plomb blanche* était composé de plomb et d'acide marin, et que chaque quintal de cette mine contenait environ vingt livres de cet acide; il se fondait sur plusieurs expériences dont nous aurons bientôt occasion de parler.

Il a été contredit à ce sujet par M. Laborie, maître apothicaire de Paris, qui, le 5 décembre 1772, a lu à l'Académie un mémoire sur l'analyse de cette mine. Les expériences rapportées dans le mémoire de M. Laborie et les conséquences qu'il en tire étant directement opposées sur tous les points au sentiment de M. Sage, l'Académie, avant de prendre aucun parti sur le mémoire de M. Laborie, a cru devoir charger ceux de ses membres qui composent la classe de chimie de vérifier les expériences de M. Sage et celles de M. Laborie. En conséquence nous nous sommes assemblés dans le laboratoire de M. Baumé, l'un de nous, pour procéder à cette vérification, ayant invité MM. Sage et Laborie à être présents aux expériences que nous nous proposions de faire. Nous aurions beaucoup désiré que ces deux messieurs assistassent

[1] Extrait des registres de l'Académie des sciences.

à toutes nos séances, mais M. Laborie seul nous a fait l'honneur de s'y
trouver et les a suivies très-exactement.

Nous croyons devoir commencer par exposer en peu de mots les
propositions de M. Sage et les motifs sur lesquels il les fonde, afin que
l'Académie puisse mieux saisir la différence qu'il y a entre son sentiment et celui de M. Laborie. Nous rendrons compte successivement des
expériences de l'un et de l'autre, et nous y joindrons celles que nous
avons faites tendantes à éclaircir la vérité; tous ces objets viendront se
placer naturellement.

M. Sage, dans sa lettre adressée à M. de Buffon sur la mine de
plomb blanche cristallisée, dit : «Il n'y a aucun naturaliste qui l'ait
«examinée (la mine de plomb blanche) avec attention et qui l'ait com-
«parée avec les productions chimiques qui lui sont analogues,» etc.
et un peu plus bas : «Ce plomb doit être regardé comme un plomb
«corné; c'est ce que font voir les expériences suivantes... » Plus loin,
l'auteur dit : «M'étant imaginé qu'il n'y avait rien de plus propre que
«l'analyse comparée de la mine de plomb blanche et du plomb corné
«pour déterminer leur identité... » M. Sage termine enfin sa lettre
de la manière suivante : «Je ne m'imagine point, Monsieur, avoir
«trop avancé en disant que la mine de plomb blanche spathique ne
«contenait point d'arsenic, que c'était un vrai plomb corné.»

M. Sage ratifie sa doctrine dans un ouvrage qui a pour titre : *Éléments de minéralogie docimastique*, vol. in-8°, 1772, dans un article intitulé : *Plomb minéralisé par l'acide marin*, plomb blanc. A la page 235
de cet ouvrage, M. Sage dit : «La mine de plomb rouge est également
«que les précédents composée d'acide marin et de plomb.» A la
page 236 : «Ces quatre espèces de mines de plomb contiennent de
«l'acide marin et une matière grasse. Le plomb blanc contient près de
«vingt livres d'acide marin par quintal; on peut le retirer de ces mines
«par la distillation sans intermède, en adaptant à la cornue un réci-
«pient enduit d'huile de tartre par défaillance, etc. »

Nous pourrions rapporter un plus grand nombre de citations où
M. Sage répète les mêmes choses, mais celles dont nous venons de

rendre compte nous paraissent suffisantes pour faire connaître son sentiment et pour faire voir qu'il pense que la mine de plomb blanche contient près de vingt livres d'acide marin par quintal; c'est ce que nous devions établir avant de rendre compte des expériences.

M. Sage prévient que la mine de plomb blanche qu'il a employée dans ses expériences venait de Poulaouen en Bretagne. M. Laborie a employé dans les siennes la même mine, venant du même lieu; celle dont nous nous sommes servis nous a été donnée par M. le chevalier d'Arcy et vient aussi de Poulaouen. Ainsi il est bien certain que les différences dans les expériences de M. Sage, de M. Laborie et des nôtres ne peuvent être attribuées à la différence de la mine, mais seulement à la manière d'observer.

Nous croyons devoir encore faire remarquer que nous avons choisi pour nos opérations les plus beaux morceaux de mine de plomb blanche, les plus blancs et les plus-nets. Afin qu'il ne restât aucune incertitude, nous avons employé plusieurs onces de mine dans chacune des expériences essentielles que nous avons répétées, ou d'après M. Sage, ou d'après M. Laborie. M. Sage n'avait employé dans chacune de ses expériences que de très-petites quantités de mine, et M. Laborie, quoique ayant opéré sur des quantités plus considérables, n'avait cependant employé que quelques gros de cette même mine dans chacune des expériences qu'il a faites ou répétées d'après M. Sage. Nous avons comparé cette mine avec le plomb corné avec lequel M. Sage croit lui trouver de la ressemblance.

La mine de plomb blanche que nous avons examinée était en cristaux striés, la plupart d'un blanc un peu roux, quelques-uns d'un gris un peu plombé; M. Laborie l'a reconnue pour être la même que celle qu'il avait examinée.

PREMIÈRE EXPÉRIENCE.

Nous avons goûté de la mine de plomb, et nous ne lui avons trouvé aucune saveur. Le plomb corné, au contraire, a une saveur salée, un peu piquante, styptique et sucrée.

DEUXIÈME EXPÉRIENCE.

Nous avons réduit en poudre très-fine 1 once de mine de plomb blanche, nous l'avons misé dans une fiole avec 3 onces d'eau distillée, et on l'a fait bouillir pendant un quart d'heure. Cette décoction chaude[1] avait une odeur de soufre et n'avait pas de saveur sensible.

TROISIÈME EXPÉRIENCE.

Nous avons pareillement fait bouillir une once de plomb corné dans trois onces d'eau distillée; cette décoction n'avait aucune odeur, mais elle avait une saveur styptique et un peu sucrée.

On a filtré ces deux décoctions tandis qu'elles étaient chaudes, sur des filtres, séparément; elles ont passé très-claires et sans couleur.

On a mis dans un verre de la décoction de la mine de plomb, et dans un autre pareille quantité de la décoction de plomb corné, et l'on a versé dans chacune un peu d'alcali fixe en liqueur; la décoction de mine de plomb ne s'est pas troublée, et n'a formé aucun précipité; celle de plomb corné a formé, au contraire, sur-le-champ un précipité très-blanc et très-abondant.

La décoction de mine de plomb, étendue, soit dans de l'eau de rivière filtrée, soit dans l'eau distillée, n'a formé aucun précipité.

La décoction de plomb corné, étendue dans l'eau de rivière filtrée, a formé au contraire un précipité blanc, à raison de la petite quantité de sélénite contenue dans l'eau de rivière, mais ce précipité n'a point lieu lorsqu'on étend cette même décoction dans de l'eau distillée.

La décoction de la mine n'a éprouvé aucun changement étant mêlée avec de l'esprit de vitriol; la décoction de plomb corné, au contraire, est devenue blanche, laiteuse, et a formé un précipité blanc.

---

[1] Le terme de décoction ne doit à la rigueur s'employer que pour les matières végétales et animales susceptibles d'éprouver une sorte d'altération et de coction par leur ébullition dans l'eau, qui se charge de plusieurs de leurs principes. Cette expression n'est pas usitée, par cette raison, pour les fossiles et les minéraux; mais, pour éviter les périphrases, nous ne faisons point de difficulté da l'employer. (*Note du rapport.*)

La décoction de la mine même, employée en grande dose, n'a point changé la couleur du sirop violet. La décoction de plomb corné, même employée en petite quantité, a fait disparaître le ton rougeâtre du sirop et l'a rendu bleu verdâtre.

La décoction de la mine mêlée avec du foie de soufre en liqueur n'a éprouvé aucun changement. La décoction de plomb corné a formé, avec ce même foie de soufre, un précipité noir très-abondant.

La décoction de la mine n'a éprouvé aucune altération de la part de l'alcali volatil préparé par la chaux; celle de plomb corné, au contraire, a donné, avec le même alcali volatil, un précipité blanc très-abondant.

Nous avons fait évaporer dans une capsule, au bain de sable, une partie de la décoction de la mine, et dans une autre capsule nous avons fait évaporer une parcille quantité de décoction de plomb corné. La décoction de la mine, évaporée à différents degrés, n'a fourni aucuns cristaux, et, lorsqu'elle a été évaporée entièrement, elle a laissé quelques atomes de poussière blanche qui n'avait aucune saveur. La décoction de plomb corné a fourni, au contraire, au milieu de son évaporation, de petits cristaux disposés en petites aiguilles, et qui étaient du plomb corné cristallisé, et qui en avaient toutes les propriétés.

Il résulte bien évidemment de ces expériences que la mine de plomb blanche n'est point dans l'état salin et qu'elle n'a aucune des propriétés du plomb corné, puisque cette mine ne se dissout point dans l'eau et qu'elle ne lui communique rien de plus que ne le ferait une pure chaux de plomb.

Henckel et Valerius regardent les mines de plomb blanches comme des mines de plomb arsenicales; Cronstedt n'y admet que du plomb dans l'état de chaux; M. Laborie est de ce dernier sentiment, et M. Sage y admet l'acide marin seulement. Nous avons répété les expériences de M. Sage et de M. Laborie, qui pouvaient éclaircir cette question.

QUATRIÈME EXPÉRIENCE.

Nous avons exposé au feu, dans un creuset, 2 gros de mine de

plomb blanche; elle n'a exhalé aucune odeur, depuis le premier degré
de chaleur jusqu'à sa fusion; elle a décrépité d'abord, et s'est réduite
en poudre; l'ayant fait rougir, elle a pris une couleur rouge brillante,
semblable à celle de la plus belle litharge, et elle a conservé cette
couleur tant qu'elle etait chaude; mais, en refroidissant, la plus grande
partie a pris une couleur jaune citrine très-brillante. On a poussé une
autre partie de cette mine à un plus grand feu, elle est entrée assez
facilement en fusion et s'est transformée en litharge fort brillante. Pour
nous assurer davantage que cette mine ne contenait ni soufre ni arsenic, nous avons fait les expériences suivantes :

CINQUIÈME EXPÉRIENCE.

Nous avons mis dans un matras 1 once de mine de plomb blanche
pulvérisée avec 7 gros d'alcali fixe en liqueur bien concentrée et
5 gros d'eau distillée; nous avons fait chauffer ce mélange, et même
bouillir pendant un quart d'heure; il ne s'en est exhalé aucune odeur
de soufre ou de foie de soufre; la liqueur filtrée était claire, d'une
couleur un peu ambrée et d'une saveur alcaline aussi forte que si l'on
n'y avait pas mis de mine de plomb.

Cette décoction alcaline a formé un précipité blanc, étant mêlée
avec de l'esprit de vitriol, et n'a nullement exhalé d'odeur de foie de
soufre.

Cette décoction alcaline s'est troublée et a formé un léger précipité
blanc lorsqu'on l'a mêlée avec de l'eau distillée. La dissolution d'argent
versée dans cette décoction alcaline a formé un précipité blanc un peu
jaunâtre.

Ces expériences indiquent que la mine de plomb blanche ne renferme ni soufre ni arsenic, et elles confirment en cela le sentiment de
MM. Sage et Laborie sur cet objet. Nous allons exposer maintenant les
expériences de M. Sage par lesquelles il dit s'être assuré de la présence
de l'acide marin dans cette mine, expériences que nous avons répétées.

« Le plomb blanc, dit M. Sage (*Éléments de minéralogie docimastique,*

« page 236), contient près de vingt livres d'acide marin par quintal;
« on peut le retirer de cette mine par la distillation sans intermède, en
« adaptant à la cornue un récipient enduit d'huile de tartre par dé-
« faillance. »

SIXIÈME EXPÉRIENCE.

Nous avons d'abord soumis à la distillation, dans une cornue de
verre, placée dans un bain de sable, 4 onces de mine de plomb blanche
pulvérisée; on y a adapté un ballon sans y rien mettre; on a chauffé
cette cornue par degré, pendant environ cinq heures, et on l'a bien fait
rougir; il a distillé quelques gouttes de liqueur claire, sans couleur,
laquelle s'est dissipée par la chaleur occasionnée par la proximité du
ballon au fourneau. Ce récipient n'avait aucune odeur d'acide marin:
il contenait quelques petits morceaux de mine qui s'étaient élevés par
décrépitation.

On a lavé avec 6 gros d'eau distillée ce récipient et ce qu'il contenait; cette eau n'a point rougi le papier bleu et n'a fait aucun précipité avec la dissolution d'argent.

La matière restée dans la cornue pesait 3 onces 2 ½ gros, elle
n'avait point été fondue, elle était en petits morceaux comme quand on
l'y avait mise; elle n'était nullement agglutinée, et n'avait contracté
aucune adhérence avec la cornue. La plus grande partie était d'une
couleur rougeâtre, tirant sur celle de la litharge; une autre partie était
d'une couleur jaune, semblable à celle du massicot. Le tout avait une
apparence et un brillant de litharge. Le barreau aimanté, promené
dans ce résidu, en attirait quelques parcelles.

SEPTIÈME EXPÉRIENCE.

Afin d'avoir un objet de comparaison, nous avons soumis de même
à la distillation 2 onces de plomb corné; il a passé dans le récipient ½ gros d'acide marin très-fort, et qui ne différait pas du tout de
l'acide marin ordinaire; il est resté une masse moulée dans le fond de

la cornue, d'une consistance solide et de couleur blanc sale, et non
en poudre comme s'est trouvée la mine après avoir subi la même opération.

HUITIÈME EXPÉRIENCE.

Nous avons soumis à la distillation, dans une cornue de verre, au
bain de sable, 2 onces de mine de plomb blanche, et nous avons
adapté à cette cornue, comme MM. Sage et Laborie, un récipient enduit intérieurement d'alcali fixe de tartre en liqueur. Environ après
trois heures d'un feu gradué, on a déluté le ballon, on a séparé un
peu de liqueur alcaline qui s'était rassemblée; les parois intérieures
étaient garnies d'une cristallisation assez abondante en aiguilles rami-
fiées et entre-croisées, parmi lesquelles on a remarqué quelques solides
allongés. Ce qui restait dans la cornue était une matière en poudre,
telle qu'on l'a mise, et semblable, pour la couleur, à celle de la cornue de l'opération précédente. On a fait dissoudre le sel dans de l'eau
distillée; la dissolution était alcaline et verdissait le sirop violet; on l'a
saturée avec de l'acide nitreux très-pur; la saturation s'est faite avec
une grande effervescence.

Cette liqueur, mêlée avec de la dissolution d'argent, n'y a point
formé de précipité, mais y a occasionné seulement un petit louche,
aussi faible qu'il soit possible pour être aperçu.

NEUVIÈME EXPÉRIENCE.

Nous avons mêlé 12 grains d'acide marin faible, non fumant,
dans 8 onces 2 $\frac{1}{2}$ gros d'eau distillée; on a pris 12 grains de cette
liqueur, qu'on a mêlée avec 1 once 4 gros d'eau distillée, et, dans
ce nouveau mélange, qui ne contenait que $\frac{1}{34}$ de grain d'acide marin, on a versé quelques gouttes de la même dissolution d'argent;
elle a été troublée en blanc, et le laiteux de cette liqueur était une fois
plus mat que celui de la liqueur précédente, d'où il suit que la dissolution du sel de la huitième expérience ne contenait environ que $\frac{1}{68}$ de

grain, et, par conséquent, quand on supposerait que ce blanc est dû
à de l'acide marin, ce qui n'est pas prouvé, il n'y en a dans la mine
que 5 grains $\frac{10}{17}$ par quintal, ou $\frac{1}{56672}$ du poids total.

M. Sage attribue la cristallisation qui s'est formée à de l'acide marin
qui s'est dégagé de la mine et qui s'est combiné avec l'alcali fixe qui
enduisait le ballon.

M. Laborie attribue cette même cristallisation à de l'air fixe qui se
dégage de la mine comme de la plupart des autres. L'expérience dont
nous venons de rendre compte semble absolument contraire au sentiment de M. Sage.

Nous avons ensuite examiné de quelle manière se comporte la mine
de plomb blanche avec les acides minéraux. « Un des moyens, dit
« M. Sage, qui m'a paru le plus propre à dégager du plomb blanc l'a-
« cide marin qui sert à le minéraliser, fut de verser sur ces cristaux
« réduits en poudre de l'acide vitriolique concentré; il se fit d'abord un
« peu d'effervescence, il s'en dégagea une odeur assez pénétrante, sem-
« blable à celle de l'acide marin; il resta au fond du vase une matière
« blanche qui paraissait beaucoup plus divisée que la mine réduite en
« poudre que j'avais employée. » Et plus loin : « Pour pouvoir détermi-
« ner si l'odeur qui se développe lorsqu'on verse sur la mine de plomb
« blanche de l'huile de vitriol était due à de l'acide marin, j'ai mis dans
« une cornue du plomb blanc réduit en poudre; j'ai versé dessus de
« l'huile de vitriol, j'ai procédé à la distillation au fourneau de réver-
« bère, à un degré de feu très-léger; il s'est dégagé des vapeurs blan-
« ches qui ont donné une liqueur jaunâtre qui était de vrai acide ma-
« rin. En augmentant le feu, l'acide vitriolique surabondant s'est dégagé:
« il avait une odeur d'acide sulfureux. »

M. Laborie rapporte dans son mémoire cette expérience après l'a-
voir répétée. Sur 1 gros de mine et 2 gros d'huile de vitriol, il eut à
peine cent douzaines de gouttes de liqueur, et elle avait l'odeur de l'a-
cide vitriolique sulfureux volatil. Il s'est d'ailleurs convaincu, par des
expériences convenables, qu'il rapporte dans son mémoire, que cette
liqueur ne contenait point d'acide marin.

DIXIÈME EXPÉRIENCE.

Nous avons répété cette expérience, et pour cela nous avons mis dans une cornue de verre 4 onces de mine en poudre fine, avec 1 once d'acide vitriolique très-pur et concentré, et $\frac{1}{2}$ once d'eau. Il n'y a point eu de vapeurs blanches pendant qu'on faisait le mélange; on l'a soumis à la distillation au bain de sable durant deux heures trois quarts; il a passé 4 gros de liqueur qui avait une odeur d'acide sulfureux décomposé, un peu analogue de celle de l'acide marin très-faible et d'une saveur très-légèrement acide.

Ayant reluté le ballon à la cornue, on a augmenté un peu le feu; il passé encore environ 6 grains de liqueur blanche, sans couleur, ayant l'odeur de l'acide vitriolique échauffé; elle était très-acide.

Un peu de la première liqueur, mêlée avec de la dissolution de mercure, ne s'est point troublée d'abord, ensuite s'est très-faiblement troublée en jaune. Cette même liqueur ne rougissait ni la teinture de tournesol, ni même le papier bleu, par conséquent elle n'était que du flegme.

Le second produit de cette distillation était, comme nous venons de le dire, très-acide; on l'a mélangé avec de la dissolution d'argent étendue d'eau distillée; il a troublé légèrement la liqueur en blanc et le précipité s'est redissous par l'addition d'eau distillée; donc ce précipité était du vitriol d'argent et non de la lune cornée.

Après cette distillation, il est resté dans la cornue une matière, partie en poudre, partie adhérente aux parois et au fond de la cornue, dont les portions qui adhéraient étaient d'un blanc rougeâtre, tirant sur la couleur de chair, et le reste était plus blanc; cette matière n'avait point de saveur sensible.

On a lessivé cette matière dans de l'eau froide, et on a filtré la liqueur; on en a mêlé avec de la dissolution d'argent; le mélange s'est troublé à peine.

Cette même liqueur n'a point fait de précipité, lorsqu'on l'a mêlée avec de l'alcali fixe en liqueur.

On a fait bouillir le résidu resté sur le filtre, on a filtré la liqueur et on l'a examinée; de même que la liqueur provenant de l'infusion à froid, elle a présenté les mêmes phénomènes.

ONZIÈME EXPÉRIENCE.

Nous avons répété la dixième expérience, mais en employant une plus grande proportion du même acide vitriolique et point d'eau. Nous avons mis dans une cornue 2 onces de mine de plomb blanche réduite en poudre très-fine, et nous avons versé par-dessus 4 onces d'acide vitriolique concentré; il ne s'est point formé de vapeurs pendant le mélange. Cette cornue a été chauffée au bain de sable, par degrés; pendant les deux premières heures, il a passé des vapeurs blanches qui avaient une forte odeur d'acide sulfureux volatil. Au bout de quatre heures, on a déluté le ballon, on a séparé 3 onces 2 gros de liqueur qui avait la même odeur que le premier produit de la distillation précédente, et elle avait de plus une couleur un peu ambrée. On a continué le feu sous la cornue encore pendant deux heures en l'augmentant beaucoup; il n'est rien distillé davantage.

Il est resté dans la cornue une matière friable du plus beau blanc et qui n'était point adhérente à la cornue; elle n'avait point de saveur.

On a mêlé de la liqueur distillée ci-dessus avec la dissolution de mercure bien chargée; elle a dégagé sur-le-champ beaucoup de vapeur rouge et a fait un précipité blanc qui, étendu et lavé avec beaucoup d'eau distillée chaude, a formé un turbith minéral d'un beau jaune.

Cette même liqueur, mêlée avec de la dissolution d'argent étendue, n'a occasionné aucun précipité à cause de l'eau qui a dissous le vitriol de lune, et, en ajoutant une goutte d'acide marin dans ce même mélange, il s'est formé sur-le-champ beaucoup de précipité blanc qui était de la lune cornée.

On a lessivé dans de l'eau chaude la matière qui était restée dans la cornue; elle s'est un peu troublée en blanc par le seul refroidissement;

elle s'est troublée de même avec la dissolution d'argent, mais encore moins qu'avec l'alcali fixe.

DOUZIÈME EXPÉRIENCE.

Le deuxième produit de la distillation de la dixième expérience ayant précipité en blanc la dissolution d'argent, pouvait laisser quelque incertitude sur la présence de quelques atomes d'acide marin. Pour éclaircir ce doute, on a mis dans une cornue 4 onces de minium, et l'on a versé par-dessus un mélange de 1 once d'acide vitriolique concentré et de $\frac{1}{2}$ once d'eau; le mélange s'est échauffé, le minium a pris une couleur de kermès minéral brun, et il était noir dans plusieurs.endroits. On a soumis ce mélange à la distillation; il a passé 5 gros 50 grains de liqueur accompagnée de vapeurs blanches qui avaient une légère odeur d'acide sulfureux volatil; cette liqueur était claire, sans couleur, d'une très-légère saveur acide; elle rougissait la teinture de tournesol, ne faisait point d'effervescence avec l'alcali; elle ne précipitait point la dissolution d'argent étendue dans beaucoup d'eau distillée, mais elle précipitait en jaune la dissolution de mercure.

On a reluté le ballon à la cornue et l'on a poussé le feu; deux heures après, on a trouvé dans le récipient environ 24 grains d'une liqueur dont l'odeur a paru indécise et qui a semblé tirer sur celle de l'eau régale.

Cette liqueur, mêlée avec de la dissolution d'argent étendue dans de l'eau distillée, a louchi à peine en blanc et beaucoup moins que le deuxième produit de la distillation rapportée à la dixième expérience.

Valerius dit que la mine de plomb blanche ne sé dissout point par l'eau forte; M. Sage est du même sentiment puisqu'il dit : « L'acide ni- « treux et l'acide marin, versés sur la mine de plomb blanche réduite « en poudre, font un peu d'effervescence; il y a une petite portion de « cette mine sur laquelle ces acides exercent leur action; la plus grande « partie y est insoluble. J'ai remarqué qu'ils produisaient le même effet « sur le plomb corné. » M. Laborie, qui a répété cette expérience, trouve qu'elle est soluble dans tous les acides, sans même qu'il soit nécessaire de la réduire en poudre fine; il observe de plus que 1 once d'acide nitreux fumant, étendu dans 2 onces d'eau, a été à peine saturé par 14 gros de mine.

TREIZIÈME EXPÉRIENCE.

Nous avons mis dans une fiole 4 gros de mine réduite en poudre grossière, et nous avons versé dessus 6 gros d'acide nitreux purifié par précipitation et par distillation, étendu avec $4\frac{1}{2}$ gros d'eau distillée. Il y a eu dans le premier contact de l'acide un mouvement sensible d'effervescence qui a cessé de lui-même un moment après; mais, ayant chauffé la fiole, l'effervescence et la dissolution ont recommencé avec célérité; la dissolution a été complète, et elle a formé, par le refroidissement, de très-beaux cristaux de nitre saturnin qui, après avoir été séché, décrépitait et fusait sur les charbons ardents comme le même sel fait par la dissolution de plomb pur par l'acide nitreux; il n'y avait aucune portion de plomb corné parmi ces cristaux.

Nous avons répété cette expérience sur du plomb corné et aux mêmes doses; il n'y a point eu d'effervescence; on a chauffé ce mélange jusqu'à l'ébullition, il n'y a point eu d'apparence sensible de dissolution. Il est visible par toutes ces expériences que la mine de plomb blanche ne contient point d'acide marin, et qu'elle ne ressemble nullement au plomb corné.

QUATORZIÈME EXPÉRIENCE.

On a broyé sur un porphyre, en poudre très-fine, 2 onces de mine de plomb blanche, et on les a mêlées avec 1 once de vitriol de mercure, en broyant toujours; le mélange est devenu d'un blanc citronné; on l'a mis en distillation dans une cornue de verre à feu nu; le feu a été poussé par degré jusqu'à rougir et presque fondre la cornue sur la fin; il n'a passé dans le récipient que quelques gouttes de liqueur insipide; il s'est formé dans le col de la cornue un enduit ou espèce d'étamage par petites plaques, dont la plus grande partie s'est détachée par la simple secousse, et a coulé en globules de mercure.

On a coupé le col de cette cornue avec un charbon allumé, appliqué à trois pouces de distance de cet enduit de mercure coulant, et de manière que la chaleur du charbon ne pouvait se communiquer qu'à l'endroit où il était. Cet enduit ne contenait aucun sublimé salin ni rien qui eût la moindre saveur. On a lessivé l'intérieur de ce col avec environ $\frac{1}{2}$ once d'eau distillée; cette eau filtrée n'avait de même aucune saveur et n'a fait aucun précipité ni avec l'alcali fixe, ni avec de l'eau de chaux. Cette matière ne contenait pas, par conséquent, de sublimé corrosif.

Il est resté dans la cornue une matière en partie rouge brique et en partie gris blanc et en poudre.

Pour avoir une comparaison complète, nous avons mêlé dans un mortier de verre 4 gros de plomb corné avec 2 gros de même vitriol de mercure; nous avons soumis ce mélange à la distillation dans une cornue de verre au bain de sable; il s'est attaché dans le col de la cornue une bonne quantité de sublimé corrosif qu'on peut estimer environ à $1\frac{1}{2}$ gros, et pas un atome de mercure coulant. Sur la fin de l'opération, il s'est élevé des vapeurs rouges d'acide nitreux, provenant de celui qui est resté uni au plomb corné qui avait été préparé par dissolution dans cet acide et précipité par de l'acide marin.

On a trouvé au fond de la cornue, après cette distillation, un résidu assez blanc, fendillé et un peu adhérent à la cornue. Il est visible, par ces expériences, que le plomb corné et la mine de plomb blanche n'ont rien de commun que le plomb que l'un et l'autre contiennent, et que la mine de plomb blanche n'est point minéralisée par de l'acide marin.

Nous avons examiné enfin si, par le moyen de l'alcali fixe, nous pourrions mieux recueillir quelques portions d'acide marin de la mine de plomb blanche. M. Sage a fait ce mélange d'alcali fixe et de mine de plomb. Par la distillation et par la fusion, il dit avoir obtenu de l'acide marin. M. Laborie s'est contenté de faire bouillir de la mine de plomb dans de l'alcali fixe en liqueur; il n'a remarqué aucun changement, aucune diminution de poids sur la mine qu'il avait employée, et l'al-

cali est resté le même. Il s'est convaincu d'ailleurs que du plomb corné,
traité de même, est décomposé, et que l'alcali est neutralisé par l'acide
marin de cette substance. Nous avons fait, sur cet objet, l'expérience
suivante :

QUINZIÈME EXPÉRIENCE.

Nous avons mêlé et broyé 2 onces de mine de plomb blanche et
1 once d'alcali fixe du tartre sec et très-pur; on a mis ce mélange en
distillation dans une cornue de verre au bain de sable; il n'a rien passé
dans le récipient, quoique le feu ait été bien fort.

On a trouvé dans la cornue, après l'opération, une matière en
poudre d'un gris rougeâtre pesant 2 onces 5 gros 12 grains; elle avait
la saveur d'un alcali caustique. On en a fait bouillir une partie dans
de l'eau distillée, et on a filtré la liqueur; elle était comme une lessive
caustique et de couleur de paille; on l'a saturée par de l'acide nitreux
très-pur; cette saturation a été accompagnée d'effervescence et a occasionné un précipité blanc. On a filtré de nouveau la liqueur et on l'a
fait évaporer. Elle n'a fourni que du nitre et pas un seul cristal de sel
fébrifuge de Silvius.

M. Laborie observe que la mine de plomb blanche se dissout dans
les huiles grasses et forme une matière emplastique comme le font les
chaux de plomb. Le plomb corné, au contraire, n'est point soluble
dans l'huile. Pour nous en assurer, nous avons fait l'expérience suivante :

SEIZIÈME EXPÉRIENCE.

Nous avons broyé sur un porphyre 2 gros de notre mine de plomb
blanche, nous les avons mêlés avec $\frac{1}{2}$ once d'huile d'olive dans une
cuiller de fer; on a fait bouillir l'huile, la dissolution s'est faite facilement comme celle de toutes les chaux de plomb; l'espèce d'emplâtre
qui en est résulté était comme celui de la céruse brûlée.

Nous avons répété cette expérience avec du plomb corné à la dose
de 2 gros sur 1 gros d'huile d'olive; on a chauffé ce mélange, comme

le précédent, dans une cuiller de fer : il est devenu brun foncé comme
le précédent, à raison de la chaleur que l'huile a éprouvée; le plomb
corné n'a point été dissous, il se plaquait au fond du vaisseau, malgré
l'agitation continuelle avec la spatule, et il est devenu d'un blanc gris.
En chauffant assez fort pour mettre presque le feu à l'huile, il a paru
qu'il se dissolvait un peu de plomb corné, mais il s'est séparé complétement du jour au lendemain, et l'huile brûlée surnageait.

Telles sont les expériences que nous avons cru devoir faire pour
éclaircir tous les doutes que les mémoires de M. Sage et de M. Laborie laissaient sur la nature de la mine de plomb blanche, à cause de la
contrariété qui se trouvait entre les sentiments de ces deux chimistes.

Nous aurions pu en faire beaucoup d'autres, surtout relativement
à la comparaison suivie de ce minéral avec le plomb corné ou avec
d'autres mélanges de chaux de plomb et diverses proportions d'acide
marin, en supposant que cet acide puisse se combiner avec le plomb
dans différentes proportions; mais celles que nous venons d'exposer
nous ont paru si décisives que nous avons jugé qu'il était absolument
inutile de les multiplier davantage.

Il résulte de celles dont nous venons de rendre compte qu'ayant employé dans l'examen que nous avons fait de la mine de plomb blanche,
non-seulement tous les moyens employés par M. Sage, mais encore
les plus décisifs de ceux que la chimie fournit pour s'assurer de la
présence de l'acide marin dans une combinaison quelconque, nous
n'avons pu en découvrir une quantité sensible dans ce minéral, bien
loin d'en avoir obtenu 20 livres par quintal. Non-seulement nous
ne lui avons trouvé aucune propriété commune avec le plomb corné,
auquel il devait pourtant ressembler, s'il contenait en effet de l'acide
marin, puisque ce dernier est une combinaison de plomb avec ce
même acide; mais encore les expériences les plus propres à démontrer cet acide, telles que les analyses par distillation sans intermède
ou avec acide vitriolique, nous ont prouvé que cette mine n'en contient pas; car, quand même on attribuerait à l'acide marin les nuages
blancs que nous avons observés avec la dissolution d'argent dans quel-

ques-unes de nos expériences, il est certain que la quantité en serait
si petite qu'elle ne pourrait être regardée que comme nulle.

Enfin l'expérience du mélange du vitriol de mercure avec la mine
de plomb blanche, qui ne nous a pas fourni, à l'aide d'une chaleur
convenable, la plus petite apparence de sublimé salin mercuriel,
achève de démontrer que ce minéral ne contient point du tout d'acide
marin; car il est certain que le vitriol de mercure, traité de cette manière avec du plomb corné, fournit, comme nous l'avons dit, une
quantité de sublimé salin mercuriel proportionnée à la quantité de cet
acide que peut contenir le plomb corné soumis à cette épreuve.

Nous concluons que toutes les expériences exposées dans le mémoire
de M. Laborie, ainsi que les conséquences qu'il en tire, étant confirmées par la vérification que nous en avons faite et par les expériences
que nous y avons ajoutées, ce mémoire doit être imprimé dans le recueil de ceux des savants étrangers, ainsi que l'avaient conclu les commissaires (MM. Macquer et Cadet) chargés de rendre compte à l'Académie du mémoire de M. Laborie.

A l'Académie, au Louvre, le 26 mars 1774.

Signé BOURDELIN, MALOUIN, MACQUER, CADET, BAUMÉ, LAVOISIER.

RAPPORT

SUR

L'ANALYSE DE LA ZÉOLITHE.

4 Mai 1774.

Nous avons été chargés par l'Académie, M. de Montigny et moi, de lui rendre compte d'un mémoire de M. Bucquet, docteur en médecine de la Faculté de Paris, ayant pour titre *Analyse de la zéolithe*.

M. Bucquet, après avoir donné les caractères extérieurs de la zéolithe et après avoir rapporté ce qu'en ont dit MM. Cronstedt et Von Linné, passe aux résultats qu'elle lui a donnés par son analyse.

Cette substance, exposée seule au feu, s'y fond en un verre dur, opaque, laiteux, quelquefois spongieux, qui fait feu avec le briquet et qui ne conserve rien de phosphorique. Distillée seule à la cornue, il passe dans le récipient un peu de flegme; la substance qui reste ensuite dans la cornue a perdu son brillant sans avoir perdu sa forme. Elle se réduit facilement en poussière; elle se trouve diminuée des trois sixièmes de son poids, et cette quantité est à peu près égale au poids de l'eau qui a passé dans le récipient.

La zéolithe, traitée dans un creuset avec un flux réductif, se fond en un verre verdâtre, mais il ne s'en sépare aucun culot, ni rien qui indique qu'elle contienne aucune substance métallique.

De cette analyse par la voie sèche, M. Bucquet passe à celle par la voie humide. Il fait voir d'abord que la zéolithe est absolument insoluble dans l'eau, qu'elle est, au contraire, attaquable par les trois acides minéraux.

L'acide vitriolique forme avec elle une espèce de gelée; si l'on ajoute
de l'eau à la dissolution, une partie de la gelée se dissout entièrement
et il se précipite une portion qui n'est pas susceptible de se dissoudre.

La quantité en est environ d'un quart. M. Bucquet pense, avec raison, que c'est cette partie non soluble et très-divisée, qui se trouve suspendue dans la liqueur lorsqu'elle est rapprochée à un certain point,
qui lui donne l'apparence gélatineuse.

Le sel vitriolique à base de zéolithe a naturellement un excès d'a-
cide, dont M. Bucquet est parvenu à le dépouiller, et il a obtenu un sel
qui demande seize parties d'eau pour être dissous; c'est-à-dire, qui est
moins soluble que l'alun et beaucoup plus que la sélénite.

M. Bucquet a essayé de décomposer ce sel par le moyen des alcalis
fixes et volatils. Il a obtenu, par la précipitation, une terre qui, encore
humide, était susceptible de se redissoudre en entier dans les acides,
mais qui, exactement desséchée, n'était plus qu'en partie soluble, et ce
caractère lui est commun avec la base de l'alun. Ce même sel n'a point
été décomposé, ni par la terre calcaire, ni par celle qui sert de base
à l'alun.

L'acide nitreux et l'acide marin dissolvent également la zéolithe; le
premier fait un sel gommeux qui cristallise néanmoins en un gros faisceau d'aiguilles, lorsque la liqueur a été suffisamment rapprochée; ce
sel attire l'humidité de l'air et se rapproche beaucoup, par ses propriétés, du nitre à base d'alun.

Celui qui résulte de la combinaison de l'acide marin avec la zéolithe
a également beaucoup de rapport avec le sel marin à base de sel d'a-
lun. Ce sel est susceptible d'être décomposé par l'acide vitriolique, par
l'acide nitreux et par les alcalis fixes.

De toutes ces expériences, dont nous n'avons pu rapporter qu'un
abrégé très-concis, M. Bucquet conclut, 1° que la zéolithe n'est point
du nombre des pierres quartzeuses ou siliceuses, puisqu'elle se fond
sans addition; 2° que ce n'est point une substance calcaire, puisqu'elle
ne fait point d'effervescence avec les acides et qu'elle ne se réduit point
en chaux vive par la calcination; 3° que ce n'est point une argile,

puisque, loin de se durcir au feu, elle y perd au contraire en quelque façon son eau de cristallisation, qu'elle n'a aucune espèce de liant et qu'elle ne donne pas d'alun par sa combinaison avec l'acide vitriolique; 4° que ce n'est point une substance saline, puisqu'elle est insoluble dans l'eau; 5° enfin, qu'elle ne contient rien de métallique. Le résultat de ces différentes conséquences conduit M. Bucquet à regarder la zéolithe comme une terre particulière dont le caractère est de se fondre seule et sans addition, et de former un verre opaque, de se dissoudre presqu'en entier dans tous les acides; enfin, que cette substance a quelques rapports avec la base de l'alun, dont elle diffère cependant à beaucoup d'égards.

Ce mémoire, ainsi que tous ceux que M. Bucquét a présentés à l'Académie, annonce un chimiste consommé, qui sait employer, pour deviner la nature, toutes les ressources de son art.

Nous ne pouvons trop l'engager à suivre le plan qu'il annonce s'être formé pour l'analyse des substances minérales, et nous croyons que son mémoire mérite l'approbation de l'Académie et d'être imprimé dans le recueil des mémoires présentés par les savants étrangers.

Fait au Louvre, le 4 mai 1774.

RAPPORT

SUR

L'ANALYSE DU MARBRE DE CAMPAN

DE M. BAYEN.

1774.

L'Académie nous a chargés, M. Daubenton et moi, de lui rendre compte d'un mémoire de M. Bayen, ayant pour titre : *Analyse du marbre de Campan.*

Après avoir indiqué sommairement les divisions principales des marbres, telles que les naturalistes les ont adoptées, d'après l'examen de leurs propriétés extérieures, M. Bayen propose de les distinguer en quatre classes, d'après les produits chimiques qui résultent de leur analyse. Il range, dans la première, les marbres purs, tels que le marbre blanc, qui n'est autre chose qu'une combinaison du gaz avec la terre calcaire; il place, dans la seconde, les marbres qui, outre le gaz et la terre calcaire, contiennent une matière colorante; enfin il place, dans la troisième, les marbres composés de gaz, de terre calcaire, de terre colorante et de terres étrangères. Le marbre de Campan est dans cette dernière classe.

Nous passons sous silence la quatrième classe de marbres qu'indique M. Bayen; ceux composés de corps marins, parce que cette division ne nous paraît pas dans la nature et que les coquilles et corps marins ne présentant aux chimistes qu'une terre calcaire, ils ne peuvent entrer pour rien dans une division purement chimique.

23.

Le marbre vert de Campan, jeté dans de l'acide nitreux, y excite d'abord une effervescence, mais la totalité ne s'y dissout pas et il reste environ 3 gros 12 grains d'une matière grise, qui refuse de se dissoudre et que M. Bayen a reconnue pour un véritable schiste. La liqueur dans laquelle s'était faite la dissolution, ramenée au juste point de saturation par une addition d'un peu d'alcali, avait une couleur de bière forte.

En y versant peu à peu de l'alcali, M. Bayen est parvenu à en précipiter une matière rouge, qui s'est rassemblée au fond du vase. A mesure que cette matière se précipitait, la liqueur perdait sa couleur et, lorsqu'elle fut devenue parfaitement blanche, il en sépara par le filtre la terre rouge, qui n'était autre chose qu'une terre ferrugineuse. Il continua ensuite la précipitation, par le moyen d'un alcali, et obtint une terre calcaire, pure et blanche, telle qu'on l'aurait eue du marbre blanc le plus pur.

En rapprochant les différents produits que M. Bayen a obtenus de l'analyse de 2 onces de marbre vert de Campan, on s'aperçoit qu'il contient :

	onces	gros	grains
Schiste..	"	5	12
Terre martiale alumineuse....................	"	"	31
Terre calcaire............................ ...	1	"	40
	1	6	11
Perte...	"	1	61
Total.....................	2 onces	"	"

M. Bayen attribue cette perte au gaz qui s'est échappé pendant l'effervescence, mais il aurait dû observer que cette perte aurait été beaucoup plus considérable, si la terre calcaire n'avait elle-même repris une partie de ce gaz pendant sa précipitation par l'alcali fixe.

La même expérience sur le marbre rouge de Campan a donné le
résultat qui suit :

	onces	gros	grains
Safran de mars rouge qui s'est séparé de lui-même pendant la dissolution.	"	"	60
Schiste	"	1	63
Terre martiale précipitée de la solution	"	"	25
Terre calcaire.	1	1	53
	1	6 · 57	
Perte	"	1	15
Total	2 onces	"	"

La dissolution de ces marbres par l'acide vitriolique a donné à peu
de chose près la confirmation de ces résultats.

M. Bayen a obtenu de 2 onces du marbre vert :
    1 once 6 gros 30 grains de sélénite ;
    5 gros 33 grains de schiste ;
    12 à 13 grains de vitriol martial ;
    5 grains de terre ocreuse ;
    54 grains de terre d'alun.
Il n'a pas eu la moindre apparence de sel de sedlitz.

Enfin 2 onces de marbre rouge lui ont donné :
    1 once 7 gros 42 grains de sélénite :
    2 gros 36 grains de schiste ;
    45 grains de vitriol vert ;
    7 grains de terre martiale ;
    enfin, 37 grains d'alun.

Il résulte des expériences de M. Bayen que le marbre de Campan
est formé de la combinaison d'environ deux parties de terre calcaire

blanche et pure, une partie de schiste, et enfin une petite portion de terre ferrugineuse; que cette dernière substance est soluble dans les acides; que, cependant, celle que l'on retire du marbre vert est insoluble, inattirable par l'aimant; qu'elle est à l'état d'ocre dans le marbre rouge: que c'est à elle, dans l'un et dans l'autre, qu'est due la couleur du marbre. Quant à l'alun retiré de la combinaison de ce marbre avec l'acide vitriolique, M. Bayen pense qu'il est dû au schiste même, et il annonce en avoir retiré de tous les schistes qu'il a examinés, lorsqu'il les a traités avec l'acide vitriolique.

Le mémoire de M. Bayen présente une observation neuve, c'est l'existence d'une substance schisteuse dans les marbres, et ce premier pas conduira sans doute à plusieurs autres découvertes importantes sur la constitution des différentes espèces de marbre.

Nous croyons que l'Académie doit l'exhorter à suivre ce travail intéressant, et que le mémoire dont nous venons de rendre compte mérite d'être imprimé dans le Recueil des savants étrangers[1].

[1] D'après les registres de l'Académie, ce rapport a été lu devant cette compagnie, le 25 juin 1774. (*Note de l'éditeur.*)

RAPPORT

SUR

UNE MACHINE A REMONTER LES BATEAUX.

Du 13 juillet 1774.

L'Académie nous a chargés, MM. Vaucanson, de Bory et moi, de lui rendre compte d'une machine imaginée par le sieur Lacroix et présentée par le sieur Bouillard, contrôleur ambulant des fermes du roi en Franche-Comté, dont l'objet est de remonter les bateaux sur toutes les rivières navigables, sans le secours de chevaux.

Cette machine consiste en un grand cylindre ou arbre de 11 pouces de diamètre qui traverse horizontalement le bateau dans sa largeur, il est placé à la partie antérieure et environ au quart de la longueur.

Les deux tourillons sur lesquels porte ce cylindre sont prolongés de chaque côté et se terminent par une espèce de manivelle doublement coudée, aux deux extrémités de laquelle sont adaptées deux jambes de force, de bois ou de fer, percées dans leur extrémité d'un œil, autour duquel elles peuvent se mouvoir comme autour d'un centre. Au milieu du cylindre, qui est en même temps le milieu de la largeur du bateau, est une roue de 32 dents, dans laquelle engrène une vis sans fin, laquelle est menée par une manivelle qui décrit un cercle d'un pied de rayon; un volant chargé de plomb est adapté à la manivelle; enfin, la force d'un homme est appliquée à cette dernière.

On connaît, d'après cette description, qu'aussitôt que, par le moyen du rouage, le cylindre commence à tourner, la double manivelle placée de chaque côté sur le prolongement de son axe fait appuyer obliquement, pendant sa demi-révolution une des jambes de force sur le fond de la rivière, tandis que l'autre est portée en avant pour s'appuyer de même à son tour pendant l'autre demi-révolution; d'où il résulte que le bateau doit avancer à chaque tour du cylindre de tout l'espace compris entre l'écartement des deux jambes de force. On voit que cet écartement ne saurait être toujours le même, et qu'il dépend de l'obliquité des jambes de force et de la distance plus ou moins grande du fond de la rivière.

L'Académie s'apercevra aisément, d'après cet exposé, 1° que l'idée de cette machine n'est pas nouvelle; 2° qu'elle est sujette à beaucoup de difficultés que l'auteur n'a pas prévues. Le rapport fait à l'Académie, le 12 janvier 1749, par MM. l'abbé Nollet et de Parcieux, d'une machine à peu près semblable présentée par le sieur Ranou, et le jugement qui en fut porté alors, serviront de preuve à la première de ces deux propositions, et les réflexions que nous y joindrons ne laisseront aucun doute sur la seconde.

Cette machine consistait, comme celle dont nous rendons compte en ce moment à l'Académie en deux ou quatre jambes de force, adaptées, par le moyen de manivelles, à un cylindre de bois; ces jambes de force s'appuyaient de même alternativement sur le fond de la rivière, pour pousser le bateau; mais cette machine avait un avantage réel sur celle du sieur Lacroix, en ce qu'au lieu d'employer la force des hommes, celle du sieur Ranou employait la force même de l'eau. Il avait à cet effet enarbré, aux deux extrémités du cylindre, deux roues de quinze pieds de diamètre chacune, garnies de huit aubes, qui recevaient le mouvement du fluide et qui faisaient tourner le cylindre. L'Académie jugea, dans le temps, que cette machine avait deux défauts principaux : le premier, d'exiger une égalité presque parfaite dans le fond de la rivière, circonstance qui ne se rencontre pas communément; le second, de ne donner au bateau qu'un mouvement si lent, qu'à peine pouvait-il parcourir une lieue en quatorze heures. Ces considérations et quelques autres, qu'il serait trop long de détailler, ne lui permirent pas alors de donner son approbation à cette machine.

Il ne sera pas difficile de remarquer que la machine du sieur Lacroix a précisément les mêmes défauts reprochés à celle du sieur Ranou : on ne pourrait remédier au premier qu'en employant un mécanisme propre à allonger et à raccourcir les jambes de force, en raison de la profondeur du fond de la rivière; mais ce mécanisme serait nécessairement compliqué; il demanderait un service long et pénible et il faudrait en répéter très-souvent le jeu.

Quant au second défaut, la lenteur du mouvement communiqué au bateau, il sera beaucoup plus grand encore dans la machine du sieur Lacroix que dans celle du sieur Ranou, et il ne sera pas difficile d'en convaincre l'Académie.

Elle se rappelle que la manivelle, à laquelle la force d'un homme est appliquée, a un pied de rayon; elle décrit donc un cercle d'un pied de diamètre ou de 6 pieds $\frac{2}{10}$ de circonférence. Presque tous ceux qui ont écrit sur l'effet des machines ont estimé à 12,000 pieds l'espace qu'un homme appliqué à une machine peut parcourir en une heure de temps, soit avec les pieds, soit avec les mains; un homme, dans la machine dont nous rendons compte, ne pourra donc faire, par heure, que 1,905 tours de manivelle. Mais, au moyen du rouage dont nous avons rendu compte, il faut 32 tours de manivelle pour faire faire une révolution au cylindre, ce dernier ne fera donc que 59 révolutions $\frac{1}{2}$ par heure. Mais, en supposant toutes choses favorables, l'écartement des jambes de force ne peut guère excéder 4 pieds, le bateau ne parcourra donc qu'un espace de deux fois 4 pieds, par chaque révolution du cylindre, c'est-à-dire qu'il n'avancera par heure que de 476 pieds ou 79 toises $\frac{1}{3}$. D'où il suit qu'il lui faudra 27 heures $\frac{1}{4}$ pour faire une lieue de 2,200 toises.

On pourrait, il est vrai, donner plus de vitesse au bateau en donnant plus de diamètre au fer coudé ou espèce de manivelle à laquelle sont adaptées les jambes de force, mais il faudrait alors employer plus d'effort pour faire mouvoir le bateau, et l'on ne pourrait d'ailleurs arriver encore qu'à un mouvement très-lent, en comparaison de celui qu'on aurait droit d'exiger d'une machine de cette espèce.

Nous n'avons point fait entrer en ligne de compte, dans tout ce calcul, le temps qui sera nécessaire pour rallonger ou raccourcir les jambes de force ; nous n'avons fait aucune déduction de la quantité dont ces dernières s'enfonceront dans la bourbe ou dans le sable ; enfin nous avons supposé qu'elles ne reculeraient jamais. Il est probable que ces différents obstacles enlèveront encore à la machine une quantité très-notable et peut-être plus de la moitié de sa vitesse ; enfin nous avons passé sous silence un grand nombre d'autres inconvénients de détail qui se rencontreraient dans la pratique, et dont plusieurs suffiraient pour rendre l'usage de cette machine impossible ; mais nous croyons en avoir assez dit pour faire connaître à l'Académie qu'elle ne peut mériter son approbation.

Fait à l'Académie, le 13 juillet 1774.

Signé VAUCANSON, DE BORY et LAVOISIER.

RAPPORT

SUR UN STORE

DESTINÉ

À FERMER LE DEVANT D'UNE CHEMINÉE.

Du 23 août 1774.

Nous avons examiné, par ordre de l'Académie, M. Brisson et moi, un mécanisme proposé par M. Le Beuf, ferblantier, pour fermer le devant d'une cheminée.

Ce mécanisme consiste en une espèce de store, exécuté en tôle, qui se place sous la tablette de la cheminée. Ce store est composé de petites lames de tôle ou de cuivre, assemblées à charnières, qui se roulent et s'entortillent autour d'un carré, garni intérieurement d'un ressort à boudin.

On conçoit aisément, sans qu'il soit besoin de s'étendre sur cet objet, quels peuvent être les avantages de fermer une cheminée, en tout ou en partie. Un avantage des plus réels est de pouvoir, par ce moyen, donner plus de rapidité au courant d'air et d'empêcher, par là, le retour de la fumée.

Ce même mécanisme est employé depuis longtemps, en bois, dans les ouvrages d'ébénisterie, pour fermer les secrétaires et autres meubles, mais l'application qu'en a faite le sieur Le Beuf est nouvelle; elle a un objet utile, et mérite à cet égard quelques éloges de l'Académie. Quant au privilége exclusif qu'il demande par son mémoire, il ne dépend pas de l'Académie de le lui accorder, et elle ne peut même donner d'avis sur ces sortes d'objets qu'autant qu'elle est consultée par le ministre ou par les magistrats.

24.

RAPPORT

SUR

UNE CONTESTATION ENTRE MM. CADET ET BAUMÉ

SUR LE PRÉCIPITÉ *PER SE*[1].

M. Cadet ayant lu à l'Académie, le 3 septembre de cette année, des observations par lesquelles il annonçait que la préparation mercurielle nommée *précipité per se* se réduisait en mercure par la distillation, sans aucune addition, ce qui est conforme à ce qu'ont écrit les chimistes, excepté M. Baumé, qui rapporte, page 390 de sa *Chimie expérimentale et raisonnée*, que le mercure précipité *per se* est une chaux plus fixe au feu que le mercure pur; que cette chaux est irréductible en mercure coulant, sans addition de phlogistique. L'Académie, voulant vérifier un fait qui lui paraissait aussi contradictoire, a nommé, pour faire des expériences comparées qui pussent constater la vérité, MM. Brisson, Lavoisier et moi.

MM. Macquer, Le Roi et Bossut ont été témoins des expériences suivantes :

Pour déterminer si le mercure précipité *per se* de M. Cadet ne contenait point de mercure sous forme métallique, on l'examina au microscope; on ne découvrit point de globules mercuriels; on frotta un louis avec ce précipité *per se;* la couleur de l'or ne fut point altérée.

[1] Extrait des registres de l'Académie des sciences, du 19 novembre 1774.

M. Cadet avait opéré la réduction du mercure précipité *per se* par la distillation sans intermède; cette opération seule devenait l'objet qui devait occuper les commissaires, et l'expérience faite avec le mercure précipité *per se* de M. Baumé et avec celui de M. Cadet, à un degré de feu égal, était le seul moyen de comparaison pour obtenir le résultat qu'attendait l'Académie.

Nous avons pris pour la distillation deux petites cornues neuves, très-propres, dont la partie inférieure était lutée. M. Macquer proposa de les faire chauffer jusqu'à l'incandescence, pour les priver de l'humidité qu'elles pouvaient contenir, et détacher la poussière, s'il y en avait. Lorsque les cornues furent refroidies au point de pouvoir les manier, on les secoua; et, après s'être assuré qu'elles ne contenaient aucun corps étranger, on introduisit dans l'une 1 gros de mercure précipité *per se*, que M. Baumé avait bien voulu céder à M. Cadet; dans l'autre, 4 gros de mercure précipité *per se* de M. Cadet. On plaça ces deux cornues dans un même fourneau à réverbère; on ne luta pas les échancrures du fourneau par lesquelles passaient les cols des cornues, de sorte qu'on pouvait voir dans l'intérieur. On avait adapté aux cornues des récipients avec de l'eau distillée; on procéda à la distillation du mercure précipité *per se* par un feu gradué; un quart d'heure après, on remarqua vers le milieu du col des cornues un enduit de mercure; au bout de vingt minutes, le col des cornues parut comme étamé; il y avait un très-petit cercle rouge au col de la cornue, à la partie où le mercure commençait; ensuite les globules de mercure se rassemblèrent et une partie passa dans les récipients.

Il ne resta rien au fond de la cornue où l'on avait distillé le gros de mercure précipité *per se* de M. Baumé; on détacha avec soin le mercure qui adhérait aux parois du col de la cornue, et l'on trouva 66 grains de mercure coulant, ce qui fait un douzième de moins que la quantité de mercure précipité *per se* qu'on avait soumise à la distillation.

On trouva 8 grains de sable au fond de la cornue où avaient été distillés les 4 gros de mercure précipité *per se* de M. Cadet; on n'a donc employé réellement que 3 gros 64 grains de précipité *per se*, qui ont fourni 3 gros 42 ½ grains de mercure coulant, ce qui fait un treizième de moins que la quantité de mercure précipité *per se* qu'on avait employée.

Les expériences comparées dont nous venons de rendre compte démontrent l'identité qu'il y a entre le mercure précipité *per se* de M. Baumé et celui M. Cadet, et que l'un et l'autre sont réductibles sans addition.

MM. Sage, Brisson et Lavoisier.

RAPPORT

SUR

UN PROJET DE PRIX RELATIF A L'ART DE LA TEINTURE,

PRÉSENTÉ

PAR M. ROLAND DE LA PLATRIÈRE.

Du 17 décembre 1774.

M. Roland de La Platrière, inspecteur des manufactures de Picardie, informe l'Académie, par une lettre du 3 novembre dernier, qu'une société de personnes qui voudraient concourir à l'avancement des arts et des sciences, et qui sentent combien la théorie de l'art de la teinture est encore peu avancée, désirerait proposer un prix sur cet objet; elle offre en conséquence de déposer à Paris, chez tel notaire que l'Académie jugera à propos, une somme de 1,200 livres, pour faire le fonds du prix, à condition que l'Académie voudra bien le proposer, qu'elle voudra bien en être juge, et que tous les mémoires qui auront été admis au concours seront remis aux souscripteurs, après le prix distribué.

Comme, d'après la notice jointe à la lettre de M. de La Platrière, il ne s'agit de rien moins que d'un traité complet de l'art de la teinture, et que cette matière offre un champ d'expérience extrêmement vaste et qui s'étend à presque toutes les parties de la chimie, la société qui souhaite proposer ce prix aurait désiré qu'il eût été possible d'ajouter à la somme, et elle s'en rapporte à l'Académie sur les moyens qu'on pourrait employer pour l'augmenter.

L'Académie nous ayant nommés commissaires, M. Macquer et moi, pour lui rendre compte de cette proposition, nous n'avons cru pouvoir prendre aucune conclusion jusqu'à ce que nous eussions pressenti le vœu de l'Académie, et nous estimons qu'il y a lieu de délibérer sur les objets qui suivent :

1° L'Académie acceptera-t-elle la proposition qui lui est faite, et se chargera-t-elle de proposer le prix et de juger les pièces ?

2° En supposant qu'elle se décide pour l'affirmative, pense-t-elle que la somme de 1,200 livres soit proportionnée à l'importance de l'objet, au travail et aux expériences multipliées qu'il exige, et trouve-rait-elle de l'inconvénient à proposer au ministre de l'augmenter ?

3° Donnera-t-elle à son programme toute l'étendue qu'on semble désirer, et dans quelle forme juge-t-elle à propos qu'il soit rédigé ?

L'Académie a décidé que ce sujet était trop étendu;

Que MM. les commissaires proposeraient aux membres de la Société,

1° De restreindre le sujet du prix suivant les avis qu'ils marque-ront;

2° Que l'Académie ne pourrait communiquer les pièces qui auront concouru qu'après le jugement, et qu'en annonçant dans le programme qu'elle les communiquerait.

RAPPORT

SUR

UNE EAU A DÉGRAISSER LES ÉTOFFES.

Du 20 décembre 1774.

J'ai examiné, par ordre de l'Académie, une eau présentée par le sieur Ignazio Moltini pour enlever toutes sortes de taches d'huile et de graisse sur les étoffes de soie et de laine, sans en altérer ni la couleur, ni la qualité.

Quoique je n'aie pas éprouvé l'effet de la liqueur du sieur Moltini sur un très-grand nombre d'étoffes, ni sur toutes les couleurs, il a résulté, cependant, des épreuves qu'il a faites en ma présence et que j'ai répétées en mon particulier, que sa liqueur produit, en général, l'effet annoncé, c'est-à-dire qu'elle enlève les taches de graisse sur les étoffes de laine et de soie, sans en altérer la couleur ni la qualité. Je ne conseillerais cependant pas d'en faire usage indistinctement et sans précaution sur toutes les couleurs, quelle que fût leur composition, et surtout sur les couleurs tendres. Il serait alors plus sûr de faire préalablement l'épreuve de la liqueur, soit sur un échantillon, soit sur un endroit de l'étoffe qu'on n'aurait pas intérêt de ménager.

Cette liqueur n'est encore qu'une partie du secret du sieur Moltini; il y joint, en outre, l'usage d'une poudre qu'il applique sur l'étoffe, après en avoir en quelque façon dissous la tache par le moyen de la liqueur. L'effet de cette poudre est d'absorber en même temps et la portion de la liqueur imbibée dans l'étoffe, et la tache graisseuse qu'elle tient en dissolution. La réunion de ces deux moyens est ce qu'il y a de plus neuf dans le procédé du sieur Moltini.

Au reste, comme ce procédé considéré, soit en lui-même, soit relativement à l'importance de son objet, ne peut pas être regardé comme une découverte; qu'il n'est qu'une application de moyens et de principes connus, qui sont entre les mains de tous les chimistes et sur lesquels même l'Académie a déjà prononcé dans la même espèce; que l'Académie, enfin, ne peut donner son attache à un procédé que celui qui en est possesseur n'a pas désiré de rendre public, elle ne saurait donner au sieur Moltini d'approbation formelle.

RAPPORT

SUR LE PROCÉDÉ DE M. BOGNES

POUR OBTENIR L'ÉTHER NITREUX

PAR LA DISTILLATION[1].

Nous avons été nommés commissaires par l'Académie, M. Lavoisier et moi, pour faire le rapport d'un procédé donné par M. Bognes, de Toulouse, pour obtenir l'éther nitreux par la distillation.

L'éther nitreux fait par la distillation était un problème de chimie qui n'avait point été résolu, quoique plusieurs artistes aient tenté ce procédé un grand nombre de fois. Il est toujours arrivé que les vaisseaux ont crevé avec explosion, à cause du bouillonnement, de l'effervescence et de la quantité d'air qui se dégage; tous effets qui arrivent, même à froid, et qui sont beaucoup plus à craindre par la chaleur, et au moment où l'acide nitreux porte son action sur l'esprit-de-vin, parce que l'éther nitreux est, pour ainsi dire, formé en un instant; enfin, il a été impossible jusqu'à présent de contenir ce mélange sur le feu. Ce sont ces inconvénients qui ont fait prendre le parti de faire l'éther nitreux sans distillation, en refroidissant, même par de la glace, le mélange d'acide nitreux et d'esprit-de-vin, pour tempérer l'action de ces deux liqueurs l'une sur l'autre, ce qui est directement contraire au procédé de M. Bognes. Les chimistes qui ont tenté de faire de l'éther nitreux par la distillation soupçonnaient par l'odeur qui s'échappait du mélange, au moment de la rupture des vaisseaux, qu'il s'était formé

---

[1] Extrait des registres de l'Académie des sciences, du 5 mai 1773.

de l'éther nitreux, mais on n'en avait aucune certitude, puisqu'on n'avait pu le recueillir à part. Par le procédé de M. Bogues, la certitude est complète; il n'arrive aucun accident, et l'on recueille à part l'éther nitreux produit par son procédé, qu'il a répété sous nos yeux de la manière suivante.

Il a mêlé 1 livre d'acide nitreux faible[1] avec autant d'esprit-de-vin rectifié[2], dans une cornue de verre d'environ 8 pintes, qu'il a placée sur un bain de sable, sans entourer le vaisseau de sable; il a adapté à la cornue un ballon d'environ 12 pintes; il a luté les jointures des vaisseaux avec du lut de chaux éteinte et de blanc d'œuf; il a ajusté deux tuyaux de plume à la jonction des luts, pour donner issue à l'air, lorsqu'il viendrait à se dégager. Il a procédé très-adroitement à la distillation par un feu doux, qu'il a augmenté peu à peu, pour mettre la liqueur en ébullition. Dans l'espace d'environ trois heures, il est passé 6 onces de liqueur citrine, de la couleur de l'éther nitreux ordinaire, qui est fait avec l'esprit de nitre fumant; cette liqueur était presque toute éther nitreux; elle se trouvait seulement mêlée avec une portion d'esprit-de-vin un peu altéré, qui a passé au commencement de la distillation, avant que l'acide nitreux eût agi sur l'esprit-de-vin; il a passé ensuite 3 onces de liqueur, qui était de l'acide nitreux dulcifié; il est resté, enfin, dans la cornue, de l'acide nitreux clair, sans couleur, mais chargé des débris de la décomposition de l'esprit-de-vin.

La première liqueur était chargée de beaucoup d'éther nitreux; nous en avons mêlé avec de l'eau : une partie s'est mêlée avec l'eau, comme cela arrive ordinairement; mais, il en est resté de nageant sur l'eau, plus qu'il n'en fallait pour la démonstration. Si cette liqueur eût été rectifiée par une seconde distillation, on en aurait séparé tout l'éther nitreux qu'elle contenait.

Le succès de cette opération doit être particulièrement attribué à

[1] Cet acide pèse 24 degrés à mon pèse-liqueur des sels.

[2] Cet esprit-de-vin donne 36 degrés à mon pèse-liqueur à esprit-de-vin. (*Notes de M. Baumé.*)

ce que l'auteur a l'attention de n'employer que de l'acide nitreux très-faible; mais cette observation ne doit rien diminuer du mérite du procédé; et encore à la lenteur avec laquelle il conduit l'opération; il est certain que, sans cette précaution, il se ferait une violente effervescence, qui ferait casser les vaisseaux. Ce procédé est très-bon, réussit très-bien; et nous pensons qu'il mérite d'être publié dans le Recueil des mémoires des savants étrangers.

Signé Lavoisier et Baumé.

RAPPORT

SUR

UN MÉMOIRE DE M. NAVIER

RELATIF AUX ÉTHERS.

Du 20 décembre 1774.

L'Académie nous a chargés, MM. de Lassonne, Bourdelin et moi, de lui rendre compte d'un mémoire de M. Navier, docteur en médecine à Châlons-sur-Marne, correspondant de cette académie, intitulé : *Observations sur l'éther provenant de différentes solutions métalliques nitreuses et sur les produits qui en résultent, ainsi que sur ceux de la solution du mercure dans les acides nitreux et marin, avec quelques réflexions sur l'utilité de ces résultats pour le bien de l'économie animale.*

M. Navier avait déjà communiqué à l'Académie, en 1741, la découverte de l'éther nitreux martial; il avait obtenu cet éther par le moyen d'un mélange d'esprit-de-vin avec une dissolution de fer par l'acide nitreux. Il avait observé qu'il était fort amer, qu'il avait une belle couleur rouge, qualités que n'a pas l'éther nitreux ordinaire; il en avait conclu que l'éther, dans cette opération, enlevait quelque chose au fer, et il présumait que cette préparation pouvait produire des effets avantageux dans l'art de guérir.

Cette première découverte lui a donné l'idée d'examiner l'action des différentes dissolutions métalliques sur l'esprit-de-vin, et de l'éther sur les métaux, et il s'est toujours proposé pour but de tirer de ses expériences des résultats avantageux pour la pratique de la médecine.

M. Navier a commencé par faire dissoudre 6 grains d'or dans de l'eau régale faite par le sel ammoniac. Il a ensuite mêlé cette solution avec partie égale d'esprit-de-vin, et a mis le tout à la cave dans une bouteille bien bouchée et ficelée; au bout de trois jours, il s'était formé une quantité assez considérable d'éther de couleur citrine; il s'était fait en même temps un dégagement très-considérable d'une matière élastique.

L'éther ainsi surnageant à la dissolution, contenait de l'or; M. Navier l'a employé avec succès pour appliquer ce précieux métal sur l'argent, sur le verre, sur le fer et sur l'acier. Il a même essayé de l'affaiblir en le coupant avec l'esprit-de-vin, mais il a observé qu'à la longue l'or se sépare de ce mélange et se précipite.

M. Navier s'étend ensuite sur les propriétés médicinales de cet éther, et il pense qu'on pourrait l'employer avec succès dans un grand nombre de circonstances. M. Navier ne s'est pas borné à l'or, il a étendu ses expériences sur tous les métaux.

L'éther fait par un mélange d'esprit-de-vin avec une dissolution d'argent par l'acide nitreux lui a présenté peu de phénomènes intéressants, et ce métal ne lui a paru s'unir qu'en très-petite quantité avec l'éther.

Il en a été à peu près de même de l'éther fait par le moyen d'une dissolution de plomb par l'acide nitreux, ou d'étain par l'eau régale; il a résulté, du mélange de ces dissolutions avec l'esprit-de-vin, un éther nitreux très-bon, mais qui ne contenait presque aucun vestige de plomb ni d'étain.

Celui fait par le moyen du cuivre dissous dans l'acide nitreux ne contenait absolument aucun vestige de cuivre.

M. Navier, toujours guidé par des vues médicinales, a fait beaucoup de tentatives pour unir le mercure à l'éther, mais il n'a pu y réussir, au moins directement. Une dissolution de mercure par l'acide nitreux, mêlée avec de l'esprit-de-vin, lui a bien fourni de l'éther nitreux, mais cet éther ne contenait point de mercure.

Ce que M. Navier n'a pu faire directement dans cette expérience,

il l'a fait à l'aide d'un intermède; il a observé que l'éther obtenu par
la combinaison d'une dissolution de mercure avec l'esprit-de-vin conservait toujours une légère surabondance d'acide, qu'il pouvait encore
dissoudre, dans cet état, une certaine quantité de mercure précipité
rouge, et il a obtenu, par ce moyen, un éther nitreux mercuriel, qui
pourra s'employer en médecine.

Le mercure se conserve difficilement dans cet éther; il cristallise
sous la forme d'aiguilles courtes et de feuillets; le sel qui en résulte
est doux et peut également s'employer en médecine; il conserve encore un peu d'éther, soit combiné dans les cristaux, soit seulement in-
terposé entre les molécules salines, et il en communique le goût et
l'odeur à l'eau dans laquelle on le fait dissoudre.

Si l'on veut éviter la précipitation ou plutôt la cristallisation de ce
sel, il ne s'agit que d'étendre la dissolution mercurielle éthérée avec de
l'esprit-de-vin; elle devient alors susceptible de tenir le mercure en
dissolution.

Cette première partie du mémoire de M. Navier semblerait présenter, au premier coup d'œil, une découverte intéressante pour les
chimistes, savoir une méthode de composer l'éther nitreux par le
moyen de toutes les dissolutions métalliques; mais nous devons observer à cet égard que M. Navier n'a employé, dans ses expériences,
que des dissolutions peu chargées de métal et infiniment éloignées du
point de saturation. Il est donc extrêmement probable que ce n'est
point la portion d'acide combinée avec le métal qui l'a quitté pour
s'unir à l'esprit-de-vin et pour former l'éther; que c'est, au contraire,
la portion libre de ce même acide. Nous nous croyons fondés à croire
que la plupart des résultats qu'il a obtenus, surtout par l'argent, le
cuivre, le plomb et le mercure, ne diffèrent en rien de ceux qu'il aurait obtenus s'il eût mêlé de l'acide nitreux pur avec de l'esprit-de-vin.

Ces réflexions n'empêchent pas que le travail de M. Navier n'ait
un mérite très-réel, même du côté de la doctrine chimique; cette
partie de son mémoire contient, d'ailleurs, des idées médicinales dont
il est possible de faire des applications très-utiles.

Après les expériences dont nous venons de rendre compte sur les différentes préparations éthérées métalliques, M. Navier passe à l'examen des cristaux soyeux et neigeux qui se trouvent sous la dissolution du mercure, lorsqu'on en a séparé l'éther. Ces cristaux se dissolvent à chaud dans l'esprit-de-vin et dans l'eau; par le refroidissement, ils recristallisent en petits cristaux fins. M. Navier observe que ces cristaux diffèrent peu de ceux qu'on obtient par la combinaison de l'acide du vinaigre avec le mercure; il conclut que l'acide nitreux, dans la formation de l'éther mercuriel, se transforme en acide végétal, et cette idée s'accorde assez avec ce que pensent plusieurs chimistes de nos jours. M. Navier rapporte, à l'appui de cette opinion, l'expérience qui suit : si l'on mêle avec une partie d'acide nitreux deux parties d'esprit-de-vin, qu'on les tienne pendant quatre jours dans un vaisseau bien fermé et qu'on les distille ensuite, la liqueur qui passe est un esprit-de-vin éthéré qui n'a qu'un léger vestige d'acidité; la portion qui reste n'a également qu'une acidité agréable; d'où M. Navier conclut, d'abord, que l'acide nitreux a été considérablement adouci dans cette opération; mais une preuve, suivant lui, qu'il s'est rapproché en même temps de la nature végétale, c'est que si, dans la partie qui a passé dans la distillation, on jette quelques grains de mercure précipité rouge, et qu'on chauffe à un feu doux, cette substance, de rouge, devient grise. D'un autre côté, la dissolution blanchit le cuivre; en refroidissant, elle donne un dépôt gris blanc; enfin ce dépôt, examiné à la loupe, présente des cristaux soyeux très-fins, à peu près comme ceux qu'on obtient par le vinaigre.

Ce qu'il y a de singulier, c'est que l'acide nitreux ainsi adouci, qui a dissous une certaine portion de mercure et qui l'a laissé cristalliser, est encore aussi acidulé qu'avant la dissolution; il est même susceptible de dissoudre de nouveau du mercure précipité rouge.

Quoique cette transformation de l'acide nitreux en acide végétal ne soit pas sans vraisemblance, il serait néanmoins à désirer qu'elle fût confirmée par de nouvelles expériences.

M. Navier s'est encore appliqué à rechercher les procédés qui pouvaient donner le sel neigeux mercuriel aussi bien qu'il est possible.

Cette partie de son mémoire est d'autant plus intéressante qu'elle peut être utile en pharmacie; elle conduit d'ailleurs à croire qu'on ne peut obtenir de sel neigeux que par le concours de l'acide du vinaigre, ce qui semblerait appuyer encore son opinion de la transformation des acides.

M. Navier, toujours jaloux de faire l'application de ses travaux chimiques à l'art de guérir, donne à la suite la composition de ce qu'il nomme *sel neigeux androgyne martial mercuriel :* c'est une combinaison du mercure et du fer avec l'acide nitreux dulcifié et avec le vinaigre; il fait voir, à cette occasion, que le sublimé corrosif uni avec l'esprit-de-vin ne donne pas d'éther, et qu'on ne peut obtenir, dans aucun cas, de sel neigeux des dissolutions de mercure dans l'acide marin.

Ces expériences conduisent M. Navier à parler d'une méthode pour purifier le mercure de tous les métaux étrangers auxquels il pourrait être allié; il se sert, à cet effet, de l'acide marin dulcifié. Cet acide, dans cet état, dissout, suivant M. Navier, tous les métaux unis au mercure, sans attaquer aucunement ce dernier.

M. Navier a encore essayé de faire dissoudre du mercure précipité rouge dans de l'acide marin dulcifié; au bout de quelques jours, cette dissolution lui a donné de petits cristaux soyeux; mais, en la mêlant avec une dissolution acéto-martiale, il n'a point eu de cristaux neigeux. Ce procédé fournit encore, suivant M. Navier, un moyen d'adoucir la solution de mercure par l'acide marin et de la rendre salutaire au moyen de son union avec le fer.

M. Navier termine son mémoire par un appendice sur les sels neigeux et soyeux mercuriels. Il prétend, d'après des expériences qui paraissent très-concluantes et auxquelles il est difficile de se refuser, que ces sels ne contiennent point de mercure, qu'ils ont pour base une substance terreuse extraite du mercure et qui fait partie constituante de ce dernier métal. Cette découverte serait de la plus grande importance si elle était suffisamment établie, puisqu'elle fournirait un moyen de décomposer le mercure. Mais nous ne croyons pas qu'on doive adopter les idées de M. Navier à cet égard, jusqu'à ce que les expériences sur lesquelles il se fonde aient été examinées sous différentes faces. Nous ajouterons même que M. Navier n'a jamais opéré que sur de petites doses, et il en résulte nécessairement de l'incertitude dans les conséquences.

Quoi qu'il en soit, le mémoire de M. Navier contient une suite de faits intéressants et précieux, et nous croyons qu'il mérite l'approbation de l'Académie et d'être imprimé dans le volume des mémoires présentés à l'Académie par des savants étrangers.

RAPPORT

SUR

UN FOYER DE CHEMINÉE

À RÉVERBÈRE.   *

Du 8 février 1775.

L'Académie nous a chargés, M. de Montigny et moi, de lui rendre compte d'un moyen proposé par M. Rabiqueau pour augmenter l'effet du feu des cheminées et pour produire plus de chaleur à dépense égale.

Ce moyen consiste à réfléchir la chaleur du foyer à l'aide de trois miroirs concaves ou espèces de réverbères de cuivre jaune poli. M. Rabiqueau place le principal et le plus grand au fond de la cheminée et les deux autres sur les côtés; il les incline et les dispose de manière que la totalité des rayons réfléchis soit portée en avant à une hauteur convenable. On conçoit que cet effet ne peut avoir lieu qu'autant que le bois, ou telle autre matière enflammée que ce soit, est placé vers le foyer du miroir ou réverbère. M. Rabiqueau a été obligé, pour remplir cet objet, de placer le bois sur une espèce d'élévation, et il a tiré parti de cette circonstance pour pratiquer par-dessous une espèce de four, qui peut être utile dans les différents usages de la vie.

On ne peut douter que les réverbères appliqués au feu des cheminées, comme M. Rabiqueau le propose, ne produisent quelque augmentation de chaleur. L'effet nous en a paru sensible dans l'épreuve que nous avons faite chez lui. Il suffisait d'ôter successivement et de remettre le réverbère, pour s'apercevoir d'une différence marquée dans la température. Cependant, comme les sensations sont des moyens assez équivoques d'évaluer les différences de chaleur, quand elles ne sont pas considérables, nous avons cru devoir employer le thermomètre, et nous nous sommes assurés qu'en présentant cet instrument à 4 pieds du feu et à 2 pieds 3 pouces du niveau du plancher, il ne montait qu'à 19 degrés tout au plus lorsque les réverbères étaient ôtés; qu'il montait, au contraire, jusqu'à 25 lorsqu'on faisait usage des réverbères. L'air de la chambre où se faisait cette expérience était, dans les endroits éloignés de la cheminée, à 6 degrés au-dessus du terme de la congélation.

Il ne faut pas croire que ce résultat soit d'une précision rigoureuse. La vivacité du feu qui, malgré les précautions que nous avons prises, a pu varier pendant le temps de l'opération, a nécessairement produit quelque erreur, mais en même temps elle ne peut être que d'une médiocre considération, et l'on peut toujours assurer que les réverbères de M. Rabiqueau remplissent, jusqu'à un certain point, l'objet qu'il s'est proposé. Mais, en reconnaissant cet avantage, nous ne pouvons nous dispenser d'annoncer que ces réverbères ont quelques inconvénients qui pourront s'opposer à ce que l'usage s'en répande à un certain point dans la société.

Premièrement, ils forment un objet de dépense assez considérable pour empêcher les gens peu aisés d'en faire usage, et l'avance de l'acquisition n'aurait pas, pour cette classe de citoyens, qui est la plus nombreuse, de proportion avec l'économie qui en résulterait.

Secondement, la nécessité d'élever le bois et de le tenir sur une espèce d'estrade n'est pas sans inconvénient : les tisons roulent plus aisément; il faut plus d'art dans la disposition et l'arrangement du bois, et bien des personnes ne sont point susceptibles de ces petites attentions. Ces réverbères s'appliqueront donc difficilement aux feux de bois. En général, ils conviendraient mieux aux feux de charbon de terre.

Troisièmement, il n'est personne qui n'ait remarqué avec combien de facilité les plaques de cheminée se noircissent, s'enfument et se couvrent de suie. Le même sort sera commun aux réverbères, il faudra les récurer souvent, et, malgré cette attention, ils se terniront, se dépoliront et s'altéreront de plus en plus.

Quatrièmement, les réverbères n'ayant qu'une médiocre épaisseur, la moindre maladresse, en mettant les bûches et en les arrangeant, suffira pour les bosseler ou les déformer.

Cinquièmement, enfin, la lumière vive, qui est portée en avant, presque dans la direction des yeux, incommodera ceux dont la vue est faible et produira d'ailleurs un effet désagréable et fatigant.

Nous pensons, d'après toutes ces réflexions, que les réverbères adaptés par M. Rabiqueau au feu des cheminées auraient quelques avantages entre les mains d'un curieux qui mettrait son plaisir à les entretenir toujours très-propres, qui s'occuperait lui-même, avec une attention particulière, de l'arrangement du bois, qui s'assujettirait à garantir ses yeux de la vivacité de la lumière par le moyen d'un garde-vue, etc. mais nous ne croyons pas que leur usage soit généralement adopté par le public, et nous ne pensons pas, en conséquence, que l'Académie puisse leur donner son approbation.

RAPPORT

SUR

UNE ENCRE ET SUR UN ENCRIER[1].

Le 11 février 1775.

Rapport de MM. Lavoisier et Cadet sur un encrier d'une construction nouvelle dans lequel il n'est pas nécessaire de renouveler l'encre, car, à mesure qu'elle s'évapore, on ajoute de l'eau.

[1] Extrait du registre de l'Académie. Le rapport n'a pas été retrouvé. (*Note de l'éditeur.*)

RAPPORT

LES EAUX THERMALES DE SILVANEZ

EN ROUERGUE.

Du 18 février 1775.

Nous avons examiné, M. Cadet et moi, un mémoire de M. Malrieu sur la nature et sur les vertus de l'eau thermale de Silvanez en Rouergue, frontière du Languedoc.

La chaleur de cette eau, prise à sa source, est de 32 degrés du thermomètre de M. de Réaumur.

M. Malrieu, pour déterminer la nature des principes qui y sont contenus, a employé la méthode des réactifs et celle de l'évaporation. Il a reconnu, par ces deux moyens, que l'eau de Silvanez contenait :

Un esprit volatil, incoercible, sulfureux, qui noircissait l'argent, etc.

Un peu de fer;

Un peu de matière grasse;

Beaucoup d'air fixe;

De la terre calcaire;

Du sel marin à base d'alcali fixe;

Du sel d'Epsom.

Mais, il paraît que, par le nom de *sel d'Epsom*, M. Malrieu a entendu désigner le sel marin à base saline et terreuse, mêlé de sel de Glauber.

M. Malrieu s'étend ensuite sur les propriétés médicinales de ces eaux et sur les effets qu'on doit en attendre pour la guérison des maladies; cet article n'étant pas aussi directement du ressort de l'Académie, nous nous abstiendrons de lui en rendre compte; nous dirons seulement que la position de la source d'eau thermale de Silvanez a l'avantage d'être voisine de la source froide de Camarès, connue depuis longtemps pour une eau acidule et aérienne. Il est possible que l'usage de ces dernières eaux, combiné avec celui des eaux de Silvanez, prises intérieurement ou en bains, soit très-avantageux dans quelques maladies, que chacune de ces eaux séparément ne pourrait guérir.

L'analyse contenue dans ce mémoire nous a paru bien faite, conforme aux principes de l'art, et nous croyons que l'Académie peut en autoriser l'impression dans le Recueil des savants étrangers.

Fait à l'Académie, le 18 février 1775.

Signé CADET, LAVOISIER.

RAPPORT

SUR L'ACIER FIN NATUREL

DE M. DE GUINEBOURG.

Du 24 mars 17 5.

M. le duc de Charost ayant adressé à l'Académie différents actes, compromis et procès-verbaux relatifs à une difficulté élevée entre lui et M. de Guinebourg, à l'occasion d'une fabrication d'acier, et ayant demandé son avis sur le tout, l'Académie a nommé M. de Buffon, M. de Montigny, M. le Roy, M. Macquer, M. Tillet et moi pour examiner l'objet dont est question et pour lui en faire le rapport. Cette affaire étant importante, soit qu'on l'envisage du côté de l'utilité qu'elle peut présenter pour le public, soit qu'on considère l'intérêt des parties qui ont contracté, il est indispensable de rendre à la compagnie un compte abrégé de son origine et de son état actuel.

Par un acte passé le 23 septembre 1770, entre M. le duc de Charost et M. Robert de Guinebourg, ce dernier s'est engagé, d'une part, à former *un établissement ou fabrique d'acier fin naturel* dans les forges de Mareuil, en Berri, appartenant à M. le duc de Charost, en conformité des détails énoncés dans un mémoire, et d'instruire un sujet capable de conduire un établissement de cette espèce. De son côté, et par le même acte, M. le duc de Charost a promis de faire jouir, dans le cas de réussite, M. Robert de Guinebourg d'une rente perpétuelle de 1,000 livres, au principal de 25,000 livres, payable à compter d'une époque convenue.

M. de Guinebourg a-t-il rempli ses engagements? a-t-il fait *de l'acier fin naturel?* telle est la question sur laquelle M. le duc de Charost désire que l'Académie prononce; nous puiserons le récit des faits qui peuvent déterminer son jugement dans les procès-verbaux juridiques qui ont été remis entre nos mains, et nous y joindrons nos expériences et nos réflexions.

En conséquence de l'acte passé entre M. le duc de Charost et M. de Guinebourg, et dont il vient d'être question, ce dernier s'est transporté, le 25 mai 1771, dans une des forges de Mareuil, en Berri, dans la vue d'y remplir sa promesse, c'est-à-dire de faire de l'acier; il était accompagné d'un ouvrier à ses ordres et qu'il avait amené avec lui. Après avoir disposé le creuset, la tuyère, les soufflets, le trou pour l'écoulement de l'acier, de la manière qui lui a paru la plus convenable, il a placé dans la forge, à travers les charbons, des morceaux de fonte, des cailloux cristallisés, du sable de rivière et autres matières qu'il a jugées nécessaires pour le succès de son opération. En quelques heures, il est parvenu à amener la fonte à un état de ramollissement et de fusion; il l'a ensuite divisée par gâteaux de médiocre épaisseur, et plusieurs de ces gâteaux réunis et ramollis à la forge ont formé une espèce de loupe. Toute cette masse, suivant M. de Guinebourg, était déjà dans l'état d'acier; cependant, ayant voulu la faire passer sous le marteau pour y être forgée et réduite en barres, elle n'a pu s'étendre et s'est au contraire écrasée et réduite en miettes. Une seconde épreuve sur de nouveaux gâteaux n'a pas eu plus de succès; enfin il a été reconnu par M. de Guinebourg que la masse en question n'était ni fer propre à forger, ni acier, mais de la fonte de fer.

Quoique l'acte du 23 septembre 1770 semblât être annulé par le défaut de succès, M. de Guinebourg ne crut pas devoir renoncer à faire de l'acier avec la fonte de Mareuil. Un second acte sous seing privé fut passé, en conséquence, entre M. le duc de Charost et lui par lequel il s'oblige, dans l'espace de dix-huit mois, de fabriquer *de l'acier fin naturel* avec la fonte du fourneau de Mareuil, en présence d'un notaire qui sera désigné par M. le duc de Charost, lequel en rédigera procès-verbal, marquera et cachettera les barres qui auront été fabriquées, et les

27.

fera passer à M. le duc de Charost, pour le mettre à portée de consulter des gens de l'art, et de faire décider si ces barres sont *de l'acier fin naturel.*

Le procès-verbal qui contient le détail des épreuves qui ont été faites en exécution de ce dernier acte, a été commencé le 15 septembre 1774, clos et fini le 19 du même mois. On y voit que les nouvelles expériences ont été faites par M. de Guinebourg, assisté de M. Lemaire, commissaire des guerres, demeurant à la manufacture d'acier de la Hutte, en Lorraine, et de deux ouvriers de ladite manufacture, en présence et contradictoirement avec le sieur Fouquet, entrepreneur du fourneau de Meilland, chargé du pouvoir de M. le duc de Charost, et de différents autres témoins.

Un lingot de fonte, du poids de quatre cents livres, fut d'abord mis dans la fournaise de la forge; lorsque environ moitié fut fondue, M. de Guinebourg et M. Lemaire firent jeter par-dessus deux pelletées de cailloux concassés; enfin, la fusion ayant été complétement achevée, ils firent lever la fonte par gâteaux, ou plutôt par feuillets, de médiocre épaisseur.

Quelques-uns de ces gâteaux furent remis ensuite à la forge pour y subir une nouvelle chauffe; on y jeta de temps à autres quelques pelletées de cailloux concassés et de hammerschlacke de fonderie; on parvint à les réunir en une loupe, laquelle ayant été divisée et subdivisée à plusieurs reprises et forgée un grand nombre de fois sous le marteau, fut mise en barreaux de sept à huit lignes. Ces barreaux sont ceux mêmes que M. de Guinebourg a présentés comme acier : douze échantillons, qu'il a choisis lui-même, ont été enveloppés convenablement de toile, et, en présence des témoins et assistants, ils ont ensuite été scellés de cachets sur cire d'Espagne noire, moitié à l'empreinte des armes de M. le duc de Charost, moitié à celles de M. de Guinebourg. Enfin, ils ont été remis à l'Académie par M. le duc de Charost, dans le même état qu'ils avaient été reçus, c'est-à-dire enveloppés de leur toile et revêtus de leurs cachets; ainsi, il ne peut rester aucune équivoque sur leur identité. A la première inspection, ils nous ont paru présenter la même apparence que l'acier ordinaire du Dauphiné, tel qu'on le fait dans quelques forges de France et de l'Allemagne, avec un grain assez gros, et mêlé dans quelques endroits de veines de fer.

La première expérience à laquelle nous avons cru devoir soumettre ces barreaux a consisté à en forger plusieurs à chaud, pour déterminer leur degré de malléabilité; nous avons ensuite fait forger sous nos yeux l'extrémité de ces barres en pointe, ou plutôt en pyramide, et, l'ayant trempée, nous en avons cassé successivement l'extrémité à différentes longueurs. A l'inspection de cette coupe, nous avons tout d'abord unanimement reconnu que le grain en était grossier, et tel à peu près qu'on l'observe dans les aciers communs fabriqués en Dauphiné, dans plusieurs provinces de France et dans quelques parties de l'Allemagne. Nous avons remarqué, de plus, que toute la surface de la cassure ne présentait pas une miette uniforme : indépendamment du grain, qui formait la majeure partie, on voyait dans quelques endroits des portions fibreuses et d'une apparence plus noire qui semblaient n'être que du fer; et, en effet, nous nous sommes assurés que la partie grenée n'était pas sensiblement attaquable à la lime lorsque les barreaux étaient trempés, tandis qu'il en était tout autrement de la partie fibreuse.

Les veines de fer, non converties en acier, régnaient dans toute la longueur des barreaux : quelques-uns n'en avaient qu'une ou deux; d'autres en avaient jusqu'à cinq; tout évalué, nous avons cru pouvoir estimer à un huitième, environ, la quantité moyenne de matière métallique non convertie en acier, contenue dans ces barreaux.

Ces différentes veines de fer se sont retrouvées dans tous les ouvrages de coutellerie que nous avons fait faire avec l'acier de M. de Guinebourg. M. Perret, artiste distingué, connu de l'Académie, a bien voulu nous prêter son ministère à cet égard. On distinguait aisément sur la lame des rasoirs, et autres instruments tranchants qu'il a faits avec cet acier, les places ferrugineuses; elles n'avaient ni le même ton ni le même poli que celles qui étaient de véritable acier.

Toutes les épreuves qui ont été faites sous nos yeux ou sous ceux de quelques-uns de nous sur cet acier, par M. Perret, nous ont convaincus qu'il n'était ni assez parfait, ni assez homogène pour être employé dans les ouvrages de coutellerie fine, et, dès lors, nous avons cru devoir diriger nos épreuves sur des ouvrages plus grossiers. M. Charpentier, habile mécanicien, a bien voulu se charger de ces dernières expériences. Les circonstances n'ayant pas permis qu'elles fussent faites sous nos yeux, nous nous contenterons de transcrire ici le rapport qu'il nous en a remis.

« L'acier qui m'a été remis par MM. les commissaires de l'Académie, pour en faire différents essais me paraît, à certains égards, égaler le bon acier d'Allemagne. J'en ai fait les épreuves suivantes :

« 1° Je l'ai fait chauffer à suer; il a enduré le degré de chaleur de l'acier d'Allemagne, et s'est très-bien soudé; il n'est pas plus dur sous le marteau : l'acier d'Angleterre aurait été brûlé au même degré de chaleur.

« 2° J'en ai formé un petit ciseau pour couper du fer; quoique fort mince, il a enlevé facilement et sans être endommagé un fort gros copeau sur l'angle d'un morceau de fer. La trempe lui a été donnée au degré de chaleur au-dessus de la couleur de cerise, et le recuit au jaune. Ce même ciseau m'a servi à tailler une lime du même acier.

« 3° J'en ai fait différents forets qui ont aussi bien réussi que ceux d'acier d'Allemagne; ils ont été trempés et recuits de même, et m'ont paru avoir la même qualité, ainsi que différents petits outils, comme burins, langues de carpe et ciseaux, qui ont très-bien coupé le fer.

« 4° J'en ai fait un ciseau pour couper le bois; je lui ai facilement donné un tranchant très-fin; il me paraît très-propre à faire toute sorte de taillants pour le bois et semblables matières.

« 5° J'en ai fait faire un taraud que j'ai trempé et fait recuire avec la graisse. Il a très-bien réussi à former des filets dans un morceau de fer sans refouler, ni grener, ni casser, malgré la fatigue que souffre cet outil.

« 6° J'en ai fait faire deux ressorts, dont un ayant été trempé trop
chaud a cassé à vingt lignes de tension, et son grain s'est trouvé gros
et brillant. L'autre, quoique plus court, a fait autant de chemin sans
rompre; mais, à peu de plus, il a cassé. Son grain est très-fin, gris
et très-beau; il avait été trempé et recuit à propos. Je ne crois pas
que cet acier soit propre à faire des ressorts; ses fibres sont trop
courtes.

« 7° J'en ai aussi fait une lime, dont trois faces se sont trouvées très-
bonnes et la quatrième a refoulé au premier coup. J'ai remarqué qu'il
s'est trouvé dans le barreau une veine de fer qui n'a pas pu prendre
de trempe. On peut observer que cette veine subsiste dans un bout du
barreau que j'ai conservé après l'avoir cassé.

« 8° Enfin, j'en ai fait un petit marteau, qui est fort bon; mais, vu
quelques filets de fer qui se trouvent sur une des faces du barreau
dont il est fait, il s'y rencontre quelques endroits tendres; en corroyant
cette matière, on éviterait ces inconvénients. »

Telles sont les expériences que nous avons faites ou que nous avons
fait faire sur l'acier fabriqué par M. de Guinebourg.

Si dans le commerce, parmi les artistes et les physiciens, on avait
une idée très-distincte de ce qu'on doit entendre par *acier fin naturel*,
il ne serait pas difficile, d'après ce que nous venons de rapporter, de
déterminer jusqu'à quel point M. de Guinebourg a rempli l'objet qu'il
s'était proposé. Mais malheureusement l'expression d'*acier fin naturel*,
employée dans l'acte du 23 septembre 1770, n'a pas un sens assez
limité; elle présente quelque chose de vague qui la rend susceptible
de discussion et d'interprétation. Tout ce que nous pouvons donc faire
dans l'état d'incertitude où cette circonstance nous laisse est de nous
attacher à fixer, autant que la chose le comporte, le sens le plus naturel de ces mots, *acier fin naturel*, afin que l'Académie puisse juger si
M. de Guinebourg est réellement parvenu à en faire.

Comme la nature ne présente nulle part de l'acier tout formé, qu'on
ne peut l'obtenir que de trois manières, 1° en le tirant immédiatement

de la mine, comme on le fait en Catalogne et en plusieurs autres endroits; 2° en le tirant de la fonte de fer; 3° en convertissant le fer forgé en acier par la cémentation, et que tous ces procédés sont compliqués et difficiles et doivent beaucoup à l'art, on pourrait dire que, rigoureusement parlant, il n'existe pas d'acier naturel, et, sous ce point de vue, M. de Guinebourg se serait imposé une condition impossible à remplir. Mais, sans s'arrêter à ce sens sans doute trop strict, et qui ne peut avoir été dans l'intention des parties, nous pensons que, par l'expression d'*acier naturel*, elles n'ont pu entendre autre chose que de l'acier fait sans cémentation; et, dans ce sens, on ne peut nier que M. de Guinebourg n'ait fait de l'acier naturel.

Reste à examiner ce qu'on doit entendre par de l'*acier fin*. Il paraît qu'en général parmi les métallurgistes et les artistes qui travaillent les métaux, on entend, par un métal fin, celui qui a le plus grand degré de pureté dans son espèce. Ainsi, l'on appelle de l'*or fin*, de l'*argent fin*, l'or et l'argent aussi purs qu'il est possible et exempts d'alliage. Ce qui est reçu pour l'or et pour l'argent semble devoir s'appliquer également à l'acier, et nous pensons en conséquence que, par *acier fin*, on doit entendre l'acier le plus pur, le plus parfait, le plus exempt de mélange de fer, tel, par exemple, qu'est le bon acier d'Angleterre.

Nous croyons, d'après cela, que la phrase *acier fin naturel*, prise dans le sens le plus usité, signifie de l'*acier pur*, de première qualité, et fait sans cémentation. Nous ne pensons pas que les parties, en contractant, aient pu se former d'autres idées, et c'est dans la supposition de cette interprétation que nous allons déterminer si M. de Guinebourg a fait de l'acier fin naturel.

Les expériences que nous avons rapportées constatent, 1° que l'acier fabriqué par M. de Guinebourg n'est pas pur, puisqu'il contient une quantité notable de fer; 2° qu'il est d'un grain gros et inégal; 3° qu'il est inférieur en qualité non-seulement à celui d'Angleterre, mais même à celui de Styrie, de Siegen, etc. qu'il ne peut être rangé par conséquent que dans la classe de l'acier ordinaire d'Allemagne, de celui de Rives en Dauphiné, et de plusieurs autres provinces de France, c'est-à-dire parmi les aciers de la troisième classe. M. de Guinebourg, pour me servir des mêmes expressions dont nous venons de fixer le sens, n'a donc pas fait de l'*acier fin naturel*, mais seulement, de l'*acier commun naturel*.

Il nous semble donc qu'il a rempli une partie des engagements qu'il avait pris avec M. le duc de Charost par le contrat passé le 23 septembre 1770, mais qu'il ne les a pas remplis en entier.

Nous ne pouvons cependant nous dispenser d'observer que, quand on considère la manière dont M. de Guinebourg a opéré, et la précipitation qu'il apporte dans ses opérations, on ne peut se défendre de penser que sa méthode de faire de l'acier ne soit susceptible de perfection.

Depuis les expériences et les conclusions ci-dessus, M. le duc de Charost nous a fait remettre des barreaux du même acier qui, après avoir été fabriqués par M. de Guinebourg, ont été envoyés à la manufacture de la Hutte, en Lorraine, et qui y ont été corroyés de nouveau.

Comme il n'a été pris aucune précaution pour constater l'identité de cet acier, et que nous en avons entièrement perdu de vue l'origine, nous n'avons pas cru devoir en faire la base de nos expériences; d'ailleurs, les engagements réciproques de M. le duc de Charost et de M. de Guinebourg n'avaient pas pour objet un acier qui peut avoir subi des opérations particulières qui n'ont point été faites en présence de son fondé de procuration. Quoi qu'il en soit, nous avons cru pouvoir faire faire quelques essais de cet acier pour notre propre satisfaction, et pour ainsi dire extrajudiciairement.

L'ouvrier auquel il a été remis en a fait deux ciseaux, propres à couper le fer, et il a pensé, d'après la comparaison qu'il a faite de cet acier avec celui venu directement des forges de M. le duc de Charost, qu'il avait reçu quelque qualité de plus par la préparation qui lui avait été donnée à la Hutte; mais il l'a trouvé en même temps fort inférieur encore à celui d'Angleterre, et même à celui d'Allemagne de première qualité.

En supposant donc que les parties intéressées consentissent à admettre l'identité de cet acier et à reconnaître ces dernières expériences, il n'en résulterait aucun changement dans nos conclusions.

Fait à l'Académie, le 24 mars 1775.

RAPPORT

SUR

L'ACIER FABRIQUÉ PAR LE SIEUR DAGROU.

On lit, à la date du 12 août 1775, dans les registres de l'Académie :

« Rapport[1] de Montigny, Vaucanson, Tillet et Lavoisier sur l'acier fabriqué par le sieur Dagrou. Cet acier est d'un grain un peu gros, de couleur grise, et est très-propre à la coutellerie et à la taillanderie. Il se laisse chauffer, marteler, forger comme le fer doux. Les instruments faits de cet acier sont de première qualité.

« La cémentation paraît très-bien faite; on n'aperçoit aucune veine de fer qui n'ait pas été convertie. »

---

[1] Ce rapport n'a pas été retrouvé. (*Note de l'éditeur.*)

PROCÉDÉ

DU SIEUR DE BRUGES

POUR FAIRE CRISTALLISER LES EAUX MÈRES DU SALPÊTRE,

ÉPROUVÉ

EN PRÉSENCE DE M. LE CONTRÔLEUR GÉNÉRAL,

LE 11 JUILLET 1775.

Le sieur de Bruges ayant confié son secret pour cette cristallisation à M. le contrôleur général, ainsi qu'à nous, qui avions été chargés de le vérifier, nous avons mêlé, comme le prescrit le sieur de Bruges, une dissolution de sel de Glauber très-chargée et très-chaude dans de l'eau mère de salpêtre que nous avions fait aussi chauffer.

Dans l'instant du mélange il s'est formé un dépôt blanc jaunâtre très-considérable; nous l'avons séparé par le filtre, et la liqueur filtrée et claire, ayant été évaporée jusqu'au point de cristallisation, a été mise dans une terrine et conservée jusqu'au lendemain.

Le lendemain au matin, cette terrine, qui avait été mise chez M. de la Croix, a été visitée en présence de M. de la Croix et de M. de Bruges; nous y avons trouvé une assez grande quantité d'un sel cristallisé en petites masses à peu près cubiques, qui fusait avec beaucoup de force sur les charbons ardents et qui a été reconnu pour du nitre quadrangulaire ou à base d'alcali minéral.

D'une autre part, nous avions fait un nitre à base terreuse calcaire en dissolvant de la craie jusqu'à saturation dans de l'acide nitreux; et de la dissolution très-chargée de sel de Glauber, ayant été versée aussi toute chaude dans la dissolution de ce sel, y avait occasionné, aussi promptement que dans l'eau mère du salpêtre, un dépôt blanc fort abondant; la liqueur séparée de ce dépôt par la filtration et évaporée a fourni aussi depuis de beau nitre quadrangulaire.

A l'égard des dépôts terreux formés dans l'une et l'autre expérience, l'examen qui en a été fait depuis a constaté que c'était de la sélénite.

Il est prouvé, par ces expériences, que le nitre à base de terre calcaire, tant celui qui est contenu dans l'eau mère du salpêtre que celui qui résulte de la dissolution de la craie par l'acide nitreux et le sel de Glauber, se décomposent mutuellement par l'effet d'une double affinité.

L'acide vitriolique du sel de Glauber s'unit à la terre calcaire du nitre à base terreuse, avec laquelle il forme la sélénite, qui se précipite dans l'instant même du mélange à cause de son peu de dissolubilité, tandis que l'acide du nitre à base terreuse se joint à l'alcali minéral du sel de Glauber, avec lequel il forme le nitre carré qu'on obtient par la cristallisation; et c'est là un fait de chimie remarquable, qui nous paraît neuf, ou dont nous n'avions du moins aucune connaissance, quoiqu'il faille convenir cependant qu'il paraît tenir d'assez près à la décomposition connue du tartre vitriolique par l'acide nitreux libre.

Nous devons faire observer, de plus, que, lorsque l'eau mère du salpêtre contient, comme cela arrive assez ordinairement, une portion de nitre à base d'alcali végétal qui ne peut cristalliser à cause de la déliquescence et de la viscosité du nitre à base terreuse qui domine dans l'eau mère, l'addition du sel de Glauber qui détruit ce nitre à base terreuse procure par là la cristallisation du nitre à base d'alcali fixe végétal; c'est un fait dont nous nous sommes assurés par l'expérience.

Cet effet est très-propre à faire croire aux personnes qui ne feraient pas un examen assez approfondi de ce qui se passe dans ces opérations, qu'il y a ici une transformation de l'alcali marin du sel de Glauber en alcali fixe végétal, et même de l'acide vitriolique de ce même sel en acide nitreux, et c'est ce qu'a cru le sieur de Bruges. Mais nous lui devons la justice de dire qu'ayant répété les expériences en particulier avec lui, nous lui avons trouvé assez de connaissances de chimie pour comprendre parfaitement ce que nous lui avons démontré relativement à la théorie de ces opérations et qu'il est convenu avec beaucoup de bonne foi et de franchise qu'il avait été trompé par des apparences imposantes.

Mais, quoique les choses se passent ici autrement que ne l'a cru le sieur de Bruges, il n'en est pas moins vrai que l'addition du sel de Glauber dans l'eau mère du salpêtre procure, d'une part, bien réellement et bien promptement la cristallisation de la portion de nitre à base d'alcali fixe végétal qui reste souvent en quantité assez considérable dans cette eau; que, d'une autre part, elle transforme en nitre carré, très-susceptible de détonation, tout ce que cette même eau contient de nitre à base terreuse calcaire; et qu'enfin si, au lieu de sel de Glauber, on y ajoutait du *tartre vitriolé*, tout ce nitre à base terreuse serait transformé en bon nitre ordinaire.

Il s'agit donc de savoir si cette découverte peut être applicable à la pratique et avoir un objet d'utilité : or il ne nous paraît pas que cela soit ainsi.

Premièrement, parce que, dans la pratique ordinaire, l'acide nitreux contenu dans les eaux mères n'est point perdu et est transformé en bon nitre dans les cuites suivantes, à cause de l'attention qu'ont les salpêtriers de les répandre sur les terres et platras qu'ils doivent reprendre pour en faire de nouvelles lessives.

Secondement, parce que, si l'on voulait obtenir sans délai tout le bon nitre que peuvent fournir les eaux mères, on y parviendrait très-facilement et à peu de frais en les traitant avec les cendres des foyers, dont l'alcali fixe décomposerait tout le nitre à base terreuse de ces eaux mères et formerait avec l'acide nitreux un salpêtre bien cristallisé et bien conditionné.

Le seul cas où le moyen proposé par le sieur de Bruges pourrait avoir de l'avantage et une utilité réelle pour la pratique serait celui où l'on pourrait se procurer du sel de Glauber, ou mieux encore, à ce que nous pensons, du tartre vitriolé aussi abondamment et à plus bas prix que l'alcali fixe végétal qui existe dans les cendres. Nous n'assurons pas que cela soit impossible; mais, pour le présent, nous ne connaissons point de moyen d'obtenir une si grande quantité de ces sels et à si bas prix.

Nous terminerons ce rapport en faisant mention d'une autre découverte annoncée par le sieur de Bruges, qui serait beaucoup plus importante que celle dont nous venons de dire notre sentiment.

Elle consiste à faire des nitrières dont le produit doit être beaucoup plus prompt et plus abondant que celui des endroits où se forme le nitre habituellement et même que celui des couches de Suède, de Prusse et des autres nitrières qu'on a imaginé de construire depuis un certain temps.

Le sieur de Bruges nous a confié son secret sur cette prompte et abondante génération de l'acide nitreux, et, autant que nous en pouvons juger sans en avoir fait l'expérience, et seulement d'après les connaissances de chimie relatives à cet objet, nous sommes portés à croire qu'il pourra réussir. D'ailleurs les preuves que le sieur de Bruges nous a données de sa franchise et de sa bonne foi dans l'examen que nous avons fait de son procédé sur les eaux mères, et la conviction intime qu'il dit avoir, d'après nombre d'expériences, du succès de sa méthode pour la production de l'acide nitreux, nous font penser qu'il est bon de la vérifier et même qu'on peut, dès à présent, lui promettre une récompense, dans le cas où les avantages qu'il annonce se trouveront bien constatés par l'expérience.

Paris, 17 juin 1775.

RAPPORT

SUR

LE ROUGE VÉGÉTAL.

Du 26 juillet 1775.

L'Académie royale des sciences, toujours animée du désir de remplir le vœu de son institution, de contribuer autant qu'il est en elle au progrès des sciences et surtout au bien de l'humanité, se trouve souvent dans le plus grand embarras pour établir d'une manière fixe les limites qui déterminent l'étendue de son ressort : elle serait tentée de croire que rien de ce qui a rapport aux arts et de ce qui peut intéresser la société n'est étranger pour elle, et c'est sous ce point de vue qu'elle s'occupe quelquefois d'objets qui pourraient paraître, au premier coup d'œil, futiles et de peu d'importance.

Le rouge dont les femmes se servent pour colorer leur visage, considéré comme objet de parure et d'ornement, est sans doute peu fait pour occuper l'Académie. Cependant, lorsqu'elle a considéré que cette parure était adoptée par des classes entières de la société et surtout par les femmes de la première qualité, elle a pensé qu'il ne lui était pas permis de rejeter ceux qui pourraient lui présenter des moyens de composer un rouge qui ne contînt rien de nuisible ni à la peau ni à la santé en général. En conséquence, le sieur Colin ayant présenté à l'Académie, en 17.., un rouge qui réunissait ces avantages, elle n'a pas dédaigné de lui donner son approbation.

Depuis cette époque, le sieur Dupont, parfumeur de Paris, a présenté à l'Académie un rouge végétal qui paraît ne le céder en rien à celui du sieur Colin et qui réunit comme lui l'avantage de ne contenir aucune matière qui soit capable de nuire à la peau ni d'altérer la santé. La composition de ce rouge a été faite sous les yeux de MM. Lavoisier et de Jussieu le jeune, commissaires nommés par la Compagnie, et, sur le rapport qu'ils en ont fait, elle a pensé que le sieur Dupont avait les mêmes droits que le sieur Colin à une approbation.

Cependant, sur ce qu'il a été observé à l'Académie que le plus grand nombre des parfumeurs de Paris n'employaient, pour la fabrique de leur rouge, que des teintures végétales, que conséquemment tous les parfumeurs de Paris ne manqueraient pas de réclamer successivement la même approbation, et que l'Académie serait continuellement interrompue pour un sujet aussi mince, elle a pensé qu'elle ne pouvait prononcer sur le rouge du sieur Dupont sans s'expliquer en même temps sur les différents rouges qui se débitent en général, dans Paris, et elle a chargé M. Lavoisier et M. de Jussieu le jeune de faire toutes les recherches et expériences qui pourraient être relatives à cet objet.

Il résulte du compte qui a été rendu par les commissaires, que la fabrication d'un rouge végétal destiné à être appliqué sur la peau, loin d'être une découverte, est, au contraire, de l'usage le plus ancien. Théophraste parle d'une racine alors connue sous le nom de *rizion*, dont on tirait un fucus ou fard destiné à rougir les joues. Pline le naturaliste parle d'une racine qui se tirait de Syrie, qu'on employait au même usage et qui servait aussi pour la teinture des laines. Ces racines sans doute avaient quelque rapport avec celles de la garance ou de l'orcanète.

Les Italiens, en apportant en France l'usage du rouge, sous le règne de Catherine de Médicis, apportèrent en même temps leur méthode de le préparer. Cette méthode est encore à peu près la même qui se pratique aujourd'hui, et voici en quoi elle consiste : on prend les fleurons du carthame ou safranum séchés, on les met dans des sacs de toile qu'on plonge dans une eau courante ou au moins qu'on a soin de renouveler souvent. Un homme muni de sabots monte sur le sac et le pétrit jusqu'à ce que l'eau sorte sans aucune teinte jaune et absolument claire.

Après cette première opération, on mêle avec le safranum ou carthame environ cinq à six pour cent de son poids de sel de soude ou
de la cendre gravelée, on verse par-dessus de l'eau froide, on filtre et
on obtient une liqueur jaunâtre qui, mêlée avec du jus de citron, dépose une espèce de fécule qui s'attache au fond des vaisseaux dans lesquels elle séjourne et qu'on transvase successivement jusqu'à ce que
toute la couleur rouge soit déposée; c'est cette même fécule qui, mêlée
avec du talc en poudre et humectée avec du jus de citron ou même
avec de l'eau, forme une pâte qu'on met dans des pots et qu'on fait
sécher.

Quoique cette espèce de rouge soit très-répandue dans le commerce, il en existe cependant une autre moins belle, moins chère et
qu'on a coutume de vendre en paquets. Ce rouge est fait avec le carmin, qu'on sait être une préparation de cochenille. On incorpore également cette matière colorante avec le talc, on l'humecte et on la fait
sécher de la même manière.

Il est certain que le haut prix de la matière colorante du safranum et du carmin ont pu quelquefois engager à leur substituer le cinabre ou vermillon et l'on trouve, en effet, d'anciennes recettes où on
le prescrit en tout ou en partie. Cette préparation du rouge pourrait
avoir de très-grands inconvénients, mais il y a apparence qu'elle est
très-peu répandue dans le commerce. En effet, parmi une douzaine
d'échantillons de rouge que MM. Lavoisier et de Jussieu le jeune se
sont procurés chez les parfumeurs et merciers de Paris, en affectant
même de demander les espèces les plus communes, il ne s'en est pas
trouvé un seul qui contînt autre chose que de la cochenille et du safranum.

Il ne sera pas inutile de donner ici les caractères à l'aide desquels
on peut distinguer ces deux espèces de rouge et le détail des moyens
par lesquels on peut s'assurer qu'ils ne contiennent rien de minéral.

La teinture rouge extraite du safranum, ainsi que presque toutes
les matières colorantes extraites des végétaux a la propriété de se dissoudre dans l'esprit-de-vin. Si donc, après avoir passé à trois ou quatre

reprises différentes de l'esprit-de-vin sur du rouge, cette liqueur se charge de la matière colorante et que le talc reste blanc, on peut conclure, par cette seule expérience, que le rouge sur lequel on a opéré était tiré des végétaux. La cochenille ou le carmin n'a pas la même propriété; sa matière colorante est insoluble dans l'esprit-de-vin, et ce premier caractère la distingue des matières végétales; mais elle a une autre propriété très-remarquable, c'est de se dissoudre avec une très-grande facilité dans les liqueurs alcalines, telles, par exemple, qu'une solution très-faible de cristaux de soude, et alors le talc reste blanc au fond du vase.

D'après cela, toutes les fois qu'un rouge peut être décoloré par l'esprit-de-vin, c'est un rouge végétal; toutes les fois qu'il ne peut pas l'être par cette liqueur, mais seulement par les alcalis, c'est un rouge animal; enfin, toutes les fois que la matière colorante n'est pas dissoute par l'une ou l'autre de ces deux substances, on peut regarder comme très-probable qu'il contient des matières minérales telles que le cinabre, le mercure précipité rouge, etc.

MM. de Jussieu et Lavoisier ne se sont pas contentés de ces expériences pour s'assurer que les douze échantillons de rouge qu'ils s'étaient procurés ne contenaient aucune substance minérale; ils les ont traités par la calcination, par la combinaison avec les acides et par la précipitation au moyen de l'alcali phlogistiqué; ils n'ont obtenu, dans aucun cas, rien de métallique.

Il est donc constant qu'il ne se vend, en général, à Paris, que du rouge végétal, principalement tiré du safranum et du rouge de cochenille; or ni l'un ni l'autre ne peuvent faire aucune mauvaise impression sur la peau ni nuire en quelque façon que ce soit à la santé : le rouge du sieur Colin et celui du sieur Dupont, quoique fabriqués avec tout le soin qu'on peut désirer, ne se trouvent donc pas dans une circonstance particulière.

L'Académie croit, en conséquence, devoir annoncer une fois pour toutes,

1° Que ces rouges ne sont pas les seuls qui méritent son approbation, relativement à l'objet qu'elle se propose dans ces sortes d'examens ;

2° Qu'attendu le présent avertissement, elle ne prononcera plus, à l'avenir, sur les différents rouges qui lui seront présentés, à moins qu'il ne se trouve quelque chose de nouveau, soit dans leur composition, soit dans leur fabrication.

RAPPORT

SUR

UNE MINE DE FER SPÉCULAIRE.

12 août 1775.

Nous avons à rendre compte, M. Brisson et moi, de l'examen d'une mine de fer spéculaire présentée à l'Académie par M. de Morveau, pour servir à éclaircir la théorie des réductions métalliques.

La mine de fer spéculaire qui a servi de base aux expériences de M. de Morveau est composée de lames ou feuillets de la couleur de l'acier du poli le plus vif et le plus brillant. La pesanteur spécifique de cette mine est à celle de l'eau comme 4,032 est à 1,000. En masse, elle n'est point sensiblement attirable par l'aimant; mais, lorsqu'elle est réduite en poudre, l'aimant en enlève un grand nombre de particules.

Cette mine perd, par la torréfaction, $\frac{16}{57}$ de son poids, c'est-à-dire entre un quart et un tiers; elle est ensuite entièrement attirable par l'aimant, d'où il suit qu'elle est susceptible de se réduire sans addition d'aucune autre matière qui contienne le phlogistique.

Cette même mine, poussée au feu, après la torréfaction, ne perd plus de son poids; elle se ramollit et se fond en un fer presque pur.

De ces expériences et de plusieurs autres, M. de Morveau conclut que le fer pur et sans addition peut quelquefois produire les mêmes effets que le phlogistique; il va même jusqu'à croire que le charbon ne contribue aux réductions métalliques qu'en facilitant l'union de la terre métallique avec le fer pur; que, peut-être même, il ne sert qu'à suppléer à un degré de feu plus grand.

Quoique ces propositions ne nous paraissent pas suffisamment prouvées, d'après les expériences contenues dans le mémoire de M. de Morveau, nous pensons cependant qu'il mérite d'être imprimé dans le Recueil des mémoires présentés à l'Académie, comme contenant des vues nouvelles et des expériences intéressantes.

RAPPORT

SUR UN MÉMOIRE DE M. MONNET

CONCERNANT

LA NATURE DE L'ACIDE DU TARTRE.

12 août 1775.

Nous avons été chargés par l'Académie, M. de Montigny et moi, de lui rendre compte d'un mémoire où l'on prouve que l'acide du tartre est de l'acide marin déguisé, avec quelques expériences qui ont rapport au même sujet par M. Monnet.

Ce mémoire ayant été imprimé dans le journal de M. l'abbé Rosier, aussitôt après sa lecture et avant qu'il nous ait été possible d'en rendre compte, il serait contraire aux règlements de l'Académie qu'il en fût fait un rapport, et nous n'en faisons mention aujourd'hui que pour la décharge des registres de M. de Fouchy.

RAPPORT

SUR UN MÉMOIRE DE M. BAYEN

SUR

UNE MINE DE FER SPATHIQUE.

12 août 1775[1].

Nous avons été chargés par l'Académie, M. Daubenton et moi, de lui rendre compte d'un mémoire de M. Bayen, apothicaire major des camps et armées du roi, intitulé : *Examen chimique d'une mine de fer spathique*. Ce mémoire est divisé en deux parties : dans la première, M. Bayen a rassemblé toutes les opérations qu'il a faites par la voie sèche; dans la seconde, celles qu'il a faites par la voie humide.

La mine sur laquelle M. Bayen a opéré était formée d'un amas de cristaux ou lames brillantes, douces au toucher, demi-transparentes, de couleur grise, de forme rhomboïdale; elle est connue sous le nom de *minera ferri alba spathiforma*.

Cette mine n'est point attirable à l'aimant; l'air, à la longue, l'altère et la jaunit; si on l'expose au feu en gros morceaux, elle y décrépite avec force; mais, réduite en poudre, elle se calcine paisiblement; elle brunit d'abord, elle noircit ensuite; enfin il reste dans le test ou creuset une poudre noire qui ne pèse que les deux tiers environ du poids primitif de la mine et qui est presque aussi attirable à l'aimant que la limaille de fer la plus pure.

---

[1] Cette date est de la main de Lavoisier, comme le texte du rapport. En réalité, celui-ci n'a été lu que le 2 février 1776 devant l'Académie, comme on le voit dans ses registres. (*Note de l'éditeur.*)

Cette calcination s'opère dans les vaisseaux fermés comme dans ceux ouverts; on peut la faire dans une petite retorte de verre lutée, et la diminution est également du tiers.

Après avoir déterminé la perte de poids qu'éprouve la masse de fer spathique blanche par la calcination, M. Bayen passe à l'examen du principe volatil qui se dissipe dans cette opération. Il trouve qu'il consiste en deux choses : 1° en une petite portion d'eau, 2° en une quantité de 1,028 pouces cubiques environ par once, d'un fluide élastique à peu près du même poids que l'air de l'atmosphère, qui fait périr sur-le-champ les animaux qui le respirent, qui s'unit aux alcalis et qui les fait cristalliser, en un mot, qui présente toutes les propriétés de la substance connue anciennement sous le nom de gaz et depuis sous celui d'air fixe ou fixé.

M. Bayen, dans la seconde partie de son mémoire, rend compte de l'action des différents dissolvants sur cette même mine. Tous les acides l'attaquent et la dissolvent; mais ce qu'il y a de très-singulier, c'est qu'il y a moins d'effervescence dans ces dissolutions que dans celles opérées par la combinaison des mêmes acides avec la limaille de fer. M. Bayen s'est cependant assuré que tout l'air fixe contenu dans la mine se dégageait dans cette opération, mais lentement, et c'est la lenteur même du dégagement qui est cause que l'effervescence n'est pas sensible.

A ces expériences, M. Bayen en ajoute une autre par laquelle il démontre que la mine de fer spathique contient quelques portions de zinc.

Il a mis dans un petit matras une once de mine spathique, à laquelle il a ajouté 40 grains de vitriol de mars, et il a versé sur le tout 6 onces d'eau distillée. Au bout de dix à douze jours, l'acide contenu dans le vitriol a abandonné le fer pour s'unir au zinc, et le vitriol de mars s'est trouvé entièrement converti en vitriol de zinc. Quoique cette décomposition du vitriol de mars par le zinc se trouve dans Glauber, dans Becher, et qu'elle soit conforme aux lois connues des affinités, elle semblait cependant oubliée par les chimistes modernes, et l'on doit savoir gré à M. Bayen d'avoir renouvelé le moyen très-simple de reconnaître la présence du zinc dans les minéraux.

De toutes ses expériences, dont nous n'avons pu donner ici qu'un exposé très-succinct, M. Bayen conclut,

1° Que la mine de fer spathique qu'il a examinée, considérée dans son état de pureté, est une combinaison de fer dans son état métallique avec le gaz, combinaison qui donne à ce métal la propriété de cristalliser;

2° Que le gaz forme à peu près le tiers de cette combinaison;

3° Que le fer, dans cette mine, est uni à une petite portion de zinc.

M. Bayen aurait dû ajouter à ces différents principes qui constituent la mine spathique une légère portion d'eau. Ses propres expériences en démontrent l'existence, et elle a été d'ailleurs reconnue par d'autres auteurs.

Nous ne pouvons terminer ce rapport sans rappeler à l'Académie que M. Sage a déjà lu dans ses assemblées une analyse de la mine de fer spathique qui se trouve imprimée séparément dans le recueil de Mémoires publié par M. Sage. Cette analyse s'accorde, à quelques égards, avec celle dont nous rendons compte aujourd'hui, mais elle en diffère en un point très-essentiel. En effet, le résultat des expériences de M. Sage le conduit à conclure que la mine de fer spathique est une combinaison de fer avec l'acide marin rendu insoluble dans l'eau par l'addition d'une matière grasse, et il avance que cette mine donne, par la distillation, 35 livres d'acide marin par quintal. M. Bayen, au contraire, assure que la mine de fer spathique ne contient aucun vestige d'acide marin, et ses expériences à cet égard sont très-concluantes.

Quelque opposées que paraissent les opinions de ces deux chimistes, il est cependant possible en quelque façon de les rapprocher. Il est évident que le principe volatil auquel M. Sage a cru trouver quelque rapport avec l'acide marin est le même que M. Bayen a caractérisé du nom d'*air fixe;* et, comme ce dernier a la propriété de faire cristalliser les alcalis et de donner à celui du tartre la figure de parallélogrammes ou de carrés longs, il y a toute apparence que cette circonstance en aura imposé à M. Sage et qu'il aura pris pour du sel fébrifuge de Sylvius ce qui n'était que de l'alcali fixe ordinaire rendu cristallisable par le gaz.

Quoi qu'il en soit, le mémoire de M. Bayen nous a paru très-bien fait, ses expériences bien choisies, ses conclusions bien déduites, et nous croyons, en conséquence, qu'il est très-digne d'être imprimé dans le Recueil des Mémoires présentés à l'Académie par les savants étrangers.

Fait à l'Académie, ce 21 février 1776.

RAPPORT

SUR UN MÉMOIRE DE M. DE MORVEAU

SUR

LA CRISTALLISATION DE L'ALCALI FIXE

VÉGÉTAL.

Du 12 août 1775.

Nous avons à rendre compte à l'Académie, M. Brisson et moi, de quelques observations de M. de Morveau sur la cristallisation de l'alcali fixe végétal.

Une suite d'expériences sur l'alcali phlogistiqué qu'on emploie pour la formation du bleu de Prusse lui avaient fait soupçonner que cet alcali pouvait bien être un sel neutre formé par la combinaison de l'acide animal. Ces expériences l'ont conduit à essayer de faire cette même combinaison par la voie humide.

Il a mis, en conséquence, dans de l'alcali fixe en deliquium des poils d'animaux, et a laissé le tout exposé longtemps à l'air libre. Au bout de quelques mois, la plus grande partie du liquide se trouva évaporée et le fond du vase garni de petits cristaux.

L'huile de térébenthine et l'huile animale donnent également à l'alcali fixe la propriété de cristalliser avec le temps.

Tous les cristaux qu'on obtient dans ces différentes expériences sont absolument les mêmes : ce sont des parallélipipèdes obliquangles .dont quelques-uns ont jusqu'à six lignes de longueur, trois lignes de largeur et une demi-ligne d'épaisseur.

SUR

LA FUSION DU PLATINE.

Du 12 août 1775.

M. Lavoisier a annoncé que M. Delisle, premier commis du bureau de la guerre, avait trouvé un moyen très-simple de fondre le platine, qu'il a répété ses expériences avec beaucoup de succès et qu'il a obtenu un métal blanc très-dur, attaquable cependant par la lime et un peu malléable.

RAPPORT

SUR

UN PROCÉDÉ DE M. LESAGE DE GIRARDIN

POUR LA PURIFICATION DES HUILES.

Du 6 septembre 1775.

M. Albert, lieutenant général de police, a renvoyé à l'Académie, par une lettre en date du 1er juillet 1775, adressée à M. de Fouchy, un mémoire de M. Lesage de Girardin par lequel il demande à être autorisé à vendre librement à Paris, et sans être inquiété par la communauté des épiciers, des huiles soit à brûler, soit à manger, soit destinées pour la peinture, qu'il prétend avoir le secret de purifier et de raffiner. L'Académie, en conséquence, a nommé M. Macquer, M. Tillet et moi pour lui rendre compte de l'objet de la demande de M. Lesage et pour y joindre notre opinion.

Il paraît qu'il y a déjà longtemps qu'on s'est occupé avec succès en Angleterre des moyens de purifier les huiles gâtées; mais, comme les procédés qu'on emploie sont en général peu connus en France, nous croyons que l'Académie ne désapprouvera pas que nous lui mettions sous les yeux l'état actuel des connaissances sur cet objet, d'après les ouvrages imprimés que nous avons pu nous procurer.

On lit dans l'*Annual register* publié à Londres, pour l'année 17.. que « la Société établie pour l'encouragement des arts, manufactures, « commerce, etc. étant maintenant en possession des procédés de

« M. Dorsie pour édulcorer l'huile, elle a cru devoir les publier abso-
« lument, mot à mot, et tels qu'ils ont été donnés par M. Dorsie. »

Ces procédés, qui sont au nombre de trois, consistent principalement à mêler avec l'huile rancie ou gâtée une petite quantité de craie
en poudre, de chaux éteinte, d'alcali fixe, à y ajouter une pinte et
demie d'eau salée par chaque gallon d'huile et à agiter le tout pendant
deux ou trois jours. Au bout de ce terme, on laisse reposer le mélange;
l'huile gagne peu à peu la partie supérieure du vaisseau, et se trouve
blanche et claire, limpide et sans odeur. M. Dorsie annonce avoir
encore mieux réussi, en entretenant l'eau et l'huile à un degré fort approchant de celui de l'eau bouillante. Il reste cependant à l'huile, dans ce
dernier cas, une légère odeur de savon gras. Enfin, on a l'huile encore
plus belle et plus pure en faisant succéder une seconde purification à
froid à celle faite par le feu.

Sur la publication de ces procédés, un physicien de Londres se proposa de développer par des expériences la cause de cette épuration; il
entreprit en conséquence de traiter, en particulier, de l'huile rancie et
gâtée, avec chacun des ingrédients que M. Dorsie avait employés confu-
sément. Il commença par battre pendant un très-long intervalle de
temps de l'huile gâtée avec de l'eau seule, et il s'aperçut avec surprise
qu'elle s'était améliorée au point d'être absolument méconnaissable. Il
imagina ensuite, pour opérer d'une manière plus commode, d'employer,
pour battre l'huile et l'eau, une machine à peu près semblable à celle
qu'on emploie pour faire le beurre, et il parvint de cette manière à
remplir aussi complétement son objet que par les procédés indiqués
par M. Dorsie.

L'huile et l'eau se séparent lentement à la suite de cette opération,
et ce n'est qu'au bout de deux ou trois jours que la séparation est complète. Il reste entre ces deux liqueurs une substance gélatineuse qui
n'est complétement soluble ni dans l'eau ni dans l'huile.

Il paraît constant, d'après cet exposé, que le seul battement de
l'huile avec l'eau sans aucune autre addition, continué pendant très-
longtemps, suffit pour purifier l'huile à un très-haut degré.

M. Lesage ne nous ayant confié que sous le secret les moyens qu'il emploie, il ne nous est pas possible de dire s'ils ont rapport ou non avec ceux publiés à Londres; mais, ce que nous pouvons assurer, c'est qu'il est non-seulement parvenu à purifier avec le plus grand succès les huiles à brûler comme dans le procédé anglais, mais encore à enlever à l'huile d'olive la rancidité qu'elle contracte avec le temps, le goût de fruit trop marqué qu'elle a quelquefois et qui la rend désagréable. Enfin il la rend limpide et meilleure, très-bonne même, pour entrer dans les aliments. Il en est autant de l'huile d'œillette ou plutôt de graine de pavot, à laquelle M. Lesage enlève une partie de son âcreté.

Le même procédé paraît avoir un succès plus marqué encore à l'égard des huiles destinées pour la peinture, celles de noix et de navette qu'on emploie à cet usage. On les vend communément à Paris cinq sous l'once. Il paraît, d'après des certificats très-précis de M. Vernet et de plusieurs autres membres distingués de l'Académie de peinture, que les huiles communes d'œillette et de noix qui se débitent dans le commerce, purifiées par le procédé de M. Lesage, loin de le céder en rien à celles tirées d'Anvers, leur sont, au contraire, préférables; qu'elles sont siccatives à un degré convenable.

Et en effet, d'après des épreuves qui ont été faites en partie sous nos yeux, M. Lesage amène ces huiles à un degré de blancheur et de limpidité presque égal à celui de l'eau la plus claire. L'huile de lin, traitée de la même manière, perd presque toute sa partie colorante; elle ne devient pas cependant aussi blanche que les deux précédentes.

De tout ce que nous venons de rapporter, nous concluons que l'établissement déjà formé par M. Lesage de Girardin, et dont le succès nous paraît assuré, mérite l'encouragement du gouvernement; qu'il sera utile pour les peintres, qui y trouveront des huiles portées au dernier degré de pureté qu'elles sont susceptibles d'atteindre; qu'il sera utile aux épiciers eux-mêmes, qui pourront porter dans son atelier les huiles rances ou fortes qu'ils désireront faire rétablir; enfin, que le public ne peut qu'en retirer de l'avantage.

Nous ne voyons donc pas qu'il puisse résulter aucun inconvénient de la liberté qu'il demande, de faire, sans être inquiété, le commerce d'huile relatif à son procédé.

Nous terminerons ce rapport en assurant l'Académie que les moyens employés par M. Lesage n'ont rien qui puisse nuire à la santé pourvu qu'il n'emploie, ainsi que nous le lui avons conseillé, ni vase de plomb, ni vase de cuivre, dans ses opérations.

Fait à l'Académie, le 6 septembre 1775.

RAPPORT

SUR

L'ART DU POTIER D'ÉTAIN.

Le 16 décembre 1776.

Nous avons examiné, par ordre de l'Académie, M. Macquer, M. Desmarets et moi, la première partie de *l'Art du potier d'étain*, par M. Salmon, potier d'étain établi à Chartres.

L'auteur, avant d'entrer dans les détails des différentes manipulations de l'art qu'il s'est proposé de décrire, a cru devoir le faire précéder de quelques prolégomènes, et c'est à quoi se réduit la première partie, dont nous rendons compte aujourd'hui à l'Académie.

Il traite d'abord, dans un premier chapitre, des mines d'étain et de la manière dont on les exploite; il y détaille les différentes espèces de mines telles qu'elles ont été décrites par Wallerius, et il y joint une courte notice de la manière dont on en fait l'extraction en Angleterre. Il passe ensuite, dans un second chapitre, aux opérations propres à la mine d'étain pour en tirer le métal et pour l'affiner. Les mines d'étain, comme toutes les autres mines, sont bocardées, après leur extraction, et lavées.

En Allemagne, où les mines d'étain sont fort arsenicales, on les grille dans un fourneau particulier, construit de manière à pouvoir recueillir l'arsenic qui se sublime.

Lorsque la mine est grillée, on la fond dans une espèce de fourneau à manche.

L'étain, à mesure qu'il est séparé de la mine, se rassemble dans un carré, où il est tenu longtemps en fusion au milieu de la poudre de charbon.

Plusieurs auteurs ont suspecté la pureté de l'étain vierge, même de celui qui vient directement des mines, et l'on a été jusqu'à prétendre que celui d'Angleterre était allié de cuivre. M. Salmon indique, à cette occasion, les caractères dont les potiers d'étain ont coutume de se servir pour reconnaître si l'étain est allié, et il fait voir que ces moyens sont défectueux; il prouve également que le procédé indiqué par M. Geoffroy, dans les Mémoires de l'Académie pour l'année 1738, ne remplit pas son objet.

Ces observations conduisent M. Salmon à chercher un moyen expéditif, sûr et à la portée des ouvriers, pour déterminer le degré de pureté de l'étain; et cette discussion forme le sujet du troisième chapitre. Il y fait voir que, si l'on rapproche la pesanteur spécifique du métal de quelques autres caractères que fournissent les différents alliages, il sera toujours aisé de déterminer la qualité et la quantité du métal allié. La valeur hydrostatique est sans doute le moyen le plus exact et le plus sûr pour déterminer la pesanteur spécifique des corps; mais M. Salmon observe avec raison que ce moyen demande des calculs continuels, qui sont au-dessus de la portée du commun des ouvriers; il exige d'ailleurs des instruments exacts et chers, et une adresse pour opérer qu'on n'a pas droit d'attendre des ouvriers. Il a imaginé, en conséquence, un moyen plus simple et mieux adapté à son objet. Il consiste à fondre successivement l'étain vierge, les différents métaux avec lesquels il peut être allié et les alliages eux-mêmes dans un même moule. Il est constant qu'alors, le volume étant toujours le même, la pesanteur spécifique est égale à la pesanteur absolue, et que toute l'opération se réduit à peser la médaille sortie du moule dans un trébuchet ordinaire. Le raisonnement pourrait fournir beaucoup d'objections contre cette pratique, mais elles se trouvent détruites par l'expérience, et il paraît, d'après les épreuves de M. Salmon, que le même métal, fondu successivement plusieurs fois dans le même moule, donne constamment la même pesanteur, à la différence d'un cinq-centième tout au plus.

M. Salmon a fait fondre dans ce moule tous les étains du commerce qu'il a pu se procurer, et il a remarqué qu'ils pesaient tous 263 à 266 grains, c'est-à-dire que leur pesanteur spécifique était peu différente, ce qui annonçait qu'ils n'étaient que peu ou point alliés.

Il a fondu ensuite dans le même moule tous les métaux et les demi-métaux, et il est parvenu ainsi à faire une table de pesanteur spécifique à la portée des artistes.

Après avoir examiné les métaux seuls et dans leur état de pureté, M. Salmon passe à leurs alliages. La plupart des substances métalliques ne peuvent être alliées qu'en très-petite quantité avec l'étain; autrement elles le rendraient aigre et cassant. A peine l'alliage, si l'on en excepte le plomb, peut-il être porté à deux pour cent; aussi, est-ce à cette proportion que M. Salmon a fixé le terme de ses expériences. Il examine successivement les changements survenus à l'étain par son alliage avec toutes les substances métalliques, en commençant par les plus denses, savoir, l'or, le platine, etc. et de la couleur, ainsi que de toutes les circonstances qu'il a pu rassembler, il en tire des caractères pour connaître la qualité de l'alliage, tandis que le poids de la médaille lui en donne les quantités.

M. Salmon passe ensuite à l'action des acides sur l'étain et aux conséquences qu'on en peut tirer sur la pureté de ce métal. Il prétend que M. Marggraf a plutôt supposé que prouvé la présence de l'arsenic dans l'étain; que, s'il existe des étains arsenicaux, ce sont ceux dont le grillage a été négligé dans le travail de la mine; que ce métal est peu attaqué par les acides végétaux; qu'il a été administré comme remède par les anciens; enfin, il rapporte nombre d'autorités, d'après lesquelles il conclut que, si l'étain a des qualités dangereuses, c'est au plomb et aux métaux dont il est allié qu'elles sont dues.

M. Salmon termine cette première partie par des observations sur le commerce extérieur de l'étain et sur les droits auxquels il est assujetti aux entrées du royaume.

Ces prolégomènes de *l'Art du potier d'étain* nous ont paru dignes des éloges de l'Académie. Ce que M. Salmon nous a fait voir de l'art lui-même nous a paru bien fait et les planches bien exécutées. Nous pensons, en conséquence, que l'Académie ne peut que se féliciter de ce que M. Salmon a bien voulu se charger de la description d'un art aussi intéressant et doit l'encourager à la continuer.

RAPPORT

SUR UN MÉMOIRE DE M. LE VEILLARD

SUR

LA DÉCOMPOSITION DU SEL MARIN.

L'Académie nous a chargés, M. Macquer et moi, de lui rendre compte d'un mémoire de M. Le Veillard sur la décomposition du sel marin et la distillation de son acide. Ce mémoire a tant de liaison avec celui présenté par le même auteur à l'Académie, vers la fin de 1772, qu'il nous serait difficile de les séparer. Nous les reprendrons, en conséquence, l'un et l'autre dans ce rapport; mais, avant d'entrer dans le détail des expériences qu'ils contiennent, nous croyons nécessaire de dire un mot de ce qui était su sur cette matière avant qu'elle eût été traitée par M. Le Veillard.

Le nitre ou salpêtre n'est pas un sel très-anciennement connu. Raymond Lulle paraît être le premier qui en ait dégagé l'acide par la distillation. Il employait le vitriol pour intermède.

Viganus et Basile Valentin ont obtenu le même acide par l'intermède des terres argileuses ou bolaires.

Enfin, Glauber a fait voir qu'on pouvait obtenir un acide nitreux très-concentré par l'huile de vitriol et par l'arsenic.

Depuis ces chimistes, le célèbre Boyle annonça que le nitre pouvait se décomposer sans intermède, et il prétendit que l'on avait obtenu l'acide en le distillant, sans aucune addition, dans une retorte de verre.

Zwelfer prétendit avoir eu le même résultat en employant du verre pilé pour intermède.

On lit, dans plusieurs endroits des ouvrages de Stahl, que le sable et les cailloux en poudre décomposent le nitre dans les vaisseaux fermés, et le célèbre auteur ne peut s'empêcher de jeter, à cette occasion, quelques doutes sur l'expérience de Boyle. Il observe, en effet, que la décomposition du nitre, soit par lui-même, soit à l'aide de la plupart des intermèdes, exige un degré de feu très-violent; que, par conséquent, elle ne peut avoir été faite, comme Boyle l'avance, dans un vaisseau de verre. Stahl ajoute un fait très-remarquable, mais qui cependant a été contredit par Juncker, savoir, que la même terre peut servir plusieurs fois à la distillation du nitre.

M. Pott a senti, comme Stahl, la difficulté de l'expérience de Boyle, mais il prétend, comme ce dernier, qu'on peut décomposer le nitre par lui-même en se servant d'une retorte de fer. Nous avouons que cette expérience de M. Pott nous paraît présenter presque autant de difficulté que celle de Boyle. Comment concevoir, en effet, que l'acide nitreux, en supposant qu'il se dégage de sa base, ne s'unisse pas avec le fer de la retorte, au moins dans le col, et n'y demeure pas combiné.

Une partie de ces mêmes difficultés se rencontrent à l'égard du sel marin. Ce sel paraît, en général, impossible à décomposer par lui-même et sans intermède. Quelques auteurs avancent néanmoins que si on le pousse au feu dans une cornue tubulée dans laquelle on introduit, de temps en temps, quelques gouttes d'eau par la tubulure, on parvient à obtenir quelques gouttes d'un flegme acidule.

Si presque toutes les expériences faites jusqu'à ce jour sur la décomposition du nitre et du sel marin présentent quelque incertitude, les opinions sur les conséquences qu'on doit en tirer paraissent s'accorder encore moins. Quelques chimistes pensent que c'est en raison de la portion d'acide vitriolique que contiennent les argiles qu'elles agissent sur le nitre. Stahl est de ce sentiment, et Juncker, son disciple, va jusqu'à prétendre que la décomposition du nitre par le sable et par les cailloux est due à une petite portion d'acide vitriolique qu'il suppose exister

dans ces corps; d'autres assurent que les argiles ne font qu'étendre
et diviser le nitre et le sel marin; qu'elles les empêchent de fondre
et qu'elles les laissent, par là, plus exposés à l'action du feu. Quelques-
uns, enfin, disent que, de même que les fluides, lorsqu'ils sont au point
de l'ébullition, ont acquis le plus grand degré de chaleur qu'ils sont
susceptibles de prendre, ainsi le nitre et le sel marin, dans une retorte, ne peuvent se chauffer que jusqu'au point où ils commencent
à bouillir, mais qu'à l'aide d'un intermède on retarde leur ébullition
et qu'on les met dans le cas de supporter un degré de chaleur beaucoup plus fort.

M. Le Veillard, frappé de toutes les contradictions qui se rencontrent
dans les livres des chimistes, a jugé qu'il était nécessaire de reprendre
tout ce travail; il fait voir que quatre parties de sablon très-pur et
une de nitre, exposées d'abord à un feu modéré dans une retorte de
grès et poussées ensuite pendant vingt et une heures à la dernière violence du feu, donnent de l'acide nitreux, et que la totalité du nitre est
décomposée. Le résidu de la distillation forme une masse vitreuse qui
se dissout dans l'eau, qui, évaporée, donne une belle gelée; enfin qui,
par l'addition d'un acide quelconque, donne un précipité terreux tout
semblable à celui qu'on obtient du *liquor silicum* de Glauber, c'est-à-
dire d'un mélange de sable et d'alcali fondus ensemble.

Ce qu'il y a de remarquable, c'est que cette terre du *liquor silicum* ne fait point, suivant M. Le Veillard, d'effervescence avec les
acides et ne s'y dissout pas lorsqu'elle a été une fois précipitée et séchée. Ce résultat, qui s'accorde avec celui du plus grand nombre des
chimistes, est contraire à ce qu'avance M. Baumé dans plusieurs de
ses ouvrages.

M. Le Veillard a fait la même distillation du nitre en y ajoutant
quatre parties de verre en poudre; l'acide a passé comme dans l'expérience précédente et tout le nitre a été décomposé.

Enfin, M. Le Veillard a observé que du nitre seul, poussé au feu sans
addition, dans une cornue de grès, donnait quelques vapeurs acides.
Chacune de ces opérations exige au moins douze heures de feu : c'est

sans doute à cette persévérance que tiennent et la réussite des expériences de M. Le Veillard et la contradiction des résultats de ceux qui
l'ont précédé dans cette carrière.

M. Le Veillard a répété ces mêmes expériences sur le sel marin; il
fait voir que ce sel, poussé à un feu très-violent, dans une retorte de
grès, donne un flegme acidule, mais il convient, avec tous les chimistes, qu'on n'obtient d'acide qu'autant que le sel marin contient de
l'humidité, que cet acide ne passe qu'en très-petite quantité et qu'il est
impossible d'en obtenir la totalité.

Il a essayé ensuite de combiner le sable et le verre avec le sel marin;
il a obtenu, il est vrai, par ce moyen, un peu plus d'acide, mais il est
encore resté beaucoup de sel marin non décomposé. Le résultat par
l'argile a été à peu près le même, avec cette différence cependant qu'une
plus grande portion de sel marin a été décomposée. Ce qui prouve
que l'acide, dans le sel marin, tient beaucoup plus à sa base que dans
le nitre.

Quoique ces différentes expériences, et plusieurs autres que les
bornes d'un rapport ne nous permettent pas de détailler, semblassent
prouver que l'acide vitriolique n'était point un intermède nécessaire à
la décomposition du sel marin et surtout du nitre, M. Le Veillard est
parvenu à porter cette vérité à un degré de démonstration encore plus
complet, s'il est permis d'appliquer cette expression à des vérités chimiques. Il fait voir que toutes les fois qu'on distille du nitre, soit avec
l'argile, soit avec du verre pilé, le verre et l'argile, bien lessivés après
l'opération, loin d'avoir perdu de leur poids, en ont acquis, au contraire, et il observe qu'en examinant avec attention le résidu à la
loupe, on y voit des globules de verre formés par la fusion et la combinaison de l'alcali fixe avec l'intermède.

D'après ces observations, la cause de la décomposition du nitre et
d'une partie du sel marin est palpable. On sait que le verre, le sable
et l'argile ont la propriété d'entrer en fusion quand on les combine
avec les alcalis fixes et qu'ils forment une fritte de verre. L'alcali du
nitre, quoique combiné avec un acide, n'en a pas moins cette pro-

priété ; mais comme ce même acide ne peut entrer dans la combinaison du verre, il demeure libre et la chaleur le fait passer dans le récipient.

M. Le Veillard termine son second mémoire par quelques expériences sur la décomposition du tartre vitriolé et du sel de Glauber par
le sable et par le verre en poudre ; il observe qu'on peut, à l'aide de
ces intermèdes, obtenir un peu d'acide vitriolique, mais qu'une très-
grande portion de ces sels reste sans altération ni décomposition.

De toutes les expériences contenues dans ces deux mémoires, M. Le
Veillard conclut que l'acide vitriolique n'est point l'intermède nécessaire de la distillation du nitre et du sel marin ; que le sable, l'argile
et le verre même, ne décomposent le nitre en entier qu'en vertu de la
propriété qu'ont ces substances de se combiner avec la base alcaline de
ce sel et de former avec elle une matière vitreuse.

Ces conséquences nous paraissent une suite nécessaire des expériences de M. Le Veillard, et l'on ne peut que lui savoir un très-grand
gré d'avoir tiré au clair cette partie de la chimie ; nous pensons, en conséquence, que ses deux mémoires, l'un sur la décomposition du nitre,
l'autre sur celle du tartre vitriolé, méritent l'un et l'autre, à toutes
sortes de titres, d'être imprimés dans le recueil des Mémoires présentés
à l'Académie par les correspondants et les savants étrangers.

RAPPORT SUR UN MÉMOIRE

RELATIF

A L'AIR FIXE DÉGAGÉ DE LA BIÈRE.

Du 14 février 1776.

Nous avons à rendre compte à l'Académie, M. de Montigny, M. Macquer et moi, d'un mémoire de M. le duc de Chaulnes sur l'air fixe qui se dégage de la bière en fermentation.

M. le duc de Chaulnes observe d'abord que la couche d'air fixe qui se forme sur les cuves de bière en fermentation n'est pas toujours d'une égale épaisseur, comme l'a annoncé M. Priestley. Dans les premiers instants de la fermentation, cette couche est mince; peu à peu elle augmente d'épaisseur, elle s'élève, jusqu'à ce qu'enfin elle arrive au haut de la cuve et s'épanche, enfin, par-dessus ses bords. M. le duc de Chaulnes a conclu de cette première observation, 1° que l'air fixe devait être beaucoup plus pesant que l'air de l'atmosphère; 2° qu'il ne se mêlait pas avec ce dernier aussi aisément qu'on l'imaginait, et ces considérations l'ont conduit à une suite d'expériences très-ingénieuses. Si l'on descend, par exemple, dans l'air fixe d'une cuve de bière en fermentation, une cruche pleine d'air commun, l'air fixe déplace sur-le-champ l'air commun, et la cruche se remplit d'air fixe, de la même manière qu'elle se remplirait d'eau, si on la plongeait dans ce fluide. Pour peu que cette cruche soit passablement bouchée, l'air fixe s'y conserve pur, et l'on peut le garder ainsi pour des expériences. Lorsqu'au bout d'un certain temps on veut se servir de cet air, et en emplir, par exemple, un bocal, on débouche tout simplement la cruche et on verse lentement. Si l'on veut être sûr de ne point verser au delà

32.

de ce qui est nécessaire pour remplir le bocal et de n'en point répandre par-dessus les bords, on peut toujours connaître très-exactement, par le moyen d'une petite bougie allumée qu'on descend dans le bocal, l'endroit où commence la surface de l'air fixe : on voit ainsi le bocal s'emplir successivement au tiers, aux deux tiers, et enfin jusqu'à ses bords, et cela précisément comme il arriverait avec tout autre fluide plus pesant que l'air, avec cette différence seulement que celui-ci est invisible. De son côté, la cruche se vide en même proportion que se remplit le bocal : ce qu'on reconnaît également en y descendant une lumière.

Tout le monde sait que, lorsque la fermentation de la bière est finie, on la met dans des tonneaux. Le fond de la cuve est percé à cet effet d'un trou, auquel est adapté un gros robinet. M. le duc de Chaulnes a observé qu'à mesure que la bière s'écoulait, la surface de la liqueur s'abaissait dans la cuve en proportion et que la surface de la couche d'air fixe la suivait. Il reste, par ce moyen, dans la cuve, lorsque toute la bière est écoulée, une couche d'air fixe de quatre ou cinq pieds d'épaisseur, et M. le duc de Chaulnes fait voir qu'en plaçant des futailles, des cruches, des bocaux sous le même robinet, on entonne de l'air fixe de la même manière qu'on entonnait la bière quelques instants auparavant. On conçoit, d'après cela, combien il est aisé d'obtenir de l'air fixe en abondance. M. le duc de Chaulnes en a profité pour répéter les curieuses expériences de la physique et de la chimie modernes sur cette substance; il y en a ajouté plusieurs qui lui sont propres et qui ne sont pas les moins intéressantes.

Il a d'abord déterminé, d'une manière beaucoup plus précise qu'on ne l'avait encore fait, la pesanteur de l'air fixe dégagé de la bière en fermentation; cette pesanteur s'est trouvée, dans une première expérience, à celle de l'air commun, comme à peu près dans le rapport de 2 à 1; dans une seconde, faite avec des instruments plus commodes et plus exacts, comme 10 est à 7; enfin dans une troisième, faite le mois dernier, tandis que le thermomètre était à 10 degrés au-dessous de la congélation, ces deux pesanteurs se sont trouvées dans le rapport de 10 à 4.

C'est une grande question parmi les chimistes de savoir ce que c'est que l'air fixe ; ils s'entendent généralement assez bien sur la chose, mais ils ne sont d'accord ni sur le nom ni sur plusieurs de ses propriétés. Cette substance est-elle acide? contient-elle un acide en quelque façon dans un état de dissolution? enfin, l'air fixe est-il lui-même un acide particulier sous la forme de vapeur ou de fluide élastique? Ces différentes opinions ont eu leurs défenseurs, et les expériences de M. le duc de Chaulnes ont eu pour objet de jeter un nouveau jour sur cette matière intéressante. Nous supprimons ici le détail des expériences pour n'en présenter que le résultat, dans la crainte de donner trop d'étendue à ce rapport.

M. Bergmann avait déjà fait voir que l'air fixe rougissait la teinture de tournesol. M. le duc de Chaulnes, en répétant cette expérience, y a ajouté des circonstances intéressantes. Il fait voir qu'une livre d'eau saturée d'air fixe contient en molécules acides l'équivalent de cinq gouttes d'huile de vitriol blanche et concentrée ; il a eu la précaution d'affaiblir cet acide avec trente-deux parties d'eau pour avoir des résultats trente-deux fois plus exacts qu'il n'aurait pu les avoir en l'employant pur. Une circonstance singulière, c'est que la teinture de tournesol qui a été rougie par de l'air fixe, exposée à l'air pendant quelque temps, y reprend la couleur bleue ; mais M. le duc de Chaulnes fait voir que ce changement tient à la volatilité de l'air fixe et que la même chose arrive avec le vinaigre, qui de même est volatil.

On sait, d'après les expériences de M. Jacquin et de plusieurs autres, que l'air fixe a la propriété de se combiner avec les alcalis et de former avec eux des sels particuliers susceptibles de cristalliser. M. le duc de Chaulnes, en citant ces auteurs, a répété leurs expériences d'une manière plus simple. Après avoir enduit d'alcali végétal en liqueur l'intérieur d'un bocal, il n'a fait qu'y verser de l'air fixe contenu dans un autre. En peu de secondes, on a vu végéter, sur les parois du bocal enduit d'alcali, une belle cristallisation, et, en multipliant les bocaux, il est parvenu en deux heures à rassembler jusqu'à deux livres d'alcali cristallisé. Ayant répété la même expérience dans des vais-

seaux très-exactement fermés avec du lut gras, il a remarqué deux circonstances très-intéressantes : la première, c'est que l'air fixe en entier se combine si intimement avec l'alcali qu'il se fait un vide réel
dans le vaisseau où se fait la combinaison; au point que le mercure,
dans le baromètre d'épreuve, descend à 22 lignes de son niveau; la
seconde, c'est qu'il n'y a point de cristallisation régulière lorsque l'opération se fait dans les vaisseaux fermés, mais seulement une espèce de
congélation irrégulière, comme il arrive avec de la cire ou de la graisse
qui se fige.

5 gros 21 grains d'alcali absorbent, dans cette expérience, environ
200 pouces cubiques d'air fixe, et l'alcali augmente entre un quart et
un septième de son poids.

M. le duc de Chaulnes conclut de ces expériences, 1° que l'air fixe
contient un acide; 2° que cet acide est si étroitement combiné avec
l'air dans ce mixte, que l'air se combine avec l'alcali plutôt que d'aban-
donner l'acide auquel il est uni. Quoique notre opinion sur cette dernière conséquence ne diffère pas très-essentiellement de celle de M. le
duc de Chaulnes et qu'elle puisse même en être plus rapprochée qu'elle
ne paraîtrait pouvoir l'être au premier coup d'œil, nous ne sommes pas
cependant entièrement de son avis. Il nous paraît à peu près prouvé
maintenant que l'air fixe lui-même n'est autre chose qu'un acide en vapeur. Cette idée, que M. Bergmann a donnée le premier, a été adoptée
depuis par le plus grand nombre des chimistes; elle se trouve confirmée
par les expériences particulières dont nous nous sommes occupés, par
celles rapportées par M. Sage, et elle nous paraît portée au dernier
degré d'évidence dans trois lettres de M. William Bewley, adressées à
M. Priestley, et que ce dernier vient de publier à la suite de son second
volume sur différentes espèces d'air. Le nom d'acide méphitique qu'il
a donné à cette substance est peut-être le meilleur qu'on ait encore
imaginé de lui donner.

Les expériences de M. le duc de Chaulnes nous paraissent de nouvelles preuves en faveur de cette opinion; il fait voir, en effet, dans le
mémoire dont nous rendons compte, que l'alcali, lorsqu'il est saturé d'air

fixe, refroidit l'eau dans laquelle on le dissout, au lieu de l'échauffer;
qu'il décrépite comme le sel marin, le tartre vitriolé et un grand nombre
d'autres substances; qu'il est susceptible de cristalliser. Or ces propriétés
sont communes au plus grand nombre des sels neutres; il y a donc très-
grande apparence que l'air fixe n'est autre chose qu'un acide en vapeur; mais cet acide est si faible qu'il est chassé par tous les autres
acides, auxquels il cède la place.

Les bornes prescrites à nos rapports ne nous permettent pas de détailler ici beaucoup d'autres expériences de M. le duc de Chaulnes sur
la cristallisation de l'alcali volatil et de l'alcali minéral, sur les effets de
la vapeur du charbon et de la chaleur même sur l'alcali, sur le rapport
des quantités d'acide nécessaires pour saturer l'alcali fixe ordinaire et
l'alcali cristallisé. Nous nous bornerons à conclure que ce mémoire nous
a paru très-digne de l'approbation de l'Académie et d'être imprimé, soit
sous son privilége, soit dans le volume des Mémoires présentés par les
savants étrangers.

RAPPORT SUR UN MÉMOIRE

RELATIF

A L'ACIDE MARIN VOLATIL.

Nous avons été chargés par l'Académie, M. Macquer, M. de Montigny et moi, de lui rendre compte d'un mémoire de M. le duc de Chaulnes, membre de la Société royale de Londres, intitulé : *Expériences qui paraissent démontrer que l'air fixe et l'acide marin volatil n'ont aucunes qualités communes, et que l'acide marin volatil a toutes celles de l'acide marin ordinaire, excepté qu'il est beaucoup moins volatil.*

Avant de rendre compte des expériences contenues dans ce mémoire, nous croyons devoir rappeler à l'Académie, en peu de mots, la marche des connaissances que les physiciens et les chimistes ont successivement acquises, sur la substance généralement connue sous le nom d'*air fixe.*

Le célèbre Hales ne paraît pas l'avoir distinguée de l'air commun, ou, pour parler plus exactement, il paraît qu'il n'admettait qu'une seule espèce d'air, diversifié en raison des matières étrangères, des vapeurs dont il était mêlé. A mesure que les expériences se sont multipliées, on a reconnu des différences plus marquées entre l'air commun et le fluide élastique désigné sous le nom d'*air fixe,* et l'on a commencé à mettre en question si cette substance était une modification de l'air commun ou une autre substance réduite en vapeur constante et durable, et sous la forme d'air.

M. Bergmann et M. Sage ont été les premiers à annoncer que cette substance était un acide ou contenait un acide; et, en effet, il a été dé-

montré par un grand nombre d'expériences que l'air fixe rougissait la
teinture de tournesol, qu'il se combinait avec les alcalis et les terres
calcaires à la manière des acides, et qu'il les amenait réellement à une
espèce d'état de neutralité.

Sans décider si l'air fixe est une modification de l'air commun ou non,
il nous paraît donc démontré, par toutes les expériences modernes,
que cette substance est un acide très-expansible, susceptible, comme
tous les acides, de se combiner avec l'eau, mais en très-petite quantité, et que, soit dans un état de vapeur, soit dans un état de liqueur,
il a toutes les qualités communes à tous les acides. Après ces notions
préliminaires, qui nous ont paru nécessaires pour l'intelligence du sujet
que nous avons à traiter, nous allons rendre compte de l'objet du mémoire de M. le duc de Chaulnes.

M. Sage, membre de cette Académie, a annoncé dans plusieurs de
ses ouvrages, et d'une manière plus formelle encore dans une brochure
qui a pour titre *Analyse des blés*, que l'air fixe n'est autre chose qu'un
acide marin modifié par une matière grasse, et il donne à l'acide marin dans cet état le nom d'*acide marin volatil*.

Pour ne laisser aucune équivoque, M. Sage, dans ses mémoires de
chimie et dans son *Analyse des blés*, non-seulement définit ce qu'il entend par acide marin volatil, mais il donne encore les moyens de le
préparer. Il avance affirmativement ensuite, dans sept chapitres de son
Analyse des blés, que la substance élastique qu'on retire de la distillation
des métaux spathiques, de la matière lumineuse du phosphore, de la
distillation du charbon en poudre, de la saturation des alcalis ou terres
calcaires par les acides, de la distillation de la craie, enfin du mercure
précipité *per se,* est de l'acide marin volatil.

C'est contre ces assertions de M. Sage que M. le duc de Chaulnes a
dirigé ses expériences.

Il a d'abord fait de l'acide marin volatil suivant les procédés de cet
académicien, et il a fait ensuite des expériences comparées sur cette
substance et sur l'air fixe. Sans entrer dans le détail de ses expériences,
nous nous contenterons de dire qu'il en résulte,

1° Que l'acide marin volatil précipite l'argent en lune cornée comme l'acide marin ordinaire, tandis que l'air fixe, dans les mêmes circonstances, n'occasionne pas la moindre précipitation;

2° Que l'acide marin forme avec l'alcali fixe un vrai sel fébrifuge de Silvius, tandis que l'air fixe combiné avec le même alcali ne produit qu'un alcali concret cristallisable, faisant effervescence avec les acides;

3° Que l'acide marin volatil, loin de précipiter l'eau de chaux, redissout, au contraire, la chaux qui a été précipitée par l'air fixe;

4° Enfin que, loin de former avec la chaux, comme l'air fixe, une véritable craie, c'est-à-dire une substance insoluble dans l'eau, l'acide marin volatil forme, au contraire, avec la chaux un sel neutre déliquescent.

Quelque confiance que nous fussions portés à prendre dans les expériences de M. le duc de Chaulnes, parce qu'elles s'accordaient parfaitement avec celles de M. Priestley et avec toutes les idées reçues, nous avons cru devoir répéter les principales.

Nous nous sommes assurés, par des expériences dont nous supprimons les détails, que l'acide marin volatil n'était autre chose que l'air marin de M. Priestley, c'est-à-dire de l'acide marin dans l'état de vapeur; que, dans cet état, il conservait toutes ses propriétés d'acide marin; qu'il donnait les mêmes résultats que lui dans les combinaisons, et qu'il formait avec les terres calcaires des sels déliquescents, à la différence de l'air fixe, qui forme par la même combinaison, des sels insolubles, s'il est permis de se servir de cette expression.

Une partie des expériences sur lesquelles sont fondées ces vérités ont été faites dans la salle même de l'Académie, à la suite de ses séances et en présence de plusieurs de ses membres; nous offrons de les répéter autant de fois que l'Académie le jugera à propos, et nous désirons même que ce soit avec M. Sage. En attendant, nous croyons pouvoir conclure, avec M. le duc de Chaulnes, qu'il n'y a rien de commun entre l'acide marin volatil et la substance désignée sous le nom d'*air fixe*, sinon la qualité acide qu'ils ont l'un et l'autre; qu'au surplus ces deux substances n'ont pas plus de rapport entre elles qu'un acide à un autre

acide, que l'acide marin, par exemple, à l'acide nitreux. Nous pensons,
en conséquence, que le mémoire de M. le duc de Chaulnes mérite d'être
imprimé dans le recueil des Mémoires présentés à l'Académie, comme
contenant des vérités neuves et comme ayant contribué à détruire une
erreur qu'il était important de ne pas laisser accréditer.

NOUVEAU RAPPORT

SUR

L'ÉTAMAGE DU SIEUR BIBEREL.

Nous avons rendu compte à l'Académie, l'année dernière, M. Macquer, M. Cadet et moi, de la découverte faite par le sieur Biberel, fondeur à Beauvais, d'un nouvel étamage destiné à revêtir les casseroles de cuivre. Cet étamage, qui consistait principalement dans un alliage d'étain et de fonte de fer, présentait les avantages qui suivent : 1° d'être beaucoup moins fusible que l'étamage ordinaire; 2° de pouvoir s'appliquer en couches beaucoup plus épaisses; 3° d'être beaucoup plus durable; 4° d'être infiniment peu dissoluble dans les acides végétaux; 5° enfin de ne pouvoir communiquer aux aliments aucune qualité malfaisante. Sur l'exposition de ces avantages, et d'après les expériences dont nous avons rendu compte dans notre rapport, nonseulement l'Académie a accordé son approbation à l'invention du sieur Biberel, mais le gouvernement même lui a accordé des encouragements considérables. Il n'était question, lorsque le sieur Biberel s'est présenté à l'Académie, que d'un simple étamage appliqué sur le cuivre ; il a fait depuis des casseroles d'un métal blanc, ou plutôt gris de fer, fondu et tourné, qu'il a débitées comme composées du même alliage qu'il avait proposé pour étamer.

Le 12 de ce mois, un citoyen zélé, M. Sallier de Chamont, conseiller à la cour des aides, annonça à l'un de nous qu'il avait lieu de soupçonner que les casseroles débitées par le sieur Biberel n'étaient pas les mêmes que celles présentées à l'Académie, et qu'on l'accusait d'avoir substitué du zinc presque pur à l'alliage de fer et d'étain qui avait fait l'objet de l'approbation.

Ce fait méritait toute notre attention, sous quelque point de vue qu'on l'envisageât, et, en conséquence, l'un de nous fit dès le 15, en présence de M. de Morveau et de M. Sallier, quelques expériences préliminaires sur l'étamage et sur les casseroles du sieur Biberel. Ce dernier même fut invité d'y être présent, et il s'y trouva en effet. Depuis cette époque, les expériences ont encore été multipliées, et nous nous trouvons aujourd'hui en état de dénoncer avec certitude, et d'après des preuves non équivoques, l'infidélité du sieur Biberel.

Les casseroles qu'il fabrique sont, comme nous l'avons dit, de deux espèces : les unes de cuivre étamé, les autres d'une composition métallique, qu'il débite comme étant la même qu'il emploie en étamage. Nous nous sommes procuré des casseroles de ces deux espèces fournies depuis peu et reconnues par le sieur Biberel, et il a résulté des expériences auxquelles nous les avons soumises,

1° Qu'il n'entre point de fer ni de fonte de fer dans l'étamage des casseroles de cuivre, ni dans la composition métallique dont il fait usage aujourd'hui, de sorte que ni ses casseroles de cuivre étamé, ni celles de métal fondu, ne sont la même chose que ce qu'il a présenté à l'Académie;

2° Que l'étamage qu'il adapte aux casseroles de cuivre n'est que de l'étain en couche très-mince, appliqué à la manière ordinaire, encore avons-nous lieu de soupçonner que cet étain est allié d'un peu de zinc; mais le peu d'épaisseur de la couche employée en étamage dans les casseroles sur lesquelles nous avons opéré ne nous a pas permis de le constater avec certitude;

3° Qu'à l'égard des casseroles de métal fondu, elles sont, pour la très-majeure partie, de zinc, auquel seulement est alliée une petite portion d'étain.

Nous nous réservons de mettre sous les yeux de l'Académie, dans un autre moment, le détail des expériences dont nous venons de lui présenter le résultat; mais nous avons cru ne pouvoir trop nous hâter de lui dénoncer l'abus qu'on a fait de son approbation et les dangers qui peuvent en résulter pour le public.

L'Académie n'a point jusqu'ici prononcé d'une manière précise sur les effets du zinc pris intérieurement, mais il est reconnu que cette substance métallique se dissout avec une très-grande facilité dans tous les acides, même dans celui du vinaigre; il est donc constant qu'on ne peut employer des casseroles de zinc dans la cuisson et la préparation des aliments, sans s'exposer à prendre journellement une quantité très-notable de zinc dans l'état salin; or les médecins ont observé que ces préparations, et notamment celle connue sous le nom de *gilla vitrioli*, sont émétiques à de très-petites doses; cette circonstance seule a dû suffire pour empêcher l'Académie de donner aucune approbation ni aux étamages ni aux ustensiles de zinc destinés pour la cuisine; mais, quand il serait aussi certain qu'il l'est peu que le zinc pris intérieurement ne peut produire aucun effet malfaisant, le sieur Biberel n'en serait pas plus excusable, puisqu'il a surpris l'approbation de l'Académie en annonçant un procédé nouveau et vraiment intéressant qu'il n'exécute pas.

Nous prions l'Académie de délibérer sur le parti à prendre pour mettre le public, le plus tôt possible, en garde contre l'infidélité du sieur Biberel.

RAPPORT

SUR

LA DÉCOMPOSITION DU SEL AMMONIAC.

Du 27 avril 1776.

Nous avons examiné, par l'ordre de l'Académie, un mémoire de M. Bucquet, docteur régent de la faculté de médecine, *Sur quelques circonstances qui accompagnent la décomposition du sel ammoniac par la chaux vive, par les matières métalliques et par leurs chaux, relativement aux propriétés attribuées à l'air fixe.*

L'auteur se propose, dans ce mémoire, de détruire quelques assertions de MM. Black, Jacquin et autres chimistes, sur les propriétés de l'air fixe, de montrer l'insuffisance des preuves sur lesquelles ils se fondent, et de confirmer par des expériences nouvelles la vérité des propositions contraires.

Le docteur Black et ses partisans ont regardé l'air fixe comme le principe de la solidité des matières calcaires et des sels alcalis, et comme la cause de l'effervescence occasionnée par leur mélange avec les acides. La craie n'est, selon eux, que de la chaux vive saturée par l'air fixe, et c'est à la perte de cet air qu'on doit attribuer la dissolubilité de la chaux vive dans l'eau et sa propriété de se dissoudre dans les acides sans effervescence; ils ajoutent qu'on peut, sans réduire la pierre calcaire en chaux, lui enlever toute son eau, qui, conséquemment, n'est point essentielle à sa composition. C'est encore uniquement à l'air fixe qu'ils attribuent la facilité que les sels alcalis ont de cristalliser et de faire effervescence avec les acides. Ils prétendent enfin que la chaux

vive et les alcalis, rendus caustiques, peuvent reprendre de l'air fixe,
soit de l'atmosphère, soit de l'eau dans laquelle on les a dissous. Alors
ces substances recouvrent leur première solidité et la propriété de faire
effervescence avec les acides, propriétés qu'ils regardent comme dé-
pendantes de la présence de l'air fixe. Cette doctrine est appuyée sur
deux expériences principales : l'une est l'analyse de la craie ou de la
pierre à chaux, l'autre est sa recomposition.

Quant à la première, dans laquelle les partisans de l'air fixe prétendent avoir dégagé cette substance de la craie par la distillation,
M. Bucquet observe qu'ils n'ont jamais eu que des à peu près, qu'ils
n'ont pas pu s'assurer de la nature des principes retirés par l'analyse,
et qu'ils peuvent bien avoir pris pour air fixe une eau réduite en vapeur par le feu violent nécessaire pour la calcination de la pierre. S'ils
ont retiré un véritable air fixe, il avait peut-être été produit par les
luts des cornues, comme cela est arrivé à M. Bucquet dans une pareille distillation. Ce chimiste admet d'ailleurs dans la pierre à chaux
deux sortes d'eau : l'une surabondante, qui s'élève aux premiers degrés de chaleur; il la compare à l'eau de cristallisation des sels;
l'autre, qu'il regarde comme l'eau de composition, ne s'échappe qu'à
la plus grande violence du feu, lorsque la pierre se calcine et se décompose.

L'expérience de la conversion de la chaux en craie réussit, lorsqu'on
fait passer l'air fixe dans l'eau de chaux, et non pas lorsque l'on tient
la chaux sèche plongée dans l'air fixe, comme M. Bucquet s'en est assuré. On ne doit donc pas conclure de cette synthèse que la craie est
une chaux saturée seulement d'air fixe, puisque sans l'eau ces deux
substances ne peuvent se mêler. M. Bucquet a également remarqué
que la chaux vive saturée d'eau, ou exposée longtemps à l'air atmosphérique, n'est pas pour cela convertie en craie; car la crème saline
de chaux, la chaux éteinte à l'air et la chaux précipitée sous l'eau ont
également dégagé du sel ammoniac un alcali volatil caustique privé
d'air fixe, comme celui qu'on retire par la chaux vive, et bien différent
de l'alcali qu'on obtient en décomposant le sel ammoniac par la craie.

Cette différence dans les produits prouve que ces chaux saturées d'eau sont privées d'air fixe; cependant elles font effervescence avec les acides, selon l'observation de M. Bucquet, qui en conclut que l'effervescence ne dépend pas toujours du dégagement de l'air fixe contenu dans les corps.

Il a décomposé le sel ammoniac par des métaux, tels que le fer et le cuivre, qui n'absorbent point l'air fixe; l'alcali volatil qu'il en a obtenu était cependant sous forme fluide, comme celui qui a été retiré du sel ammoniac par la chaux, mais il diffère de ce dernier en ce qu'il fait toujours effervescence avec les acides.

Les chaux métalliques, qui, suivant l'opinion de M. Black, ne doivent leur état qu'à un air fixe surabondant, décomposent le sel ammoniac à froid de même que la chaux qui est privée d'air fixe, et l'on en retire un alcali volatil fluide, très-caustique, mais faisant effervescence avec les acides.

De ces différentes expériences de M. Bucquet, il semble qu'on peut conclure avec lui que la craie n'est pas seulement un composé de chaux vive et d'air fixe, mais qu'elle contient nécessairement de l'eau comme principe, puisqu'on ne peut former de la craie en mêlant séparément avec la chaux, soit de l'air fixe, soit de l'eau; la réunion de ces trois principes est donc nécessaire, comme quand on fait passer l'air fixe dans l'eau de chaux. Ainsi la chaux peut exister dans trois états différents : 1° dans celui de chaux vive privée d'air fixe et d'eau; 2° dans celui de chaux éteinte saturée d'eau et privée d'air fixe; 3° enfin dans l'état de craie saturée d'eau et d'air fixe : vérités que M. Lavoisier a depuis démontrées par des expériences différentes, mais tout aussi concluantes.

De plus, selon M. Bucquet, ce n'est pas à l'air fixe qu'il faut attribuer la cristallisation des sels alcalis et leur propriété de faire effervescence avec les acides, puisque ces deux propriétés ne sont pas inséparables; la chaux éteinte, faisant effervescence avec les acides, prouve que la même conséquence a lieu pour les terres calcaires. On peut encore décider que la causticité des alcalis ne vient pas de la perte de l'air fixe, puisque les chaux métalliques, saturées de cet air, décomposent le sel ammoniac à froid, comme le fait la chaux pierreuse, et en séparent un alcali volatil très-caustique et toujours fluide, quoique effervescent, ce qui paraît opposé à la doctrine de MM. Black et Jacquin.

Ce mémoire, rempli d'expériences curieuses et d'observations importantes, nous paraît digne de l'approbation de l'Académie et d'être imprimé dans les Mémoires des savants étrangers.

Ce mardi, 3o avril 1776.

Signé A. L. DE JUSSIEU, MACQUER [1].

[1] Ce rapport étant nécessaire à l'intelligence de celui qu'on trouve plus loin p. 276; on l'a mis à sa date, quoique Lavoisier ne fit pas partie de la Commission. (*Note de l'Éditeur.*)

RAPPORT

SUR

UNE ENCRE DE CHINE.

Du 7 août 1776.

Nous avons été chargés par l'Académie, M. Macquer, M. Bailly et moi, d'examiner une espèce d'encre à l'imitation de celle connue sous le nom d'*encre de la Chine*, composée et présentée à l'Académie par M. l'abbé Artaud.

Les principales propriétés qu'on a coutume de rechercher dans l'encre de la Chine sont les suivantes : premièrement, qu'elle s'unisse parfaitement avec l'eau et qu'elle ne contienne aucune partie grasse qui s'oppose à cette union; secondement, que la matière mucilagineuse qui entre dans sa composition n'ait ni trop de facilité, ni trop de difficulté à se dissoudre dans l'eau; troisièmement, que la matière qui constitue la noirceur de l'encre soit dans le plus grand degré de division, qu'elle soit susceptible de s'étendre uniformément sans former de grumeaux; quatrièmement, que lorsqu'on en étend une couche légère sur de la porcelaine, elle présente une couche parfaitement uniforme dans toutes ses parties et qu'elle prenne en séchant un coup d'œil cuivreux.

Tous les dessinateurs s'accordent à assurer qu'on ne fait ni en France, ni même en Europe, d'encre solide qui réunisse toutes ces propriétés au même degré que la bonne encre de la Chine; nous en avons nous-mêmes acheté chez plusieurs marchands de Paris, et nous avons reconnu que toutes ces encres étaient beaucoup plus solubles dans l'eau que la véritable encre de la Chine; délayées et étendues,

34.

elles formaient une espèce de pâte ou de boue qui ne remplissait pas l'objet qu'on se propose dans l'art de laver des dessins.

L'encre, au contraire, faite par M. l'abbé Artaud réunit la finesse des parties, la propriété de s'étendre uniformément, de présenter un coup d'œil cuivreux en séchant, et nous prononcerions sans balancer qu'elle égale l'encre de la Chine de la meilleure qualité, si nous n'avions à lui reprocher de s'étendre beaucoup plus aisément dans l'eau, d'être beaucoup plus soluble. Quoi qu'il en soit, l'encre de M. l'abbé Artaud nous a paru meilleure que ce qui a été fait jusqu'à présent en France, et nous croyons que, sous ce point de vue, l'Académie peut lui accorder son approbation, à la charge toutefois de communiquer son procédé à l'un des commissaires de l'Académie, et de le déposer cacheté entre les mains du secrétaire, pour être ouvert au bout de deux années et rendu public.

RAPPORT

SUR L'HISTOIRE NATURELLE

DU VIMEUX ET DE L'AMIENNOIS.

Du 4 septembre 1776.

L'Académie nous a chargés, M. Desmarets et moi, de lui rendre compte d'un mémoire intitulé : *Histoire naturelle du Vimeux et d'une partie de l'Amiennois*, par M. Sellier, de l'académie d'Amiens.

Après une description géographique très-courte du pays qui fait l'objet de ce mémoire, M. Sellier essaye de donner une idée de la composition intérieure du terrain. Le Vimeux et l'Amiennois ne sont, suivant lui, qu'un grand plateau composé de craie et de terres crayeuses; ce plateau est élevé de deux à trois cents pieds au-dessus du niveau de la mer; c'est à travers cette masse que sont creusés les puits, et M. Sellier prétend qu'on est obligé partout de descendre, pour trouver l'eau, jusqu'au niveau d'une nappe horizontale, ou à peu près telle, qu'il suppose exister au niveau des rivières voisines.

Cette craie, en des endroits, ne contient point de silex; dans d'autres, elle est coupée par de petites couches siliceuses minces; quelquefois, et le plus souvent, les silex sont très-irrégulièrement distribués dans la masse de craie; d'autres fois aussi ils forment par leur juxtaposition des bancs presque continus. Cette craie contient des cornes d'Ammon et d'autres coquilles fossiles, mais rarement et en petite quantité.

Le haut du plateau est recouvert de terre végétale assez fertile en général, rouge, argileuse par places, dans laquelle on trouve quelquefois beaucoup de silex de même nature que ceux qui se rencontrent dans la craie, et dans laquelle aussi quelquefois on n'en rencontre aucun.

Les vallées profondes, telles que celles où coulent les grandes rivières, sont, dans presque toute leur étendue, garnies d'une couche épaisse de tourbe; cette substance repose sur une matière marneuse et crétacée au-dessous de laquelle on trouve du sable et des cailloux roulés.

M. Sellier décrit ensuite les rivières navigables du Vimeux et de l'Amiennois, et il indique les moyens de reculer beaucoup plus loin les bornes de la navigation à l'égard de quelques petites rivières.

Après avoir décrit le sol et indiqué les productions minérales, M. Sellier traite successivement, en différents articles, de l'eau, des maladies particulières à la province qu'il décrit, de l'agriculture, des arts, du commerce et de l'industrie. Nous n'entrerons pas dans de grands détails sur cette partie du mémoire de M. Sellier, parce qu'elle est étrangère aux objets dont s'occupe l'Académie; nous nous contenterons en conséquence d'ajouter quelques réflexions sur différents passages de son mémoire; nous les puiserons dans les détails que l'un de nous a été à portée de prendre dans la province même que décrit M. Sellier et sur les renseignements qu'il a rassemblés sur les lieux.

M. Sellier prétend que les eaux de la Somme, de la Selle et de la Bresle, filtrant à travers les bancs de pierres calcaires ou de craie, forment une nappe d'eau souterraine terminée par ces trois rivières et par la mer. Cette opinion nous paraît démentie par nombre d'observations : il y a, dans le Vimeux et l'Amiennois, des puits qui n'ont que 200 pieds de profondeur à partir du niveau du haut du plateau, tandis que d'autres ont jusqu'à 3 et 400 pieds. L'eau n'est donc pas fournie dans tous par une nappe d'eau au même niveau; mais ce qui est plus vraisemblable, ce qui cadre mieux avec les observations, c'est que les eaux de pluie pénètrent et s'infiltrent à travers les pierres crayeuses jusqu'à ce qu'elles soient arrêtées par une matière plus compacte, telle que la glaise, ou même par un banc de craie moins pénétrable par

l'eau ; alors elles coulent du côté où elles y sont déterminées par l'inclinaison du banc et vont sortir, à des hauteurs plus ou moins grandes,
dans les vallées, où elles forment des fontaines.

Ce n'est pas que les rivières ne s'infiltrent réellement à travers les
terres et qu'elles ne forment à quelque distance des nappes d'eau souterraines, mais il est rare que les puits descendent jusqu'à ce niveau,
surtout lorsqu'ils sont situés à quelque distance de la rivière ; et l'on sent
d'ailleurs qu'en admettant ces nappes elles n'expliqueront pas la formation des sources qui, pour l'ordinaire, sont fort élevées au-dessus
du niveau des rivières, et qui ne s'y rendent le plus souvent qu'après
un trajet fort long.

M. Sellier prétend encore qu'on trouve quelquefois, dans la craie, des
silex qui paraissent avoir été roulés par les eaux de la mer. Ce fait ne
s'accorde point avec nos observations, et nous ne croyons pas qu'on
ait jamais observé, dans l'intérieur des masses de craie de la Champagne ou de la Picardie, de véritables cailloux roulés, et nous pensons
qu'il ne pourrait s'en trouver que par des circonstances accidentelles
dont on ne doit pas faire une loi générale.

Quoi qu'il en soit, le mémoire de M. Sellier contient des observations intéressantes, et l'Académie ne peut que louer le zèle qui le porte
à s'appliquer à l'histoire naturelle, après avoir cultivé des sciences d'un
autre genre ; mais nous croyons en même temps qu'elle doit l'engager
à multiplier de plus en plus ses observations, à rassembler des faits,
afin de donner encore une base plus solide aux généralités qu'il en
conclut.

A MONSIEUR DE VERGENNES,

MINISTRE ET SECRÉTAIRE D'ÉTAT.

Monseigneur,

J'ai examiné, avec toute l'attention qu'exigeait de moi la marque de confiance dont vous voulez bien m'honorer, le sel purifié suivant la méthode du sieur Mautel, qui vous a été adressé de Londres par M. Garnier.

Ce sel, ainsi que vous pourrez en juger par le rapport détaillé que j'ai l'honneur de joindre à cette lettre, n'est ni plus pur, ni mieux raffiné que le sel marin ordinaire. S'il en diffère, ce n'est que parce qu'il est mélangé d'une petite portion de terre calcaire ou de chaux; or la nature même de ce mélange est telle qu'elle ne peut procurer au sel aucune des propriétés merveilleuses qu'on lui attribue.

Vous jugerez aisément, Monseigneur, d'après cet exposé, que le sieur Mautel est du nombre de ces possesseurs de secrets qui s'en imposent à eux-mêmes sur les découvertes qu'ils se persuadent avoir faites; que ses prétentions ne portent sur aucune base réelle, et que ses propositions ne méritent aucune attention de la part du gouvernement.

Je suis avec un profond respect, Monseigneur, etc.

RAPPORT

SUR DU SEL MARIN

PURIFIÉ

PAR UNE MÉTHODE PARTICULIÈRE.

Du 27 octobre 1776.

Ce sel est de couleur blanche un peu grisâtre, en poudre fine comme du sablon, et l'on n'y reconnaît aucune forme de cristaux.

Il a la saveur du sel marin ordinaire, avec cependant le même retour d'âcreté qu'on a coutume de remarquer dans le sel tiré des fontaines salées, âcreté que n'a pas communément le sel des marais salants.

Lorsqu'on fait dissoudre ce sel dans l'eau, il s'en sépare environ $2\frac{3}{4}$ pour cent d'une matière terreuse, blanche, insoluble dans l'eau. Cette matière n'est autre chose, du moins pour la plus grande partie, qu'une terre calcaire ordinaire, une espèce de craie qui se dissout avec effervescence dans les acides, qui forme de l'eau mère de nitre avec l'acide nitreux et de la sélénite avec l'acide vitriolique.

Si, après avoir séparé par filtration la terre contenue dans ce sel, on fait évaporer la dissolution et qu'on fractionne le sel, c'est-à-dire qu'on sépare successivement les différentes portions qui cristallisent, on s'apercevra que le sel qu'on aura obtenu le premier est un sel marin très-pur et qui ne contient pas sensiblement de sel à base terreuse, qu'à mesure qu'on continue l'évaporation, il se cristallise du sel de moins en moins pur, qu'enfin les dernières portions sont les plus terreuses de toutes.

Cette seconde terre n'est pas, comme la première, étrangère au sel;

elle est combinée avec l'acide; mais on peut l'en séparer par l'addition
d'un alcali; et si, après l'avoir lavée et desséchée, on la redissout dans
de l'acide vitriolique affaibli, on obtient environ moitié sel d'Epsom et
moitié sélénite. Cette terre, au surplus, est en très-petite quantité, et
elle n'excède pas $1\frac{1}{2}$ ou 2 pour cent de la quantité du sel.

Quelque attention qu'on ait apportée dans l'évaporation de ce sel,
on n'a pu parvenir à l'avoir en beaux cristaux. On a soupçonné, en
conséquence, qu'il pouvait être mêlé de quelques portions de sel fébrifuge de Silvius, autrement dit de sel marin à base d'alcali végétal. Pour
éclaircir ce doute, on a combiné une portion de ce sel avec de l'acide
vitriolique concentré; on a procédé à la distillation dans une cornue de
verre et l'on a obtenu l'acide marin très-fort et fumant. Le résidu de la
distillation, dissous dans l'eau, n'a donné par évaporation que du sel
de Glauber, preuve certaine que le sel mis en expérience ne contenait
point de sel fébrifuge de Silvius, comme on l'avait soupçonné.

Pour dernière expérience, on a versé de l'esprit-de-vin bien dé-
flegmé sur ce sel et l'on a fait chauffer. L'esprit-de-vin a dissous la
petite portion de sel à base terreuse, et le sel marin qui est resté s'est
trouvé beaucoup plus pur.

CONSÉQUENCES DES EXPÉRIENCES.

D'après ces expériences, on voit que le sel qui fait l'objet de ce rapport n'est autre chose qu'un sel marin ordinaire mêlé, 1° avec environ $2\frac{1}{4}$ pour cent de terre calcaire, qui probablement y a été mise
dans l'état de chaux; 2° d'un peu de sel marin partie à base terreuse
ordinaire, partie à base de sel d'Epsom; mais qu'en même temps les
sels qu'une analyse très-délicate y démontre sont en si petite quantité
qu'ils ne méritent aucune attention.

Ce sel n'est donc ni plus pur, ni mieux raffiné que le sel marin ordinaire dont nous faisons usage dans nos aliments. S'il en diffère au
contraire, ce n'est que parce qu'il est altéré par un mélange de matières étrangères; or la nature même de ce mélange est telle qu'il ne
peut procurer au sel aucune propriété particulière.

On peut donc regarder comme constant que ce sel, loin de saler le
poisson mieux qu'un autre, le salera au contraire un peu moins en raison de la terre qu'il contient.

Quant à la propriété qu'on attribue au résidu de ce sel, de rendre
les terres qu'on en imprègne propres à produire du salpêtre, ce n'est
point une découverte . on sait en général que les eaux mères, soit de
salpêtre, soit même des salines, employées convenablement en arro-
sages, peuvent favoriser la formation du salpêtre; mais cette production est lente, elle ne se fait qu'à la longue et en petite quantité, et
les mémoires que l'Académie des sciences vient de publier sur cet objet
indiquent des matières plus communes et qui produisent plus d'effet.

On demandera peut-être quelle est l'origine de ce sel, s'il vient de
mines comme de celles de Pologne, de fontaines salées, de marais salants, ou s'il a quelque autre origine : on répondra que le sel marin
n'étant qu'un seul et même sel dont la nature est toujours la même, de
quelque part qu'il soit tiré, il n'est pas aisé de déterminer quelle est
l'origine de tel ou tel sel. Cependant l'odeur qui émane de la dissolution de celui qu'on examine ici, pendant qu'il est en évaporation, a tant
de conformité avec celle de la cuite du salpêtre, qu'on pourrait soupçonner ou que ce sel provient du travail des salpêtriers, ou qu'il a été
mélangé de quelques matières animales. Quoi qu'il en soit, je n'ai pu,
par aucune expérience, y trouver la moindre parcelle de salpêtre, et
l'on peut regarder comme certain qu'il n'en contient pas.

CONCLUSION DU RAPPORT.

De toutes les expériences et réflexions ci-dessus, il résulte que le
prétendu secret proposé, sous quelque point de vue qu'on l'envisage,
n'est d'aucune importance, et qu'il ne mérite en aucune manière l'attention du gouvernement.

Fait à Paris, le 27 octobre 1776.

RAPPORT SUR UN MÉMOIRE

RELATIF

A L'ACIDE MÉPHITIQUE.

Du 14 janvier 1778.

Nous avons à rendre compte à l'Académie, M. Macquer et moi, d'un mémoire de M. Bucquet sur le fluide élastique fixe ou acide méphitique qui neutralise la terre calcaire.

Un fait solidement établi est plus précieux en chimie qu'une multitude de conjectures présentées avec assurance, et qui, se trouvant ensuite démenties par l'expérience, ne servent qu'à retarder la marche de la science et à faire prendre de fausses routes à ceux qui la cultivent. On doit donc savoir gré à ceux qui ont le courage de reprendre en sous-ordre les théories avancées par d'autres, qui les envisagent sous toutes les faces, qui examinent toutes les objections dont elles sont susceptibles, et qui ne les laissent sortir de leurs mains qu'après les avoir solidement établies ou les avoir entièrement renversées. Telle est la marche que M. Bucquet a prise dans la suite nombreuse d'expériences qu'il fait chaque année, et dont il donne un exemple dans le mémoire dont nous rendons compte. Il avait déjà présenté à l'Académie plusieurs mémoires sur les terres et pierres calcaires, sur le fluide élastique fixe qu'elles contiennent, sur les moyens de le dégager par la voie humide; ses expériences avaient tendu à confirmer la théorie de la causticité de la chaux, avancée par M. Black et adoptée par MM. Macbride, Jacquin, Lavoisier, Macquer, etc. mais, quelque multipliées qu'eussent été les expériences faites par ces physiciens et chimistes, et par M. Bucquet lui-même, il restait encore une objection importante à détruire : c'est par la voie humide et par la dissolution dans les acides qu'on a dégagé jusqu'ici le fluide élastique de la craie; or, les acides étant eux-mêmes composés d'une grande quantité d'air pur ou de phlogistique, et ce dernier étant susceptible de se convertir en air fixe ou acide méphitique par sa combinaison avec les substances charbonneuses, il était possible que l'acide méphitique obtenu par la dissolution de la craie dans les acides fût le résultat de la décomposition ou de la volatilisation d'une partie de l'acide employé pour opérer le dégagement. M. Ducoudray, officier d'artillerie et correspondant de l'Académie, s'était fait cette objection à lui-même, et il avait tenté, en conséquence, de dégager par la violence du feu le fluide élastique fixé dans la craie; mais, soit que le degré de feu qu'il avait employé fût insuffisant, soit que la cornue de grès dont il s'est servi fût trop poreuse ou qu'il s'y fût fait quelque fêlure, il n'obtint ni fluide élastique, ni rien qui y ressemblât.

En remontant aux expériences antérieures, à celles de M. Jacquin, par exemple, on ne trouvait rien de plus satisfaisant. En effet, ce chimiste n'était point parvenu à rassembler le gaz fixé dans la craie, et il n'avait conclu son existence que d'après le sifflement qui s'était fait par le trou du ballon pendant tout le cours de l'opération. Mais, dans un degré de chaleur aussi extrême que celui qui est nécessaire pour calciner la pierre à chaux, l'eau seule, réduite en vapeur, avait pu produire cet effet.

C'est dans cet état d'incertitude que M. Bucquet a entrepris une nouvelle calcination de la chaux dans les vaisseaux fermés, et il a eu un succès complet. Il a employé le marbre blanc comme la substance calcaire la plus pure, et il a obtenu de 6 gros de cette substance 231 pouces $\frac{1}{2}$ de fluide élastique, dont 166 $\frac{1}{4}$ étaient de l'acide méphitique et 54 pouces $\frac{1}{4}$ seulement étaient de l'air inflammable. M. Bucquet observe par rapport à ce dernier qu'il n'a pas la propriété de détoner par son mélange avec l'air commun, comme l'air inflammable retiré de la dissolution des métaux par l'acide vitriolique ou par l'acide

marin; circonstance remarquable, que M. de Lassonne a déjà fait observer, relativement à l'air inflammable qu'il a retiré de différentes
substances. Après avoir examiné les divers fluides élastiques dégagés du
marbre blanc par la calcination, M. Bucquet examine le marbre lui-
même et les changements qu'il a subis pendant cette opération. Il
trouve qu'il est diminué considérablement de poids, qu'il est privé de
fluide élastique et d'eau, et qu'en lui rendant ces deux substances on
le ramène à l'état de terre calcaire.

Enfin M. Bucquet termine son mémoire par une comparaison des
résultats de M. Jacquin et de l'un de nous avec les siens; il fait voir,
que M. Jacquin s'est trompé considérablement sur la quantité de fluide
élastique qui se dégage de la craie par la calcination; qu'il a jugé de
cette quantité par le déchet en poids qui résulte de l'opération, sans
prendre garde que la volatilisation de l'eau qui était contenue dans
cette substance y entre pour beaucoup. Enfin, les résultats de M. Bucquet sont assez exactement conformes à ceux qu'a obtenus l'un de nous
par la voie humide.

D'après les détails dans lesquels nous venons d'entrer, l'Académie
peut voir que le travail de M. Bucquet confirme et complète la théorie de MM. Black, Macbride, etc. sur la causticité de la chaux et des
alcalis, qu'il détruit les dernières objections raisonnables qu'on pouvait faire contre ce système, et nous pensons, en conséquence, que ce
mémoire mérite d'être imprimé dans le recueil de ceux présentés à
l'Académie.

RAPPORT

SUR

LA DÉCOMPOSITION DU SEL AMMONIAC

PAR LES SUBSTANCES MÉTALLIQUES.

Du 14 janvier 1778.

L'Académie nous a chargés de lui rendre compte, M. Macquer et moi, d'un mémoire de M. Bucquet, sur la décomposition du sel ammoniac par les substances métalliques.

Ce travail important manquait presque entièrement à la chimie: il existait à peine quelques faits isolés, mais ils n'étaient point encore assez nombreux pour faire corps avec le reste de la science et pour qu'on en pût tirer des résultats généraux. Le mémoire de M. Bucquet embrasse l'universalité de ce travail; il a combiné avec le sel ammoniac toutes les substances métalliques connues, métaux et demi-métaux, à l'exception du platine. La lecture de ce mémoire à l'Académie est trop récente pour qu'il soit nécessaire d'entrer dans le détail de chaque expérience en particulier.

Nous rappellerons seulement ici à l'Académie que presque toutes les expériences de M. Bucquet ont été faites doubles, d'abord en petit pour recevoir les différentes espèces d'air ou de gaz qui se dégagent pendant la décomposition; puis en grand, pour obtenir une quantité plus considérable des produits fluides ou concrets résultant de l'opération. M. Bucquet, dans les expériences du premier genre, a toujours opéré avec du mercure; il introduisait ensuite sous les cloches, dans

lesquelles il avait reçu l'air ou le gaz qui s'était dégagé, une quantité
d'eau suffisante pour absorber toute la quantité d'air ou de gaz miscible à l'eau. On voit qu'à l'aide de ces précautions M. Bucquet a été
à portée de déterminer avec une grande précision, 1° la quantité totale
d'air ou de gaz dégagé; 2° la portion de ce même gaz qui était susceptible de se combiner avec l'eau; 3° celle au contraire qui était non
miscible à l'eau; 4° la quantité de fluide passé dans la distillation;
5° la portion concrète sublimée; 6° le résidu demeuré au fond de la
cornue.

Nous ferons remarquer ici en passant que c'est un des grands
avantages de l'application des découvertes modernes à la chimie, de
pouvoir faire des distillations sans perte; en effet, il est possible en
opérant avec soin, et comme M. Bucquet l'a fait, de retrouver, en réunissant les produits aériformes, les produits fluides et ceux concrets,
la totalité du poids des matières employées, précision très-précieuse à
laquelle on n'avait jamais prétendu avant la découverte de M. Priestley,
et dont M. Bucquet fait une application très-heureuse dans le mémoire
dont nous rendons compte.

Le sel ammoniac est, comme l'on sait, le résultat de la combinaison
de l'acide marin avec l'alcali volatil; les métaux sont également, suivant
l'opinion généralement reçue, une combinaison du phlogistique avec
une terre métallique; la décomposition des métaux par le sel ammoniac est donc nécessairement le résultat d'une double affinité; cette
décomposition est déterminée, d'une part, par la tendance plus ou
moins grande qu'a l'acide marin à s'unir à la substance métallique employée, et de l'autre à l'adhérence plus ou moins grande du phlogistique avec la terre métallique.

Cette manière, très-chimique, d'envisager la décomposition du sel
ammoniac par les substances métalliques, s'applique d'une manière
très-heureuse au delà des faits, et les expériences multipliées que
M. Bucquet rapporte dans son mémoire prouvent que le cuivre, le fer
et le zinc sont les substances métalliques qui décomposent le plus aisément et le plus complétement le sel ammoniac; que l'étain opère

une décomposition incomplète, enfin que ce sel n'est pas susceptible d'être décomposé par l'or, l'argent, le mercure, le cobalt, le régule d'antimoine; ce qui s'accorde parfaitement bien avec la théorie des doubles affinités que M. Bucquet a adoptée.

On sait que la plupart des substances métalliques, en se dissolvant dans l'acide marin, occasionnent une effervescence considérable, et M. Priestley nous a appris que cette effervescence était due au dégagement d'un fluide élastique inflammable. Ce même phénomène arrive dans la décomposition du sel ammoniac : l'acide marin en s'unissant à la substance métallique produit également de l'air inflammable. M. Bucquet en a retiré dans le plus grand nombre des expériences où il y a eu décomposition du sel ammoniac, et cette circonstance ne peut que confirmer l'opinion où est M. Bucquet que, dans toute décomposition du sel ammoniac par une substance métallique, il s'opère une véritable dissolution de la substance métallique par l'acide marin.

Tout semblerait devoir porter à conclure que l'alcali volatil, dégagé du sel ammoniac par les métaux, est dans un état de causticité parfaite; il n'existe rien en effet, du moins en apparence, dans cette combinaison qui puisse fournir du gaz ou acide méphitique à l'alcali volatil, cependant M. Bucquet a observé que l'alcali volatil obtenu par l'intermède des substances métalliques faisait presque toujours une effervescence marquée avec les acides; il s'est assuré que cette effervescence était due à deux causes : 1° au dégagement d'une petite partie de gaz méphitique que contiennent ces alcalis; 2° à la conversion d'une partie de l'alcali volatil lui-même en gaz alcalin, conversion qui est occasionnée par la chaleur qui existe à l'instant du mélange.

La suite d'expériences dont nous venons de rendre compte peut être regardée comme un travail très-précieux pour la chimie. Celui que M. Bucquet annonce sur la décomposition du sel ammoniac par les chaux métalliques contiendra sans doute des phénomènes encore plus intéressants; en effet, le principe qui augmente le poids des chaux métalliques doit jouer un rôle dans toutes ces décompositions, et ce genre d'expériences est d'autant plus important à suivre qu'il offre un

moyen sûr pour faire une analyse rigoureuse de toutes les chaux métalliques. Nous pensons, en conséquence, que l'Académie ne peut
qu'applaudir au choix que M. Bucquet a fait de son sujet et à la manière dont il l'a traité, et nous concluons qu'il mérite, à toutes sortes
d'égards, l'approbation de l'Académie et d'être imprimé dans le recueil
des mémoires présentés par des savants étrangers.

RAPPORT SUR UN MÉMOIRE

RELATIF

AUX PRÉCIPITÉS MARTIAUX

OBTENUS PAR LES ALCALIS.

Du 14 janvier 1778.

Nous avons été chargés par l'Académie, M. Cadet et moi, de lui rendre compte d'un mémoire de M. de Fourcroy sur la différence des précipités martiaux, obtenus par les alcalis caustiques et non caustiques.

On sait que, lorsqu'on verse sur de la craie un acide quelconque, il se produit une effervescence, et qu'il se dégage en même temps un principe volatil aériforme, auquel on a donné le nom d'air fixe ou d'acide méphitique; d'où l'on a conclu que la craie et, en général, les terres calcaires n'étaient pas des substances simples, mais qu'elles étaient le résultat de la combinaison de l'acide méphitique ou air fixe avec une terre. L'un de nous, dans un ouvrage publié à la fin de 1773, a observé que, lorsqu'on précipitait par la craie une dissolution de fer ou de mercure bien saturée, la précipitation se faisait presque sans effervescence; que le dégagement d'air fixe était beaucoup moindre, d'où il s'ensuivait nécessairement qu'une partie de l'air fixe ou acide méphitique restait dans le mélange. En effet, ayant déterminé le poids des précipités obtenus de doses égales d'une même dissolution métallique, ceux par la craie se sont trouvés beaucoup plus considérables, et il en a conclu que l'acide méphitique s'était combiné avec le précipité. Depuis, M. Bayen a prouvé, par des expériences très-intéressantes, qu'il

36.

existait dans les précipités mercuriels un principe élastique qu'il était possible de dégager, même avec détonation, quand on y joignait du soufre. M. le duc de Chaulnes, enfin, dans un mémoire sur l'air qui se dégage des cuves de bière en fermentation, a fait voir que, lorsque l'alcali fixe végétal a été parfaitement saturé d'air fixe, il précipite le fer du vitriol martial sous couleur presque blanche, d'où il a conclu, avec beaucoup de vraisemblance, que ce précipité était dans un état très-voisin de la mine de fer spathique blanche, qu'on sait, par les analyses chimiques qui en ont été faites, être un composé de fer et d'acide méphitique.

Tel était l'état des connaissances chimiques au moment où M. de Fourcroy a commencé à s'occuper de cet objet. On va voir par les détails dans lesquels nous allons entrer que la matière était bien loin d'être épuisée, et nous ne doutons pas qu'entre ses mains elle ne devienne une source d'observations très-intéressantes. Il ne faut pas perdre de vue, pour l'intelligence de ce que nous allons dire, que les alcalis que nous nommons caustiques sont des substances alcalines pures; que les alcalis non caustiques, au contraire, sont de véritables sels neutres résultant de la combinaison de l'air fixe ou acide méphitique avec une substance alcaline.

M. de Fourcroy a d'abord fait dissoudre, avec les précautions nécessaires, du fer dans les différents acides connus, après quoi il a fait la précipitation de ce métal par un alcali volatil caustique. On sait que toutes les fois qu'on verse un alcali quelconque, soit fixe, soit volatil, sur une dissolution métallique, l'acide qui tenait le métal en dissolution le quitte pour s'unir à l'alcali, et qu'aussitôt le métal se précipite; mais on avait toujours été dans l'opinion que le métal ainsi précipité était dans l'état de chaux, qu'il était dépouillé de phlogistique, et qu'il était même uni à une petite portion du dissolvant et du précipitant. M. de Fourcroy fait voir, au contraire, que, quand on emploie un alcali volatil parfaitement caustique, une partie du fer précipité est dans l'état métallique et attirable à l'aimant.

M. de Fourcroy a obtenu le même résultat avec toutes les dissolu-

tions de fer par les acides, à l'exception de celle par l'acide du nitre;
dans ce dernier cas, le précipité est toujours dans l'état de chaux, et il
n'a pu obtenir un seul atome de fer revivifié. D'après nos propres expériences, le défaut de succès qu'il a éprouvé tient uniquement aux circonstances de l'opération, et voici ce dont nous nous sommes assurés
à cet égard : si l'on s'est servi pour opérer la dissolution du fer d'un
acide nitreux très-concentré, si l'on a employé le secours de la chaleur,
et que l'effervescence ait été très-vive, alors le métal se calcine, pendant
la dissolution même, par l'action de l'acide nitreux; alors on a beau
précipiter par l'alcali volatil le plus caustique, on n'obtient jamais que
du fer dans l'état de chaux et pas un atome de fer revivifié; il n'en est
pas de même quand on emploie un acide nitreux très-affaibli; le métal
se dissout alors sans se calciner, ou du moins il ne se calcine qu'en
partie, et, quand on précipite ensuite par un alcali caustique, il repa-
raît sous sa forme métallique.

Ce même phénomène a lieu, du plus au moins, dans les dissolutions
de fer par les autres acides. Si la dissolution s'est faite avec trop de
chaleur et de rapidité, le métal, par suite même de la dissolution, est
déjà réduit dans l'état de chaux, et il ne peut plus être précipité que
sous la forme de chaux, même par les alcalis les plus caustiques; si, au
contraire, la dissolution a été lente et que l'acide soit flegmatique, le
métal existe en partie dans la dissolution sans être calciné, et l'on peut
le précipiter sous sa forme métallique.

M. de Fourcroy passe ensuite à la précipitation du fer par l'alcali
volatil saturé d'air fixe ou acide méphitique. Cette précipitation présente le phénomène d'une double décomposition en raison d'une double
affinité : d'une part, l'acide qui tenait le fer en dissolution le quitte
pour s'unir à l'alcali volatil et former un sel neutre ammoniacal; de
l'autre, l'acide méphitique, qui neutralisait l'alcali volatil, se porte sur le
métal, une partie se combine avec lui, et ce qui est excédant à la saturation, resté libre, s'échappe avec effervescence. On voit que le précipité qui s'opère alors ne peut plus être un métal pur, que c'est, au
contraire, une combinaison du métal, soit avec l'air fixe ou acide mé-

phitique, soit avec quelques-uns des principes constituants de cet acide. Il est aisé de juger combien ces faits peuvent jeter de lumière sur la théorie de la dissolution et de la précipitation des métaux, et M. de Fourcroy en conclut que tous les safrans de Mars ne sont pas de même nature; que ceux qu'on obtient par les alcalis non caustiques ou saturés d'air fixe sont des espèces de sels neutres, qu'enfin, suivant l'alcali qu'on emploie, on peut avoir tous les degrés intermédiaires entre le fer, dans son état métallique, et le fer saturé d'air fixe.

Le mémoire de M. de Fourcroy contient, en outre, diverses observations intéressantes sur lesquelles nous sommes obligés de passer légèrement dans la crainte de trop allonger ce rapport; telle est, par exemple, la propriété qu'a l'alcali volatil d'absorber une portion de l'air même de l'atmosphère, de perdre sa causticité par cette union et de devenir effervescent.

D'après cette exposition, nous pensons que l'Académie ne peut qu'applaudir au zèle de M. de Fourcroy et l'encourager à suivre la carrière intéressante dans laquelle il s'est engagé, et que personne ne peut remplir mieux que lui, et nous croyons que son mémoire mérite à tous égards les éloges de l'Académie, et d'être imprimé dans le recueil de ceux présentés à l'Académie par des savants étrangers.

RAPPORT

SUR

UN ACIDE VITRIOLIQUE GLACIAL.

Du 14 janvier 1778.

Nous avons rendu compte à l'Académie, M. Macquer et moi, d'un mémoire de M. Cornette intitulé : *Observation sur un acide glacial obtenu par la distillation d'un mélange d'acide nitreux fumant et de charbon embrasé et réduit en poudre.* Ce mémoire est précédé d'une note que nous croyons devoir transcrire ici. Voici les propres paroles de M. Cornette :

« MM. Lavoisier et Bucquet ont présenté à l'Académie, il y a quel-
« ques jours, un flacon d'huile de vitriol glaciale retirée à un très-grand
« feu de la décomposition du nitre par le colcothar. Comme les expé-
« riences que je présente aujourd'hui, quoique faites d'une manière
« différente, paraissent se rapprocher beaucoup de celles de ces mes-
« sieurs, je crois devoir mettre cette note en tête de cette observation,
« déclarant ne vouloir point leur enlever l'honneur de leur découverte,
« mais prenant occasion de là, de faire part à l'Académie d'un travail
« fait depuis longtemps sur cet objet, que je ne comptais pas lui com-
« muniquer sitôt. »

Nous transcrivons ici cette note, 1° pour rendre la justice due à M. Bucquet; 2° pour donner à l'Académie une preuve de la modestie de l'auteur; elle est d'autant plus grande que son mémoire a un mé-rite indépendant de la découverte de M. Bucquet, ainsi que l'Aca-démie pourra en juger par les détails dans lesquels nous allons entrer.

M. Cornette ayant distillé sur du charbon de l'acide nitreux fumant fait à la manière de Glauber, observa les phénomènes suivants : 1° l'acide nitreux se colora d'abord légèrement à froid par la dissolution d'une petite portion de charbon; 2° ayant fait chauffer, il passa beaucoup de vapeurs rutilantes, et en même temps l'acide se distilla et passa dans le récipient; 3° à la fin de l'opération il s'éleva du fond de la cornue une matière blanche qui forma de belles cristallisations. Cette espèce de congélation se dissolvait dans l'eau avec chaleur, avec un bouillonnement considérable, et en même temps il s'en dégageait des vapeurs d'acide nitreux; de même, en la faisant chauffer dans deux vaisseaux fermés, il s'en élevait des vapeurs d'acide nitreux qui étaient ensuite réabsorbées à mesure que la liqueur se refroidissait. Nous observerons en passant que les vapeurs que M. Cornette appelle *vapeurs d'acide nitreux* ne sont réellement autre chose que de l'air nitreux de M. Priestley, autrement appelé *gaz nitreux*, lequel, comme on sait, ne devient acide nitreux qu'autant qu'il a le contact de l'air, comme l'a fait remarquer M. Bucquet, dans l'observation qu'il a communiquée à l'Académie.

Cette matière glaciale perd bientôt à l'air tout ce qu'elle contenait de nitreux; elle se résout en liqueur, et alors elle ne contient que de l'huile de vitriol pure, ainsi que M. Cornette s'en est assuré par la combinaison avec l'alcali végétal.

On n'obtient cette huile de vitriol glaciale, telle que nous venons de la décrire, qu'autant que l'acide nitreux qu'on a employé n'était pas pur, et qu'il contenait de l'acide vitriolique. En effet, M. Cornette ayant répété la même expérience avec de l'esprit de nitre fait à la manière de Glauber, mais qu'il avait recohobé sur du nitre, il n'a plus obtenu les mêmes phénomènes, et il les a obtenus de nouveau en ajoutant à ce même esprit de nitre une petite portion d'acide vitriolique concentré. M. Cornette s'est également assuré qu'on ne pouvait pas obtenir d'huile glaciale par la seule distillation de l'acide vitriolique sur le charbon, et qu'il fallait nécessairement réunir le concours de l'acide nitreux et de l'acide vitriolique.

Il est aisé de voir que le résultat obtenu par M. Cornette est absolument le même que celui obtenu par M. Bucquet; mais ces deux chimistes y sont parvenus par des routes absolument différentes; et, quoique M. Bucquet ait l'antériorité de date sur M. Cornette, quant à la présentation, il est évident, par le détail même des expériences de ce dernier, qu'il n'a eu aucune connaissance de celles de M. Bucquet.

Nous pensons, en conséquence, que l'Académie ne peut qu'accueillir le travail de M. Cornette, et que son mémoire mérite d'être imprimé dans le recueil de ceux présentés à l'Académie par des savants étrangers.

RAPPORT SUR UN MÉMOIRE

RELATIF

A LA NATURE DU VERRE.

Du 14 janvier 1748.

Nous avons examiné, M. Macquer et moi, un mémoire de M. Dantic intitulé : *Observations sur les matières à convertir en verre, sur la nature du verre et sur le principe vitrifiant.* Les trois objets énoncés dans ce titre formeront la division naturelle de ce rapport.

On sait que les matières premières qui entrent dans la composition du verre sont l'alcali fixe et les pierres siliceuses. M. Dantic observe, à cet égard, que, si l'on fait subir à ces matières une longue calcination avant de les combiner, elles deviennent infusibles et perdent la propriété de faire du verre. D'où il conclut qu'il existe dans ces matières un principe vitrifiable, et que ce principe est volatil. Il ajoute que le quartz est susceptible de se vitrifier seul et sans addition, lorsqu'il est poussé à un feu vif et brusque; mais que, s'il a été préalablement broyé et qu'il ait subi une longue calcination, il perd cette propriété et il exige une quantité de fondant d'autant plus grande qu'il a été calciné plus longtemps.

M. Dantic fait ensuite l'application de ces principes à l'art de la verrerie, et il en conclut qu'on ne doit pas calciner le sable destiné à être converti en verre, comme on est assez communément dans l'usage de le faire, parce qu'on lui enlève le principe vitrifiable qui est volatil; que, par la même raison, on ne doit point mettre à calciner avec la fonte le verre cassé qu'on emploie dans les verreries; enfin, que la bouteille même de verre s'altère et se décompose quand on la chauffe

trop souvent; qu'elle perd une partie de sa transparence à mesure
que le principe de la vitrification se volatilise, et que c'est à l'évaporation totale de ce principe qu'est due la conversion du verre en porcelaine de M. de Réaumur. Nous pensons que cette partie du mémoire
de M. Dantic demanderait à être étayée d'un plus grand nombre de
faits, et qu'il serait à désirer que les expériences y fussent plus détaillées.

Ces discussions conduisent M. Dantic à l'exposition d'une explication
nouvelle de la formation du bleu de Prusse; il suppose que l'alcali
fixe, calciné avec le sang de bœuf, perd une partie du principe vitrifiable, et que c'est alors qu'il a la propriété de précipiter le fer sous
la couleur bleue. Il suppose que ce principe vitrifiable peut exister ou
par excès ou par défaut dans l'alcali. Mais nous avouons que cette
théorie de la formation du bleu de Prusse ne nous paraît pas, à beaucoup près, aussi satisfaisante que celle qui est adoptée aujourd'hui par
le plus grand nombre des chimistes, et qui a été donnée par M. Macquer, l'un de nous.

M. Dantic passe ensuite à l'effet de la chaux dans le verre. Enfin il
termine son mémoire par des conjectures sur le principe vitrifiable
des terres, des pierres et de l'alcali lui-même; il conclut que ce principe est un acide, que cet acide est l'air fixe de MM. Black, Macbride, etc. l'*acidum pingue* de Meyer, l'acide spathique, l'acide phosphorique, et que toutes ces substances ne sont qu'une seule et même
chose sous des dénominations différentes. Nous avouerons que nous ne
pouvons concevoir comment il est possible que M. Dantic confonde ensemble des substances qui ont des caractères entièrement opposés.
L'*acidum pingue* de M. Meyer, par exemple, en en supposant l'existence, est le principe qui communique à la chaux la causticité; l'air
fixe, au contraire, est, suivant M. Black, M. Macbride, etc. le principe
qui adoucit la chaux, qui lui enlève sa causticité et qui la constitue
terre calcaire; de même les alcalis fixes et volatils contiennent d'autant
plus d'*acidum pingue*, suivant M. Meyer, qu'ils sont plus caustiques; ils
contiennent, au contraire, suivant M. Black, d'autant plus d'air fixe

qu'ils sont moins caustiques; l'air fixe et l'*acidum pingue* sont donc
deux êtres qui ont des qualités qui s'excluent. L'un a pour caractère
de communiquer la causticité, l'autre de la détruire. Ces deux substances ne peuvent donc être une seule et même chose.

Nous pourrions également demander à M. Dantic, d'après quelles
expériences il s'est assuré que l'acide phosphorique et l'acide spathique
étaient la même chose que l'air fixe, tandis qu'il n'est aucune des expériences faites par M. Priestley, par M. Schéele, par M. Bergman, par
M. Boulanger et par nombre de chimistes français, qui ne démontre
que ces substances n'ont pas plus de rapport avec l'air fixe qu'un acide
quelconque n'en a avec un autre, que l'acide nitreux n'en a avec
l'acide marin.

En général, l'Académie ne peut trop exhorter tous ceux qui se dévouent à l'avancement des sciences physiques, à s'attacher aux expériences et aux faits, à se tenir en garde contre les conclusions trop précipitées, et à ne tirer des conséquences générales qu'autant qu'ils s'y
trouvent en quelque façon forcés par une multitude de preuves accu-
mulées. Ces principes ont toujours été ceux de cette compagnie depuis
son institution, et le recueil de ses mémoires en fournit une foule
d'exemples et de modèles. Nous rappelons avec d'autant plus de confiance ces principes à l'occasion du mémoire dont nous rendons compte,
que M. Dantic a déjà fait ses preuves aux yeux de l'Académie, par le
mémoire qu'il a donné sur l'art de la verrerie, et qui a été couronné en
1760. Les réflexions générales que nous devons faire ne peuvent rien
diminuer de l'opinion avantageuse qu'elle a prise de ses lumières et
de son aptitude pour les expériences.

D'après les différentes observations que nous venons de mettre sous
les yeux de l'Académie, nous pensons que le mémoire de M. Dantic
mérite des éloges, relativement à ce qu'il contient de neuf, mais nous
croyons en même temps que l'Académie n'en peut autoriser l'impression que lorsque l'auteur aura donné plus de développement à ses
preuves, et qu'il aura retranché ou prouvé les opinions qui nous paraissent hasardées.

RAPPORT

SUR DES OBSERVATIONS

RELATIVES

A LA DÉCOMPOSITION DU SEL AMMONIAC.

Du 21 février 1778.

Nous avons rendu compte à l'Académie, M. Baumé et moi, d'un mémoire de M. Cornette, intitulé : *Observations sur la décomposition du sel ammoniac par les différents intermèdes terreux et salins.*

On n'avait jamais fait une très-grande attention aux quantités de chaux nécessaires pour décomposer le sel ammoniac et pour en dégager l'alcali volatil caustique, et comme la chaux n'est point une matière précieuse, on en avait toujours employé plus que moins. M. Cornette fait voir, dans le mémoire dont nous rendons compte, qu'il suffit d'employer parties égales de chaux vive et de sel ammoniac pour obtenir un alcali volatil aussi caustique et aussi pénétrant qu'il le peut être, et qu'il reste même un peu de chaux non décomposée.

Par rapport à la décomposition du sel ammoniac par la craie, l'auteur adopte les doses indiquées par M. Duhamel, savoir : celles de trois parties de craie et d'une de sel ammoniac, enfin il fait voir qu'il faut une partie et demie de l'alcali fixe concret, soit végétal, soit minéral, pour opérer la décomposition complète d'une partie de sel ammoniac.

Ces recherches ont donné lieu à M. Cornette d'observer deux faits intéressants. Le premier, c'est que, si l'on recohobe plusieurs fois de l'alcali volatil sur de la craie ou de l'alcali, ces substances prennent une odeur d'huile animale de plus en plus marquée; ce qui démontre,

suivant M. Cornette, l'existence de l'huile dans l'alcali volatil. Le second, c'est que la craie sur laquelle on a distillé plusieurs fois de l'alcali volatil fait encore effervescence avec les acides; mais que, au lieu
de donner alors de l'air fixe, elle donne de l'air atmosphérique.

Le dernier de ces deux faits, s'il était bien constaté, serait d'une
grande importance pour la chimie; mais, comme le temps ne nous a
pas permis de répéter cette dernière expérience de M. Cornette, nous
prions l'Académie de trouver bon que nous différions de conclure sous
ce rapport, jusqu'à ce que nous soyons en état de lui faire part du
résultat que nous aurons obtenu nous-mêmes.

RAPPORT

SUR

LES EFFETS DES FLUIDES MÉPHITIQUES

SUR LES ANIMAUX.

Du 7 mars 1778.

Nous avons rendu compte à l'Académie, M. Macquer et moi, d'un ouvrage de M. Bucquet, intitulé : *Mémoire sur la manière dont les animaux sont affectés par différents fluides aériformes, méphitiques, et sur les moyens de remédier aux effets de ces fluides.*

L'histoire des découvertes modernes sur les fluides aériformes étant encore peu connue, il était intéressant, et pour l'instruction du public, et pour l'intelligence même du mémoire dont nous rendons compte, de la faire précéder de notions élémentaires sur ces découvertes, et c'est ce que M. Bucquet a fait avec beaucoup de netteté et de précision. Il passe successivement en revue, dans cette espèce de discours préliminaire, les différents fluides aériformes connus; le gaz respirable ou air déphlogistiqué, le gaz acide marin, le gaz acide sulfureux, le gaz acide de la craie, appelé *air fixe* par M. Black, les gaz acides végétaux, le gaz nitreux, les gaz inflammables; il entre dans des détails suffisants sur la manière d'obtenir ces gaz, sur les unions qu'ils sont susceptibles de contracter, sur les principaux phénomènes qu'ils présentent. Ce traité élémentaire, tout abrégé qu'il est, peut être regardé comme ce qui existe de plus méthodique et peut-être de plus complet sur cet objet.

M. Bucquet passe ensuite à l'objet principal de son mémoire; il y expose l'opinion des médecins sur l'action de la vapeur du charbon et de

différentes autres émanations méphitiques sur les hommes et les animaux, sur les symptômes de la suffocation, enfin sur les remèdes que
l'observation et l'expérience leur avaient appris être les plus efficaces
pour rappeler à la vie les personnes suffoquées. Ces remèdes sont de
deux espèces : 1° ceux dont l'objet est de ranimer les forces vitales
anéanties; telles sont l'exposition à l'air froid, les aspersions d'eau
froide, l'administration des stimulants par les voies de la respiration, etc.
2° ceux qui tendent à détruire les symptômes apoplectiques qu'on
observe dans les personnes suffoquées, à diminuer l'engorgement du
poumon, enfin à calmer le genre nerveux plus ou moins affecté.

Après avoir exposé et discuté l'opinion des médecins sur les suffo-
cations et sur les remèdes qu'il convient d'y apporter, M. Bucquet rend
compte des expériences qu'il a faites sur ce même objet. Il a suffoqué
environ deux cents animaux, oiseaux ou quadrupèdes, dans l'acide
aériforme de la craie, dans l'air infecté par la vapeur du charbon, enfin
dans le gaz inflammable; il a décrit les différentes manières dont les
animaux sont affectés dans chacun de ces gaz; il a déterminé le temps
qu'ils peuvent y demeurer sans périr, l'époque à laquelle ils peuvent
encore être rappelés à la vie, les remèdes les plus efficaces à administrer dans les différents cas, enfin il a disséqué tous les animaux qui
ont péri dans ces épreuves, et cette grande multiplicité d'expériences
lui a fourni la matière de remarques et d'observations très-importantes.

Il résulte, en général, de l'ouvrage de M. Bucquet, que tous les
remèdes ne conviennent pas également à tous les degrés des asphyxies;
que toutes les fois que l'asphyxie n'est que commençante, l'exposition
à l'air, l'aspersion de l'eau, l'usage des eaux spiritueuses et du vinaigre ordinaire suffisent pour rappeler promptement les hommes ou les animaux
malades; que, lorsque l'asphyxie est plus avancée, il faut avoir recours
à des stimulants plus forts; que l'alcali volatil peut être employé alors
avec succès, mais qu'il n'est ni le seul qu'on puisse employer, ni celui
qui agit avec le plus d'efficacité; que l'esprit de sel, le vinaigre radical,
et, par-dessus tout, la vapeur du soufre brûlant, administrée avec les

précautions convenables, ont plus d'activité; qu'enfin ces stimulants mêmes ne dispensent pas d'avoir recours aux remèdes qu'une saine pratique indique pour rétablir l'ordre dans l'économie animale.

Puisque les acides agissent même avec plus d'activité et d'énergie que l'alcali volatil, puisqu'ils agissent également sur un animal suffoqué dans un gaz acide ou dans un gaz qui ne l'est pas, il est démontré que leur effet ne consiste pas à neutraliser le gaz méphitique, comme on l'a prétendu; que ces substances, par conséquent, n'agissent que comme stimulants, et M. Bucquet entre sur cet objet dans des détails anatomiques et physiologiques très-satisfaisants.

Nous ajouterons, en terminant ce rapport, que l'un de nous a été témoin de la plus grande partie des expériences de M. Bucquet, qu'il peut certifier qu'elles ont été faites avec beaucoup de soin et beaucoup d'attention.

Nous croyons, d'après tout ce que nous venons d'exposer, que l'ouvrage de M. Bucquet mérite l'approbation de l'Académie, et d'être imprimé sous son privilége.

Fait à l'Académie, le 7 mars 1778.

Signé LAVOISIER, MACQUER.

RAPPORT SUR UN MÉMOIRE

SUR

LA DÉCOMPOSITION DE L'ACIDE NITREUX.

Du 11 mars 1778.

Nous avons à rendre compte à l'Académie, M. Cadet et moi, d'un mémoire de M. Berthollet sur la décomposition de l'acide nitreux.

Ce n'est que dans ces derniers temps que la chimie a osé entreprendre de décomposer et d'analyser les acides. Jusque-là ces substances formaient à peu près les bornes de l'analyse chimique et l'on n'apercevait au delà que des incertitudes et des conjectures. Non-seulement on reconnaît aujourd'hui que les acides ne sont point des substances simples, mais il paraît encore certain qu'il entre dans la composition de tous un principe commun que M. Priestley a nommé *air déphlogistiqué*, et l'un de nous a principalement démontré l'existence de ce principe dans l'acide nitreux, dans l'acide vitriolique et dans l'acide phosphorique; mais, s'il existe un principe commun à tous les acides, il en existe nécessairement un autre qui les différencie, autrement tous les acides donneraient les mêmes résultats dans les combinaisons. Telles sont les conséquences auxquelles conduit le raisonnement, et jusqu'ici l'expérience semblait les avoir confirmées. Mais le mémoire dont nous rendons compte présente un problème qui, dans l'état actuel de nos connaissances, paraît absolument inexplicable.

M. Berthollet prend du nitre très-pur; il le place dans une cornue de grès à laquelle est adapté un tube ou tuyau destiné à conduire l'air sous des cloches de verre remplies d'eau; sitôt que la cornue commence à rougir, il se dégage de l'air déphlogistiqué, et ce dégagement continue jusqu'à ce qu'il n'existe plus que de l'alcali dans la cornue. Le nitre, comme on sait, est composé d'acide nitreux et d'alcali fixe. On n'obtient après l'opération que de l'alcali fixe et de l'air déphlogistiqué : donc l'acide nitreux a été converti en air déphlogistiqué.

Cette expérience était d'autant moins facile à admettre que M. Priestley, dont l'exactitude est suffisamment connue, avait obtenu un résultat fort différent. Ce célèbre physicien avait retiré du nitre par ce procédé, outre une quantité considérable d'air déphlogistiqué, beaucoup d'acide nitreux en nature. Il était possible de présumer d'après cela que l'acide nitreux avait échappé à M. Berthollet, et qu'il s'était combiné avec l'eau de la cuve dans laquelle il avait opéré. Ce doute nous a paru suffisamment fondé pour nous engager à répéter l'expérience de M. Berthollet, et nous avons cru même devoir en varier les circonstances pour la rendre plus concluante encore.

Nous avons mis dans une cornue de verre une once de nitre très-pur; cette cornue avait un col très-long, que nous avons recourbé à la lampe d'émailleur, de manière qu'il pût plonger jusqu'au fond d'une petite bouteille à deux goulots; nous avons adapté à l'autre goulot de la même bouteille un tube recourbé qui s'engageait sous une cloche de verre; enfin nous avons introduit dans la bouteille cinq onces juste d'eau distillée très-pure. Tout étant ainsi disposé nous avons échauffé graduellement la cornue dans un bain de sable adapté à un fourneau de réverbère. L'air déphlogistiqué a commencé bientôt à se dégager comme l'annonce M. Berthollet, et ce dégagement a duré jusqu'à ce que le nitre, ayant été entièrement alcalisé, ait formé avec la cornue une composition vitreuse; la quantité d'air déphlogistiqué s'est trouvée être de. . . . . Après quoi, ayant laissé refroidir l'appareil, il ne s'est plus trouvé à la place de la cornue qu'une masse vitreuse un peu violette. Si l'acide nitreux, comme l'a prétendu l'un de nous, est véritablement composé d'air nitreux et d'air déphlogistiqué, qu'est devenu l'air nitreux dans cette opération? A-t-il été converti lui-même en air déphlogistiqué, ou bien est-il entré dans la vitrification? C'est sur quoi il paraît, quant à présent, impossible de prononcer.

L'eau distillée qui avait été placée dans la bouteille intermédiaire et à travers laquelle l'air avait bouillonné pendant tout le cours de l'opération n'avait ni augmenté ni diminué de poids; elle ne faisait point d'effervescence avec les acides; elle rougissait très-légèrement le sirop de violettes; elle avait un goût acerbe, mais à peine sensiblement acide. L'acide nitreux avait donc entièrement disparu dans notre expérience comme dans celle de M. Berthollet, et nous ne pouvons que rendre justice à l'exactitude des faits qu'il a avancés.

Outre le fait principal et qu'on peut regarder comme d'une grande importance en chimie, le mémoire de M. Berthollet contient des détails intéressants sur ce qui arrive au nitre à base terreuse dans les mêmes circonstances; il se dégage bien de l'air déphlogistiqué, comme avec le nitre à base alcaline, mais en même temps une partie du nitre à base terreuse passe dans l'eau de la cuve, de sorte que la décomposition de l'acide nitreux dans cette expérience n'est que partielle.

Nous exhortons M. Berthollet à suivre ces expériences et à déterminer s'il est possible ce que devient le principe qui, combiné avec l'air déphlogistiqué, constitue l'acide nitreux. Les acides étant les instruments que nous employons habituellement pour analyser les corps, il est d'une grande importance de bien connaître leur nature, et il paraît qu'à cet égard nous touchons à l'époque d'une révolution heureuse qui ne manquera pas d'avoir une grande influence sur la chimie.

Nous croyons que le mémoire de M. Berthollet mérite d'être imprimé dans le recueil des mémoires présentés à l'Académie par des savants étrangers.

RAPPORT

SUR

LES SAVONS MÉTALLIQUES.

Du 11 mars 1778.

Nous avons à rendre compte à l'Académie, M. Bucquet et moi, d'un mémoire de M. Berthollet sur la combinaison des huiles avec les terres, avec l'alcali volatil et avec les substances métalliques.

La première idée des combinaisons nouvelles que contient le mémoire n'appartient pas à M. Berthollet, ainsi qu'il l'annonce lui-même, et M. Costel paraît être le premier qui ait fait connaître l'union de l'huile avec la terre calcaire. Cette union s'opère d'une manière très-simple. Il ne s'agit que de verser une dissolution de savon dans de l'eau de chaux; aussitôt la liqueur se trouble, l'huile s'unit à la chaux, forme avec elle un savon calcaire insoluble dans l'eau, et l'alcali caustique reste libre dans la liqueur. L'huile, comme le conclut M. Berthollet, a donc plus d'affinité avec la terre calcaire qu'avec l'alcali, et le complément de preuve, c'est que l'alcali fixe caustique ne peut décomposer le savon calcaire. Les résultats étant exactement les mêmes avec l'alcali volatil, on ne peut se dispenser d'en conclure encore, avec M. Berthollet, que l'huile a plus d'affinité avec la terre calcaire qu'avec l'alcali volatil.

Non-seulement la terre calcaire, la chaux dissoute dans l'eau, a la propriété de décomposer le savon ordinaire et d'enlever l'huile à l'alcali; elle conserve encore cette propriété, lors même qu'elle est combinée avec un acide : ainsi la sélénite, le sel marin et le nitre à base de terre calcaire, décomposent le savon. Il se fait dans toutes ces opé-

rations une double décomposition : d'une part, l'acide qui tenait la
terre calcaire en dissolution la quitte pour s'unir à l'alcali; de l'autre,
la terre devenue libre se combine avec l'huile, et forme avec elle un
composé savonneux.

Ces premières expériences dont, comme nous l'avons déjà dit, nous
sommes principalement redevables à MM. Costel et Thouvenel, ont
ouvert à M. Berthollet un champ d'expériences absolument nouveau; il
a pensé que la décomposition qui s'opérait avec la terre calcaire ordinaire devait avoir lieu avec les autres espèces de terre, et en effet
ayant combiné ensemble une dissolution d'alun et une dissolution de
savon, il y a eu décomposition; la base de l'alun s'est combinée avec
l'huile, et il en a résulté un combiné savonneux assez liant, insoluble
dans l'eau, dans l'esprit-de-vin et dans l'huile.

La même expérience lui a réussi avec le sel d'Epsom ou de Sedlitz;
il a également obtenu par l'union de l'huile et de la base de ce sel une
substance savonneuse, douce, onctueuse et molle, insoluble dans l'eau,
mais susceptible de se dissoudre en assez grande quantité dans l'esprit-
de-vin et dans l'huile.

Cette même méthode fournit un moyen infiniment simple de combiner l'huile avec l'alcali volatil et de résoudre un problème jusqu'ici
embarrassant pour la chimie et la pharmacie. M. Berthollet a observé
qu'il suffisait, pour opérer cette combinaison, de mêler ensemble une
dissolution de sel ammoniac et une dissolution de savon dans l'eau;
la double décomposition s'opère au moment du mélange, et, en filtrant,
il reste sur le papier un savon à base d'alcali volatil.

On savait bien que les huiles ont la propriété de dissoudre les
chaux de plomb et de former avec elles des combinaisons emplastiques;
on savait encore que le mercure peut être divisé et incorporé avec
les graisses, et former avec elles une espèce d'onguent, mais on n'était
pas même certain si cette dernière combinaison était véritablement chimique. Les expériences de M. Berthollet font voir que tous les métaux
sont susceptibles de s'unir avec les huiles et de former avec elles des
combinaisons. Il ne s'agit, pour opérer ces unions, que de prendre une

dissolution métallique bien saturée et de la mêler avec une dissolution
de savon dans l'eau; aussitôt il s'opère un précipité qui n'est autre
chose que le résultat de la combinaison du métal avec l'huile. Ce précipité, d'abord, est tenace et poisse comme de la glu; mais, à mesure
qu'il se sèche, il a moins de ténacité et prend plus de consistance.

M. Berthollet a appliqué ces expériences à peu près à toutes les
substances métalliques : toutes lui ont donné des combinés métallico-
huileux; mais chacun de ces combinés a des caractères qui lui sont
propres. Tous sont inattaquables par l'eau; quelques-uns résistent
également à l'action de l'huile, de l'esprit-de-vin, de l'éther même:
d'autres, au contraire, tels que ceux de cuivre et de fer, se dissolvent
dans l'huile, dans l'esprit-de-vin et dans l'éther, et communiquent
à ces menstrues des couleurs assez belles pour qu'on ne doive pas
désespérer de les voir employer un jour dans les vernis.

M. Berthollet a réussi également à combiner l'huile animale et
l'huile essentielle avec le cuivre par un procédé tout semblable, de
sorte qu'il y a grande apparence que c'est une propriété commune à
toutes les huiles de pouvoir se combiner avec les métaux.

Comme il est important pour l'Académie et pour l'avancement des
sciences qu'il ne reste aucun doute sur les expériences qui lui ont été
présentées, nous avons cru devoir répéter une grande partie des expériences de M. Berthollet, et nous lui devons la justice de dire que
nous avons trouvé toutes celles que nous avons répétées décrites avec
beaucoup d'exactitude et de fidélité. Ces expériences nous ayant donné
lieu de faire quelques observations particulières, nous allons les exposer en peu de mots.

Premièrement, le combiné métallico-huileux paraît être absolument
le même par quelque acide que le métal ait été dissous : nous avons
obtenu, par exemple, deux combinés en tout semblables par le sublimé
corrosif et par le nitre mercuriel; de même nous avons obtenu deux
combinés cuivreux qui paraissaient ne différer en rien en employant
une dissolution de cuivre dans l'acide vitriolique et dans l'acide marin.
Secondement, pour peu qu'il y ait d'excès d'acide dans la dissolution

métallique, l'expérience ne réussit pas bien : une portion d'huile reste libre, et le combiné métallico-huileux n'est pas dans d'exactes proportions. Troisièmement, tous ces savons ne sont pas combustibles au même degré, celui à base de magnésie, par exemple, brûle avec beaucoup de difficulté; ce qui semblerait prouver que toutes les terres et tous les métaux ne sont pas susceptibles d'admettre une aussi grande quantité d'huile dans leur combinaison.

Nous ferons observer, en terminant ce rapport, que le travail de M. Berthollet n'est pas encore porté au degré de perfection dont il est susceptible; mais l'Académie n'ignore pas les motifs qui l'ont obligé de le présenter avant qu'il eût atteint son degré de maturité. Nous croyons en conséquence qu'il serait important que M. Berthollet répétât ses expériences, et nous lui conseillons, en même temps, d'y apporter les précautions qui suivent.

Nous ferons encore observer à M. Berthollet que, la dissolution dans l'eau étant un des caractères du savon, nous ne croyons pas que ce nom convienne aux combinaisons qui font l'objet de son mémoire, et qui presque toutes sont insolubles dans l'eau; c'est par cette raison que nous avons cru devoir les désigner dans ce rapport sous le nom de *combinaisons métallico-huileuses*, en attendant que les chimistes aient adopté un nom plus court et plus simple.

Nous ne faisons ces observations et nous n'indiquons ces vues à M. Berthollet que parce que nous le croyons très en état de les bien remplir; mais nous n'en concluons pas moins que son mémoire ouvre une carrière nouvelle d'expériences, et que, dans l'état où il est, il contient assez de faits nouveaux et intéressants pour mériter l'approbation de l'Académie, et d'être imprimé dans le recueil des correspondants.

RAPPORT

SUR

UNE FABRIQUE DE VERRES DE MONTRE.

Du 29 novembre 1777.

MM. Macquer et Lavoisier rendent compte du projet du sieur Abraham (Joseph) d'établir une manufacture de cristaux de montre, faute de verre tiré de nos verreries de France.

Leur rapport est favorable au sieur Joseph, qui en a fabriqué en Angleterre.

Il serait avantageux qu'une semblable fabrique existât en France.

Cette branche de commerce, établie en France, arrêtera l'argent qui en sort pour cette marchandise et nous attirera tout le commerce qui s'en fait sur le continent.

RAPPORT

LA PRODUCTION DE L'ALCALI VOLATIL.

Du 11 mars 1778.

L'Académie nous a chargés, M. Macquer et moi, de lui rendre compte d'un mémoire de M. Berthollet sur la production de l'alcali volatil.

M. Berthollet avance, dans ce mémoire, que si l'on recohobe un grand nombre de fois de l'eau sur de l'alcali fixe caustique, on obtient à chaque distillation nouvelle une petite portion d'alcali volatil dans le récipient; qu'en même temps une partie de l'alcali fixe se décompose, et qu'il s'en sépare une quantité assez considérable d'une terre grise et cendrée, qui n'a aucun des caractères de la chaux, mais qui se dissout sans effervescence dans tous les acides. Ce n'est pas la première fois que les chimistes aient observé que l'alcali fixe, à chaque dessiccation et dissolution dans l'eau, souffrait une altération quelconque, et qu'il s'en dégageait de la terre; mais on n'avait point avancé, au moins à notre connaissance, qu'il se convertissait dans ces opérations en alcali volatil. C'est ce dernier point que M. Berthollet a entrepris de prouver dans le mémoire dont nous rendons compte. Si véritablement l'alcali fixe se résolvait en terre et en alcali volatil par des dissolutions et des dessiccations répétées, il serait difficile de se refuser d'en conclure que l'alcali fixe est un composé de ces deux principes, et ce serait certainement une découverte importante pour la chimie; mais nous ne croyons pas qu'elle soit assez solidement établie par les expériences de M. Berthollet.

On sait que les corps les plus fixes passent en partie dans la distillation, surtout à l'aide de l'eau. M. Duhamel a démontré qu'en distillant de l'acide nitreux sur de la terre calcaire, une portion notable de cette dernière était emportée. M. Berthollet, dans un des mémoires qu'il a présentés à l'Académie, annonce avoir obtenu un résultat semblable à celui de M. Duhamel ; enfin il a prouvé qu'à l'aide de l'acide nitreux et de l'eau, le zinc et le plomb pourraient passer en partie dans la distillation, et il s'est prévalu de ces expériences pour attaquer la doctrine de M. Priestley. Il est possible, d'après cela, ou plutôt il est probable que la même chose arrive à l'alcali fixe ; qu'une petite portion est susceptible de passer avec l'eau dans la distillation. On ne doit donc pas être surpris que la liqueur du récipient verdisse le sirop de violettes, et qu'elle donne des signes d'alcalinité. Il est vrai que cette liqueur précipite en blanc la dissolution du sublimé corrosif, caractère qu'on sait appartenir à l'alcali volatil ; mais cette preuve ne nous paraît ni assez directe, ni assez positive. Il est possible que l'alcali fixe, dans certains états, précipite en blanc le mercure, et ce n'est pas par de simples analogies qu'on doit démontrer des vérités d'une aussi grande importance, quand il existe surtout des moyens presque aussi simples de parvenir au même but d'une façon démonstrative.

Nous n'entrerons ici dans aucun détail sur la suite d'expériences que contient le mémoire, à l'égard de la décomposition par le feu des savons à base terreuse et à base alcaline, sur les cas où l'on obtient de l'acide, et sur ceux où l'on obtient de l'alcali volatil. Ces expériences sont intéressantes et bien faites ; mais les explications que l'auteur en donne, supposant toujours la conversion de l'alcali fixe en alcali volatil, son travail ne nous paraît pas porter sur une base assez solide.

Nous lui conseillons, en conséquence, de différer la publication de son mémoire jusqu'à ce qu'il ait démontré l'existence de l'alcali volatil, dans ses produits, par sa combinaison avec les acides, par sa conversion en gaz alcalin, etc. Alors son travail, porté au degré de perfection dont il est susceptible, deviendra infiniment précieux pour la chimie, et M. Berthollet réunira le mérite d'avoir attaqué à la fois les deux parties, peut-être les plus difficiles de la chimie : l'analyse des acides et celle des alcalis. Nous regrettons, au surplus, que le temps ne nous ait pas permis de répéter les expériences de M. Berthollet, et de dissiper les doutes que nous venons d'énoncer.

RAPPORT

SUR

LES PRÉCIPITÉS MARTIAUX.

Du 11 mars 1778.

L'Académie nous a chargés, M. Macquer et moi, d'examiner un second mémoire de M. de Fourcroy sur les précipités martiaux obtenus par les substances alcalines caustiques et non caustiques.

M. de Fourcroy avait déjà fait voir, dans un premier mémoire, que, lorsqu'on précipitait une dissolution martiale par un alcali volatil non caustique, il s'opérait deux décompositions et deux recompositions: que, d'une part, l'acide s'unissait à l'alcali volatil pour en faire un sel ammoniacal, et que, de l'autre, le gaz ou air fixe s'unissait au fer pour le constituer dans l'état de safran de Mars ou de chaux; que lorsque, au contraire, on opérait avec de l'alcali volatil caustique, le fer, ne trouvant point de principe qui pût s'unir avec lui, se précipitait dans l'état de métal pur et attirable à l'aimant.

M. de Fourcroy a cru devoir compléter entièrement ce travail, et faire, avec toutes les substances alcalines caustiques et non caustiques, les mêmes expériences qu'il avait faites avec l'alcali volatil.

Sans entrer dans le détail de toutes les expériences contenues dans son mémoire, et qui sont en très-grand nombre, nous dirons que, en général, il en résulte que tous les précipités faits par l'alcali fixe non caustique et par la craie sont beaucoup plus pesants, d'un jaune beaucoup plus clair, que ceux faits par l'alcali fixe caustique et par la chaux; que ces derniers, au contraire, sont bruns, et qu'une petite portion même de ceux obtenus par l'alcali fixe sont dans l'état métallique et attirables par l'aimant.

Les conséquences que M. de Fourcroy tire de ces expériences sont à peu près les mêmes que celles qu'il avait exposées dans son premier mémoire, et nous nous dispenserons de les répéter.

Nous concluons que ce second mémoire ne peut que confirmer l'idée avantageuse que l'Académie avait prise des connaissances de M. de Fourcroy, de son aptitude pour les expériences et de son talent pour la rédaction, et qu'il mérite, comme le premier, d'être imprimé dans le recueil des mémoires présentés à l'Académie par des savants étrangers.

RAPPORT

SUR

LES MOYENS DE DÉTERMINER LES QUANTITÉS D'ALCALI

DANS LES EAUX MINÉRALES.

Du 11 mars 1778.

Nous avons à rendre compte à l'Académie, M. Macquer et moi, d'un mémoire de M. Mitouart sur les moyens de déterminer les quantités d'alcali minéral contenues dans une eau qui renferme en même temps du sel marin ou du sel de Glauber. L'auteur, dans ce mémoire, nous paraît avoir eu l'art de compliquer ce qui est très-simple en soi. Tous les chimistes savent que, quand une eau minérale contient une très-petite quantité d'alcali, et qu'on ne peut parvenir à la séparer par cristallisation, on peut l'évaluer avec beaucoup de précision en y versant goutte à goutte un acide quelconque jusqu'à parfaite saturation.

Supposons, par exemple, qu'on ait employé 25 grains pesant d'acide pour neutraliser complétement une eau alcaline, il ne s'agit plus que de déterminer combien il faut de cristaux de soude pour saturer 25 grains du même acide, et cette quantité est celle contenue dans l'eau. Cette méthode s'emploie tous les jours, et elle est rigoureusement exacte, parce qu'elle ne dépend d'aucun élément incertain. La marche, au contraire, que M. Mitouart propose de suivre ne nous paraît être qu'un moyen plus long, moins sûr et plus compliqué pour arriver au même but.

Nous n'entrerons dans aucun détail sur les autres observations que contient le mémoire de M. Mitouart. Nous dirons seulement, à l'égard des différentes quantités de gaz que fournit une même quantité d'al-

cali, suivant qu'il est étendu d'une quantité d'eau plus ou moins grande,
que ces différences nous paraissent tenir uniquement à ce qu'une partie
du gaz, qui se dégage réellement de la combinaison saline dans un des
cas comme dans l'autre, se combine avec l'eau. On sait, en effet, que
l'eau peut dissoudre une quantité de gaz fixe égale à son volume; d'où
il suit que, dans toute combinaison saline où il y a dégagement de gaz,
il doit toujours se trouver un déficit égal au volume de l'eau dans
laquelle se fait la combinaison.

D'après cet exposé, nous concluons que le mémoire de M. Mitouart
ne contient rien d'assez neuf ni d'assez intéressant pour mériter l'approbation de l'Académie.

RAPPORT

SUR

LA CONSTRUCTION DU MAGASIN A POUDRE

DE L'ARSENAL.

Du 24 mars 1778.

M. Lavoisier ayant demandé à l'Académie, au nom de MM. les régisseurs des poudres, son avis sur la meilleure manière de reconstruire le magasin à poudre de l'Arsenal, et la compagnie nous ayant nommés, M. Franklin, M. d'Arcy, M. de Montigny, M. Perronet, M. Lavoisier et moi, commissaires à ce sujet, nous allons lui faire part de nos observations sur cet objet important, et de ce que nous croyons qu'il serait le plus avantageux de faire pour le remplir.

Pour qu'un magasin à poudre soit le mieux construit, non-seulement il faut le mettre, autant qu'il est possible, à l'abri des accidents extérieurs et intérieurs (du feu et de l'eau); mais encore, qu'il le soit de manière que ces accidents arrivant, surtout par rapport au feu, il en résulte le moins de maux et de dommages possible, car on ne sait que trop que, malgré toute la prudence humaine, ces accidents arrivent.

Dirigés par ces vues, après avoir conféré avec MM. les régisseurs sur l'endroit le plus propre à établir le nouveau magasin, nous étions convenus qu'il serait bâti en saillie sur le fossé de l'Arsenal, au-dessus des plus hautes eaux, comme on le voit dans le dessin, et qu'il serait construit de la manière suivante :

D'une forme carrée, chacun de ses côtés devait avoir, pris intérieu-

rement, 24 pieds; ses murs devaient avoir 12 pieds de hauteur du
rez-de-chaussée du jardin au-dessus de l'entablement; leur épaisseur
devait être au moins de 7 pieds et $\frac{1}{2}$; les parements intérieurs de ces
murs devaient être en ligne droite, mais leur face inclinée à l'horizon,
en sorte que le magasin devînt par là évasé ou plus large en haut qu'en
bas, dans une certaine proportion, afin de faciliter par cette forme d'entonnoir, la sortie du fluide de la poudre en cas d'explosion. Au lieu
d'être en ligne droite, les parements extérieurs de ces murs devaient
être en ligne courbe sur le sens horizontal, la concavité tournée en
dehors, ou bien en arc de cercle, dont la corde serait de 24 pieds. Ces
murs, élevés à plomb, devaient être flanqués, à chaque angle, d'un
corps carré de maçonnerie de 14 pieds 2 pouces; enfin, comme dans
un pareil magasin on n'a point à craindre les bombes, la couverture
devait être en ardoise et légère, afin qu'en cas d'accident le tout fût
enlevé facilement, comme on sait que cela se pratique dans les moulins à poudre. Tous ces détails sont sensibles dans les dessins des plans
et élévations de ce magasin qui sont sous les yeux de l'Académie.

Telles étaient la forme et la construction que nous nous proposions de
lui donner, et les différentes dimensions que nous avions réglées pour
les épaisseurs de ses murs, d'après celles que M. de Vauban a décidées
autrefois, et qu'on suit encore aujourd'hui.

Mais, lorsque nous avons cherché à approfondir ce qui avait donné
lieu à la détermination de ces dimensions; sur quoi elles étaient fondées; les expériences que l'on avait faites sur la résistance des pierres;
la force que la poudre exerce dans son explosion; enfin, les différents
éléments sur lesquels il est nécessaire d'avoir des aperçus, déterminés
jusqu'à un certain point, pour fixer quelque chose de certain sur la
forme des magasins à poudre, les dimensions de leurs murs, etc. nous
nous sommes bientôt aperçus que nous n'avions pas assez de données
pour résoudre d'une manière convenable un problème de cette importance.

En effet, dans les dimensions que M. de Vauban a prescrites pour
les magasins à poudre, ce grand homme paraît n'avoir suivi que ce

que son expérience et le bon sens lui dictaient à ce sujet, et surtout par rapport aux effets de la bombe, mais sans avoir pu se déterminer par la connaissance des données qui étaient nécessaires pour la solution de ce problème.

D'après ces considérations, et les diverses réflexions que nous avons faites à ce sujet, nous avons pensé que nous ne pouvions répondre dignement à la confiance que l'Académie nous a témoignée dans cette occasion, que nous n'ayons acquis des connaissances plus certaines et plus étendues sur les éléments dont nous avons parlé; qu'il serait à souhaiter, en conséquence, que le gouvernement ordonnât les expériences nécessaires pour les acquérir; qu'il en résulterait un grand nombre de connaissances nouvelles et utiles dans un sujet entièrement négligé, sur lequel on n'a tenté jusqu'ici aucune expérience; que les épreuves que l'on a faites pour mesurer la force de la poudre, et particulièrement l'un de nous, M. d'Arcy, donnaient lieu d'espérer de réussir dans ces recherches; et qu'enfin la matière était d'une si grande importance pour l'artillerie, et pour la sûreté du public, par le grand nombre de magasins à poudre répandus dans le royaume, qu'il était de la plus grande conséquence de déterminer par les faits tout ce qui pouvait mener à la solution du problème de la meilleure manière de construire les magasins à poudre.

Fait dans l'Académie des sciences, le 26 mars 1779.

Signé Franklin, Le Roy, Lavoisier, le chevalier
d'Arcy, Perronet et de Montigny.

RAPPORT

SUR

LA MINÉRALOGIE DES PYRÉNÉES

DE L'ABBÉ PALASSOU.

Dᵉ. 1ᵉʳ avril 1778.

Sur le rapport de MM. d'Arcy, Lavoisier et Desmarets, l'Académie autorise l'impression de cet ouvrage considérable, avec son approbation.

Les observations de M. l'abbé Palassou semblent établir dans la formation des Pyrénées deux époques très-marquées : 1° celle des granits, qui paraissent être eux-mêmes de formation secondaire; 2° celle des pierres calcaires et argileuses qui, suivant l'auteur, ont été déposées par la mer et portent des caractères non équivoques de leur origine. A ces deux ordres de choses on pourrait en ajouter un troisième. Les eaux, en creusant les vallées dont sont sillonnées les Pyrénées, ont opéré de grands déplacements et ont provoqué la formation d'un banc de troisième ordre, composé en grande partie de quartz, de granits, de schistes roulés. Telles sont les conséquences que les observations de M. Palassou ont paru présenter aux commissaires nommés pour examiner son ouvrage; ils ont pensé que cet ouvrage était digne de paraître sous le privilége de l'Académie [1].

---

[1] Extrait des registres de l'Académie des sciences.

RAPPORT

SUR

LES BLÉS ET FARINES GÂTÉS.

Du 25 avril 1778.

Nous venons rendre compte à l'Académie, MM. Macquer, Cadet, Desmarets et moi, de trois mémoires de M. Parmentier sur le blé et les farines gâtés, présentés à l'Académie, à ses séances des............

Comme l'objet est infiniment important, et que les mémoires de M. Parmentier nous paraissent susceptibles d'observations, nous espérons que l'Académie nous permettra d'entrer dans des détails plus étendus que nos rapports ordinaires ne le comportent.

M. Parmentier passe d'abord en revue, dans son premier mémoire, les moyens qu'on a coutume d'employer dans le commerce pour reconnaître la qualité des grains, et il observe avec raison qu'ils sont défectueux, ou au moins insuffisants. Il entre ensuite dans le détail des différentes parties constituantes du blé; il y distingue, avec MM. Beccari, Kessel-Meyer et autres, l'écorce ou le son, le mucus sucré, la partie glutineuse ou végéto-animale et la partie amylacée; et c'est d'après la proportion de ces quatre substances qu'il prétend qu'on peut déterminer la qualité des blés avec plus de certitude qu'on ne l'a fait jusqu'à présent.

De toutes les substances farineuses, le froment est le seul qui contienne la partie glutineuse; l'orge, le seigle, l'avoine, les fèves et toutes les autres semences analogues qui ont été examinées ou n'en contiennent pas, ou la contiennent dans un état fort différent.

La partie glutineuse paraissant, d'après ses propriétés chimiques,

être plus animalisée que les autres, les premiers physiciens qui l'ont
découverte ont pensé qu'elle était la partie vraiment et peut-être exclusivement nutritive du blé; mais, depuis qu'on a découvert que, de
toutes les semences farineuses, le blé est le seul qui contienne de la
matière glutineuse, il n'a plus été possible de douter que l'amidon ne
fût susceptible de nourrir. On sait, en effet, par l'expérience journa-
lière, que toutes les substances farineuses quelconques sont susceptibles
de servir d'aliments, et qu'il est des provinces entières, par exemple,
où l'on ne mange que du seigle, que des pommes de terre, que des
châtaignes.

M. Model paraît être le premier qui ait insisté sur la qualité nutritive de l'amidon. Mais M. Parmentier, en adoptant son opinion, qui
paraît bien démontrée, nous paraît aller beaucoup trop loin. En effet
il prétend lui attribuer exclusivement la qualité nutritive. Or il est évident que la partie glutineuse et le mucus sucré possèdent cette qualité dans un degré très-éminent.

M. Parmentier passe ensuite aux détails relatifs aux altérations que
peut éprouver le blé. La partie glutineuse, étant dans un état plus voisin des matières animales, est aussi la plus susceptible de s'altérer et
de se corrompre; pour peu qu'elle soit exposée à l'humidité, elle se putréfie, la fermentation se communique au mucus sucré et il ne reste
que l'amidon, principe beaucoup moins altérable que les deux autres,
comme nous l'avons déjà dit.

Les blés qui ont souffert quelque altération contiennent donc moins
de matière glutineuse, en raison de la fermentation qui en a détruit
une portion, et cette circonstance fournit un caractère certain pour
le physicien pour reconnaître l'état du blé : lorsqu'il est dans son état
de perfection, il doit contenir par livre 2 onces de matière glutineuse
sèche, et il est d'autant plus altéré qu'il se trouve moins de cette substance.

On a proposé au gouvernement dans des temps de cherté de faire
macérer des blés qui avaient souffert un commencement d'altération
dans des liqueurs particulières dont on faisait mystère. M. Parmentier

a observé, avec raison, que la macération ne peut rétablir une partie qui a été précédemment détruite, et que ce procédé ne peut qu'altérer le blé, de plus en plus, sans lui procurer aucune qualité nouvelle.

M. Parmentier, guidé par les connaissances physiques et chimiques, distingue avec soin les différents degrés d'altération du blé, et il prétend que les moyens de le rétablir doivent varier en proportion.

Si le blé n'est que médiocrement vicié et que la fermentation n'ait pas pénétré jusque dans l'intérieur, le lavage sans macération, la dessiccation à l'air libre et le criblage sont des moyens suffisants.

Si l'altération a pénétré jusque dans l'intérieur du grain, mais qu'elle n'ait vicié que médiocrement les farines, le blutage exact des farines, l'exposition à l'air, au soleil, ou mieux encore à l'étuve, les ramèneront à un état manducable.

Enfin, si le mucus sucré a été attaqué et a fermenté, des levains nouveaux employés en moindre quantité qu'on ne le fait communément, l'emploi d'eau froide au lieu d'eau chaude dans le pétrissage. pourront encore remédier au mal.

Tels sont au moins les moyens que propose M. Parmentier, mais il faut avouer qu'ils ne sont pas très-consolants pour la société, puisqu'en dernière analyse il en résulte que, lorsque la partie glutineuse du blé a été altérée à un certain point, que lorsqu'elle a été détruite par la fermentation, le blé n'est plus guère propre qu'à faire de l'amidon.

Le travail de M. Parmentier présente au surplus un degré d'utilité très-réel, qui ne doit pas échapper à l'Académie, en nous donnant les moyens de connaître l'état des farines et la proportion des principes qui les composent; on sera dans le cas de corriger les unes par les autres et de faire, avec des mélanges particuliers de farines vicieuses, un tout qui sera de bonne qualité.

M. Parmentier, dans un second mémoire, après avoir résumé les observations présentées dans son premier, insiste sur la propriété qu'a l'amidon de n'être altéré par aucun moyen. Il a essayé de mêler de l'amidon avec du miel convenablement étendu d'eau : la liqueur a passé à la fermentation vineuse, mais l'amidon est resté sans altération; nous aurions désiré que M. Parmentier eût poussé plus loin cette expérience, et qu'il eût observé plus longtemps les progrès de la fermentation.

Il a mêlé de la partie glutineuse avec de l'amidon, il en a fait de la pâte et du pain, il a laissé ce dernier se gâter et s'altérer, après quoi il a retrouvé l'amidon tel qu'il était avant d'être entré dans la composition du pain.

M. Parmentier, pour acquérir de nouvelles preuves de l'inaltérabilité de l'amidon, a râpé des pommes de terre; il en a fait une pulpe, et l'a laissée se gâter et se corrompre, après quoi il a encore retiré l'amidon en même quantité qu'il l'aurait obtenu si l'amidon eût été séparé avant la fermentation.

L'art de l'amidonnier fournit encore une preuve de la grande difficulté d'altérer l'amidon. Les procédés de cet art n'ont d'autre objet que de détruire par la fermentation les matières étrangères à l'amidon qui sont dans le blé et la farine; l'amidon, au contraire, qui résiste à la fermentation, se précipite au fond de la liqueur.

L'auteur prétend d'après cela que l'amidon ne souffre aucune altération pendant la fermentation panaire; mais nous avouons que les preuves que l'on nous donne ne nous paraissent pas encore assez décisives. Nous ne croyons pas qu'il faille dire avec l'auteur que l'amidon est inaltérable, mais qu'il l'est infiniment moins que la partie glutineuse du blé.

M. Parmentier regarde l'amidon comme une espèce de gomme ou de gelée sèche qui existe toute formée dans les végétaux, et il observe qu'il est le même dans tous. Il examine ensuite si l'on peut avec bénéfice tirer de l'amidon des végétaux autres que les graminées; des racines, par exemple, des pommes de terre, etc. Il fait voir à cet égard qu'un champ semé en blé ou même en autres grains, tels que l'orge, etc. rendra plus d'amidon que semé en toute autre plante, de sorte qu'on ne doit pas s'attendre qu'on fasse jamais avec profit de l'amidon de ces autres substances.

La matière glutineuse, comme nous l'avons déjà dit, n'existe que dans le blé seul. Les autres graminées, les fèves, les pois, les châ-

taignes, etc. n'en contiennent pas; mais, en combinant avec la farine
de ces graines la partie glutineuse séparée du blé, on parvient à en
faire de bon pain et très-approchant de celui de froment.

Le second mémoire est terminé par de nouvelles réflexions, qui
tendent à confirmer l'opinion dans laquelle est l'auteur, que la partie
glutineuse du blé n'est point nutritive, qu'elle concourt à la qualité du
pain d'une manière en quelque façon mécanique, en le rendant plus
léger, etc. Mais, à cet égard, comme nous l'avons déjà observé, nous
ne sommes point de son avis, et nous pensons que toutes les parties du
blé, si, peut-être, on en excepte l'écorce, sont nutritives, et principalement la partie glutineuse et le mucus sucré, comme plus susceptibles
de subir dans l'estomac les altérations nécessaires pour la digestion.

M. Parmentier, dans un troisième mémoire, a pour objet de prouver qu'il est possible de faire du pain avec de l'amidon. Il a mêlé cette
substance en différentes proportions avec la farine de froment, et il a
observé qu'on pouvait porter ce mélange jusqu'à parties égales, sans
que le pain qui en résultait fût détérioré. A un certain point il est, à la
vérité, moins léger; mais on peut corriger ce dernier défaut par une
addition de sel.

Il n'en est pas de même de l'amidon seul : en quelque proportion
qu'on le mêle avec du levain, on n'obtient jamais qu'un pain très-
mauvais.

Parties égales de farine de froment et de pommes de terre donneront
un très-bon pain et le meilleur après celui de froment. Il faut y joindre
deux gros de levûre et un demi-gros de sel par livre du mélange. Il paraît donc que la farine de froment a une portion de matière glutineuse
excédante à celle qui est essentiellement nécessaire pour faire du pain,
de sorte qu'elle peut faire face à une addition considérable d'amidon.

Ces expériences conduisent M. Parmentier à des réflexions sur les
ressources qu'on pourrait tirer, soit de l'amidon tout fabriqué, soit
des grains gâtés, dans une année où les blés auraient été avariés, ger-
més, etc. Mais il avertit, en même temps, qu'on ne doit pas employer
sans choix l'amidon tiré de tous les végétaux; que celui de l'arum,

par exemple, peut contenir quelque chose de dangereux, et qu'il faudrait, avant de l'employer, en extraire la partie vénéneuse par le procédé qu'emploient les Américains pour le manioc.

L'objet que M. Parmentier s'est proposé dans ces trois mémoires est infiniment intéressant pour la Société. Si ses procédés pour reconnaître les altérations arrivées aux grains ne sont pas absolument nouveaux, on peut au moins les regarder comme une application heureuse des découvertes faites par Beccari, Kessel-Meyer et autres. Ses réflexions sur le mélange des farines, sur les moyens de les corriger les unes par les autres; les expériences qu'il a faites pour prouver que le blé de bonne qualité contient assez de parties glutineuses pour qu'on puisse y introduire un supplément d'amidon offrent des vues nouvelles qui ne peuvent manquer d'avoir des applications utiles pour la Société. Nous croyons en conséquence que ces trois mémoires méritent l'approbation de l'Académie, en observant cependant que l'Académie n'adopte pas sans réserve les opinions de l'auteur relativement à la non-altérabilité de l'amidon et relativement à la qualité exclusivement nutritive qu'il lui attribue.

RAPPORTS SUR DEUX MÉMOIRES

sur

LES FOSSES D'AISANCES.

Du 4 juillet 1778.

MM. de Milly, Lavoisier et Fougeroux font le rapport d'un mémoire de Parmentier, Cadet et de Bory, sur les fosses d'aisances et sur l'air qui s'en dégage. Ce rapport, très-étendu, se trouve inscrit au registre de l'Académie. Le mémoire est jugé digne des éloges et des encouragements de la compagnie.

Ce rapport rend compte, non-seulement des travaux des auteurs, mais encore des expériences auxquelles il a donné lieu, concernant la désinfection des fosses pour la vidange.

Le mémoire des auteurs, après des généralités sur les dangers que présente la vidange des fosses d'aisances, entre dans des détails sur les maladies auxquelles sont exposés les ouvriers qui en sont chargés, maladies parmi lesquelles il faut citer particulièrement la *mitte* et le *plomb;* les auteurs font ressortir la nécessité de faire respirer d'abord l'air libre et pur à ceux qui en sont atteints; ils recommandent ensuite de faire respirer les vapeurs de l'alcali volatil et du vinaigre. Ce dernier moyen a été aussi employé avec succès par les commissaires chargés de ce rapport; ils le recommandent particulièrement.

C'est par des temps chauds que les accidents sont les plus fréquents, la fermentation des matières étant plus active.

Les auteurs exposent ensuite les moyens à employer pour purifier l'air des fosses avant la vidange; ces moyens sont principalement le feu et la ventilation.

41.

Le rapport insiste, en terminant, sur la nécessité d'organiser un bon service de vidange et d'empêcher que les eaux de la Seine, qui servent de boisson aux Parisiens, ne soient souillées par les produits des fosses d'aisances.

Du 17 mars 1779.

Les mêmes rapporteurs font un peu plus tard le rapport d'un mémoire du sieur Besset, sur l'enlèvement journalier de récipients, qu'il propose de substituer aux fosses d'aisances.

RAPPORT

SUR UN MÉMOIRE DE M. COULOMB,

RELATIF

AUX TRAVAUX SOUS L'EAU.

Du 15 mai 1779.

MM. Lemonnier, de Bory, Lavoisier et Bossut font le rapport du mémoire de M. Coulomb ayant pour titre : *Recherches sur les moyens d'exécuter sous l'eau, sans aucun épuisement, tous les travaux hydrauliques.*

Le moyen proposé par M. Coulomb consiste dans l'emploi d'un bateau qui réunit tous les avantages de la cloche à plongeur, sans en avoir les inconvénients. Ce bateau est formé de trois caisses reliées ensemble, d'une longueur totale de vingt-quatre pieds sur trois de large. Les caisses extrêmes sont plus petites que la caisse centrale; elles sont ouvertes par le haut et fermées par le bas, tandis que la caisse centrale est fermée par le haut et ouverte par le bas; c'est la *caisse de compression*, parce que l'on y comprime de l'air, comme dans l'arquebuse à vent. Cette caisse est destinée à recevoir les travailleurs; elle porte dans son fond plusieurs ouvertures; la première sert à l'entrée des ouvriers, elle ferme par une trappe garnie de cuir et munie d'une glace très-forte pour donner le jour; d'autres ouvertures sont munies de tuyaux dont l'un communique avec des soufflets destinés à la compression de l'air; les autres servent à laisser échapper l'air corrompu lorsque le besoin s'en fait sentir; les caisses extrêmes doivent recevoir des poids pour faire plonger le bateau.

Les commissaires ont la confiance que cette machine est destinée à rendre de grands services; ils demandent qu'elle soit soumise à des expériences préliminaires, surtout relativement à la respiration des ouvriers, et ils pensent que l'auteur doit être autorisé à faire paraître son mémoire sous le privilège de l'Académie [1].

[1] Extrait des registres de l'Académie des sciences.

RAPPORT

SUR UNE MACHINE PNEUMATIQUE

DU SIEUR FORTIN.

Du 26 juin 1779.

MM. de Laplace, Lavoisier, Brisson et Leroy font un rapport sur une machine pneumatique du sieur Fortin.

Elle mérite les éloges et l'approbation de l'Académie.

L'avantage de cette machine réside dans l'emploi de deux pompes parallèles.

Elle a sur les autres machines pneumatiques un grand avantage, en ce que les soupapes ne communiquent point avec le récipient.

RAPPORT

FAIT

A L'ACADÉMIE DES SCIENCES

PAR LA CLASSE DE CHIMIE [1],

LE 21 AOÛT 1779.

Le 23 mai de l'année 1778, M. Sage a lu un mémoire intitulé : *Observations sur les différentes substances métalliques, et principalement sur l'or que l'on trouve dans les cendres des végétaux.*

L'auteur dit, dans ce mémoire, qu'il a retiré de l'or des cendres de sarment, dans la proportion de 4 gros 12 grains par quintal de ces cendres; dans celle, de 2 gros 36 grains par quintal des cendres de bois de hêtre non flotté; dans celle, de 1 gros 56 grains par quintal des cendres de terreau; et enfin, il ajoute qu'il en a tiré jusqu'à 2 onces 44 grains d'un quintal de terre végétale de jardin, calcinée. Comme l'or est un métal qui n'éprouve point de destruction par aucune opération connue de l'art, ni même probablement par celle de la nature, et qu'il est d'ailleurs susceptible d'une division prodigieuse, et presque infinie; comme il est, par cette raison, répandu en particules d'une petitesse extrême dans presque tous les corps, surtout dans ceux des lieux habités par les hommes, on conçoit qu'il peut en passer quelques atomes, même jusque dans les plantes, comme cela arrive à plusieurs autres métaux.

---

[1] *Mémoires de l'Académie royale des sciences,* année 1778, p. 548, imprimés en 1781.

Cette dispersion étonnante de l'or est un fait curieux, qui méritait l'attention des chimistes : aussi la présence de ce métal dans une infinité de corps n'avait-elle pas échappé aux recherches exactes de plusieurs chimistes, et en particulier de Becher, de Cramer, qui ont assuré qu'il n'y avait point de sable, d'argile, ni aucune espèce de terre dans la nature, dans lesquels on ne pût démontrer au moins quelques atomes d'or, et d'Henckel, qui, dans son ouvrage intitulé *Flora Saturnisans,* a dit que les plantes mêmes pouvaient réellement et essentiellement contenir de l'or.

Un fait comme celui-là est assez important pour mériter qu'on le vérifie et qu'on le constate à plusieurs reprises; c'est sans doute ce motif louable qui a engagé M. Sage à travailler sur cet objet. Si les résultats des expériences dont il a rendu compte dans son mémoire n'eussent été que des quantités très-petites, comme celles des chimistes qui viennent d'être cités, le travail de cet académicien aurait obtenu facilement la confiance que mérite son zèle : mais, dans la vérification des faits dont il s'agit, les produits que M. Sage dit avoir obtenus en or pur se sont trouvés si considérables qu'ils ont étonné tous les chimistes; ils ont fait dans le public une sensation d'autant plus forte qu'il en résultait que les cendres de sarment, et surtout la terre végétale de jardin, étaient de vraies mines d'or qu'on pouvait même exploiter avec un grand bénéfice.

M. le comte de Lauraguais a été le premier qui ait voulu satisfaire sa curiosité sur un fait si merveilleux; il est du moins le premier qui ait fait connaître à l'Académie et, par son moyen, au public, les résultats des travaux qu'il a faits et qu'il a fait faire à ce sujet : il a informé cette compagnie, par une lettre en date du 8 août 1778, adressée à M. le marquis de Condorcet, secrétaire, qu'ayant répété les expériences de M. Sage avec le plus grand soin, et d'après le mémoire de cet académicien, qui lui avait été confié, le produit de ses expériences n'avait eu rien de comparable à ceux qui étaient annoncés dans le mémoire de M. Sage, et il a joint à sa lettre un extrait des mêmes expériences, réitérées à sa prière, par MM. d'Arcet et Rouelle.

Le résultat du travail de ces chimistes, qui ont opéré en doses quadruples de celles de M. Sage, sur des terres de jardin et des cendres de sarment provenant de différents endroits, s'étant trouvé conforme à ceux qu'avait eus d'abord M. le comte de Lauraguais, c'est-à-dire presque nuls en comparaison de ceux de M. Sage, M. de Lauraguais a fini par représenter à l'Académie qu'il serait convenable qu'elle décidât irrévocablement cette question de la quantité d'or qu'on peut retirer des matières végétales, et qu'elle chargeât plusieurs de ses membres de vérifier les faits avec toute l'exactitude et tout le soin convenables. Quatre jours après cette lettre, le 12 août, M. Sage, entrant dans les mêmes vues, lut à l'Académie un supplément de son mémoire, dans lequel il la priait aussi de vouloir bien répéter ses expériences pour constater si l'on pouvait extraire de l'or des végétaux, comme il l'avait annoncé.

En conséquence, l'Académie a chargé toute la classe de chimie de faire cette vérification, ce qui a été exécuté en dix séances ou assemblées dans le laboratoire de M. Baumé, et en une dans celui de M. Sage, ces chimistes opérant, chacun dans leur laboratoire, sous les yeux des commissaires de l'Académie et de plusieurs autres académiciens et savants, et particulièrement de MM. Tillet, Desmarets, le comte de Milly, de Fontanieu, le duc de Chaulnes, le baron de Dietrich, Racle, essayeur de la monnaie, Rey, de Morande et autres.

Les premières expériences ont été faites le mercredi 26 août, dans le laboratoire de M. Baumé, lui opérant, et M. Sage, qui y avait été invité, étant du nombre des spectateurs.

M. Baumé avait brûlé d'avance, comme on en était convenu avec M. Sage, 100 livres de sarment de vigne; celui-ci était de Belleville : ces 100 livres avaient rendu 3 livres 2 onces de cendre grise.

On a pesé 1 once 24 grains de cette cendre, c'est-à-dire 600 grains poids de marc, représentant 6 quintaux; on les a mêlés avec 300 grains ou 3 quintaux docimastiques de minium, 2 onces de flux noir, fait en présence de l'assemblée, et 6 grains de poudre de charbon : ce sont les doses de M. Sage.

D'une autre part, on a fait un mélange de 300 grains ou 3 quintaux du même minium pur et sans cendres, avec 1 once de flux noir et 6 grains de poudre de charbon, pour en réduire le plomb, le passer à la coupelle, et en obtenir le grain de fin qu'il contient ordinairement.

Chacun de ces mélanges a été fait double, ce qui a formé quatre essais qui ont été fondus successivement à la forge, dans des creusets d'Allemagne.

Quoiqu'il y ait eu quelques différences dans les circonstances de ces quatre fontes, et que le produit en culot de plomb réduit n'ait pas été exactement de même poids dans chacune, ces fontes ont été cependant en général assez bonnes, et leur produit en plomb réduit a été d'environ $3\frac{1}{2}$ gros, plus ou moins quelques grains.

On a procédé ensuite à la coupellation de ces quatre essais à la manière ordinaire; ces coupellations ont bien réussi; chaque plomb a laissé sur sa coupelle un petit bouton de retour ou grain de fin, blanc comme de l'argent, et ne paraissant nullement doré; ces grains de fin étaient tous fort petits, et ceux qui provenaient du plomb-d'œuvre [1] ne paraissaient point sensiblement plus gros que les témoins [2].

Les opérations ayant été amenées à ce point, tous ceux sous les yeux desquels elles avaient été faites ont signé la feuille sur laquelle on les inscrivait à mesure qu'elles se faisaient : on a pesé ensuite ces boutons de retour à une bonne balance d'essai; celui d'un des essais provenant d'un culot de 3 gros 49 grains du plomb-d'œuvre a pesé 15 grains du poids fictif de la balance de M. Baumé, ce qui revient à $\frac{5}{256}$ de grain du poids réel ou du poids de marc; le bouton de retour du témoin provenant d'un culot de ce plomb pesait 3 gros 44 grains,

[1] C'est le nom qu'on donne, en métallurgie, au plomb enrichi par sa fonte avec des matières contenant de l'or et de l'argent; nous le donnons au plomb fondu avec la cendre de sarment, pour le distinguer du plomb pur. (*Note du rapport.*)

[2] On nomme ainsi les grains de fin que contiennent naturellement presque toutes les espèces de plomb; il est nécessaire d'en connaître la quantité, dans tous les essais, pour la soustraire du grain de fin que fournit le plomb-d'œuvre. (*Note du rapport.*)

a été trouvé du poids de $\frac{1}{256}$ de grain poids de marc, ce qui fait $\frac{1}{256}$ de différence dont le plomb-d'œuvre paraissait plus riche. Mais comme cette quantité était infiniment petite en comparaison de celles que M. Sage avait obtenues en son particulier, et que d'ailleurs le grain de fin du plomb-d'œuvre ne paraissait que de l'argent pur, comme celui du témoin, et non pas jaune et doré comme ceux des expériences que M. Sage avait faites en son particulier, cet académicien a inscrit ce qui suit sur le plumitif :

Les produits que j'ai vus chez M. Baumé n'ont aucun rapport avec ce que j'ai fait, le grain ne me paraissant nullement doré.

Signé SAGE.

Le lendemain jeudi, 27 août, nous nous sommes rassemblés plusieurs d'entre nous dans le laboratoire de M. Baumé, pour examiner et peser encore plus exactement les quatre boutons de fin ou boutons de retour des opérations de la veille; ayant remarqué, par le secours d'un microscope, que ces grains de fin n'étaient pas parfaitement nets, et qu'il y avait à leur surface quelques particules de litharge ou de la coupelle, on les a aplatis sur un tas d'acier poli, avec un marteau d'acier poli, et frottés ensuite sur du papier, pour en détacher les petits corps étrangers, ce qui les a nettoyés parfaitement, comme on s'en est assuré en les examinant ensuite au microscope, puis on les a repesés à une petite balance d'essai appartenant à M. Baumé, faite par le sieur Gallonde, laquelle est infiniment fine et trébuche sensiblement à $\frac{1}{1024}$ de grain poids de marc; leurs poids se sont trouvés comme il suit :

Le grain de fin du premier plomb-d'œuvre $\frac{1}{64} - \frac{1}{1024}$ de grain poids de marc; le grain du second plomb-d'œuvre $\frac{1}{64}$ un peu fort; le grain de fin du premier témoin $\frac{1}{64} - \frac{1}{512}$; le grain de fin du second témoin $\frac{1}{12} + \frac{1}{5}$. Ces quantités, réduites en 1024es reviennent à celles qui suivent :

Grain de fin du premier plomb-d'œuvre...............	$\frac{15}{1024}$
Grain de fin du second plomb-d'œuvre.................	$\frac{16}{1024}$ fort.
Grain de fin du premier témoin......................	$\frac{14}{1024}$
Grain de fin du second témoin.......................	$\frac{10}{1024}$

Ces différences étant très-peu considérables et s'éloignant d'ailleurs infiniment des produits de M. Sage, nous n'entrerons point pour le présent dans de plus grands détails à ce sujet.

Nous ajouterons seulement qu'ayant dissous dans de l'esprit de nitre très-pur les boutons provenant tant du plomb-d'œuvre que des témoins, il ne nous est resté dans les deux cas que des minicules noires, extrêmement petites, que nous avons jugées être de l'or; celles des boutons du plomb-d'œuvre étaient un peu plus considérables, mais elles étaient les unes et les autres infiniment trop petites pour produire le moindre effet sur la balance qui trébuche, comme nous l'avons dit, sensiblement à $\frac{1}{1024}$ de grain.

Le même jour nous reçûmes de M. Sage une lettre très-honnête et très-judicieuse, adressée à l'un de nous, par laquelle, après avoir exposé que la différence de la manière de travailler de M. Baumé et de la sienne pouvait être la cause de celle qui se trouvait entre nos produits et les siens, il nous invitait à venir dans son laboratoire, pour le voir opérer sur les mêmes matières qui avaient été employées chez M. Baumé, et finissait en protestant avec candeur qu'il ne lui en coûterait rien pour convenir qu'il s'était trompé, si cela était en effet.

En conséquence de cette invitation, le mardi 1ᵉʳ septembre 1778, vers les neuf heures du matin, nous nous sommes rendus au laboratoire de M. Sage, maison de M. Randel, attenant le jardin du Roi.

M. Sage, en présence de l'assemblée, a réduit du minium avec de la poix-résine dans un creuset; il s'est trouvé 2 onces 2 gros de plomb réduit, d'environ 3 onces de minium qui avaient été employées dans cette opération.

Ce plomb était destiné à deux opérations de coupellation, ou à deux essais devant fournir les témoins.

D'une autre part, M. Sage a mêlé 1 once 25 grains, c'est-à-dire 600 grains ou 6 quintaux docimastiques de la cendre de sarment, ci-devant préparée par M. Baumé, et que M. Sage avait approuvée, avec ½ once 12 grains ou 3 quintaux docimastiques du même minium, 2 onces de flux noir fait sur-le-champ par M. Sage, en présence de l'assemblée, et 6 grains de poudre de charbon.

Ce mélange a été fondu par M. Sage, à la forge, très-bien, très-proprement et très-facilement. Il en a fondu un second tout pareil avec le même succès : le culot du premier plomb-d'œuvre s'est trouvé de 3 gros 24 grains; et celui du second plomb-d'œuvre, du poids de 3 gros 37 grains.

Ces deux plombs-d'œuvre, avec la quantité convenable de plomb réduit du minium pur, pour fournir deux essais et deux témoins, ont été passés par M. Sage, l'un après l'autre, à la coupelle, non dans un fourneau de coupelle, à la manière usitée, mais en plaçant immédiatement sur les charbons d'un fourneau ordinaire la coupelle simplement recouverte d'un moufle très-petit, à peine suffisant pour la couvrir, et en accélérant considérablement l'opération par le vent d'un soufflet, dirigé alternativement sur le charbon et sur le plomb; méthode expéditive, qui n'est point inconnue dans l'art des essais.

Ces quatre coupellations ont été faites, de même que les fontes précédentes, avec beaucoup de facilité, de promptitude et de succès.

Il est resté sur chaque coupelle un petit bouton de retour; les quatre boutons paraissaient à l'œil différer fort peu les uns des autres pour la grosseur et pour la couleur; ils étaient tous les quatre blancs comme de l'argent pur.

Après avoir été soigneusement nettoyés, ils ont été pesés à la petite balance très-sensible de M. Baumé.

Le bouton de retour du premier témoin a pesé $\frac{1}{128} + \frac{1}{512} + \frac{1}{1024}$ de grain, poids de marc.

Le bouton de retour du second témoin a pesé $\frac{1}{128} + \frac{1}{256}$ de grain, poids de marc : les deux boutons de retour des deux plombs-d'œuvre ont pesé chacun $\frac{1}{128} + \frac{1}{256} + \frac{1}{1024}$ de grain, poids de marc; en réduisant ces quantités en 1024es, on trouve :

Bouton de retour du premier témoin................... $\frac{11}{1024}$

Bouton de retour du second témoin................... $\frac{12}{1024}$

Bouton de retour des deux plombs-d'œuvre, chacun........ $\frac{12}{1024}$

Si l'on compare ces produits avec ceux que l'on avait obtenus chez M. Baumé, on trouvera qu'en général ils diffèrent peu, mais que l'avantage pour la quantité du fin, à l'exception de celle du plomb du second témoin, est en faveur des expériences faites chez M. Baumé.

Il s'ensuit, tant des opérations faites chez M. Baumé que de celles qui ont été faites chez M. Sage, que les grains de fin obtenus dans ces opérations donnent par quintal réel du minium seul, de 33 à 36 grains; par quintal du plomb réduit et coupellé pour fournir les témoins, de 37 à 40 grains; par quintal de minium employé pour le plomb-d'œuvre, 39 grains; et par quintal de ce même plomb-d'œuvre, de 46 à 48 grains.

Mais, comme il ne faut compter comme produit des cendres que l'excès des grains de fin du plomb-d'œuvre sur les grains de fin des témoins, il s'ensuit que le quintal de cendre n'a fourni que 8 à 9 grains de fin, quantité très-inférieure à celle de 4 gros 12 grains, et l'on doit observer que ces 8 ou 9 grains de fin, loin d'être de l'or, ne paraissent que de l'argent à peu près pur : il y en avait cependant un qui paraissait doré; mais ce petit bouton, ayant été aplati et nettoyé, a paru aussi blanc que les autres.

Pour connaître la quantité d'or que pouvait recéler cet argent, nous avons mis un des boutons de retour du plomb-d'œuvre dans de l'eau forte très-pure : il a été dissous promptement, à la réserve d'une minicule noirâtre, sur laquelle l'eau forte a refusé d'agir; cette minicule a été lavée avec de l'eau pure, séchée et pesée à la petite balance la plus sensible de M. Baumé; son poids s'est trouvé au plus de $\frac{1}{1024}$ de grain, ce qui revient exactement à $1\frac{1}{2}$ grain par quintal réel de la cendre employée.

Pour constater que cette minicule était réellement de l'or, nous lui avons appliqué un peu d'eau régale : la dissolution s'en est faite promptement; enfin, une petite lame d'étain ayant été mise dans cette dissolution, affaiblie par de l'eau, la liqueur a pris, peu à peu, une teinte purpurine, mais infiniment faible.

Ces expériences et plusieurs que nous avons faites sur ce même

objet, et dont nous ne rendrons pas compte ici, parce qu'elles présentent des résultats à peu près semblables, ramenaient nos connaissances sur l'existence de l'or dans les végétaux précisément au même
point où elles étaient avant les dernières recherches qui viennent
d'être faites sur cet objet, et il en résultait, comme l'ont annoncé les
anciens chimistes, et comme MM. de Lauraguais, d'Arcet, Rouelle et
Berthollet l'ont confirmé par des expériences très-exactes, que l'on
retire quelques minicules d'or de presque toutes les substances minérales et végétales, traitées avec le minium; mais que ces minicules ne
forment pas communément un objet de plus de deux ou trois grains
par quintal réel.

Nous regardions d'après cela notre mission comme remplie, et
nous étions au moment de faire notre rapport à l'Académie, lorsqu'en
réfléchissant avec plus d'attention sur toutes les circonstances de nos
opérations, nous nous sommes aperçus que, dans toutes nos expériences, les quantités de fin, tant en or qu'en argent, étaient d'autant
plus grandes que le coup de feu que nous avions donné pour opérer
la fusion et la réduction était plus fort, et que les différences mêmes
étaient très-considérables : cette circonstance a commencé à nous faire
soupçonner que les quantités infiniment petites d'or que nous avions
obtenues pouvaient bien ne pas venir de la cendre, mais du minium
avec lequel nous les avions combinées, et voici à cet égard le raisonnement que nous avons fait.

L'or n'est point susceptible, en général, de se calciner : il est donc
probable que, s'il en existe dans le minium, il s'y trouve en particules
très-fines et divisées, pour ainsi dire, à l'infini. On conçoit que si l'on
vérifie de semblable minium par la seule addition de poix-résine, c'est-
à-dire à un degré de chaleur très-médiocre, le plomb doit couler et
se rassembler, mais que les minicules d'or, qui sont beaucoup moins
fusibles que le plomb, ou, pour mieux dire, qui ne le sont pas au
degré de feu qu'on emploie pour réduire le minium par la poix-résine,
doivent rester dans les scories; la même chose ne doit point arriver
lorsqu'on revivifie le minium avec du flux noir et avec des cendres;

alors la nécessité où l'on est de donner un grand coup de feu pour faire fondre les cendres et le flux ne permet plus à l'or de demeurer sans se fondre, le plomb s'en saisit et devient aussi riche qu'il le peut être.

Ces nouvelles considérations exigeaient de nous une nouvelle suite d'expériences, et voici le plan auquel nous avons cru devoir nous arrêter; nous prévenons qu'il n'est aucune des expériences que nous allons énoncer que nous n'ayons répétée plusieurs fois, afin d'éviter de tirer des conséquences précipitées. Nous avons pris une certaine quantité du même minium que nous avions employé précédemment; nous en avons opéré la réduction par la poix-résine dans un chaudron de fer, à un degré de feu très-médiocre, et nous avons mis à part le plomb qui en a résulté; nous avons ensuite mêlé la portion de ce même minium qui était restée dans le chaudron, et qui avait refusé de se réduire, tantôt avec du flux noir, tantôt avec de l'alcali fixe ordinaire, et nous l'avons poussée au feu jusqu'au point de mettre le flux ou l'alcali en fusion complète, et nous avons obtenu, par ce procédé, une nouvelle quantité de plomb que nous avons mis à part sans le confondre avec le premier.

Ayant passé séparément ces deux plombs à la coupelle, nous avons observé que le plomb de la première goutte contenait à peine 36 à 37 grains de fin par quintal, tandis que la dernière portion, celle qui avait été obtenue par la violence du feu, en contenait jusqu'à 60 et plus; que ces boutons de fin différaient non-seulement par leur poids, mais encore par leur qualité; que celui du premier plomb ne contenait point d'or en quantité sensible, tandis que celui du second plomb, obtenu par la revivification à grand feu, nous a fourni des minicules d'or presque égales à celles que nous avions retirées dans les expériences avec la cendre; nous disons presque égales, parce que en effet, quoiqu'en opérant, comme nous venons de le dire, sur du minium seul et sans addition de cendre, nous ayons toujours retiré de l'or, la quantité cependant en était constamment moindre qu'avec l'addition de la cendre; mais cette différence ne s'est trouvée que de $\frac{1}{2}$ grain ou de 1 grain tout au plus par quintal réel, quantité beaucoup trop petite

pour qu'on en puisse rien conclure, et dont il ne nous aurait pas été
même possible de nous apercevoir si nous n'eussions été munis d'instruments d'une exactitude rare.

Nous concluons donc définitivement de toutes les expériences ci-
dessus :

1° Que la quantité d'or que l'on retire par la combinaison du minium avec les cendres est infiniment petite, et qu'elle n'excède pas
1 ou 2 grains par quintal réel de la cendre employée, ce qui est bien
différent de 300 grains ou de 4 gros 12 grains par quintal que
M. Sage a annoncés dans le mémoire qu'il a lu à l'Académie;

2° Qu'il paraît prouvé par nos expériences qu'une partie de cet or
existait dans le minium, ce qui réduit à quelques fractions de grain par
quintal réel, c'est-à-dire à des quantités qu'on peut regarder comme
absolument insensibles, les minicules d'or qu'on peut attribuer aux
cendres;

3° Que nous ne faisons même aucune difficulté de conclure qu'il
est très-probable que cette quantité infiniment petite, sur laquelle il
peut rester quelque incertitude, vient plutôt du minium que de la
cendre;

4° Que la cendre, dont M. Sage a cru avoir extrait de l'or, n'est
qu'un intermède à l'aide duquel il est parvenu à extraire ce qui existait dans le minium, et que probablement, par un effet du hasard, il
aura employé dans ses expériences un minium plus riche en or que
ne l'est communément celui du commerce;

5° Enfin, qu'il est d'une grande importance, dans les travaux docimastiques, d'opérer sur le minium et sur le plomb destinés à servir de
témoins exactement de la même manière et au même degré de feu que
sur le plomb-d'œuvre, et que c'est faute d'avoir eu cette attention que
M. Sage, et beaucoup de chimistes avant lui, ont cru trouver dans un
grand nombre de matières des parcelles d'or qui existaient réellement
dans le minium qui leur servait d'intermède.

Signé Macquer, Cadet, Lavoisier, Baumé, Bucquet et Cornette.

RAPPORT

SUR

LES ÉLÉMENTS D'AGRICULTURE

DE M. DUHAMEL.

Du 28 août 1779.

L'Académie nous a chargés, M. de Jussieu et moi, de lui rendre compte de la seconde édition des *Éléments d'agriculture* de M. Duhamel.

L'auteur n'a rien changé dans la distribution générale de son ouvrage, mais il a fait dans plusieurs articles des changements et des additions importantes dont nous indiquerons les principales dans le cours de ce rapport.

Cet ouvrage est divisé en douze livres. L'auteur traite dans le premier des principes généraux de l'économie végétale; il y donne une espèce d'anatomie élémentaire, et à la portée de tout le monde, des végétaux; il y examine séparément chacune des parties dont ils sont composés, et il y expose l'usage auquel elles servent relativement à l'accroissement des plantes et à leur reproduction. Les deux derniers chapitres de ce livre sont un résumé de tout ce qu'on sait de mieux et de plus précis sur la nutrition des végétaux, sur la nature et l'usage de la séve, etc. On peut le regarder comme un abrégé très-bien fait de toute la physiologie des végétaux.

Après ces espèces de proégomènes, très-nécessaires pour l'intelligence d'un traité d'agriculture, M. Duhamel entre en matière dans le second livre; il y traite des préparations indispensables pour obtenir de

43.

bonnes récoltes. Ces préparations sont les labours, les engrais et les semailles. M. Duhamel passe en revue toutes les substances des trois règnes qui peuvent servir d'engrais. Il essaye de donner quelques idées sur l'usage dont ils peuvent être dans la végétation, et sur les moyens qu'on peut employer pour y suppléer. A l'article des semences, M. Duhamel traite des légumes prolifiques qui ont été proposés par différents auteurs; il apprécie les avantages qu'on peut en attendre d'après la théorie, et surtout d'après l'expérience.

M. Duhamel consacre tout le troisième livre aux recherches relatives aux différentes maladies des grains. Ces maladies sont très-nombreuses; M. Duhamel en détaille les symptômes; il donne les moyens de les prévenir et d'y remédier; il entre, à l'égard de l'ergot, dans de grands détails, et il rend compte sommairement des travaux de M. Tillet et des expériences faites tout récemment par M. l'abbé Tessier.

M. Duhamel s'occupe, dans le quatrième livre, des détails relatifs à la récolte des grains; il examine les différents moyens de les couper, de les battre, de les nettoyer, de partager les différentes espèces de blé; il discute les avantages et les inconvénients de chaque méthode, et il détaille les usages auxquels on peut employer chaque espèce de grain, depuis le meilleur jusqu'au plus défectueux.

Les détails relatifs à la récolte sont suivis de ceux relatifs à la conservation des grains et sont l'objet du cinquième livre. Nous croyons pouvoir nous dispenser de nous étendre sur cette partie de l'ouvrage de M. Duhamel; l'Académie n'a pas oublié les travaux immenses, faits par cet infatigable académicien, sur la manière de conserver les grains et les farines, et le succès complet de ce qu'il a imaginé.

M. Duhamel expose dans le sixième livre les principes et les avantages de la culture à la charrue de M. de Tull. Cette culture consiste, comme on sait, à interposer les jachères entre les rangs de blé et à cultiver alternativement chaque année une rangée, puis une autre. Cette méthode a de grands avantages, et ils sont si bien démontrés par une suite d'expériences faites par M. Duhamel lui-même et par plusieurs cultivateurs très-intelligents, qu'on ne peut les révoquer en doute;

mais ces avantages sont souvent balancés par des difficultés locales qu'il n'est pas toujours possible de vaincre. M. Duhamel les présente dans toute leur force, et on reconnaît dans cette partie de son travail, comme dans toutes les autres, cette exacte impartialité qui caractérise tous ses ouvrages, et qui est propre à ceux qui n'ont d'autre but que la vérité.

Tels sont les objets qui composent le premier volume des *Éléments d'agriculture*. Le second est également divisé en six livres. Le premier livre, qui est le septième de l'ouvrage, traite des différents instruments du labourage. M. Duhamel y donne la description et la figure de toutes les espèces de charrues, comme il enseigne les différents usages auxquels elles conviennent, suivant la localité des pays, suivant la nature des terres, suivant les différentes cultures; enfin, il indique les différents changements à faire aux charrues ordinaires pour les appliquer à la culture à la manière de M. de Tull. Il passe successivement dans ce même livre à la description du semoir, instrument utile dans toutes les espèces de cultures, indispensable dans celle à la manière de M. de Tull, puis, à celle de la herse; enfin, il termine ce livre par des détails très-intéressants sur la construction et la distribution des bâtiments d'une ferme. Il y donne pour modèle le plan d'une des huit fermes qu'il a fait construire lui-même pour l'exploitation de ses domaines. Il est difficile de rien imaginer de plus commode et de mieux entendu. Ce chapitre, qui n'est pas un des moins intéressants de l'ouvrage, manquait à la première édition.

Les livres VIII, IX, X et XI sont destinés à des détails particuliers pour les cultures des différentes espèces de grains et de plantes. M. Duhamel traite très au long, dans le neuvième livre, des prairies, tant naturelles qu'artificielles, et des différentes plantes avec lesquelles on peut les former, des racines qu'on peut substituer au fourrage pour la nourriture des bestiaux, des pommes de terre, des topinambours, des raves, des raiforts, etc.

Le livre dixième est destiné à la culture des plantes potagères et de quelques autres qui demandent des soins particuliers, telles que le lin, le persil, le safran, la garance. Les détails, surtout, relatifs à la culture de cette dernière plante sont très-étendus, et ils embrassent tout ce qui concerne la préparation de sa racine et les moyens de la rendre propre à entrer dans le commerce et à être employée dans les arts.

Le livre douzième renferme différentes réflexions sur l'agriculture qui n'ont pu entrer dans la division générale des livres précédents, et il est terminé par le détail des différentes mesures de terrains dont il a été question dans le cours de l'ouvrage.

Cet excellent traité renferme, sous un très-petit volume, tout ce qu'on peut dire de mieux et de plus utile en agriculture, dans l'état actuel de nos connaissances. Il est le fruit de cinquante années d'expériences faites, pour ainsi dire, dans le sein de l'Académie, et avec le véritable esprit académique : il n'en est donc aucun qui soit plus digne de son approbation.

Nous ne pouvons mieux caractériser cet ouvrage qu'en rapportant un mot très-juste d'un cultivateur qui partait pour être chargé d'une exploitation de terres très-considérable. On lui demandait quels étaient les livres d'agriculture qu'il emportait avec lui : « Je n'en ai besoin que « d'un seul, répondit-il, les *Éléments d'agriculture* de M. Duhamel. »

RAPPORT

SUR

LA CAUSTICITÉ DES SELS MÉTALLIQUES.

Du 12 avril 1780.

Nous avons été chargés par l'Académie, M. Macquer et moi, de lui rendre compte de trois mémoires de M. Berthollet sur la causticité des sels métalliques, qui ont été lus dans ses assemblées particulières des 9 et 12 février dernier. Quoique le premier de ces mémoires ait été rendu public par l'auteur dans le journal de médecine, et que, par cette circonstance, nous ne soyons pas dans le cas d'en faire le rapport, il se trouve cependant si étroitement lié avec les deux autres, que nous ne pouvons nous dispenser d'en donner un extrait abrégé. Cette matière étant une des plus difficiles et des plus abstraites de la chimie, nous avons besoin de toute l'attention de l'Académie.

M. Macquer, l'un de nous, dans son Dictionnaire de chimie, regarde la causticité en général comme une tendance à la combinaison; ainsi, lorsqu'on enlève à une substance quelconque un de ses principes avec lequel elle a beaucoup d'affinité, elle tend à le reprendre aux dépens de tous les corps avec lesquels elle est en contact, avec une force active quelconque : or c'est cette force que M. Macquer appelle *causticité*. L'huile de vitriol concentrée fournit une application frappante de cette définition; cette substance est dépouillée d'eau et de phlogistique : elle tend à reprendre l'un et l'autre avec une extrême avidité, et c'est en vertu de cette force attractive qu'elle exerce sur l'eau et le phlogistique, contenus dans les végétaux et dans les animaux, qu'elle les décompose, qu'elle les cautérise et qu'elle en détruit l'organisation.

De cette définition de la causticité, il résulte qu'il existe différentes espèces de causticité; ainsi l'appétence qu'un corps caustique exercera sur l'eau peut s'appeler *causticité aqueuse;* celle qu'un autre corps exercera sur le phlogistique pourra s'appeler *causticité ignée;* ainsi des autres. Ces définitions étaient indispensablement nécessaires pour nous rendre intelligibles sur une matière encore neuve pour les chimistes, et sur laquelle nous croyons pouvoir dire qu'on n'avait pas, en général, des idées fort nettes avant la dernière édition du Dictionnaire de chimie.

Ces principes généraux, M. Berthollet les applique à la causticité des sels métalliques; il donne pour cause de cette causticité la privation du phlogistique, et l'action que ces substances exercent sur tous les corps et dans toutes les combinaisons pour le reprendre et pour s'en saturer.

Si les principes de M. Berthollet à cet égard sont vrais, les sels métalliques doivent être d'autant plus corrosifs, d'autant plus caustiques, qu'ils sont plus dépouillés de phlogistique; ils doivent être, au contraire, d'autant plus doux, qu'ils approchent davantage d'être saturés de ce principe : les faits, à cet égard, cadrent d'une manière frappante avec la théorie. M. Berthollet apporte pour preuve, dans son premier mémoire, les différentes combinaisons de l'acide marin avec le mercure. Il fait voir, par des expériences assez concluantes, que le mercure est dans l'état de chaux dans le sublimé corrosif, tandis qu'il est pourvu de presque tout son phlogistique dans le mercure doux et dans la panacée mercurielle. Or on sait que la première de ces préparations est un des plus puissants caustiques qui soient connus, tandis que le second est susceptible d'être pris intérieurement, même à doses assez grandes, sans causer aucun ravage dans l'économie animale. Le mercure peut donc, suivant M. Berthollet, présenter une suite de préparations qui fournissent, en quelque façon, l'exemple de tous les degrés de causticité possibles; le mercure coulant et dans l'état métallique, étant parfaitement saturé de phlogistique, n'a aucune qualité corrosive; la panacée mercurielle, dans laquelle le mercure a déjà éprouvé un commencement de calcination, exerce un effet corrosif proportionnel à la quantité de phlogistique qu'il a perdue; enfin, dans le sublimé corrosif, le mercure est au dernier degré de causticité dont il est susceptible, parce que, dans cette préparation mercurielle, il est entièrement dépouillé de phlogistique.

Pour confirmer cette théorie, M. Berthollet fait voir que les différents degrés de causticité des sels marins mercuriels ne dépendent pas de la différente proportion d'acide qu'ils contiennent; qu'à proportion égale d'acide, on peut obtenir le mercure ou dans l'état doux ou dans celui corrosif, selon que le mercure est plus ou moins déphlogistiqué, ce qui lui donne lieu de distinguer deux sortes d'*aquila alba*; l'*aquila alba* ordinaire et l'*aquila alba* corrosive.

Cette *aquila alba* corrosive se trouve dans tous les précipités qu'on obtient de la décomposition du sublimé corrosif par les alcalis, et M. Berthollet observe que c'est en raison de la proportion plus ou moins grande de ce sel qu'ils contiennent, qu'ils sont plus ou moins blancs. Ces précipités sont naturellement rouges, mais l'intensité de cette couleur est diminuée par l'addition de l'*aquila alba*, qui est très-blanche.

Enfin M. Berthollet fait remarquer, en terminant ce mémoire, que les métaux qui donnent par leur combinaison avec les acides les sels les plus caustiques sont ceux qui sont les plus avides de phlogistique; que c'est par cette raison que les sels métalliques qui ont pour bases l'argent et le mercure sont extrêmement caustiques, tandis que les sels à base de plomb, et surtout ceux à base de fer, sont beaucoup plus doux et ne peuvent pas même être regardés comme caustiques.

Après avoir examiné dans un premier mémoire les différents états dans lesquels le mercure peut entrer dans les combinaisons salines, M. Berthollet examine dans le second les différentes altérations qui peuvent survenir à l'acide marin. Il fait voir que cet acide peut être ou dans son état ordinaire, tel qu'il a été décrit et employé par tous les chimistes, ou dans l'état où M. Bergman l'a obtenu en le faisant distiller sur de la manganèse. Cette dernière substance, qui est très-avide de phlogistique, en dépouille l'acide marin; en conséquence,

M. Bergman appelle *acide marin déphlogistiqué* celui qui passe par voie
de distillation dans le récipient; voilà donc deux espèces d'acide marin
très-distinctes : le phlogistiqué et le déphlogistiqué; mais ce langage
ne doit point paraître extraordinaire aux chimistes, puisque l'acide vitriolique et l'acide sulfureux sont absolument dans le même cas, et
qu'on pourrait, à juste titre, appeler l'un *acide vitriolique déphlogistiqué*, et l'autre *acide vitriolique phlogistiqué*.

C'est dans l'état déphlogistiqué que se rencontre, suivant M. Berthollet, l'acide marin dans le sublimé corrosif et dans l'*aquila alba*,
nouvelle cause de la grande causticité de ces sels, tandis que le même
acide est pourvu de phlogistique dans le mercure doux et dans le
mercure précipité blanc, préparations mercurielles qui ne sont point
caustiques.

M. Berthollet applique ensuite cette même théorie aux expériences
de M. Monnet sur la formation du sublimé corrosif par la voie humide,
et il y trouve encore de nouvelles preuves en faveur de son opinion.
Une condition essentielle pour obtenir du sublimé corrosif par la voie
humide, dans le procédé de M. Monnet, est d'employer une dissolution
nitro-mercurielle qui contienne un excès d'acide très-considérable.
Toutes les fois qu'on néglige cette attention, le précipité qu'on obtient
en ajoutant de l'acide marin ou du sel marin est dans l'état de précipité blanc et il n'a rien de corrosif. M. Berthollet observe que, dans
le moment du mélange, il s'excite un mouvement d'effervescence considérable; qu'il s'échappe une grande quantité de vapeur rouge; d'où
il conclut que l'acide nitreux déphlogistique l'acide marin et peut-
être le mercure lui-même; que l'acide nitreux ainsi phlogistiqué s'é-
chappe sous la forme de gaz; qu'en conséquence l'acide et le métal se
trouvent dans les circonstances les plus favorables pour former du
sublimé corrosif.

Il se produit un effet tout semblable lorsqu'on fait dissoudre le mercure dans de l'eau régale. L'acide nitreux s'empare du phlogistique de
l'acide marin et de celui du mercure, et se convertit en gaz; une partie
du mercure se calcine, l'autre se combine avec l'acide marin; en fai-

sant évaporer la liqueur on a du sublimé corrosif et du mercure précipité rouge.

Ces réflexions conduisent M. Berthollet à penser, et cette opinion a
beaucoup de vraisemblance, que, dans l'eau régale, il n'y a que l'acide
marin qui attaque l'or; que l'acide nitreux ne sert qu'à déphlogistiquer
ce premier acide et à le rendre propre à dissoudre l'or. Il ne serait
peut-être pas impossible, en partant du même principe et en déphlo-
gistiquant l'acide nitreux autant qu'il est possible, qu'on ne pût l'a-
mener également à attaquer l'or; mais il n'existe, jusqu'à présent,
aucun moyen de déphlogistiquer l'acide nitreux au delà d'un certain
terme.

M. Berthollet termine ce second mémoire par quelques observations
sur la dissolution du mercure dans l'acide nitreux, et il fait encore voir
que les sels mercuriels de cette classe sont d'autant plus caustiques
qu'ils sont plus privés de phlogistique.

Après avoir épuisé tout ce que les dissolutions mercurielles pouvaient présenter d'intéressant, relativement à la théorie de la causticité, M. Berthollet passe, dans un troisième mémoire, aux expériences
et aux observations qu'il a faites sur les autres sels métalliques. Parmi
les caustiques que fournit la chimie métallique, la pierre infernale
occupe le premier rang relativement à sa qualité corrosive. Si l'on
dissout de l'argent dans de l'acide nitreux, qu'on fasse évaporer et
cristalliser la liqueur, on obtient un sel connu sous le nom de *cristaux
de lune*, sel très-actif, mais qui n'est point un caustique violent, et dont
Boyle et quelques autres ont conseillé l'usage intérieur. Mais, si l'on
expose ce même sel à une chaleur modérée, si on lui fait éprouver
une légère calcination, alors le métal perd son phlogistique, il devient
pierre infernale et il est alors le plus puissant de tous les caustiques.
Voilà donc l'argent susceptible de passer par trois états différents;
dans son état métallique, il n'a nulle action corrosive, nulle causticité,
parce qu'il est saturé de phlogistique; dans l'état de cristaux de lune,
comme il a déjà perdu quelques portions de phlogistique, il commence
à prendre quelques degrés d'activité; enfin, comme dans l'état de

pierre infernale il est entièrement privé de phlogistique, comme il a
une grande appétence pour en reprendre partout où il en trouve,
cette préparation d'argent est excessivement caustique.

M. Berthollet attribue également la causticité des acides concentrés
à l'absence du phlogistique et à la force qu'ils exercent pour le reprendre. L'acide vitriolique légèrement phlogistiqué se convertit en
acide sulfureux, qui est déjà beaucoup moins actif que ne l'était l'acide
avant cette combinaison. Plus phlogistiqué encore, il forme le soufre,
substance dépourvue de toute causticité. Il en est de même de l'acide
nitreux; combiné avec le phlogistique, il forme le gaz nitreux, qui n'est
ni caustique, ni même acide. C'est également en raison du phlogistique enlevé à l'esprit-de-vin, que les acides minéraux dulcifiés perdent,
suivant M. Berthollet, une partie de leur causticité.

Si, au lieu de calciner les cristaux de lune à l'air libre pour les convertir en pierre infernale, on opère dans l'appareil pneumato-chimique, on remarque dans la partie vide de la cornue des vapeurs
rouges; mais il passe, en même temps, une grande quantité d'air déphlogistiqué[1]. Cette circonstance, à laquelle on n'avait pas lieu de s'attendre, forme une objection assez forte contre la théorie de M. Berthollet, et elle ne lui a pas échappé : il s'est efforcé de la résoudre;
mais nous ne croyons pas qu'il y ait réussi complétement.

En général, quoique la théorie de M. Berthollet sur la causticité
des sels soit très-ingénieuse; quoiqu'elle paraisse satisfaire à l'explication du plus grand nombre des phénomènes; enfin, quoiqu'elle se lie
parfaitement avec la théorie de Stahl, nous ne la regardons pas comme
démontrée. Le phlogistique est un principe dont on a abusé dans ces
derniers temps pour expliquer tout, et, tandis que M. Berthollet attribue
avec quelque vraisemblance la causticité du sublimé corrosif à l'absence
du phlogistique, M. Baumé, dans sa Chimie, l'attribue à sa présence
et à sa surabondance. Lorsqu'une matière est obscure et neuve, il est
facile de lier ensemble, par des hypothèses plausibles, le petit nombre

____

[1] Cette expérience est de M. de Lassonne.

de phénomènes connus qu'elle présente; mais, il n'en est plus de même lorsque les faits se multiplient à un certain point : une expérience de plus suffit souvent pour renverser une théorie qui paraissait solidement établie, et il n'est plus aussi facile d'en imaginer de nouvelles.

Quoi qu'il en soit, quoiqu'il soit possible de donner, dans un autre système, une explication suivie, et peut-être aussi satisfaisante des phénomènes de la causticité des sels métalliques, les trois mémoires de M. Berthollet n'en ont pas moins le mérite de présenter un grand ensemble de faits nouveaux, des observations très-fines, une théorie, sinon démontrée, au moins rendue probable et établie sur des faits bien liés et bien présentés. Ces mémoires ne peuvent qu'ajouter à la réputation que l'auteur s'est déjà justement acquise par les mémoires multipliés qu'il a donnés à l'Académie, et nous pensons qu'ils sont très-dignes d'être imprimés dans le recueil des mémoires présentés à l'Académie par des savants étrangers.

Fait à l'Académie, ce 12 avril 1780.

Signé MACQUER et LAVOISIER.

RAPPORT

SUR

L'ACIDE ARSENICAL.

Nous avons été chargés par l'Académie, M. Macquer et moi, de lui rendre compte d'un mémoire de M. Berthollet, intitulé : *Observations sur l'arsenic*.

C'est à M. Macquer, l'un de nous, que les chimistes doivent la découverte du sel neutre arsenical. L'arsenic, dans cette combinaison singulière, fait l'office d'un acide : il se combine avec l'alcali fixe, il le neutralise et forme, avec lui, un sel dont M. Macquer a examiné les propriétés dans un très-grand détail.

D'après les travaux de M. Macquer, on ne connaissait encore l'acide arsenical que dans l'état de combinaison, c'est-à-dire engagé dans différentes bases. M. Bergman, célèbre chimiste suédois, est le premier qui ait obtenu cet acide libre; mais les deux procédés qu'il indique pour y parvenir sont extrêmement compliqués, et M. Berthollet en donne un au contraire extrêmement simple dans le mémoire dont nous rendons compte.

Il part d'abord de l'hypothèse que l'arsenic blanc est le résultat de la combinaison du phlogistique avec un acide d'une nature particulière, de la même manière que le soufre est le résultat de la combinaison du même principe avec l'acide vitriolique. Ce principe posé, il suffit d'enlever ce phlogistique à l'arsenic pour le convertir en un acide.

La combinaison avec l'acide nitreux est le moyen que M. Berthollet a regardé comme le plus propre à remplir cet objet, c'est-à-dire à enlever le phlogistique à l'arsenic; il a donc versé de l'acide nitreux sur

de l'arsenic en poudre et il a fait chauffer. Le mélange s'est bour-
souflé, et il s'en est élevé une grande quantité de vapeurs rouges ;
lorsque ensuite toute l'humidité a été dissipée, il a remis de nouvel
acide nitreux, et ainsi de suite, jusqu'à ce qu'il ne se dégageât plus de
vapeurs rouges. Il faut assez pousser le feu après la dernière addition
d'acide nitreux, pour être sûr qu'il n'en reste point dans le mélange,
et pour plus grande certitude même, il est bon de mettre la matière
dans un creuset et de la faire légèrement rougir.

Il reste dans le creuset, après cette espèce de calcination, une masse
blanche qui tombe en déliquium à l'air et qui est l'acide arsenical ; cet
acide, dans l'état de liqueur, a une pesanteur spécifique à peu près
double de celle de l'eau, c'est-à-dire égale à celle de l'huile de vitriol.

Si cette combinaison de l'acide nitreux avec l'arsenic s'opère dans
l'appareil pneumato-chimique, il se fait un dégagement très-considérable de l'air nitreux le plus pur et le plus fort qu'on ait encore obtenu par aucun autre moyen.

Cette opération jette, suivant M. Berthollet, le plus grand jour sur
le procédé qu'a employé M. Macquer pour obtenir le sel neutre arsenical. Ce procédé consiste à combiner ensemble, dans une cornue, du
nitre et de l'arsenic ; l'acide nitreux dans cette expérience déphlogistique l'arsenic, en met à nu l'acide, lequel réagit sur la base du nitre
et forme avec elle le sel neutre arsenical. La même chose arrive, à peu
près, dans cette opération, lorsque l'on combine du soufre et du nitre.
Le soufre déphlogistiqué, dans l'opinion de M. Berthollet, se convertit
en acide vitriolique et, se combinant dans cet état avec la base du nitre,
il forme du tartre vitriolé ou du sel sulfureux de Stahl.

L'acide vitriolique a également la propriété de déphlogistiquer l'arsenic, toujours pour me servir des expressions de M. Berthollet, et de
le convertir en acide arsenical ; l'acide vitriolique s'échappe sous la
forme d'acide sulfureux volatil et il reste un acide arsenical, qu'il est
difficile d'obtenir aussi pur que par l'intermède de l'acide nitreux, attendu que, l'acide vitriolique n'étant pas aussi volatil, il en reste communément quelque portion mêlée avec l'acide arsenical.

L'acide arsenical a plus d'affinité avec la plupart des substances métalliques que n'en ont les autres acides minéraux, et il forme avec elles des sels insolubles ou presque insolubles.

Il résulte de la réunion de ces deux circonstances que, pour opérer des combinaisons arsenico-métalliques, il suffit de verser de l'acide arsenical sur une dissolution métallique, faite par un autre acide; l'acide arsenical s'empare de la substance métallique et se précipite avec elle. en formant un sel presque insoluble.

Cet acide dissout la terre calcaire et la terre alumineuse et il forme avec elles des sels, non-seulement très-fusibles, mais encore qui ont la propriété de communiquer aux terres une propriété fondante très-remarquable.

L'acide arsenical, combiné avec l'esprit-de-vin, répand une odeur éthérée non équivoque; cependant M. Berthollet n'est pas parvenu à obtenir d'éther en liqueur par aucun des moyens qu'il a employés.

Si l'on combine avec l'acide arsenical des matières qui contiennent du phlogistique, il se revivifie assez aisément et se convertit en régule.

M. Berthollet, dans toutes les explications qu'il entreprend de donner des phénomènes relatifs à l'acide arsenical, suppose toujours, comme nous l'avons observé, que cet acide est tout formé dans l'arsenic. Cette opinion ne nous paraît pas encore suffisamment établie et nous aurions plutôt de fortes raisons de conclure que l'acide arsenical n'existe pas dans l'arsenic, et qu'il est le résultat de la combinaison de cette substance métallique avec un des principes de l'acide nitreux, ou au moins, comme le pense M. Macquer, qu'il y a échange de principe dans cette combinaison; que, d'une part, l'acide nitreux enlève le phlogistique à l'arsenic; mais que, d'une autre, il lui rend l'air déphlogistiqué, qui paraît être un principe constitutif de tous les acides.

M. Berthollet termine son mémoire par cette question : Tous les métaux seraient-ils exactement dus à un acide combiné avec le phlogistique? La réflexion que nous venons de faire sert de réponse à cette question. Si l'existence d'un acide ne nous paraît pas même démontrée dans l'arsenic, à plus forte raison nous paraît-il qu'on n'est pas fondé à l'admettre dans les autres métaux.

Le mémoire de M. Berthollet contient un procédé absolument nouveau et très-simple pour obtenir l'acide arsenical libre; on y trouve de plus une suite très-intéressante d'expériences et d'observations sur les propriétés de cet acide, et nous pensons, en conséquence, qu'il mérite d'être imprimé dans le Recueil des mémoires présentés à l'Académie par les savants étrangers.

Fait à l'Académie, le 12 avril 1780.

Signé Macquer et Lavoisier.

RAPPORT

SUR LA NATURE DE LA TERRE

QUI SERT DE BASE AU SEL D'EPSOM.

Nous avons à rendre compte à l'Académie, M. Macquer et moi, de deux mémoires de M. Quatremère, sur la nature de la terre qui sert de base au sel d'Epsom, et sur les sels qui résultent de sa combinaison avec l'acide nitreux et avec l'acide marin.

On sait que les sels d'Epsom et de Sedlitz sont des sels naturels, résultant de la combinaison de l'acide vitriolique et d'une terre particulière, connue assez généralement aujourd'hui sous le nom de *magnésie anglaise*, et que les chimistes ont nommée, avec assez de raison, *terre sedlitzienne*, pour la distinguer de la magnésie du nitre, qui n'est autre chose que la terre calcaire ordinaire.

On sait de plus que la magnésie ou terre sedlitzienne se trouve en grande partie dans l'eau de la mer, qu'elle y est unie avec l'acide marin, qu'elle y forme un sel marin à base terreuse particulière, et que c'est en conséquence, principalement du résidu de l'eau de la mer. combiné avec le vitriol de mars, que se tire aujourd'hui le sel qui se vend en Angleterre sous le nom de *sel d'Epsom*.

Enfin la combinaison de la magnésie avec l'acide nitreux et marin avait été tentée par M. Black et par M. Monnet, mais ils n'avaient obtenu que des sels informes et déliquescents.

Ces différentes connaissances sont consignées dans le second volume des Essais de physique et de littérature de la société d'Édimbourg, dans des mémoires de M. Monnet, et dans quelques autres ouvrages de chimie moderne.

M. Quatremère, en reprenant ce travail et en essayant d'y ajouter de nouvelles connaissances, fait voir d'abord que le sel qui se vend à Paris sous le nom de *sel d'Epsom d'Angleterre* est bien éloigné d'être pur; qu'il est formé, au contraire, par le mélange de différents sels, et qu'il contient, 1° un sel vitriolique à base de magnésie, qui est le vrai sel d'Epsom; 2° du sel marin à base de magnésie; 3° enfin du sel marin à base terreuse ordinaire.

Lorsqu'on précipite, par l'alcali volatil végétal, la terre qui sert de base à ces différents sels, la magnésie qu'on obtient ne saurait être pure, et elle doit nécessairement contenir un mélange plus ou moins considérable de terre calcaire ordinaire.

Il est assez probable que la plupart des chimistes qui ont travaillé sur cette matière n'avaient entre les mains qu'une magnésie de cette espèce, et c'est la raison, sans doute, pour laquelle ils ont obtenu des sels incristallisables, par la combinaison de cette terre avec l'acide nitreux et l'acide marin.

Deux circonstances heureuses ont procuré à M. Quatremère de la magnésie très-pure. Il a tenté, dans une de ses expériences, pour décomposer le sel d'Epsom du commerce, de substituer à l'alcali végétal les cristaux de soude, et il en a employé moins qu'il n'était nécessaire pour décomposer la totalité de son sel : la terre magnésienne s'est précipitée la première, et il l'a obtenue très-pure. La terre calcaire au contraire est restée unie avec l'acide marin, et ne s'est point précipitée.

La magnésie, dans cet état de pureté, ne fournit plus avec l'acide nitreux et avec l'acide marin des sels incristallisables et déliquescents, comme l'ont éprouvé MM. Black et Monnet. M. Quatremère a obtenu, au contraire, avec l'acide nitreux, un beau sel parfaitement blanc, en aiguilles fines à six faces, de trois à quatre lignes de longueur, coupées à vive-arête par leur extrémité. Ce sel n'attire point l'humidité de l'air; il fuse à peine sur les charbons; il y perd son acide, et l'on re-

trouve ensuite la magnésie dans le même état de pureté où on l'avait
employée.

La combinaison de l'acide marin avec la magnésie pure a également
donné à M. Quatremère un sel très-blanc, qui cristallise en rhomboïdes
parfaits, tronqués sur un de leurs angles : ce sel n'attire point l'humidité de l'air. Il s'en trouve environ un quart de tout formé dans le
sel qu'on vend dans le commerce, à Paris, sous le nom de *sel d'Epsom*,
au moins dans celui que M. Quatremère a employé.

Une observation, faite à l'Académie, lors de la lecture de ce mémoire,
a donné lieu à M. Quatremère d'y ajouter un supplément. M. Baumé
lui avait objecté que la circonstance de cristalliser en cristaux constants
et réguliers ne suffisait pas pour établir un caractère distinctif entre le
sel marin à base terreuse ordinaire, et celui à base de magnésie, par
la raison que le premier de ces deux sels avait la propriété de cristalliser comme le second; ce qu'il a offert de prouver; et, en effet,
M. Baumé a apporté, à la séance suivante, de très-beaux cristaux d'un
sel qu'il a annoncé être du sel marin à base terreuse ordinaire, tiré
des eaux mères des salines de Lorraine. M. Quatremère a répondu
à l'objection de M. Baumé en faisant voir que le sel marin que ce
chimiste avait présenté comme à base de terre calcaire ordinaire était
à base de magnésie; et que c'était par cette raison qu'il cristallisait.
Plusieurs chimistes de l'Académie qui ont fait quelques expériences
sur le même sel ont reconnu également qu'il était à base de terre magnésienne.

M. Quatremère annonce, dans cette seconde partie de son mémoire,
que le sel marin à base de magnésie a la propriété de décomposer la
sélénite et d'en précipiter la terre calcaire. Nous nous croyons fondés à
douter que cette décomposition ait lieu quand les deux dissolutions
sont parfaitement saturées, et nous invitons, en conséquence, M. Quatremère à répéter cette expérience avec soin; nous aurions désiré que
le temps nous eût permis de nous en occuper nous-mêmes.

Ce mémoire de M. Quatremère, qui confirme l'opinion des chimistes
sur la distinction à maintenir entre la magnésie du nitre et celle du

sel d'Epsom, et qui fait mieux connaître, qu'on ne l'avait fait jusqu'à présent, le sel nitreux et le sel marin à base de magnésie, nous paraît mériter les éloges de l'Académie, et d'être imprimé dans le Recueil des savants étrangers.

Fait à l'Académie, le 12 avril 1780.

Signé MACQUER et LAVOISIER.

RAPPORT

SUR LES SOLUTIONS D'ÉTAIN

EMPLOYÉES EN TEINTURE, ETC.

Du 15 avril 1786.

MM. Macquer et Lavoisier font deux rapports sur deux mémoires de M. Quatremère : l'un sur l'emploi des dissolutions d'étain en teinture; l'autre sur la décomposition du sublimé corrosif et sur son état dans le mercure doux.

Ces deux mémoires sont admis à faire partie du Recueil des savants étrangers.

RAPPORT

D'UN

MÉMOIRE SUR LE TIRAGE DE LA SOIE.

Du 24 mai 1780.

Le 24 mai, M. Necker consulte l'Académie sur un mémoire relatif à la manière de perfectionner le tirage de la soie, par Villard.

De Montigny, Lavoisier, Baumé et Le Roy font leur rapport le 6 septembre.

Ce rapport, très-étendu, conclut :

Que M. Villard s'est occupé pendant longtemps, avec beaucoup de zèle et d'application, à perfectionner un art important, sur lequel la plupart de nos manufactures ont besoin de lumières ;

Qu'il serait utile de publier les recherches dont ce rapport rend compte à l'Académie ;

Qu'il serait juste de récompenser les travaux de l'auteur.

Il est adopté par l'Académie, le 17 mars 1781, après une seconde lecture.

REMARQUE

SUR

UNE ASSERTION DE M. MARAT[1].

Du 16 juin 1780.

M. Lavoisier a lu à l'Académie un article du *Journal de Paris* où l'on présente les observations par lesquelles M. Marat aurait rendu l'élément du feu visible comme approuvées de l'Académie.

Il ne se trouve rien de pareil dans le rapport dont ce travail a été l'objet. M. Le Roy est chargé, par l'Académie, de répondre à cette assertion.

[1] Marat, avant de figurer dans les troubles révolutionnaires, avait composé divers mémoires de physique sans valeur, parmi lesquels se trouvent les *Recherches physiques sur le feu,* in-8° 1780, dont il est ici question. (*Note de l'éditeur.*)

RAPPORT

SUR

DES PRESSES DESTINÉES A MARQUER LE CUIR TANNÉ

Du 8 juillet 1780.

MM. Le Roy, Tillet, Cousin et Lavoisier font à l'Académie un rapport demandé par le Directeur général des finances, sur des presses à marquer le cuir tanné.

RAPPORT

SUR

L'OPÉRATION DU DÉPART

PAR LA CLASSE DE CHIMIE.

Du 22 décembre 1780.

Plusieurs chimistes modernes, d'une réputation bien méritée, et en particulier MM. Brandt, Schœffer et Bergman, ayant avancé que l'acide nitreux, quoique très-pur, pouvait dissoudre une certaine quantité d'or, et cet effet paraissant devoir influer sur la sûreté de l'importante opération du départ, l'administration, qui en a été instruite, a envoyé à l'Académie plusieurs questions relatives à cette opération, sur lesquelles elle lui a demandé sa réponse.

En conséquence, l'Académie a chargé la classe de chimie de s'occuper de cet objet, et de faire toutes les expériences convenables pour la mettre en état de répondre d'une manière précise aux questions qui lui ont été faites.

Pour remplir les vues de l'Académie, nous nous sommes réunis et nous avons fait en-commun une grande suite d'expériences avec tout le soin dont nous sommes capables.

Nous rendrions compte dès à présent, ou du moins d'ici à fort peu de temps, du détail de tout ce travail, si nous n'avions considéré que la partie la plus étendue et la plus difficile de nos expériences n'intéressait point directement l'opération du départ, et qu'il serait plus simple et plus clair de ne faire mention, dans un premier rapport, que de celles de nos recherches qui nous ont mis en état de prononcer avec sûreté sur la pratique de cette opération. Nous nous renfermons donc uniquement aujourd'hui dans ce dernier objet.

Le départ consiste à séparer, avec toute l'exactitude dont la physique est susceptible, l'or et l'argent alliés ensemble, et est fondé sur la propriété qu'a l'acide nitreux de dissoudre parfaitement l'argent et de ne point dissoudre l'or.

Nous supposons que l'on connaît toutes les manipulations usitées pour le départ par l'eau-forte : c'est le seul dont nous devions nous occuper; nous ferons seulement observer ici que le départ se fait, soit en grand, pour séparer des masses considérables d'or et d'argent alliés ensemble, soit en petit et par essai pour déterminer, sur une petite quantité prise d'un lingot allié, la proportion des deux métaux contenus dans ce lingot, et par conséquent le titre de l'or, et c'est uniquement de ce départ d'essai que nous parlerons, parce qu'il est le seul qui puisse intéresser le public, l'administration et le commerce en général.

Il s'agissait donc de déterminer si la découverte publiée par les chimistes que nous avons cités pouvait influer sur la pratique usitée dans le départ d'essai, et répandre de l'incertitude sur le résultat de cette opération essentielle.

Pour y parvenir, nous avons fait un grand nombre de fois l'opération du départ en nous servant d'acide nitreux très-pur, à l'action duquel nous soumettions un alliage d'or et d'argent, que nous avions fait nous-mêmes dans les proportions convenables, et à l'égard duquel nous connaissions par conséquent la quantité d'or pur qui y était contenue. Après chacune de ces opérations faites très-régulièrement, suivant la pratique ordinaire, nous avons toujours retrouvé très-juste la quantité d'or employée.

Il en a été de même dans les opérations de départ dans lesquelles nous nous sommes servis d'acide nitreux plus concentré que pour les opérations ordinaires; cet acide donnait jusqu'à 46 degrés au pèse-liqueur de M. Baumé; nous l'avons fait bouillir pur sur l'or, dans la reprise, plus longtemps qu'il n'est d'usage; et jamais, dans aucune de ces opérations, nous n'avons eu la moindre diminution sur le poids de l'or qui nous était connu.

Enfin, dans une autre suite d'expériences, nous avons fait bouillir de l'or tout seul et très-pur, réduit en lames fort minces, dans de l'acide nitreux à 46 degrés, pendant un temps beaucoup plus long qu'il n'est nécessaire ni d'usage pour le départ, en nous servant pour cela de matras ou de cucurbites, comme à l'ordinaire, et nous n'avons pas observé la moindre diminution sensible sur l'or dans aucune de ces expériences.

Nous ne prétendons pas conclure de ces faits que, dans aucun cas, l'acide nitreux, même le plus pur, ne puisse faire éprouver à l'or quelque très-faible déchet; au contraire, lorsque nous rendrons compte du détail de nos expériences, nous en rapporterons plusieurs dont il résulte que l'acide nitreux le plus pur se charge de quelques particules d'or; mais nous pouvons assurer, dès à présent, que les circonstances nécessaires à la production de cet effet sont absolument étrangères au départ d'essai; que dans ce dernier, lorsqu'on le pratique suivant les règles et l'usage reçu, il ne peut jamais y avoir le moindre déchet sur l'or; qu'enfin cette opération doit être regardée comme portée à sa perfection; qu'il n'y a rien à craindre en la faisant comme on l'a toujours faite jusqu'à présent, et qu'au contraire il pourrait y avoir de très-grands inconvénients si l'on voulait y faire la moindre innovation.

Fait à l'Académie, au Louvre, le 22 décembre 1780.

Signé MACQUER, CADET, LAVOISIER, BAUMÉ, CORNETTE, BERTHOLLET.

RAPPORT SUR DES OBSERVATIONS
SUR LES VOLCANS
ET
SUR LA MINÉRALOGIE DU KAMTSCHATKA.

Du 7 février 1781.

Nous avons examiné, par ordre de l'Académie, M. de Montigny et moi, un mémoire de M. le baron Dietrich, correspondant de l'Académie, ayant pour titre : *Recueil d'observations sur les volcans et la minéralogie du Kamtschatka.*

Différents auteurs ont déjà enrichi les sciences de descriptions détaillées du Kamtschatka, notamment M. Guillaume Steller, qui y avait été envoyé en 1738 par la cour de Russie, qui périt de froid en revenant à Pétersbourg, mais dont une partie des travaux nous ont été conservés; et M. Kraschenninikoff, qui fit le même voyage dans le même temps, et dont les observations ont été publiées en français, d'abord en 1767 à Lyon, et depuis à Paris, en 1768, à la suite du voyage de l'abbé Chappe en Sibérie. Plusieurs autres auteurs avaient écrit sur le même sujet : M. Muller, M. Staëhlin en allemand, M. Raspe en anglais. On trouve dans ces différents auteurs des observations minéralogiques de la plus grande importance; mais, comme elles sont éparses, qu'elles se trouvent confondues avec des objets absolument étrangers, et que la différence des langues les met hors de la portée du plus grand nombre des lecteurs, elles sont en partie perdues pour les naturalistes. M. Dietrich a senti, en conséquence, combien il serait utile de rapprocher les faits et les opinions, de les éclaircir et de les confirmer les unes par les autres, et de former un ouvrage suivi de tout ce que nous avons sur la minéralogie du Kamtschatka : c'est l'objet qu'il s'est proposé dans l'ouvrage dont nous rendons compte.

Sans suivre M. Dietrich dans les détails intéressants dans lesquels il entre, nous nous contenterons de dire que le Kamtschatka, en général, est un pays de montagnes, qu'on les peut distinguer principalement en deux espèces : les unes, qui forment en quelque façon des chaînes continues; les autres, au contraire, qui se présentent sous la forme de pains de sucre isolés. Toutes celles de cette dernière espèce n'offrent de toutes parts que des laves, des ponces, des matières volcaniques, et, en général, tous les caractères qui dénotent qu'elles ont été embrasées. Une partie même brûlent encore aujourd'hui et sont sujettes à de violentes éruptions : elles vomissent alors de la flamme, de la cendre, des quartiers même de rochers, et il en découle des torrents de lave, de la même manière qu'on le rapporte du Vésuve et de l'Etna.

Il paraît, d'après les descriptions rassemblées par M. Dietrich, que toute la partie volcanique du Kamtschatka a été le théâtre de bouleversements terribles, que des montagnes entières d'une très-grande hauteur ont été élevées par l'accumulation successive des matières vomies par les volcans, que d'autres ont été abîmées et englouties et remplacées par des lacs.

On conçoit que, dans un pays encore pour ainsi dire tout embrasé, les sources d'eau chaude ne doivent point être rares; aussi paraît-il qu'on en rencontre presque à chaque pas dans la partie du midi et du levant; mais, par une exception difficile à expliquer, il ne s'en trouve presque aucune dans la partie du nord et du couchant, quoique les montagnes fumantes et enflammées se prolongent beaucoup plus loin. Au lieu d'eaux thermales, on observe dans cette partie des eaux alumineuses et vitrioliques.

Une autre observation remarquable, c'est que, lorsque les sommets des montagnes vomissent de la fumée, si l'une d'elles vient à s'allumer, la flamme se communique de l'une à l'autre par des relations inconnues, ce qui avait fait présumer qu'il existait des correspondances entre ces feux souterrains, quoique placés à de grandes distances. M. Dietrich observe avec raison que le phénomène s'explique de la manière la plus heureuse, d'après les expériences et les observations de M. Volta. En effet, si les volcans produisent une grande quantité d'air inflammable qui se répand dans l'atmosphère, il en doit résulter un moyen de communication qui peut propager la flamme à de grandes distances, de la même manière que l'air inflammable qui se dégage d'une chandelle récemment éteinte s'allume et s'enflamme par l'approche d'une autre chandelle allumée.

Les tremblements de terre, comme on en peut juger, sont fréquents au Kamtschatka; mais, par une singularité digne de l'attention des physiciens, le climat est presque exempt d'orages, d'éclairs et de tonerre, ou au moins ces grands effets électriques ont-ils infiniment moins de force et d'intensité que dans nos climats; peut-être la fumée et les vapeurs épaisses qui s'élèvent continuellement des volcans établissent-elles entre la terre et les nuages une communication qui les désélectrise, ou qui rend au moins l'air un milieu moins propre à les isoler.

Indépendamment des matières volcaniques qui abondent au Kamtschatka, ce pays présente une infinité d'autres productions minérales : des cristallisations d'un grand nombre d'espèces de mines de cuivre et de fer, et une matière particulière, à ce qu'il paraît, au Kamtschatka et à la Sibérie : c'est celle qu'on désigne sous le nom de *beurre fossile*. Cette substance, d'après les observations rassemblées par M. Dietrich, pourrait bien être un savon acide formé par la combinaison de l'acide vitriolique avec l'huile de pétrole.

Le Kamtschatka ne paraît, au surplus, contenir ni pierre calcaire, ni corps marins : on y trouve seulement de gros ossements qu'on présume avoir appartenu à des éléphants.

Le mémoire de M. Dietrich, présentant le rapprochement d'un grand nombre de faits intéressants, un choix d'observations très-bien faites, et l'auteur y ayant ajouté un grand nombre de notes très-instructives et très-savantes, nous croyons qu'il mérite d'être imprimé avec l'approbation de l'Académie.

RAPPORT

SUR L'OUVRAGE INTITULÉ

PHYSIQUE DU MONDE DÉMONTRÉE PAR UNE SEULE CAUSE.

Nous avons examiné, par ordre de l'Académie, M. de Lalande, M. Bailly et moi, un ouvrage intitulé : *Physique du monde démontrée par une seule cause et un seul principe commun à tous les corps en général, propre à chacun d'eux en particulier et prouvé par l'expérience.*

Cet ouvrage, dans lequel l'auteur explique à sa manière tous les phénomènes de la physique, est un tissu d'inconséquences et d'absurdités; on n'y trouve ni liaison dans les idées, ni connaissance des principes les plus élémentaires de la physique; en un mot, c'est l'assemblage le plus monstrueux qui ait jamais été présenté à l'Académie.

RAPPORT

SUR

LA DISSOLUTION DE L'OR PAR L'ACIDE NITREUX.

Du 7 février 1781.

MM. Lavoisier et Cornette font un rapport sur un mémoire de M. Deyeux, relatif à la dissolution de l'or dans l'acide nitreux.

Les rapporteurs ont répété les expériences de l'auteur, mais ils n'ont constaté aucune perte de poids, lorsque l'or se trouve en contact, soit avec l'acide nitreux bouillant, soit dans la vapeur d'acide nitreux.

Ils engagent l'auteur à continuer son travail.

RAPPORT

SUR

LA SECONDE PARTIE

DE L'ART DU POTIER D'ÉTAIN.

Du 21 juin 1781.

L'Académie nous a chargés, M. Cadet et moi, de lui rendre compte de la seconde partie de *L'Art du potier d'étain.*

M. Salmon, qui en est l'auteur, avait déjà donné, dans une première partie, ce qui tient, à proprement parler, à la théorie de l'art du potier d'étain, et il passe, dans cette seconde partie, à ce qui concerne plus immédiatement la pratique.

On est étonné, quand on entre dans le détail des arts, de voir combien ils exigent de connaissances et de ressources de la part de ceux qui s'en occupent, et cette réflexion s'applique naturellement à l'art du potier d'étain. Cet art, presque ignoré, exige les connaissances réunies de presque tous les autres, et c'est ce dont l'Académie se convaincra aisément par les détails dans lesquels nous ne pouvons nous dispenser d'entrer.

L'ouvrage de M. Salmon est divisé en quinze chapitres. L'auteur traite dans le premier de l'essai. Le plomb étant le seul métal qu'on allie communément avec l'étain, et l'alliage des autres métaux donnant d'ailleurs à la combinaison métallique qui en résulte des qualités apparentes qu'il est aisé de reconnaître pour ainsi dire du premier coup d'œil, l'essai n'a, pour ainsi dire, d'autre objet, que de mettre l'artiste à portée d'apprécier la quantité de plomb qu'on a mélangée avec l'étain.

On profite, à cet effet, de la différence de pesanteur spécifique des deux métaux : l'étain est beaucoup plus léger que le plomb, et l'alliage de ce dernier avec l'étain en augmente d'autant plus la pesanteur spécifique qu'il y a dans la combinaison pénétration des parties, et que la pesanteur commune résultante excède de beaucoup celle qu'on obtiendrait par le calcul des volumes et des masses. On conçoit, d'après cela, que la balance hydrostatique est un moyen très-sûr pour reconnaître si de l'étain est pur ou s'il est allié, et qu'il n'est pas même difficile de former des tables qui donnent la pesanteur spécifique des différentes proportions d'alliages. Tel est le moyen que M. Salmon propose aux physiciens et aux artistes éclairés pour reconnaître le degré de pureté ou d'altération de l'étain. Mais ce moyen n'est point aussi simple pour l'usage habituel du commerce; il exige des calculs au-dessus de la portée du plus grand nombre des artistes; aussi M. Salmon, en partant du même principe, donne-t-il un procédé simple pour parvenir au même but : ce moyen consiste à n'opérer que sur des volumes égaux. On conçoit qu'alors les pesanteurs spécifiques deviennent proportionnelles aux pesanteurs réelles, et qu'il n'y a plus besoin que d'une balance ordinaire. M. Salmon, d'après ce principe, a fait construire un petit moule, dans lequel il coule un essai de l'étain dont il veut connaître le titre. Si ce métal est pur, le petit lingot ou médaille ne doit peser que 265 grains, tandis que, s'il est de plomb pur, il pèse 401 grains. Ce n'est pas au hasard que M. Salmon s'est déterminé, dans ses essais, pour une médaille du poids de 265 grains; il y a été conduit, parce qu'à ce poids une augmentation d'un grain indique un alliage d'environ une livre de plomb par quintal. Ce rapport, au surplus, qui est assez exact jusqu'à 20 ou 25 livres, cesse de l'être quand le plomb a été introduit en quantité plus considérable.

On conçoit combien cette méthode est expéditive et combien elle est commode pour les artistes, puisqu'elle les instruit, tout d'un coup, et sans calcul, de la quantité de remède ou d'étain fin qu'ils sont dans le cas d'ajouter dans une fonte pour en ramener le métal au titre qu'il doit avoir. Cependant, toute simple qu'elle est, elle ne peut encore être employée dans tous les cas. On apporte à un artiste de l'étain en vaisselle à acheter : il n'a pas la liberté de la fondre, et cependant il faut qu'il y attache une valeur, qu'il y mette un prix; il ne peut se dispenser d'avoir alors des méthodes d'appréciation, comme les orfévres ont la pierre de touche, et c'est l'objet qu'on remplit pour l'étain, par le moyen de l'essai à la pierre et de l'essai à la mouche. Ce dernier genre d'essai consiste à découvrir l'étain dans un endroit avec un fer à souder et à y faire un sillon ou creux qu'on appelle *mouche*. On juge ensuite de la qualité de l'étain par la dureté plus ou moins grande, par le degré de fusibilité, enfin par la couleur de la partie découverte. M. Salmon entre, d'après ses propres expériences, dans de grands détails sur les caractères que tous les alliages possibles peuvent faire prendre à l'étain. Les substances métalliques sur lesquelles il a opéré sont l'antimoine, le cuivre et le fer. Nous nous sommes étendus sur ce premier chapitre, parce qu'il tient de plus près à la physique et à la chimie; nous passerons plus légèrement sur les autres objets.

M. Salmon, dans le second chapitre, traite de la fonte. La manière de fondre et la construction des fosses et fourneaux varie suivant l'espèce de marchandise qu'on veut couler, et l'auteur donne, pour tous les cas; la description des appareils les plus avantageux.

Il traite, dans le chapitre troisième, de l'alliage. D'après une longue expérience, et d'après une suite d'opérations que l'auteur a faites sur cet objet, il conclut que l'étain le meilleur est celui qui n'est point allié, que l'alliage lui ôte des qualités, sans lui en procurer aucune, et que même l'union des métaux fins, tels que l'or et l'argent, avec l'étain, en altère la qualité. Les seuls alliages dont l'auteur autorise l'usage sont celui du fer, celui qui constitue le métal de prince, et celui de 4 gros de bismuth par quintal d'étain. Il paraît que ce dernier alliage n'est pas sans quelques avantages, et qu'il sert au moins à décrasser l'étain.

Le quatrième chapitre traite des moules et du potoyage. Les anciens employaient souvent, pour faire leurs moules, de la pierre calcaire tendre; depuis, on y a substitué les moules de cuivre et l'on emploie même quelquefois ceux de plomb ou d'étain. Avant de se servir des uns comme des autres, on les potoye, c'est-à-dire on les recouvre d'une couche légère de terre calcaire délayée dans de l'eau. Il paraît que toutes les terres bien divisées produisent le même effet. Quelquefois on se contente d'enfumer les pièces, c'est-à-dire de les recouvrir d'un léger enduit de noir de fumée.

De la préparation des moules, l'auteur passe à la manière de couler et aux opérations subséquentes, et ici, il faut encore distinguer les différents genres de marchandise qu'on veut fabriquer, parce qu'ils exigent des préparations particulières; mais il en est de communes à toutes, telles que l'opération de piler ou de couper les jets et les bavures; celle de revercher, qui consiste à boucher les trous qui pourraient s'être formés; celle de paillonner, qui consiste à réparer les défauts des pièces avec une soudure plus fusible que l'étain même. M. Salmon donne la composition des différents paillons, toujours d'après ses expériences, et il propose, et avec raison, de substituer à la composition de plomb, d'étain et de bismuth, qu'on est dans l'usage d'employer dans le commerce comme paillon ou comme soudure, un alliage de bismuth seul et d'étain, et il en donne les proportions pour tous les cas. A ces opérations, en succèdent un grand nombre d'autres, celles de réparer et de tourner, et l'auteur donne à cette occasion la description des tours et de la manière de s'en servir.

Toutes ces opérations deviennent beaucoup plus compliquées quand il est question de mouler des pièces rondes et qui ne sont pas de dépouille; alors, il faut des moules de plusieurs pièces. L'opération du tour devient ainsi plus difficile. Enfin, il est des pièces auxquelles il faut ajouter des anses, des charnières, et c'est le cas d'avoir recours à des procédés particuliers dont l'auteur donne le détail.

Il traite, dans le cinquième chapitre, des précautions particulières pour le potier d'étain menusier : on donne ce nom à celui qui ne travaille qu'en pièces légères de cinq quarterons au plus; tels sont les flambeaux, les bobèches, les tasses, les coquetiers, les burettes, les théières, etc.

Le sixième chapitre est employé à décrire tout ce qui est relatif à la construction des seringues. Cet instrument si simple, si répandu et qui est à si bon marché, est d'une construction plus difficile et plus compliquée qu'on ne le croirait au premier coup d'œil. L'auteur y joint la description de divers instruments analogues, qui sont des objets d'utilité, soit dans les maladies, soit dans l'usage ordinaire de la vie.

M. Salmon donne, dans le huitième chapitre, une description plus détaillée du tour simple, de celui composé et à figure, à l'usage du potier d'étain, et de tous les ustensiles qui en dépendent.

Le neuvième chapitre contient quelques notions très-élémentaires et très-abrégées de géométrie, et l'auteur en fait l'application à l'art de faire des moulures, des ornements, etc.

Le dixième chapitre traite de l'art du forgeur et du planeur. Les opérations indiquées dans ce chapitre ont principalement pour objet une des dernières préparations qu'on donne à la vaisselle plate : elle consiste à écrouir en quelque façon l'étain en le forgeant sous le marteau; quelquefois même on forme la pièce entière d'une feuille de métal qu'on étend sous le marteau à l'aide du tas et de la bigorne. Ainsi, l'opération du forgeur a plusieurs objets : 1° de donner aux pièces plus de solidité et de les rendre moins cassantes; 2° de leur donner quelquefois une forme qu'elles n'avaient point au sortir du moule; 3° enfin, de former des pièces entières prises dans une feuille d'étain. L'opération du planage consiste à effacer l'empreinte du coup de marteau par une opération subséquente. Dans l'opération de forger comme de planer on ensuife la pièce, c'est-à-dire qu'on la couvre d'une couche très-mince de suif.

Dans le onzième chapitre, l'auteur traite de la gravure, ciselure, dorure et argenture sur étain.

Dans le douzième chapitre, il passe aux ouvrages faits de pièces de rapport. Cet article lui donne encore occasion de faire l'application des principes de géométrie qu'il a exposés plus haut, et il y joint quelques notions de l'art du trait. Ce n'est pas pour tailler les feuilles mêmes qui doivent entrer dans la composition d'une pièce que ces connaissances sont nécessaires, mais pour former les patrons. Les potiers d'étain sont en général livrés, sur cet objet, à une routine aveugle. L'auteur donne des principes sûrs; pour faire l'application de ces principes à la formation des pièces les plus difficiles de l'art, il donne les moyens de souder les feuilles, etc.

Ce chapitre comprend les détails relatifs à la fabrication du plus grand nombre des ustensiles de pharmacie, des entonnoirs, des chaudières pour la teinture en écarlate, des alambics, et il traite à cette occasion des serpentins.

Le treizième chapitre présente les détails relatifs à la construction de quelques ouvrages particuliers qui ont quelques rapports avec la physique, tels que les horloges ou montres à eau, les lampes, etc.

Le quatorzième chapitre traite de l'art du garnisseur de faïence : c'est celui qui applique les charnières, les robinets et autres ustensiles de cette nature, sur les vases de faïence.

Le quinzième chapitre est entièrement employé à ce qui concerne la fabrication des cuillers dites de *métal de prince*.

On donne ce nom à une composition métallique introduite dans le commerce dans le dernier siècle et qui paraît n'être point encore connue chez l'étranger. Cette composition métallique est un alliage d'étain et de régule d'antimoine dans la proportion de 16 à 18 livres de cette dernière substance métallique par quintal. Cet alliage est plus aigre et plus dur que l'étain seul, et il a plus de consistance, mais en même temps il est plus cassant. Il est assez étonnant que l'usage de l'antimoine employé comme ustensile de cuisine se soit introduit à peu près dans le même temps que la Faculté de médecine de Paris proscrivait cette substance métallique employée comme remède, et que ce soit à Paris même, et au milieu des débats élevés à cette occasion, que ce métal se soit accrédité. Cet alliage est-il susceptible de quelques inconvénients dans les usages de la vie? On serait tenté de le croire, si le temps et l'expérience d'un siècle et demi ne semblaient être un titre en sa faveur. On conçoit, au surplus, que l'Académie ne pourrait prononcer sur cet objet que d'après des expériences multipliées, et l'intérêt public exigerait qu'elle s'en occupât.

Les cuillers, comme toutes les autres pièces de l'art du potier d'é-
tain, exigent, après avoir été coulées, d'être reparées et apprêtées; on
les polit ensuite, soit avec la ponce, soit avec la prêle; on les achève
avec le tripoli et on les passe au blanc d'Espagne.

M. Salmon termine ce chapitre par quelques réflexions sur l'alliage
du fer à l'étain. Il paraît que cet alliage ne peut être opéré que par un
intermède, et que cet intermède est le soufre. Le métal qui en résulte
est moins fusible que l'étain sans être très-cassant, et il serait très-
propre à être employé en ustensiles de cuisine. C'est de cet alliage que
se servait le sieur Biberel pour étamer dans les expériences qu'il a
faites en présence des commissaires de l'Académie. Nous avons déjà
dénoncé à l'Académie l'abus qu'il avait fait de son approbation en substituant le zinc au fer, et en transformant ainsi une composition métallique salubre en une autre dont l'usage est au moins très-équivoque.

Il ne manque plus, pour compléter l'art du potier d'étain, que la
partie qui concerne le modeleur et le mouleur, et M. Salmon promet
de la donner incessamment.

Il n'est pas difficile de s'apercevoir que l'art dont nous venons de
présenter l'extrait est l'ouvrage d'un artiste éclairé et pour lequel ne
sont étrangères aucune des sciences qui ont rapport à sa profession.
L'Art du potier d'étain ne pouvait être fait convenablement que par une
personne qui s'en fût occupée par état, et il n'est pas ordinaire de
trouver dans les arts qu'on regarde comme purement mécaniques des
personnes de l'ordre de M. Salmon. Nous pensons donc que l'Académie
ne peut trop lui marquer de reconnaissance d'avoir entrepris une
tâche aussi pénible et de l'avoir remplie avec autant de zèle et d'intelligence, et nous concluons que cette seconde partie mérite, comme la
première, d'être imprimée dans le recueil des arts publié par l'Académie.

RAPPORT

SUR LA TRADUCTION DE L'OUVRAGE DE M. SCHEELE

SUR

L'AIR ET LE FEU.

Du 8 août 1781.

Nous avons examiné par ordre de l'Académie, M. Berthollet et moi, la traduction d'un ouvrage de M. Scheele, intitulé *Observations chimiques et expériences sur l'air et sur le feu*, par M. le baron Dietrich, correspondant de l'Académie.

Cet important ouvrage est peu susceptible d'extrait. Nous ne pourrions essayer de donner une idée des expériences de M. Scheele sans être obligés de décrire ses appareils; nous ne pourrions le suivre dans ses conséquences, sans être entraînés dans des discussions théoriques sur le système de Stahl, sur celui de Meyer, de Black, de Macquer, et la suite de ces objets nous jetterait bien au delà des bornes d'un simple rapport; nous croyons donc devoir réserver l'exposition du système de M. Scheele et de ceux avec lesquels il peut être mis en parallèle pour des mémoires particuliers, et nous nous contenterons de dire que l'ouvrage dont nous annonçons la traduction contient une grande quantité d'expériences de la plus grande importance, que si quelques-unes ne sont pas absolument neuves pour nous, parce qu'elles ont du rapport avec celles faites par M. Priestley et par des chimistes français, M. Scheele n'en a pas moins le mérite de l'invention, parce qu'il paraît avoir fait à peu près dans le même temps en Allemagne une partie des mêmes découvertes qui se faisaient en Angleterre et en

France. Mais, en faisant l'éloge de la partie expérimentale de l'ouvrage de M. Scheele, nous ne pouvons nous dispenser d'annoncer que les conséquences qu'il en tire, et la théorie qu'il cherche à établir nous paraissent en quelque façon détruites d'avance par les expériences et par les découvertes de ceux qui ont écrit depuis lui. C'est le sort de tous les systèmes, enfantés trop à la hâte, et qui n'ont point été suffisamment médités : ils n'ont qu'une existence éphémère, et ils périssent presque au même moment où ils voient la lumière.

Quoi qu'il en soit, en supposant, ce que nous n'osons pas décider, que le système de M. Scheele sur la formation du feu et de la chaleur, sur le phlogistique et sur l'air, soit déjà contredit et renversé par les expériences modernes, son ouvrage ne le rangera pas moins auprès des Priestley et des physiciens les plus célèbres. Ce n'en sera pas moins un service important rendu aux sciences que d'avoir fait connaître, en français, une des belles suites d'expériences qui existent, et l'Académie n'en doit pas moins savoir gré à M. le baron Dietrich d'en avoir donné la traduction. Nous croyons en conséquence qu'elle mérite l'approbation de l'Académie et d'être imprimée sous son privilége.

Fait à l'Académie, le 8 août 1781.

RAPPORT

SUR

UN OUVRAGE DE CHIMIE

DE M. BERTHOLLET.

Du 27 juin 1781.

M. Berthollet a demandé des commissaires pour un ouvrage de chimie qu'il se propose de publier.

Ont été nommés Lavoisier et Macquer[1].

Le rapport sur cet ouvrage est tout entier de la main de Lavoisier; mais la première page n'a pas été retrouvée. Elle avait sans doute pour objet de définir la nature de l'ouvrage et d'en marquer le but, avant d'en aborder l'examen détaillé qui suit. (*Note de l'éditeur.*)

La première section traite des terres et pierres. M. Berthollet n'examine pas si nous connaissons la terre primitive, si les terres qui ont été jusqu'ici soumises à des expériences sont élémentaires et simples, ou si elles sont composées. Mais, sans s'arrêter aux réflexions théoriques dont cet objet est susceptible, il rend compte de l'état de nos connaissances sur chaque espèce de terre.

Par le nom de *terre calcaire*, on entend aujourd'hui une combinaison de l'acide crayeux avec la chaux. Quelque éloigné que soit M. Berthollet de l'esprit de système, il ne peut se refuser à l'évidence des découvertes faites depuis peu sur cet objet. Il rend compte à cette occasion de tous les phénomènes de la calcination de la terre calcaire; il passe ensuite aux différentes combinaisons dont elle est susceptible,

---

[1] Extrait des registres de l'Académie des sciences.

48.

soit avec les acides, soit avec les huiles, soit avec les substances animales. Quoique la terre calcaire, proprement dite, soit une, la nature
nous l'offre sous un grand nombre de formes différentes. Est-elle
tendre, friable et sans liaison, on la nomme *craie*. Est-elle plus rassemblée et liée, soit par la simple attraction de ses parties, soit par
un ciment quelconque, on la nomme *pierre à chaux* ou *pierre calcaire*.
Est-elle d'un grain très-fin, susceptible de prendre le poli, on la
nomme *marbre*. Est-elle cristallisée, on la nomme *spath*. M. Berthollet,
en parlant de ces différentes espèces de pierre calcaire, les examine
en naturaliste et en chimiste, et il rend compte de tout ce qu'on connaît sur leur analyse, soit par la voie humide, soit par la voie sèche.
Le gypse, qui n'est autre chose que la combinaison de l'acide vitriolique et de la terre calcaire, se trouve compris dans cet article.

De la terre calcaire, M. Berthollet passe à la terre pesante. Cette
terre, qui n'est bien connue que depuis quelques années, par les travaux
de MM. Gahn, Scheele et Bergman, a quelques propriétés communes
avec la terre calcaire : celle de se réduire en une espèce de chaux par
la calcination, et de se combiner avec l'acide crayeux. Mais elle en diffère en ce qu'elle forme avec l'acide vitriolique un sel absolument insoluble dans l'eau; qu'elle forme des sels médiocrement solubles avec
l'acide marin et l'acide nitreux; qu'elle forme un sel déliquescent avec
le vinaigre; enfin, parce que, par une exception dont la chimie ne
fournit point encore d'autre exemple, cette terre a plus d'affinité avec
les acides que les alcalis, en sorte qu'elle devient une épreuve sûre
pour connaître la moindre parcelle de sel neutre à base d'alcali qu'une
eau peut contenir.

La pierre de Bologne, si célèbre comme phosphore, n'est autre
chose que la combinaison de la terre pesante avec l'acide vitriolique.

Dans l'article troisième, M. Berthollet traite de la magnésie ou base
du sel d'Epsom. Cette terre, connue depuis longtemps en Angleterre,
notamment par le travail publié en 1755 par M. Black, n'a commencé à être bien connue des chimistes français que depuis la publication de la dernière édition du Dictionnaire de chimie, et depuis les

expériences que M. Quatremère y a ajoutées dans des mémoires communiqués à l'Académie. Cette terre a la propriété remarquable de se dissoudre dans l'eau, même lorsqu'elle est combinée avec l'acide crayeux, qualité que n'a pas la terre calcaire ordinaire, et ce qu'il y a de plus singulier, c'est qu'elle est beaucoup plus soluble dans l'eau froide que dans l'eau chaude, comme l'a remarqué M. le Dr Butini, citoyen de Genève, dont M. Berthollet ne paraît pas connaître l'ouvrage.

En parlant dans l'article quatrième des argiles, M. Berthollet rend compte de la découverte de la base de l'alun, découverte que nous devons principalement à MM. Pott et Marggraf. Il y ajoute les connaissances que nous devons à M. Bergman sur la nature des argiles. Ce chimiste a fait voir que la terre de l'alun ne faisait communément pas moitié du poids de l'argile; que la terre siliceuse entrait pour beaucoup dans sa combinaison, et que la quantité en était souvent de plus des trois quarts. M. Berthollet réfute à cette occasion l'opinion de M. Baumé, qui regarde la terre siliceuse et l'argile comme une seule et même chose; il discute les expériences sur lesquelles se fonde cet académicien, et présume que la terre des creusets, qui se combine avec le *liquor silicum*, lui en aura probablement imposé. Cette opinion de M. Berthollet devient d'autant plus probable que M. Le Veillard, qui a fait le *liquor silicum* en combinant le nitre et le sable dans des cornues de verre, a constamment obtenu par précipitation une terre insoluble dans l'acide et qui n'avait aucun des caractères de la terre de l'alun. M. Berthollet prouve également, contre l'opinion de M. Baumé, que l'acide vitriolique n'entre pas comme partie essentielle dans l'argile, et que cet acide se trouve accidentellement dans quelques-unes. A l'article de la terre siliceuse, M. Berthollet rend compte de l'opinion de M. Bergman sur la formation de cette terre, des expériences de M. Achard sur la formation du cristal de roche, etc.

Dans tout le premier chapitre, M. Berthollet n'examine que les terres ou pierres qu'on a coutume de regarder comme simples; dans le second, il traite des pierres composées: telles sont les stéatites, les pierres ollaires, le talc, le mica, le feldspath, le schorl, la pierre de corne, les schistes, la zéolithe, le lapis-lazuli, l'amiante, le granit, le porphyre. Il donne l'analyse chimique de ces pierres d'après les expériences des chimistes modernes, et principalement d'après celles de MM. d'Arcet, Bayen, Monnet, Bergman, de Saussure et Bucquet.

Le chapitre troisième a pour objet les produits des volcans. Ces pierres étant très-composées, l'analyse chimique ne conduit pas toujours à des résultats très-satisfaisants, et cette partie de la chimie laisse encore beaucoup à désirer.

Le chapitre quatrième traite des pierres précieuses. Cette partie, toute neuve jusqu'à nos jours, est devenue entre les mains de M. Bergman, une des plus complètes et des plus satisfaisantes de la chimie. Les matières qu'il était question d'analyser étant très-précieuses, il était important de n'opérer que sur de très-petits fragments. M. Bergman s'est servi, en conséquence, pour agent, de la lampe d'émailleur; pour supports, d'une cuiller d'argent ou de gros charbons, et, pour dissolvant de sel microcosmique, d'alcali minéral et de borax. Cette première analyse par le feu n'était encore propre qu'à donner quelques indices sur la nature des pierres précieuses. M. Bergman y a joint l'analyse par la voie humide. Le premier point était de rendre les pierres précieuses attaquables par les menstrues chimiques, et c'est à quoi M. Bergman est parvenu, d'après une expérience de M. Stange. Elle consiste à mettre en cémentation les pierres précieuses réduites en poudre fine avec de l'alcali, sans les faire fondre. On les rend ainsi accessibles aux acides; ils dissolvent le fer, la terre calcaire, la terre pesante, l'argile; ils laissent au contraire intacte la terre siliceuse. Après avoir donné une idée des moyens chimiques, nous allons donner le tableau des résultats :

RUBIS.

100 parties ont donné par l'analyse :

Argile	40	
Terre siliceuse.	39	98 parties.
Terre calcaire.	9	
Fer.	10	

Saphir.

100 parties ont donné par l'analyse :

Terre argileuse.	58	
Terre siliceuse.	35	100 parties.
Terre calcaire.	5	
Fer.	2	

Topaze.

100 parties ont donné par l'analyse :

Argile.	46	
Terre siliceuse.	39	99 parties.
Terre calcaire	8	
Fer.	6	

Hyacinthe.

100 parties ont donné par l'analyse :

Argile.	40	
Terre siliceuse.	25	98 parties.
Terre calcaire.	20	
Fer.	13	

Émeraude.

100 parties ont donné par l'analyse :

Argile.	60	
Terre siliceuse	24	98 parties.
Terre calcaire.	8	
Fer.	6	

Le grenat contient beaucoup de terre siliceuse et beaucoup de fer;
il donne aussi par l'analyse un peu de terre calcaire et d'argile.

Quelque ingénieuses et quelque bien faites que soient les expériences de M. Bergman, on ne peut s'empêcher d'être surpris de voir
que toutes les pierres précieuses sont, à peu près, composées des mêmes
principes. On serait tenté de demander à M. Bergman comment,
ayant opéré sur d'aussi petites quantités, il a pu s'assurer que les ins-

truments chimiques qu'il employait, les acides, les alcalis et les sels
dont il se servait, étaient parfaitement purs et ne fournissaient rien
dans ses expériences; comment il s'est assuré qu'ils ne se décompo-
saient pas en partie eux-mêmes; enfin, il semble qu'il est, au moins,
permis de rester encore en suspens sur la nature des pierres précieuses, jusqu'à ce que le temps et la conformité des résultats obtenus
par différents chimistes aient accoutumé à prendre confiance dans ce
genre d'analyse.

Nous avons cru devoir nous étendre un peu davantage sur cette
partie de l'ouvrage de M. Berthollet, parce qu'elle présente des résultats qui sont encore peu connus et qui font infiniment d'honneur à la
sagacité, aux ressources et au génie d'observation de M. Bergman.
M. Berthollet entre dans des détails aussi étendus à l'égard du diamant,
la plus remarquable de toutes les pierres précieuses. Mais, comme la
plupart des expériences qui ont fixé les idées des chimistes sur cet objet
ont été faites depuis peu d'années dans le sein même de l'Académie, et
qu'elles sont consignées dans les derniers volumes de ses Mémoires,
nous nous dispenserons de suivre M. Berthollet dans le précis qu'il en
présente.

La seconde section de l'ouvrage de M. Berthollet traite des substances
métalliques. Il développe, dans un discours préliminaire, les opinions
modernes sur la nature des métaux, sur les phénomènes de leur calcination, de leur revivification. Il rend compte de la théorie de Stahl,
de celle de M. Scheele, de celle de M. Crawfort et de quelques autres:
et, après avoir balancé les preuves sur lesquelles ces théories sont
appuyées, il se décide pour la théorie de Stahl, à laquelle néanmoins
il est obligé d'apporter des modifications considérables, et à cet égard
il se rapproche beaucoup de l'opinion de M. Macquer.

Après ces préliminaires, M. Berthollet traite en particulier de chaque substance métallique; il décrit les différentes espèces de mines,
donne les détails de leur composition chimique; il s'étend sur les travaux par lesquels on parvient à les extraire et à les traiter en grand.
Il épuise sur chaque espèce de métal en particulier toutes les con-

naissances que fournit la science des combinaisons. A l'article de l'*or*,
il rend compte des expériences qui ont été faites sur la prétendue existence de l'or dans les végétaux et dans la terre végétale, des découvertes de M. Bergman sur l'acide marin déphlogistiqué, de l'action
que peut avoir l'acide nitreux sur l'or et dans quelles circonstances elle
a lieu et à quoi elle se réduit; il fait voir que l'or, dans le précipité
qui porte le nom d'*or fulminant*, est combiné avec le gaz alcali volatil,
et que c'est au dégagement subit de ce gaz qu'est due la fulmination.

Nous ne pouvons nous dispenser de relever une erreur dans laquelle
est tombé M. Berthollet sur ce qui concerne l'affinage de l'or à la Monnaie. Il se persuade que l'eau-forte de reprise dissout de l'or dans cette
opération et que cet or est perdu. Il propose, pour éviter cette perte,
de précipiter, par un peu d'argent, l'or qui peut être dissous ou suspendu dans l'eau-forte de reprise. Mais s'il avait été témoin, comme
nous, du détail des travaux de la Monnaie de Paris, il aurait su que
l'eau-forte de reprise qui a bouilli sur l'or est employée pour l'affinage
suivant, en sorte qu'il ne peut jamais y avoir la moindre parcelle d'or
de perdue.

A l'article de l'*argent*, M. Berthollet traite de la coupellation et rend
compte des travaux intéressants de M. Tillet sur cet objet et de ceux des
commissaires de l'Académie.

A l'article du *mercure*, il rend compte des expériences qu'il a faites
sur les différentes combinaisons salines de cette substance métallique,
et il expose son système particulier sur les causes de la causticité en
général, et de celle des sels mercuriels en particulier. Il fait connaître
dans le même article le beau travail de M. de Morveau sur l'adhésion
des différentes substances au mercure, et il fait voir que cette adhésion
suit exactement la loi des affinités chimiques du mercure avec les
mêmes substances.

A l'article du *fer*, il traite de la fabrication de l'acier et de la conversion du fer en acier. Ce métal, dans cette opération, augmente de pesanteur spécifique et de pesanteur absolue.

A l'article de l'*étain*, il expose les expériences de l'un de nous sur la calcination de ce métal dans les vaisseaux fermés, et dans une quantité donnée d'air.

À l'article du *zinc*, il rapporte les expériences dont il a entretenu l'Académie, il y a quelques mois, sur la détonation du nitre et du zinc dans les vaisseaux fermés. Il fait voir qu'il faut cinq parties de zinc pour équivaloir à une de charbon, et que le fluide aériforme qui se dégage est dans les deux cas de l'air fixe ou acide crayeux. Le fer, par sa détonation avec le nitre, produit aussi de l'acide crayeux, circonstance très-remarquable et dont l'auteur tire des conséquences très-intéressantes relativement à la théorie du phlogistique. C'est encore à l'article *zinc*, que M. Berthollet rend compte des expériences de M. de Lassonne sur ce dernier métal.

Dans une troisième section, M. Berthollet traite des sels minéraux. Ces sels se distinguent en acides et en alcalis, et de la combinaison de ces deux classes de sels résultent les sels moyens ou sels neutres. En traitant du soufre, que M. Berthollet regarde comme un sel neutre composé d'acide vitriolique et de phlogistique, il expose toutes les découvertes relatives au gaz hépathique, d'après MM. Rouelle, Scheele, Bergman, et d'après ses propres expériences. Il traite d'une manière très-savante, à l'article du *tartre vitriolé*, des sels avec excès d'acide, et il nous paraît défendre d'une manière victorieuse la doctrine de M. Rouelle. Le chapitre du nitre est un des plus intéressants de cette section; il contient des expériences qui sont propres à l'auteur ou qu'il a répétées avec soin sur le gaz nitreux et le gaz déphlogistiqué qui se dégage du nitre par la chaleur.

Nous n'avons pu qu'indiquer très-sommairement, dans ce rapport, une partie de ce que l'ouvrage de M. Berthollet présente de plus nouveau et de plus intéressant. Ce traité, comparé avec presque tous ceux qui l'ont précédé, est la preuve la plus frappante des progrès immenses que la chimie a faits depuis un petit nombre d'années, et de ceux qu'on a droit d'attendre dans un intervalle de temps, peut-être aussi court, du zèle et du bon esprit de ceux qui s'en occupent. L'ouvrage de M. Berthollet ne peut que contribuer beaucoup à accé-

lérer ces progrès, et, dans un moment surtout où la science chimique
est dans un état de mobilité difficile à saisir, on doit savoir gré à ceux
qui veulent bien prendre la peine d'en rapprocher les matériaux, et de
nous présenter le tableau de ce qui est fait et de ce qui reste à faire.
L'ouvrage de M. Berthollet sera d'autant plus utile sous ce point de
vue qu'il a puisé dans toutes les sources, dans toutes les langues, qu'il
a mis à contribution toutes les nations, et que rien ne paraît lui avoir
échappé. Nous croyons en conséquence que cet ouvrage est très-digne
de l'approbation de l'Académie et d'être imprimé sous son privilége.

Fait à l'Académie, le..... décembre 1781.

SUR

UNE LIQUEUR ANTI-INCENDIAIRE.

Du 1er février 1782.

MM. Cadet et Lavoisier ont dit qu'ayant été chargés par l'Académie de vérifier les assertions du sieur Didelot, au sujet de son moyen pour arrêter le feu des matières les plus combustibles, ils ont été témoins de ses expériences.

Ils ont trouvé qu'il éteignait le feu avec plus d'avantage que l'eau simple.

Les commissaires déclarent qu'il n'y a pas lieu de faire de rapport, l'auteur n'ayant pas voulu déposer son secret.

RAPPORT

SUR UN ÉTAMAGE.

Du 13 avril 1782.

MM. Cadet, Lavoisier et Berthollet, font un rapport sur un étamage du sieur Dubau, qu'ils ont soumis à une série d'expériences.

Il a mieux résisté que l'étamage ordinaire à l'action du feu, des graisses et des acides.

RAPPORT

LA SENSATION DU FROID DANS LES MONTAGNES.

Du 17 août 1782.

Nous avons été nommés par l'Académie, M. Brisson et moi, pour lui rendre compte d'un Mémoire de M. Ducarla sur la sensation du froid. Un fait rapporté par M. d'Arcet a donné lieu à la rédaction de ce mémoire.

Le 9 septembre 1774 une compagnie nombreuse était montée sur le pic du Midi dans les Pyrénées; quoique le thermomètre se soutînt à l'ombre entre 23 et 29 degrés $\frac{1}{2}$ et qu'il indiquât, par conséquent, une chaleur très-forte, tout le monde fut saisi de froid. M. d'Arcet avait déjà éprouvé la même chose le 16 juillet 1773. M. Ducarla pense que cet effet tient à ce que l'air est un mauvais conducteur de la chaleur. Cette qualité de l'air, qui paraît déjà prouvée par un assez grand nombre de faits, une fois admise, il est constant que les corps doivent se refroidir d'autant plus lentement qu'ils sont environnés d'un air plus dense, et réciproquement; donc la chaleur du corps humain, à degré égal du thermomètre, doit se perdre plus facilement et plus promptement sur le haut des grandes montagnes, où l'air est beaucoup plus rare, que dans les plaines basses, où il est plus dense, et, à degré égal du thermomètre, on doit y ressentir plus de froid. Quoique cette explication soit probable et conforme à ce qu'on connaît en physique, nous pensons que le fait que M. Ducarla cherche à expliquer a encore besoin d'être confirmé. Il attribue à la même cause la difficulté qu'ont les corps de brûler et de s'enflammer sur les hautes montagnes, et il pense que cette difficulté tient à ce que la matière du feu contenue dans les corps se dégage avec trop de facilité dans un air rare; mais nous ne sommes pas de son avis à cet égard, et nous ne pensons pas que ce phénomène puisse s'expliquer par la seule propriété qu'a l'air d'être un mauvais conducteur de la chaleur.

RAPPORT

SUR

LA LANTERNE DE M. BEAUFILS.

Du 14 août 1782.

Nous avons été chargés par l'Académie, M. de Fouchy et moi, de lui rendre compte des effets d'une lanterne d'une construction nouvelle présentée par le sieur Beaufils. L'objet de cette invention est de mettre la police à portée d'employer, sans inconvénient, des huiles plus communes dans les lampes qui éclairent les rues de Paris, et de procurer en conséquence une économie considérable.

Les moyens que le sieur Beaufils emploie pour remplir ces différents objets se réduisent presque uniquement à diminuer le volume d'air froid qui circule dans la lanterne, et à le réduire à ce qui est indispensablement nécessaire pour l'entretien de la flamme. Le premier avantage qui en résulte est d'entretenir l'huile à un degré de température qui, sans l'échauffer trop, la rend plus fluide et plus disposée à la combustion. Pour nous assurer de ce premier avantage, nous avons préparé deux lampes parfaitement égales, quant à la longueur et à la grosseur de la mèche : l'huile, qui était de navette et de l'espèce la plus commune, était contenue dans des soucoupes ou capsules de verre. Nous avons fait nager l'une dans une cuve d'eau à 12 degrés du thermomètre de Réaumur, afin de l'entretenir toujours également froide; nous avons au contraire exposé l'autre à une chaleur constante de 5o à 6o degrés, et nous avons observé que la lampe dont l'huile était échauffée donnait une flamme constamment plus grande et répandait plus de lumière que l'autre. Un second avantage que procure le ralentissement du courant d'air est de diminuer la fumée; lorsque le courant d'air est fort rapide, il entraîne, pour ainsi dire, la flamme avec lui, il l'allonge et il s'élève de sa pointe une colonne de fumée très-considérable. Cet inconvénient n'a pas lieu dans la construction du sieur Beaufils; la flamme s'entretient plus courte dans sa lanterne et elle ne donne que peu de fumée. Un troisième avantage, qui est une conséquence du premier, est de consommer moins d'huile à lumière égale. Pour nous en assurer, nous avons pris des mèches d'égale grosseur; nous les avons adaptées à des lampes absolument semblables et nous les avons tirées hors du porte-mèche précisément de la longueur de 3 lignes. L'une de ces lampes a été placée dans une lanterne ordinaire, dans laquelle le courant d'air était rapide, et l'autre dans une lanterne disposée suivant les principes du sieur Beaufils, c'est-à-dire dans laquelle le courant d'air était ralenti. La lumière de ces deux lampes s'est trouvée à très-peu près égale, et cette égalité s'est soutenue environ trois heures et demie. Pendant cet intervalle, la lampe contenue dans la lanterne ordinaire a consommé 1 once 3 gros 13 grains; celle contenue dans la lanterne préparée à la manière de M. Beaufils n'a consommé que 1 once 2 gros 30 grains : ce qui fait une différence de 55 grains, et un avantage d'un seizième environ. Nous avons même lieu de croire que cet avantage pourrait être plus fort, lorsque toutes les circonstances sont favorables. En effet, 3 onces d'huile durent communément 10 heures dans les lanternes du sieur Beaufils, tandis que 4 onces ne durent souvent pas beaucoup plus longtemps dans les lanternes de la police. Cette économie dans la consommation du combustible tient à ce que, dans la construction ordinaire, une partie de l'huile se dissipe en fumée, et se consomme en pure perte, ce qui n'arrive pas dans la construction du sieur Beaufils.

Enfin un quatrième avantage de la méthode du sieur Beaufils consiste à soutenir beaucoup plus longtemps l'égalité de la lumière qu'on ne le peut dans des lanternes ordinaires. Nous avons observé, en effet, qu'en employant de l'huile de navette, dans une lanterne ordinaire, la lumière ne se soutenait avec égalité tout au plus que de $3\frac{1}{2}$ heures à 4 heures; à cette époque, la mèche commence à être obstruée de matière charbonneuse, la flamme languit de plus en plus, au point qu'au bout de 6 heures elle ne donne presque plus de lumière et s'éteint bientôt après. La même huile, dans une lampe toute semblable, employée dans les mêmes circonstances, mais adaptée à la lanterne du sieur Beaufils, donne une lumière égale, au moins pendant 6 heures, et elle peut même brûler pendant 8 à 10 heures sans que l'altération de la lumière soit très-sensible.

Nous concluons de ces faits, 1° que, quelle que soit la qualité de l'huile qu'on emploie, la construction de lanterne que le sieur Beaufils propose de substituer à l'ancienne en diminuera sensiblement la consommation; 2° qu'elle procurera à la police un moyen d'employer des huiles plus communes et beaucoup moins chères que celles dont on a fait usage jusqu'ici, et qu'il en résultera une économie d'un objet encore plus important que la première; 3° que cette substitution des huiles communes aux huiles fines ne peut être susceptible d'aucun inconvénient pour tous les temps de l'année où les lampes publiques ne doivent être allumées que 6 à 8 heures; qu'à l'égard des longues nuits, pendant lesquelles elles doivent brûler pendant 10 et 11 heures, et même davantage, il sera plus prudent ou d'employer des huiles moins communes ou de faire moucher les lampes au bout de 6 heures; 4° que les avantages de l'invention du sieur Beaufils pourront s'étendre aux usages de la vie domestique, parce qu'on pourra brûler dans l'intérieur des maisons de l'huile commune, sans être autant incommodé par l'odeur ni par la fumée. Nous pensons, en conséquence, qu'il mérite l'approbation de l'Académie.

Fait au Louvre, ce 14 août 1782.

LAVOISIER.

RAPPORT

SUR

LE MÉPHITISME DES PUITS.

Du 8 mars 1783.

Nous avons été chargés par l'Académie, M. Berthollet et moi, de lui rendre compte d'un Mémoire de M. Cadet de Vaux, sur le méphitisme des puits de Paris, et sur les moyens qu'on peut employer pour y remédier.

M. Cadet cite deux exemples de puits méphitiques, pour lesquels il a été consulté, l'un rue de Bourbon-Villeneuve, l'autre au faubourg de Gloire. Il paraît que la vapeur qui infectait ces puits, et qui en rendait l'accès mortel pour ceux qui y descendaient, était principalement de l'air fixe. Ayant été appelé pour désinfecter l'air du premier de ces puits, il commença par en renouveler l'air par le moyen d'un dégagement considérable d'esprit de sel. Il fit descendre, à cet effet, avec une ficelle, une capsule qui contenait du sel marin; il versa dessus, par le moyen d'une fiole à laquelle était adaptée une bascule, de l'acide vitriolique; bientôt le puits fut rempli de vapeurs blanches, et, quand elles se furent dissipées, l'air du puits, sans être entièrement rétabli, avait été cependant amené à un point de salubrité tel qu'on pouvait y descendre, et y rester quelque temps sans être incommodé. Pour achever d'en désinfecter entièrement l'air, M. Cadet se servit d'un fourneau de réverbère garni de son dôme. Au conduit était adapté un long tuyau qui descendait dans le fond du puits. Il est sensible qu'en allumant un grand feu de charbon dans ce fourneau, il devait s'établir un courant d'air, que celui qui était au fond du puits devait être aspiré par

50.

le fourneau, et qu'il devait être remplacé à mesure par de l'air salubre. L'effet a répondu à ce qu'on devait en attendre; mais M. Cadet de Vaux remarque que le renouvellement de l'air se fait lentement : l'air salubre tombe le long des parois du puits, et il reste au milieu un noyau d'air méphitique, s'il est permis de se servir de cette expression, qui ne se renouvelle qu'à la longue.

Le dégagement d'acide marin en vapeur ne suffit pas toujours pour rendre, même momentanément, respirable l'air méphitique des puits, et M. Cadet de Vaux en a fait l'expérience dans le puits du faubourg de Gloire. Il essaya de même, inutilement, le dégagement de l'alcali volatil du sel ammoniac, par la chaux. L'air de ce puits était tellement nuisible qu'il fut obligé, pour le rendre accessible, d'y faire descendre un grand brasier de charbon, au moyen duquel il parvint à renouveler l'air. Cette première opération donna aux ouvriers la facilité d'y descendre; après quoi, pour empêcher le retour du méphitisme, M. Cadet de Vaux y fit appliquer le fourneau dont nous avons déjà parlé, avec ses tuyaux d'aspiration, et les travaux se continuèrent ensuite sans aucune difficulté. Il remarque, à cette occasion, qu'il est dangereux de placer le fourneau trop près du puits, parce qu'alors l'air rendu méphitique par la vapeur du charbon est réabsorbé et rentre dans le puits. Il est donc nécessaire que le fourneau soit placé à plusieurs toises de son embouchure.

Ce nouveau Mémoire de M. Cadet prouve, de plus en plus, qu'il s'occupe avec zèle et intelligence des fonctions importantes qui lui ont été confiées, et qu'il y apporte toutes les connaissances et toutes les ressources de la physique et de la chimie. Nous croyons, en conséquence, que son Mémoire mérite d'être imprimé parmi ceux présentés à l'Académie par les savants étrangers.

Fait au Louvre, le...février 1783.

RAPPORT

SUR UN MÉMOIRE DU MARQUIS DE PRUNELAY

RELATIF

A LA PUTRÉFACTION.

Du 18 juin 1783.

Ce sont des observations comparatives sur la rapidité de la putréfaction de différentes chairs servant à la nourriture.

Le lapin se putréfie le plus lentement, puis le cochon; le mouton se putréfie le plus vite.

L'usage qui a fait choisir la viande de porc de préférence au mouton, pour les salaisons, tient à cette cause sans doute; car le mouton paraissait plus convenable d'ailleurs.

RAPPORT SUR UN MÉMOIRE

RELATIF

AUX PROPRIÉTÉS HYGROMÉTRIQUES DE LA SOUDE.

Du 28 juin 1783.

MM. Lavoisier, Macquer, Cadet et Berthollet, font un rapport favorable sur un mémoire de M. de Morveau, intitulé : *Observations sur les propriétés hygrométriques de la soude.*

Ils proposent de l'admettre à faire partie du recueil des savants étrangers.

RAPPORT

SUR

L'HISTOIRE NATURELLE DE LA CORSE.

Du 4 septembre 1783.

L'Académie nous a chargés, M. Guettard et moi, d'examiner un Mémoire de M. de Baral sur l'histoire naturelle de l'île de Corse.

L'île de Corse est traversée dans sa longueur par une grande chaîne de montagnes qui sont principalement de granit; dans ces granits on trouve des basaltes, des laves, des porphyres, des jaspes, des oolithes et même, en quelques endroits, de la pierre calcaire. La hauteur de cette chaîne a été mesurée par ceux qui ont été chargés de la confection du terrier de la Corse, et ils ont trouvé que le Monte-Rotondo, qui est regardé comme la partie la plus élevée, avait 1,512 toises de hauteur. Cette montagne, ainsi que la plupart de celles qui l'avoisinent, est de granit gris.

Les granits de la grande chaîne sont en général par masses qui ne présentent ni bancs ni stratifications, du moins pour l'ordinaire; les granits les plus différents pour les formes et pour les couleurs se trouvent réunis sans jonction sensible.

Ces granits sont presque partout, suivant M. de Baral, coupés de bancs de matières d'une nature différente, et qui ont depuis deux pieds d'épaisseur jusqu'à douze; ils prennent leur origine, soit dans le haut, soit dans le flanc des montagnes, et se prolongent à des distances considérables. M. de Baral les regarde comme des laves; mais nous avouons, d'après l'examen que nous avons fait de la superbe suite d'échantillons qu'il a rapportés, que nous ne regardons pas, à beaucoup près, comme démontré, que ces matières soient de véritables laves; la plupart des pierres qu'il qualifie de ce nom contiennent des cristaux de figures régulières susceptibles d'être fondus ou altérés par le feu; or des matières très-fusibles, très-susceptibles d'être décomposées par le feu ne peuvent pas être le produit du feu. M. de Baral répond que ce qu'il appelle laves n'était point originairement telles que nous les voyons aujourd'hui, qu'elles étaient dans l'état de laves poreuses, mais qu'insensiblement et avec le temps les pores ont été remplis par des matières cristallines ou autres qui ont été charriées par l'eau et qui se sont moulées dans leur intérieur, qu'il s'est formé ainsi des pierres d'une nature toute différente de ce qu'étaient les laves à l'époque de leur formation.

Le système de M. de Baral embrasse même la formation des granits; il pense que ces pierres sont un composé de laves volcaniques qui se sont réunies et dont les interstices ont été remplies par du feldspath et autres matières susceptibles d'être dissoutes ou charriées par l'eau.

Au reste, M. de Baral ne tient point à ce système, et il convient que c'est au temps et aux observations qu'il faut en appeler pour le confirmer ou pour le détruire.

Les montagnes du second ordre sont composées de granits de seconde formation, de schistes, de marbres, de pierres à chaux, de serpentines, d'asbestes, d'amiantes, de stéatites; on y trouve de la mine de fer octaèdre, quelques mines de plomb, de cuivre et d'argent, des schorls, etc.

Nous n'entrerons pas dans de plus grands détails sur la minéralogie de la Corse et sur le travail de M. de Baral; les détails ne peuvent en être suivis que dans son mémoire. Nous nous contenterons de dire qu'il contient une suite d'observations très-multipliées et très-intéressantes sur un pays absolument inconnu jusqu'alors, qu'on ne saurait trop l'encourager à poursuivre.

M. de Baral veut profiter du séjour qu'il se propose de faire en Corse

pour ajouter à son travail un nouveau degré de perfection, pour éclaircir les points qui restent en doute, pour rapprocher ses observations de
la géographie et pour joindre à son mémoire, s'il lui est possible, une
carte qui en rende l'intelligence plus facile. Son mémoire n'en sera
alors que plus digne de l'approbation de l'Académie.

RAPPORT

SUR

LE BAROMÈTRE DE M. LE CHANGEUX.

Du 4 septembre 1782.

L'Académie nous a chargés, M. Brisson et moi, de lui rendre compte de quelques perfections nouvelles que M. Le Changeux propose d'ajouter au baromètre simple.

La première a pour objet d'obvier au changement de hauteur de la ligne de niveau. Dans cette vue, M. Le Changeux ajoute à la cuvette un appendice ou tuyau collatéral, destiné à recevoir le mercure dans les abaissements du baromètre, mais quelques instants de réflexion suffiront pour faire sentir que cette addition ne remplit pas son objet. En effet, ou le tube collatéral sera incliné en bas, ou il sera de niveau, ou enfin il sera incliné en haut. Dans le premier cas, il pourra bien servir à dégorger le mercure, mais l'inclinaison du tube n'en permettra plus le retour, et la ligne de niveau baissera quand le baromètre montera.

Dans les deux autres cas, l'appendice ou tube collatéral ne pourra être considéré que comme un prolongement faisant partie du réservoir ou cuvette; dès lors il est évident que la proposition de M. Le Changeux se réduit à augmenter d'une très-petite quantité la grandeur de la cuvette. La ligne de niveau ne sera pas, par conséquent, plus constante que dans les baromètres à cuvette ordinaire : il est sensible d'ailleurs que l'addition d'un appendice, considéré comme moyen d'augmenter la grandeur de la cuvette, est le moins simple et le moins commode de tous ceux qu'on peut employer.

La seconde invention de l'auteur consiste à ajouter au haut du tube d'un baromètre à siphon, construit à peu près comme celui de M. Deluc, un appendice ou tuyau collatéral incliné en bas. Il est constant que, si l'on descend ce baromètre dans un puits lorsque la surface du mercure aura atteint le niveau de l'appendice, il y coulera, et l'on pourra juger de la hauteur à laquelle le mercure serait monté par la quantité de mercure épanché dans l'appendice; mais cette méthode a l'inconvénient d'exiger un calcul, simple à la vérité, mais embarrassant cependant pour la plupart de ceux qui sont dans le cas de faire usage du baromètre; car, au moyen de ce que le mercure épanché dans l'appendice ne fait plus partie de la colonne contenue dans le baromètre et que sa longueur se trouve diminuée d'autant, il y a à chaque instant une correction à faire dans la hauteur du baromètre, pour le rendre comparable à lui-même, et la quantité de mercure qui se trouve dans l'appendice n'exprime pas exactement la hauteur à laquelle le mercure serait monté dans le tube, s'il n'eût pas été détourné dans l'appendice. Mais, en supposant qu'on pût détruire cette objection, on ne voit pas de quel usage peut être un baromètre destiné à être descendu dans des profondeurs inaccessibles : en effet, si c'est l'observateur qui l'y descend ou plutôt qui y descend avec lui, il est plus simple qu'il l'observe en même temps; s'il le descend au contraire avec une corde, la manière la plus naturelle de déterminer la profondeur est de mesurer la corde elle-même, et il n'est pas besoin de baromètre pour cela.

L'addition proposée par M. Le Changeux est donc d'une part susceptible d'inconvénient, et de l'autre elle est sans objet.

Enfin il propose d'ajouter un semblable appendice au bas du baromètre pour mesurer les hauteurs inaccessibles. Mais nous observerons également, à cet égard, que les hauteurs inaccessibles pour les hommes le sont aussi pour les baromètres; que, d'ailleurs, la quantité de mercure épanchée dans l'appendice change la longueur de la colonne, comme nous venons de l'observer, et qu'il en résulte une correction embarrassante à faire à la hauteur du baromètre.

Nous pensons, d'après ces considérations, que le Mémoire de
M. Le Changeux ne mérite point l'approbation de l'Académie.

NOTE[1].

On ne pouvait pas prévoir, à l'époque où ce rapport a été fait, qu'on
acquerrait, peu de temps après, des moyens d'élever des baromètres
à des hauteurs fort supérieures à celles auxquelles les hommes peuvent
espérer de parvenir. C'est, cependant, ce qui résulte de l'invention des
ballons. Un baromètre qu'on élèverait à ballon perdu, jusque dans les
régions les plus élevées de l'atmosphère, et qui rapporterait avec lui
la preuve de la hauteur jusqu'à laquelle il se serait élevé, pourrait
être utile, surtout si l'on employait en même temps des opérations
géométriques, faites par plusieurs observateurs, pour déterminer la
plus grande hauteur à laquelle il serait parvenu.

C'est donc une circonstance à ajouter à celles dans lesquelles le
baromètre à appendice peut devenir utile, et c'est une modification
que nous avons cru juste et nécessaire d'apporter à notre rapport du
4 septembre 1782.

[1] Cette note, sans date, est de la main de Lavoisier, comme le rapport, et elle a pour titre : *Note qu'on propose de transcrire à la suite du rapport du 4 septembre 1782.* (*Note de l'éditeur.*)

RAPPORT

SUR DES MÈCHES.

Du 4 septembre 1782.

MM. de Milly, Lavoisier et de Fouchy, font le rapport d'un mémoire de M. Léger, relatif à des mèches préparées d'une manière particulière. Elles réunissent plusieurs avantages, dont toutes les classes de la société peuvent tirer parti, mais qui méritent surtout d'être signalés en ce sens qu'ils intéressent plus directement la classe des citoyens la moins riche, dont on s'occupe trop rarement.

RAPPORT

SUR DEUX ALLIAGES.

Du 4 septembre 1782.

MM. Lavoisier, Brisson et Sage, font un rapport sur deux alliages du sieur Fournu, fondeur : l'un, pour remplacer le cuivre et le plomb pour la couverture des bâtiments; l'autre, pour remplacer le fer dans la fabrication des clous. Les conclusions sont favorables.

RÉFLEXIONS

SUR

LES EFFETS DE L'ÉTHER VITRIOLIQUE ET DE L'ÉTHER NITREUX

DANS L'ÉCONOMIE ANIMALE,

PAR M. LAVOISIER[1].

C'est une vérité reconnue aujourd'hui, que tous les fluides, et probablement même tous les corps volatils, en général, passent, à un degré de chaleur plus ou moins fort, de l'état de liquidité à celui d'élasticité, et qu'ils se transforment en des fluides aériformes, qui ont toutes les propriétés physiques de l'air, sans en avoir les propriétés chimiques. Ce passage, de l'état liquide à celui d'élasticité, s'opère à un degré de chaleur déterminé pour chaque substance. Il est de 32 degrés du thermomètre de Réaumur pour l'éther vitriolique, de 67 degrés pour l'esprit-de-vin et de 80 degrés pour l'eau. Pour m'assurer, de plus en plus, de ces vérités, j'ai fait les expériences suivantes :

J'ai pris des boules de thermomètre d'un pouce environ de diamètre, auxquelles étaient adaptés de longs tubes presque capillaires ; ces tubes étaient courbés de manière que, la boule étant plongée dans l'eau d'une cuve de l'appareil pneumato-chimique, l'extrémité ouverte du tube pouvait s'engager sous des cloches plongées dans la même eau, sans que l'eau pût refluer dans la boule. Les choses étant ainsi disposées, j'ai rempli une de ces boules d'éther vitriolique, et, après

---

[1] *Mémoires de la Société royale de médecine*, année 1781, page 476. — Lu le 15 septembre 1783.

l'avoir plongée dans la cuve, comme je viens de le dire, j'ai échauffé
peu à peu toute la masse d'eau qu'elle contenait. Il ne s'est passé aucun phénomène remarquable tant que l'eau a été au-dessous de 32 degrés; mais, sitôt qu'elle a eu atteint ce degré, l'éther a commencé à
entrer en ébullition, et il s'est transformé, en totalité, en un air inflammable, dont j'ai rempli successivement plusieurs cloches. Il faut, pour
réussir dans cette expérience, que les cloches soient entièrement plongées dans l'eau chaude, et qu'elles en soient recouvertes; autrement
l'éther, après s'être vaporisé, se condenserait en liqueur et viendrait
nager à la surface de l'eau. Il est encore bon, pour être assuré du succès, d'entretenir toujours l'eau de la cuve à 35 degrés du thermomètre;
à ce degré de chaleur on peut encore y plonger les mains et y opérer
sans se brûler.

L'éther, converti ainsi en air inflammable, a toutes les propriétés
physiques de l'air inflammable des marais, ou de celui qu'on tire des
métaux par leurs dissolutions dans les acides; comme eux, il n'est point
inflammable ni combustible tant qu'il est seul, et qu'il est contenu
dans des vaisseaux fermés; il ne brûle, qu'autant qu'il a le contact de
l'air de l'atmosphère, avec lequel il forme un fluide élastique permanent et durable, que le froid ne condense plus, mais qui a la propriété de
détoner, quand on en approche un corps enflammé. Cette permanence
est la même quand on emploie de l'air déphlogistiqué au lieu de l'air
de l'atmosphère, dans la proportion de deux parties d'air inflammable
éthéré contre une d'air déphlogistiqué; mais la détonation est beaucoup plus forte.

L'éther nitreux présente tous les mêmes phénomènes à un degré
inférieur du thermomètre; mais, comme il est difficile de se procurer
de l'éther nitreux qui soit toujours identiquement le même, le degré
de chaleur auquel ces phénomènes s'opèrent est variable suivant les
différentes espèces d'éthers.

Je ne m'arrêterai pas ici sur un grand nombre d'expériences curieuses qu'on peut faire avec l'éther ainsi converti en air inflammable,
sur sa combinaison avec les différents fluides élastiques aériformes

connus; ces détails sortiraient de l'objet de ce mémoire, et je me borne
aujourd'hui à indiquer combien ces expériences peuvent jeter de lumière sur la manière d'agir de l'éther dans l'économie animale. On
voit d'abord que, cette substance se volatilisant à un degré un peu
inférieur à celui de la chaleur de l'intérieur du corps, elle doit dès
qu'elle y est parvenue, passer de l'état liquide à l'état gazeux, et se
transformer en air inflammable; bien plus, comme il est difficile que
l'estomac ne contienne pas quelques portions de l'air de l'atmosphère,
il doit résulter de ce mélange un fluide élastique permanent, qui ne
peut plus se condenser à un degré même fort inférieur à 32 degrés:
ainsi, en supposant que, soit par la fermentation des humeurs destinées à la digestion, soit par une suite de l'usage de liqueurs fermen-
tantes, l'estomac se trouvât rempli de fluides élastiques, gazeux, méphitiques, tels que de l'air fixe ou autre, l'éther vitriolique, et surtout
l'éther nitreux, est un moyen sûr pour s'en débarrasser; c'est pour
cela, sans doute, que l'éther est un remède très-efficace dans quelques
espèces de migraines, dans les maux de tête qui proviennent de mauvaises digestions; il doit produire des effets semblables dans l'ivresse
et dans tous les cas, en général, où la fermentation des humeurs dans
l'estomac, ou dans la partie du canal intestinal qui en est voisine, aurait rempli ce viscère d'exhalaisons méphitiques.

Une autre propriété de l'éther est de produire un refroidissement
considérable dans tous les corps environnants, au moment où il se
transforme en fluide élastique aériforme. Cette propriété était déjà
connue de M. Cullen et de M. Baumé, et j'ai essayé d'en donner l'explication dans un mémoire imprimé en 1777, dans le Recueil de l'A-
cadémie des sciences. Si donc, pour quelque cause que ce soit, il
s'était excité une chaleur considérable dans l'estomac, l'éther serait un
moyen très-propre pour y remédier et pour y porter le calme et la
fraîcheur. C'est peut-être à cette propriété que tiennent les effets cal-
mants de l'éther.

Ces réflexions me conduisent naturellement à quelques observations
sur la manière d'administrer l'éther, et il me sera aisé de faire sentir

qu'il vaut souvent mieux l'employer en petites doses répétées, que
d'en faire prendre beaucoup en une seule fois. Supposons, par exemple,
que l'estomac d'un malade soit rempli d'air fixe, comme il l'est dans
l'ivresse, ou, au moins, dans certaines ivresses; si la première dose
d'éther qui a été administrée a été telle qu'il en ait résulté un volume
d'air inflammable égal à la capacité de l'estomac, ce viscère ne sera
pas pour cela débarrassé de la totalité du fluide élastique méphitique
qui y existait; il est sensible, au contraire, qu'il y restera encore un
mélange d'à peu près parties égales d'air fixe et d'air inflammable
éthéré. Le remède n'agira donc point dès la première fois, et ce ne
sera qu'à la troisième ou quatrième dose d'éther qu'on pourra regarder
l'estomac comme nettoyé.

Je sens que ces réflexions amènent naturellement une objection contre
l'usage de l'éther pris intérieurement, et je ne dois pas la dissimuler.
Il est bien clair, d'après ce qui précède, qu'en administrant de l'éther
à un malade dont l'estomac est rempli d'un fluide élastique nuisible,
on parvient, après plusieurs doses répétées, à l'expulser en très-grande
partie; mais ce n'est qu'en substituant un fluide élastique à un autre,
et rien ne prouve que l'air inflammable éthéré soit plus salutaire que
celui qui y existait auparavant; ce n'est qu'aux personnes de l'art qu'il
appartient d'apprécier ce que cette objection contre l'usage de l'éther
peut avoir de réel; mais, pour les guider encore dans les observations
que la pratique pourra leur fournir, je ferai remarquer que l'air inflammable qui résulte de la vaporisation de l'éther est absorbable par
l'eau et par tous les fluides aqueux, en petite quantité il est vrai, et
qu'il en résulte qu'au bout d'un intervalle, plus ou moins long, tout
l'air inflammable éthéré contenu dans l'estomac doit disparaître et
se combiner avec les fluides qui s'y rencontrent. Je n'ose ajouter ici
quelques observations que j'ai été à portée de faire sur l'usage de l'é-
ther pris intérieurement, et qui cadrent assez bien avec le résultat des
expériences que j'ai rapportées; premièrement, parce qu'elles sont peu
nombreuses, et qu'en médecine, beaucoup plus encore qu'en physique,
il faut être infiniment en garde contre les conséquences hasardées; il

est d'ailleurs tout simple que je sois en méfiance contre moi-même dans un genre d'observations éloigné de mes occupations et de mes connaissances. Je me contente donc d'avoir indiqué les faits physiques et chimiques qui peuvent servir de base aux observations de médecine pratique, et je m'en rapporte aux personnes de l'art sur les applications et sur le parti qu'on en peut tirer.

ANALYSE

DES

CENDRES DES SALINES.

M. le contrôleur général ayant fait adresser à MM. Macquer et Lavoisier des échantillons de cendres des salines, ils ont procédé à leur examen conformément à ses intentions.

Ils ont analysé ces cendres dans trois états : 1° telles qu'elles sortent des fourneaux; 2° tamisées au crible de peau; 3° tamisées dans un tamis de crin.

Les cendres non tamisées ont donné, par livre, 2 onces 7 gros d'un résidu salin, qui s'est trouvé contenir 2 onces 1 gros de sel marin et 7 gros d'alcali fixe.

Les cendres criblées à la peau ont donné 2 onces 0 gros 30 grains de résidu salin, composé de 1 once 3 gros 6 grains de sel marin et de 5 gros 24 grains d'alcali fixe.

Enfin les cendres tamisées au tamis de crin ont donné 1 once 6 gros 48 grains de résidu salin, composé de 1 once 1 gros 60 grains de sel marin et de 5 gros d'alcali fixe.

Il résulte de ces expériences que les prétendues potasses qu'on pourrait faire avec ces cendres contiendraient par quintal les quantités qui suivent d'alcali et de sel marin.

POTASSE PROVENANT DES CENDRES NON TAMISÉES.

Sel marin	70^l	13^{on}	3^s
Alcali fixe.	29	a	5
Total.	100	u	u

POTASSE PROVENANT DES CENDRES CRIBLÉES AU CRIBLE DE PEAU.

Sel marin.................................	67^l	8^{on}	2^g
Alcali fixe.................................	32	7	6 .
Total.....................	100	"	"

POTASSE PROVENANT DES CENDRES PASSÉES AU TAMIS DE CRIN.

Sel marin.............................	66^l	5^{on}	$_{''}{}^g$
Alcali fixe.............................	33	11	"
Total.....................	100	"	"

LETTRE DE M. MACQUER
AU SUJET DE L'ANALYSE CI-DESSUS.

J'ai l'honneur de vous envoyer le projet de rapport que j'ai rédigé sur les cendres des salines de Franche-Comté, d'après les expériences que nous avons faites ensemble, et l'examen particulier que j'ai fait ici du sel neutre mêlé avec l'alcali que la lixiviation extrait de ces cendres, et que nous avions séparé très-exactement de cet alcali. J'ai opéré sur la portion de ce sel neutre que vous m'avez confiée. J'ignore si vous avez eu le même résultat que moi sur la nature de ce sel neutre; mais vous verrez, par les expériences très-exactes dont le dé-tail est dans le mémoire, que ce sel neutre n'est point du sel marin, mais seulement du sel fébrifuge de Sylvius, comme je l'avais soupçonné d'après sa saveur. Je désire fort que nous soyons d'accord sur cet objet, et, connaissant votre exactitude, je n'en puis même presque douter, parce que je suis très-sûr de mes expériences.

J'ai l'honneur, etc.

MACQUER.

A Gressy, proche Claye, route de Meaux, 19 septembre 1783.

RAPPORT

SUR LA ROUILLE.

Du 8 mai 1784.

Nous avons examiné, par ordre de l'Académie, M..... et moi,
un mémoire sur la combinaison saline qui résulte de l'air fixe avec le
fer, par M. de Fourcroy. M. Lane, M. Rouelle le jeune et M. Bergman
avaient déjà donné quelques observations sur cette combinaison; mais
on va voir, par les détails dans lesquels nous allons entrer, qu'il s'en
fallait beaucoup qu'ils eussent épuisé la matière, et qu'elle a fourni
à M. de Fourcroy le sujet d'un travail très-intéressant.

Tout le monde connaît la rouille qui se forme sur le fer exposé à
l'air et surtout à l'air humide. M. de Fourcroy en a ramassé une certaine quantité dans des magasins de fer, soit à la surface des barres,
soit même dans leur intérieur, et c'est principalement sur cette matière qu'il a dirigé son analyse.

Poussée au feu dans une cornue de verre, la rouille lui a fourni
environ 7 pouces cubiques d'air fixe par quintal, c'est-à-dire environ
un quatorzième du poids du fer, et 2 pouces cubiques d'air inflammable.
Le fer qui reste dans la cornue est dans l'état d'éthiops martial, c'est-
à-dire de couleur noire et attirable à l'aimant. Quelquefois ce résidu est
pyrophorique, c'est-à-dire qu'il s'allume spontanément à l'air, et il y
brûle avec une flamme d'un bleu rougeâtre.

Après avoir examiné l'action du feu sur la rouille, M. de Fourcroy
passe à l'action qu'exercent sur elle les différents menstrues. Les acides,
en général, ne la dissolvent qu'avec peine; mais, ce qui est remarquable, l'air fixe reste dans la combinaison, de sorte que les dissolu-

tions de rouille par les acides forment des sels triples, et peut-être quadruples. Celle surtout par l'acide vitriolique présente un phéno-mène particulier. Cette combinaison ne forme point de vitriol, elle ne fournit qu'une eau mère qui n'est point susceptible de cristalliser. Ce fait avait déjà été observé par M. Monet, mais sans en connaître la cause, et c'est à M. de Fourcroy qu'on doit de l'avoir déterminée. Dans toutes ces dissolutions de la rouille par les acides, il n'y a point de dégagement de gaz d'aucune espèce, et la combinaison se fait paisi-blement.

Quoique la rouille de fer contienne environ un quatorzième de son poids d'air fixe, elle est susceptible de se charger d'une quantité beau-coup plus considérable, et cette propriété lui est commune avec les autres sels qui ont l'air fixe pour acide. Ils présentent tous différents degrés de saturation. Cette addition d'air fixe rend la rouille un peu plus soluble dans l'eau.

Des acides, M. de Fourcroy passe aux substances alcalines. Il fait voir que la chaux n'a nulle action sur la rouille, parce que l'air fixe a plus d'affinité avec le fer qu'avec la chaux; mais que l'effet contraire arrive avec les alcalis fixes et volatils, et que, dans ce cas, l'air fixe quitte le fer pour se combiner à l'alcali, qui devient alors effervescent.

Après avoir exposé la rouille à l'action des affinités simples, M. de Fourcroy a essayé de l'attaquer par des affinités doubles. Si on la combine avec le sel ammoniac, l'acide marin se porte sur le fer, tandis que l'air fixe se porte sur l'alcali volatil, et ce dernier se dégage dans l'état d'alcali volatil effervescent.

M. de Fourcroy n'a pas borné ses expériences à la rouille qui se forme spontanément sur le fer, lorsqu'il est exposé à l'air : il les a étendues à d'autres chaux de ce métal, telles que le safran de Mars, qui a beaucoup de rapport avec la rouille, mais qui contient moins d'air fixe qu'elle, et au fer précipité des acides par les alcalis effer-vescents. Dans cette précipitation, l'air fixe qui rendait l'alcali efferves-cent se combine au fer, et il en est alors complétement saturé.

Toutes les mines de fer limoneuses et ochracées ne sont autre chose, suivant M. de Fourcroy, que des combinaisons de fer avec l'air fixe, en différentes proportions.

M. de Fourcroy termine son mémoire par un rapprochement très-intéressant des propriétés qui résultent de l'union de l'air fixe avec la terre calcaire et avec le fer.

Ce mémoire contient une suite d'expériences très-nombreuses et très-intéressantes, et dirigées dans les meilleures vues. Elles font voir que les chaux de fer, loin d'être des substances plus simples que le fer lui-même, comme on l'a pensé longtemps, sont, au contraire, plus composées; que ce sont de véritables sels neutres qui ont le fer pour base, et l'air fixe pour acide.

Nous croyons donc que ce mémoire mérite les éloges de l'Académie et d'être imprimé dans le Recueil des Savants étrangers.

RAPPORT

sur

LES PROCÉDÉS D'ARTIFICE

proposés

PAR M. RUGGIERI.

Le sieur Ruggieri, artificier du Roi, se propose de donner au public le spectacle de feux d'artifice, dans lesquels il substituera de l'air inflammable à la poudre, et M. le lieutenant général de police, avant d'en accorder la permission, a désiré savoir si ce genre de spectacle était exempt de danger et d'inconvénients pour le public.

Les dangers qu'on peut craindre dans la production de la combustion de l'air inflammable sont, 1° l'explosion du vase de production, dans le cas où les ouvertures ne seraient pas proportionnées à la quantité d'air inflammable qui se produirait; 2° la crainte que l'air inflammable ne soit mélangé d'air commun, parce qu'alors il détone avec fracas au lieu de brûler paisiblement; 3° la crainte que les vases dans lesquels on opérera la combustion ne communiquent à de trop grands réservoirs d'air inflammable, parce que, dans le cas où il y aurait mélange d'air commun par des méprises inévitables dans des opérations en grand, les explosions pourraient devenir dangereuses.

Pour remédier à ces inconvénients, le sieur Ruggieri propose de construire le vase de production en bois, doublé de plomb; de lui donner la forme, à peu près, des vases dans lesquels on bat le beurre, et de le cercler de fer. Pour éviter dans cet appareil tout mélange d'air extérieur, il propose d'y faire le vide avec une machine pneumatique, et de fermer l'ouverture par laquelle devra s'introduire l'acide vitriolique, avec un robinet de sûreté. A ces différentes précautions il joint celle d'opérer la production d'air inflammable dans un magasin éloigné du lieu où se donnera le spectacle, et de l'y transporter les jours de spectacle, dans des boîtes de plomb disposées pour cet objet.

Avec ces précautions, on ne pense pas que les risques puissent être bien considérables. En effet, quand on supposerait que l'air inflammable aurait été fait très-négligemment, qu'il y aurait eu mélange d'air commun par l'impéritie de ceux qui auraient opéré, ou par leur défaut de soin, il en résulterait une détonation qui crèverait la boîte de plomb; mais il n'en résulterait aucun danger, si ce n'est, peut-être, pour les ouvriers qui en seraient fort près.

Le sieur Ruggieri proposait, pour porter plus loin les précautions, d'intercepter la communication entre les boîtes de plomb servant de réservoir à l'air inflammable et l'extrémité des tuyaux où se ferait l'inflammation; mais on a lieu de croire que cette précaution ne remplirait pas son objet; elle est d'ailleurs inutile.

A tout prendre, on ne peut nier que le nouvel art que le sieur Ruggieri se propose d'exercer ne puisse exposer les ouvriers qui y travailleront à quelque danger, surtout dans le commencement; mais, en supposant qu'ils prennent les précautions qu'il indique, les dangers résultant de l'usage de l'air inflammable seraient toujours moins grands que ceux auxquels les expose l'usage de la poudre.

RAPPORT

SUR

L'ACIDE MARIN DÉPHLOGISTIQUÉ.

Du 7 mai 1785.

L'Académie nous a chargés, M. Cadet, M. d'Arcet et moi, de lui rendre compte d'un mémoire de M. Pelletier sur l'acide marin déphlogistiqué, présenté à l'Académie le 5 avril dernier, et de deux suppléments qu'il y a joints, peu de jours après.

M. Baumé nous paraît être le premier qui ait annoncé que les principes qui constituent l'acide marin fumant ordinaire du commerce n'étaient pas dans un état de neutralité parfaite, et que cet acide contenait, comme l'acide sulfureux, un excès de phlogistique auquel il devait sa volatilité, son odeur pénétrante, etc.

Cette première idée devait conduire à chercher les moyens d'enlever à l'acide marin cet excès de phlogistique, et c'est ce qu'a tenté M. Scheele et, depuis lui, M. Bergman, en le combinant avec les substances regardées comme les plus avides de phlogistique, notamment en le distillant sur de la chaux de manganèse.

L'opinion de l'un de nous étant que les phénomènes qu'on a attribués, depuis Stahl, à l'absence du phlogistique, dépendent au contraire de la présence de l'air vital ou déphlogistiqué, il résultait nécessairement de cette théorie que l'acide nitreux et l'acide marin déphlogistiqués de MM. Scheele et Bergman étaient des acides surchargés d'air vital, et c'est en effet ce qu'il a annoncé dans différentes circonstances.

D'un autre côté, M. de Fourcroy, qui s'est fait un devoir d'exposer

53.

avec impartialité, dans ses *Leçons de chimie*, les systèmes phlogistique
et antiphlogistique, a développé cette théorie dans plusieurs endroits
de ses ouvrages; il y a également annoncé que l'acide marin déphlogistiqué était un acide surchargé d'air vital, et que c'était à cet excès d'air
que tenait la propriété qu'il a de dissoudre l'or, et les autres phénomènes particuliers qu'il présente.

Tel était l'état de nos connaissances, lorsque deux chimistes, M. Berthollet et M. Pelletier, se sont occupés, presque en même temps, de ce
même objet. Le mémoire du premier a été lu le 3 avril au comité
assemblé, chez M. le duc d'Ayen, pour l'examen des mémoires destinés
à la séance publique. Le mémoire du second a été parafé par M. le
secrétaire, le surlendemain, 5 du même mois. On voit donc que, à la
rigueur, M. Berthollet a l'antériorité sur M. Pelletier; mais l'intervalle
est si court que nous croyons pouvoir regarder ces deux ouvrages
comme de même date. Il n'en est pas de même des suppléments, qui
n'ont été lus et remis par M. Pelletier que postérieurement à la lecture
publique de l'ouvrage de M. Berthollet et après un intervalle de plusieurs jours.

Dans l'examen que fait d'abord M. Pelletier de l'action de l'acide
marin sur la manganèse, il a reconnu, comme MM. Scheele et Bergman, que cette combinaison donnait de l'air vital. Il assure que 6 onces
de manganèse et 4 onces d'acide vitriolique en fournissent 25 pintes,
ce qui est fort considérable et ce qui promet un moyen facile d'obtenir de l'air vital à très-bon marché. Cette expérience a déjà été répétée par plusieurs membres de l'Académie, notamment par M. le président de Sarron et par l'un de nous. Ils ont obtenu, comme l'annonce
M. Pelletier, de l'air vital assez pur, mêlé cependant d'air fixe, surtout
au commencement de l'opération; mais de petits accidents ont empêché
qu'ils n'en déterminassent exactement les quantités.

M. Pelletier avance, à cette occasion, que toutes les fois qu'on dégage, dans une même opération, de l'air inflammable et de l'air vital,
il en résulte de l'air fixe; mais nous pouvons assurer que son opinion, à
cet égard, n'est point fondée, et qu'elle est contraire à des expériences

multipliées qu'on ne peut révoquer en doute. On peut consulter les
mémoires de M. Cavendish, dans les *Transactions philosophiques*, année 1784, et les *Mémoires de l'Académie*, année 1781, pages 269,
448 et 468.

Lorsque l'acide nitreux est saturé d'air vital autant qu'il le peut être,
il n'attaque point la manganèse; mais, lorsqu'il contient de l'air nitreux
en excès, il enlève de l'air vital à la manganèse, et alors il y a dissolution. M. Scheele avait entrevu cette vérité, mais il avait cherché à en
ramener l'explication à la doctrine du phlogistique, et la théorie qu'a-
dopte à cet égard M. Pelletier est beaucoup plus simple, beaucoup
plus satisfaisante et beaucoup plus d'accord avec les faits.

M. Pelletier fait ensuite voir que, dans la combinaison de l'acide
marin ordinaire avec la manganèse, une portion d'air vital quitte cette
chaux métallique pour se combiner à l'acide. Il a vu également qu'il
se dégageait un gaz d'une nature particulière, susceptible d'être absorbé
par l'eau, et qui est l'acide marin lui-même, surchargé d'air vital et
dans un état gazeux; mais il paraît qu'il n'a point remarqué un fait
important qui n'a point échappé à M. Berthollet, c'est que, dans cet
état, il ne fait plus effervescence avec les alcalis; qu'il a perdu presque
toutes ses propriétés acides, mais qu'il les reprend dès qu'on lui enlève
l'excès d'air vital auquel il était uni.

Ces observations sur l'acide marin déphlogistiqué, ou plutôt surchargé d'air vital, conduisent M. Pelletier à des réflexions sur la nature de l'eau régale. Il pense que l'air vital a plus d'affinité avec l'acide
marin qu'avec l'acide nitreux; qu'en conséquence, lors du mélange de
ces deux acides, une portion d'air nitreux devient libre; que l'acide
marin se surcharge d'air vital et que c'est principalement à cette circonstance que tiennent les propriétés de l'eau régale. Cette doctrine
a déjà été développée, par M. de Fourcroy, dans le premier volume de
ses Leçons, pages 182 et 183, et nous engageons M. Pelletier à le citer.
Depuis, elle a été contredite dans un mémoire récemment lu à l'Académie par M. Berthollet. Nous soupçonnons que la différence des opinions qui partage ces habiles chimistes peut tenir à l'état des deux

acides employés et aux proportions du mélange; mais nous n'avons fait aucune des expériences nécessaires pour pouvoir prononcer entre eux.

M. Pelletier observe ensuite, avec beaucoup de raison, que l'acide marin ordinaire n'attaque point le mercure; il est nécessaire, pour qu'il y ait union, de fournir de l'air vital à la combinaison, et l'on y parvient, soit qu'on en surcharge l'acide, soit qu'on l'unisse au mercure pour le constituer dans l'état de chaux.

Dans une addition à ce mémoire, lue à l'Académie à sa séance du 8 avril, M. Pelletier annonce que si, dans la formation de l'eau régale, on diminue la proportion d'acide nitreux, ce dernier se trouve entièrement décomposé; qu'on ne retrouve plus d'air nitreux, même par voie de combinaison, et il croit qu'il s'est converti en air vital. M. Pelletier se trouve encore ici contraire en fait avec M. Berthollet. Ce dernier pense que l'air nitreux existe dans l'eau régale, qu'il y constitue un acide mixte, et il donne des moyens de le faire reparaître par voie de combinaison. Nous n'avons pas eu le temps de répéter ces expériences.

M. Pelletier rapporte dans le même supplément qu'il a mêlé ensemble deux pintes de gaz inflammable avec parties égales de gaz acide marin déphlogistiqué. Il y a une absorption très-considérable, et il reste un résidu composé d'air inflammable et d'air vital, qui détone vivement. Ce supplément ayant une date postérieure au mémoire de M. Berthollet, nous l'engageons à citer cet académicien relativement à quelques faits qu'il a observés comme lui : telle est la dissolution du fer par l'acide marin surchargé d'air vital, qui se fait paisiblement et sans effervescence.

Cette observation est suivie de deux procédés pour former de l'éther marin : le premier, en mettant de la manganèse dans une cornue, en versant dessus de l'acide marin et de l'esprit-de-vin et en distillant à l'appareil de Woulfe; le second, en distillant de la même manière et dans le même appareil du sel marin, de la manganèse, de l'esprit-de-vin et de l'acide vitriolique. M. de Fourcroy avait déjà entrevu et imprimé, dans ses *Leçons de chimie*, qu'on ne pouvait faire d'éther marin qu'avec de l'acide marin déphlogistiqué, c'est-à-dire surchargé d'air vital.

M. Pelletier observe, en terminant ce supplément, que les métaux blancs, qui ne sont pas solubles dans l'acide marin ordinaire, le deviennent, dès que cet acide est surchargé d'air vital, tandis qu'au contraire les chaux de ces mêmes métaux se dissolvent dans l'acide marin ordinaire et ne se dissolvent pas dans l'acide marin surchargé d'air vital ; ce qui s'explique d'une manière très-naturelle et très-simple dans la théorie des affinités de l'air vital, qui a déjà été développée par l'un de nous dans plusieurs mémoires.

Enfin, à ce premier supplément M. Pelletier en a joint un autre, dont l'objet est de prouver que, dans la formation de l'éther par quelque acide que ce soit, il y a combinaison d'air vital avec l'esprit-de-vin. L'un de nous a annoncé qu'il se formait de l'eau dans cette combinaison, et qu'on obtenait plus d'eau que la quantité d'esprit-de-vin employée, et il y a de nouveaux motifs pour croire que l'eau était une substance composée.

Nous ne doutons pas que, d'après cet exposé, l'Académie ne prenne une opinion très-avantageuse des talents et des connaissances de M. Pelletier, et nous croyons que son mémoire, lorsqu'il y aura fait les citations que nous avons indiquées, sera digne d'être imprimé dans le Recueil des mémoires présentés à l'Académie par des savants étrangers.

———

NOTE DE M. D'ARCET,

AU SUJET DU RAPPORT CI-DESSUS.

Voici, Monsieur et très-honoré confrère, quelques observations que je prends la liberté de vous faire sur le Rapport :

1° Il est certain que M. de Fourcroy a dit que l'acide marin déphlogistiqué était un acide surchargé d'air vital, et que c'est à cet excès d'air qu'est due, etc.

cependant je crois que M. de Fourcroy l'a avancé comme une conjecture, mais non pas comme un fait formellement énoncé.

2° Lorsque M. Pelletier a dit que, lorsqu'on dégage dans une même opération de l'air pur et du gaz inflammable, il en résulte de l'air fixe ou acide crayeux, il n'a prétendu en parler que d'après les assertions d'autrui. Il serait donc très à propos, ce me semble, de fournir ici l'expérience tranchante qui prouve le contraire.

3° Quant à la combinaison de l'acide marin avec la manganèse, M. Pelletier a parfaitement bien vu que le gaz qui en part n'est autre chose que l'acide marin lui-même surchargé; il était même impossible, d'après tout ce qu'il a dit, qu'il eût vu autrement et qu'il ne l'eût pas vu; mais ce qu'il n'a pas dit, c'est que ce gaz, dans cet état, ne fait aucune effervescence avec les alcalis, et c'est ce que M. Berthollet a parfaitement remarqué.

4° Quant à ce que vous observez, Monsieur et très-honoré confrère, de l'identité des opinions de MM. de Fourcroy et Pelletier, il est très-juste que ce dernier rende à M. de Fourcroy ce qui lui est dû, et soyez assuré qu'il le fera même de grand cœur.

5° Au sujet de ce que M. Pelletier dit sur la formation de l'eau régale et sur la décomposition plus ou moins entière de l'acide nitreux, je ne crois pas que les commissaires doivent prendre un parti pour ou contre l'opinion de M. Berthollet et celle de M. Pelletier; mais il est essentiel ici de faire mention de l'opinion de M. Berthollet, et M. Lavoisier peut ajouter aussi que c'est celle de l'un des trois commissaires, laquelle, en effet, peut être la vraie.

6° Je dis la même chose de l'article suivant du Rapport, au sujet de ce qui arrive dans la combinaison du gaz marin déphlogistiqué avec le gaz inflammable. Comme l'opinion ou la théorie de la formation de l'eau est contredite, il me paraît sage de ne rien affirmer là-dessus, ou du moins de dire seulement que c'est l'avis de l'un des commissaires.

7° Les deux procédés pour faire l'éther marin de M. Pelletier sont, 1° de mettre la manganèse dans la cornue, de verser dessus l'acide marin et l'esprit-de-vin, après les avoir mêlés ensemble, et de distiller à l'appareil de Woulfe; 2° de mettre le sel marin et la manganèse dans la cornue et de verser dessus l'acide vitriolique et l'esprit-de-vin, mêlés ensemble, et de distiller comme dans le précédent.

8° Enfin, j'ose demander à M. Lavoisier la même réserve au sujet de l'énoncé sur la formation de l'eau dans l'article de la fin, où il s'agit de la théorie de M. Pelletier sur la formation des éthers par tous les acides, etc.

Je reviens sur l'article de la seconde observation, où il s'agit du dégagement de l'air pur et du gaz inflammable, et de la formation de l'air fixe : je l'ai toujours cru moi-même, je l'ai adopté comme un fait, sans l'avoir examiné. Pour vous, Monsieur et très-honoré confrère, qui possédez singulièrement cette matière, je vous prie d'énoncer l'expérience qui la détruit.

Vous voyez que mes remarques, quoique longues, se réduisent au fond à peu de chose. Pour la plupart même, elles touchent à une théorie sur laquelle ni moi, ni beaucoup de gens qui valent mieux que moi, n'avons pris aucun parti; mais, je suis d'avis de ne pas laisser cela en arrière; il est bon d'en parler comme d'une théorie qui prend cours et dont l'un des commissaires est l'auteur. C'est ainsi que j'en ai parlé et que j'en parlerai en public, jusqu'à ce que je sois plus décidé.

Recevez, je vous en supplie, tout ceci comme venant de la part d'un homme qui aime à rendre justice également à vos services, à vos talents et à votre sagacité.

D'ARCET.

RAPPORT

SUR

UNE LIQUEUR ANTI-INCENDIAIRE.

Du 5 avril 1786.

Les inventeurs d'un liquide anti-incendiaire s'étant adressés à M. le duc de Villequier pour avoir la permission d'en faire l'épreuve, en présence du Roi, il a pensé qu'avant de donner une sorte de publicité à cette découverte il convenait d'en constater la réalité, et il a écrit dans cet esprit, le 22 mars, à M. le marquis de Condorcet.

L'Académie, pour remplir les vues de M. le duc de Villequier, nous a nommés, MM. le duc de Larochefoucauld, Cadet, Lavoisier et de Fourcroy, pour faire les expériences relatives à cet objet et pour lui en rendre compte.

Nous nous sommes transportés, en conséquence, le 29 mars, dans une maison située au village de Courbevoie, près Paris.

On y avait préparé, conformément à notre demande, 1° deux futailles défoncées par un bout, enduites de goudron; 2° deux petits tas de bois ou bûchers composés de bûches refendues et de copeaux; 3° deux espèces de baraques en planches, non couvertes et ouvertes par les deux bouts, dont l'intérieur était enduit de goudron. On avait en outre mis des copeaux au pied des cloisons, et au tiers à peu près de leur hauteur; ces copeaux y étaient maintenus au moyen d'un fil de fer.

Nous avions demandé que tout fût ainsi préparé double, afin que nous pussions faire des expériences de comparaison avec la liqueur anti-incendiaire et avec de l'eau simple.

On a commencé par mettre le feu à la première des deux cabanes, au moyen des copeaux placés au pied des cloisons et répandus sur leur surface; elle a été bientôt complétement enflammée. Alors le sieur Didelot, qui s'était couvert le corps d'une espèce de redingote et la tête d'une espèce de camail d'étoffe trempée dans sa liqueur anti-incendiaire, a traversé entre les deux cloisons enflammées, qui étaient à quatre pieds et demi ou cinq pieds de distance l'une de l'autre, sans avoir paru incommodé de la chaleur; mais, comme le feu n'était pas dans ce moment d'une très-grande activité, cette expérience ne nous a rien présenté de fort extraordinaire.

Le sieur Didelot, de retour, s'est muni d'une seringue de grandeur ordinaire, dont le canon, qui était d'étain, au lieu de se terminer en pointe, formait une espèce d'empatement percé de petits trous, comme la tête d'un arrosoir. Cette seringue était remplie de son eau anti-incendiaire; mais, au moment où il a voulu s'en servir, le goudron dont les planches étaient enduites était déjà consumé, et le feu s'était éteint de lui-même, presque à la fois, dans toute l'étendue de sa surface. Un coup de vent, qui est survenu, a facilité cette extinction instantanée; en sorte que le sieur Didelot n'a pas été dans le cas de faire usage de son eau anti-incendiaire. La flamme éteinte, les planches se sont trouvées légèrement charbonnées à leur surface.

Le résultat de cette expérience ayant été nul, relativement à l'effet de l'eau anti-incendiaire, on a mis le feu à la seconde cabane, après être convenu que le sieur Didelot éteindrait un des côtés avec son eau anti-incendiaire, et que les commissaires essayeraient d'éteindre l'autre avec de l'eau simple. Soit que la couche de goudron fût plus épaisse dans cette seconde cabane que dans la première, soit que les circonstances se soient trouvées plus favorables à la combustion, la flamme a été plus vive et la chaleur était si ardente qu'il n'a pas été possible d'approcher dans le premier instant. Quand la chaleur a été un peu diminuée, le sieur Didelot a commencé à employer sa liqueur anti-incendiaire, et, presque au même moment où il a seringué, la flamme s'est amortie, sans doute parce que c'était précisément l'instant où le goudron était consumé. Les commissaires s'en sont procuré sur-le-champ la preuve; car, ayant saisi de même le moment favorable pour seringuer de l'eau pure, de l'autre côté de la baraque, la flamme s'est amortie de la même manière, quoiqu'ils n'eussent pas employé plus d'eau que le sieur Didelot n'avait employé de liqueur anti-incendiaire.

On a ensuite allumé les futailles enduites intérieurement de goudron, et quand on a jugé que le feu était parvenu à son plus haut degré d'activité, le sieur Didelot a seringué de sa liqueur dans l'une des deux futailles, et, avec environ la moitié de ce que contenait la seringue, la flamme a été éteinte. Les commissaires ayant opéré de la même manière dans l'autre futaille avec de l'eau simple, seulement en quantité un peu plus grande, ils ont produit exactement le même effet.

Enfin, pour procéder à la dernière expérience, on a mis le feu aux deux petits bûchers; lorsqu'ils ont été complétement allumés et pénétrés de toutes parts par la flamme, le sieur Didelot a fait agir sa seringue remplie de liqueur anti-incendiaire, et le feu a été, sinon éteint, au moins considérablement amorti; mais les commissaires ayant opéré de la même manière avec une même quantité d'eau pure, sur l'autre bûcher, ils ont produit exactement le même effet et le feu a été éteint au même degré.

Il résulte de ces expériences que le liquide anti-incendiaire du sieur Didelot n'a aucune propriété particulière; qu'il n'est pas sensiblement plus propre que l'eau à éteindre le feu dans les incendies, et, d'après cela, nous ne nous sommes occupés d'aucune recherche sur ce qui pouvait entrer dans sa composition. Le sieur Didelot nous ayant cependant offert de nous déposer son secret cacheté, nous n'avons pas cru devoir nous y refuser, et nous joignons ici le paquet scellé de son cachet. Nous avons trouvé un avantage à ne prendre aucune connaissance de son procédé : c'est celui de pouvoir ajouter ici quelques réflexions sur les liqueurs anti-incendiaires, réflexions que nous n'aurions peut-être pas pu nous permettre, si nous eussions été dépositaires de son secret.

Ce n'est pas d'aujourd'hui qu'on sait qu'un grand nombre de substances salines, non-seulement sont éminemment incombustibles, mais qu'elles communiquent leur incombustibilité aux corps combustibles qui en sont pénétrés. On peut consulter à cet égard les Mémoires de Stockholm, année 1740, ainsi qu'un mémoire de M. Fougeroux, publié parmi ceux de l'Académie, année 1766, page 11. Ainsi une bûche. une pièce de bois, qui ont séjourné dans une dissolution saline et qui en sont pénétrées, ne sont plus susceptibles de brûler avec flamme. Si on les met dans un brasier ardent, elles s'y réduisent en charbon, sans aucun signe d'inflammation. Mais il faut, pour obtenir un effet sensible, que ces sels soient dissous dans l'eau dans une proportion assez forte, et c'est par cette raison qu'on ne peut employer à cet usage que des sels à vil prix, tels que l'alun, l'alcali fixe, etc. Quelque bon marché même que soient ces sels, on ne peut guère espérer qu'ils deviennent un moyen de secours public dans les incendies. Il en faudrait des quantités énormes pour produire quelque effet, et l'embarras du transport, celui de l'emploi, la propriété qu'ils ont d'attaquer les cuirs des pompes et des tuyaux destinés à conduire l'eau, en rendraient l'usage presque impraticable dans un service public. S'il y avait lieu de faire usage de substances anti-incendiaires, ce serait plutôt comme préservatif que comme moyen d'éteindre le feu. On se rappelle qu'il y a quelques années M. Cadet de Vaux fit voir à l'Académie que des toiles, des feuilles de papier, enduites d'un encollage de terre d'alun, devenaient ininflammables. M. de Montgolfier a employé avec succès le même moyen pour préserver de l'incendie les ballons qu'il a fait construire en toile. Il est surprenant qu'un moyen si simple, si peu dispendieux, qu'il n'est plus permis d'ignorer d'après la publicité que M. Cadet de Vaux y a donnée, qu'on assure même avoir été adopté dans les salles de spectacle de Vienne, ne soit point encore employé dans les nôtres.

Quoi qu'il en soit, comme la liqueur présentée par le sieur Didelot n'a pas produit plus d'effet que l'eau pure dans les expériences que nous venons de rapporter; qu'elle n'a pas la propriété d'éteindre le feu au degré de plusieurs autres dissolutions salines connues, nous concluons que les moyens qu'il propose ne méritent aucune attention.

Fait à l'Académie, le 5 avril 1786.

Signé le Duc DE LAROCHEFOUCAULD, LAVOISIER, CADET et DE FOURCROY.

RAPPORT

SUR UN MÉMOIRE DE M. HASSENFRATZ

SUR

LE GISEMENT DE LA HOUILLE.

Nous avons à rendre compte à l'Académie, M. Desmarets, M. Sage et moi, d'un mémoire de M. Hassenfratz, sous-inspecteur des mines, sur les espèces de terrains où se trouve le charbon de terre. Ce mémoire étant présenté d'une manière très-concise, il n'est pas susceptible d'extrait, en sorte que, pour en donner une idée, nous ne pouvons nous dispenser de faire un rapport presque aussi étendu que le mémoire.

Dans les pays à couches inclinées, on distingue deux espèces de filons, savoir : des filons parallèles aux couches et des filons qui leur sont perpendiculaires. M. Hassenfratz nomme les premiers *filons couches*, et les seconds, *filons fentes*. Nous croyons que M. Hassenfratz est le premier des minéralogistes français qui ait fait cette distinction.

Les charbons de terre sont toujours, suivant M. Hassenfratz, par filons couches. Ces filons n'ont aucune marche régulière; leur direction et leur inclinaison varient. Ils sont quelquefois verticaux, quelquefois horizontaux, le plus souvent obliques. Toujours ils sont recouverts d'un *tectum* de schiste qui contient des empreintes de fougères, de végétaux d'un grand nombre d'espèces. Ce schiste se retrouve communément au-dessous de la couche de charbon de terre, et le tout est accompagné de deux bancs de brèches ou de poudingues à gros grains, ou de grès micacé. Le charbon de terre est lui-même dans un état plus ou moins éloigné du bois; on y rencontre des fruits. Enfin tout indique que c'est à des arbres enfouis et accumulés dans des temps très-reculés que sont dues les mines de charbon de terre.

Mais les mines ne se trouvent pas indifféremment partout, et c'est ce que M. Hassenfratz a eu pour objet de prouver dans ce mémoire. On n'en rencontre point dans les chaînes de montagnes primitives, ni dans les pays composés de couches horizontales, ou au moins elles ne s'y trouvent qu'après qu'on a percé toute l'épaisseur des couches horizontales et qu'on est parvenu aux couches obliques.

Pour l'intelligence de son mémoire, M. Hassenfratz est obligé d'admettre quatre espèces de pays différents considérés lithologiquement : 1° les pays anciens; 2° les pays modernes; 3° les pays volcaniques. Enfin il subdivise les pays modernes en deux, savoir : partie moderne primitive et partie moderne secondaire. C'est dans la partie moderne primitive que se trouvent les charbons de terre, c'est-à-dire, en général, au pied des montagnes primitives et dans un terrain à peu près intermédiaire entre l'ancienne et la nouvelle terre.

Dans le détail des observations sur lesquelles M. Hassenfratz appuie son système, il parcourt toutes les mines de charbon de terre de la France, de la Suisse, de la Carinthie et de la Hongrie qu'il a été à portée de visiter, et fait voir que partout la nature a suivi la même loi, que partout on observe les mêmes circonstances.

M. Hassenfratz tire de ses observations deux conséquences très-intéressantes pour la pratique de l'exploitation des mines : la première, c'est que, toutes les fois qu'on fait une fouille dans un pays moderne secondaire pour y trouver du charbon de terre, on ne peut espérer d'y parvenir qu'après avoir percé toute l'épaisseur des bancs horizontaux, et cette épaisseur est immense dans un pays tel que les environs de Paris. La seconde, c'est que, en quelque endroit qu'une fouille ait été entreprise, on doit perdre toute espérance dès l'instant qu'on est arrivé à la terre primitive.

M. Hassenfratz termine ce mémoire par le tableau de l'analyse chimique qu'il a faite de huit espèces de charbons de terre de différents pays. Il donne dans ces analyses la quantité de matière charbonneuse réelle contenue dans chaque charbon, la quantité de cendres qu'ils laissent, la quantité de goudron, d'alcali volatil et d'air inflammable qu'on en peut tirer.

Ce mémoire ne peut que confirmer l'idée très-avantageuse que l'Académie a déjà conçue des talents de M. Hassenfratz, de l'étendue de ses connaissances et du génie d'observation qu'il porte dans les différentes branches des sciences auxquelles il se livre. Nous concluons donc que son mémoire mérite d'être imprimé dans le Recueil des savants étrangers.

Fait au Louvre, le...

RAPPORT

SUR

LES FORGES ET SALINES

DES PYRÉNÉES.

Du 23 juin 1786.

L'Académie a nommé MM. Lavoisier et d'Arcet pour lui rendre compte de l'ouvrage de M. le baron de Dietrich qui a pour titre : *Description des gîtes de minéraux, des forges et des salines des Pyrénées, depuis le comté de Foix jusqu'à l'Océan.*

Cet ouvrage est divisé par généralités; il est composé d'une suite de mémoires, dont le premier renferme la description des rivières et ruisseaux aurifères du comté de Foix, qui a déjà été approuvé par l'Académie.

Le second mémoire contient la description du travail du fer dans le comté de Foix.

L'auteur rend au travail de M. Duhamel sur cette matière toute la justice qui lui est due, et, comme ils ont profité, l'un et l'autre, des lumières de M. Vergues, procureur du roi de la maîtrise des eaux et forêts de Vic-Dessos, il n'est pas étonnant qu'ils se soient rencontrés quelquefois. Tous deux ont eu pour objet d'étendre et de rectifier le travail de M. Tronson du Coudray; tous deux ont déposé au dépôt de l'école des mines le modèle d'une forge du comté de Foix; mais nous devons la justice à M. de Dietrich de dire que ses mémoires avaient été remis à l'Académie en 1785, bien avant la publication de l'ouvrage de M. de Lapeyrouse.

La partie la plus intéressante de ce mémoire est celle qui contient les procès-verbaux des expériences faites aux forges de Gudannes par l'auteur, par ordre du roi et de Mgr le comte d'Artois, sur les mines en grains tirées du Berri, et sur les mines de fer spathiques du Dauphiné. Ce travail de comparaison n'a pas été porté au point de perfection qu'on aurait désiré, parce que, la quantité de ces mines qui a été transportée aux forges de Gudannes ayant manqué, M. le baron de Dietrich n'a pu y mettre la dernière main. Peut-être serait-il plus utile de la reprendre sur les lieux mêmes, et de faire venir des hommes intelligents des Pyrénées dans le Berri et dans le Dauphiné, pour y tenter l'établissement des forges catalanes, et fixer les avantages et les désavantages de ce genre d'exploitation. Le travail et les expériences de M. le baron de Dietrich sembleraient indiquer que les mines en grains ne sauraient être travaillées avec avantage à la manière de Foix, mais que les mines de fer spathiques y rendent beaucoup de fer, avec une économie considérable de charbon.

Comme les mines de fer spathiques qui lui ont été envoyées du Dauphiné étaient mal triées et très-cuivreuses, l'auteur indique des moyens d'extraire de cette mine les pyrites cuivreuses et martiales qu'elle ne renferme que trop communément.

Le troisième mémoire contient la description des gîtes de minerais, des forges et des salines du comté de Foix; l'auteur a décrit, avec une exactitude scrupuleuse, la position, les distances de ces divers objets, et l'Académie a déjà approuvé plusieurs parties de ce mémoire, telles que sa description des mines de Vic-Dessos et celle de la fontaine salante de Camarade.

Le quatrième mémoire remplit le même objet pour le Conserans. Les mines de cuivre, de plomb et d'argent des vallées d'Aulus et d'Ustout y sont décrites avec soin. L'auteur a trouvé de très-beaux marbres aux environs de Seix, près de Rivières, où l'on pourrait établir, dans le voisinage des carrières, des moulins à scier et à dégrossir le marbre. Il paraît que la France paye en pure perte un tribut à l'étranger pour les marbres, etc. Le marbre de toute espèce se trouve abondamment dans les Pyrénées: Verède, Campan, Sarrancolin et Bagnères-de-Luchon, par exemple, fourniraient un établissement à Montrejeau; la Garonne les rendrait à Bordeaux, et de Bordeaux dans tout l'univers.

Le cinquième mémoire traite des mines du Comminge. L'auteur y donne un détail circonstancié de la manufacture de safre et azur établie, par M. le comte de Beust, à Saint-Mamet, près Bagnères-de-Luchon, de diverses indications de cobalt, qu'il a découvert dans le Comminge, et de diverses exploitations dans cette petite partie de la Gascogne. Il passe de là dans la vallée d'Aure, où il a vu d'abondantes mines de plomb. Il parle aussi des carrières de marbres de Sarrancolin et de Campan.

Il a trouvé dans le comté de Foix, le Conserans et le Comminge un grand nombre d'affleurements de pyrites arsenicales; il réitère souvent le vœu de voir ces affleurements poursuivis, ces pyrites conduisant communément, dans les pays où les mines sont en valeur, à des minéraux précieux et particulièrement à la mine d'étain, très-souvent annoncée en France par nos anciens minéralogistes, mais jamais découverte. L'auteur a généralement observé que nos prédécesseurs avaient pris de la blende pour de la mine d'étain.

Le sixième mémoire comprend les mines de la Bigorre. Il parle transitoirement des schorls blancs et violets et de l'asbeste des environs de Baréges. Il a trouvé un grand nombre d'affleurements de mines de plomb et de cuivre dans les vallées de Héas et de Gavarnie; il a suivi les exploitations des mines de Coutres et autres, en Lavédan.

Le septième mémoire traite du Béarn. Il commence par la description des forges intéressantes de la vallée d'Asson, et passe de là à celles de Béon, dans la vallée d'Ossau, et décrit les travaux des divers gîtes de minéraux de cette vallée. On lui avait indiqué plusieurs filons de cobalt; mais les affleurements de ces filons ne montraient encore que de la pyrite arsenicale. Il se transporte dans la vallée d'Aspe, où il trouve autant d'indications de mines de cuivre qu'il en avait trouvé de mines de plomb dans les vallées précédentes, et décrit particulièrement celles de Causia, qui sont en exploitation. Il rend compte des mines de charbon et de pétrole d'Orthez, ainsi que du travail des sources salées de Salies, et propose différents moyens d'y porter l'économie. Ce travail est décrit avec beaucoup d'exactitude et de fidélité. Il a parfaitement rappelé à M. d'Arcet, l'un de nous, ce qu'il avait été à portée d'y observer dans sa jeunesse.

Le huitième mémoire contient la Soule, la basse Navarre et les landes comprises dans le ressort de la généralité de Pau, les forges de Laran, les salines d'Aincille, l'exploitation des mines de Baigorry, les verreries de Bayonne, les mines de charbon de Saint-Lon, près de Dax, les sources salantes des environs de cette ville, le bitume de Gaujac, les forges d'Absesse et d'Ussat.

Les détails dans lesquels l'auteur entre sur Baigorry nous paraissent devoir être utiles à l'art des mines; il pense que la compagnie actuelle n'y prospérera qu'en reprenant les fonds.

Il propose de tirer parti des sources salantes des environs de Dax, et de se servir de la tourbe qu'on trouve dans les landes du même nom, pour la fabrication de ce sel, ou des mines de charbon de Saint-Lon, qui sont susceptibles d'être relevées, et d'alimenter la verrerie de Bayonne. Il conseille d'extraire le bitume de l'asphalte de Gaujac, de la même manière qu'on le retire de l'asphalte d'Alsace. Cette mine de bitume est d'une exploitation d'autant plus facile qu'elle est, pour ainsi dire, à la surface de la terre, qu'elle a déjà été exploitée, et qu'on ne sait pas trop sur quel motif on a interrompu ce travail. On prétend, dans le pays, que ce fut par ordre, sollicité et obtenu par des entrepreneurs de la marine.

L'auteur a trouvé que les forges des Landes emploient une mine de fer qui n'est autre chose que des madrépores et des millépores convertis en mines. Il a vu aux forges des Landes le procédé du Nivernais en usage, qui consiste à mazer la fonte. Il se propose de donner une description particulière de ce procédé.

L'auteur a joint à son ouvrage sept tableaux, dont l'un offre l'ensemble de la fabrication des fers dans les Pyrénées françaises, et de leur consommation en charbon. Les six autres présentent l'ensemble des mines, par chaque petite province des généralités de Pau et d'Auch, que l'auteur a visitées, les paroisses dans lesquelles elles sont situées, et les noms des montagnes qui les renferment.

Enfin il a joint à son premier mémoire deux planches relatives au lavage de l'or, et le mémoire sur Baigorry est également accompagné des quatre planches absolument nécessaires pour l'intelligence de ce travail. Ces planches sont dues à M. de La Chabeaussierre, sous-inspecteur honoraire des mines de France.

L'ouvrage est terminé par une table des matières suffisamment détaillée pour la rendre facile à consulter.

La partie de cet ouvrage qu'on doit regarder comme une notice des mines et des sources intéressantes qu'on trouve dans les Pyrénées était d'autant plus nécessaire, qu'une grande partie de ces richesses nous était pour ainsi dire inconnue; que les renseignements sur les lieux sont toujours pénibles et difficiles à obtenir, par les obstacles et le silence opiniâtre qu'apportent les habitants à toute espèce de recherche de ce genre.

Nous avons déjà une notice sur l'histoire naturelle des Pyrénées : c'est l'ouvrage de M. l'abbé Palassou. M. le baron de Dietrich a fait le traité de leurs mines, et nous regardons surtout cette notice comme une chose précieuse, par le soin et l'exactitude avec lesquels il a marqué les gîtes des mines de toute espèce qui se trouvent dans toute l'étendue de cette longue chaîne, et par les distances marquées avec précision, d'après la carte de l'Académie. A l'aide de ces renseignements et des facilités ou des obstacles qui naissent de la position des lieux, de l'abondance de l'eau et du prix du combustible surtout, objets que M. de Dietrich n'a jamais perdus de vue, le Gouvernement tiendra bien mieux sous sa main toutes les richesses de ce genre que renferment les Pyrénées, et sera plus à portée et plus en état de juger des avantages et des désavantages des entreprises qu'on lui proposera de faire, ainsi que des concessions.

RAPPORT

SUR

LES FORGES DES GRANDES LANDES

ET LES MINES DE PLOMB ARGENTIFÈRE

DES SABLES-D'OLONNE.

Nous avons déjà été à portée d'entretenir un grand nombre de fois l'Académie, M. d'Arcet et moi, des mémoires de minéralogie qui lui ont été présentés par M. le baron de Dietrich. Nous avons insisté surtout sur l'exactitude des descriptions topographiques qu'il a données, sur les avantages qui en résulteront pour la connaissance des productions minéralogiques du royaume. Nous avons applaudi à la clarté avec laquelle les procédés des arts sont présentés, au tableau des produits et des dépenses qu'il a rapprochés presque partout, et qui fourniront des données précieuses qui serviront un jour à évaluer les avantages et les inconvénients des nouvelles méthodes qui pourront être proposées, et à reconnaître les progrès des arts qui consomment des combustibles.

Ces mémoires ont pu ne présenter que peu d'intérêt à ceux qui ne voient dans la minéralogie qu'une science théorique et qui ne la considèrent pas relativement à son rapport avec les arts et avec les besoins de la société; mais M. le baron de Dietrich avait à instruire le Gouvernement sur l'état des mines, forges et usines du royaume, à éclairer les propriétaires, concessionnaires et entrepreneurs sur leurs propres intérêts, et c'est sous ce double point de vue qu'il a dirigé ses travaux.

Les deux nouveaux mémoires dont nous avons à rendre compte
constituent le neuvième et le dixième de l'ouvrage que M. de Dietrich
vient de faire imprimer sous le privilége de l'Académie, et qui forme
un volume in-quarto de six cents pages. Le premier de ces mémoires
concerne les forges des grandes landes, le fer mazé et la consommation du charbon de terre dans la généralité de Bordeaux. Il y
décrit le travail du fer mazé, qu'il a trouvé établi à la forge d'Ura. Cette
méthode de traiter le fer est connue depuis longtemps en Nivernais, et
elle a beaucoup de rapport avec ce qui se pratique dans plusieurs
parties de l'Allemagne, où l'on fait de l'acier de fusion; mais elle est
peu répandue en France. Il paraît qu'il n'y a pas longtemps qu'elle a
été transportée à la forge d'Ura.

Cette méthode comprend trois opérations distinctes : 1° la refonte
complète de la gueuse : on la coule en plaques minces et on la divise
en gâteaux; 2° le grillage de ces gâteaux; 3° leur affinage, qui est
encore une espèce de fonte ou au moins de ramollissement. Le grillage
doit être plus ou moins complet, suivant la qualité de la fonte qu'on a
à traiter et suivant la qualité du métal qu'on se propose d'en tirer.
Lorsque la fonte est blanche et qu'on veut faire de l'acier, on diminue le temps du grillage, et souvent on le supprime en entier. Cette
circonstance est une confirmation de la théorie nouvellement exposée
à l'Académie par MM. Vandermonde, Monge et Berthollet. Ils ont fait
voir, par des expériences qui ne laissent aucun doute, que la fonte
grise contenait beaucoup de plombagine, que la fonte blanche en contenait moins, que l'acier en contenait une portion notable, que le fer
forgé en était exempt. Il en résulte, par une conséquence nécessaire,
que la fonte grise doit être privée de sa plombagine par le grillage
quand on veut la convertir en fer; que la fonte blanche doit être
moins grillée; enfin qu'elle ne doit point l'être du tout quand on veut
fabriquer de l'acier, parce que la petite dose de plombagine qu'elle conserve est nécessaire pour constituer l'acier. La description de ce procédé
manquait à celle de l'art des forges. M. de Dietrich lui attribue deux
avantages : celui de produire de bon fer avec des mines qui, par les

procédés ordinaires, n'en donnent que de mauvais; le second, de faire à volonté, avec la même mine, du fer ou de l'acier.

La fabrication du fer mazé consomme un sixième de plus de charbon que celle des fers ordinaires, telle qu'on la pratique dans les grosses forges; mais on en est dédommagé par la meilleure qualité du fer, par quelque économie sur les déchets et par une plus grande facilité dans l'étirage du fer.

Ce mémoire est terminé par une notice des verreries et des raffineries de Bordeaux, et par des détails sur la quantité de charbon fossile national ou étranger qu'elles consomment, ainsi que sur l'exportation de numéraire qui en résulte, et sur les droits dont elles sont chargées.

Le second mémoire de M. de Dietrich, formant le dixième de sa collection, renferme la description des mines des Sards près des Sables-d'Olonne.

Les résultats avantageux des essais qui avaient été faits de cette mine, à Paris, sur des échantillons de choix, avaient donné une haute idée de leur richesse; mais le terme moyen de la richesse du minerai, pris dans les halles, n'a pas été à la moitié en plomb de ce qu'on en espérait. La quantité d'argent fournie par le plomb, et qui est très-considérable, s'est, il est vrai, soutenue. Cependant, malgré cet avantage, M. de Dietrich ne paraît compter, que jusques à un certain point, sur le succès des travaux qui ont été entrepris.

Le filon se montre à jour, au-dessous du niveau de la haute mer, et les travaux sont recouverts par les eaux pendant une partie de la journée. On a tenté de faire des puits, à quelque distance de la côte, pour rencontrer le filon; mais il a fallu percer une montagne épaisse, et, comme le filon s'incline, on ne peut espérer de le rencontrer qu'à une grande profondeur. Si l'on joint à ces considérations que le site de la mine est malsain et qu'il règne des maladies fréquentes parmi les ouvriers; qu'on n'a pas assez d'eau pour suffire à l'entretien des lavoirs et des machines d'épuisement, on ne pourra s'empêcher de désirer, avec M. de Dietrich, que la compagnie qui est à la tête de cette entreprise n'augmente pas ses dépenses dans une partie qui donne aussi peu d'espérance de succès. Il indique dans ce mémoire les seules tentatives qui paraissent leur rester à faire.

Si l'on considère que cette collection de mémoires n'est que l'ouvrage d'une année; que M. de Dietrich en a précédemment publié un grand nombre d'autres sur l'exploitation des mines d'étain de Cornouailles, sur un volcan éteint au Neuf-Brisach, etc. qui tous ont été jugés dignes de l'impression; qu'il a concouru en outre à la traduction de plusieurs ouvrages allemands, tels que le Traité du feu de Scheele et plusieurs autres, l'Académie ne pourra qu'être confirmée dans l'opinion avantageuse qu'elle a prise de ses connaissances, de son zèle et de son activité.

Nous pensons que les deux mémoires dont nous venons de rendre compte méritent d'être imprimés sous le privilége de l'Académie.

Fait au Louvre, le . . . . . juillet 1786.

RAPPORT

SUR UNE BARATTE

PRÉSENTÉE

PAR LE SIEUR FROTIER.

Du 19 août 1786.

Nous avons été chargés par l'Académie, M. Brisson et moi, de lui rendre compte d'un tonneau, ou espèce de baratte, qui lui a été présenté par le sieur Frotier, et qu'il annonce comme propre à différents usages, dont les principaux sont :

1° La salaison des porcs;

2° Le transport du beurre ;

3° La vidange des fosses d'aisances.

Ce tonneau n'a de particulier qu'une gorge ou rainure pratiquée à son couvercle et qui est garnie d'un cuir rembourré de crin. Le bord supérieur du tonneau s'engage dans cette gorge, et, pour que le contact soit plus immédiat, le sieur Frotier établit une pression par le moyen de deux vis qui traversent le couvercle et qui sont serrées avec des écrous.

Ce tonneau peut être d'un usage utile dans quelques cas; mais il est à craindre que le cuir appliqué au couvercle ne se pourrisse en peu de temps, qu'il ne communique aux objets qu'on y renfermera une odeur très-désagréable et qu'il ne faille le renouveler très-souvent. Ce tonneau, d'ailleurs, ne garantira pas mieux du contact de l'air les objets qu'on y renfermera, qu'une futaille ordinaire bien cerclée et bien assemblée. Nous ne serions pas éloignés de croire cependant que la

56.

construction proposée par le sieur Frotier peut être appliquée avec succès à la vidange des fosses d'aisances. On renouvellerait souvent le cuir et l'on donnerait plus de force aux vis et aux écrous qu'il n'en a donné dans le modèle présenté à l'Académie; mais, en même temps, nous ne voyons dans cette construction ni assez d'invention, ni un objet d'utilité assez général et assez marqué pour lui mériter l'approbation de l'Académie.

Fait au Louvre, le 19 août 1786.

RAPPORT

SUR

LA FABRICATION DES GLACES.

Nous avons à rendre compte à l'Académie, M....... et moi, de l'art des glaces coulées, présenté à l'Académie·par M. Allut.

L'art de la vitrification en général est la base de l'art des glaces, et M. Allut, en conséquence, s'occupe, dans un premier chapitre, de la vitrification en général; il la considère comme une dissolution par le feu, et il regarde le verre comme le produit de cette dissolution.

Le verre, lorsqu'il est mis en fusion, doit être contenu dans des vases qui ne lui permettent pas de s'écouler, et ces vases se nomment *creusets;* ils doivent être moins vitrifiables que la matière qu'ils doivent contenir et on les fait, en conséquence, d'argile très-réfractaire. Les fours doivent être également construits de matières qui résistent le plus longtemps qu'il est possible à la plus grande violence du feu. Ces deux objets importants forment le sujet des chapitres iv et v. M. Allut y traite de l'argile, de son choix, de la manière de la dégager des substances étrangères qu'elle contient, de son mélange avec le ciment, de la formation des creusets, de leur cuisson. Il donne les différentes manières de construire les fours, et, dans le chapitre vi, la description d'un nouveau four.

Si, après avoir construit les fours, on les échauffait brusquement, les parties les plus proches du feu, celles qui seraient échauffées les premières, prendraient d'abord leur retraite, les fourneaux se gerceraient, se déjetteraient de toutes parts et tomberaient bientôt en ruine.

Pour prévenir ces accidents, on est obligé de les recuire, et cette opération exige des précautions particulières; il est nécessaire que le feu soit augmenté successivement et par degrés, de manière que toute la masse s'échauffe graduellement. Si, après avoir donné un certain degré d'intensité au feu, on négligeait de l'entretenir, l'alternative de température nuirait encore à la solidité du four. Toutes ces précautions n'empêchent pas, cependant, qu'il ne se forme des gerçures dans l'intérieur du four, par la retraite de l'argile, et l'on est obligé de les remplir, lorsque le four est refroidi.

La cuisson des creusets n'est pas d'une moindre importance que celle du four, et M. Allut s'en occupe dans ce même chapitre.

Le chapitre VIII traite principalement du choix du sable qui entre dans la préparation des glaces. Il doit être le plus blanc qu'il est possible, quartzeux et dépouillé de toute matière étrangère.

A l'égard de l'alcali, on préfère pour les glaces celui de la soude, et M. Allut donne, dans le chapitre IX, des détails sur la manière de l'extraire par voie de lixiviation.

Dans la combinaison qui se fait du sable et de l'alcali, pendant la fusion du verre, les différents sels neutres sont rejetés. Ils viennent nager à la surface et s'en vont en écume. Ce sont ces différents sels neutres qui sont désignés sous le nom de *sel* ou de *fiel de verre*.

Les glaces sont formées d'environ deux parties de sable contre une d'alcali fixe; on y ajoute une petite quantité de chaux pour faciliter la dépuration et la séparation du sel du verre. La dose, en général, est entre $\frac{1}{44}$ et $\frac{1}{26}$ du poids total. Enfin on fait entrer dans la composition des glaces un peu d'azur et un peu de manganèse.

Autant qu'on le peut, on joint à chaque composition des cassons des fournées précédentes.

Le chapitre XIV traite du bois propre au tirage et de la manière de tirer. Le hêtre ou fayard est en général le bois qu'on préfère.

Le chapitre XV renferme tous les détails relatifs à la fusion du verre et à la coulée des glaces.

Tout le monde sait que c'est sur une grande table de cuivre que se fait cette opération, et qu'on étend la matière en fusion en faisant passer dessus un cylindre de cuivre.

Après avoir coulé les glaces, il est nécessaire de les recuire, et c'est l'objet que traite M. Allut, dans le chapitre XVI.

Lorsque les glaces ont été tirées de la carquaise et qu'elles y ont subi l'opération du recuit, leur surface est inégale et raboteuse, et elles sont à peine transparentes. Il est nécessaire alors de les polir, et c'est encore un art nouveau que M. Allut décrit dans le XVIIe chapitre. La première opération est de les équarrir, ensuite on leur donne un premier poli avec du sablon : c'est ce qu'on nomme débrutir. On substitue ensuite l'émeri au sable. On emploie successivement trois sortes d'émeri, qui diffèrent par leur degré de finesse. Les glaces passées à l'émeri ne sont encore qu'adoucies, il faut les polir, ce qu'on opère avec la potée d'étain.

La dernière préparation que reçoivent les glaces est l'étamage. Cette opération consiste à sécher parfaitement, à bien dégraisser la surface de la glace, à y appliquer une couche très-mince d'un amalgame d'étain et de mercure. Cette partie de l'art est décrite par M. Allut dans le XVIIIe chapitre.

Enfin le XIXe chapitre traite de l'administration intérieure d'une manufacture de glaces, de la tenue des registres, etc.

Cet art nous a paru décrit avec clarté et fait avec soin.

RAPPORT

DES EXPÉRIENCES FAITES À L'ARSENAL,
LE 29 SEPTEMBRE 1786,

SUR UN NOUVEAU COMBUSTIBLE

PROPOSÉ
PAR M. LE PRIEUR DU TEMPLE.

M. le contrôleur général des finances ayant désiré de faire constater d'une manière authentique les effets d'un nouveau combustible proposé par M. le prieur du Temple, il a chargé les membres qui composent l'assemblée d'administration de l'agriculture, les régisseurs des poudres et MM. Sage, Berthollet et de Fourcroy, membres de l'Académie des sciences, de faire à l'Arsenal les expériences qui leur paraîtraient les plus propres à les éclairer sur cet objet.

Les commissaires s'étant rassemblés à l'Arsenal, le 20 septembre à neuf heures et demie du matin, on a placé dans la cheminée d'une grande salle de l'Arsenal une grille ou espèce de fourneau semblable à ceux qu'on emploie pour brûler du charbon de terre. On avait mis au bas de ce fourneau, et immédiatement sur la grille inférieure, environ 3 pouces de braise mêlée avec de petits morceaux de bois blanc; on a ensuite arrangé par-dessus le nouveau combustible : il consistait en briques de couleur grise cendrée de 6 pouces de longueur, de 3 pouces et demi de largeur et de 2 pouces d'épaisseur. Les auteurs de ce combustible ont déclaré qu'elles étaient composées de parties égales de terre et d'une matière très-commune et qui n'avait aucune valeur. Les briques se brisaient facilement et il était aisé de les réduire en poudre, même à la main. Ces briques étaient disposées

au-dessus de la braise, de manière que l'air échauffé pût circuler avec
facilité dans son intérieur. On a allumé la braise à neuf heures cin-
quante-cinq minutes, et l'on a soufflé, pendant un demi-quart d'heure
environ, avec un soufflet à main ordinaire; les petits morceaux de bois
se sont bientôt allumés et la flamme qu'ils produisaient s'est introduite
à travers les briques de combustible, qu'elle a rougies, et qui ont commencé à réfléchir une chaleur assez considérable :

à 10 heures 25 minutes on a remis 5 nouvelles briques;
à 10 — 30 — 6 —
à 10 — 37 — 5 —
à 10 — 41 — 1 —
à 10 — 43 — 2 —
à 11 — 15 — 2 —
à 11 — 24 — 3 —

Il en avait été employé environ une vingtaine pour commencer.

De temps en temps, celui qui conduisait le feu remuait les briques
pour faire circuler l'air à travers, et tordait entre les briques de petits
morceaux de menu bois, qui faisaient un feu clair, lequel circulait dans
les intervalles des briques.

Les commissaires ont observé, pendant cette combustion, que les
briques qui formaient le nouveau combustible ne rougissaient que
dans les parties où la flamme du combustible auxiliaire, employé pour
allumer, avait circulé; mais que cette rougeur ne se communiquait
pas dans les endroits qui n'étaient frappés que par l'air, à la différence des combustibles ordinaires, tels que le charbon, dans lesquels
la combustion se propage et principalement dans les parties les plus
exposées à l'air. Ils ont également observé que, dès que le combustible auxiliaire était consumé, la rougeur acquise par le nouveau combustible allait toujours en diminuant, et que les briques ne perdaient
pas leur forme, à moins qu'on ne les brisât avec l'instrument de fer
dont on se servait pour attiser.

Cette première expérience, qui avait été proposée par M. le prieur
du Temple, ne pouvait donner qu'une idée très-imparfaite du mérite

et des effets du nouveau combustible sur lequel il était question de
se prononcer. En conséquence, pendant qu'elle se faisait, les commissaires se sont rassemblés et se sont concertés entre eux afin de convenir
d'un plan d'expériences plus concluant. Ils ont d'abord unanimement
reconnu que le seul moyen de comparer entre elles différentes espèces
de combustible était de déterminer combien il s'en consommait et ce
qu'il en coûtait, à effet échauffant égal; que c'était sur ce principe
qu'on avait opéré, en 1781, à l'Arsenal, lorsque le gouvernement avait
ordonné des expériences de comparaison sur les différents combustibles en usage à Paris; que l'évaporation de l'eau avait été le moyen de
comparaison qu'on avait pris alors, et qu'en conséquence on avait évaporé avec chaque combustible une égale quantité d'eau dans des circonstances exactement semblables, et qu'on avait jugé de l'effet utile par
la quantité de combustible consommée. Ces expériences sont consignées
dans le Recueil de l'Académie des sciences, année 1781, page 379.

Pour suivre le même plan à l'égard du combustible proposé par
M. le prieur du Temple, les commissaires se sont transportés à la raffinerie de l'Arsenal, ils y ont fait choix de la plus petite des chaudières,
et, l'ayant fait emplir, elle s'est trouvée contenir 280 litres d'eau. Ils
ont d'abord employé pour l'échauffer et pour la faire bouillir du charbon
de terre ordinaire; lorsque ensuite l'ébullition a été bien établie, on a
cessé d'ajouter du charbon de terre, et à onze heures précises du matin
on a commencé à y substituer le nouveau combustible. Le refroidissement qui a eu lieu, pendant qu'on chargeait le fourneau, a suspendu
l'ébullition, et quoiqu'on ait fait des efforts pour la rétablir, en poussant,
autant qu'il était possible, le nouveau combustible, loin de regagner
des degrés de chaleur au thermomètre, l'eau en a perdu successivement, et à midi neuf minutes elle n'était plus qu'à 67 degrés et demi
au lieu de 80, qui est le terme de l'eau bouillante.

M. le prieur du Temple a proposé alors d'ajouter du charbon de
terre allumé pour rétablir l'ébullition, en tenant compte des quantités,
sauf ensuite à l'entretenir avec le nouveau combustible. En conséquence, on a ajouté, en trois fois, huit livres de charbon de terre

embrasé, qu'on a pris dans un des fourneaux de la raffinerie ; en une demi-heure l'ébullition a été rétablie, et elle était complète à une heure deux minutes. Elle s'est soutenue, ensuite, pendant un quart d'heure environ, mais à mesure que le charbon de terre s'est consommé et que le nouveau combustible a été abandonné à ses propres forces, la chaleur a diminué, et à deux heures sept minutes l'eau n'était plus qu'à 74 degrés, en sorte que non-seulement le nouveau combustible n'a pas pu établir l'ébullition, mais il n'a pas même pu l'entretenir.

Les auteurs du nouveau combustible, sous les yeux desquels ces faits se sont passés, ont observé,

1° Que la terre employée pour faire les briques provenait de la raffinerie, qu'elle avait été précédemment lessivée pour en tirer le salpêtre, qu'elle avait été dépouillée de ses sels et que, si l'on eût employé une autre terre, la chaleur du combustible aurait eu plus d'activité ;

2° Que, dans le procédé ordinaire, on avait coutume de faire sécher les briques à l'air libre, mais que, pour accélérer la dessiccation et en préparer une plus grande quantité pour l'expérience ordonnée par M. le contrôleur général, on s'était servi d'un four et que le feu pouvait avoir altéré la qualité du combustible.

Non-seulement cette expérience démontrait clairement que le combustible proposé par M. le prieur du Temple avait peu d'activité, mais elle a même conduit les commissaires à soupçonner qu'il n'avait aucune propriété combustible, ou au moins qu'il n'en possédait qu'à un très-médiocre degré. Pour s'éclairer à cet égard, ils ont fait les expériences suivantes :

Ils ont choisi dans le laboratoire deux fourneaux portatifs tout semblables, et ils ont mis dans chacun une égale quantité du nouveau combustible avec de la braise bien allumée, mais, avec cette différence, que dans l'un des fourneaux la braise était placée sous le combustible, et que, dans l'autre, elle était placée par-dessus. La braise a bien brûlé dans les deux cas; mais celle qui avait été placée sur le combustible ne lui a point communiqué d'inflammation. Celle, au contraire, qui avait été placée par-dessous, lui a communiqué sa chaleur et a fait

rougir les briques dans les endroits qui l'avoisinaient. Mais, à mesure
que la braise s'est consommée, l'intensité de la chaleur communiquée
aux briques a diminué; elles ont noirci sans changer de forme, sans
rien perdre de leur volume et sans donner aucun indice de combustion proprement dite.

On sait qu'un courant d'air bien ménagé a, en général, la propriété d'exciter et d'animer la combustion; le contraire arrive avec le
nouveau combustible. Si l'on en prend un morceau bien rougi au feu
et qu'on souffle dessus avec un soufflet, il noircit sur-le-champ et précisément en proportion de ce que le courant d'air auquel on l'expose
est plus rapide et plus froid. Nouvelle preuve qu'il n'est pas réellement susceptible de combustion.

Ayant mis en poudre grossière un fragment d'une des briques du
nouveau combustible et l'ayant fait chauffer dans une cuiller de fer,
la matière demeura de couleur grise cendrée à sa surface; mais, lorsqu'on enlevait la première couche avec une spatule de fer on s'apercevait que l'intérieur était rouge, quoique la cuiller le fût à peine, en
sorte que ce qui a été présenté comme combustible n'est réellement
qu'une substance qui a la propriété de rougir très-facilement au feu,
de retenir et de conserver longtemps la chaleur qui lui est communiquée par un autre combustible quelconque, mais qui ne produit
par elle-même aucune chaleur ou du moins qui en produit très-peu.
C'est sans doute cette propriété, de rougir aisément, qui a fait illusion
aux inventeurs et qui leur a persuadé qu'ils avaient fait une découverte
importante.

Les commissaires, d'après cet exposé exact et fidèle des expériences
qu'ils ont faites, croient pouvoir assurer que le prétendu combustible
n'est pas combustible, ou du moins qu'il ne l'est qu'à un très-faible
degré, qu'il ne peut être d'aucune utilité dans les arts, et que, s'il peut
être employé avec avantage dans les usages de la société, ce n'est pas
comme un agent propre à produire de la chaleur, mais seulement
comme une espèce de réservoir propre à la retenir, à la conserver et à
empêcher qu'elle ne se dissipe trop promptement.

RAPPORT SUR UN PROCÉDÉ

POUR

CONVERTIR LA TOURBE EN CHARBON.

Nous avons été nommés, M. Sage et moi, pour rendre compte à l'Académie d'un procédé présenté par M. Thorin pour convertir la tourbe en charbon. Nous avons déjà été à portée d'entretenir bien des fois l'Académie de propositions du même genre, et nous nous sommes étendus très au long, dans de précédents rapports, sur les procédés qu'on emploie en Allemagne pour convertir la tourbe en charbon. Ces procédés ont été décrits dans différents ouvrages récemment imprimés, et M. le chevalier Landriani nous a même appris que le gouvernement impérial venait de faire publier à Milan une instruction détaillée sur cet objet.

Le procédé qu'emploie M. Thorin, et qu'il a exécuté en notre présence, rentre dans ceux connus et pratiqués en Allemagne. Il consiste dans une distillation très en grand de la tourbe. L'espèce de cucurbite où il la place est construite en tôle et le feu l'environne de toutes parts; elle peut contenir 95 voies de tourbe. M. Thorin y a adapté des tuyaux de cuivre et des réfrigérants pour recevoir les produits qui se dégagent par la distillation. Dans une opération de ce genre dont nous avons été témoins, M. Thorin a obtenu beaucoup de flegme, un peu d'huile légère et un peu d'huile pesante. Mais la quantité de l'une et de l'autre de ces huiles a été très-peu considérable en comparaison de la masse de tourbe employée.

Nous n'avons pas pu assister au mesurage de la tourbe avant et

après sa conversion en charbon, mais, d'après les notes qui nous ont
été remises par M. Thorin et auxquelles nous croyons pouvoir prendre
confiance, 95 voies de tourbe de Nancy ont été converties en
65 voies de charbon, et la quantité de tourbe consommée pour y parvenir a été de 68 voies. Ainsi, 163 voies de tourbe, dans cette méthode, ne rendent que 65 voies de charbon.

Nous ne pouvons que donner beaucoup d'éloges à la manière dont
le fourneau de M. Thorin est conçu et exécuté; mais nous observerons,
en même temps, que le procédé qu'il emploie pour réduire la tourbe
en charbon est le plus cher de tous, 1° parce que la tourbe qu'il
brûle en dehors de la cucurbite pour opérer la distillation est en pure
perte; 2° parce que le fourneau est d'une construction dispendieuse;
3° enfin parce que la tôle qui forme la cucurbite pourra se brûler
en dehors, malgré les précautions prises par M. Thorin pour la garnir avec la terre, et qu'elle sera attaquée par dedans par le soufre que
contiennent la plupart des tourbes; il ne peut espérer de trouver
qu'un très-faible dédommagement de ces dépenses dans le produit
bitumineux et huileux qu'il en retire, parce que ce produit est en très-
petite quantité, et que cette huile est tellement fétide qu'il y a peu
d'usages auxquels elle puisse être employée.

Nous observerons, de plus, que la tourbe, dans cette méthode, n'est
pas toujours parfaitement charbonnée. Comme la cucurbite a un
grand diamètre, la chaleur ne se communique pas aisément jusqu'au
centre, en sorte qu'une partie du charbon conserve encore de l'odeur
en brûlant et est en quelque façon dans un état mitoyen entre l'état de
tourbe et celui de charbon.

En supposant que la méthode de M. Thorin pût être avantageuse,
ce ne pourrait être qu'autant que l'opération se ferait sur la tourbière
même, où le combustible a peu de valeur et où il n'est pas renchéri
par des frais de transport très-considérables.

Quoi qu'il en soit, comme ce procédé ne présente que l'application
d'une méthode connue et qu'il nous paraît le plus cher de tous ceux
proposés jusqu'ici pour le même objet, nous ne croyons pas qu'il

mérite l'approbation de l'Académie. Mais nous ne pouvons, en même temps, nous dispenser d'ajouter qu'il serait contraire aux principes de la justice d'accorder à d'autres ou même de maintenir aucun privilége qui pourrait tendre à gêner l'industrie de son auteur.

RAPPORT

SUR

LE CHARBON DE TOURBE.

Par une requête présentée au conseil, le sieur Fremin expose : que depuis quatre ans qu'il s'occupe de recherches pénibles et dispendieuses sur l'usage de la tourbe, il est parvenu à en tirer un très-grand parti, soit en en formant des bûches factices pour tenir lieu de bois dans les cheminées, soit en la dépurant et en lui donnant une consistance solide et compacte qui la rend propre à être employée dans toute espèce de fourneau, soit, enfin, en la réduisant en charbon extrêmement pur, qui brûle sans fumée et sans odeur, et dont les riches peuvent se servir aussi bien que les pauvres. Que sa méthode, appliquée à tous les autres combustibles, les dégage de leur mauvaise qualité, sans qu'ils perdent rien de leur chaleur ni de leur durée; que ces combustibles, ainsi dépurés, se trouvent purifiés de la vapeur méphitique et d'une espèce d'huile dont ils sont imprégnés, et qu'ils sont alors beaucoup plus propres au travail du fer. Il ajoute que tous les avantages que le public doit retirer de l'usage de ces combustibles s'évanouiraient, s'il n'était assuré de retirer ses avances au moyen d'un privilége exclusif, limité à un nombre d'années suffisant, et pour son procédé seulement.

Le sieur Fremin invoque en sa faveur un procès-verbal, du 22 décembre 1785, dressé par MM. Bayen, Parmentier, Sage et Mitouart.

Il assure que, dès la première année, il sera en état de fournir deux cent mille voies de bois pour l'approvisionnement de Paris, cent mille voies de charbon de tourbe et deux cent mille voies de tourbe dépurée et corporifiée; que, la seconde année, il fournira cinq cent mille voies de charbon de bois, cinq cent mille voies de charbon de tourbe, le tout dépuré, et cinq cent mille voies de tourbe dépurée et corporifiée. Il offre de livrer la tourbe dépurée et corporifiée à 42 sous la voie prise sur le marché à Paris, ou à 50 sous rendue chez les particuliers; le charbon de tourbe, à 3 livres 15 sous sur le marché et à 4 livres 4 sous rendue chez les particuliers; enfin, le charbon de bois, à 4 livres 18 sous la voie sur le marché, ou à 5 livres 6 sous chez les particuliers.

Les conclusions de cette requête ont été presque littéralement adoptées dans le prononcé d'un arrêt du Conseil du 11 septembre dernier, qui accorde au sieur Fremin le privilége qu'il a sollicité; enfin, sur cet arrêt ont été expédiées des lettres patentes, le 18 octobre suivant, lesquelles ont été présentées au parlement pour y être enregistrées. C'est sur cet enregistrement, et avant d'y procéder, que le parlement, par arrêt du 31 décembre, a ordonné que lesdites lettres patentes seront communiquées au lieutenant général de police, au Châtelet de Paris, au prévôt des marchands et au substitut du procureur général du roi au bureau de la ville, respectivement assemblés, pour donner leur avis sur le privilége accordé. Le même arrêt ordonne que lesdites lettres patentes seront communiquées à l'Académie des sciences, pour donner également son avis sur les avantages ou inconvénients de l'usage de la tourbe dépurée et corporifiée, et réduite en charbon, comme aussi du charbon de bois dépuré par le procédé du sieur Fremin.

C'est dans cet état de choses que l'Académie nous a nommés, M. Sage et moi, pour mettre sous ses yeux les motifs propres à déterminer son opinion. Pour y parvenir, nous diviserons ce rapport en deux parties. Nous examinerons, dans la première, les différentes recherches qui ont été faites sur l'emploi de la tourbe et du charbon de tourbe, ainsi que les propositions qui ont été faites à cet égard en différents temps au Gouvernement et à l'Académie. Nous discuterons, dans la seconde, les avantages et les inconvénients des propositions de M. Fremin en particulier. Enfin nous terminerons ce rapport par l'exposé de notre opinion et nous la soumettrons au jugement de l'Académie.

PREMIÈRE PARTIE.

On trouve dans un discours préliminaire de M. le baron de Dietrich, placé en tête de la traduction de l'ouvrage de M. de Trébra sur l'intérieur des montagnes, qu'il a publié l'année dernière sous le privilége de l'Académie, des détails très-intéressants sur l'objet dont nous nous occupons dans ce moment. On y lit, page 3o, que, dès 1663, Charles Patin, docteur régent de la faculté de médecine de Paris, avait publié un traité des tourbes; qu'à cette époque on fabriquait dans les Pays-Bas du charbon de tourbe, par suffocation. Il entre même dans des détails sur le procédé qu'employaient les boulangers, pâtissiers et autres artisans pour fabriquer ce charbon et pour le dépurer.

Un établissement de même genre et assez en grand a été fait en France, il y a environ quarante ans. M. Hellot parle avec éloge, dans un rapport fait à l'Académie, en 1749, du charbon qu'on fabriquait alors avec la tourbe de Villeroy. M. Guettard a même donné, en 1761, la description des fosses dont on se servait pour cet objet. Enfin il est de notoriété publique qu'en Hollande on fabrique du charbon de tourbe à feu ouvert; qu'on le couvre, lorsqu'il est bien embrasé, et qu'on s'en sert principalement pour les chaufferettes des femmes.

Mais c'est surtout dans les pays où les grandes exploitations de mines rendent les combustibles rares et précieux, qu'on a fait des tentatives pour tirer parti de la tourbe et pour la convertir en charbon.

En Allemagne, on emploie trois procédés différents pour charbonner la tourbe : le premier, en la disposant en meules, à peu près comme pour le bois destiné à être converti en charbon; le second, en se servant de fourneaux adaptés à cet objet, dans lesquels on suffoque la tourbe après l'avoir brûlée; enfin, on a porté l'art plus loin, et l'on est parvenu à recueillir les produits volatils, tels que l'huile et l'alcali volatil, qui s'échappent pendant la réduction de la tourbe en charbon. Ces procédés ont été décrits par MM. Cramer, Schreiber et Pfeiffer.

Les deux premières de ces méthodes sont usitées dans le comté de Wittgenstein et la troisième à Bruchberg-en-Hartz.

C'est depuis que ces grands établissements se sont formés en Allemagne, depuis qu'ils ont été décrits dans des ouvrages imprimés, et que des savants français les ont fait connaître dans des traductions publiées avec l'approbation de l'Académie, que différentes propositions absolument du même genre ont été faites au Gouvernement. Celle de M. Canole a été renvoyée à l'Académie, qui en a entendu le rapport, il y a deux ans; l'examen de celles de MM. Humbert et Fremin a été confié à des commissions particulières. Enfin, tout récemment, MM. de Sainte-Foix et Thorin ont renouvelé les mêmes propositions, et nous sommes de plus informés que M. de Cormeré a fait, à quelques lieues de Paris, un établissement considérable pour tirer parti de la tourbe soit en nature, soit convertie en charbon.

SECONDE PARTIE.

Après avoir fait à l'Académie l'exposition des tentatives et des établissements qui ont été faits, jusqu'ici, pour convertir la tourbe en charbon, il nous reste à donner une appréciation des avantages ou des inconvénients des différentes méthodes proposées soit au Gouvernement, soit à l'Académie, et notamment de celle qu'emploie M. Fremin, autant que nous avons pu en avoir connaissance. Nous observerons d'abord qu'il n'y a pas de doute qu'on ne puisse employer utilement le charbon de tourbe dans les arts et même dans quelques usages habituels de la société; mais il ne faut pas croire que ce combustible présente tous les avantages que M. Fremin s'en promet. Premièrement, il est très-difficile de le dépouiller complétement de l'odeur désagréable qu'il répand en brûlant, et, en supposant même qu'on puisse y parvenir avec beaucoup de soins, on ne sera pas sûr d'obtenir toujours le même succès dans un travail en grand. Secondement, ce charbon a l'inconvénient, lorsqu'il est nouvellement fait, d'être pyrophorique, c'est-à-dire de se rallumer de lui-même à l'air, ce qui peut en rendre l'usage

58.

dangereux, surtout dans les grandes villes, où il peut occasionner
des incendies. Troisièmement, d'après la communication que nous
avons eue du rapport fait au Gouvernement par MM. Bayen, Parmentier, Sage et Mitouart, la méthode qu'emploie M. Fremin nous paraît
plus compliquée et plus dispendieuse que celles qui se pratiquent en
Allemagne. Nous observerons, enfin, que les propositions de M. Fremin
ne peuvent mériter attention qu'autant qu'il serait en état d'offrir, au
Gouvernement et au public, un combustible à meilleur marché que
ceux qui sont actuellement en usage, et nous nous sommes crus obligés
de faire quelques recherches sur ce point important.

Le principe général, pour comparer ensemble deux combustibles,
est de déterminer ce qui se consomme de l'un et de l'autre pour produire un effet égal. Dans les expériences que nous avons faites à cet
égard, nous avons suivi le procédé qui est décrit par l'un de nous
dans les Mémoires de l'Académie, année 1781, page 379[1]. Nous
croyons pouvoir nous dispenser d'en rapporter le détail; nous dirons
seulement qu'il en est résulté qu'à mesure égale l'effet du charbon de
bois était à celui du charbon de tourbe dans le rapport de 85 à 68;
d'où il suit que, toutes choses d'ailleurs égales, il faut, pour que ces
combustibles soient mis au même niveau, dans les arts et dans les
usages ordinaires de la vie, que leurs prix respectifs soient aussi dans
le rapport de 85 à 68. Or, comme le charbon de bois coûte 5 livres
6 sous rendu chez le particulier, le charbon de tourbe doit valoir, dans
la même proportion, 4 livres 4 sous 9 deniers. Ce prix est, à neuf
deniers près, celui auquel l'arrêt du Conseil portant privilége exclusif
en faveur de M. Fremin fixe le prix du charbon de tourbe; d'où il
suit qu'en mettant de côté l'odeur et les autres inconvénients que peut
présenter l'usage de ce charbon, le prix auquel on se propose de
l'établir ne promet aucune économie pour les consommateurs.

Nous pouvons donc assurer, premièrement, que les propositions de
M. Fremin, relativement au charbon de tourbe, ne présentent rien qui

---

[1] *OEuvres de Lavoisier*, tome II, page 377.

ne soit connu et qui ne soit même exécuté par des procédés plus économiques et plus simples ; secondement, qu'au prix auquel il fixe son nouveau combustible, il n'offrira aucune économie au consommateur, et nous nous croyons en droit d'en conclure qu'il n'a aucun titre pour obtenir l'enregistrement du privilége qui lui a été accordé par le Conseil. Nous ajouterons que ce privilége nous paraît même blesser les droits de la propriété, et qu'il est contraire aux principes de la justice d'interdire aux propriétaires de tourbe du royaume la faculté de la convertir en charbon, s'ils le jugent conforme à leur intérêt, et de leur défendre d'employer des méthodes qui sont connues et publiées et qui sont entre les mains de tout le monde.

A l'égard du charbon de bois dépuré, qui forme un des objets du privilége exclusif obtenu par M. Fremin, nous observerons que le charbon de bois, lorsqu'il a été suffisamment cuit et qu'il a été fabriqué avec soin, d'après les méthodes connues et employées dans toutes les forêts du royaume, n'est susceptible d'aucune dépuration, et que toute opération ultérieure à laquelle on pourrait le soumettre est inutile. Le privilége obtenu par M. Fremin à cet égard est donc sans objet.

Nous ne discuterons point ici les inconvénients dont le privilége exclusif accordé à M. Fremin pourrait être susceptible relativement au commerce de Paris; cet objet n'est point du ressort de l'Académie, et sera vraisemblablement traité par les magistrats que le parlement a jugé à propos de consulter; et nous conclurons, définitivement, que le Gouvernement doit se borner à encourager les tentatives de M. Fremin, comme de tous ceux qui présenteront des moyens, quels qu'ils soient, pour procurer de nouveaux combustibles à la capitale et au royaume; qu'il doit leur donner des facilités pour la vente et le débit de leur marchandise; mais qu'il est peu d'objets qui soient moins susceptibles de privilége exclusif; qu'on ne pourrait même en accorder sans nuire à un genre d'industrie qui paraît prendre un grand degré d'activité, à en juger par le nombre des propositions qui ont été faites, depuis quelque temps, au Gouvernement, sur cet objet.

RAPPORT SUR UN PROCÉDÉ

POUR

CONVERTIR LA TOURBE EN CHARBON.

Conformément à la lettre de M. le baron de Breteuil du..... mai dernier, l'Académie a nommé des commissaires pour examiner le procédé que M. Canole emploie pour convertir la tourbe en charbon. MM. de Lassonne, Lavoisier et moi nous sommes rendus à Trianon le 3 de ce mois et avons suivi pendant trois jours le travail dont nous allons rendre compte.

La tourbe est, comme on le sait, produite par des végétaux accumulés, qui ont été altérés par le concours de l'eau et du temps; elle résiste elle-même à leur action, de sorte qu'il y a des tourbières très-profondes et très-anciennes. Les tourbes contiennent de la sélénite en plus ou moins grande quantité; elle y est quelquefois en cristaux très-distincts, comme on l'observe dans les tourbes de Beauvais. Ce sel vitriolique concourt vraisemblablement à la formation du pyrophore, qui se produit constamment lorsqu'on réduit la tourbe en charbon par suffocation; il ne se trouve pas de pyrophore dans le charbon de tourbe obtenu par la distillation, comme l'un de nous s'en est assuré. Outre le soin qu'exige la conduite du feu pour la confection du charbon de tourbe, il faut en outre y détruire l'effet du pyrophore.

M. Canole mit huit paniers de tourbe de Ménecy, près Villeroi, pesant chacun 70 livres et ensemble 560 livres, dans un fourneau rond, construit en briques liées par de la terre franche; la surface extérieure était enduite de plâtre. Cette tour avait 4 pieds dé diamètre sur 3 pieds d'élévation; elle était divisée en deux parties, dans sa hauteur, par une grille de fer dont les barreaux étaient distants d'un pouce et demi; cette grille, posée à un pied du sol, portait la tourbe.

M. Canole avait pratiqué au cendrier une ouverture ou porte carrée de 16 pouces; il avait aussi ménagé huit petites ouvertures de 4 pouces carrés, à ras terre. Le fourneau chargé, la tourbe s'élevait en pyramide de 3 pieds de haut au-dessus des bords du fourneau, en sorte qu'elle occupait, en tout, un volume de 28 pieds cubes environ, ce qui donne vingt livres juste pour le poids d'un pied cube de tourbe.

On avait étendu sur la grille le quart d'une botte de paille; à deux heures on mit le feu en introduisant, dans le cendrier, de la paille, un peu de tourbe et du charbon allumé. Quand la *pièce* fut allumée, on boucha les registres et la portière du cendrier; à trois heures la pyramide commença à s'affaisser; une demi-heure après, la tourbe embrasée se trouva au niveau du fourneau. Alors M. Canole disposa à la surface des barres de fer pour supporter des tuiles de 16 pouces carrés; il posa dessus des plaques de gazon à peu près d'égal diamètre; le tout fut couvert avec du sable de l'épaisseur de 3 ou 4 pouces; par ce moyen, on suffoqua en partie le feu.

Le 4, à sept heures et demie du matin, on fit une ouverture au dôme du fourneau, par laquelle on retira trois morceaux de tourbe, dont le centre offrait quelques portions de végétaux qui n'étaient point encore charbonnés. M. Canole jugea à propos de rappeler le feu et de faire rougir la *pièce*. Pour cet effet, il cerna le dôme et ôta la porte du cendrier. Dans l'espace d'un quart d'heure, le feu reprit; il se dégagea encore beaucoup de fumée noire et très-fétide; elle cessa à neuf heures. M. Canole fit remettre le sable, fermer et recouvrir le fourneau, mais avec précaution, ayant eu soin de ne point boucher toutes les issues à la fois.

A quatre heures après midi, M. Canole introduisit six grands arrosoirs d'eau, par la porte du cendrier; il s'en fallait encore de plusieurs pouces que cette eau pût atteindre le niveau du charbon et le mouiller; à six heures, il plongea dans cette eau des barres de fer rouges; une demi-heure après, M. Canole retira du charbon de tourbe par une ouverture qu'il fit à la partie supérieure du fourneau et opposée à la porte du cendrier. Ce charbon était bien fait; il s'embrasait quelque temps après avoir été exposé à l'air; mais, dès qu'il était abrité du contact de l'air par le moyen du sable, il perdait sa propriété pyrophorique au bout de quelques heures.

Les huit paniers de tourbe ont produit trois paniers et demi de charbon, dont chaque panier pesait 51 livres. Ainsi 28 pieds cubes de tourbe, pesant 560 livres, ont produit environ 12 pieds cubes de charbon pesant 178 livres, ce qui donne environ 15 livres pour le poids d'une mesure d'un pied cube de ce charbon.

Le four dans lequel M. Canole a opéré nous a paru fait dans de bonnes proportions; la tourbe y a été convertie en charbon de bonne qualité dans l'espace de vingt-six heures.

Le charbon, ainsi fabriqué, a été transporté à Paris, où nous nous sommes occupés des expériences qui nous ont paru les plus propres à en déterminer la qualité par rapport au charbon de bois. Nous avons établi nos comparaisons en poids; mais comme le poids d'une mesure de charbon de bois est, à peu près, le même que celui d'une égale mesure du charbon de tourbe, les résultats sont les mêmes, soit qu'on opère sur les volumes ou sur les poids.

L'objet qu'on se propose en comparant deux combustibles est de connaître l'effet que chacun d'eux produit dans des circonstances absolument semblables. Nous avons adopté, à cet égard, la méthode dont l'un de nous a donné des applications multipliées dans les Mémoires de l'Académie, année 1781, page 379 : elle consiste à évaporer, avec les deux combustibles qu'on veut comparer, de l'eau dans le même vaisseau, en employant le même fourneau et en rassemblant toutes les mêmes circonstances favorables de part et d'autre. La quantité d'eau évaporée est une mesure exacte de l'effet de chaque combustible, et l'accord que l'on trouve dans le résultat des mêmes expériences répétées un grand nombre de fois est une preuve de l'exactitude de ce moyen.

8 livres de charbon de bois soumis à cette épreuve, brûlé dans un fourneau approprié à cet effet, ont échauffé et évaporé 42 livres $\frac{1}{2}$ d'eau.

8 livres de charbon de tourbe, dans le même fourneau, n'en ont échauffé et évaporé que 34.

L'effet du charbon de bois, comparé à celui du charbon de tourbe, est donc dans le rapport de 85 à 68, d'où il résulte que le charbon de tourbe, à poids égal, est inférieur de près d'un quart.

Nous avons été curieux de rechercher la cause de la différence qui existait entre ces deux charbons, et nous avons cru l'avoir trouvée dans la différente quantité de terre et de cendre que l'un et l'autre laissent en brûlant. En effet, les 8 livres de charbon de tourbe nous ont laissé 1 livre 7 onces 5 gros de terre ou de cendre; pareille quantité de charbon de bois, au contraire, ne nous en a laissé que 5 onces 1 gros. Les quantités de matière charbonneuse réelle contenues dans les deux combustibles sont donc dans le rapport de 7 à 6, c'est-à-dire dans une proportion assez exacte avec les quantités d'eau respectivement évaporées.

Nous nous sommes encore assurés de l'exactitude de ce rapport par des expériences d'un autre genre : nous avons introduit, séparément, sous des cloches remplies d'air vital ou déphlogistiqué, des portions égales de charbon de tourbe et de charbon de bois; la quantité d'air fixe formée par le charbon de bois, comparée avec celle formée par le charbon de tourbe, a encore été dans le rapport de 7 à 6.

Nous croyons, d'après ces expériences, pouvoir établir, comme un principe, que l'effet de deux combustibles réduits à l'état charbonneux est en raison de la quantité de matière charbonneuse réelle que ces deux combustibles contiennent. Or on a deux manières de déterminer cette quantité de matière charbonneuse réelle, ou par la quantité de cendre ou de terre que laissent ces charbons, ou par la quantité d'air fixe qu'ils forment en brûlant. Nous nous sommes assurés que ces deux méthodes, quand on opère bien, donnent un résultat égal ou au moins sensiblement tel dans la pratique.

Ce n'est pas sans motif que nous réduisons l'usage de ces deux méthodes à la comparaison des combustibles réduits à l'état charbonneux; elle ne serait point applicable à ceux qui contiennent de l'huile, de l'air inflammable et des principes volatils.

D'après ces résultats, pour produire un effet égal à celui de six sacs ou voies de charbon de bois, il en faudrait employer sept de charbon de tourbe, et, pour les fabriquer, il faudrait employer seize sacs de tourbe. Ces produits seraient moins avantageux au charbon de tourbe, si l'on employait pour le fabriquer de la tourbe moins bonne. Celle sur laquelle nous avons opéré était de la meilleure qualité.

Il nous restait à examiner la qualité du charbon de tourbe relativement à son emploi dans les arts et dans les usages de la société.

Nous avons fait forger, à cet effet, en présence de l'un de nous, des ustensiles d'acier, et principalement de la coutellerie. Échauffés avec ce charbon, il nous a paru que le fer et l'acier se calcinaient moins promptement et moins aisément qu'avec le charbon de terre; et, sous ce point de vue, il aurait l'avantage; mais, d'un autre côté, il chauffe beaucoup moins que le charbon de terre et même que celui de bois; les grosses pièces ne s'y échauffent pas jusqu'au centre, et il est impossible de les bien souder.

Le charbon de tourbe nous a paru avoir quelques inconvénients pour les usages de la cuisine, parce qu'il est difficile de le dépouiller complétement de son odeur.

Quant à l'effet pyrophorique que nous avons annoncé, nous ne croyons pas qu'il puisse avoir d'inconvénient, parce qu'il cesse d'avoir lieu dès que le charbon a été refroidi avec les précautions indiquées par M. Canole.

De tout ce que nous venons de rapporter, nous concluons que le charbon de tourbe peut présenter, dans un assez grand nombre de circonstances, un combustible d'un moindre prix que le charbon de bois; mais, qu'attendu la difficulté de le dépouiller complétement de toute odeur et le peu de chaleur qu'il produit à la forge, ses usages seront limités; qu'il n'y aura, par conséquent, que le bon marché qui pourra déterminer à en faire usage; que le procédé de M. Canole pour réduire la tourbe en charbon mérite des éloges et des encouragements de la part du Gouvernement; qu'il y a utilité à le publier et à le répandre. Mais nous croyons, en même temps, qu'il ne présente rien d'assez neuf, et que ce genre d'entreprise ne comporte pas des avances assez considérables pour lui mériter le privilége exclusif qu'il sollicite. Ce serait, d'ailleurs, attaquer, sans objet, les droits de tous les propriétaires de tourbe du royaume, auxquels il ne paraît pas possible d'interdire l'usage de leur propre chose.

LETTRE

SUR

LE VITRIOL DE LA TOURBE.

Les naturalistes, Monsieur, qui ont écrit sur la tourbe parlent presque tous du fer qu'on y rencontre dans l'état de vitriol, mais il est très-douteux qu'on en puisse trouver une assez grande abondance pour l'en tirer avec profit. Dans presque toutes les exploitations de vitriol qui existent, ce minéral s'extrait des pyrites. On torréfie ces dernières, soit dans les vaisseaux fermés pour en obtenir le soufre, soit à l'air libre, après quoi on les lessive avec de l'eau; on obtient ensuite le vitriol par évaporation. C'est ce qui se pratique à Schwartzemberg et à Geyer, dans la haute Saxe; je pense qu'il en est de même en Angleterre. Il est bien vrai qu'on connaît des terres tellement chargées de vitriol, qu'il suffit de les lessiver et de faire évaporer la lessive pour en obtenir en grande abondance. Telle est la terre de Cremnitz, en Hongrie; mais ces exemples sont rares; ils n'ont lieu qu'à l'approche des pays de mines et de grandes montagnes, et la ville de Beauvais n'est point dans ces circonstances.

Quant à l'huile de vitriol, on ne l'extrait plus du vitriol; on la retire avec beaucoup plus d'avantages du soufre par la combustion, et il existe depuis quelques années à Rouen une manufacture de cette espèce. Le seul débouché qu'on puisse espérer est donc celui du vitriol en nature, et c'est dans cette supposition que doit être fait le calcul du bénéfice.

Vous devez conclure de ces réflexions qu'il est très-peu probable qu'on puisse tirer, des tourbes des environs de Beauvais, une quantité de vitriol assez considérable pour monter une exploitation, et qu'en supposant même les circonstances aussi favorables qu'il est possible, le bénéfice serait ou nul, ou si modique, qu'il ne permettrait pas de faire les avances. Telle est l'opinion de l'Académie; d'après la lettre que vous avez écrite à M. de Fouchy, je me suis chargé avec d'autant plus de plaisir de vous la transmettre, que j'y trouve l'avantage de vous assurer des sentiments d'estime avec lesquels j'ai l'honneur d'être, etc.

RAPPORT

SUR DES OBSERVATIONS·

RELATIVES

AU PRIX PROPOSÉ POUR LA CONSTRUCTION DES MOULINS.

Nous, commissaires nommés par l'Académie, avons examiné des
observations qui lui ont été lues par M. Sabatier, sur la question
qu'elle a proposée pour sujet de prix, relativement à la construction
des moulins à blé.

M. Sabatier a conduit pendant plusieurs années la fabrication du
pain du régiment des gardes françaises, qui se faisait par entreprise
dans le faubourg Saint-Marceau. Il annonce que son expérience lui a
appris que, dans l'état actuel de la mouture économique et du commerce des farines, il s'est introduit des abus inévitables, et il croit devoir avertir l'Académie d'examiner les faits qu'il allègue, avant d'adopter
exclusivement les nouvelles méthodes qui sont proposées ou établies.

Il observe dans son mémoire, 1° qu'il n'est point de moulin dont
les farines ne soient chaudes au sortir des meules; que le blutage qui
se fait sur-le-champ dans la mouture économique est toujours mauvais,
de l'aveu même de l'auteur du *Parfait boulanger;* enfin, que les boulangers intelligents laissent reposer, au contraire, leurs farines brutes
pendant cinq ou six jours, et perdent ainsi beaucoup moins de farine
dans leurs bluteries qu'il ne s'en perd dans les moulins;

2° Qu'aucun des meuniers qui pratiquent la mouture économique
pour le compte des boulangers ne sassent les gruaux; que c'est une des

raisons qui déterminent les boulangers, jaloux d'avoir de belles farines, à ne pas employer ce genre de mouture;

3° Que la mouture économique donne aux meuniers plus de facilité pour frauder sur la qualité et la quantité des farines. L'auteur entre, à cet égard, dans beaucoup de détails, sur lesquels nous croyons devoir renvoyer à son mémoire.

Les conclusions de l'auteur sont : que la mouture économique est vicieuse dans son principe et dans ses détails; qu'il est plus avantageux pour les boulangers, et, par suite, pour le public, qu'ils 'achètent directement leur blé du fermier, qu'ils le fassent moudre à la grosse par une bonne mouture ronde, qu'ils laissent reposer les farines encore brutes avant de les bluter, pour séparer ensuite les gruaux blancs et bis, les sons et les recoupes;

Que le commerce des farines, dans l'intérieur du royaume, ne peut être, dans aucun cas, utile aux boulangers et encore moins au public, à cause de la facilité qu'on trouve à les frauder et du bénéfice du marchand intermédiaire.

Nous n'entrerons pas ici dans de grands détails sur une question déjà soumise au jugement de l'Académie par la proposition qu'elle a faite d'un prix sur la construction et le perfectionnement des moulins à blé. Nous observerons seulement que, l'art de moudre le grain ayant pour objet de séparer la farine de l'écorce, vulgairement appelée *son*, la meilleure mouture est celle qui opère le mieux, le plus complétement et le plus économiquement cette séparation. Or personne n'ignore que, dans la mouture à la grosse, il reste, avec les sons, une portion de farine assez considérable; que cette portion de farine est séparée et recueillie dans la mouture économique. Cette mouture, considérée relativement à la perfection de l'art, est donc préférable à la mouture à la grosse. Cette mouture paraît également avoir l'avantage sur la mouture à la grosse, relativement à l'économie. En effet, malgré les déchets, qui sont un peu plus grands dans cette mouture, il est constant qu'on obtient un produit en argent un peu plus fort que dans la mouture à la grosse.

NOTE.

« Les boulangers intelligents, dit M. Sabatier, laissent reposer les farines brutes cinq ou six jours et perdent beaucoup moins de farine dans leurs bluteries qu'il ne s'en perd dans les moulins.

« C'est encore un fait, ajoute-t-il, qu'aucun des meuniers qui pratiquent la mouture économique pour le compte des boulangers ne sasse les gruaux. C'est une des raisons qui déterminent les boulangers, jaloux d'avoir de belle marchandise, à ne pas employer ce genre de mouture. »

Une autre raison en détourne tous les boulangers qui peuvent faire autrement, c'est la facilité que donne au meunier la mouture à blanc pour frauder sur la quantité et sur la qualité des farines. L'auteur entre ici dans beaucoup de détails, sur lesquels son expérience l'a éclairé sans doute, mais sur lesquels nous croyons devoir renvoyer à son mémoire. Nous ne citerons que celui-ci : « On peut, dit l'auteur, mêler de la farine d'orge dans celle de froment, et la première boit moins d'eau au pétrin : il est vrai qu'elle contient aussi moins de substance glutineuse; mais la proportion en varie dans les différents froments : ainsi, il n'y a aucun moyen de se convaincre de cette fraude. Aussi l'auteur assure-t-il qu'on ne voit plus à la halle aucun bon boulanger, depuis qu'on n'y trouve que de la farine et fort peu de blé. Ils vont acheter les grains dans le premier et même le second couronnement de Paris. A ces faits, l'auteur a joint des tableaux qui prouvent qu'ils raisonnent juste, en se conduisant ainsi, et que la misère, plutôt que l'ignorance, empêche les autres d'en faire autant.

Les autres conclusions de l'auteur sont donc,

1° Qu'il est plus avantageux pour les boulangers et, par suite, pour le public, qu'ils achètent leur blé directement du fermier, qu'ils le fassent moudre à la grosse par une bonne mouture ronde; qu'ils laissent reposer ces farines encore brutes, cinq ou six jours, dans leur magasin : ils peuvent alors les faire bluter pour faire les différentes divisions des gruaux, blanc et bis, et des sons et recoupes. Cette opération faite, ils doivent faire sasser les gruaux, puis les faire remoudre deux fois. Ils peuvent alors faire les différents mélanges qui leur sont nécessaires pour les différentes qualités de pain qu'ils se proposent de fabriquer.

3° Que le commerce de farines dans l'intérieur du royaume ne peut, dans aucun cas, être avantageux aux boulangers et moins encore au public, à cause de la facilité de frauder et du bénéfice du marchand intermédiaire.

4° Que les boulangers doivent préférer, toutes choses d'ailleurs égales, un moulin qui ne fera que 20 setiers par vingt-quatre heures à celui qui fera 30 ou 40 setiers.

Nous croyons que l'Académie, qui a toujours eu la sagesse de n'adopter aucun parti dans ces sortes de matières, doit se borner à remercier l'auteur de lui avoir communiqué ces observations, sans s'expliquer sur des assertions qui tiennent à un grand nombre de circonstances morales qui ne permettent pas de rassembler les données suffisantes pour arriver à une conclusion d'une utilité démontrée.

PRODUIT DE LA MOUTURE À LA GROSSE.

108 livres de farine blanche, à 21 livres le sac de 160.	14^l	3^s	6^d
78 livres de farine bise, à 30 livres le sac de 320...	7	6	3
21 livres de recoupe et recoupette, à 1 sou la livre....	1	1	$''$
30 livres de son............................	1	10	$''$
	24	$''$	9
Frais de mouture...........................	1	10	$''$
Produit..................	22	9	9

MOUTURE ÉCONOMIQUE.

Produit............................	25^l	6^s	$''$
Frais de mouture à déduire..................	2	$''$	$''$
Reste net...............	23	6	$''$

LETTRE

SUR

UNE LIQUEUR ANTI-INCENDIAIRE.

Du 7 juillet 1787.

Monsieur,

La liqueur dont vous m'avez fait l'honneur de m'adresser la recette, et que M. le marquis de Langeron désire rendre publique, est en effet plus propre à éteindre les incendies que de l'eau ordinaire; mais cette recette serait susceptible d'être beaucoup simplifiée. C'est principalement à l'alun qu'elle doit sa propriété et peut-être à la terre à potier qu'on y délaye, et ces matières sont à très-bon marché dans le commerce, et il ne serait peut-être pas impraticable d'en faire usage dans les incendies. A l'égard de la colle de queues de morue et du sel ammoniac qu'on y ajoute, ces ingrédients ne servent qu'à renchérir la préparation, et M. de Langeron rendrait sa recette plus utile s'il les en supprimait. J'ai été plusieurs fois nommé commissaire par l'Académie pour examiner des liqueurs de cette espèce, et j'ai reconnu qu'une dissolution d'alun ou de potasse était réellement très-efficace pour éteindre les incendies. Il ne faut pas même beaucoup de l'un ou de l'autre de ces sels pour produire beaucoup d'effet; mais, en même temps, je ne crois pas que ce moyen puisse être employé en grand par les personnes chargées de la police des incendies. Indépendamment des difficultés que présente l'emploi de ces matières, elles ont l'inconvénient d'agir sur les cuirs des pistons, sur ceux des seaux et des tuyaux, et de les corroder en peu de temps.

Je me rappelle, à cette occasion, qu'il y a quatre ans environ on proposa, dans un mémoire qui fut lu à l'Académie des sciences, d'enduire les toiles et les planches des décorations de nos spectacles avec un encollage de terre d'alun. Des expériences furent faites par des commissaires de l'Académie, et j'étais du nombre. Ces expériences eurent un plein succès, et il fut constaté que des toiles blanchies avec un encolage de terre d'alun n'étaient plus susceptibles de s'enflammer. L'Académie approuva beaucoup ce projet, mais il est demeuré sans suite.

Il y aurait peut-être un moyen de réveiller l'attention du public sur cet objet, ce serait de faire imprimer dans les papiers publics les rapports qui ont été faits à l'Académie sur cet objet et les jugements qu'elle a portés. D'autres écrivains ne manqueraient pas de répondre, et la chose publique ne pourrait qu'y gagner. Si vous agréez cette idée, je ferai faire une copie des rapports et j'aurai l'honneur de vous l'adresser. Quel que soit, au surplus, le parti que vous jugerez à propos de prendre à cet égard, il n'y a point d'inconvénient de promettre à M. le marquis de Langeron de publier sa recette.

J'ai l'honneur d'être, avec l'attachement le plus respectueux, etc.

NOTE

SUR

LA FUSION DU PLATINE.

Un chimiste français possède un secret important dont il croit devoir faire hommage au gouvernement. En ajoutant de nouvelles expériences à celles déjà faites sur le platine, il a trouvé un moyen de rendre ce métal malléable, d'en former des barreaux, et les procédés qu'il emploie pour remplir cet objet ne sont ni plus difficiles ni plus compliqués que ceux qu'on emploie pour extraire le fer de ses mines dans les travaux en grand.

Le platine traité et purifié par son procédé est d'une pesanteur spécifique égale à celle de l'or; il est susceptible de s'étendre, de prendre toutes les formes qu'on juge à propos de lui donner, d'être employé en bijoux, en vaisselle, en ustensiles de cuisine, en monnaies et médailles; il est indestructible et inaltérable au feu comme l'or, et est infusible par tous les degrés de feu connu, enfin, il n'est attaquable par aucun des acides qui entrent dans la composition des aliments.

Le platine employé en bijoux n'aura pas la même beauté que l'or ni même que l'argent; sa couleur approchera de celle du fer poli. Il ne prendra pas non plus un aussi beau poli que l'acier, mais il ne sera pas susceptible de se ternir à l'air.

Il est difficile de prévoir quelle sera la valeur du platine dans le commerce, mais on ne pense pas qu'elle puisse être au-dessous de six livres le marc.

Une livre de platine brut peut fournir, tous frais faits, une demi-livre ou un marc de platine malléable et dans son état de perfection. Aussi la livre de platine brut acquerra, par la nouvelle découverte qui vient d'être faite, une valeur au moins de six livres.

Comme la cour d'Espagne est dans ce moment en possession des mines connues de platine, la découverte du chimiste français est d'une grande importance pour elle.

RAPPORT

SUR UN PROCÉDÉ NOUVEAU

DANS

LA FABRICATION DU SUCRE.

Du 27 mai 1786.

Depuis que la découverte du Nouveau-Monde a ouvert de nouvelles routes au commerce, qu'elle a fourni de nouveaux objets à la consommation et à la culture, de nouvelles branches à l'industrie, le sucre est devenu un assaisonnement nécessaire d'une grande partie de nos aliments et un besoin, pour ainsi dire, de première nécessité.

C'est donc rendre un service important à la Société que d'en perfectionner l'extraction et la préparation. C'est un moyen d'augmenter les jouissances des individus et la richesse des nations; c'est ajouter à la masse des productions destinées à entrer dans le commerce et dans la consommation.

Il semble que tout concourt, dans les circonstances actuelles, à faire plus vivement sentir l'utilité des travaux que le sieur Dutrône a entrepris à cet égard; mais, avant d'en entretenir cette assemblée, il est indispensable que nous lui présentions quelques détails sur l'art d'extraire le sucre des cannes et de le purifier.

Personne n'ignore que le sucre se tire de la tige d'une espèce de roseau (*arundo saccharifera*) que l'on cultive dans les climats chauds et notamment dans nos colonies. On force la tige à passer entre deux gros cylindres de fonte, mus, soit par un courant d'eau, soit par des chevaux ou mulets, et l'on en exprime ainsi par la pression une liqueur sucrée qu'on nomme *vesou*, et qui contient environ 25 livres de sucre par quintal.

On fait évaporer cette liqueur dans des chaudières et, par des évaporations et cristallisations successives, on parvient à en retirer tout le sucre qu'elle contenait; il ne reste plus alors qu'une espèce d'eau mère épaisse et visqueuse, connue sous le nom de *mélasse*. Le sucre qu'on obtient par ces procédés est en petits cristaux confus (qui présentent cependant, lorsqu'on les examine avec de fortes loupes, des éléments de figures régulières), à la différence du sucre qui a cristallisé à grande eau et par un refroidissement lent, qui est en gros cristaux, et qu'on connaît sous le nom de *sucre candi*.

C'est dans des caisses de bois ou dans des formes coniques qu'on met à cristalliser la liqueur sucrée, quand elle a été rapprochée. Ces caisses sont percées de trous qu'on bouche avec des chevilles de bois pendant que le sucre cristallise, et qu'on ôte ensuite pour faire égoutter le sirop.

Le cellier où se fait cette opération se nomme *purgerie*.

Le sucre ne se trouve que très-imparfaitement purifié par cette première opération, c'est-à-dire par l'égout; il reste imprégné d'une grande quantité du sirop ou mélasse dans lequel il a cristallisé, et c'est par le lavage, opéré par une très-petite quantité d'eau, qu'on a coutume de l'en débarrasser. Cette opération se fait dans des vaisseaux coniques qu'on appelle *formes*. Mais, comme l'eau passerait trop rapidement à travers le sucre, comme elle en dissoudrait une grande partie sans entraîner toute la mélasse, on a imaginé, pour la répartir plus également dans la masse du sucre, et pour en rendre la filtration successive et lente, de couvrir le sucre d'une petite couche de terre argileuse, sur laquelle on verse l'eau; elle pénètre peu à peu à travers cette terre, elle s'infiltre à travers les pores du sucre et entraîne avec elle la mélasse qui y était interposée.

Le sucre qui a subi cette opération est ensuite desséché d'abord au soleil, puis à l'étuve : c'est ce qu'on nomme *sucre terré* dans le commerce. Purifié ensuite, en Europe, par de nouvelles dissolutions et cristallisa-

tions et, en général, par des procédés à peu près semblables à ceux qu'il
a subi dans la purgerie, il devient du sucre raffiné.

On conçoit, sans qu'il soit besoin de le dire, que les eaux d'égout
doivent encore contenir du sucre, et on les retravaille, en effet, pour
l'obtenir. On ne les abandonne que quand on les a portées à l'état de
mélasse pure, c'est-à-dire, quand il n'est plus possible d'en obtenir du
sucre par refroidissement et par cristallisation.

Tels sont en général les procédés qu'on a mis jusqu'ici en usage pour
l'extraction et la cristallisation du sucre. C'est du moins dans cet état
que le sieur Dutrône a trouvé l'art au moment où il a commencé de
s'en occuper. Une première observation qu'il a faite c'est que, dans cette
suite d'opérations successives, auxquelles on soumet le sirop ou vesou
pour le purifier, on perdait de vue la plus essentielle, la séparation de
la matière extractive. Il établit, cependant, qu'il est impossible de faire
de beau sucre sans cette opération préliminaire, et il conseille d'employer, pour remplir cet objet, la filtration et le repos, sans exclure,
cependant, l'usage de la chaux et des alcalis, mais comme des moyens
de précipiter la fécule et non dans la vue de neutraliser de prétendus
acides, qui, selon le sieur Dutrône, n'existent pas dans le vesou.

C'est principalement dans l'évaporation et la cuite du sirop que le
sieur Dutrône a cru reconnaître les vices des procédés employés jusqu'ici pour extraire le sucre. Il établit qu'il n'existe que peu ou point de
mélasse dans le vesou au moment où il a été extrait de la canne; que
cette substance est l'ouvrage du feu; qu'elle est un résultat de la maladresse de ceux qui opèrent; qu'elle ne se forme qu'à une chaleur supérieure de plusieurs degrés à celle de l'eau bouillante; qu'il s'en forme
d'autant plus que l'évaporation est plus rapide ou plus forcée ; enfin,
qu'en ménageant le feu et en poussant moins loin l'évaporation, on
peut éviter, en grande partie, la formation de la mélasse, et que la
quantité de sucre qu'on obtient est augmentée en proportion.

Tel est le principe lumineux qui a guidé le sieur Dutrône dans le
nouvel art qu'il a en quelque façon créé pour extraire le sucre. Il fallait d'abord régler le feu, le ménager et s'en rendre maître, et il s'est

ainsi trouvé engagé dans des recherches sur la construction des fourneaux et des chaudières. Il fallait ensuite régler le degré de concentration auquel on pouvait porter la liqueur sans former de la mélasse, et, à cet égard, le sieur Dutrône s'est servi d'abord d'un pèse-liqueur. On sait qu'en général la pesanteur spécifique des liqueurs augmente à mesure qu'elles sont plus chargées de sel; la même chose arrive à l'eau qui tient du sucre en dissolution. Le sieur Dutrône a profité de cette circonstance pour déterminer par voie d'expériences la quantité de sucre contenue dans une liqueur, suivant le degré qu'elle marque au pèse-liqueur. Mais bientôt l'expérience et la pratique lui ont appris que l'usage de cet instrument était extrêmement incommode lorsqu'on le plongeait dans une liqueur en ébullition et que le mouvement du bouillon occasionnait des incertitudes de plusieurs degrés. La physique lui a offert aussitôt un autre moyen, équivalent à beaucoup d'égards et qui n'avait pas les mêmes inconvénients : c'est le thermomètre.

L'eau, lorsqu'elle est pure, entre en ébullition à 80 degrés du thermomètre de Réaumur; mais, si on la charge de sel, elle n'entre plus en ébullition qu'à un degré de plus en plus élevé.

Le sucre dissous dans l'eau fait encore ici office de matière saline. Le degré auquel l'eau qui en est chargée commence à bouillir varie, suivant la quantité du sucre, depuis 80 jusqu'à 110. Le sieur Dutrône a encore profité de cette propriété pour dresser une table des quantités de sucre tenues en dissolution dans une liqueur correspondante au degré qu'elle est susceptible de prendre pour entrer en ébullition. Il suffit, au moyen de cette table, de plonger un thermomètre dans une cuve de vesou ou de sirop en ébullition et d'observer le degré ; on trouve sur-le-champ dans la table la quantité de sucre qu'elle contient par quintal.

Muni de ces instruments et de ces données principales, le sieur Dutrône s'en est servi avec beaucoup de sagacité pour porter la lumière dans l'art du sucrier. Il fixe d'abord, d'après ses expériences et ses observations, à 88 le degré du thermomètre auquel on peut élever le vesou sans le décomposer, et c'est à ce terme qu'il propose d'en arrêter la cuisson. On ne retire, il est vrai, à ce degré d'évaporation, que 50 pour 100 de sucre par cristallisation, tandis qu'on en retire 75 eu poussant l'évaporation jusqu'à ce que le thermomètre s'élève à 95 degrés comme dans la méthode ordinaire; mais il fait voir qu'il est beaucoup plus avantageux de faire rebouillir le vesou après cette première cristallisation du sucre pour en obtenir une nouvelle, et il prétend qu'en ménageant ainsi le degré du feu, on peut parvenir à ne retirer du vesou que du sucre cristallisé sans presque aucun mélange de mélasse.

Le sucre qui a ainsi cristallisé à grande eau est en cristaux grainés à peu près de la grosseur de ceux du sel marin des marais salants; il est beaucoup plus pur que celui qu'on obtient par un plus grand degré de concentration de la liqueur.

Après avoir établi les bases fondamentales de l'art du sucrier, le sieur Dutrône a fait l'application de ce que l'expérience et l'observation lui avaient enseigné à une sucrerie en grand qu'il a été à portée de faire construire, et une grande partie de son ouvrage est employée à décrire l'art nouveau dont il est devenu en quelque façon le créateur. Nous ne le suivrons pas dans le détail de la distribution des ateliers, de la construction des fourneaux et des chaudières. Toutes ses descriptions sont accompagnées de figures qui en rendent l'intelligence facile. C'est au temps et à l'intérêt éclairé des colons qu'il appartient de prononcer définitivement sur les changements dont le raisonnement et la théorie appuyés sur l'expérience et sur l'observation semblent déjà démontrer les avantages.

Le fait principal sur lequel porte la théorie du sieur Dutrône est que le vesou ne contient point de mélasse, mais que cette substance est l'ouvrage du feu. Il aurait été à désirer qu'il eût insisté davantage sur la preuve de ce fait important, et la chimie lui en offrait les moyens. Il pouvait, par exemple, faire rapprocher le vesou à une chaleur douce telle que celle d'un bain-marie, en précipiter le sucre par l'alcool ou esprit-de-vin; si, par une analyse du vesou presqu'à froid, il n'y eût point trouvé de mélasse, la nécessité des réformes qu'il propose dans l'art du sucrier en aurait acquis un degré d'évidence irrésistible.

Les travaux du sieur Dutrône dont nous venons de rendre compte portent sur un grand objet de culture, de commerce et d'industrie, sur une denrée devenue en quelque façon de première nécessité; ils tendent à économiser la perte d'un déchet de quinze à vingt pour cent sur tout le sucre qui se fabrique dans nos colonies et, par conséquent, à procurer à la nation une augmentation de richesse, une augmentation de jouissance et une réduction dans les prix qui rapprochera le sucre des consommateurs les moins favorisés de la fortune.

RAPPORT

D'UN MÉMOIRE DE M. CHAPTAL

SUR

QUELQUES PROPRIÉTÉS DE L'ACIDE MURIATIQUE OXYGÉNÉ,

FAIT À L'ACADÉMIE ROYALE DES SCIENCES, PAR MM. LAVOISIER ET BERTHOLLET [1].

L'Académie nous a chargés, M. Lavoisier et moi, de lui rendre compte d'un mémoire de M. Chaptal, qui a pour titre : *Observations sur l'acide muriatique oxygéné*, et qui lui a été envoyé par l'Académie de Montpellier pour être imprimé dans les Mémoires de 1787.

Ce Mémoire contient plusieurs applications nouvelles et utiles de l'acide muriatique oxygéné.

Des chiffons de grosse et mauvaise toile dont on se sert dans les papeteries pour faire le papier brouillard ont blanchi dans cette liqueur, et ont ensuite fourni un papier de très-belle qualité ; M. Chaptal a évalué à vingt-cinq pour cent l'augmentation de valeur dans le produit, tandis que les frais de l'opération, rigoureusement calculés, ne le renchérissaient que de sept pour cent.

M. Chaptal s'est servi de la même propriété de l'acide muriatique oxygéné, pour rétablir des estampes dégradées à tel point qu'on avait de la peine à en distinguer le dessin ; elles ont été réparées, par ce moyen, d'une manière si surprenante, qu'elles paraissaient neuves ; et, ce qui n'est pas moins intéressant, de vieux livres, salis par cette teinte jaune qu'y dépose le temps, peuvent être si bien rétablis qu'on les croirait sortis récemment de la presse.

[1] *Annales de chimie et de physique*, 1789, t. I, p. 69.

La simple immersion dans l'acide muriatique oxygéné, et un séjour plus ou moins long, suivant la force de la liqueur, suffisent pour blanchir une estampe; mais, lorsqu'il est question d'un livre, il faut d'autres précautions. M. Chaptal a exécuté ce procédé de diverses manières; nous ne rapporterons ici que celle qui est la plus avantageuse. Il a fait construire un cadre en bois qu'il assujettit à une hauteur convenable, et, après avoir décousu le livre et en avoir séparé les feuilles, il place les feuilles entre des liteaux de bois très-minces, qui sont soutenus par le cadre, et qui ne laissent entre eux qu'un intervalle de deux lignes; il met deux feuilles dans chacun de ces intervalles, et il les assujettit avec deux petits coins de bois qu'il enfonce entre les liteaux et qui pressent ces feuilles contre ces mêmes liteaux; il introduit ensuite la liqueur, et, après deux ou trois heures, il enlève le cadre avec les feuilles et il les plonge dans l'eau froide.

Par cette opération, non-seulement les livres sont rétablis, mais le papier en reçoit un degré de blancheur qu'il n'a jamais eu. Cette liqueur a encore le précieux avantage de faire disparaître les taches d'encre à écrire, qui, trop souvent, déprécient les livres ou les estampes; elle n'attaque point les taches d'huile ou de graisse, mais on sait depuis longtemps qu'une faible dissolution de potasse (alcali caustique) est un sûr moyen de les enlever.

L'auteur décrit ensuite des essais qu'il a faits pour blanchir des pièces de toile par le moyen du gaz muriatique oxygéné; mais nous croyons pouvoir assurer, d'après les expériences que l'un de nous a faites depuis longtemps, que ce moyen est moins avantageux que l'acide muriatique oxygéné réduit en liqueur par sa combinaison avec l'eau. Nous pensons qu'il y a plus de perte de cet acide, que les toiles sont plus sujettes à être altérées et à être blanchies inégalement; d'ailleurs, lorsqu'on ne se sert pas alternativement des lessives et d'acide muriatique oxygéné, les toiles redevenaient rousses lorsqu'on les lessivait.

M. Chaptal donne encore plusieurs autres observations; mais nous nous bornons à en rapporter deux qui nous ont paru plus neuves et plus intéressantes que les autres.

1° Si, dans l'atmosphère du gaz muriatique oxygéné, on expose de l'acide acéteux, il prend en peu de temps une odeur analogue à celle de l'acide acétique et il y acquiert la propriété de dissoudre le cuivre et de former des *cristaux de Vénus*, tandis que cet acide n'a point cette propriété quand il n'est pas surchargé d'oxygène.

2° Le cuivre, exposé à la vapeur de l'acide muriatique oxygéné, se couvre d'une couche d'oxyde qu'on n'en peut détacher aisément. Cet oxyde peut se dissoudre dans l'acide acéteux, et former des cristaux; on peut l'employer dans tous les cas où le *vert-de-gris* est d'usage. La couleur en est un peu plus verte que celle du vert-de-gris du commerce; mais lorsque ce dernier a été complétement desséché, ces couleurs se rapprochent et diffèrent peu.

RAPPORT

SUR

LE PRIX POUR LA TEINTURE.

La classe de chimie, qui s'est assemblée pour lire en commun le supplément au Mémoire présenté à l'Académie des sciences sous la devise *Aut virtus nomen inane est, aut decus et pretium recte petit experiens vir* (Horace), a reconnu que ce supplément méritait, sous certains rapports, les éloges de l'Académie; qu'il contient un procédé particulier, et qui paraît neuf, pour teindre la soie en couleur mordorée par le moyen de la garance; mais que le programme de l'Académie ayant pour objet la perfection de la teinture avec les bois du Brésil et de Campêche et la fixation de ces couleurs sur la laine et sur la soie, et l'auteur n'ayant donné aucune expérience décisive ni aucun procédé nouveau à cet égard, il ne paraît pas avoir rempli l'objet du programme, ni avoir aucun droit au prix. Au surplus, l'Académie n'ayant reçu que ce seul mémoire pour le prix et un seul supplément du même auteur depuis la remise du prix, il serait intéressant d'en différer la proclamation et de proposer le même sujet pour la Saint-Martin 1789.

Arrêté par le comité de la classe de chimie, assemblé à Paris, le 6 octobre 1787.

Signé CADET, BAUMÉ, CORNETTE, DE FOURCROY, LAVOISIER.

RAPPORT

SUR

UN EFFET SINGULIER DU TONNERRE.

Les diverses observations qu'on a rassemblées sur le tonnerre paraissent prouver d'une manière incontestable que ce météore s'élève fréquemment de la terre : les effets observés à Paris, rue Vivienne, chez M. le marquis de Collabeau, en fournissent une nouvelle preuve; j'ai cru qu'ils méritaient d'être communiqués à l'Académie.

Le samedi 27 juin 1772, entre huit et neuf heures du matin, pendant le violent orage qui couvrit la ville de Paris, il partit subitement chez M. de Collabeau un vif éclair accompagné dans l'instant même d'une explosion très-considérable, et le tonnerre tomba, pour me servir de l'expression des personnes de la maison, en deux endroits différents. D'un côté de la cour, il fit partir un éclat de pierre de taille à l'angle d'une croisée, il endommagea le maillet d'une fenêtre voisine, enfin il jeta au loin et renversa la cage d'un oiseau.

De l'autre côté de la cour, il fondit des fils de fer de sonnettes; un domestique qui était dans une salle basse reçut une commotion assez vive dont il se ressentit plus de deux jours; au même instant un petit fragment de corniche de cheminée fut emporté au troisième étage; partie d'une chambre fut décarrelée au quatrième et un petit morceau de plâtre du haut de la cheminée fut détaché et jeté dans le jardin des Petits-Pères. Pendant l'explosion, la salle basse fut remplie d'une odeur approchant du soufre, mais plus désagréable, et le conduit des sonnettes qui communiquent de la cour à la salle se trouva rempli et comblé de petits gravats.

Ces faits, qui sont à peu près tels qu'ils ont été vus et racontés par les personnes de la maison, m'ont paru assez intéressants pour mériter un examen suivi. Je me suis transporté en conséquence chez M. de Collabeau et j'ai observé que l'angle de la croisée, dont un éclat de pierre avait été détaché, était situé précisément entre le scellement de la barre de la pompe du puits dans le mur et des barreaux de fer qui servaient à griller la fenêtre. Dès lors, il m'a paru très-probable que le courant électrique avait suivi de bas en haut la barre de fer de la pompe, qu'il était remonté jusqu'au scellement de cette même barre dans le mur, qu'alors, arrêté par la résistance de la pierre, qui ne lui laissait plus un accès aussi libre que la barre métallique, il avait fait explosion, avait fait éclater la pierre et s'était divisé dans les barreaux et le maillet de la fenêtre voisine.

Les effets de ce coup m'ont paru tout à fait distincts de ceux qu'on avait éprouvés dans le corps de logis du fond, et j'ai jugé qu'ils avaient été formés par un autre courant de matière électrique; mais il n'en est pas moins certain que, dans l'un et l'autre cas, l'effet s'est fait de bas en haut.

Il paraît, suivant le rapport de ceux qui étaient dans la salle basse, que le tonnerre s'y est introduit à l'aide du fil de fer des sonnettes, qui a servi de conducteur à la matière électrique; que cette même matière a été attirée par l'homme qui a reçu la commotion; qu'ensuite le courant a enfilé le tuyau du poêle, qui était de tôle; qu'il a suivi intérieurement le tuyau de la cheminée, à peu près jusqu'au niveau du plancher qui sépare le troisième et le quatrième; alors le courant de matière électrique, ayant rencontré une barre, est sorti de la cheminée et, à l'extrémité de la barre, a fait explosion dans le plancher et a décarrelé un espace d'environ 4 pieds carrés auprès de la cheminée. Une remarque assez singulière, c'est qu'une table, qui était placée sur l'endroit qui a été décarrelé, n'a pas été renversée, non plus que des livres et beaucoup d'autres effets qui avaient été posés dessus.

Ces différents effets du tonnerre paraissent prouver que. dans les deux cas, le courant de matière électrique était dirigé de bas en haut.

En effet, s'il en eût été autrement, le tonnerre, dans le premier cas, loin de faire explosion à l'endroit du scellement de la barre de la pompe, serait descendu paisiblement dans le puits le long de la même barre. De même, dans le second cas, ce n'aurait pas été la chambre du quatrième qui aurait été décarrelée, mais plutôt le plafond de l'appartement du troisième qui aurait été endommagé. Le rapport, d'ailleurs, de ceux qui étaient dans la salle basse confirme que le tonnerre est monté le long du tuyau.

Il ne paraît pas que les conduites de plomb qui sont dans la cour aient servi de conducteurs à la matière électrique, et cette circonstance est d'autant plus remarquable qu'elles étaient peu éloignées de l'endroit où il a passé. Sans doute que le fluide électrique est plus puissamment attiré par le fer que par les autres métaux; peut-être aussi la crasse et l'espèce de chaux dont le plomb se recouvre lui offrent-elles un obstacle difficile à vaincre.

RAPPORT

SUR

DES EFFETS SINGULIERS DU TONNERRE[1].

Le 13 juin 1787, le tonnerre est tombé, un peu avant deux heures, sur l'église Saint-Paul : il a endommagé la couverture du côté du chevet de l'église; il s'est introduit dans l'intérieur avec fracas, et un enfant qui y était alors a été atteint au poignet, sans cependant qu'il en soit résulté d'accident grave. Quelques personnes qui étaient dans l'église ont chacune rapporté, avec des circonstances différentes, ce qu'elles ont vu, mais toutes s'acccordaient à dire qu'elles ont été éblouies par une grande clarté.

M. le curé de Saint-Paul ayant paru désirer qu'on profitât de cette circonstance pour armer l'église de Saint-Paul de paratonnerres, il m'adressa le sieur Baradelle et, dès le surlendemain, nous allâmes faire la visite de l'église de Saint-Paul, tant pour retrouver les traces du coup de tonnerre, que pour déterminer le nombre de paratonnerres qui serait nécessaire pour mettre l'église à l'abri de pareils accidents, reconnaître les emplacements où il conviendrait de les placer, enfin pour me mettre en état d'en rendre compte à la fabrique.

Cet examen m'a fait voir que l'orage du 13 juin était venu du côté du levant, qu'il s'était jeté sur l'église et que le courant électrique s'était divisé en deux portions.

Une des deux s'est jetée sur une croix de fer placée sur le chevet

---

[1] *Mémoires de l'Académie des sciences,* année 1789, page 613.

62.

de l'église. Cette croix, qui paraît avoir servi d'excitateur, est implantée dans la charpente et communique par sa tige avec des bavettes de plomb qui sont appliquées sur le toit. Le courant électrique a suivi une de ces bavettes ; il a fait sans doute étincelle en en sortant, car l'extrémité inférieure de cette bavette a été fondue. M. Hassenfratz, qui était avec moi, a bien voulu monter jusqu'en cet endroit et a coupé la portion qui a été fondue, pour servir de preuve.

L'explosion du fluide électrique, en sortant de la bavette de plomb, a été assez forte pour balayer les tuiles qui couvrent l'église dans un espace de 10 pieds en largeur environ et dans toute la longueur du rampant du toit. Les 10 pieds n'ont point été entièrement dégarnis de tuiles; il en est resté une portion de 2 pieds environ dans le milieu, et 4 pieds de chaque côté ont été complétement dégarnis du haut en bas du toit.

Le coup de tonnerre paraît n'avoir attaqué qu'un seul chevron de la charpente, qui a été détaché et lancé assez loin : les fibres du bois se sont trouvées séparées et disséquées dans leur longueur, en sorte que le chevron ne ressemblait plus qu'à un faisceau de longues allumettes qui ne tenaient presque plus ensemble.

Le courant électrique, arrivé au bas du toit, s'est précipité dans le châssis de fer d'une des fenêtres de l'église. J'en ai eu la preuve, 1° parce que les scellements de ces barres dans le haut de la fenêtre ont été ébranlés et que les pierres dans lesquelles ils pénétraient ont été disjointes; 2° parce que quelques portions du plomb des vitraux ont été fondues et que nous en avons retrouvé plusieurs gouttes dans la galerie intérieure qui fait le tour de l'église.

Du châssis de fer de la fenêtre de l'église, le courant électrique s'est porté sur une barre scellée, à peu de distance, dans le mur; il y a eu encore étincelle en cet endroit, car dans les environs du scellement de cette barre, la couche de peinture en détrempe avait été calcinée et le blanc de craie converti en chaux vive. Tous les environs de ce scellement, à la distance de 5 à 6 pouces, paraissaient avoir éprouvé une grande intensité de chaleur.

Comme cette dernière barre communique avec une suite d'autres barres qui règnent le long d'une galerie intérieure et qui font tout le tour de l'église, le fluide électrique s'est sans doute perdu et dispersé dans cette grande étendue de corps métalliques non isolés. Il paraît cependant qu'il a fait explosion dans différents endroits de l'intérieur de l'église, au grand effroi du petit nombre de personnes qui y étaient dans cet instant, mais sans en blesser aucune gravement.

Telle est la marche qu'a évidemment suivie la première portion du fluide électrique. L'autre paraît s'être jetée sur la tour et avoir suivi un tuyau de descente en plomb qui règne depuis le haut jusqu'au bas et qui a servi de décharge. Ce n'est pas que nous ayons trouvé dans la tour aucun indice de cet effet; mais une circonstance remarquable ne nous a pas permis d'en douter. Dans le bas de la conduite de plomb dont il est question régnait un fil de fer de sonnette, et ce fil de fer, après avoir été renvoyé par un tourniquet, coupait à angle droit la descente de plomb; il passait ensuite le long d'une cuvette de plomb placée au bas d'une fenêtre au premier étage et allait gagner le voisinage d'un puits, dont la poulie était en cuivre, et à laquelle était adaptée une chaîne de fer au lieu de corde. Une partie du fluide électrique s'est dirigée par ce fil de fer et nous en avons eu plusieurs preuves.

Premièrement, dans l'endroit où le fil de fer était en contact avec la cuvette de plomb, ce dernier métal a été fondu, et l'on voyait encore des gouttes brillantes qui en avaient coulé, d'où il résulte évidemment que le fil de fer avait fortement rougi.

Secondement, ce même fil de fer avait été fondu lui-même en deux endroits, et, en examinant les bouts qui avaient été séparés, nous avons reconnu les gouttes arrondies qui portaient le caractère de la fusion. Enfin, à l'extrémité du fil de fer, du côté du puits, le passage du fluide électrique était encore marqué par une circonstance; c'est que le scellement d'une des barres de fer qui soutiennent la poulie avait été étonné et ébranlé.

Il est aisé de juger par ces détails que si la quantité de fluide élec-

trique eût été plus considérable, elle aurait pu causer de très-grands
ravages, surtout du côté du chevet de l'église; que la communication
qui s'est établie de la croix de fer, placée extérieurement, avec les barres
de fer de la galerie qui fait le tour de la nef, ayant déterminé l'explosion en dedans de l'église, elle aurait pu être funeste à ceux qui y auraient été rassemblés, si cet événement fût arrivé pendant le temps des
offices; enfin qu'il est important de changer ces dispositions.

Le moyen de prévenir pour la suite de pareils accidents est indiqué
par les effets mêmes que nous avons observés et dont je viens de rendre
compte. La route qu'a prise le fluide électrique étant bien connue, il
ne s'agit plus que de lui préparer d'avance une suite de conducteurs
non interrompus qui le conduisent au réservoir commun. Je propose,
en conséquence, de placer sur l'église Saint-Paul deux aiguilles de fer
ou paratonnerres de 40 pieds environ de longueur : l'un à la place de
la croix de fer, sur laquelle le tonnerre est tombé le 13 juin dernier;
l'autre sur la tour, et d'adapter à chacun des décharges qui s'enfonceront en terre jusqu'au niveau de la nappe d'eau, c'est-à-dire à la
profondeur du niveau des puits dans les plus basses eaux. La dépense
de ces deux paratonnerres ne sera pas fort considérable; et elle préser-
vera à l'avenir, de tout accident de ce genre, l'église et même les bâtiments circonvoisins à une assez grande distance. Il serait à souhaiter
qu'on fît une semblable opération pour l'église des Jacobins, ci-devant
des Grands-Jésuites, et pour celle de Sainte-Marie. Ces grands édifices,
une fois armés, procureraient une grande sûreté aux habitations particulières de tout le quartier.

RAPPORT

SUR

UNE CONTESTATION RELATIVE A UN CERCLE

DESTINÉ À SERVIR D'HORIZON.

Du 27 mai 1788.

Une sentence du Châtelet de Paris, du 13 février 1788, rendue entre M. l'abbé Bergevin et M. Thiéry, fondeur, a renvoyé les parties par-devant l'Académie des sciences pour avoir son avis et être statué ainsi qu'il appartiendrait.

L'Académie, avant d'accepter le renvoi de cette affaire, a désiré qu'il lui fût présenté quelques éclaircissements et elle a nommé MM. Bailly, Lavoisier et Perier pour lui en faire le rapport.

Comme elle ne nous a point chargés de l'examen de l'affaire au fond, nous nous contenterons de lui rapporter sommairement les faits tels qu'ils sont énoncés dans les pièces du procès que nous avons entre les mains, sans prévoir en aucune manière le jugement qu'elle pourra être dans le cas de porter dans la suite.

M. l'abbé Bergevin a fait modeler, fondre et exécuter par M. Thiéry, maître fondeur, un cercle de cuivre destiné à servir d'horizon à un très-grand globe terrestre qu'il a exécuté par ordre du roi et qui est déjà connu de l'Académie. Le cercle fondu, il s'y est trouvé deux fortes soufflures; il s'est élevé des difficultés sur sa réception et, après un laps de temps assez considérable, M. l'abbé Bergevin en a fait faire un autre sur des proportions différentes, et il a refusé de prendre celui de M. Thiéry.

M. l'abbé Bergevin prétend que le cercle n'est pas recevable à cause des soufflures qu'on y remarque.

M. Thiéry soutient, au contraire, que ces soufflures sont en dessous, qu'elles ne sont pas apparentes et qu'il est aisé de remplir les trous avec de la même matière, et qu'il a fondu deux pièces pour remplir cet objet, d'après l'ordre même de M. l'abbé Bergevin et sur des modèles qu'il lui a envoyés. Il ajoute que ces soufflures ne sont pas la véritable cause du refus de M. l'abbé Bergevin; que le fait est qu'il s'est trompé sur la dimension qu'il a prescrit de donner à son cercle, et que, ne pouvant s'en servir pour cette raison, il aurait cherché un prétexte pour éviter de le prendre à sa charge.

Tel est sommairement l'état de l'affaire sur laquelle l'Académie est consultée. Il ne reste plus qu'à examiner, si elle doit ou non accepter le renvoi qui lui en est fait.

Dans l'origine, l'Académie a été principalement instituée pour examiner toutes les inventions nouvelles qui lui seraient renvoyées de la part du roi.

Insensiblement elle est devenue un tribunal volontaire dont les particuliers ont réclamé directement le jugement, et elle a tenu à honneur de répondre à la confiance du public.

Depuis, le travail qu'elle a entrepris pour la description des arts et métiers a augmenté encore considérablement l'étendue de la juridiction; le parlement et M. le lieutenant général de police l'ont fréquemment consultée sur des objets soit d'art, soit de mécanique. On ne voit pas que dans aucune circonstance elle ait cherché à éloigner les occasions de se rendre utile. Il ne paraît pas qu'elle ait plus de raison de se refuser dans ce moment à la marque de confiance que le Châtelet vient de lui donner. Ce n'est point un simple expertage qu'on lui demande, il s'agit d'examiner si les dimensions prescrites par M. l'abbé Bergevin, étaient justes ou non, s'il s'est trompé dans le calcul par lequel il les a déterminées; si le fondeur a exécuté fidèlement ce qui lui a été commandé; enfin, subsidiairement, si les imperfections du cercle le rendent non recevable.

Le Châtelet a jugé que cet examen exigeait plus de connaissances que n'en ont les fondeurs ordinaires, et il a cru ne pouvoir mieux faire que de s'adresser à l'Académie. Nous concluons, d'après ces réflexions, que l'Académie ne peut avoir aucun motif pour refuser le renvoi qui lui est fait.

RAPPORT

SUR LE ROUISSAGE.

Du 3 septembre 1788.

La commission intermédiaire de l'assemblée provinciale de l'Île-de-France a consulté l'Académie, par une lettre du 24 avril dernier, sur une sentence de la maîtrise des eaux et forêts de Paris, du 15 octobre 1784, qui défend à tout particulier de faire rouir des chanvres dans des mares qui communiquent par en haut et par en bas à la rivière et où il puisse s'établir une eau courante, et qui les autorise seulement à en tirer des filets d'eau pour alimenter les routoirs, sans que cette eau puisse jamais regorger dans les rivières.

La communauté de Saint-Martin d'Étampes se plaint des dispositions de cette sentence et du tort qu'elle fait à la culture et à la préparation des chanvres, culture précieuse par les avantages multipliés qu'elle procure aux habitants de la campagne, et surtout par les occupations qu'elle ménage aux femmes, aux enfants et même aux hommes pour l'hiver, saison pendant laquelle les travaux de l'agriculture sont interrompus.

Elle prétend que la sentence de la maîtrise des eaux et forêts a été rendue sur de faux exposés; que son exécution est physiquement impossible; que le niveau de la rivière était susceptible de s'élever et de s'abaisser suivant l'abondance des eaux et suivant que les meuniers lèvent ou baissent les vannes de leurs moulins. Il est impossible que l'eau des routoirs, lorsqu'elle est plus élevée que celle de la rivière, ne reflue pas, et qu'ils se trouvent ainsi en contravention par des circonstances de force majeure, ou au moins qui ne sont pas de leur fait. Ils se plaignent surtout de la rigueur que les préposés des eaux et forêts mettent dans l'exécution de la sentence, et ils annoncent que plutôt que de s'exposer à des condamnations injustes, auxquelles ils ne peuvent échapper, même en employant tous les moyens que la prudence humaine peut suggérer, i's se trouveront forcés de renoncer à la culture du lin, ce qui entraînera la ruine d'un grand nombre de propriétaires et de cultivateurs de la paroisse.

Il est aisé de voir que l'objet sur lequel l'Académie est consultée peut donner lieu à une multitude de questions qu'il serait très-important de résoudre.

Premièrement, est-il indifférent, pour la qualité du chanvre, de le rouir dans une eau courante ou dans une eau stagnante?

Secondement, des filets d'eau courante qui traversent des fosses où l'on fait rouir le chanvre peuvent-ils infecter l'eau de la rivière au point de faire périr le poisson et d'en rendre l'usage malfaisant pour ceux qui pourraient en boire?

Troisièmement, jusqu'à quel point la culture et le rouissage du chanvre doivent-ils être préférés à la conservation des poissons?

Quatrièmement, le rouissage dans des eaux stagnantes, la putréfaction, l'infection, le dégagement de gaz inflammable ou hydrogène, qui en résulte, ne peuvent-ils pas nuire à la salubrité des habitations voisines ou même occasionner des maladies à ceux qui travaillent au chanvre?

Ces questions, et beaucoup d'autres qui sont implicitement renfermées dans l'objet sur lequel l'Académie est consultée, ne sont rien moins que faciles à résoudre et nous ne croyons pas que l'Académie ait encore assez de données pour pouvoir se prononcer, peut-être, sur aucune. Il ne nous paraît pas cependant impossible d'en acquérir avec le temps : il a déjà été publié, depuis quelques années, de bons mémoires sur cet objet. On indique des méthodes de rouir le chanvre qui peut-être sont préférables à celles qui sont employées actuellement. La société royale de médecine en a fait le sujet d'un prix qui a donné lieu à des dissertations intéressantes et dont l'un de nous a déjà eu communication.

En rassemblant ces matériaux et en y joignant le résultat de nos propres expériences et de nos observations, nous espérons pouvoir mettre dans la suite l'Académie en état de donner, avec connaissance de cause, son avis sur l'objet sur lequel elle est consultée.

En attendant, nous ne craignons pas de dire que les changements apportés aux anciens usages de la province nous paraissent avoir été ordonnés prématurément, que les inconvénients du nouveau règlement qui a été fait n'ont pas été suffisamment prévus, ni pesés; que les habitants de la paroisse Saint-Martin se trouvent exposés à des condamnations injustes, auxquelles, malgré toutes les précautions possibles, ils ne peuvent échapper; que le nouvel ordre de choses qu'on a cherché à introduire entraînerait infailliblement l'abandon de la culture du chanvre. Enfin, nous pensons qu'il est à souhaiter, qu'il est juste, qu'il est nécessaire même de ramener provisoirement les choses à l'état où elles étaient avant le 14 avril 1784.

RAPPORT

SUR LE SECOND VOLUME

DE

LA DESCRIPTION DES GÎTES DE MINERAI

ET DES BOUCHES À FEU DE LA FRANCE.

L'Académie nous a chargés, M. d'Arcet et moi, de lui rendre compte du second volume de la description des gîtes de minerai et des bouches à feu de la France par M. le baron de Dietrich. Ce second volume comprend la haute et la basse Alsace. M. le baron de Dietrich y rend un compte détaillé de toutes les usines, forges, verreries, salines, tréfileries, fabriques de fer-blanc, porcelaine, faïence, etc. qui se rencontrent en grand nombre dans cette province. Ce simple énoncé indique assez l'importance de cet ouvrage et fait connaître en même temps combien il est peu susceptible d'extraits.

L'Académie, d'ailleurs, a pu prendre, d'après le compte que M. le baron Dietrich lui en a rendu lui-même à sa séance publique dernière, une idée des différents genres d'industrie qui sont en activité dans les Vosges. Nous ne pourrions qu'affaiblir le tableau intéressant qu'il en a tracé. Nous nous contenterons donc de dire que cet ouvrage nous a paru aussi complet qu'on peut le désirer; que non-seulement les objets de l'art, mais encore ceux du règlement y sont discutés et approfondis; que les produits des mines ainsi que leur consommation sont presque partout évalués; que les débouchés des marchandises fabriquées sont indiqués, en sorte que l'ouvrage de M. le baron de Dietrich forme nou-

seulement un traité sur l'art d'extraire et d'exploiter les différentes productions minérales de la haute et de la basse Alsace, mais il présente
encore le tableau du commerce de cette province, relativement à ses
productions minérales.

Nous croyons donc que ce second volume mérite, comme le premier, de paraître avec l'approbation et sous le privilége de l'Académie.

RAPPORT

SUR

L'EMPLOI DE LA VAISSELLE PLAQUÉE.

Du mercredi 8 juillet 1789.

MM. Tillet, Vandermonde, Rochon et Lavoisier, ont rendu compte de l'examen qu'ils ont fait, d'après la demande de la Cour des monnaies, des avantages ou des inconvénients de l'emploi de la vaisselle plaquée pour les ustensiles qui servent à préparer les comestibles ou les boissons.

Par lettres patentes du 20 juillet 1785, MM. Tugot et Daumy ont obtenu la permission d'établir dans la ville de Paris une manufacture pour y fabriquer, vendre et débiter, dans le royaume et à l'étranger, pendant quinze ans, toute sorte de quincailleries et bijouteries, ainsi que le plaqué et doublé d'or et d'argent sur tous métaux, et d'y employer ces matières à tels titres et dans telles proportions qu'ils jugeraient à propos.

Ces lettres patentes ont été adressées à la Cour des monnaies et elles y ont été enregistrées le 30 du même mois; mais l'arrêt de l'enregistrement de cette cour porte défense aux sieurs Tugot et Daumy de doubler et plaquer les vases et ustensiles de cuivre et de similor propres à la préparation des comestibles, dans la crainte qu'il ne puisse en résulter des inconvénients pour la santé de ceux qui en feraient usage.

MM. Tugot et Daumy ont représenté que cette défense était nuisible à l'établissement qu'ils avaient formé, qu'elle leur faisait perdre la fourniture d'une quantité considérable de vaisselle qui leur avait été commandée; que plusieurs autres particuliers jouissaient, sans aucun trouble, de la liberté de doubler les vases et les ustensiles propres à la préparation des comestibles; que, d'un autre côté, il n'était pas défendu d'en introduire de l'étranger dans le royaume, en sorte qu'on ne pouvait leur refuser la concurrence qu'ils demandaient, sans favoriser les fabriques étrangères au préjudice de celles du royaume.

Le conseil ayant été frappé de ces considérations, il est intervenu, le 17 mars 1789, de nouvelles lettres patentes qui, sans s'arrêter aux modifications apportées par la Cour des monnaies à celles du 20 juillet 1785, en ordonnent l'exécution pure et simple, et autorisent en conséquence le sieur Daumy à doubler et plaquer les vases et ustensiles de cuivre et de similor propres à la préparation des comestibles.

Ces nouvelles lettres patentes ayant été adressées à la Cour des monnaies, elle a ordonné, sur le rapport de M. d'Origny, qu'avant de faire droit M. le procureur général du roi se retirerait par-devant l'Académie royale des sciences, à l'effet de l'inviter à déterminer dans quelles proportions l'argent peut être appliqué au cuivre sur les vases destinés à la préparation des aliments, pour empêcher qu'ils ne puissent être nuisibles à la santé.

C'est dans cet état de choses, sur le renvoi qui lui en a été fait par M. le procureur général de la Cour des monnaies, que l'Académie a nommé MM. Tillet, Lavoisier, de Vandermonde et l'abbé Rochon, pour faire les expériences nécessaires et lui en faire le rapport.

L'objet sur lequel l'Académie doit prononcer contient implicitement les questions suivantes:

1° Dans le doublage des ustensiles de cuivre destinés pour la préparation des aliments, l'argent recouvre-t-il complétement le cuivre et ne reste-t-il pas entre les molécules de l'argent des trous ou gerçures à travers lesquels les acides peuvent attaquer le cuivre?

2° Quelle épaisseur convient-il de donner au doublage pour remédier à cet inconvénient, et à quel degré de minceur commence-t-il à avoir lieu?

3° Les deux métaux, l'argent et le cuivre, sont-ils assez bien incorporés dans le doublage de MM. Tugot et Daumy, pour qu'on puisse être assuré qu'ils ne se sépareront pas dans les différentes circonstances dans lesquelles on en peut faire usage?

4° Jusqu'à quel point peut-on craindre que l'usure et le frottement n'enlèvent la couche d'argent et ne mettent le cuivre à découvert?

Pour mettre l'Académie en état de prononcer sur ces différentes questions, nous avons fait les expériences suivantes :

Nous nous sommes d'abord fait fournir, par MM. Tugot et Daumy, le nombre de petites casseroles de cuivre doublées d'argent que nous avons jugé nécessaire pour nos expériences. Dans les unes, la couche d'argent était de $\frac{1}{32}$ en poids de celle du cuivre; dans d'autres, elle était de $\frac{1}{64}$ et de $\frac{1}{128}$.

Ces capsules avaient une épaisseur moyenne de $\frac{8}{10}$ de ligne; ainsi, dans celles qui contenaient $\frac{1}{32}$ d'argent, la couche de ce métal répondait à $\frac{1}{256}$ de ligne d'épaisseur.

Dans celles qui contenaient $\frac{1}{64}$ d'argent, la couche de ce métal répondait à $\frac{1}{512}$ de ligne d'épaisseur; enfin, dans celles qui ne contenaient que $\frac{1}{128}$ d'argent, la couche de ce métal répondait à $\frac{1}{1024}$ de ligne d'épaisseur.

Toutes ces capsules ou petites casseroles étaient marquées d'un poinçon qui en indiquait le titre, mais nous ne nous en sommes point rapportés à cette indication et nous nous sommes assurés, en dissolvant la couche d'argent par le moyen de l'acide nitrique et en précipitant ensuite par le cuivre, que la quantité d'argent était fort exactement conforme à ce qu'indiquait la marque ou poinçon.

Ayant pris une de ces casseroles dans laquelle le doublage était en poids de $\frac{1}{128}$ d'argent et en épaisseur de $\frac{1}{1024}$ de ligne, nous y avons fait bouillir du bon vinaigre, pendant plusieurs heures, en remplissant à mesure ce qui était enlevé par l'évaporation; la capsule n'a rien perdu de son poids, et le vinaigre, examiné à l'aide des réactifs, même les plus délicats, n'a pas donné le plus léger indice de cuivre.

Nous avons fait la même expérience avec de l'acide muriatique ou marin que nous avons fait bouillir, pendant plusieurs heures, dans la

même capsule ou casserole. On sait que cet acide est un dissolvant des
plus puissants du cuivre, mais qu'il n'attaque pas l'argent dans son état
métallique. Si donc quelques parties de cuivre n'eussent point été recouvertes, elles auraient été dissoutes. Cependant les capsules ou casseroles ont parfaitement résisté à cette épreuve; elles n'ont absolument
rien perdu de leur poids, et l'acide muriatique qui avait bouilli dedans,
ayant été scrupuleusement examiné, n'a donné aucun indice de cuivre.

Nous pouvons donc annoncer que le doublage d'argent à $\frac{1}{1024}$ de
ligne d'épaisseur, recouvre assez complétement le cuivre pour le mettre
à l'abri de toute action des acides.

Nous avons ensuite essayé si l'action du feu le plus vif qu'il est dans
l'usage d'employer dans la préparation des aliments pouvait altérer ces
ustensiles. Nous avons réduit, dans une de ces casseroles, du sucre en
caramel, et dans un autre du sucre en charbon et même en partie en
cendres. La casserole a rougi obscurément dans cette dernière opération, sans qu'il se soit produit d'autre effet que d'en avoir dépoli très-
légèrement l'intérieur.

Il résulte de ces expériences qu'une couche d'argent de $\frac{1}{1024}$ de ligne
d'épaisseur suffit pour garantir le cuivre de l'action des acides même
les plus forts et les plus actifs. Mais, quoique à ce degré d'épaisseur, et
même au-dessous, la couche d'argent suffise pour ôter toute inquiétude,
nous sommes loin de conseiller d'adopter un doublage aussi mince pour
les vaisseaux destinés à la préparation des aliments. Dans des objets de
cette importance, il est nécessaire d'aller au delà du but pour être d'autant plus sûr de l'avoir atteint. Nous pensons donc que, s'il était question de fixer par une loi l'épaisseur des ustensiles de cuisine, elle ne
devrait pas être au-dessous de $\frac{1}{256}$ de ligne, ce qui revient en poids
à $\frac{1}{32}$ sur une épaisseur de $\frac{3}{4}$ de ligne, ou plus exactement de $\frac{8}{32}$ de
ligne. Nous croyons même que ceux qui adopteront l'usage de cette
batterie de cuisine trouveront de l'avantage, pour la solidité et pour la
durée, à employer une couche d'argent encore plus épaisse. Le prix de
la main-d'œuvre sera le même; celui de la matière seul augmentera,
et cette matière a une valeur réelle qui reste au propriétaire. C'est au

surplus un calcul d'économie que chacun pourra faire, pourvu que la loi prononce que ce doublage des ustensiles de cuisine et autres destinés pour la préparation des aliments ne pourra être moindre de $\frac{1}{32}$ en poids sur une épaisseur de $\frac{3}{4}$ de ligne, et pourvu que ce titre soit bien assuré par l'application d'un poinçon qui le certifie. On peut s'en rapporter pour le surplus à ce qui sera dicté à chacun par son intérêt particulier.

A l'égard de la solidité de ces ustensiles, aucune expérience précise ne nous a mis à portée de l'apprécier. Nous avons cependant reconnu qu'en général elle était plus grande que nous ne nous y étions attendu, et que la couche d'argent résistait au frottement et au recurage assez longtemps continué, pourvu toutefois qu'on évitât d'employer le sablon, qui sillonne l'argent et qui découvrirait le cuivre à la longue. Il en sera au surplus de ces ustensiles comme de toutes choses, qui dureront d'autant plus longtemps qu'elles seront plus ménagées.

Le doublage des sieurs Tugot et Daumy a un autre avantage. Ils n'emploient et ne peuvent employer que de l'argent fin ou de coupelle. Ainsi, les bassines et casseroles préparées par eux seront même plus salubres que celles d'argent au titre *de Paris,* qui est allié d'un peu de cuivre et qui serait trop mou s'il était employé dans son état de pureté.

Nous pensons donc que le doublage d'argent proposé par MM. Tugot et Daumy, peut, sans inconvénient, être employé pour les ustensiles de cuisine et pour la préparation des aliments, pourvu que l'épaisseur du doublage d'argent ne soit pas au-dessous de $\frac{1}{256}$ de ligne, ce qui revient au $\frac{1}{32}$ du poids, sur une épaisseur de $\frac{3}{4}$ de ligne environ.

RAPPORT

L'OPÉRATION DU DÉPART.

Du 5 août 1789.

La classe de chimie, conjointement avec MM. Tillet, Sage et d'Arcet, a rendu compte d'un mémoire renvoyé par M. Necker sur la manière de faire les essais.

L'Académie ayant chargé la classe de chimie, à laquelle elle a joint MM. Tillet, Sage et d'Arcet, d'examiner un mémoire qui lui a été adressé par M. Necker et qui a pour titre, *Rapport de quelques expériences d'après lesquelles on propose une nouvelle méthode de procéder aux essais, qui n'a pas les inconvénients de celle dont on fait journellement usage,* nous nous sommes réunis pour prendre connaissance de ce mémoire et pour examiner, avec tout le soin dont nous sommes capables, les faits qui y sont contenus.

L'auteur commence par faire observer que c'est d'après l'altération de l'or par l'acide du nitre, à laquelle, dit-il, on attribue principalement les variations des rapports des essayeurs, qu'il a cherché à rendre nulles ces variations, et qu'il propose pour cela de substituer une nouvelle méthode d'opérer à celle qui est depuis longtemps en usage. Mais nous devons dire que cette opinion n'est pas adoptée par le plus grand nombre des chimistes qui ont travaillé sur les essais, et que l'Académie a déjà décidé, dans une autre circonstance, qu'en employant de l'eau-forte à 21 degrés pour l'*essai* et à 30 pour la *reprise*, l'or n'est point attaqué au point de rendre les résultats incertains. L'auteur, partant de ce principe, décrit ensuite des expériences que nous croyons devoir faire connaître avant de porter notre jugement sur les inductions qu'il en tire.

L'objet de la première expérience est de déterminer la portion d'argent que peut dissoudre une certaine quantité d'eau-forte à un degré donné. 1 once de cet acide à 20 degrés a dissous 1 gros d'argent en 12 minutes et la liqueur s'est cristallisée. C'est d'après la cristallisation qu'il juge de la saturation de l'acide; mais on sait que ce phénomène n'est pas une preuve de la saturation complète d'un acide, et ne l'est pas sur la quantité de celui qui entre dans les cristaux.

La seconde expérience de l'auteur tend à prouver qu'il faut plus d'acide pour dissoudre l'argent lorsque ce métal est allié d'or. Voici comment il l'a faite : 12 grains d'or à 24 karats ayant été coupellés avec 36 grains d'argent, on a fait le départ avec 4 gros d'eau-forte à vingt degrés; l'ébullition a duré six minutes, et, le départ n'ayant pas été complet, « on s'est, dit-il, déterminé à ajouter une plus grande quantité d'acide, » et il ne désigne point la dose ajoutée. L'auteur n'apprend rien aux chimistes, qui savent depuis longtemps que, pour séparer un corps uni à un autre par un troisième corps, il faut toujours employer plus de celle-ci qu'il ne serait nécessaire si le premier était seul ; d'ailleurs cette expérience, quand elle serait exactement décrite, n'ajouterait rien, non plus que la première, à l'art des essais.

Dans la troisième expérience, l'auteur veut prouver que 6 gros d'eau-forte à 20 degrés peuvent départir, en dix minutes d'ébullition, un alliage de 3 parties d'argent fin et de 1 partie d'or; 12 grains d'or à 24 karats coupellés avec 36 grains d'argent à 12 deniers, ont été départis avec 6 gros d'eau-forte à 20 degrés par dix minutes d'ébullition; le cornet a été repris avec de l'eau-forte à 30 degrés, lavé et recuit; il s'est trouvé peser 12 grains juste. On ne voit pas plus quel a été le but de l'auteur dans cette expérience que dans les précédentes.

Nous avons remarqué, dans les descriptions de cette expérience, des observations de l'auteur qui semblent annoncer qu'il n'est pas tout à fait au courant de l'art des essais; d'abord il pousse l'ébullition de l'eau-forte dans le départ, jusqu'à obtenir le nitre d'argent cristallisé.

Il est reconnu depuis longtemps qu'il faut éviter soigneusement ce phénomène dans le départ, et qu'il est susceptible d'induire en erreur, à
cause du sel qui peut rester sur le cornet et en surcharger le poids.
Dans une note, l'auteur fait remarquer qu'en employant deux parties
d'argent contre une d'or, comme il l'a fait cependant lui-même, on
court quelques risques de ne pas obtenir des résultats exacts, 1° parce
que, dit-il, cela fait hérisser les coupelles; 2° parce que les boutons
résultant d'un pareil mélange sont très-aigres et sujets à se gercer. On
sait encore, depuis longtemps, que l'accident des coupelles hérissées
dépend d'une irrégularité dans la température et d'un refroidissement
subit; et que la qualité aigre des boutons est due au plomb qui peut
rester dans l'alliage.

Par la quatrième expérience, l'auteur veut démontrer qu'une portion d'argent dissoute dans l'eau-forte empêche cet acide de porter
son action sur l'or. Cette expérience sur les essais, plus décisive, plus
importante que les trois précédentes, a fixé aussi particulièrement
notre attention. Deux boutons, chacun de 12 grains d'or pur et de
30 grains d'argent, passés à la coupelle, avec 1 gros de plomb, par un
feu très-vif, ont perdu, dit l'auteur, par l'absorption, $\frac{24}{32}$. Nous obser-
vons d'abord, sur cette absorption, qu'il est très-singulier qu'elle ait
été parfaitement égale dans les deux coupelles et que cela n'arrive
presque jamais. Les deux boutons ont été départis avec 6 gros d'eau-
forte à 20 degrés; après dix minutes d'ébullition, la cristallisation s'est
formée, dit l'auteur, ensuite on a fait la reprise de l'eau avec 6 gros
d'eau-forte à 30 degrés, et de l'autre avec même quantité du même
acide auquel on a joint $\frac{1}{5}$ de dissolution d'argent; cette reprise a duré
dix minutes. Le premier cornet, traité avec de l'eau-forte pure, s'est
trouvé au titre de 23 karats $\frac{31}{32}$, et il avait perdu $\frac{1}{32}$. Le second, traité
par l'eau-forte mêlée de dissolution d'argent, pesait juste 24 karats.
Nous avons soupçonné quelque source d'erreur dans cette expérience,
car le raisonnement, fondé sur toutes les expériences de chimie relatives à la dissolution des métaux, indiquait un autre résultat; d'autant
plus que, la quantité d'acide pur réel dans l'une et l'autre des reprises

étant égale, l'action de cet acide paraissait devoir être la même dans l'une et l'autre opération. En effet, l'eau-forte, pour être mêlée avec $\frac{1}{7}$ de son poids de dissolution d'argent, ne cesse pas d'être aussi acide et de conserver son énergie. Nous avons donc cru devoir répéter, et varier même l'expérience de l'auteur. Voici les résultats que nous avons obtenus : 1° l'acide du nitre à 3o degrés n'agit pas plus, lorsqu'il est bien pur, sur l'or à 24 karats, par une ébullition de dix minutes, que celui qui est mêlé de dissolution d'argent; 2° si l'on prolonge l'ébullition, si l'on augmente la proportion d'acide, si l'on prend l'or en cornet très-mince, l'eau-forte, mêlée d'un quart même de dissolution d'argent, fait perdre quelques atomes au cornet, mais cette perte n'excède que très-rarement un demi trente-deuxième; 3° quelquefois, dans ces expériences comparatives, il arrive qu'un cornet d'or ne perd rien par l'eau-forte pure, tandis qu'il perd par l'eau-forte mêlée de dissolution d'argent, lorsqu'on augmente la proportion d'acide et lorsqu'on prolonge l'ébullition; 4° l'essai, répété suivant le procédé de l'auteur, nous a presque toujours présenté de la surcharge dans le cornet d'or, et nous n'avons point observé de perte d'or par l'eau-forte pure et sans dissolution d'argent.

Dans la cinquième expérience, l'auteur se propose de démontrer qu'à la rigueur on peut faire le départ en ne mêlant que deux parties d'argent sur une d'or, et qu'en se conformant exactement à la manière d'opérer qu'il indique il devient inutile d'ajouter de l'argent à l'eau-forte de reprise. Cette expérience n'expose que des vérités très-connues de tous les chimistes, mais ce qu'elle présente de remarquable, relativement au but du mémoire, c'est que le seul procédé qui paraissait mériter quelque attention dans le travail de l'auteur, c'est-à-dire l'addition de l'argent à l'eau-forte de reprise, pour l'empêcher d'agir sur l'or, est ici comme réprouvé ou au moins jugé inutile, pourvu que, suivant l'auteur, on emploie de l'acide faible à 20 degrés, qu'on le fasse réduire presque à siccité dans le départ, qu'on fasse la reprise avec de l'acide à 3o degrés et pendant une minute seulement, comme l'auteur dit l'avoir fait dans cette dernière expérience.

L'auteur conclut de ses expériences,

1° Que l'acide du nitre attaque l'or, même sans qu'il soit trop concentré;

2° Qu'on peut obvier à cet inconvénient en ajoutant à l'eau-forte de reprise $\frac{1}{5}$ de dissolution d'argent;

3° Que cette addition n'est pas nécessaire lorsqu'on opère comme dans la troisième et la cinquième expérience;

4° Enfin que la quantité d'argent ajoutée à l'or pour procéder au départ est trop considérable.

Quant à la première conclusion, le plus grand nombre des chimistes ne l'admet pas, comme nous l'avons déjà dit.

La seconde n'est rien moins que démontrée; il est même à craindre qu'une portion de nitre d'argent ne s'attache au cornet et ne lui donne un peu de surcharge, par l'argent réduit pendant le recuit de l'or.

La faiblesse de l'acide nécessaire pour opérer le départ, et la proportion plus petite de l'argent de la coupellation que l'auteur propose n'offrent rien de nouveau pour l'art des essais. Ils ont déjà été indiqués par tous les chimistes qui se sont occupés de cet art, notamment par les commissaires de l'Académie, nommés par l'administration.

Nous pensons que le mémoire qui nous a été remis ne peut pas servir à perfectionner l'opération du départ et qu'on ne doit pas prendre un parti définitif sur la manière de faire cette opération importante, d'après les expériences trop peu nombreuses et trop peu exactement décrites dans ce mémoire.

LETTRE

RELATIVE A LA FABRICATION DU SALPÊTRE

À M. LAMBERT,

CONTRÔLEUR GÉNÉRAL DES FINANCES.

Monsieur,

Conformément à la lettre dont vous nous avez honorés le 9 janvier, nous nous sommes réunis peu de jours après avec le sieur Barthélemy pour convenir d'un plan d'expériences qui pût constater la réalité des découvertes qu'il annonce avoir faites relativement à la fabrication du salpêtre.

Depuis, le ministre de la guerre ayant désiré que ces mêmes expériences fussent faites en présence de commissaires par lui nommés, nous nous sommes rassemblés à l'Arsenal avec MM. Danganou, Barbarin et Vouchelle, et nous y avons même fait disposer un local où le sieur Barthélemy pût opérer commodément.

Votre lettre, Monsieur, porte qu'il nous confiera le secret de ses expériences, et nous avons cru devoir nous autoriser auprès de lui de cette disposition. Elle est d'autant plus sage que, dans des expériences de ce genre qui doivent durer plusieurs semaines, et auxquelles plusieurs agents doivent concourir, il est presque impossible de répondre qu'on n'ajoute pas furtivement des matières qui changeraient entièrement les résultats et qui pourraient donner une apparence trompeuse de succès. Nous nous serions donc exposés à ne pas répondre à votre confiance si nous nous fussions livrés aveuglément à des expériences dont le but ne nous aurait point été connu, et pendant lesquelles, malgré toute notre surveillance, il n'aurait pas été impossible que nous eussions été trompés. Nous sommes loin de prétendre que le sieur Barthélemy ne soit pas de bonne foi, mais la nature des fonctions dont vous nous aviez chargés exigeait que nous fussions prémunis contre tout événement.

Nous ajouterons, Monsieur, que l'Académie s'est imposé la règle de n'examiner aucun procédé, à moins que le secret n'en fût confié à ses commissaires. Une longue expérience lui a appris que c'était le seul moyen de prévenir les surprises et une perte de temps considérable.

Nous avons donc demandé au sieur Barthélemy qu'il commençât par confier son secret au moins à l'un de nous, et vous verrez, par le procès-verbal qui a été rédigé entre tous les commissaires et dont nous avons l'honneur de vous envoyer une copie, qu'il s'y est absolument refusé.

Nous avons donc pris le parti de nous retirer, et comme nous sommes bien déterminés à ne point nous écarter des dispositions de la lettre que vous nous avez fait l'honneur de nous écrire, et des usages de l'Académie, nous croyons notre mission terminée.

Nous avons l'honneur d'être très-respectueusement, etc.

RAPPORT

SUR

UNE NOUVELLE EXPÉRIENCE

RELATIVE

A LA FORMATION DE L'EAU.

Du 28 août 1789.

L'Académie nous a chargés, MM. Brisson, Lavoisier, Meusnier, d'Arcet et moi, de lui rendre compte d'un mémoire de M. Seguin qui renferme les détails et les résultats d'une nouvelle expérience sur la combustion des gaz hydrogène et oxygène.

L'eau, considérée comme un élément simple par le plus grand nombre des physiciens, a paru composée à plusieurs d'entre eux. Quelques-uns ont avoué que, par une longue suite de distillation, elle se changeait en terre, mais des expériences précises ont fait voir que, dans cette opération, l'eau n'était pas altérée.

La comparaison du pouvoir réfringent de ce fluide avec celui des diverses substances diaphanes a conduit Newton à regarder le diamant comme une substance onctueuse coagulée, et l'eau, comme substance mitoyenne entre les corps inflammables et les corps non inflammables. Les vues de ce grand philosophe, confirmées par les expériences de ces derniers temps, montrent jusqu'à quel point une propriété commune à plusieurs corps peut éclairer un observateur attentif sur sa nature. Elles paraissent encore indiquer que le gaz hydrogène jouit d'un pouvoir réfractif considérable, d'autant plus digne d'être vérifié par l'expérience qu'il peut en résulter de nouvelles lumières sur les réfractions

65.

astronomiques. La découverte et l'analyse des différents gaz a beaucoup
étendu ses connaissances sur la nature des corps et en particulier sur
celle de l'eau. M. Macquer a fait observer dans son Dictionnaire de
chimie que la combustion des gaz hydrogène et oxygène produit une
quantité d'eau sensible. Mais il n'a pas connu toute l'importance de
cette observation, qu'il se contente de présenter sans en tirer aucune
conséquence. M. Cavendish paraît avoir remarqué, le premier, que
l'eau produite dans cette combustion est le résultat de la combinaison
des deux gaz et qu'elle est d'un poids égal aux leurs. Plusieurs expériences faites en grand, d'une manière précise, par MM. Lavoisier,
Meusnier, Monge, et par M. Lefèvre de Gineau, ont confirmé cette découverte importante, sur laquelle il ne peut maintenant rester aucun
doute, qu'en sorte, à ne considérer que les substances que nous pouvons peser et retenir dans des vaisseaux, on peut regarder l'eau comme
formée de la combinaison de l'hydrogène et de l'oxygène. Toutes les
circonstances du développement du gaz hydrogène dans la dissolution
des métaux par les acides nous prouvent qu'il ne peut venir que de la
décomposition de l'eau, de manière que la combustion de ce gaz rend
à la nature l'eau que sa formation avait détruite. Ainsi l'analyse et la
synthèse se réunissent pour établir que ce fluide est composé d'hydrogène et d'oxygène.

Dans la plupart des expériences faites sur cet objet, l'eau contenait
un peu d'acide nitrique ; la nature bien connue de cet acide donne une
explication très-simple de ce phénomène. Le gaz oxygène dont on a
fait usage renfermait du gaz azote, et la combustion de ces deux gaz
a formé l'acide nitreux observé dans ces expériences.

Cependant des physiciens célèbres pensent encore que l'acide nitrique est un résultat nécessaire de la combustion des gaz hydrogène
et oxygène. Il était donc intéressant de varier l'expérience de cette
combustion, de manière à obtenir une eau pure et sans acide.

MM. Fourcroy, Seguin et Vauquelin se sont réunis dans cette vue ;
ils ont retiré le gaz oxygène du muriate oxygéné de potasse. Ce gaz,
sur 100 pouces cubes n'en renfermait que 3 d'azote ; le gaz hydrogène

a été retiré du zinc dissous dans l'acide vitriolique. On a fait passer les deux gaz à travers l'alcali caustique pour en séparer l'air fixe qu'il pouvait contenir.

L'appareil dont on a fait usage est celui que MM. Lavoisier et Meusnier ont imaginé, et qu'ils ont décrit dans les mémoires de l'Académie. La combustion des deux gaz s'est faite avec une plus grande lenteur que dans les expériences précédentes.

On a brûlé 25,963 1/2 pouces cubes de gaz hydrogène et 12,570, 9 pouces cubes de gaz oxygène; ces deux gaz étant supposés réduits à la température de 10° et à la pression de 28 pouces de mercure. D'après les pesées exactes et répétées, le poids de l'hydrogène employé est de 1,039 grains 358; celui de l'oxygène est de 6,209 grains 869; en sorte que le poids total est de 12 onces 4 gros 49 grains. La petite différence de 4 grains est dans les limites des erreurs dont ce genre d'expériences est susceptible. Il résulte de cette expérience que, dans la composition de l'eau, le poids de l'hydrogène est à celui de l'oxygène dans le rapport de 15,134 à 84,866, ce qui s'éloigne très-peu du rapport. . . .

L'eau produite dans cette combustion n'a manifesté aucun signe d'acidité; elle n'a point rougi les papiers teints de tournesol ou de violette; mêlée à un peu de·dissolution de nitrate d'argent bien pur, elle n'a formé ni précipité ni nuage. Sa pesanteur spécifique a été observée la même que celle de l'eau distillée.

Le résidu aériforme, contenu dans le ballon à l'issue de l'expérience, a troublé sensiblement l'eau de chaux, ce qui annonce la présence d'un peu d'acide carbonique, formé sans doute par la combustion du carbone que contenait le gaz hydrogène; ce résidu contenait encore un peu de gaz hydrogène. Le reste était un mélange de gaz azote et de gaz oxygène.

L'expérience dont nous venons de parler, la pureté du gaz oxygène et la lenteur de la combustion, ont, suivant toute apparence, empêché l'azote et l'oxygène de se combiner et de former de l'acide nitrique. Les gaz hydrogène et oxygène se sont combinés seuls et ont produit l'eau

parfaitement pure. Cette expérience ayant été faite avec beaucoup de
soin et servant à confirmer l'un des plus importants résultats de la chimie moderne, nous croyons que le mémoire de M. Seguin, qui en a
présenté avec précision tous les détails, mérite l'approbation de l'Académie et d'être imprimé dans le Recueil des savants étrangers.

Signé à la minute MM. Lavoisier, Brisson, Meusnier, Laplace.
    MM. d'Arcet et Baumé, commissaires nommés, n'ont pas
        approuvé le rapport.

RAPPORT

SUR

LE REMÈDE DES MONNAIES.

Du 27 octobre 1790.

MM. Lavoisier, Borda, Lagrange, Tillet, Coulomb, Laplace et Condorcet, ont fait le rapport sur le remède des monnaies et l'échelle de division.

L'assemblée nationale a demandé l'opinion de l'Académie sur la question de savoir s'il convient de fixer invariablement le titre des métaux monnayés, de manière que les espèces ne puissent jamais éprouver d'altération que dans le poids, et s'il n'est pas utile que la différence tolérée sous le nom de *remède* soit toujours en dehors. Elle a chargé, en même temps, l'Académie d'indiquer l'échelle de division qu'elle croira la plus convenable, tant pour les poids que pour les autres mesures et les monnaies.

Le titre des monnaies, c'est-à-dire le rapport entre la masse du métal précieux dont elles sont composées, et l'alliage qu'il est d'usage d'y joindre, peut être fixé avec une assez grande précision, mais non avec une exactitude rigoureuse. On peut répondre de ne pas tomber au-dessous ou de s'élever au-dessus d'un terme fixé, de rester dans une limite très-étroite, mais non d'atteindre exactement un point déterminé.

Ainsi, pour l'argent, par exemple, on peut, à la rigueur, répondre de se tenir dans les limites de 1 grain ou de 1 grain $\frac{1}{2}$ de fin, c'est-à-dire qu'on peut répondre de l'exactitude à $\frac{2 \text{ ou } 3}{576}$ près. Pour l'or, on peut se tenir dans les limites de $\frac{1}{32}$ ou $\frac{2}{32}$ de karat, c'est-à-dire qu'on peut répondre de l'exactitude à $\frac{1}{768}$ ou $\frac{2}{768}$ près.

Cette erreur tient à deux causes : à la difficulté de rendre parfaitement homogènes les métaux alliés et de prévoir rigoureusement l'altération que l'action du feu peut occasionner, et à l'impossibilité d'avoir une méthode d'essayer absolument rigoureuse. Il n'est d'ailleurs aucune expérience de physique, aucune opération réelle qui ne soit exposée à ces petites incertitudes.

Il faut donc laisser une certaine latitude, et, par conséquent, dire par exemple : la monnaie d'argent sera au titre de 11 deniers, mais si elle se trouve être de 10 deniers 22 grains $\frac{1}{2}$ à 11 deniers, elle sera réputée bonne, ou dire, la monnaie sera au titre de 11 deniers, mais on tiendra compte au fabricateur de ce qu'elle contiendra au-dessus jusqu'à 11 deniers 1 grain $\frac{1}{2}$. On suppose alors que, malgré les soins du fabricateur, il ne peut vouloir fabriquer à 11 deniers et non au-dessus sans risquer de tomber jusqu'à 10 deniers 22 $\frac{1}{2}$ grains et qu'il ne peut vouloir fabriquer à 11 deniers, au moins, sans risquer de s'élever jusqu'à 11 deniers 1 grain $\frac{1}{2}$.

Il en est de même du poids de chaque monnaie. Si l'on suppose qu'une pièce doive peser 200 grains, il faut, ou regarder comme bonne celle qui ne pèsera que 199, si telles sont les bornes de l'exactitude à laquelle on peut parvenir, ou passer au fabricateur les pièces suivant leur poids réel, pourvu qu'elles soient entre 200 et 201 grains.

Cette latitude accordée au fabricateur, soit dans le titre, soit dans le poids, s'appelle *remède*. On dit que le remède est *en dedans* si l'on admet comme bonnes les pièces qui sont d'une moindre quantité au-dessous du titre ou du poids établi; on dit que le remède est en dehors si l'on exige que les pièces aient au moins le titre et le poids fixé par la loi, mais en tenant compte de l'excédant jusqu'à une limite déterminée.

Les monnaies ne sont prises en général, dans le commerce, que comme ayant le titre et le poids au-dessous desquels elles seraient condamnées. Ainsi, par exemple, une monnaie d'argent à 11 deniers de fin, au remède de 1 $\frac{1}{2}$ grain, sera prise comme une monnaie à 10 deniers 22 $\frac{1}{2}$ grains. Et, si le remède était en dehors, une monnaie à

10 deniers 22 ½ grains, mais qui pourrait aller jusqu'à 11 deniers, serait prise également pour une monnaie à 10 deniers 22 grains ½.

Il est donc indifférent, aussi sous ce point de vue, de placer le remède en dehors ou en dedans; mais il ne l'est jamais d'employer un langage précis, un langage qui présente les objets tels qu'ils sont, au lieu de celui qui les présente sous un faux jour. Aussi, il vaut mieux dire la monnaie sera au titre de 10 deniers 22 grains ½, le remède étant en dehors, que de dire la monnaie sera au titre de 11 deniers avec un remède de 1 grain ½, puisque, dans les deux cas, elle sera toujours prise comme étant au titre de 10 deniers 22 grains ½. Il en est de même du remède de poids.

Le seul cas où l'on serait obligé de mettre en dedans le remède d'aloi, c'est-à-dire le remède qui se rapporte au titre, mais qui alors serait très-petit, serait celui où l'on voudrait fabriquer de la monnaie d'un métal aussi pur que l'art peut le donner.

Cette opération n'aurait pas l'avantage de donner l'espérance plus grande de voir un jour les différents peuples adopter une monnaie uniforme. Les frais de fabrication seraient augmentés, à la vérité, mais ces métaux purs conserveraient comme lingots l'augmentation de valeur que l'affinage leur donne dans le commerce et la conserveraient partout. Comme on perdrait les frais de fabrication qu'alors il faudrait retenir, on n'aurait pas à craindre d'être forcé à une fabrication superflue, et il n'y aurait même alors aucun inconvénient qu'elles fussent fondues en petites parties, pour remplacer les métaux affinés, lorsqu'on éprouverait quelque difficulté à s'en procurer.

L'objection la plus forte contre l'usage des métaux purs dans les monnaies, est la crainte qu'elles ne s'usent plus vite. Mais la dureté que l'alliage leur communique augmente-t-elle ou diminue-t-elle la perte qu'elles essuient par le frottement? C'est une question qui n'a jamais été résolue par des expériences directes, et l'Académie se propose d'en faire pour éclaircir un fait dont la connaissance peut être utile non-seulement pour l'art de fabriquer les monnaies, mais pour un grand nombre d'autres.

On pourrait croire qu'il y aurait plus de simplicité à établir que la monnaie contiendrait rigoureusement un tel poids de fin, ce qui confondrait en un seul les deux remèdes; mais cette simplicité apparente aurait un grand inconvénient : on ignorerait si telle pièce dont on a vérifié le poids est au-dessus par exemple du poids fixé par la loi, parce qu'elle est réellement trop faible, ou parce qu'elle se trouve à un titre plus élevé.

Il convient de séparer l'exactitude du titre de celle du poids, parce que la dernière peut toujours être vérifiée par des moyens simples : il suffit de peser les pièces avec de bonnes balances.

Le titre des monnaies ne doit être changé que dans les circonstances où il est convenable de faire une refonte générale, autrement on introduit dans le commerce de la monnaie de même métal, à deux titres différents, ce qui jette de la confusion.

Le rehaussement du titre est utile. L'expérience a prouvé que, plus les monnaies sont pures, plus elles ont de valeur dans les pays où elles n'ont pas cours et que l'échange est plus favorable.

Mais c'est dans le cas d'une opération générale qu'il faut s'occuper de ces avantages secondaires.

Nous ne parlons point des altérations du titre qui auraient pour objet de changer la valeur de la livre nominale, comme celle qui conserverait le nom d'écus de 3 livres à une pièce qui, ayant le même poids, mais fabriquée d'un métal moins pur, n'aurait que la valeur de 5o sols. La foi publique proscrit ces sortes d'altérations.

Il est utile que toutes les divisions des mesures, quel que soit l'usage auquel on les emploie, que celles des mesures de longueur, de surface et de contenance, que celles des poids, que celles des monnaies, dans leurs valeurs nominales, comme pour les pièces employées dans le commerce, soient assujetties à une même échelle. Enfin, l'échelle arithmétique doit servir de base à toutes les divisions.

On sent combien cette unité de division simplifie toutes les opérations par lesquelles on est obligé de comparer les volumes avec les poids, les prix avec les poids ou les mesures. De même, en prenant pour base commune l'échelle arithmétique, tous les calculs de commerce se réduisent à des nombres entiers, quelles que soient les dénominations que portent les diverses divisions. Au lieu que si l'on prend des échelles de divisions différentes de l'échelle arithmétique, on serait obligé, pour chacune, d'avoir des règles particulières. Ainsi, dans l'usage actuel, tel homme sait calculer des sous et des deniers, qui ne sait pas calculer des toises, pieds, pouces et lignes, ou des livres, onces, gros et grains.

L'adoption de l'échelle arithmétique pour toutes les divisions diminuera beaucoup les embarras qui doivent naître de l'établissement des nouvelles mesures, et tous ceux qui sauront l'arithmétique simple pourront en calculer toutes les divisions, tandis que ceux qui savent calculer les anciennes n'éprouveront aucun embarras, puisqu'ils pourront calculer les nouvelles, même avec plus de facilité.

On aurait pu proposer aussi de changer l'échelle arithmétique et de prendre l'échelle duodécimale, c'est-à-dire celle qui emploie douze chiffres, et qui suit la progression des puissances de douze. Mais ce changement, ajouté à tous les autres, en ôtant à ceux qui ne sont pas accoutumés au calcul un' base à l'aide de laquelle ils puissent entendre les changements et s'y conformer, en rendrait le succès presque impossible. Ajoutons que, non-seulement, il faudrait deux chiffres nouveaux, mais que l'arithmétique parlée a pour base l'arithmétique décimale, ce qui obligerait à la changer encore, de manière que les effets de tous ces changements réunis, incommodes aux personnes les plus habituées à réfléchir, seraient insupportables à toutes les autres.

Nous conclurons donc que l'échelle décimale doit servir de base à toutes les divisions, et que même le succès de l'opération générale sur les poids et mesures tient en grande partie à l'adoption de cette échelle. L'impossibilité d'avoir en nombres ronds de la division immédiatement inférieure le quart d'une unité quelconque, et celle de n'en jamais avoir le tiers, sont le seul inconvénient de cette échelle. Mais il est très-faible pour le quart; au lieu de dire, par exemple, que celui d'une livre est 4 onces, on dirait qu'il est de 2 onces 5 gros, si la livre se divisait en 10 onces et l'once en 10 gros; celui de la non divisibilité par trois n'est pas assez important pour sacrifier la concordance de toutes les divisions, ou s'exposer aux embarras qui naîtraient de l'adoption d'une nouvelle échelle arithmétique.

Signé à la minute LAVOISIER, BORDA, LAGRANGE,
CONDORCET, TILLET.

RAPPORT

SUR

LA CONSTRUCTION DU BAROMÈTRE.

Du 2 avril 1791.

Nous avons à rendre compte à l'Académie, M. Le Roy et moi, d'un mémoire qui lui a été présenté par M. Assier Perica, ingénieur, constructeur d'instruments de physique.

L'objet de ce mémoire est de fixer l'attention des savants sur un grand nombre de précautions à prendre dans la construction des baromètres, précautions dont dépend leur exactitude.

Tous les physiciens savent combien il est difficile d'arriver au point d'obtenir plusieurs baromètres dont la marche soit parfaitement comparable. Les différences qu'on observe tiennent, suivant M. Perica, à deux causes principales qui agissent séparément, mais dont les effets se compliquent de manière à ne présenter aucune loi générale qu'on puisse soumettre au calcul ou déterminer d'avance : en sorte qu'on ne peut arriver à une précision rigoureuse sans avoir formé une table de correction particulière pour chaque baromètre. Les détails dans lesquels nous allons entrer feront disparaître ce que ce premier énoncé peut présenter d'obscur.

La manière de remplir les baromètres est une première cause des différences de hauteur à laquelle le mercure se soutient dans différents baromètres. Il est beaucoup plus difficile qu'on ne pense de purger parfaitement d'air et d'humidité la partie supérieure du tube destinée à demeurer vide. M. Perica prescrit à cet égard des précautions dont la saine physique indique le succès et dont une longue expérience lui en fait connaître l'efficacité. Elles consistent, 1° à n'employer que du mercure parfaitement pur; 2° à le faire bouillir dans des vases de verre à ce destinés, avant de l'employer; 3° à faire chauffer les tubes dans toute leur longueur sur des charbons ardents jusqu'au point où ils sont prêts à se ramollir; à les remplir de mercure bouillant; lorsqu'ils sont échauffés à ce point, à y faire bouillir le mercure jusqu'à trois fois.

Lorsque les tubes ont été remplis avec cette précaution, le mercure ne s'en détache pas quand on les retourne, et l'on est obligé de présenter à la pointe supérieure un charbon ardent et de souffler pour réduire en vapeur une petite portion de mercure, alors il se détache sur-le-champ et la colonne se met en équilibre avec celle de l'atmosphère.

Mais une autre cause des différences qu'on observe dans la marche des baromètres est l'effet que fait sur eux le changement de température. Quoique cette cause agisse sur tous d'une manière uniforme, elle produit des effets très-variés sur chacun en particulier. M. Perica observe à cet égard que les effets de la chaleur sur le baromètre se trouvent modifiés par trois causes: 1° la dilatation du mercure, qui doit être la même dans tous les baromètres faits avec du mercure pur; 2° la dilatation du verre, qui se complique avec celle du mercure et qui varie en raison de la qualité du verre. M. Assier Perica aurait pu ajouter à ces deux causes d'incertitude l'effet thermométrique et hygrométrique de toute la monture du baromètre.

3° Enfin, pour peu qu'il reste un peu d'air, de vapeur ou d'humidité dans la partie vide du tube, l'effet qui produit la chaleur sur les vapeurs tend à faire baisser le mercure, tandis que la dilatation du mercure de la colonne tend à la faire monter, et les deux causes se compliquent encore d'une manière tout à fait irrégulière, au point même que les baromètres négligemment faits s'abaissent par l'augmentation de température au lieu de s'élever.

M. Assier Perica, auquel la pratique de son art a présenté toutes ces difficultés, en a conclu que le parti le plus sûr était de déterminer par des expériences, faites sur chaque baromètre en particulier, l'influence de toutes ces causes d'erreur et de variation et d'en former des tables qui seraient jointes à chaque baromètre. Les moyens d'exécution qu'il a imaginés pour remplir cet objet sont fort ingénieux, mais il n'a exposé aucun changement de température et n'a formé ses tables que sur le baromètre détaché de sa monture, et il resterait à donner aux baromètres des genres de monture qu'on peut également soumettre d'une manière commode aux variations de température depuis la glace jusqu'à l'eau bouillante; il est probable qu'en formant alors des tables de correction pour chaque baromètre, on parviendrait à leur donner une marche parfaitement comparable.

Ces détails suffisent pour donner une idée du travail de M. Perica. Il annonce une étude approfondie de son art, les connaissances de physique qui y sont relatives, beaucoup de sagacité, et nous croyons utile aux progrès de la physique qu'il le fasse imprimer après y avoir fait quelques corrections de style.

———

Du 2 février 1791.

Nous soussignés, membres de l'Académie des sciences, certifions que le sieur Assier Perica, ingénieur constructeur de baromètres, thermomètres et autres instruments de physique, s'occupe depuis un grand nombre d'années de perfectionner son art; qu'il a présenté à l'Académie des sciences des objets qui y sont relatifs et qui réunissent le mérite de l'invention et de l'exécution; qu'il a présenté, il y a environ cinq ans, à l'Académie une description de son art dont nous sommes commissaires et dont nous aurions fait un rapport avantageux, si nous n'avions été arrêtés par quelques incorrections de style que nous nous proposions de corriger, et qui n'ôtent rien, quant au fond, au mérite de l'ouvrage. En foi de quoi nous avons signé le présent certificat.

A Paris, le 2 février 1791.

RAPPORT

SUR

LA RESPIRATION DES INSECTES.

Du 25 février 1792.

Nous avons à rendre compte à l'Académie, M. de Laplace, M. Vicq d'Azir et moi, d'un mémoire de M. Vauquelin, lu à la séance du 17 décembre dernier, sur la respiration des insectes et des vers.

Ce mémoire est le résultat d'expériences faites en 1790 et 1791, principalement sur la grande espèce de sauterelles connue sous le nom de *Gryllus viridissimus L. Locusta vermivora G.* sur la grande limace jaune et sur le limaçon des vignes.

Il ne contient pas seulement des expériences physiques et chimiques sur la respiration des insectes, il présente encore des détails physiologiques et chimiques sur les organes de la digestion et de la respiration, et il est surtout remarquable par la marche méthodique que l'auteur a suivie dans ses expériences et dans la manière de les présenter. Les organes de la respiration des sauterelles n'ont, d'après les observations de M. Vauquelin, rien de commun avec les organes pulmonaires des quadrupèdes, des oiseaux, et en général des animaux à sang chaud. Dans ceux-ci le chyle se mêle avec le sang, et ce n'est qu'après avoir circulé avec lui qu'il reçoit dans le poumon un dernier degré d'élaboration et que l'air de la respiration lui enlève une portion d'hydrogène et de carbone qu'il a sans doute en excès. Dans les sauterelles, c'est autre chose; l'organe de la respiration paraît avoir une communication immédiate avec l'estomac, en sorte que c'est dans l'estomac même que le chyle s'élabore et s'assimile au sang, et que le même organe remplit à la fois les fonctions relatives à la digestion et à la respiration.

Du reste, les phénomènes que présente la respiration des sauterelles sont très-analogues à ceux que présente celle des animaux qui ont un poumon proprement dit. Elles ne peuvent vivre qu'un temps déterminé dans une quantité donnée d'air; elles convertissent l'air vital en acide carbonique ou air fixe. Elles sont asphyxiées sur-le-champ dans le gaz hydrogène sulfuré, et, en général, dans toute espèce de gaz qui ne contient pas de gaz oxygène; enfin, le gaz azote ne paraît subir ni augmentation ni diminution dans la respiration des sauterelles non plus que dans celle des quadrupèdes et des oiseaux.

La grande limace rouge ne paraît pas avoir d'organe respiratoire proprement dit, et il serait possible, comme l'un de nous l'a soupçonné, qu'il n'existât pour les vers et pour quelques classes d'insectes d'autre respiration que celle que nous avons appelée, M. Seguin et moi, respiration cutanée. Il suinte continuellement de presque toute la surface du corps de ces animaux une humeur visqueuse qui est composée d'hydrogène et de carbone, et il est probable qu'au moment où elle se trouve en contact avec l'air de l'atmosphère elle se combine avec la base de l'air vital, l'oxygène, et forme de l'acide carbonique et de l'eau.

Au reste, soit que les limaces respirent par toute la surface de leur corps ou par quelque organe particulier destiné à cette fonction, il est certain qu'elles opèrent sur l'air les mêmes effets que la respiration proprement dite. Elles paraissent moins sensibles que les quadrupèdes et les oiseaux aux impressions de l'acide carbonique. Elles vivent dans l'air de l'atmosphère jusqu'à ce qu'elles aient consommé presque tout l'air vital qu'il contenait, au point qu'elles pourraient former un eudiomètre assez exact.

La limace périt en peu d'instants dans le gaz hydrogène sulfuré, en sorte que l'air, ou plutôt le gaz oxygène, est nécessaire à sa subsistance comme il l'est à celle de tous les animaux qui respirent. Une observation intéressante, c'est qu'elle perd dans le gaz hydrogène sulfuré la couleur rouge orangé qui lui est propre; ce qui semble prouver que cette couleur, comme toutes celles qui sont altérables par le gaz hydrogène sulfuré, est un résultat de la combinaison d'une matière animale avec l'oxygène.

Le limaçon des vignes présente un phénomène particulier. Il ne respire que pendant un certain temps de l'année. Dès que le froid vient, il se renferme au moyen d'un opercule qu'il forme lui-même à la bouche de sa coquille; mais il ne cesse pas de respirer tout d'un coup; tant que l'estomac et le canal intestinal contiennent des aliments à digérer, l'animal respire encore et il ne se renferme définitivement que lorsque, la digestion étant complète, l'air de l'atmosphère opère un enlèvement de carbone et d'hydrogène, qui ne serait plus réparé par les aliments, observation importante et qui prouve, comme l'un de nous l'a avancé, qu'il existe une correspondance entre ces deux fonctions, la respiration et la digestion.

Ce que nous venons de dire du mémoire de M. Vauquelin suffit pour donner à l'Académie une idée de la sagacité et de l'étendue des connaissances avec lesquelles il a rempli son objet, et nous concluons que son mémoire est très-digne d'être imprimé dans le Recueil des savants étrangers. Nous l'invitons en même temps à suivre les mêmes recherches sur d'autres classes d'insectes. Il trouvera sans doute partout la même action des organes de la respiration sur l'air; mais, en rapprochant les phénomènes de la respiration, ceux de la digestion et de la circulation, il répandra de nouvelles lumières sur les moyens que la nature emploie pour opérer l'assimilation des aliments et la nutrition des animaux.

L'Académie doit voir combien la marche des connaissances humaines est rapide dans ce moment, combien tous les phénomènes de la nature s'éclaircissent par le secours de l'analogie, et elle doit bien regretter de n'avoir qu'une couronne à offrir entre des concurrents aussi méritants.

RAPPORT

sur

LA NUTRITION DES VÉGÉTAUX.

Du 25 février 1792.

Nous avons été nommés, M. Berthollet, M. Tessier et moi, pour rendre compte à l'Académie du premier mémoire de M. Hassenfratz sur la nutrition des végétaux. Avant de présenter le détail des expériences contenues dans le mémoire, nous nous permettrons de courtes réflexions sur l'état actuel de nos connaissances, sur la composition des végétaux, et nous les puiserons principalement dans le mémoire même de M. Hassenfratz.

Les principes communs à tous les végétaux, ceux dans lesquels ils se résolvent en dernière analyse, sont l'hydrogène, l'oxygène et le carbone. Nous ne parlons pas ici de quelques principes particuliers à quelques classes de végétaux, non plus que de la petite portion de terre qu'ils contiennent et qui reste après la combustion. Ces considérations de détail ne touchent en rien à l'objet général que M. Hassenfratz a eu en vue dans ce mémoire.

Cette composition des végétaux en général se prouve par une expérience très-simple. Elle consiste à brûler des morceaux de bois sec, des allumettes par exemple, ou toute autre partie d'un végétal sec sous une cloche de verre remplie d'air vital. La combustion se fait avec rapidité. Le bois semble se dissoudre; il cesse d'être dans un état solide; il ne reste qu'un produit aériforme et un peu d'eau.

Rien n'est changé en apparence dans l'air qui a servi à cette opération. Il est transparent comme auparavant; il a seulement éprouvé une

légère diminution de volume. Mais, en le soumettant à des expériences,
on reconnaît qu'une quantité plus ou moins grande a été convertie en
acide carbonique; qu'une autre portion a servi à fournir de l'eau; d'où
l'on est en droit de conclure que les végétaux contiennent l'un des principes constituants de l'acide carbonique et de l'eau, c'est-à-dire du
carbone et de l'hydrogène. D'autres expériences ont démontré qu'ils
contiennent en outre de l'oxygène donc les principes constitutifs des
végétaux sont l'oxygène, l'hydrogène et le carbone.

La végétation ne pouvant s'opérer sans le concours de l'eau, et l'eau
étant composée d'oxygène et d'hydrogène, il n'est pas difficile d'apercevoir d'où les végétaux tirent l'hydrogène et l'oxygène qui entrent dans
leur composition; mais il n'est pas aussi aisé de savoir d'où ils tirent
le carbone. Quelques physiciens ont pensé qu'ils le tiraient de l'acide
carbonique répandu dans l'air de l'atmosphère; d'autres ont soupçonné que le carbone était un des principes de l'azote enfin quelques-
uns ont recherché si le carbone était véritablement un être simple
comme les chimistes modernes l'ont supposé, et ils se sont demandé
s'il ne serait pas composé de principes contenus dans l'air ou dans la
terre qui environne les végétaux.

L'objet du premier mémoire de M. Hassenfratz, dont nous rendons
compte, est de faire voir qu'il ne se forme pas de carbone dans les
plantes qui croissent dans de l'eau pure. Il a principalement opéré sur
du cresson, des haricots, des racines bulbeuses et sur des branches dé-
tachées d'individus vivants, et il s'est assuré, par des expériences qui
nous paraissent concluantes, que la quantité de carbone n'augmente pas
pendant le cours de la végétation, en sorte que la plante qui a crû dans
l'eau ne contient pas plus de carbone et qu'elle en contient même un peu
moins que n'en contenaient la graine, la racine bulbeuse, ou les branches
mises en expérience. Il n'y aurait donc, en partant de ces expériences,
qu'une extension, un renflement, s'il est permis de se servir de cette
expression, de carbone contenu dans l'élément de la plante sans augmentation dans les quantités; mais cette extension, suivant les expériences de M. Hassenfratz, a ses bornes. Les plantes élevées dans l'eau

ne peuvent prendre qu'un accroissement limité; elles languissent bientôt et périssent.

Si véritablement, comme les expériences de M. Hassenfratz semblent le prouver, il n'y a point d'augmentation dans la quantité de carbone des plantes qui croissent dans l'eau et dans l'air, il en résulte que ce n'est ni dans l'air, ni dans l'eau, qu'est le réservoir du carbone qui entre dans la composition des végétaux, et c'est avoir déjà fort avancé la solution du problème que d'avoir éliminé deux des principales causes auxquelles on pouvait attribuer la formation du carbone.

M. Hassenfratz réserve pour un second mémoire le détail des expériences et des recherches qu'il a faites sur la formation du carbone dans les végétaux élevés dans la terre, et sur la théorie des fumiers. Il annonce qu'il expliquera dans le même mémoire pourquoi les plantes élevées dans l'eau éprouvent une diminution de carbone, c'est-à-dire pourquoi elles en contiennent moins que la graine, la bulbe, et en général l'élément qui a servi à les former.

Ces expériences sont tellement importantes et elles jettent tant de lumière sur la nutrition des végétaux, sur l'origine d'un des principes qui les constituent et sur l'usage des engrais, que nous désirerions qu'elles fussent constatées d'une manière authentique et en présence de commissaires de l'Académie. Mais, dans tous les cas, nous pensons que le mémoire de M. Hassenfratz mérite d'être imprimé dans le Recueil des savants étrangers.

Fait au Louvre, ce 25 février 1792.

M. Hassenfratz, après avoir annoncé, dans un premier mémoire sur la nutrition des végétaux, que la quantité de carbone n'augmente pas dans les plantes qui croissent dans l'eau et dans l'air sans le concours d'autres substances; après avoir établi que la plante, la tige, l'arbre même qui a crû dans de l'eau, ne contient pas plus de carbone que n'en contenait la graine ou la racine bulbeuse qui a été mise originai-

rement en expérience, examine, dans un second mémoire, quelles sont
les causes qui augmentent la quantité de carbone contenue dans les
plantes qui ne croissent pas dans l'eau pure.

Comme l'opinion la plus généralement adoptée par les chimistes
et les physiciens qui ont adopté la doctrine moderne est que la végétation décompose l'acide carbonique contenu dans l'air au milieu duquel croît la plante, et que c'est une des sources principales dans lesquelles les végétaux trouvent le carbone nécessaire à leur composition,
M. Hassenfratz a cru devoir diriger son plan d'expériences de manière à vérifier la vérité de cette hypothèse. Il a substitué à l'eau pure
de l'eau imprégnée d'acide carbonique, et il a reconnu que l'accroissement des plantes élevées dans cette eau se faisait encore sans augmentation de carbone. Il observe, à l'appui de ces faits, que, si l'acte de la
végétation décomposait l'acide carbonique, si cette opération de la nature était l'inverse de la combustion, il devrait y avoir production de
froid dans l'acte de la végétation et, cependant, on n'a rien observé
jusqu'ici de semblable, et quelques expériences, au contraire, sembleraient porter à croire qu'il y a plutôt augmentation que diminution
de chaleur pendant la végétation.

Cette considération, cependant, n'établirait qu'une probabilité; car
les expériences sur le calorique se compliquent d'une si grande multitude de circonstances relatives au changement de capacité des différentes
substances que M. Hassenfratz a senti lui-même qu'il pourrait être imprudent de tirer des conséquences uniquement fondées sur cette observation. Il a donc cru devoir s'élever à des expériences plus directes. Il
a enfermé des plantes sous des bocaux de verre, et, les y ayant laissées
très-longtemps, le volume de l'air ne lui a pas paru sensiblement
changé; il n'était pas non plus amélioré, et cependant, si l'acte de la
végétation opérait une décomposition de l'acide carbonique, une absorption de carbone, il devrait se dégager en même temps une quantité considérable d'air vital.

Les expériences de M. Hassenfratz le mènent même à conclure que,
loin qu'il y ait décomposition d'acide carbonique pendant la végétation,

il y a au contraire une légère production de cet acide, et c'est à cette formation qu'il attribue la légère diminution de carbone qu'il a remarquée dans les plantes élevées dans l'eau.

Nous pensons que l'Académie doit applaudir à la proposition, qui lui a été faite par M. Hassenfratz, de répéter, en présence de commissaires nommés par l'Académie, des expériences d'une aussi grande importance. Aucun objet ne nous paraît plus digne de son attention.

RAPPORT

SUR LA VÉGÉTATION.

Du 7 mars 1792.

Nous avons à rendre compte à l'Académie, MM. Adanson, A. de Jussieu, Fourcroy et moi, d'un premier mémoire sur la végétation, lu à l'Académie par M. Seguin, dans sa séance du 29 février dernier. Ce mémoire et celui qui a été lu le même jour par M. Hassenfratz ayant excité des réclamations réciproques de la part de deux concurrents que l'Académie estime, et l'objet d'ailleurs étant d'une extrême importance, nous allons nous attacher à poser l'état de la question.

On a cru longtemps que le charbon qu'on retire des végétaux soit par la distillation, soit par une combustion incomplète, était un produit du feu. Aujourd'hui l'opinion la plus générale est que le charbon préexiste dans les végétaux avant la distillation et la combustion. La plupart des chimistes le regardent comme un être simple ou, au moins, qu'il n'a pas encore été possible de décomposer.

En admettant cette dernière opinion, il reste à déterminer quelle est la source dans laquelle les végétaux trouvent la grande abondance de charbon qui entre dans leur composition.

Il était naturel de soupçonner d'abord qu'ils la tirent de la terre végétale, de l'*humus*, du terrain et du fumier dans lesquels ils croissent; mais cette opinion présente une difficulté qui paraît insoluble, puisqu'il est constant que plusieurs plantes vivent dans de l'eau pure et dans de l'air, sans qu'aucune substance environnante semble pouvoir leur fournir du carbone.

M. Hassenfratz a entrepris de donner la solution de cette difficulté.

Il a prétendu que, lorsque les plantes croissent dans de l'eau, il n'y a qu'un transport du carbone, contenu dans la graine, dans la racine, et en général dans l'élément de la plante, en sorte que, si l'on élève un chêne par exemple dans de l'eau, cet arbre cesse de croître et de vivre après un intervalle de temps qui est déterminé par l'extension que la matière charbonneuse contenue dans l'élément de la plante est susceptible de prendre. Si, alors, on soumet le chêne à l'analyse, il ne contient pas plus de charbon que n'en contenait le gland qui a servi à le former.

M. Seguin, dans les expériences qu'il a faites sur la nutrition des végétaux, sans présenter des expériences aussi directes, a été conduit à un résultat différent. Il pense que, de même qu'il se forme de l'acide carbonique, de l'air fixe, par la combustion des végétaux, de même il se décompose de l'acide carbonique dans leur formation. L'expérience que nous avons rapportée dans un précédent rapport vient à l'appui de cette opinion.

Si l'on brûle du bois ou une matière végétale quelconque sous une cloche remplie d'air vital, la substance végétale, en se combinant avec la base de l'air, se convertit en acide carbonique et en eau; mais si une substance végétale, plus de l'oxygène, forme de l'acide carbonique et de l'eau, il en résulte qu'en enlevant de l'oxygène à de l'acide carbonique et à de l'eau, on doit reformer une combinaison végétale, et, quoique l'art ne nous fournisse encore aucun moyen d'opérer cette merveille, il n'est pas sans vraisemblance, et l'analogie porte à le croire, que c'est la marche que suit la nature pour la formation des végétaux.

Si les expériences de M. Seguin ne prouvent pas d'une manière directe la vérité de cette opinion, elles y ajoutent au moins quelques degrés de probabilité. Il fait voir que si l'on élève des plantes dans une eau dans laquelle on a fait dissoudre des matières salines, ou bien dans laquelle on a introduit des matières colorantes ou odorantes, la plante n'aspire que l'eau par ses racines et laisse toutes les matières étrangères; ni la couleur des fleurs ni leur odeur n'est changée par l'addition de ces substances.

Il semblerait suivre de ces expériences que ce n'est pas par les racines que s'introduit le charbon qui entre dans la composition des végétaux. Il reste à déterminer si, comme il n'est pas sans vraisemblance, cette substance provient de la décomposition de l'acide carbonique qui environne les plantes; à examiner si véritablement le charbon est un être simple, s'il ne proviendrait pas de la décomposition de l'azote ou mofette mêlé dans l'air de l'atmosphère, etc. M. Seguin annonce des expériences déjà avancées sur ces différentes solutions. Il en promet également sur la respiration et la transpiration des plantes.

Nous exhortons M. Seguin à consulter sur ce dernier objet les nombreuses expériences qui ont déjà été faites par M. Duhamel et par quelques autres physiciens. Il semblerait résulter de quelques-unes que les plantes sont susceptibles d'absorber des sels par leurs racines et de participer à la nature des terrains dans lesquels elles croissent.

L'Académie ne peut qu'engager M. Seguin à suivre ce travail, et nous concluons que le premier mémoire contient déjà assez de faits pour mériter d'être inséré dans le Recueil des mémoires présenté à l'Académie par des savants étrangers.

RAPPORT

SUR

LES ÉLÉMENTS DE LA TEINTURE

DE M. BERTHOLLET.

Du 28 août 1792.

Nous avons été chargés par l'Académie, MM. Lavoisier, d'Arcet et de Fourcroy, d'examiner un ouvrage de M. Berthollet, notre confrère, ayant pour titre : *Éléments de l'art de la teinture*.

Cet ouvrage est divisé en deux volumes : le premier contient toutes les connaissances générales, théoriques et pratiques qu'on doit posséder, non-seulement pour pratiquer l'art de la teinture, mais encore pour en bien concevoir les phénomènes et pour en accélérer les progrès; il est divisé en trois sections. Dans la première, M. Berthollet examine les propriétés générales des couleurs, et il traite, dans les six chapitres qui la composent, des parties colorantes et de leurs affinités, des mordants, de l'action des différentes substances et, en particulier, de la lumière et de l'air sur les couleurs, de la couleur jaune produite dans les matières animales par les acides nitrique et muriatique oxygéné, des astringents et surtout de la noix de galle. Le chapitre vi présente un résumé général de sa théorie. L'Académie a plusieurs fois entendu l'auteur proposer dans des mémoires la plupart des faits sur lesquels il appuie cette théorie. Il serait donc superflu de lui en rendre un compte détaillé. Nous nous contenterons de dire quelques mots sur la manière neuve et intéressante dont les phénomènes des astringents sont expliqués dans cet ouvrage. Il regarde les astringents végétaux comme des

68.

matières qui sont avides d'oxygène, qui se brûlent promptement et facilement dans l'atmosphère et qui, se laissant dépouiller peu à peu de leur hydrogène, offrent bientôt plus ou moins à nu le charbon qu'elles contiennent. Telle est la cause de la couleur brune ou noire que contractent à l'air la plupart des astringents végétaux. Les astringents enlèvent plus ou moins complétement l'oxygène aux oxydes métalliques, et c'est pour cela que la noix de galle réduit une partie des dissolutions d'or et d'argent, et fait naître à leur surface une croûte brillante et métallique. La couleur noire produite par la noix de galle mêlée au sulfate de fer est donc due à ce que la matière astringente enlève de l'oxygène au fer, jusqu'à ce qu'elle l'ait amené à l'état d'oxyde noir. Cette théorie simple de l'action réciproque des astringents et des dissolutions métalliques a été déjà proposée par un de nous, il y a quatre ans, dans ses leçons publiques. Mais M. Berthollet y a ajouté beaucoup de clarté et de précision par les faits qu'il a recueillis et par les expériences qui lui sont propres, surtout par rapport à la coloration spontanée de plusieurs astringents végétaux par le contact de l'air. Il a fait voir que l'acide gallique n'est point la cause de la coloration du fer en noir, mais que cette coloration dépend et de la réduction de l'oxyde de ce métal et du charbon de la noix de galle par l'absorption de l'oxygène et par son union avec l'hydrogène.

Quant à la théorie générale des couleurs, l'auteur distingue soigneusement celles qui appartiennent aux métaux de celles qui sont propres aux substances végétales et animales.

Les couleurs métalliques sont modifiées et changées par les proportions de l'oxygène qui s'y combine.

Les parties colorantes végétales varient suivant les états par lesquels passent les végétaux. Souvent les couleurs végétales sont dues à des molécules colorées, mêlées ou combinées, que l'on extrait ou que l'on prépare par la teinture. Elles diffèrent surtout entre elles par leurs affinités pour les oxydes métalliques, l'oxygène, la laine, la soie, le coton et le lin. Ce sont ces différences qui ont fait naître les procédés que l'on suit pour les appliquer aux diverses substances et pour les rendre durables. Elles forment aussi des composés avec l'alumine et les oxydes métalliques qu'elles enlèvent quelquefois aux acides ; ces combinaisons modifient et, surtout, rendent plus stables et plus fixes les couleurs végétales et animales ; elles forment avec les étoffes une combinaison triple, encore plus fixe et plus insensible aux agents extérieurs que ne fait leur simple union avec l'alumine et les oxydes métalliques. L'oxygène de ces derniers agit sur les couleurs comme celui de l'atmosphère, et les dégrade plus ou moins. Il se porte aussi sur leur hydrogène, avec lequel il forme de l'eau, et il rapproche ainsi les couleurs végétales et animales de l'état d'une véritable combustion que le contact de la lumière favorise, et c'est ainsi que la lumière contribue à la destruction des couleurs ; les effets des acides forts sont dus à une action analogue. La disposition ou la tendance plus ou moins considérable pour absorber l'oxygène et pour éprouver la combustion est la vraie cause de la différence de fixité et de solidité des matières colorantes. D'après ces considérations, M. Berthollet remarque, 1° que les oxydes des métaux qui ont très-peu d'adhérence pour l'oxygène, comme ceux d'or, d'argent et de mercure, produisent une combustion trop rapide et ne peuvent pas servir à la teinture ; 2° que ceux qui, en cédant plus ou moins de ce principe, éprouvent de grands changements dans leur couleur, comme cela a lieu pour le cuivre, le plomb et le bismuth, sont de mauvais intermèdes et produisent des couleurs trop variables ; 3° que les oxydes métalliques qui retiennent fortement l'oxygène, et qui changent peu quand ils en perdent des portions, sont les seuls qui puissent servir utilement. C'est par cette raison que l'oxyde d'étain qui, d'ailleurs, porte dans la teinture une matière très-blanche qui relève l'éclat des couleurs sans les altérer, est si utile dans les arts.

La seconde section du premier volume traite des opérations de la teinture en général. L'auteur présente dans le premier chapitre des considérations générales sur la laine, la soie, le coton et le lin, et sur les opérations différentes qu'on leur fait subir pour les disposer à recevoir la teinture. On y trouve des notions exactes sur la nature de cha-

cune de ces substances, des détails très-intéressants sur la matière jaune
et sur la matière gommeuse de la soie; des remarques sur les diverses
espèces de laine et de coton; enfin un exposé clair et précis des lessives, des décreusages et des préparations générales auxquelles on soumet ces substances avant de les teindre. Le deuxième chapitre de cette
section est destiné à la description des ateliers de teinture, et le troisième à celle des manipulations générales qui y sont pratiquées. L'un
et l'autre ne sont point susceptibles d'extrait et ils ne sont, d'ailleurs,
destinés qu'à donner des définitions. Dans le quatrième, l'auteur parle
des combustibles qu'on emploie pour les opérations de teinture. Il
donne les notions générales qui doivent éclairer l'artiste sur la fabrication des fourneaux et sur le moyen d'obtenir toute la chaleur des
combustibles qu'il emploie. Il conseille l'usage de charbon de terre réduit en coke; il combat plusieurs préjugés relatifs à la chaleur qu'on se
procure dans les ateliers de teinture. Le cinquième chapitre est destiné
à l'exposé des moyens par lesquels on constate la bonté d'une couleur.
L'auteur s'élève contre les règlements rigoureux et presque barbares
qui séparaient les ouvriers du grand ou du petit teint et qui rendaient
presque punissables ces derniers s'ils en avaient fait de trop solides. Il
présente ensuite un extrait de l'ouvrage de Hellot, sur les débouillis
inventés par Dufay et qui ont fait la base des règlements sur cet objet.
Il décrit la manière de juger de la solidité, de la durée et surtout de
l'intensité ou la quantité d'une couleur, par l'acide muriatique oxygéné.
Il fait des réflexions générales sur les débouillis décrits dans l'instruction donnée et publiée par le Gouvernement, dont il ne rejette point
toutes les épreuves. Il propose de conserver l'épreuve pour le noir,
de supprimer celle de l'acétate, dont il est possible de juger par le
coup d'œil, et sur la préparation de laquelle il ne peut pas y avoir
d'incertitude; celle des verts qui proscrit le vert de Saxe, recherché
cependant à cause de son éclat. Il voudrait, avec raison, qu'on dé-
truisît la distinction de grand et petit teint, que les artistes pussent
donner la plus grande extension à leur industrie et que le public fût
averti, par une marque, de la solidité des teintures qu'il veut se procu-

rer. Il préfère, enfin, l'épreuve par l'acide muriatique oxygéné comme plus simple et plus générale. Il termine cependant ce chapitre par donner l'instruction sur le débouilli des laines et des étoffes de laine.

La troisième section contient une histoire des agents chimiques dont on fait usage dans la teinture. On y trouve l'examen des principales propriétés des acides sulfurique, nitrique, muriatique, muriatique oxygéné, nitro-muriatique, de l'alun, du sulfate de fer, du sulfate de cuivre, du sulfate de zinc, de la potasse, de la soude, du savon, du vert-de-gris et de l'acétate de cuivre, de l'acétate de plomb, du soufre, de l'arsenic et des eaux. Ces différents articles, sans être aussi détaillés que dans les ouvrages élémentaires de chimie destinés à l'enseignement de cette science, sont décrits avec beaucoup de clarté et de méthode. Ils sont surtout remarquables par l'application des nouvelles découvertes des chimistes, par l'exposition de l'influence de tous ces agents sur les matières colorantes et sur les sujets à teindre. L'avantage de cette application est particulièrement prouvé dans l'article qui traite de l'acide nitro-muriatique et de la dissolution d'étain si employée en teinture et dont les heureux effets sont bien propres à détruire nos regrets sur les couleurs des anciens ; on trouvera encore cet avantage dans les articles des acides sulfurique, nitrique, muriatique oxygéné, du sulfate de zinc, de l'acétate de cuivre et de l'alun.

Le deuxième volume est consacré à la description des procédés dont on fait usage en teinture. Il est divisé en six sections destinées, la première, à la teinture en noir ; la deuxième, au bleu ; la troisième, au rouge ; la quatrième, au jaune ; la cinquième, au fauve ; la sixième, aux couleurs mêlées. Il serait trop long de parcourir chacune de ces sections ; nous traccrons seulement ici la marche que l'auteur a suivie.

Il a fait d'abord, par les réactifs, l'analyse des substances colorantes qui sont employées pour chaque espèce de couleur ; il décrit ensuite les procédés les plus avantageux qui soient connus ; il indique les circonstances principales par lesquelles les procédés diffèrent pour la laine, la soie et le coton. Il rapporte les opérations faites par les auteurs qui ont écrit sur la teinture, et il y joint les expériences qui lui sont particulières.

Il essaye de faire connaître, d'après la théorie établie dans le premier volume et les analyses des substances colorantes, les principaux phénomènes que présentent les opérations multipliées de l'art de la teinture, les avantages de quelques procédés sur d'autres qui paraissent n'en différer que très-peu, les propriétés des étoffes qui exigent qu'on les traite d'une manière diverse; c'est ainsi qu'il explique par l'affinité moindre que les étoffes de soie ont avec les parties colorantes noires et avec celles de la cochenille, les différences des procédés qui doivent être employés pour la soie et pour la laine.

Dans la cinquième section, il fait voir que la plupart des végétaux, et principalement les écorces des bois, renferment une substance qui donne des couleurs plus ou moins solides, variant du jaune au brun, et qui possède plus ou moins la propriété astringente dont nous avons déjà exposé la théorie d'après ses principes; il donne principalement l'analyse du sumac et du brou de noix.

Il fait voir, dans la sixième section, que les couleurs mêlées ne dépendent pas seulement du mélange des couleurs primitives des substances dont on se sert, mais aussi de l'action que les mordants dont on fait usage exercent, soit sur les substances colorantes, soit sur la liqueur qui les surnage. Il tire de là plusieurs applications utiles; par exemple, il prouve qu'on ne peut se servir avec avantage de la dissolution d'indigo par l'acide sulfurique dans les couleurs composées où l'on fait entrer la garance, parce que les acides font passer facilement la garance au jaune.

Ce qui caractérise particulièrement ce volume, c'est la comparaison des procédés employés dans différents ateliers ou recommandés par les différents auteurs qui ont écrit sur la teinture et qui ne sont rassemblés nulle part; ainsi on y trouve les procédés ou les observations de Hellot, Macquer, Lewis, Scheffer, Bergman, Vogler, Guhlich, d'Ambourney, Roland de la Plâtrière, de La Folie, Wilson, etc.

Quoique l'auteur ait toujours eu soin d'indiquer les simplifications et les améliorations qu'on pourrait apporter dans les procédés, il ne s'est pas permis de changements dans leur description, parce qu'il lui a paru dangereux de prononcer d'après des tentatives faites en petit sur ce que l'on devait exécuter en grand. Il a préféré éclairer les artistes sur les principes de leur art pour qu'ils puissent ensuite le perfectionner dans leur pratique.

Dans l'introduction, M. Berthollet compare l'art des teintures des anciens avec l'état dans lequel il se trouve aujourd'hui. Suivant lui, cet art a fait des progrès considérables, qu'il doit principalement à la découverte de la cochenille et de l'indigo, et à celle de la dissolution d'étain; mais les anciens employaient la plupart des autres substances colorantes qui sont en usage à présent.

Nous pensons que l'ouvrage de M. Berthollet remplira parfaitement le but qu'il s'en propose, qu'il sera de la plus grande utilité pour l'art de la teinture, qu'il contribuera beaucoup aux progrès de cet art et qu'il mérite sous tous les rapports, pour les découvertes qu'il contient, d'être approuvé par l'Académie.

Signé, à la minute, Lavoisier, Fourcroy, d'Arcet.

RAPPORT

SUR

LES TRAVAUX DE M. D'AMBOURNEY.

Du 13 juin 1792.

M. Dufresne Saint-Léon, commissaire du Roi à la liquidation, ayant demandé à l'Académie des renseignements sur les travaux de M. d'Ambourney, secrétaire de l'Académie de Rouen, qui sont relatifs aux progrès de l'art de la teinture, l'Académie nous a chargés de lui en rendre un compte sommaire et nous allons le lui présenter.

M. d'Ambourney a fait un grand nombre d'expériences sur les substances indigènes qui peuvent être employées en teinture et être substituées à celles qu'on apporte de l'étranger pour cet usage, et sur l'action de différents mordants sur chacune de ces substances. Il a réuni ses nombreuses expériences dans un recueil en deux volumes in-4° qui ont été imprimés aux frais du gouvernement. Il a, de plus, fait des expériences pour perfectionner la culture et la préparation de la garance et pour la naturaliser dans sa province.

Depuis longtemps les recherches de M. d'Ambourney lui ont mérité l'estime de l'Académie, qui l'a mis au nombre de ses correspondants. Nous pensons que les travaux dont M. d'Ambourney s'est occupé dans sa longue carrière méritent l'intérêt de l'Académie par l'utilité dont ils ont été pour les progrès de l'art de la teinture.

Signé, à la minute, BAUMÉ, LAVOISIER, BERTHOLLET, FOURCROY.

RAPPORT

SUR

DES ÉCHEVEAUX DE COTON TEINTS EN ROUGE.

Du 10 juin 1792.

L'Académie nous ayant chargés, MM. Leroy, Lavoisier, Berthollet et moi, d'examiner des écheveaux de coton teints en rouge, qui lui ont été présentés par M. Bonafont, nous allons lui faire part des diverses épreuves auxquelles nous les avons soumis ; mais, avant d'entrer dans aucun détail, nous observerons à l'Académie que M. Bonafont nous a fait mystère de ses procédés pour la teinture en rouge dit *d'Andrinople.* Il n'a point non plus opéré devant nous ; il nous a simplement offert d'apposer des plombs à quatre écheveaux de coton et il nous les a ensuite rapportés lorsqu'ils ont été teints. M. Bonafont n'ignore cependant pas que l'on teint en France, dans beaucoup d'ateliers, le coton en rouge, et en aussi bon teint que celui qui nous vient d'Andrinople par le commerce du Levant. M. Bonafont n'ignore point non plus que les procédés pour ce genre de teinture sont décrits très-clairement dans plusieurs auteurs. Mais M. Bonafont nous a représenté que le procédé dont il se servait était un peu différent de ceux qui sont connus, et qu'il ne pourrait nous le communiquer parce qu'il n'était que le co-propriétaire du secret de la teinture en rouge qu'il soumet au jugement de l'Académie. Notre rapport se trouve donc restreint à de simples épreuves sur la solidité de la teinture en rouge des quatre écheveaux de coton sur lesquels nous avons apposé des plombs. Ces écheveaux nous ont été remis ayant deux teintes différentes, et il y en avait deux qui avaient plus de vivacité que les deux autres. M. Bonafont nous a

69.

observé, en nous les remettant, que ceux qui étaient d'un teint plus vif avaient reçu deux teintes et avaient été avivés par un moyen plus coûteux que celui dont il s'était servi pour les deux autres.

Le coton le moins vif ayant été traité avec l'acide nitrique (d'après la manière proposée par M. Vogler pour essayer le rouge d'Andrinople) a resté quelque temps sans être altéré, et, au bout de dix heures, il avait pris une teinte orangée.

Le même coton, passé au débouilli de savon, dans les proportions de cinq parties de savon sur une de coton, n'a pas perdu sensiblement de sa teinte, et la dissolution du savon ne s'est que très-peu chargée du rouge du coton.

Le coton dont la teinture était plus vive a été soumis aux mêmes épreuves. Dans l'acide nitrique, il a conservé quelque temps sa couleur et il a passé ensuite à l'orangé.

Traité avec le savon, il a très-peu perdu de sa couleur et il a conservé sa vivacité.

Nous avons soumis à d'autres épreuves le coton de M. Bonafont; mais celles que nous avons rapportées étant suffisantes pour constater la bonté de la teinture rouge sur coton, nous avons cru devoir les passer sous silence.

Nous pensons donc que le coton teint en rouge présenté par M. Bonafont réunit à la solidité la vivacité recherchée dans les rouges d'Andrinople.

Signé, à la minute, PELLETIER, LAVOISIER, LEROY, BERTHOLLET.

RAPPORT SUR UN PROCÉDÉ

POUR

LA FONTE DES STATUES DE BRONZE.

Le nommé Grave Roetrin, établi à Paris, mouleur pour les statues en bronze, s'est présenté au ministre de l'intérieur muni de toutes les pièces et certificats exigés par la loi et, sur le renvoi qui en a été fait au bureau de consultation, nous avons été nommés, le citoyen Sylvestre et moi, pour lui en rendre compte.

Il résulte de ces pièces et de celles dont le sieur Grave nous a depuis justifié, qu'il a été attaché longtemps à la construction des moules en terre pour la fonte des différentes statues en bronze ordonnées par la ville; que, sur les propositions qui lui ont été faites de s'expatrier et de porter à l'étranger son industrie, il a rejeté ce sort avantageux qui lui était offert; que M. de Viarmes, qui était alors prévôt des marchands, donna des éloges à sa conduite et lui promit de le faire indemniser par l'administration municipale du sacrifice qu'il avait fait; mais que ces promesses, dont il a bien des fois réclamé l'exécution, n'ont jamais été réalisées, et que la ville s'est bornée à l'inscrire pour une somme de 96 livres dans les secours annuels qu'elle était dans l'usage de distribuer.

Le citoyen Grave est donc dans l'indigence; il est sourd, infirme, hors d'état de se procurer par son travail les moyens de subsister lui et sa famille.

Ces motifs de considération particulière ne seraient pas sans doute suffisants pour donner au citoyen Grave des droits aux récompenses nationales, et c'est une objection que nous nous sommes faite à nous-mêmes : nous nous sommes dit que ce n'est pas sur le fonds destiné aux artistes que doit être prise une indemnité due à juste titre par la ville de Paris. Cependant, lorsque nous avons considéré que l'art du mouleur en terre est un des plus importants de ceux qui concourent à la fonte des grandes statues, que cet art, presque mécanique lorsqu'il ne s'agit de fondre que des pièces de petites proportions, augmente beaucoup de difficulté lorsqu'on l'applique à de très-grandes pièces, nous avons senti qu'un artiste qui a consacré à cet art une partie de sa vie, qui y a sacrifié sa santé, qui a moulé presque toutes les grandes statues de bronze coulées de nos jours, pouvait avoir droit à des récompenses.

Quelques réflexions très-sommaires sur la partie de l'art que le citoyen Grave a exercée contribueront sans doute à convaincre le bureau de cette vérité.

Rien n'est encore commencé pour le bronze au moment où le sculpteur a mis la dernière main à sa statue.

Il faut commencer par en faire un modèle en plâtre de la grandeur que doit avoir le bronze, le finir et le réparer.

Sur ce plâtre, il faut faire un premier moule également en plâtre, d'une infinité de pièces rapportées, toutes susceptibles de s'enlever séparément, et l'on sait que la difficulté n'est pas médiocre lorsqu'il est question d'une statue de proportions colossales. Les plus petites pièces alors forment des masses difficiles à manier, et il faut à tout instant employer les leviers, les moufles et des mécanismes d'un grand nombre d'espèces.

Dans ce moule en creux, il faut pousser de la cire, ou plutôt une composition particulière à laquelle on donne le nom de *cire* et qu'on ramollit dans l'eau chaude. On obtient ainsi en cire et en pièces de rapport tous les détails dont la réunion doit former la statue tout entière; on applique alors ces cires sur un noyau solide, armé de traverses de fer et qui doit être enveloppé par le bronze. Il faut ensuite revêtir ces cires avec un nouveau moule fait avec ce qu'on nomme la *potée*, c'est-à-dire avec une terre fine très-divisée, susceptible de résister à une grande chaleur sans se fendre ni se gercer. Il faut attacher et relier toutes les parties de ce moule de manière à ce qu'il ait la plus grande solidité. Il faut y ménager des conduits pour la coulée, des évents, etc. Enfin, il faut des précautions particulières pour le faire sécher dans toutes ses parties. Ce n'est qu'après que tous ces travaux sont achevés qu'on fait fondre les cires auxquelles on a dû ménager des canaux pour l'écoulement. C'est ensuite au fondeur à couler le bronze à la place de la cire et à remplir ainsi l'intervalle qui lui a été laissé entre le moule et le noyau.

Nous pensons que ceux qui se dévouent à un art aussi difficile, à un art pour ainsi dire national, puisque c'est aux nations seules qu'il appartient de couler de grandes statues de bronze, qui ne peuvent pas espérer d'y être employés toute leur vie, puisque ces occasions d'exercer ce genre de talent sont rares, ont droit aux récompenses nationales, et que le citoyen Grave en est susceptible. Nous proposons donc au bureau de lui accorder le médium des récompenses de la troisième classe.

RAPPORT

SUR

LA PROPORTION DES COMPOSANTS

DANS LES COMPOSÉS CHIMIQUES.

L'Académie nous a chargés, M. de Vandermonde, M. Berthollet et moi, de lui faire le rapport d'un premier mémoire de M. Hassenfratz sur la proportion des composants qui entrent dans les composés chimiques.

Il paraît que, abstraction faite du calorique ou de la chaleur, les molécules primitives qui forment les éléments des corps se combinent d'abord deux à deux, ou trois à trois, et qu'ensuite ces composés binaires ou ternaires entrent dans les combinaisons chimiques comme y serait entrée une molécule simple.

Ainsi, par exemple, le sulfate d'ammoniaque est composé de deux substances, d'acide sulfurique et d'ammoniaque; mais ce même acide sulfurique n'est point un être simple, il est composé de soufre et d'oxygène. L'ammoniaque, de son côté, est composée d'hydrogène et d'azote, en sorte que, dans l'état actuel de nos connaissances, le sulfate d'ammoniaque est une combinaison quaternaire dans laquelle chacun des composants est lui-même une combinaison binaire.

Un acide dissous dans l'eau est de même une combinaison quaternaire. L'acide sulfurique, par exemple, est un composé de soufre et d'oxygène; l'eau qui le tient en dissolution est un composé d'hydrogène et d'oxygène. Il existe donc dans l'acide sulfurique quatre substances groupées deux à deux.

Toutes les substances élémentaires qui constituent les corps que nous connaissons étant, à l'exception du calorique, susceptibles d'être pesées, il est tout simple que les chimistes aient cherché les moyens de déterminer la quantité pondérique de chacun des éléments qui entrent dans la composition des corps. MM. Homberg, Wenzel, Wiegleb, Bergman et surtout M. Kirwan, se sont occupés de cet objet. Mais ce problème, qui paraît si simple, est hérissé d'une foule de difficultés; les acides en liqueur en présentent une particulière. Comme ils sont susceptibles d'être combinés avec l'eau dans toute proportion, on n'a encore rien exprimé à leur égard quand on a simplement énoncé quelle est la quantité qu'on en a employée dans une expérience; il faut encore spécifier l'état de cet acide, et le caractère qui a été adopté par les chimistes est, en général, la pesanteur spécifique.

M. Hassenfratz, dans le mémoire dont nous rendons compte, a examiné le cas particulier de la combinaison des acides avec l'eau, et le problème qu'il s'est proposé de résoudre est celui-ci : étant donné un acide nitrique étendu d'eau, dont la pesanteur spécifique est connue, déterminer la quantité d'acide réel qu'il contient.

Pour résoudre ce problème à l'égard de l'acide nitrique, M. Hassenfratz s'est servi principalement d'expériences déjà faites, mais qui n'avaient pas été publiées. Elles consistent à combiner ensemble des quantités connues de gaz nitreux et de gaz oxygène dans un matras qui contient de l'eau distillée dont on a soigneusement déterminé le poids. Ces deux gaz se combinent, perdent leur état aériforme et se combinent avec l'eau pour former de l'acide nitrique en liqueur. L'augmentation de poids acquise par l'eau donne la quantité d'acide réel contenu dans l'acide.

M. Hassenfratz a ensuite déterminé la pesanteur spécifique de cet acide; puis, l'ayant successivement coupé avec des quantités connues d'eau distillée, et ayant déterminé la pesanteur spécifique de chacun de ces acides en particulier, il est parvenu à former une table qui exprime la relation qui existe entre la pesanteur spécifique de chaque acide en liqueur, et la quantité d'acide réel qu'il contient.

Au lieu de se borner à un tableau numérique, M. Hassenfratz a pensé qu'il serait préférable de présenter ses résultats par une opération graphique.

Ayant donc mené une ligne horizontale et l'ayant divisée en parties égales pour représenter les augmentations de pesanteur spécifique, il l'a considérée comme la ligne des abscisses d'une courbe, puis sur chacune des divisions de cette ligne il a élevé des perpendiculaires pour représenter les quantités d'acide réelles. Enfin il a mené par l'extrémité de toutes ces lignes une courbe dont les ordonnées représentent les quantités d'acide réelles correspondantes à une pesanteur spécifique donnée.

Ces méthodes graphiques ont l'avantage de représenter aux yeux ce qui se passe dans l'expérience, de réduire les calculs à de simples mesures que l'on prend au compas et d'éviter les interpolations, qui présentent des difficultés pour ceux qui ne sont pas dans l'habitude du calcul, et une perte de temps assez grande pour ceux mêmes qui y sont le plus accoutumés. On peut employer la même méthode pour représenter la proportion de l'acide et de la base propre à différents sels. Enfin on peut l'appliquer à des solutions d'un ordre plus élevé.

Ce qui est très-remarquable, c'est que la pesanteur spécifique, qui va toujours en augmentant à mesure que la quantité d'eau contenue dans l'acide diminue, passe tout à coup en sens contraire, et devient négative, lorsque l'eau n'est plus en quantité suffisante pour tenir le gaz acide en dissolution ; c'est alors que l'acide entre en expansion et devient aériforme. Ce phénomène a lieu, comme l'on sait, pour l'acide nitrique, pour l'acide muriatique, et en général pour tous les acides volatils.

Nous engagerons M. Hassenfratz à suivre ces recherches, qui sont la base fondamentale de la chimie et qui permettront un jour de mettre dans les expériences une rigueur dont les anciens n'avaient pas même d'idée. Nous l'engagerons aussi à ne pas négliger l'eau que les gaz acides et les fluides aériformes qui entrent dans leur composition peuvent contenir, et nous croyons que le premier mémoire mérite d'être inséré dans le recueil des mémoires présentés à l'Académie par des savants étrangers.

PIÈCES

RELATIVES

A LA NOUVELLE CONSTITUTION DE L'ACADÉMIE

EN 1785,

PENDANT LE DIRECTORAT DE LAVOISIER.

Ces documents, qui sont d'un grand intérêt pour l'histoire de l'Académie, ont été classés de la manière suivante :

1° Un résumé historique rédigé par Lavoisier, au moment même où venait de s'accomplir la transformation de l'Académie;

2° Les lettres et documents qui montrent quel a été son rôle dans cette transformation, dont il avait eu la pensée et compris la nécessité vingt ans avant d'être placé de manière à la réaliser. (*Note de l'éditeur.*)

A M. DE CONDORCET.

Du 27 Mai 1785.

J'ai l'honneur, mon cher confrère, de vous envoyer un projet de notice que j'ai destiné pour le *Journal de Paris*. Je vous prie d'avoir la bonté de le lire, d'y faire les changements que vous jugerez à propos, et de me le renvoyer. Quoiqu'il soit long, il a été compassé de manière à ne pas occuper plus de place que la feuille de Paris ne peut en donner.

J'ai essayé en vain d'y faire entrer quelque chose qui pût remplir l'objet de M. l'abbé de Gua; il serait difficile de parler de lui sans parler de plusieurs autres, et la notice deviendrait trop longue. D'ailleurs, si vous avez la bonté de vous charger de l'article du *Mercure*, comme vous ne serez pas gêné pour la place, ce sera le cas de faire mention des individus.

Dès que vous m'aurez renvoyé la notice ci-jointe, je la ferai passer aux auteurs du *Journal de Paris*.

J'ai l'honneur d'être, avec le plus inviolable attachement, etc.

A M. DE LORANCÉ,

DIRECTEUR DU *JOURNAL DE PARIS*.

J'ai l'honneur, Monsieur, de vous envoyer une notice relative à l'Académie des sciences, que je vous prie d'insérer dans un de vos prochains journaux. Quoiqu'elle soit un peu longue, elle n'excède pas cependant la mesure de vos feuilles, et je crois qu'elle intéressera le public.

Il aurait peut-être été utile et convenable d'y joindre une liste des académiciens dans les circonstances actuelles, mais j'ai craint qu'alors l'article n'occupât trop de place dans votre journal.

A tout événement, je joins ici cette liste sous la forme qui m'a paru devoir occuper le moins de place, vous en ferez usage ou non, suivant que vous le jugerez à propos.

J'ai l'honneur d'être, avec un très-parfait attachement, etc.

NOTICE

RELATIVE À L'ACADÉMIE DES SCIENCES.

L'Académie des sciences venant de recevoir une nouvelle forme par le règlement donné par Sa Majesté le 23 avril dernier, on a pensé qu'il pourrait être agréable au public de trouver ici une notice abrégée des différentes révolutions qu'elle a éprouvées et des circonstances qui y ont donné lieu.

Presque toutes les compagnies savantes et littéraires n'ont été d'a-

bord que des sociétés particulières, liées et réunies par un rapport de
goûts et d'inclinations. Quoiqu'il n'y ait point eu, à proprement parler,
d'Académie des sciences à Paris avant 1666, il y avait cependant plus
de cinquante ans que les savants de cette capitale se voyaient chez le
père Mersenne, qui était lié d'amitié et en correspondance avec les
plus habiles gens de l'Europe. MM. Gassendi, Descartes, Hobbes, Ro-
berval, Pascal père et fils, Blondel, et quelques autres, se rassemblaient
chez lui à des jours marqués; on se proposait des problèmes de mathématique, on faisait des expériences, et jamais peut-être on n'a cultivé avec plus de soin les sciences qui naissent de l'union de la géométrie et de la physique.

Ces assemblées prirent ensuite une forme plus régulière chez M. de
Monmort, maître des requêtes. On y annonçait les expériences ou les
découvertes nouvelles, on y examinait l'usage et les conséquences qu'on
en pouvait tirer.

Ces premières assemblées furent le berceau de l'Académie des
sciences; bientôt elles acquirent assez de célébrité pour fixer l'attention
du souverain. Louis XIV venait de conclure la paix des Pyrénées,
sa puissance venait d'être affermie par des conquêtes, et son royaume
n'avait plus besoin que d'être fortifié par les sciences et par l'industrie, embelli par les arts; et il chargeait Colbert de travailler à leur
avancement.

Ce ministre avait d'abord formé le projet d'un corps littéraire, qui
devait réunir toutes les parties des sciences et des lettres. La Bibliothèque du roi était destinée à en être le rendez-vous commun. Ceux
qui s'appliquaient à l'histoire devaient s'assembler les lundis et les
jeudis; ceux qui cultivaient les lettres, les mardis et les vendredis; les
mathématiciens et les physiciens, les mercredis et les samedis. Chaque
partie devait avoir son secrétaire particulier, et, afin de lier ces compagnies entre elles, il devait se tenir, les premiers jeudis de chaque
mois, une assemblée commune, qui aurait, en quelque façon, présenté les états généraux de la littérature et des sciences.

Ce vaste plan, digne du génie de Colbert, n'eut qu'une exécution

partielle; on laissa subsister l'Académie française et celle des Inscriptions et Belles-Lettres, qui avaient été précédemment établies, et l'on
créa une académie particulière composée de mathématiciens et de
physiciens, qui commença ses assemblées à la Bibliothèque du roi au
mois de décembre 1666. Le roi y attacha quelques pensions et quelques fonds pour des expériences.

Les choses demeurèrent en cet état jusqu'en 1699. Jusqu'à cette
époque l'Académie des sciences, quoique formée par les ordres du roi,
n'avait aucune forme légale, et sa constitution n'était fondée sur aucun
acte émané de l'autorité royale. Un règlement donné par Sa Majesté,
le 26 janvier 1699, lui donna une constitution plus fixe. On sentit
que, pour faire marcher toutes les sciences de front, pour qu'aucune ne
fût négligée, il fallait affecter dans l'Académie un certain nombre de
places pour chacune. Elle fut, en conséquence, divisée en six classes :
la géométrie, l'astronomie, la mécanique, l'anatomie, la chimie et la
botanique, et, pour ne point trop gêner la liberté des membres, on créa
un certain nombre d'académiciens, libres de s'occuper des sciences
qu'ils jugeraient à propos, et qui ne furent, en conséquence, attachés
à aucune classe en particulier.

Chaque classe fut composée de trois pensionnaires, de deux associés
et de trois élèves, sans compter les associés libres et les honoraires.

Il est rare qu'une constitution quelconque arrive tout d'un coup à
son degré de perfection, et cette réflexion s'applique à l'Académie des
sciences. On s'aperçut bientôt que la classe d'élèves présentait une
distinction humiliante, qu'elle ne pouvait convenir à des gens d'un
mérite consommé; qu'elle tendait par conséquent à écarter de l'Académie ceux qui auraient été dans le cas d'y arriver avec une réputation
faite. Et, en effet, l'Académie s'est trouvée quelquefois dans l'alternative
embarrassante, ou de faire des choix médiocres pour les places d'associés,
ou de faire une espèce d'injustice aux élèves. On crut, en 1716, avoir
remédié à ces inconvénients en substituant le titre d'adjoint à celui
d'élève, mais en changeant la dénomination on ne changea pas la
chose, en sorte que la plus grande partie des inconvénients a subsisté.

La constitution donnée à l'Académie des sciences, par le règlement de
1716, présentait un autre défaut; la division en six classes n'embrassait pas l'universalité des sciences; on avait oublié d'y comprendre la
physique expérimentale, qui faisait, dans ce moment même, des progrès rapides en Angleterre, en Hollande et en Italie; la métallurgie,
qui était cultivée avec un grand succès en Allemagne; l'histoire naturelle, qui rassemble, qui décrit, qui vous apprend à connaître toutes
les richesses du globe; enfin, depuis 1716, deux nouvelles branches
de sciences, qu'on soupçonnait à peine, ont été créées : la minéralogie
et l'agriculture. Il était important que ces connaissances, qui ont un
rapport immédiat avec l'administration, que la dernière surtout, qui
touche de plus près à nos besoins, ne parussent pas étrangères à l'A-
cadémie.

Il faut considérer d'ailleurs que l'établissement des Académies n'a
pas eu seulement pour objet de faire tourner à l'avantage de la société
les connaissances et les travaux des savants qui composent la génération
actuelle. L'administration doit étendre plus loin ses vues; son but doit
être de présenter aux talents naissants des places honorables, dont la
perspective puisse exciter leur zèle et les déterminer à s'engager dans
la carrière des sciences. C'est par ce seul moyen que les corps littéraires peuvent se perpétuer et qu'ils peuvent acquérir plus de splen-
deur et d'utilité. Mais si les places appellent le génie, la dénomination,
le titre donné aux places, le modifient, le déterminent à s'appliquer à
un objet plutôt qu'à un autre, et il est tout simple qu'on néglige une ·
science qui ne présente aucune espèce de récompense.

C'est par cette raison, sans doute, que la physique expérimentale,
à laquelle les premiers académiciens s'étaient livrés avec zèle, a été
presque abandonnée depuis la distinction des classes; c'est que l'étude
de cette science ne conduisait à rien, et que celui qui l'avait cultivée
avec le plus de succès aurait pu être successivement rejeté par toutes
les classes de l'Académie.

Les avantages de la division de l'Académie par classes se trouvent
donc balancés par des inconvénients attachés à une division imparfaite,

au point même qu'on avait quelquefois mis en question s'il ne convenait pas de supprimer cette distinction.

Les sciences attendaient une réforme et elle vient d'être faite par
un roi, sage protecteur des lettres et des arts, ami de l'humanité, qui
sait que les nations les plus instruites, les plus industrieuses, les plus
actives sont en même temps les plus fortes, et que la puissance d'un
grand empire est, par conséquent, liée à la prospérité des arts et à
l'accroissement de l'industrie nationale.

Sa Majesté a fait connaître ses intentions à l'Académie des sciences,
par une ordonnance du 23 avril dernier, adressée par M. le baron de
Breteuil. Ce règlement établit deux nouvelles classes, l'une pour la
physique générale, l'autre pour l'histoire naturelle et la minéralogie;
il associe la métallurgie à la chimie et l'agriculture à la botanique,
en sorte que l'Académie sera, à l'avenir, divisée en huit classes au lieu
de six, savoir : géométrie, astronomie, mécanique, physique générale,
anatomie, chimie et métallurgie, botanique et agriculture, histoire
naturelle et minéralogie. Le roi, par le même règlement, supprime
l'ordre et la dénomination d'adjoints; chaque classe sera composée de
trois pensionnaires et de trois associés, indépendamment des honoraires, des associés libres, des associés étrangers, à l'égard desquels il
n'est rien innové. Le géographe de l'Académie, au lieu du titre d'adjoint, aura également celui d'associé.

Par l'exécution de ce plan, l'Académie se trouve augmentée de six
nouvelles places de pensionnaires, dont Sa Majesté a bien voulu ordonner les fonds sur son trésor royal. Presque tous les académiciens
obtiennent ou des augmentations de pensions ou de nouvelles pensions
dont ils ne jouissaient pas, ou au moins une espérance plus prochaine
d'en obtenir.

Enfin, par la suppression des adjoints, en employant les surnuméraires, qui avaient été nommés en différents temps, le roi a trouvé
dans le sein même de l'Académie de quoi former presque entièrement
les deux classes de nouvelle création.

Ce changement apporté à la constitution de l'Académie est une nouvelle marque de la bienfaisance de Sa Majesté, de la protection qu'elle accorde aux sciences, et une preuve du zèle éclairé d'un ministre, qui étend ses regards sur toutes les parties de son département pour y porter les encouragements et y diriger les bienfaits du roi.

LETTRE DE LA MAIN DE LAVOISIER,

ADRESSÉE, SANS SIGNATURE, VINGT ANS AVANT CES CHANGEMENTS,

AU PRÉSIDENT DE L'ACADÉMIE DES SCIENCES.

Monsieur,

Il est inconcevable que dans le renouvellement de l'Académie royale des sciences, dans la nouvelle forme qu'on lui donna en 1699, on ait entièrement oublié la physique expérimentale, cette science qui avait été l'objet des travaux des premiers membres de l'Académie naissante, que les Huyghens, les Mariotte, les Perrault avaient cultivée avec tant de succès. L'Académie n'a pas tardé dans la suite à s'apercevoir que cette classe lui manquait; cette classe si essentielle, qui existe dans la plupart des Académies de l'Europe et qui en fait la gloire et l'ornement. Elle a fait à plusieurs reprises différentes tentatives pour se la procurer; elles n'ont point eu jusqu'ici de succès; le moment n'était point encore arrivé. Il vous était réservé, Monsieur, non pas de former des projets, mais de les mettre en exécution. Votre présidence devait être l'époque d'un changement avantageux pour l'Académie. Quel instant, en effet, fut jamais plus favorable pour former une nouvelle classe, que celui où se présente une foule de sujets, de la plupart desquels l'Académie a conçu de grandes espérances. Je ne doute pas que votre zèle pour l'avancement des sciences ne vous porte à faire auprès du ministre les démarches nécessaires pour faire réussir ce projet utile. Avec une dépense de mille écus par an, l'État peut acquérir sept sujets. C'est à vous de présenter ces raisons dans toute leur force : la cause de l'intérêt commun de l'Académie ne pouvait être mieux qu'en vos mains. C'est ainsi, qu'à peine introduit dans l'Académie, elle va vous compter déjà au nombre de ses bienfaiteurs. C'est ainsi que la postérité apprendra un jour que M. de Montigny ne commença pas plutôt à exister pour les sciences qu'il leur fit sentir les influences de ses bienfaits et de sa protection. Quant à moi, je m'applaudirai en silence d'avoir réveillé sur cet objet les idées de l'Académie, et d'avoir pu vous procurer une des plus douces satisfactions que puisse éprouver une âme comme la vôtre, celle de faire une bonne chose.

J'ai l'honneur d'être très-respectueusement, Monsieur, votre très-humble et très-obéissant serviteur,

*** de l'Académie royale des sciences.

Ce 11 avril 1766.

LETTRE À M. DE FOUCHY,

SECRÉTAIRE PERPÉTUEL DE L'ACADÉMIE DES SCIENCES.

ÉGALEMENT SANS SIGNATURE, DE LA MÊME ÉPOQUE ET DE LA MAIN DE LAVOISIER.

Monsieur,

Le zèle que vous avez toujours témoigné, toutes les fois qu'il a été question de quelque établissement utile à la Compagnie, me fait espérer que vous voudrez bien lui communiquer les réflexions suivantes et le tableau qui y est joint.

Dans le temps de l'établissement de l'Académie, en 1666, on la divisa en deux classes : l'une devait s'appliquer à la physique, l'autre à la géométrie. Dès lors, la physique expérimentale, sortie de l'obscurité des laboratoires des anciens chimistes et maniée par les savantes mains des Huyghens, des Mariotte, des Perrault, commença à prendre une nouvelle forme. Fondée sur les expériences et sur les faits, elle s'avança d'une marche assurée; elle ébranla les systèmes, et ses progrès furent si rapides qu'elle forma bientôt un corps de sciences très-considérable. Comment, après cela, concevoir que cette science ait été entièrement oubliée dans la nouvelle forme que l'Académie reçut en 1699? Sans doute, et il faut le croire, les sujets ne se trouvèrent point alors en assez grand nombre pour en former une classe. C'est ainsi que les progrès de la physique expérimentale furent arrêtés en France et que les étrangers profitèrent de nos dépouilles ; car, il faut l'avouer, les places servent plus qu'aucune autre chose à former des sujets ; elles allument dans les jeunes âmes ce feu de l'émulation qui les anime et qui les porte aux grandes choses.

Depuis ce temps, quelques hommes célèbres, dont les ouvrages ont contribué à la gloire de cette Académie, ont rendu à la physique expérimentale une nouvelle existence ; elle est reparue avec plus d'éclat qu'auparavant, elle a enrichi les sciences et les arts, et, à l'aide de l'expérience, elle a porté de toute part la certitude dans nos connaissances. L'Académie, frappée des grands avantages qu'on pouvait tirer de cette science, n'a pas tardé à reconnaître qu'il lui manquait une classe, elle a même fait plusieurs tentatives pour se la procurer ; jusqu'ici elles n'ont point eu de succès. S'il fut jamais une circonstance favorable pour demander au roi l'établissement d'une nouvelle classe, c'est sans doute celle où se trouve l'Académie. Une foule de sujets se présentent en tout genre ; plusieurs d'entre eux ont donné de grandes espérances. Pourquoi rebuterait-on le mérite naissant ? Pourquoi l'État risquerait-il de perdre des sujets qui peuvent lui être utiles et dont plusieurs sans doute ne manqueraient pas de lui échapper. Quel que soit le parti que prenne l'Académie, j'ai cru qu'il était du devoir d'un Académicien zélé pour l'avancement des sciences et la gloire de la Compagnie de présenter dans ces circonstances le projet que j'ose dire être depuis longtemps celui de l'Académie. La crainte que mon zèle ne parût indiscret m'a empêché de me faire connaître.

J'ai l'honneur d'être, avec l'estime la plus parfaite, Monsieur, votre très-humble et très-obéissant serviteur,

*** de l'Académie royale des sciences.

A Paris, ce 12 avril 1766.

PROJET D'ÉTABLISSEMENT
D'UNE CLASSE DE PHYSIQUE EXPÉRIMENTALE
À L'ACADÉMIE ROYALE DES SCIENCES,
AVEC LE TABLEAU DES CHANGEMENTS QU'IL EXIGERAIT,

PAR UN ACADÉMICIEN.

GÉOMÉTRIE.

Pensionnaires.. { MM. Camus.
Fontaine.
de Parcieux.

Associés...... { d'Arcy.
Bezout.

Adjoints...... { de Borda.
Cousin.

ASTRONOMIE.

Pensionnaires.. { MM. Cassini.
Lemonnier.
Maraldi.

Associés...... { Le Gentil.
l'abbé Chappe.

Adjoints...... { Bailly.
Messier.

MÉCANIQUE.

Pensionnaires.. { MM. de Montigny.
d'Alembert.
de Lalande.

Associés...... { Vaucanson.
Le Roy.

Adjoints...... { Jeaurat.
Condorcet.

ANATOMIE.

Pensionnaires.. { MM. Morand.
Ferrein.
Daubenton.

Associés...... { Hérisson.
Tenon.

Adjoints...... { Morand.
Petit.

PHYSIQUE

Pensionnaires.. { MM. de Mairan.
de la Condamine.
l'abbé Nollet.

Associés...... { Tillet.
Brisson.

Adjoints...... { de Lauraguais.
Jars.

CHIMIE.

Pensionnaires.. { MM. Bourdelin.
Mallouin.
Rouelle.

Associés...... { Macquer.
Baron.

Adjoints...... { Lavoisier.
Baumé.
Rouelle le cadet.

BOTANIQUE.

Pensionnaires.. { MM. Duhamel.
de Jussieu.
Guettard.
Lemonnier.

Associés...... { Fougeroux.
Adanson.

Adjoints...... { Cadet.
de Machy.
Sage.

PIÈCES

RELATIVES

À LA TRANSFORMATION DE L'ACADÉMIE,

OPÉRÉE EN 1785,

SOUS MON DIRECTORAT[1].

À M. LE BARON DE BRETEUIL.

Monseigneur,

J'ai l'honneur de vous envoyer, ainsi que vous me l'avez ordonné, le détail de ce qui s'est passé dans le Comité extraordinaire, convoqué mercredi 13, à la suite de l'Académie.

Vous verrez, Monseigneur, que ce premier plan qu'on vous avait proposé était absolument contraire au vœu de l'Académie, et vous avez été frappé vous-même de l'inconvénient de créer quatorze places nouvelles dans un corps peut-être déjà trop nombreux, et qui perdrait sa consistance et sa considération, s'il le devenait davantage.

La très-majeure partie du Comité, au contraire, applaudit à ce projet de réduire à six le nombre des membres de chaque classe, et j'ose vous assurer que le vœu du Corps entier s'accorde avec celui du Comité.

. Les officiers s'assemblent aujourd'hui chez M. le duc de La Rochefoucauld pour concerter entre eux les détails relatifs à cet arrangement ; il y aura demain un Comité extraordinaire à la suite de l'Académie, et j'espère que tout y sera terminé à la satisfaction générale, sauf un très-petit nombre de réclamations, qu'il est impossible d'éviter.

Je suis avec un profond respect, etc.

Ce 15 avril 1785.

[1] Réunies par Lavoisier sous ce titre. (*Note de l'éditeur.*)

DÉTAILS DE CE QUI S'EST PASSÉ DANS LE COMITÉ EXTRAORDINAIRE TENU À LA SUITE DE LA SÉANCE DE L'ACADÉMIE DES SCIENCES, LE 13 AVRIL 1785, EN CONFORMITÉ DES INTENTIONS DU MINISTRE.

Ce comité a été composé des officiers de l'Académie et du plus ancien des pensionnaires de chaque classe présent à la séance; les officiers ont cru devoir y joindre M. le duc de La Rochefoucauld, M. le président de Sarron, M. Bailly, en tout treize personnes, savoir :

MM. le duc d'Ayen, président;
Lavoisier, directeur;
Desmarets, comme vice-directeur et comme pensionnaire mécanicien;
de Fouchy, secrétaire en l'absence de M. de Condorcet;
Tillet, trésorier perpétuel;
le duc de La Rochefoucauld, honoraire;
le président de Sarron, honoraire;
l'abbé Bossut, pensionnaire géomètre;
Lemonnier, pensionnaire astronome;
Daubenton, pensionnaire anatomiste;
Cadet, pensionnaire chimiste;
Adanson, pensionnaire botaniste;
Bailly, pensionnaire surnuméraire.

Le comité assemblé dans un des cabinets de l'Académie, M. Lavoisier a dit :

Messieurs,

Nous avons à vous faire part de nouvelles marques de protection et de bienveillance accordées par le roi à l'Académie des sciences, à vous annoncer l'établissement de deux nouvelles classes, composées de six nouveaux pensionnaires, et une augmentation de fonds de 15,000 livres, pour subvenir à ces nouvelles dépenses.

C'est dans le sein même de l'Académie que le ministre se propose de choisir les sujets destinés à occuper les nouvelles places de pensionnaires, et les dispositions ont été projetées de manière que la plus grande partie des membres de l'Académie trouveront dans cet arrangement une progression, une augmentation de pension ou une espérance plus prochaine d'y arriver.

Quelque grands que soient ces avantages, quelque capables qu'ils soient d'exciter la reconnaissance de l'Académie, ceux qui sont chargés de veiller à la conservation de ses intérêts n'ont pas dû en être ébloui, et ils ont cru que c'était un nouveau moyen de répondre à la confiance dont le roi veut bien l'honorer, que d'éclairer son ministre sur le véritable intérêt des sciences et sur celui de l'Académie.

La plupart de ceux d'entre vous, Messieurs, qui ont eu connaissance du projet de création de deux classes, ont été frappés de l'inconvénient d'une augmentation de quatorze places; l'Académie n'est déjà que trop nombreuse; ses séances sont tumultueuses, et on n'en sera pas étonné quand on considérera qu'elle est composée de plus de quatre-vingts membres, de savants de différents genres, qui n'ont point de langue commune. Ajouter à ce nombre quatorze nouvelles places, et huit places d'associés regnicoles comme on le propose, c'est augmenter les inconvénients de l'état actuel, c'est convertir le corps littéraire le plus respectable de l'Europe en un club académique.

Je n'ai pas besoin de vous faire observer, Messieurs, qu'en multipliant le nombre des places de l'Académie, c'est diminuer la considération qui y est attachée, et cet inconvénient est d'autant plus grand dans le moment actuel, qu'il n'y a jamais eu plus de prétention au savoir, et qu'il n'existe cependant qu'un très-petit nombre de savants hors de l'Académie des sciences; vous l'avez souvent éprouvé vous-mêmes lorsqu'il a été question de réparer vos pertes, et vous n'avez souvent à choisir, lorsqu'il survient des vacances, qu'entre un très-petit nombre de sujets. Ce n'est donc pas l'Académie qui manque aux savants, mais les savants à l'Académie; et si, dans ces circonstances, vous avez une promotion nombreuse à faire, vous n'aurez d'autre ressource que d'appeler la médiocrité des talents; le demi-savoir, plus dangereux que l'ignorance; le charlatanisme, et l'intrigue, qui l'accompagne, et vous ne laisserez aux générations à venir qu'une postérité avortée, peu digne de soutenir le nom d'académicien que vous aurez illustré.

J'insiste sur ces inconvénients, parce que le ministre lui-même en a été frappé : il sent qu'en facilitant trop l'entrée de l'Académie c'est diminuer le mérite d'y arriver; que le roi peut créer des places, mais que sa puissance ne peut pas créer des savants, des hommes de génie pour les remplir.

La nécessité de concilier les nouveaux avantages qu'il est dans l'intention du roi de vous accorder, et le véritable intérêt des sciences et de l'Académie m'a suggéré un plan que le ministre m'a permis de soumettre à vos lumières et sur lequel il désire connaître votre opinion. Il consisterait à supprimer les adjoints et à composer chaque classe de trois pensionnaires et de trois associés, et, comme l'intention du roi est de porter le nombre des classes à huit, le nombre des académiciens serait de quarante-huit au lieu qu'il est de quarante-deux aujourd'hui. L'augmentation ne serait alors que de six, et vous verrez, par l'examen du projet de liste que j'ai l'honneur de mettre sous vos yeux, que, de ces six places, cinq peuvent être remplies par des surnuméraires déjà existants dans l'Académie, en sorte que vous n'acquerriez réellement qu'un nouveau confrère.

Ce plan réunirait l'avantage,

1° De répondre aux vues de bienfaisance du roi, qui désire verser de nouveaux bienfaits sur l'Académie;

2° De supprimer les adjoints et d'effacer une distinction qu'on peut regarder comme inutile, peut-être comme humiliante;

3° De procurer à la plupart des membres de l'Académie une augmentation de pension ou une espérance plus prochaine de l'obtenir;

4° D'abréger d'un quart, pour ceux qui entrent à l'Académie, l'attente de la pension;

3° D'ouvrir aux savants de nouvelles classes, qui paraissent manquer à la constitution de l'Académie;

6° De créer six nouvelles places, qui sont un nouveau point de vue, un nouvel objet d'espérance pour ceux qui se livrent aux sciences;

7° Enfin, de les remplir dans ce moment avec ceux mêmes que nous avons adoptés pour nos confrères et qui ont déjà illustré le nom d'académicien.

D'après cet exposé, vous avez à délibérer sur différentes questions que je vais faire en sorte de vous présenter sous une forme simple, de manière que les réponses se réduisent à oui et à non.

PREMIÈRE DÉLIBÉRATION.

Le premier plan, proposé au ministre, qui consiste à créer deux nouvelles classes et quatorze nouvelles places, est-il avantageux ou non aux sciences et à l'Académie?

L'avis unanime a été pour la négative et pour représenter au ministre les inconvénients d'une augmentation aussi considérable, qui ferait perdre à l'Académie toute sa consistance, et la considération dont elle jouit.

SECONDE DÉLIBÉRATION.

Le plan proposé par M. Lavoisier, qui consiste à porter le nombre des classes à huit, à supprimer les adjoints, et à réduire chaque classe à six membres au lieu de sept, est-il avantageux ou non aux sciences et à l'Académie?

Ont conclu qu'il était avantageux... 11 savoir :

MM. le duc d'Ayen,
le duc de La Rochefoucauld,
le Président de Sarron,
l'abbé Bossut,
Daubenton,
Lemonnier,
Cadet,
Bailly,
de Fouchy,
Lavoisier,
Desmarets.

Ont conclu qu'il était préférable de laisser les choses dans l'état où elles sont..................... 2 savoir :

MM. Tillet,
Adanson.

TROISIÈME DÉLIBÉRATION.

Délibéré, s'il y a lieu de créer huit associés regnicoles, comme on l'a proposé au ministre ?

L'unanimité a été pour la négative.

QUATRIÈME DÉLIBÉRATION.

Délibéré, si l'on demandera au ministre de donner voix aux associés ordinaires pour les élections dans leur propre classe ?

Pour l'affirmative............. 5	Pour la négative.............. 8
MM. le duc d'Ayen,	MM. le Président de Sarron,
le duc de La Rochefoucauld,	Lemonnier,
de Fouchy,	Desmarets,
l'abbé Bossut,	Tillet,
Lavoisier.	Cadet,
	Daubenton,
	Bailly,
	Adanson.

CINQUIÈME DÉLIBÉRATION.

SUR LE TITRE DES NOUVELLES CLASSES.

La très-grande pluralité a été pour réunir l'agriculture à la botanique, et pour donner aux deux nouvelles classes et à celle de botanique les titres qui suivent :

> *Physique générale.*
> *Histoire naturelle.*
> *Botanique et agriculture.*

Il a été arrêté, en outre, de prier le ministre d'interdire à l'Académie même de demander des surnuméraires.

A l'égard des changements à faire dans les classes, et de la liste des académiciens, on a jugé qu'il convenait de s'en occuper dans une assemblée moins nombreuse et que les officiers en conféreront préalablement entre eux.

· M. le duc d'Ayen et M. le duc de La Rochefoucauld ont observé que, quoique pour abréger on eût pris la forme d'une délibération, et qu'on eût été aux voix pour avoir l'avis de tous les membres du comité sur chaque objet, ces délibérations ne pouvaient pas être regardées comme régulières et comme légales, qu'elles ne pouvaient point engager l'Académie, parce que le comité extraordinaire, qui avait été convoqué, n'était qu'une assemblée consultative.

Il a été convenu que M. Lavoisier projetterait un règlement, qu'il le concerterait avec les officiers, et qu'il en serait rendu compte samedi dans le comité extraordinaire qui se tiendrait après l'Académie.

Note de l'éditeur. La réserve introduite dans la délibération par MM. le duc d'Ayen et le duc de La Rochefoucauld donne l'explication de la lettre suivante, qui prouve que ces deux académiciens avaient sollicité du roi des arrangements différents de ceux que la Commission adoptait sur la proposition de Lavoisier.

LETTRE DE M. RABINET À M. LAVOISIER,

LE 16 AVRIL 1785.

Pouvez-vous croire, Monsieur, que je ne fusse pas persuadé que vous aviez connaissance du nouveau projet? MM. les ducs d'Ayen et de La Rochefoucauld sont, il est vrai, les seules personnes qui m'en aient parlé; mais j'étais loin d'imaginer que ce ne fût pas chose délibérée et convenue entre les officiers et les principaux membres de la Compagnie. Ce n'est que jeudi dernier, et par le ministre lui-même, que j'ai appris que vous n'étiez pas instruit; si je l'eusse pu prévoir, ne doutez pas que je n'eusse proposé au ministre de commencer par donner communication des mémoires tant à vous, Monsieur, qu'aux autres officiers et à un certain nombre d'académiciens. Au surplus ceci me servira de leçon pour l'avenir, et je me promets bien de me tenir en garde, de manière à ne plus exposer le ministre à faire approuver par le roi ce qui ne sera pas démontré être le vœu de l'Académie. Il ne s'en est presque rien fallu que cela n'arrivât dans cette affaire-ci.

7²·

Il est vrai, Monsieur, qu'on m'a souvent parlé de votre crédit dans la Compagnie, mais on ne m'a point dit, et l'on m'eût dit inutilement que vous n'en faisiez pas un usage conforme au bien et à la justice. Le désir de la prépondérance est très-simple, très-naturel, et tout membre d'un corps le porte plus ou moins dans son corps. Mais vous, Monsieur, chef de parti, vous, de l'intrigue! Ne croyez pas que j'aie jamais eu une pareille idée; croyez que j'eusse renvoyé fort loin ceux qui eussent essayé de me la faire adopter. Je vous ai toujours regardé, Monsieur, non-seulement comme un homme du mérite le plus rare, mais encore comme le plus honnête. C'est ainsi que j'ai toujours parlé de vous toutes les fois que j'en ai eu l'occasion. Je désire votre confiance, votre estime, votre amitié; je les désire, parce que ce sont les sentiments que je vous ai voués, et que vous m'avez toujours inspirés; et, si jamais on cherchait à vous les rendre suspects, permettez-moi d'espérer qu'on n'y réussira pas.

Le ministre vient de me renvoyer ce que vous lui avez adressé. Je lui en rendrai compte demain; mais je présume qu'il ne fera rien qu'il n'ait reçu le résultat du comité, qui a dû s'assembler aujourd'hui à la suite de la séance de l'Académie.

J'ai l'honneur d'être, etc.

LETTRE DE LAVOISIER A M. LE BARON DE BRETEUIL,

LE 16 AVRIL 1785.

Monseigneur,

C'est avec beaucoup d'empressement que j'ai l'honneur de vous annoncer que les arrangements relatifs à l'établissement de deux nouvelles classes dans l'Académie des sciences sont terminés avec un applaudissement général et avec un concert d'opinion auquel je ne me serais pas attendu. M. le duc de La Rochefoucauld, qui se rend ce soir à Versailles, aura l'honneur de vous remettre le projet d'une nouvelle liste; elle n'a été concertée qu'entre les officiers et il n'était pas possible qu'il en fût autrement à cause de la nécessité du secret et de l'impossibilité de concilier dans une assemblée nombreuse un grand nombre d'intérêts particuliers; mais j'en ai conféré séparément avec une assez grande partie de mes confrères, pour être assuré que les trois quarts et demi des membres de l'Académie au moins seront pleinement satisfaits, et qu'il n'y aura de la part des autres aucune réclamation fondée. Nous avons été guidés, Monseigneur, par les principes d'une sévère justice et si j'ai cru devoir céder sur un ou deux articles à des dispositions sur lesquelles des affections particulières peuvent bien avoir eu quelque influence, c'est que l'esprit de conciliation l'exigeait et que le très-petit nombre de très-légères préférences auxquelles les circonstances ont obligé de se prêter ne m'a pas paru pouvoir être contrarié par l'opinion publique.

J'ai l'honneur de vous adresser un double de la liste qui a été convenue. Je travaille à des observations sur chaque article que j'aurai l'honneur de vous remettre directement et que je vous prierai de réserver pour vous seul; elles vous mettront à portée de répondre à toutes les réclamations qui pourront vous être faites et de faire connaître à ceux qui se plaindraient ce que vous avez fait pour eux.

Je crois, Monseigneur, qu'au point où en sont les choses, vous ne pouvez terminer trop promptement cet arrangement, et il serait à souhaiter que vous pussiez prendre dès demain les ordres du Roi, afin d'éviter que des réclamations de protection et de faveur ne vous missent dans l'embarras et que vous ne fussiez dans le cas de modifier des dispositions que je crois sagement faites.

Je vous prie d'être persuadé, Monseigneur, qu'il y a dans l'Académie moins de division et plus d'harmonie qu'on ne vous l'a peut-être fait entendre et que quelques personnes se plaisent à le répandre. La manière paisible dont tout ceci s'est passé, la facilité et la promptitude avec laquelle les suffrages se sont réunis en est une preuve; mais un point sur lequel nous nous accordons tous, c'est que, depuis le renouvellement des sciences, les compagnies savantes n'ont jamais reçu des bienfaits aussi multipliés et aussi signalés que sous votre ministère.

Je suis avec un profond respect, Monseigneur, etc.

NOTE DE MEUSNIER.

M. Meusnier ayant appris que, dans le nouvel arrangement qui se prépare pour les classes de l'Académie, il doit y avoir une place vacante, soit dans la classe de géométrie, soit dans la classe de mécanique, et qu'il se pourrait qu'en faisant passer M. Legendre, actuellement second adjoint de la classe de mécanique, dans celle de géométrie, où il deviendrait second associé, la place à nommer se trouverait dans la classe de mécanique, il a l'honneur de proposer les observations suivantes :

1° En laissant M. Legendre dans sa classe, il y serait également second associé, et par conséquent gagnerait toujours un rang.

2° M. Meusnier éviterait, par ce moyen, le désagrément réel de voir arriver avant lui un nouveau sujet dans sa classe, sujet pour lequel il a beaucoup d'estime et d'amitié, quoiqu'ils aient été rivaux pour la place de mécanique, obtenue par M. Legendre, mais qui deviendrait un obstacle perpétuel à l'avancement de M. Meusnier; ce qui rendrait irréparable pour lui le malheur d'avoir été vaincu une fois, tandis qu'en restant chacun dans leur classe ces deux académiciens avaient déjà oublié cette circonstance de leur vie.

3° Cet arrangement aurait encore, sur le précédent, l'avantage de la sim-. plicité, puisqu'il n'exigerait le changement d'aucun sujet d'une classe dans une autre.

4° La vacance qui aurait lieu par ce moyen dans la classe de géométrie, au lieu de se trouver dans celle de mécanique, remplirait également les vues de l'Académie, puisque ces deux classes demandent les mêmes genres de connaissances et peuvent être remplies par les mêmes sujets.

Il reste à remarquer que M. Meusnier deviendrait second associé de la classe de géométrie, tandis que dans l'autre disposition ce serait M. Périer qui deviendrait second associé dans la classe de mécanique, de sorte que la question se réduit à décider, entre eux, lequel doit de préférence gagner deux rangs. M. Meusnier convient que M. Périer peut être, à la rigueur, regardé comme plus ancien que lui, mais il observe qu'étant entré surnuméraire en même temps que M. Legendre a eu les premières voix, sa date ne doit pas compter de cette époque, mais de celle où il a été admis en pied, après les élections de pensionnaire et d'associé occasionnées par la mort de M. Bezout, ce qui anéantit l'antériorité de M. Périer sur M. Meusnier, qui fut élu en même temps à la place vacante par la mort de M. d'Alembert. Il observe encore que c'est par une faveur contraire au vœu de l'Académie, que M. Périer se trouverait avoir acquis en ce moment un droit contre lui. Il se présente encore une réflexion, c'est que, dans un changement pareil et total de l'ordre des choses, on n'a pu consulter généralement les dates d'ancienneté dans des classes différentes, que même M. Legendre aurait à se plaindre, dans l'arrangement dont il s'agit, de ce que M. Périer, qui n'a été que surnuméraire, gagnerait deux rangs, tandis qu'il n'en gagnerait qu'un seul.

Si donc il faut des motifs pour déterminer cet avantage de gagner deux rangs, en faveur de quelqu'un, M. Meusnier espère que son zèle connu pour les objets qui intéressent l'Académie, et l'activité dont il a cherché à donner des preuves multipliées depuis qu'il a l'honneur d'en être connu, le mettent peut-être dans le cas de demander une grâce, qu'il ne pourrait faire tourner qu'à l'avantage de la Compagnie à laquelle il s'honore d'appartenir.

NOTE DE LAVOISIER.

M. le duc de La Rochefoucauld connaît mon opinion sur la réclamation de M. Meusnier; elle n'est pas sans fondement, parce qu'en effet le passage de M. Legendre dans la classe de géométrie lui fait un tort réel. Je persiste à croire que si la justice rigoureuse exige que M. Meusnier, le moins ancien, soit troisième associé plutôt que M. Périer, ces principes de justice peuvent être balancés par un grand nombre de considérations, que M. le duc de La Rochefoucauld et M. de Condorcet sentiront mieux que moi, et s'il y a faveur dans ce que propose M. Meusnier, on peut la justifier par des motifs solides, qui ne seront point humiliants pour M. Périer. Ce dernier d'ailleurs, en tout état de cause, aura gagné un rang. Pourquoi faut-il que lui seul, entré à l'Académie comme surnuméraire et presque contre le vœu de l'Académie, en gagne deux ?

Du 18 avril.

Je n'avais pas fait attention à cette dernière considération lorsque j'ai eu l'honneur d'écrire hier au soir à M. le duc de La Rochefoucauld.

NOUVELLE NOTE DE LAVOISIER.

Les réclamations ci-jointes de M. Meusnier, que les officiers de l'Académie ont trouvées justes, exigent un léger changement à la liste de l'Académie. Il consiste à faire rentrer M. Legendre dans la classe de mécanique en qualité de second associé, et alors la place vaquera dans la géométrie, au lieu de vaquer dans la mécanique, ce qui est indifférent.

Il me semble aussi qu'on ne rend pas justice à M. l'abbé Haüy en le mettant troisième associé dans la physique, tandis que M. l'abbé Tessier, moins ancien, est second dans l'histoire naturelle.

Je crois qu'il serait plus conforme à la justice et à l'ordre de mettre M. l'abbé Haüy dans la classe d'histoire naturelle en qualité de deuxième associé, et M. l'abbé Tessier le troisième; M. Quatremère passerait dans la physique générale.

J'aurai l'honneur d'observer à M. Rabinet que, pour éviter les calculs et diminuer le travail des trésoriers, on pourrait donner un effet rétroactif à l'opération à compter du premier janvier.

M. le contrôleur général s'y prêtera probablement volontiers. Ce sera encore une nouvelle faveur à laquelle l'Académie ne pourra qu'être très-sensible.

À M. RABINET,

PREMIER COMMIS DES BUREAUX DE M. LE BARON DE BRETEUIL, À VERSAILLES,

LE 21 AVRIL 1785.

J'ai l'honneur, Monsieur, de vous envoyer, ainsi que je m'y suis engagé, la liste de l'Académie des sciences dans sa nouvelle consistance, telle qu'elle a été définitivement convenue avec M. de La Rochefoucauld, M. de Condorcet, etc. Je persiste à croire, ainsi que j'ai eu l'honneur de vous l'observer, que M. l'abbé Haüy n'est pas aussi bien traité dans cet arrangement qu'il le mérite, et vous remarquerez qu'il ne gagne qu'un rang, pendant que M. l'abbé Tessier, moins ancien que lui, en gagne trois; encore ce dernier se trouve-t-il dans une classe où les mutations paraissent devoir être plus prochaines. Il me paraissait plus conforme à la justice de placer M. l'abbé Haüy dans la classe d'histoire naturelle entre M. d'Arcet et M. l'abbé Tessier, et de transporter M. Quatremère dans la classe de physique, où il aurait occupé la place de dernier associé. J'ai appuyé de mon mieux ces représentations, mais on a persisté pour un arrangement que je crois de faveur plutôt que de justice, et on s'est appuyé surtout sur ce que M. Quatremère ne convenait pas à la classe de physique; mais je ne crois pas qu'il convienne mieux à celle d'histoire naturelle. Je fais l'acquit de ma conscience en vous faisant ces représentations. Vous en ferez l'usage que vous jugerez à propos.

Je n'en ai pas moins mis, dans la liste que j'ai l'honneur de vous envoyer, l'article de M. l'abbé Haüy et de M. l'abbé Tessier conformément au vœu du plus grand nombre, parce qu'un avis particulier ne doit point prévaloir.

J'espère que vous voudrez bien faire en sorte que nous obtenions l'effet rétroactif à compter du 1er janvier dernier; c'est un objet médiocre, mais qui sauvera bien de l'embarras.

J'ai l'honneur d'être avec un inviolable attachement, etc.

LETTRE DE M. LE BARON DE BRETEUIL

À M. LE MARQUIS DE CONDORCET,

SECRÉTAIRE PERPÉTUEL DE L'ACADÉMIE DES SCIENCES.

Du 23 avril 1785.

J'ai l'honneur de vous envoyer, Monsieur, un nouveau règlement que le Ro m'a ordonné d'adresser à son Académie royale des sciences.

Sa Majesté, s'étant fait rendre compte de l'état des sciences, a vu avec plaisir qu'elles faisaient tous les jours de nouveaux progrès, que le goût s'en répandait de plus en plus dans toutes les classes de la société, et que ce goût semblait se porter particulièrement vers les sciences d'une utilité plus immédiate. Sa Majesté a reconnu, en même temps, que ces heureux effets étaient dus, en grande partie, aux travaux et au zèle de son Académie.

Elle a cru ne pouvoir en témoigner sa satisfaction d'une manière qui fût plus agréable à cette Compagnie, qu'en lui donnant de nouveaux moyens de se rendre utile. C'est dans cette vue, et d'après les considérations énoncées dans le préambule du règlement ci-joint, qu'elle a jugé à propos d'établir deux nouvelles classes, l'une pour la physique générale, et l'autre pour l'histoire naturelle et la minéralogie, et d'associer la métallurgie à l'ancienne classe de chimie, et l'agriculture à l'ancienne classe de botanique.

Sa Majesté a pensé aussi qu'il convenait de supprimer pour l'avenir la qualité d'adjoint, et de réduire chaque classe à six personnes, dont trois pensionnaires et trois associés. Par cet arrangement, les deux nouvelles classes n'augmenteront, pour l'avenir, que de six membres le nombre ordinaire des académiciens. Ce nombre n'augmentera même dans ce moment-ci que d'une seule personne, en ce que les surnuméraires qui existaient dans l'Académie se sont trouvés naturellement placés dans les différentes classes, soit comme pensionnaires ou comme associés en titre. Mais l'intention de Sa Majesté est qu'à l'avenir il ne soit plus nommé de surnuméraires sous quelque prétexte que ce soit.

Je vous prie, Monsieur, de donner connaissance à l'Académie du règlement ci-joint, et de ma présente lettre, et de faire inscrire l'un et l'autre sur ses registres.

L'Académie peut d'ailleurs procéder, quand elle le voudra, à l'élection des places d'associés, vacantes dans les classes de géométrie et de chimie et de métallurgie.

J'ai l'honneur d'être, etc.

DE PAR LE ROI.

Le Roi, s'étant fait représenter les règlements et la liste de l'Académie des sciences, Sa Majesté a reconnu que la division des classes, adoptée par les règlements des 26 janvier 1699 et 3 janvier 1716, n'embrassait plus aujourd'hui l'universalité des sciences, dont l'Académie s'occupe; que l'agriculture, l'histoire naturelle, la minéralogie, la physique, ne paraissent pas être entrées dans le plan de son institution, quoique ces sciences ne soient pas moins dignes que les autres de l'attention des savants et de la protection du gouvernement;

Que le règlement, du 3 janvier 1716, en supprimant la classe des élèves et en établissant à la place celle des adjoints, n'avait fait que substituer une dénomination à une autre, mais qu'il en résultait également une distinction au moins inutile.

Ces considérations ont déterminé Sa Majesté à instituer deux nouvelles classes, à incorporer les associés et les adjoints, et à réduire à six, trois pensionnaires et trois associés, le nombre des membres attachés à chaque classe. Elle a vu avec satisfaction que ces dispositions n'augmentaient que de six le nombre des places, et que cette augmentation tombait entièrement sur l'ordre des pensionnaires; que, par le plan qui lui avait été proposé, presque tous les académiciens obtiendraient, les uns une augmentation de pension, les autres une espérance plus prochaine d'y arriver; enfin, qu'elle pouvait trouver dans le nombre même des surnuméraires qu'elle avait nommés, en différentes circonstances, à la demande de l'Académie, de quoi remplir cinq places de nouvelle création. Et Sa Majesté, voulant donner à l'Académie des sciences de nouvelles marques de son affection, ainsi que de la protection qu'elle accorde aux sciences et aux arts,

Elle a ordonné et ordonne ce qui suit :

Article premier.

L'Académie sera à l'avenir composée de huit classes, savoir : une de géométrie, une d'astronomie, une de mécanique, une de physique générale, une d'anatomie, une de chimie et de métallurgie, une de botanique et d'agriculture et une d'histoire naturelle et de minéralogie.

Art. 2.

Chaque classe demeurera irrévocablement fixée à six membres, savoir : trois pensionnaires et trois associés, indépendamment des secrétaire et trésorier perpétuels, des douze honoraires, des douze associés libres et de huit associés étrangers, à l'égard desquels il ne sera rien innové.

Art. 3.

Lesdites huit classes seront remplies, savoir :

Celle de géométrie, par MM. Borda, Jeaurat et Vandermonde, comme pensionnaires; MM. Cousin et Meusnier, comme associés;

Celle d'astronomie, par MM. Lemonnier, de Lalande et Legentil, comme pensionnaires; MM. Messier, de Cassini et d'Agelay, comme associés;

Celle de mécanique, par MM. l'abbé Bossut, l'abbé Rochon et de La Place, comme pensionnaires; MM. Coulomb, Legendre et Périer, comme associés;

Celle de physique générale, par MM. Leroy, Brisson et Bailly, comme pensionnaires; MM. Monge, Mechain et Quatremère, comme associés;

Celle d'anatomie, par MM. Daubenton, Tenon et Portal, comme pensionnaires; MM. Sabatier et Vicq d'Azir, comme associés;

Celle de chimie et de métallurgie, par MM. Cadet, Lavoisier et Baumé, comme pensionnaires; MM. Cornette et Berthollet, comme associés;

Celle de botanique et d'agriculture, par MM. Guettard, Fougeroux et Adanson, comme pensionnaires; MM. de Jussieu, de Lamarck et Desfontaines, comme associés;

Celle d'histoire naturelle et de minéralogie, par MM. Desmarets, Sage et l'abbé de Gua, comme pensionnaires; MM. d'Arcet, l'abbé Haüy et l'abbé Tessier, comme associés.

Art. 4.

Il sera procédé, en la forme ordinaire, à l'élection des trois places d'associés, vacantes dans les classes de géométrie, d'anatomie et de chimie et de métallurgie, lorsque Sa Majesté aura donné, à ce sujet, les ordres nécessaires.

Art. 5.

La classe de physique générale fera partie des classes mathématiques, et la classe d'histoire naturelle et de minéralogie fera partie des classes physiques, pour tous les cas où les places, soit d'officiers, soit de commissaires, sont affectées par les règlements, ou par l'usage, à l'une de ces deux divisions.

Art. 6.

Pour remplir les places d'associés vacantes, il sera présenté par la classe, et à l'égard des associés libres et étrangers, par les huit commissaires élus dans chaque classe par l'Académie, au moins trois sujets et jamais plus de cinq, parmi lesquels les académiciens ayant droit de suffrage pour les élections en choisiront deux à la pluralité des voix.

ART. 7.

Sa Majesté déclare qu'à l'avenir il ne sera admis dans l'Académie aucun surnuméraire, sous quelque prétexte que ce soit.

Fait à Versailles, le 23 avril 1785.

Signé Louis et contre-signé baron de Breteuil.

LETTRE DE LAVOISIER A M. LE BARON DE BRETEUIL,

LE 28 AVRIL 1785.

Monseigneur,

M. de Condorcet a fait lecture hier à la séance de l'Académie des sciences du nouveau règlement que vous lui avez adressé, et tous les membres ont été pénétrés d'un profond sentiment de reconnaissance. On a surtout admiré l'esprit de sagesse et de justice qui a présidé à la distribution des grâces du Roi, et il est en effet étonnant que, dans un combat d'intérêts aussi compliqués, vous ayez pu, Monseigneur, parvenir à satisfaire non-seulement toutes les convenances particulières, mais encore les prétentions exagérées que chacun est toujours porté à former en sa faveur. Je m'estimerai heureux si l'exacte impartialité et l'esprit de conciliation que j'ai cherché à apporter dans cet arrangement ont répondu à la confiance dont vous avez bien voulu m'honorer. Toute mon ambition est d'en mériter la continuation.

Je suis, etc.

LETTRE DE LAVOISIER À M. LE COMTE DE ***.

Monsieur le Comte,

J'ai l'honneur de vous envoyer la nouvelle liste de l'Académie, extraite de l'ordonnance du Roi du 23 avril dernier, qui a été lue à la séance d'hier. J'y ai joint une première colonne indicative du rang qu'occupait chacun des membres de l'Académie dans l'ancienne consistance, et une seconde, qui présente en chiffres le nombre des rangs que chacun d'eux a gagné dans ce nouvel arrangement.

M. l'abbé Tessier aurait été traité plus favorablement d'après le plan que nous avions proposé; il était le cinquième de la classe d'histoire naturelle, et gagnait trois rangs, tandis qu'il n'en gagne que deux dans l'arrangement arrêté par le ministre. Mais il paraît que, abstraction faite de toutes considérations relatives au mérite particulier, on a consulté principalement l'ordre d'ancienneté dans chaque classe. Ce plan présente bien quelques inconvénients, mais peut-être, en même temps, était-ce le seul qu'on pouvait suivre dans une opération de cette espèce, par la difficulté de donner une juste valeur à toutes les prétentions particulières. On est blessé par les préférences fondées sur le mérite, parce qu'on ne se rend pas justice et qu'on est toujours tenté de les regarder comme arbitraires. L'ordre du tableau est, au contraire, une loi physique que tout le monde est forcé de respecter; c'est une nécessité impérieuse à laquelle on résisterait en vain et dont personne, par conséquent, ne peut être humilié.

J'ai, Monsieur le Comte, l'honneur de vous rendre compte de ces détails, parce que je connais l'intérêt que vous prenez aux sciences, à l'Académie et à la plupart des membres qui la composent, et qu'il est dans l'ordre, à toutes sortes de titres, que vous soyez un des premiers instruits d'une révolution aussi importante.

Tous les membres de l'Académie sont au surplus, à un très-petit nombre d'exceptions près, parfaitement contents, et c'est encore une preuve de la justice des bases qui ont été adoptées.

Je suis avec un profond respect, etc.

LETTRE DE LAVOISIER A M. RABINET,

PREMIER COMMIS DES BUREAUX DE M. LE BARON DE BRETEUIL, À VERSAILLES,

LE 29 AVRIL 1785.

L'ordonnance du Roi, Monsieur, a été lue mercredi à l'Académie, et elle a produit le meilleur effet. Recevez, je vous prie, par ma voix, l'expression de la reconnaissance générale et l'assurance du contentement à peu près unanime de la Compagnie. Nous attendons avec la plus grande impatience le retour du ministre pour aller en corps lui porter nos remercîments, ainsi qu'à vous, Monsieur, qui avez donné dans cette occasion, comme dans beaucoup d'autres, des preuves du cas que vous faites des sciences et de ceux qui les cultivent, et qui avez conduit cette affaire avec la sagesse d'esprit et l'impartialité qui vous est propre.

Nous avons fait dans la liste de l'Académie une omission qui heureusement est facile à réparer.

Indépendamment des adjoints ordinaires attachés à chaque classe, il existe un adjoint géographe dont le nouveau règlement ne parle pas; cette place est occupée par M. Buache, homme de mérite. Il est clair que, le Roi ayant jugé à propos de supprimer les adjoints, il a dû être dans son intention de convertir la place d'adjoint géographe en une place d'associé géographe. Mais le nouveau règlement garde le silence à cet égard. M. de Condorcet s'est chargé de vous écrire à ce sujet et de convenir de la forme la plus simple pour réparer cette omission.

On a encore observé que M. Desmarets ayant passé, par le nouvel arrangement, des classes mathématiques dans les classes physiques, il ne pouvait continuer d'être vice-directeur, parce qu'il est contre la règle qu'il y ait à la fois deux officiers physiciens. Cette difficulté, Monsieur, ne me paraît pas fondée.

Tout ce qui me paraît résulter du passage de M. Desmarets dans les classes physiques, c'est qu'il ne serait pas éligible dans ce moment pour être officier mathématicien, mais il suffit qu'il le fût à l'époque où il a été nommé pour que sa nomination soit régulière. La seule attention que cette circonstance exigera, c'est que le vice-directeur qui sera nommé l'année prochaine par le Roi soit choisi dans les classes mathématiques, et tout rentrera dans l'ordre.

Quelque confiance, Monsieur, que j'aie dans votre manière de voir, j'ai de la peine à me persuader qu'il ne fût pas avantageux pour l'Académie d'avoir le choix de ses officiers. Il est bon que dans un corps les membres soient dans une sorte de dépendance les uns des autres, et cette dépendance se trouve naturellement établie par le besoin qu'on a de ménager le suffrage de ses confrères. Ce même motif lierait plus étroitement les honoraires à l'Académie. Il les rendrait plus attentifs à ne déplaire à personne. Enfin, l'espérance de revenir un jour aux places d'officiers ferait un point d'émulation et porterait aux plus grands efforts pour ne déplaire à personne pendant qu'on serait dans les charges. Il serait bien dangereux, sans doute, que les places d'officiers devinssent une espèce de vizirat qui se transmettrait entre un petit nombre de personnes comme l'usage s'en était introduit abusivement, il y a trente ans; mais il serait aisé de prévenir cet inconvénient, en ordonnant que la même personne ne pourrait rentrer dans les places d'officiers qu'au bout de six années révolues, même plus si on le juge à propos.

Observez, Monsieur, que le ministre, en s'en rapportant au choix de l'Académie, ne renoncerait qu'à un droit qu'il n'exerce pas, puisqu'il veut bien communément s'en rapporter au vœu des officiers sortants et que, d'ailleurs, il a approuvé qu'on observât assez exactement l'ordre du tableau.

La circonstance serait favorable pour établir cette nouvelle forme. Nous prendrions notre texte sur ce qu'il existe dans ce moment deux officiers appartenant aux classes physiques, et nous donnerions, M. Desmarets et moi, notre démission pour remettre nos places à l'élection de l'Académie. Je n'ai jamais parlé de ce projet à M. le baron de Breteuil, et je renonce à lui en parler jamais si ce n'est point votre avis, parce que j'ai beaucoup plus de confiance dans vos lumières que dans les miennes, et que je croirai m'être trompé si vous ne voyiez pas comme moi.

J'ai l'honneur d'être, avec un très-parfait attachement, etc.

TABLEAU

DE L'ACADÉMIE DES SCIENCES DIVISÉE EN HUIT CLASSES, COMPOSÉES CHACUNE DE TROIS PENSIONNAIRES ET DE TROIS ASSOCIÉS; EXTRAIT DE L'ORDONNANCE DU ROI DU 23 AVRIL 1785.

GÉOMÉTRIE.

Pensionnaires... { MM. de Borda.
Jeaurat.
de Vandermonde.

Associés...... { Cousin.
Meusnier.

Et celui qui sera agréé par Sa Majesté après l'élection.

ASTRONOMIE.

Pensionnaires.. { MM. Lemonnier.
de Lalande.
Le Gentil.

Associés...... { Messier.
de Cassini.
d'Agelet.

MÉCANIQUE.

Pensionnaires... { MM. l'abbé Bossut.
l'abbé Rochon.
de La Place.

Associés...... { Coulomb.
Le Gendre.
Périer.

PHYSIQUE GÉNÉRALE.

Pensionnaires... { MM. Le Roy.
Brisson.
Bailly.

Associés...... { Monge.
Méchain.
Quatremère.

ANATOMIE.

Pensionnaires... { MM. Daubenton.
Tenon.
Portal.

Associés...... { Sabatier.
Vicq-d'Azyr.

Et celui qui sera agréé par Sa Majesté après l'élection.

CHIMIE.

Pensionnaires.. { MM. Cadet.
Lavoisier.
Baumé.

Associés...... { Cornette.
Berthollet.

Et celui qui sera agréé par Sa Majesté après l'élection.

BOTANIQUE ET AGRICULTURE.

Pensionnaires.. { MM. Guettard.
Fougeroux.
Adanson.

Associés...... { de Jussieu.
de La Marck.
Desfontaines.

HISTOIRE NATURELLE ET MINÉRALOGIE.

Pensionnaires.. { MM. Desmarets.
Sage.
l'abbé de Gua.

Associés...... { d'Arcet.
l'abbé Haüy.
l'abbé Tessier.

MÉMOIRE.

L'Académie des sciences, sans avoir jamais sollicité les grâces du gouvernement, en a toujours été comblée, et elle vient encore de recevoir les marques les plus éclatantes de la protection du roi, par l'établissement de deux nouvelles classes et par la création de six nouvelles places de pensionnaires, qui ont donné lieu à une progression avantageuse pour presque tous les membres de l'Académie.

Livrée tout entière à la reconnaissance, elle ne choisirait pas ce moment pour faire des demandes, si les bienfaits mêmes répandus sur une partie de ses membres ne l'avertissaient qu'il règne, au préjudice de quelques-uns, une disproportion qu'ils n'ont pas méritée et dont il serait important d'effacer la trace.

M. Maraldi, pensionnaire astronome de l'Académie des sciences, a désiré, après de longs travaux, d'aller finir sa carrière dans sa patrie. Il a sollicité et il a obtenu une pension de 2,000 livres sur les fonds de l'Académie; comme cette dépense extraordinaire n'avait été ni calculée, ni prévue dans la distribution des fonds ordinaires de l'Académie, il n'a été possible d'y pourvoir que par une retenue faite tant sur les pensions de cette classe que sur toutes les autres; il en résulte que presque toutes les pensions de l'Académie sont morcelées, et que la plus grande partie des membres ne jouissent pas du traitement qu'il a été dans l'intention du roi de leur accorder.

D'un autre côté, quelques pensionnaires jouissent, par des circonstances particulières, d'une pension supérieure à celle attachée au rang qu'ils occupent dans l'Académie, et cet excédant se trouve encore prélevé sur la masse, et diminue la portion dont chaque pensionnaire devrait jouir.

Enfin M. Tillet, qui est adjoint depuis . . . . à la place de trésorier, ne jouit de rien sur les fonds de l'Académie, tandis qu'il y remplit des fonctions pénibles, qu'il est chargé d'une comptabilité laborieuse, qu'il enrichit le Recueil de l'Académie de savants mémoires, qu'il a rendu des services importants au gouvernement, et qu'il est souvent à la tête des commissions les plus intéressantes. L'Académie ne peut voir qu'avec sensibilité que ses soins et ses travaux restent sans récompense, tandis que des académiciens, moins anciens que lui, sont arrivés dans leur classe, par la progression naturelle, à la grande pension, qui est de 3,000 livres.

Dans ces circonstances le ministre ferait, à la fois, un acte de justice et de bienfaisance; il acquerrait de nouveaux droits à la reconnaissance de l'Académie, s'il voulait bien s'entendre avec M. le contrôleur général pour obtenir du roi,

Premièrement, de soulager l'Académie de la pension de 2,000 livres dont M. Maraldi jouit à titre de retraite, en la faisant porter sur le trésor royal, sans retenue;

Secondement, d'accorder à l'Académie un fonds extraordinaire de 3,000 livres par année, dont 1,500 seraient accordés à M. Tillet, et dont le surplus servirait à compléter les pensions des académiciens. Cette dépense pourrait n'être que momentanée; la moitié s'amortirait au moment où M. Tillet entrera en jouissance de la pension attachée à la place de trésorier, et le surplus à mesure que les pensions qui excèdent leur proportion viendront à s'éteindre.

Dans le cas où Sa Majesté jugerait à propos d'accorder ce fonds à perpétuité, il pourrait être destiné, à mesure des extinctions, à l'entretien du cabinet, dont l'arrangement seul occasionnera des frais assez considérables.

TABLEAU

DE L'ACADÉMIE DES SCIENCES DIVISÉE EN HUIT CLASSES, COMPOSÉES CHACUNE DE TROIS
PENSIONNAIRES ET DE TROIS ASSOCIÉS, CONFORMÉMENT À L'ORDONNANCE DU ROI
DU 23 AVRIL 1785[1].

HONORAIRES.

MM. le maréchal duc de Richelieu.
de Machault.
le comte de Maillebois.
de Malesherbes.
le cardinal de Luynes.
Bertin.

MM. le marquis de Pouligny.
le duc de Praslin.
Amelot.
le duc d'Ayen.
le président de Sarron.
le duc de La Rochefoucauld.

PENSIONNAIRES VÉTÉRANS.

MM. Maraldi.
de Fouchy.
de Lassonne.
Lemonnier.

MM. le marquis de Courtivron.
Petit.
le comte d'Angiviller.

OFFICIERS PERPÉTUELS.

M. de Condorcet, secrétaire.

MM. de Buffon, Tillet, trésoriers.

OFFICIERS ANNUELS.

MM. le duc d'Ayen, président.
Lavoisier, directeur.

MM. le comte de Maillebois, vice-président.
M. Desmarets, vice-directeur.

ACADÉMICIENS ORDINAIRES.

CLASSES MATHÉMATIQUES.

	GÉOMÉTRIE.			ASTRONOMIE.	
Pensionnaires.	MM. de Borda	1756	Pensionnaires.	MM. Lemonnier	1735
	Jeaurat	1763		de La Lande	1753
	de Vandermonde	1771		Le Gentil	1753
Associés	Cousin	1772	Associés	Meunier	1770
	Meusnier	1784		de Cassini	1770
	Charles	"		d'Agelet	1785

[1] Ce tableau est exactement conforme au projet dressé par Lavoisier. (*Note de l'éditeur.*)

MÉCANIQUE.

Pensionnaires.
- MM. l'abbé Bossut 1768
- l'abbé Rochon.... 1771
- de La Place 1741

Associés . . . . .
- Coulomb 1782
- Legendre....... 1783
- Périer.......... 1783

PHYSIQUE GÉNÉRALE.

Pensionnaires.
- MM. Le Roy......... 1751
- Brisson.......... 1759
- Bailly.......... 1763

Associés . . . . .
- Monge.......... 1780
- Méchain........ 1782
- Quatremère...... 1783

CLASSES PHYSIQUES.

ANATOMIE.

Pensionnaires.
- MM. Daubenton...... 1744
- Tenon.......... 1759
- Portal 1764

Associés . . . . .
- Sabatier....... 1773
- Vicq-d'Azyr...... 1774
- Broussonnet..... "

BOTANIQUE ET AGRICULTURE.

Pensionnaires.
- MM. Guettard 1743
- Feugeroux...... 1758
- Adanson 1759

Associés . . . . .
- de Jussieu 1773
- de La Marck..... 1779
- Desfontaines..... 1783

CHIMIE ET MÉTALLURGIE.

Pensionnaires.
- MM. Cadet.......... 1766
- Lavoisier 1768
- Baumé..... ... 1771

Associés . . . . .
- Cornette........ 1778
- Berthollet....... 1780
- de Fourcroy..... "

HISTOIRE NATURELLE ET MINÉRALOGIE.

Pensionnaires.
- MM. Desmarets...... 1771
- Sage............ 1771
- l'abbé de Gua.... 1759

Associés . . . . .
- d'Arcet......... 1774
- l'abbé Haüy..... 1783
- l'abbé Tessier.... 1784

ASSOCIÉS LIBRES.

MM. le marquis de Montalembert.
Pingré.
le marquis de Chabert.
le marquis Turgot.
Andouillé.
Dionis du Séjour.

MM. Perronet.
Poissonnier.
de Bory.
Mesnard de Choury.
de Barthès.
de Fourcroy.

ASSOCIÉS VÉTÉRANS.

MM. Bouvart.
le comte de Lauraguais.

M. Demours.

ASSOCIÉS ÉTRANGERS.

MM. le prince de Loewestine.
de La Grange.
Franklin.
Bernouilly.

MM. Bonnet.
Euler.
Priestley.
Hunter.

ASSOCIÉ GÉOGRAPHE.

M. Buache.

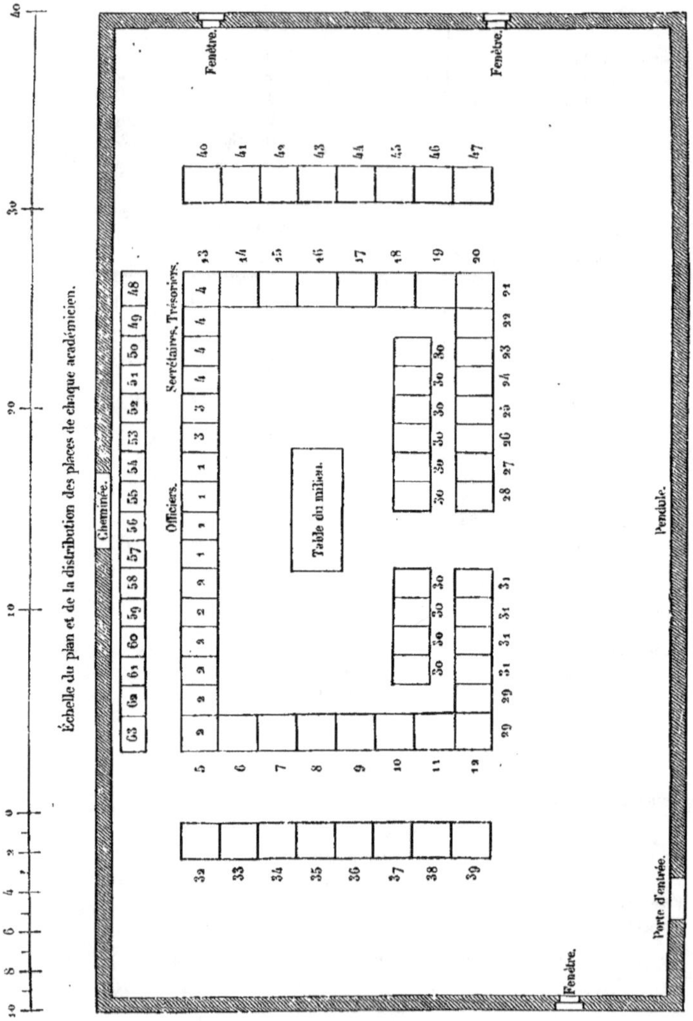

Échelle du plan et de la distribution des places de chaque académicien.

Cheminée.

63 | 62 | 61 | 60 | 59 | 58 | 57 | 56 | 55 | 54 | 53 | 52 | 51 | 50 | 49 | 48

Officiers. Secrétaires, Trésoriers.

Table du milieu.

Fenêtre.

Porte d'entrée. Pendule.

DÉSIGNATION DES PLACES.

1, 1, 1, 1...... Présidents et Directeurs.
2, 2, 2, 2, 2, 2. Honoraires.
3, 3.......... Pensionnaires vétérans.
4, 4, 4, 4...... Trésoriers et secrétaire.

PREMIERS PENSIONNAIRES :

5. Géomètre.... ... M. de Borda.
6. Astronome........ M. Lemonnier.
7. Mécanicien .... M. l'abbé Bossut.
8. Physicien .... M. Le Roy.
9. Anatomiste ...... M. Daubenton.
10. Chimiste........ M. Cadet.
11. Botaniste........ M. Guettard.
12. Naturaliste....... M. Desmarets.

DEUXIÈMES PENSIONNAIRES :

13. Géomètre .... M. Jeaurat.
14. Astronome....... M. de Lalande.
15. Mécanicien ...... M. l'abbé Rochon.
16. Physicien........ M. Brisson.
17. Anatomiste ...... M. Tenon.
18. Chimiste........ M. Lavoisier.
19. Botaniste........ M. Fougeroux.
20. Naturaliste....... M. Sage.

TROISIÈMES PENSIONNAIRES :

21. Géomètre .... M. Vandermonde.
22. Astronome....... M. Legentil.
23. Mécanicien ...... M. de Laplace.
24. Physicien........ M. Bailly.
25. Anatomiste ...... M. Porta.
26. Chimiste........ M. Baumé.
27. Botaniste........ M. Adanson.
28. Naturaliste....... M. l'abbé de Gua.
29, 29. Bibliothécaire. M. Demours.

30, 30, 30, 30, 30, 30, 30, 30, 30, 30. Associés libres et associés étrangers.
31, 31, 31, 31. Lecteurs étrangers, correspondants, associés vétérans.

PREMIERS ASSOCIÉS ORDINAIRES :

32. Géomètre .... M. Cousin.
33. Astronome....... M. Meusnier.
34. Mécanicien ...... M. Coulomb.
35. Physicien .... M. Monge.
36. Anatomiste ...... M. Sabatier.
37. Chimiste.... ... M. Cornette.
38. Botaniste........ M. de Jussieu.
39. Naturaliste ... ... M. d'Arcet.

DEUXIÈMES ASSOCIÉS ORDINAIRES :

40. Géomètre .... M. Meusnier.
41. Astronome....... M. Cassini.
42. Mécanicien ...... M. Legendre.
43. Physicien........ M. Méchain.
44. Anatomiste ...... M. Vicq-d'Azyr.
45. Chimiste........ M. Berthollet.
46. Botaniste........ M. le chev' de Lamarck.
47. Naturaliste....... M. l'abbé Haüy.

TROISIÈMES ASSOCIÉS ORDINAIRES :

48. Géomètre .... M. Charles.
49. Astronome....... M. Le Paute d'Agelet.
50. Mécanicien .... . M. Périer.
51. Physicien .... M. Quatremère.
52. Anatomiste ...... M. Broussonnet.
53. Chimiste........ M. de Fourcroy.
54. Botaniste .... M. Desfontaines.
55. Naturaliste....... M. l'abbé Tessier.
56. Géographe....... M. Buache.
57 à 63. Académie française et des inscriptions.

Le comité, assemblé pour l'arrangement des places, a arrêté : de supprimer la table qui avait été placée par moi dans l'intérieur de l'enceinte; de prendre sur le banc des honoraires deux places à chaque bout, pour y placer le secrétaire, le trésorier, le premier pensionnaire géomètre et le premier pensionnaire anatomiste; de prendre également deux places de chaque côté sur le banc des associés, en suivant pour la distribution et l'ordre des places, ce qui a lieu pour le mélange des classes. Il sera, en outre, fait double rang de bancs derrière les pensionnaires, pour y placer ceux des associés qui ne pourront être sur le rang en face des honoraires.

Enfin, il a été arrêté de placer les deux poêles dans l'intérieur du parquet et la table de marbre entre les deux poêles.

Le présent arrangement a passé à la pluralité des voix.

Ce 3 décembre 1785.

Signé DE BORDA, DESMARETS, TILLET, LEMONNIER, CADET, DAUBENTON, BOSSUT et LAVOISIER.

LETTRE DE M. LE BARON DE BRETEUIL À M. LAVOISIER.

J'ai remarqué, Monsieur, que les pensionnaires surnuméraires s'étaient fort multipliés, depuis quelques années, à l'Académie, quoique cette faveur n'ait jamais été accordée que sur sa demande; je suis loin sans doute de désapprouver cette marque de déférence et d'attachement que vous rendez à des confrères anciens dans l'Académie, et qui s'y sont distingués par leurs travaux; vous savez, au contraire, que j'y ai concouru en prenant, à cet égard, les ordres du roi toutes les fois que vous l'avez désiré.

Mais plus ces sortes de nominations deviennent fréquentes, plus il me paraît nécessaire de les assujettir à des règles qui en éloignent l'arbitraire, qui les restreignent dans de justes bornes, et qui préviennent les inconvénients qui pourraient en résulter dans la suite.

Je croirais qu'il conviendrait d'abord que l'Académie ne délibérât sur ces sortes de demandes que huitaine après qu'elles auraient été faites;

Que les délibérations ne passassent qu'autant que la pluralité aurait été au moins des trois quarts des voix;

Qu'il n'y eût lieu à délibérer qu'autant que la demande serait formée par un associé qui aurait au moins quinze ans d'ancienneté.

Enfin, comme le véritable et peut-être le seul inconvénient des surnuméraires est de multiplier les places de l'Académie au delà du vœu de son institution, on pourrait prévenir cet inconvénient en arrêtant qu'à l'avenir la place des associés qui auraient obtenu le titre de pensionnaire surnuméraire ne serait point vacante, qu'ils continueraient d'être rangés sur la liste de l'Académie dans l'ordre des associés, en ajoutant seulement, vis-à-vis de leur nom, la qualité de *pensionnaire surnuméraire*.

Je désire, Monsieur, que l'Académie délibère sur ces différentes propositions, et je vous prie de me faire part de ses réflexions. Comme, au surplus, les dispositions qui pourraient être faites ne doivent point avoir un effet rétroactif, rien n'empêche que l'Académie ne procède, comme à l'ordinaire, à l'élection pour remplir la place d'associé vacante par la promotion de M. Bailly.

NOTE DE LAVOISIER.

Les règlements de l'Académie des sciences portent qu'il sera nommé chaque année, par le roi, un président et un vice-président choisis parmi les honoraires; un directeur et un vice-directeur choisis parmi les pensionnaires; mais ces règlements ne s'expliquent en aucune manière sur la forme des élections de ces officiers amovibles.

L'usage a suppléé au silence du règlement : chaque année les officiers s'assemblent à la Saint-Martin, ils délibèrent entre eux sur le choix de leurs successeurs, et, d'après le vœu de ce comité, le président écrit au ministre, qui communément confirme le choix des officiers désignés.

On voit, par cet exposé, que les officiers de l'Académie ne sont nommés par le roi, comme tous les membres, que sur la présentation qui lui en est faite, mais avec cette différence que les académiciens ordinaires ne sont admis que d'après le vœu du corps entier des pensionnaires, tandis que les officiers sont nommés d'après le vœu d'un comité très-peu nombreux. Il serait beaucoup plus régulier beaucoup plus conforme à la constitution de l'Académie, que la présentation des officiers fût ramenée à la forme ordinaire, qu'elle fût faite, comme toutes les autres, par le corps entier, d'après une délibération au scrutin et dans la forme ordinaire.

L'état actuel est susceptible de beaucoup d'inconvénients, qui se sont fait sentir plus ou moins vivement à différentes époques.

1° Il est possible que tel directeur, désigné par les officiers sortants, ne soit pas agréable à l'Académie, et l'on en a eu des exemples.

2° Dans le cas où il régnerait des divisions dans la compagnie, dès qu'une des factions aurait une fois acquis la pluralité dans le comité des officiers, elle serait assurée de la conserver toujours, puisqu'elle serait en état d'exclure tous ceux de la faction opposée, et il se pourrait faire ainsi que l'Académie fût à jamais conduite par des présidents et directeurs qui ne seraient pas de son goût, ni de son choix.

Les officiers qui viennent d'être nommés par le roi, pour l'année 1785, MM. le duc d'Ayen, le comte de Maillebois, Lavoisier et Desmarets, croient donc faire une démarche, en même temps utile et agréable à l'Académie, en priant le ministre de recevoir leur démission et d'autoriser l'Académie à procéder à l'élection de ses officiers dans la forme ordinaire. Il paraîtrait inutile de présenter plusieurs sujets, mais le roi pourrait se réserver d'exclure ceux qui ne lui seraient point agréables.

On observe que les directeurs de l'Académie française sont nommés par elle, sans même que la nomination soit confirmée par le roi.

Quoique le titre de pensionnaire surnuméraire n'ait été accordé, en général, par le roi, que sur la demande de l'Académie, les exemples s'en sont multipliés dans ces derniers temps, et on peut en compter quatre dans le cours de trois années.

Mais plus ces faveurs deviennent fréquentes, plus il paraît important d'en envisager les conséquences, plus il convient d'examiner s'il ne serait pas à propos de les assujettir à des conditions, à des formes qui pussent en éloigner l'arbitraire, de les restreindre dans de justes bornes et de trouver un avantage même dans l'exception faite à la règle.

La promotion du plus ancien des associés au grade de pensionnaire surnuméraire, considérée relativement à l'intérêt de l'Académie, a trois effets principaux : d'augmenter le nombre des votants, de dépouiller, pour l'avenir, l'Académie de son droit d'élection, enfin d'augmenter le nombre de ses membres au delà du vœu de son institution.

Le premier de ces effets, celui de multiplier le nombre des votants, loin de présenter des inconvénients paraît tendre, au contraire, à corriger un des défauts qu'on a reprochés bien des fois à la constitution de l'Académie; c'est, en effet, en multipliant le nombre des académiciens votants, que l'Académie parviendra à se prémunir contre l'influence de la faveur, des affections particulières, des préventions, et en supposant qu'une grâce accordée d'abord à quelques membres pût dégénérer en abus, toute l'extension dont elle serait susceptible consisterait à donner voix au premier associé de chaque classe, ce qui ne présenterait encore que des avantages.

Le second effet, celui de dépouiller prématurément l'Académie de son droit d'élection ne paraît pas susceptible de plus d'inconvénient; sans doute l'intention du législateur, en divisant chaque classe de l'Académie en différents ordres, en exigeant une élection particulière pour la promotion de l'adjoint à la place d'associé, de l'associé à celle de pensionnaire, a été de mettre l'Académie en état de rectifier ses choix dans les cas où son espérance aurait été trompée dans une première élection. C'est une ressource fâcheuse, dont elle ne doit user, et dont elle n'a usé, en effet, que très-sobrement, mais dont il est important cependant qu'elle puisse user. Mais la promotion du premier associé au titre de pensionnaire surnuméraire ne détruit aucun de ces avantages; il y a toujours même nombre d'élections. L'Académie, loin de perdre ses droits, en devance, au contraire, de quelques années l'usage et, en limitant cette faveur au premier associé, elle ne pourra jamais l'appliquer qu'à un sujet ancien dans l'Académie, et éprouvé par de longs travaux et une assiduité longtemps soutenue.

A l'égard du troisième effet, celui de multiplier le nombre des académiciens, on ne peut nier qu'il ne présente des inconvénients réels :

le premier, d'affaiblir la composition de l'Académie, par l'admission
de sujets médiocres; le second, de diminuer le prix que l'opinion
attache au titre d'académicien par la trop grande facilité de l'obtenir;
le troisième, de répartir la considération de l'Académie sur un trop
grand nombre d'individus, et de diminuer par conséquent la portion
à laquelle chacun a droit de prétendre. Mais cette multiplication du
nombre des académiciens, qui, peut-être, est le seul inconvénient réel
de l'admission des associés aux places de pensionnaires surnuméraires,
n'est point un inconvénient inhérent à la chose, mais à la forme qui a
été suivie jusqu'ici. Le même objet peut être rempli sans faire vaquer
de place, et il ne s'agirait que d'arrêter, qu'à l'avenir les associés qui
auraient obtenu le titre de pensionnaire surnuméraire continueraient
d'être rangés sur la liste de l'Académie dans l'ordre des associés, en
ajoutant seulement, vis-à-vis de leur nom, la qualité de *pensionnaire
surnuméraire*.

Le premier effet de l'admission des associés au grade de pensionnaire surnuméraire ne présente donc que des avantages sans inconvénients. Le second et le troisième présentent des avantages accompa-
gnés de quelques inconvénients, qu'il est facile de prévenir; on pense
donc que l'Académie doit s'occuper d'un règlement qui lui assure les
avantages en éloignant les inconvénients; mais, comme il est important
que les considérations personnelles, les affections particulières n'in-
fluent en rien sur les dispositions d'une loi qui fera partie des consti-
tutions de l'Académie, je croirais nécessaire de s'en tenir, pour cette
fois, à l'usage qui a été suivi jusqu'ici, dans les nominations des pensionnaires surnuméraires, de ne point donner un effet rétroactif au
règlement qui pourrait être fait, et de procéder comme à l'ordinaire
à la place d'associé vacante.

L'Académie a donc à délibérer, dans ce moment, sur deux questions :

La première, s'il y a lieu de faire un nouveau règlement pour la
nomination des pensionnaires surnuméraires;

La seconde, si ce règlement aura un effet rétroactif, c'est-à-dire si,
conformément à ce qui s'est pratiqué jusqu'ici, la place d'associé sera

censée vacante, ou bien si M. Bailly restera dans l'ordre des associés avec le titre de pensionnaire surnuméraire.

Si l'Académie juge qu'il y a lieu de faire un règlement, les officiers ou tels commissaires qu'elle voudra nommer, en formeront le projet, qui lui sera rapporté dans huitaine.

PROJET DE RÈGLEMENT.

ARTICLE PREMIER.

Les premiers associés de chaque classe pourront seuls demander le titre de pensionnaire surnuméraire, lorsqu'ils auront quinze ans d'ancienneté dans l'Académie et trois ans au moins dans le grade d'associé.

ART. 2.

Lorsque ces sortes de demandes seront faites à l'Académie, il sera remis à huitaine à délibérer, et la proposition ne sera censée acceptée qu'autant qu'elle aura passé à la pluralité au moins des trois quarts des voix.

ART. 3.

Lorsque la demande aura été refusée, elle ne pourra être formée de nouveau qu'après trois années à compter de la date de la délibération de refus.

ART. 4.

Les mêmes formes seront observées dans la délibération relative à la seconde demande et aux suivantes, s'il y a lieu, et il y aura toujours au moins trois années d'intervalle entre chacune.

ART. 5.

La place des associés qui auront obtenu le titre de pensionnaire surnuméraire ne sera point vacante; ils continueront d'être rangés dans la liste de l'Académie dans l'ordre des associés, et il sera ajouté seulement, vis-à-vis de leur nom, la qualité de pensionnaire surnuméraire.

Art. 6.

Il sera donné avis, au secrétaire ayant le département de l'Académie, de la délibération lorsqu'elle aura été favorable à la demande de l'associé, et il prendra en conséquence les ordres du roi.

PROJET

DE RÈGLEMENT GÉNÉRAL

POUR L'ACADÉMIE DES SCIENCES.

Les ministres éclairés ont reconnu de tous les temps la nécessité de simplifier la législation en général, et c'est ce qui a déterminé, sous le règne de Louis XIV, à réunir les lois éparses et à en former des codes raisonnés; telles sont les ordonnances civiles et criminelles, l'ordonnance de 1680, pour le fait des aides; celle de 1680, pour le fait des gabelles; celle de 1687, etc.

L'Académie des sciences a aussi sa législation, ses formes, sa constitution, mais elles sont dispersées dans quatre ordonnances du roi, dans un grand nombre de lettres écrites par les ministres au nom de Sa Majesté, dans une foule de délibérations; indépendamment de son droit écrit, elle a encore ses usages, ses coutumes, ses traditions. Il résulte de tout cela un ensemble très-compliqué, que nul académicien ne peut se flatter de bien connaître. Souvent on délibère sur un objet déjà prévu et réglé; quelquefois la délibération d'une année est en contradiction avec celle d'une autre; on fait ledit règlement aux convenances, aux circonstances du moment.

Indépendamment de la difficulté dont il est d'étudier et de connaître les règlements de l'Académie dans leur état de dispersion actuelle, plusieurs exigeraient des modifications et des changements. Il est démontré que la forme actuelle des élections n'exprime pas toujours le véritable vœu de la Compagnie, et il est arrivé souvent qu'on est entré à l'Académie avec moins de la moitié des voix. Enfin, quelques-uns des règlements les plus importants sont tombés en désuétude. Tels sont ceux relatifs à la lecture, au départ, et à l'impression des mémoires; à la tenue des registres de l'Académie; à l'ordre qui doit être observé pour les prix, etc.

Il serait digne de la sagesse et des grandes vues du ministre auquel le roi a confié l'administration des académies, de former une espèce de code qui réunît tous les règlements de l'Académie des sciences. On en projetterait les articles, on les concerterait avec lui, et quand ce travail aurait acquis une première forme, le ministre pourrait le communiquer à un comité composé des officiers et d'un certain nombre de commissaires nommés au scrutin.

Si le ministre approuve le plan, il serait à souhaiter que le projet d'ordonnance fût rédigé avant les vacances, afin que les commissaires pussent profiter de l'interruption des séances pour faire leurs observations, proposer des changements et que tout fût prêt pour la rentrée.

PREMIÈRE PARTIE.

COMPOSITION ET RÉGIME DE L'ACADÉMIE.

ARTICLE PREMIER.

L'Académie sera partagée en deux grandes divisions, dont on distinguera les membres, en général, par les noms d'académiciens de la première division, et d'académiciens de la seconde division.

ART. 2.

Les académiciens de la première division, tous obligés de résider à Paris, seront attachés spécialement à huit classes de sciences, qui embrassent l'ensemble des travaux dont l'Académie s'occupe, savoir : une pour la géométrie, une pour l'astronomie, une pour la mécanique, une pour la physique générale, une pour l'anatomie, une pour la chimie, une pour la botanique et l'agriculture, et enfin une pour l'histoire naturelle et la minéralogie.

Art. 3.

Chaque classe particulière sera composée de six membres, qui seront écrits de suite sur la liste de leur classe, suivant l'ordre d'ancienneté académique.

Art. 4.

L'associé géographe actuel sera inscrit à son rang d'ancienneté dans la classe de physique générale; mais, dans la suite, cette classe sera réduite comme les autres à six membres, parmi lesquels il y en aura constamment un qui sera tenu de s'adonner, en particulier, à la géographie, surtout à la géographie physique.

Art. 5.

Les académiciens de la seconde division ne feront point partie des classes précédentes, et pourront cultiver le genre de science pour lequel ils se sentiront le plus de goût et de talent. Il y en aura de trois sortes, les associés résidents, les associés regnicoles et les associés étrangers.

Art. 6.

Les associés résidents, qui doivent être tous domiciliés à Paris, comme le mot l'emporte, seront composés des douze honoraires et des douze associés libres actuels; mais, comme cette classe devient, par là, trop nombreuse, on la diminuera successivement en cette sorte: à la première place, qui y vaquera, on fera une nomination; à la seconde, on n'en fera point; à la troisième, on en fera une; à la quatrième, on n'en fera point; ainsi de suite, jusqu'à ce que le nombre de ces associés soit réduit à douze, et dès lors on l'y maintiendra invariablement.

Art. 7.

Les associés regnicoles habiteront tous en France, mais hors de Paris; ils seront au nombre de quatre.

Art. 8.

Les associés étrangers habiteront hors du royaume; ils seront au nombre de huit.

Art. 9.

Il y aura un secrétaire et un trésorier, l'un et l'autre officiers perpétuels, qui pourront être choisis indistinctement parmi les académiciens résidents.

Art. 10.

Les académiciens vétérans actuels seront écrits, sur la liste de l'Académie, après tous les académiciens des deux divisions générales; mais, quand ils seront éteints, on n'accordera plus dans la suite de vétérance à personne, sous quelque prétexte que ce soit.

Art. 11.

Il ne sera non plus jamais accordé à l'avenir de place de surnuméraire dans aucune division et sous-division de l'Académie.

Art. 12.

Tous les académiciens de la première division, les associés résidents et les vétérans actuels, domiciliés à Paris, auront voix délibérative dans les élections et généralement dans toutes les affaires qui se traiteront à l'Académie.

Art. 13.

Lorsque les associés regnicoles et étrangers viendront à Paris, ils jouiront, pendant un an, du droit de siéger et de voter à l'Académie comme les autres académiciens dont on vient de parler; mais, passé ce temps, ils seront déchus de ce droit et ne pourront en reprendre l'exercice que trois ans après la première cessation.

Art. 14.

L'Académie sera présidée par deux officiers appelés directeur et vice-directeur, qui pourront être choisis indistinctement parmi tous les académiciens résidents, excepté les deux officiers perpétuels.

Art. 15.

Le vice-directeur sera élu au scrutin dans la première séance, après la séance publique du mois de novembre; il succédera de droit au directeur.

Art. 16.

Les fonctions de ces deux officiers ne dureront qu'un an, et pour que celui qui sort de la place puisse être élu vice-directeur, il faudra au moins un intervalle de quatre ans depuis cette époque.

Art. 17.

En l'absence du directeur et du vice-directeur, l'académicien sorti le plus
nouvellement du directorat présidera l'Académie. Si, pendant la séance, le directeur ou vice-directeur arrive, il prendra ses fonctions; mais si un des anciens
ex-directeurs avait commencé à tenir la séance, il continuerait, et ne céderait
point la place à un autre ex-directeur moins ancien.

Art. 18.

Celui qui présidera l'assemblée y maintiendra le bon ordre, fera lire les
mémoires sur les matières de sciences, proposera les délibérations quand il y
aura lieu, empêchera que les discussions ne dégénèrent en disputes. S'il arrivait qu'un académicien s'oubliât au point de manquer à l'un de ses confrères,
le directeur convoquerait extraordinairement l'Académie pour prononcer, sans
délai, sur l'offense et la réparation.

Art. 19.

A chaque séance, le secrétaire recueillera dans un registre les titres des mémoires qui auront été lus à l'Académie, et des ouvrages qui lui auront été
présentés, les délibérations particulières qui y auront été prises, etc. Il ouvrira la séance suivante par la lecture du journal de la précédente, et ensuite
il parafera ce journal. Il aura soin de rassembler les mémoires lus par les
académiciens, et, quand ces mémoires devront être imprimés, il en donnera
une notice à la tête du volume. Il composera et lira dans les assemblées publiques les éloges des académiciens morts dans le courant de l'année. Tous
les papiers et mémoires présentés à l'Académie, concernant les sciences, demeureront entre les mains de cet officier, qui en délivrera des copies ou des
extraits, ou même les originaux, suivant les décisions de l'Académie.

Art. 20.

Le trésorier aura en dépôt les fonds de l'Académie, dont il fera la distribution suivant l'ordre réglé; il recevra et conservera les ouvrages imprimés pour l'Académie, tels que les mémoires et autres livres particuliers, pour les appliquer dans chaque cas à leur destination. Le cabinet des machines sera sous sa direction et il aura soin d'en tenir un inventaire très-exact.

Art. 21.

Il y aura un comité toujours subsistant pour examiner les mémoires destinés à l'impression dans les Recueils de l'Académie, les travaux particuliers du secrétaire, les comptes du trésorier, l'état de la caisse, l'usage qu'il convient de faire des fonds disponibles qui sont entre ses mains, l'inventaire des machines et des livres de l'Académie, etc.

Art. 22.

Ce comité sera composé du directeur, du vice-directeur, du secrétaire, du trésorier et de quatre académiciens élus au scrutin dans tout le reste des académiciens résidents. De ces quatre derniers académiciens, deux sortiront de place par la voie du sort à la fin de la première année, et seront remplacés par deux autres élus au scrutin, qui resteront pendant deux ans; à la fin de la seconde année les deux premiers élus sortiront, et seront remplacés par deux autres élus au scrutin, qui resteront pareillement deux ans, ainsi de suite. Les élections pour ce comité se feront tous les ans à la première séance qui suivra la séance publique du mois de novembre, et il s'assemblera régulièrement tous les deux mois, après la dernière séance du second mois.

Art. 23.

Il sera choisi au scrutin, parmi tous les académiciens résidents, en exceptant, toutefois, le secrétaire et le trésorier, trois académiciens différents pour trois diverses fonctions utiles à l'Académie; l'un sera chargé de composer et de publier, suivant l'usage, le livre de *La Connaissance des temps*; un autre fera les extraits des mémoires lus par les académiciens et des ouvrages qu'ils publieront séparément; lira d'abord ces extraits à l'Académie et puis ira les communiquer à l'Académie des belles-lettres; un troisième sera chargé du soin de la bibliothèque, sous l'inspection du comité, qui vérifiera tous les ans l'état des livres.

76.

Art. 24.

Lorsque le bibliothécaire trouvera qu'il est utile de faire quelques acquisitions de livres, il commencera par en conférer avec le trésorier, qui doit fournir les fonds, et, si l'acquisition est jugée possible, tous deux, de concert, le présenteront au comité pour prendre son attache et sa décision.

Art. 25.

Les pensions ordinaires affectées à l'Académie seront données aux seuls académiciens de la première division; elles seront de trois espèces, et iront en augmentant en suivant cet ordre : la première de 1,200 livres, la seconde 1,800, et la troisième de 3,000 livres.

Art. 26.

De ce moment les pensions cesseront d'être attachées aux classes, et à l'avenir les académiciens de la première division auront de droit, suivant leur ordre d'ancienneté, les pensions qui viendront à vaquer; mais à l'égard des académiciens admis dans les classes avant le règlement actuel, le droit qu'ils avaient de succéder aux pensions, suivant leur ordre d'ancienneté dans les classes, leur sera conservé; en sorte que, si une première, seconde ou troisième pension venait à vaquer, un académicien admis dans les classes avant le règlement eût eu droit à une pension du même genre; en suivant l'ordre des choses antérieur à ce règlement, la pension lui sera accordée nonobstant l'ancienneté des autres académiciens. Il sera conservé à cet effet, au secrétariat, un état des classes de l'Académie, tel qu'il était avant le présent règlement.

Art. 27.

Le trésorier et le secrétaire actuels seront inscrits, dès ce moment, dans les classes d'où ils ont été tirés, au rang de leur ancienneté; ils pourront, dans la suite, parvenir aux pensions ordinaires de l'Académie, suivant leur ordre d'ancienneté respective; mais ce ne sera qu'après que tous les autres académiciens actuels des classes seront devenus pensionnaires; ils passeront, à cet égard seulement, avant les académiciens reçus depuis le nouveau règlement.

Les traitements particuliers dont ils jouissent maintenant leur seront toujours conservés.

Il en sera de même pour l'associé géographe actuel.

Art. 28.

A la nomination d'un nouveau trésorier ou secrétaire, il sera attribué à chacun d'eux 2,000 livres de traitement pour son travail; de plus, ils parviendront à leur tour aux pensions ordinaires, s'ils sont tirés des classes. Lorsqu'ils auront été pris parmi les associés résidents, ils n'auront jamais que leur traitement primordial de 2,000 livres.

Art. 29.

Si le secrétaire et le trésorier actuels donnent leur démission, ils conserveront pendant leur vie 1,000 livres de pension, ce qui est l'excédant de leur traitement actuel sur celui qui est attribué, par l'article précédent, à leurs fonctions.

Art. 30.

L'élection d'un nouveau trésorier ou secrétaire, occasionnée par la mort d'un titulaire actuel, ne se fera qu'après qu'on aura nommé à la place que le trésorier ou le secrétaire fera vaquer, soit dans les classes, soit parmi les associés résidents.

Art. 31.

L'Académie ayant le plus grand intérêt à ce que la place de secrétaire soit remplie par un homme entièrement de son choix, cette place demeurera constamment à la nomination libre de l'Académie par la voix du scrutin, sans que le secrétaire puisse présenter lui-même son successeur.

Art. 32.

La place de trésorier sera également à la nomination de l'Académie; cependant, comme il peut être avantageux pour l'Académie d'avoir un trésorier exercé d'avance à la comptabilité, le trésorier sera le maître de demander à l'Académie un adjoint qu'il désignera; et, si l'Académie l'agrée, cet adjoint lui succédera un jour; mais il ne pourra prétendre, à ce titre, à aucun traitement; il prendra séance au comité, où il aura voix consultative; il n'aura voix délibérative qu'en l'absence du trésorier titulaire.

Art. 33.

Lorsque, par maladie ou par d'autres causes, le trésorier ou le secrétaire ne pourra assister à l'Académie, il se fera remplacer indistinctement par tel académicien qu'il jugera à propos, mais sans que cela forme pour celui-ci aucun titre pour prétendre à la place de trésorier ou de secrétaire, aux termes des articles précédents.

Art. 34.

Si le nouveau trésorier ou secrétaire, qui aura succédé à l'un de ces officiers actuels, vient à se démettre de sa place, il ne lui sera accordé aucune pension de retraite, parce que, s'il a été tiré des classes, il aura conservé le droit d'arriver à son tour aux pensions ordinaires, et que, s'il a été choisi parmi les associés résidents, il est exclu de tout traitement pécuniaire à perpétuité.

Art. 35.

Il sera pris, sur les fonds de l'Académie destinés aux dépenses courantes, une certaine somme, laquelle sera répartie en plusieurs petites pensions et appointements de personnes attachées à l'Académie, suivant les arrangements et décisions du comité. Sur cette somme, on prélèvera 800 livres de traitement pour l'académicien chargé de *La Connaissance des temps;* 800 livres pour l'académicien chargé des extraits, et 500 livres pour le bibliothécaire.

Art. 36.

L'honneur et la gloire sont les grands mobiles qui doivent porter tous les académiciens à remplir leurs devoirs, et à travailler de toutes leurs forces à élever l'édifice des sciences. Mais, indépendamment de ces motifs, il sera accordé, outre les pensions dont on vient de parler, un jeton par séance à chaque académicien, pour récompenser l'assiduité aux assemblées; et de plus les académiciens présents partageront les jetons des absents.

Art. 37.

Si, par quelque cause que ce soit, un académicien de la première division vient à s'absenter de l'Académie pendant plus d'un an, sans en avoir obtenu la permission par une délibération prise au scrutin; autant d'années il aura été absent, autant il perdra d'années de sa pension, s'il en a une, ou autant d'années de son ancienneté, s'il n'est pourvu d'aucune pension. L'argent qui proviendra de ces retenues sera employé à l'achat de livres, ou d'instruments, au jugement du comité.

Art. 38.

Dans les mêmes suppositions d'absence, un associé résident, à son retour à Paris, sera privé du droit de voter à l'Académie pendant autant d'années qu'il aura été absent.

Art. 39.

Si un associé regnicole ou étranger vient s'établir à Paris, il perdra, au bout d'un an, le droit de siéger et de voter à l'Académie.

Art. 40.

Nul académicien n'en pourra prendre le titre à la tête de ses ouvrages, s'il n'en a obtenu préalablement la permission de l'Académie.

Art. 41.

Le comité sera chargé de veiller à ce que les quatre articles précédents soient strictement observés, d'en référer à l'Académie et d'en faire prendre note sur les registres du secrétaire.

Art. 42.

L'Académie admettra dans ses assemblées particulières les savants et artistes étrangers qui voudront lire des mémoires en sa présence, ou lui présenter des ouvrages quelconques d'art, et l'officier présidant l'Académie nommera des commissaires pour rendre un compte détaillé et raisonné de ces mémoires ou machines.

Art. 43.

Lorsque l'Académie sera consultée par le gouvernement et que l'objet paraîtra d'une certaine importance, elle nommera, au scrutin, tel nombre de commissaires qu'elle jugera convenable pour examiner la question, et elle pourvoira, sur ses fonds, aux frais des expériences qu'ils croiront nécessaires pour constater la vérité ou la fausseté des assertions douteuses.

Art. 44.

Une question quelconque de science, ou autre, ayant été décidée à la pluralité des voix, ne pourra plus être remise en délibération avant qu'il ne se soit écoulé au moins quatre mois depuis ce temps; et, pour que la première décision puisse être changée, il faudra, 1° que la nouvelle délibération soit annoncée quinze jours d'avance pour une séance fixe; 2° que le changement proposé obtienne au moins les deux tiers des suffrages.

Art. 45.

L'Académie, quoique toujours occupée de sciences dans son intérieur, est quelquefois invitée à rendre certains honneurs à ses membres, ou à d'autres personnes, à faire au dehors certaines démarches, telles que des visites de corps, des compliments de félicitations, etc. Toutes ces propositions seront soumises au scrutin et décidées à la pluralité des suffrages, sans que, dans aucun cas, elles puissent être approuvées ou rejetées par acclamation.

Art. 46.

En général toute délibération qui pourrait avoir quelque inconvénient, si elle était prise à haute voix, sera prise au scrutin, et il suffira que trois académiciens demandent le scrutin, pour qu'il soit accordé.

Art. 47.

L'Académie est dans l'usage de proposer des prix ordinaires et extraordinaires; elle fera connaître les conditions particulières des concours par des programmes imprimés et rendus publics.

Art. 48.

A la première séance qui suivra la clôture du concours, l'Académie nom-

mera au scrutin cinq commissaires, qui prononceront définitivement, au nom
de l'Académie, sur l'adjudication du prix; mais ils seront tenus de notifier à
l'Académie, dans l'avant-dernière séance qui précédera le jour destiné à la
proclamation de leur jugement, que le prix est donné ou remis à une autre
année, sans nommer d'ailleurs, dans le premier cas, les auteurs des pièces
couronnées.

Art. 49.

Dans ce même cas, les commissaires indiqueront à l'assemblée le sujet d'un
nouveau prix, sur quoi l'Académie prononcera dans la dernière séance, avant
la proclamation.

Art. 50.

L'Académie s'assemblera deux fois par semaine, savoir le mercredi et le
samedi depuis quatre heures très-précises jusqu'à cinq heures et demie, dans
tous les temps. Les académiciens écriront leurs noms sur une feuille, dans
l'ordre de leur arrivée. A quatre heures sonnantes à la pendule de l'Académie,
le directeur tirera une barre au-dessous des noms écrits dont il fera le recen-
sement, et les académiciens dont les noms sont écrits au-dessus de la barre
auront seuls droit aux jetons.

Si un mercredi ou un samedi il se trouve une fête, l'Académie s'assemblera
la veille.

Art. 51.

Outre ces assemblées particulières, il y aura deux assemblées publiques,
l'une le premier mercredi après la Quasimodo, l'autre le premier mercredi ou
samedi après la Sainte-Catherine; assemblées dans lesquelles le secrétaire lira
les éloges des académiciens morts, les programmes des prix, etc. De plus,
d'autres académiciens liront des mémoires, mis, autant qu'il sera possible,
à la portée du plus grand nombre d'auditeurs.

Art. 52.

Toutes les pièces destinées ainsi à être lues en public seront examinées
auparavant par le comité, et les contestations qui pourront s'élever à ce sujet
seront décidées à la pluralité des voix; bien entendu que les voix des parties
intéressées ne pourront jamais être comptées.

Art 53.

L'Académie entrera en vacances le 26 août et y restera jusqu'au premier
mercredi ou samedi après la Sainte-Catherine. De plus elle vaquera pendant
la quinzaine de Pâques. Les vacances actuelles de Noël et de la Pentecôte seront supprimées.

SECONDE PARTIE.

ÉLECTION DES MEMBRES DE L'ACADÉMIE ET DES CORRESPONDANTS.

Art. 54.

Lorsqu'il vaquera une place à l'Académie, l'officier président le notifiera
à l'assemblée, et, à compter de cette notification, que le secrétaire écrira sur
son registre, on laissera écouler un mois sans rien statuer sur la nomination
à la place vacante, afin de donner aux aspirants le temps de manifester leur
vœu et d'établir leurs titres.

Art. 55.

Ce mois étant passé, le secrétaire lira publiquement à l'Académie la liste
des aspirants, et, d'après cette lecture, l'Académie commencera par décider à
la pluralité des voix, prises au scrutin, s'il y a lieu de nommer à la place vacante, ou s'il faut différer l'élection.

Art. 56.

Il a été dit que les académiciens de la première division et les associés résidents doivent habiter Paris. Ainsi la première condition d'éligibilité, pour
ces sortes de places, est que les aspirants soient domiciliés dans la capitale.

Art. 57.

Tout aspirant à une place d'académicien de la première division devra
être connu avantageusement de l'Académie par des mémoires ou des ouvrages
dans le genre de la classe à laquelle il aspire.

Art. 58.

Ceux qui prétendront aux places d'associés résidents ne seront pas tenus de s'attacher spécialement à une classe particulière de science, mais ils devront être d'ailleurs recommandables par leurs connaissances et par leur zèle pour l'avancement des sciences.

Art. 59.

Les associés regnicoles ou étrangers seront choisis, parmi les savants les plus célèbres, dans toute l'étendue de la France ou des pays étrangers.

Art. 60.

Lorsqu'on aura décidé qu'il faut faire une élection, elle sera indiquée, huit jours d'avance, pour une assemblée fixe de l'Académie, et il faudra que ce jour-là il y ait au moins quarante votants, sinon l'élection sera renvoyée à un autre jour fixe avec pareille condition, dont on ne pourra jamais se départir sous quelque prétexte que ce soit. De plus, il faudra qu'on soit assuré, au jour de l'élection, par le témoignage de quelque académicien, qu'aucun des sujets sur lesquels la votation va porter ne refusera la place vacante si elle lui est donnée.

Art. 61.

Pour procéder à l'élection, le secrétaire commencera par lire à haute voix la liste de tous les concurrents. Ensuite chaque électeur écrira sur un billet le nom du concurrent qu'il croira le plus digne de la place vacante. Si un concurrent réunit plus de la moitié des suffrages, il sera regardé comme élu, et on en demeurera là.

Art. 62.

Lorsque aucun des concurrents ne réunira plus de la moitié des suffrages, on choisira les trois qui en réuniront le plus pour en faire l'objet d'un second scrutin, dont les autres seront exclus. Si pour ce choix on a plus de trois sujets, à raison de quelque parité dans le nombre des voix, l'Académie lèvera l'incertitude résultante du scrutin général par des scrutins particuliers, et seulement relatifs aux sujets que cette incertitude regarde. Si cette épreuve donne un résultat douteux, alors, pour les places de la première division, la question sera soumise à la simple votation des académiciens de la classe, supposés au nombre de cinq, ou suppléés, en cas de besoin, par d'autres académiciens élus au sort, et pour les places d'associés elle sera soumise à la simple votation des cinq plus anciens associés résidents, suppléés, en cas de besoin, par d'autres académiciens élus au sort. Enfin, si cette seconde épreuve donnait encore un résultat douteux (ce qui est physiquement possible), l'affaire serait décidée et terminée par le plus ancien de la classe, pour une place dans la première division; par le plus ancien associé résident, pour une place d'associé résident; et par le directeur de l'Académie, pour une place d'associé regnicole ou étranger.

Art. 63.

La question étant ainsi réduite à voter entre trois sujets, chaque électeur écrira sur un billet le nom de celui des trois qu'il regarde comme le plus digne de la place vacante. Si l'un de ces trois concurrents obtient plus de la moitié des suffrages, il sera regardé comme élu; mais si aucun des trois n'obtient plus de la moitié des suffrages, on réservera, pour un troisième et dernier scrutin, les deux qui en réuniront le plus. Et, dans le cas où il y aurait des incertitudes pareilles à celles dont il est parlé dans l'article précédent, on procéderait de même.

Art. 64.

Enfin, toute l'Académie votera entre les deux sujets réservés pour le dernier scrutin, et celui qui obtiendra la pluralité des voix sera élu. S'il y a partage, il sera levé par les cinq académiciens de la classe, ou par les cinq plus anciens associés résidents; les académiciens absents étant suppléés, en cas de besoin, par d'autres académiciens, comme il a été dit article 62.

Art. 65.

Il y aura sur une table, placée au centre de l'Académie, une urne, dans laquelle tous les votants iront jeter eux-mêmes leurs billets.

Art. 66.

L'ouverture et la vérification des scrutins se feront en présence de toute l'Académie par le directeur, le vice-directeur, le secrétaire, le trésorier et un académicien nommé au sort.

Art. 67.

Le secrétaire de l'Acacadémie fera part au secrétaire d'État ayant le département des académies, pour obtenir le consentement du roi; et, à la présentation la plus prochaine d'un volume de l'Académie au roi, le directeur ou le vice-directeur présentera aussi à Sa Majesté les académiciens les plus nouvellement reçus.

Art. 68.

L'Académie ayant retiré dans tous les temps les plus grands avantages de la correspondance que divers savants, répandus dans les provinces de France et dans les pays étrangers, ont entretenue avec elle, continuera d'encourager cette correspondance, et pour cela elle s'attachera, d'une façon particulière, cent de ces savants, sous le titre de *Correspondants de l'Académie royale des sciences.*

Art. 69.

La moitié des correspondants de l'Académie sera choisie parmi les savants des pays étrangers. Le comité veillera à ce que cette loi soit exactement observée.

Art. 70.

Tous les ans, dans la dernière séance du mois de juillet, le secrétaire lira publiquement à l'Académie, 1° la liste des correspondants, afin qu'elle puisse connaître le nombre des places vacantes parmi eux; 2° la liste des aspirants à ces places, auxquelles on nommera, s'il y a lieu, dans l'avant-dernière séance du mois d'août.

Art. 71.

L'élection des correspondants se fera au scrutin. Chaque électeur écrira sur un billet les noms d'autant d'aspirants qu'il y aura de places vacantes, et ceux qui obtiendront ainsi la pluralité des suffrages seront regardés comme élus. En cas d'égalité de voix entre quelques concurrents, on décidera la question par des scrutins particuliers. On observera, pour la manière de donner les suffrages et de vérifier les scrutins, les formes prescrites par les articles 65 et 66.

Art. 72.

Chaque correspondant sera lié plus particulièrement avec un académicien résident, qui lui sera nommé par l'Académie et par la voie duquel il pourra lui communiquer les choses qu'il jugera à propos, mais sans préjudice des relations qu'il pourrait avoir avec d'autres académiciens.

Art. 73.

Les correspondants de l'Académie devront tous demeurer hors de Paris, mais quand ils y viendront ils auront droit d'assister aux séances de l'Académie pendant un an.

Art. 74.

Si un correspondant de l'Académie vient s'établir à demeure à Paris, il perdra ce titre au bout d'un an, et dès lors il cessera d'être inscrit sur la liste des correspondants.

LETTRE A M. LAKANAL,

DÉPUTÉ À LA CONVENTION.

Citoyen représentant,

Je m'empresse de vous adresser les observations que vous désirez sur l'Académie des sciences et sur la nécessité de sa conservation. Peut-être les trouverez-vous trop longues, peut-être penserez-vous que j'ai omis des considérations essentielles; mais je n'ai eu d'autre objet que de recueillir des matériaux auxquels vous donnerez la forme la plus convenable. J'avais d'abord inséré dans ces observations les noms des académiciens qui composent les différentes Commissions pour les poids et mesures; j'ai pensé depuis que, ce grand travail appartenant à l'Académie tout entière, le nom des coopérateurs devait disparaître et je les ai rayés. J'avais omis, dans la rapidité de la rédaction, de parler du bureau de consultation auquel l'Académie fournit quinze membres, c'est-à-dire moitié de ceux qui la composent. J'y ai suppléé par une addition détachée. Enfin, Citoyen, tout est entre vos mains et je fais des vœux, moins pour l'intérêt public et pour celui des sciences; que pour la gloire de la Convention, pour que le temple des sciences reste debout au milieu de tant de ruines. Je n'ai fait part à aucun de mes confrères de la lettre que vous m'avez fait l'honneur de m'écrire, ni des observations que je vous adresse en réponse. Il est inutile de jeter l'alarme, et rien, d'ailleurs, n'est désespéré tant que vous serez chargé de la défense d'une aussi belle cause.

Je vous renouvelle, Citoyen, l'assurance de ma profonde estime et de mon inviolable attachement.

LAVOISIER.

Le 17 juillet 1793.

OBSERVATIONS

SUR L'ACADÉMIE DES SCIENCES.

L'Académie des sciences doit être considérée sous deux rapports principaux :

Premièrement, comme la réunion de plusieurs savants qui travaillent en commun à l'avancement des sciences, au progrès des arts et de l'industrie nationale, et à la stabilité de l'esprit humain ;

Secondement, comme une Commission toujours subsistante et toujours active que les autorités constituées consultent et emploient pour tous les objets qui sont de son ressort.

Nous allons examiner quelle est l'utilité de l'Académie des sciences considérée sous ces deux points de vue.

Nous ne ferons pas aux représentants de la nation française l'injure de mettre en question devant eux si les sciences et les arts sont utiles dans un grand État. On sait, aujourd'hui, que la force et la puissance des nations ne résultent pas seulement de la fertilité de leur sol, de son étendue, de sa population, de la richesse et de la liberté des individus. La puissance des nations se compose sans doute de tous ces éléments, mais c'est à l'industrie qu'il appartient de les mettre en œuvre et d'en faire un tout organisé. L'industrie est la vie d'un État civilisé ; sans elle, les terres demeureraient sans culture, les pâturages sans bestiaux ; sans elle, la laine de nos troupeaux ne se transformerait pas en étoffes précieuses destinées à nous vêtir ; en un mot, il n'existerait de fabriques d'aucune espèce. Mais cette industrie qui donne le mouvement à tout, qui vivifie tout, emprunte elle-même sa force d'une impulsion première, et ce sont les sciences qui la lui donnent.

Nous ne parlons pas ici de l'industrie individuelle ; nous parlons de l'industrie considérée en masse, de l'industrie nationale; de cette industrie qui a procuré à l'Angleterre le haut degré de prospérité dont elle jouit : et, en effet, puisque dans l'état de perfection où sont portés aujourd'hui les procédés des arts, les grandes fabriques ne peuvent soutenir la concurrence qu'avec de grandes machines; puisqu'une partie des arts, notamment celui de la teinture, sont continuellement obligés de réclamer les secours de la chimie, n'est-il pas évident qu'on ne peut espérer de succès, de nation à nation, si l'on ne s'occupe sans cesse de perfectionner les sciences mathématiques, physiques et chimiques qui doivent servir de guides aux fabricants et aux artistes dans leurs constructions et dans leurs préparations?

La question n'est donc pas de savoir, si la Convention nationale doit porter ses regards sur les sciences et sur les arts, si elle doit s'attacher à mettre la nation française en état de rivaliser de connaissances et d'industrie avec les nations voisines; ce premier point est hors de doute. Mais ce qu'il importe d'examiner, c'est s'il est utile au progrès des sciences et des arts qu'il existe des sociétés de savants et d'artistes occupés à se communiquer réciproquement leurs lumières et leurs découvertes, et jusqu'à quel point il convient que ces établissements soient avoués, protégés et salariés par la République.

Nous pourrions, peut-être, nous étayer dans cette discussion de l'exemple des siècles passés; c'est sous l'existence de l'Académie des sciences que la géométrie française est parvenue à devancer la géométrie anglaise, déjà portée par Leibnitz et Newton à un si haut degré d'élévation; que, dans ces derniers temps, la chimie française a donné des lois à toutes les nations; que tous les genres de connaissances ont été portés en France à un degré de perfection que toute l'Europe nous envie, et que les instruments d'astronomie, de mathématique et de physique, qui tous, autrefois, se tiraient de l'Angleterre, sont devenus, depuis quelques années, un objet de commerce pour la ville de Paris.

Le recueil de l'Académie des sciences forme déjà une collection de 150 volumes in-4°, sans compter les ouvrages que les académiciens ont publiés à part, sans compter la description des arts et métiers, ouvrage immortel, qui n'est point encore complétement achevé, mais qu'un coup d'œil vivifiant de la part du Corps législatif porterait bientôt à sa perfection. Ces différents ouvrages contiennent le germe de toutes les découvertes qui ont été faites dans les arts et dans les sciences depuis plus d'un siècle ; c'est un des plus beaux monuments qui aient été élevés à la gloire de la nation française.

La France, sous un gouvernement arbitraire, a joui presque exclusivement de ces avantages, parce que, même sous l'ancien régime, les sciences étaient en quelque façon organisées en république, et qu'une sorte de respect avait garanti le sanctuaire des sciences de l'invasion du despotisme.

Mais laissons les exemples et attachons-nous à des preuves plus directes. Il n'en est pas des sciences comme des autres travaux littéraires : l'homme de lettres trouve dans la société tous les éléments qui lui sont nécessaires pour le développement de son talent, Se livre-t-il au genre dramatique, l'histoire lui fournit des caractères; il en trouve dans tout ce qui l'environne. L'historien trouve de même dans les bibliothèques les matériaux nécessaires pour ses travaux; il ne dépend de personne. Il n'en est pas de même dans les sciences; la plupart ne peuvent pas être cultivées avec succès par des individus isolés. Il faut une réunion d'efforts; souvent même, pour arriver à un résultat, il faut le concours de plusieurs savants instruits dans différents genres de connaissances. Le géomètre ne ferait que des calculs hypothétiques si l'astronome, si le physicien, si le mécanicien, ne lui fournissaient les données qui doivent servir de base à ses calculs. De même le physicien, le chimiste, le mécanicien ne tireraient aucun parti de leurs expériences, si le géomètre ne venait à leur secours et n'y appliquait le calcul. C'est ainsi que toutes les sciences s'entr'aident les unes les autres et se prêtent mutuellement des forces pour avancer en commun le grand édifice des connaissances humaines.

L'intervention du Gouvernement est nécessaire dans cette association de travaux, parce qu'il faut bien que ceux qui s'adonnent aux sciences et qui en font leur occupation principale aient une subsistance assurée comme les autres fonctionnaires publics ; parce qu'il faut bien encore que ce soit le trésor public qui se charge des grandes avances qui sont au-dessus des facultés des individus; parce que personne n'élèverait un observatoire et ne le munirait d'instruments dispendieux, si le Gouvernement n'en faisait pas les frais, et qu'une des plus belles de toutes les sciences, la plus utile pour la navigation, l'astronomie, s'anéantirait, si elle était abandonnée à elle-même. Il en serait de même des riches collections de minéraux, des grandes réunions de machines et d'instruments de physique. Ces collections, ou n'existeraient pas, ou n'existeraient que d'une façon précaire et momentanée, si le Gouvernement n'en était pas chargé, si elles ne formaient pas une partie de la richesse nationale.

Enfin, la discussion des mémoires dans les séances académiques est encore un avantage qui résulte de la réunion des savants; c'est une sorte de creuset où les expériences, les observations et les découvertes sont soumises à une sérieuse épreuve. Il en résulte une véritable sanction sans laquelle elles inspireraient moins de confiance.

Mais, c'est trop insister sur des vérités évidemment démontrées. Nous avons suffisamment établi que le régime qui peut convenir aux lettres n'est pas celui qui convient aux sciences; que ces dernières doivent être cultivées en commun; qu'elles ne peuvent l'être que par des associations, et que même ces associations ne rempliraient pas leur objet, si elles n'étaient aidées par le Gouvernement. Passons au second point de la division que nous avons embrassée, et considérons l'Académie des sciences comme une Commission du Gouvernement.

L'Académie, considérée sous ce point de vue, est un tribunal libre, toujours ouvert à quiconque y présente des inventions à juger. Ce tribunal est utile aux entrepreneurs des grandes fabriques qui ne veulent pas exécuter légèrement les machines ou les inventions qui leur sont présentées, ni s'exposer à des mises de fonds qui pourraient entraîner leur ruine sans être auparavant assurés du mérite de l'invention. Ce tribunal est utile à ces inventeurs qui le consultent, parce qu'ils trouvent dans les commissaires qui leur sont nommés des guides éclairés qui se font toujours un devoir de les aider de leurs conseils et de modifier ou de corriger leurs inventions, quand ils les en croient susceptibles.

Mais c'est surtout au Gouvernement que ce tribunal est utile : les différents départements du ministère, les corps constitués, le Corps législatif lui-même, sont continuellement assiégés de projets relatifs aux arts et aux sciences, qu'il est également dangereux d'admettre ou de rejeter légèrement. L'Académie des sciences est la ressource habituelle des administrateurs : il n'y a pas de séance où elle ne reçoive des renvois des comités, de la Convention, du ministre de la guerre ou de la marine, même de celui du ministre des contributions publiques. Une partie de ses membres sont continuellement occupés de ce travail, qui ne coûte rien à l'État, d'autant plus que l'Académie s'est fait une loi de prendre, autant qu'elle le peut, sur son compte et sur les fonds qui lui sont accordés par le Gouvernement, tous les frais que ces rapports peuvent occasionner.

C'est encore en sa qualité de Commission du Gouvernement que l'Académie des sciences juge les prix qui ont été fondés à différentes époques par des amateurs zélés pour le progrès des arts et des sciences et qu'elle juge d'utilité publique celui qui a été fondé par l'Assemblée constituante.

Nous ne devons pas omettre que c'est principalement de l'Académie des sciences que le bureau de consultation des arts et métiers tire sa force, et qu'il lui doit une grande partie de ses succès. Sur trente membres qui composent ce bureau, quinze proviennent de l'Académie des sciences, et les plus grands avantages résultent de cette réunion des savants et des artistes.

Enfin, dans ce moment même, l'Académie des sciences est chargée par le Corps législatif d'opérations de la plus grande importance. Nous ne parlerons pas de l'essai des argenteries des églises, dont la classe de chimie a été chargée, ni de l'examen des différentes méthodes proposées pour essayer le salpêtre brut livré par les salpêtriers, non plus que d'une foule d'autres objets qui lui ont été renvoyés; mais nous devons arrêter quelques instants l'attention de la Convention sur l'une des plus belles entreprises qui aient été formées pour le bonheur de l'humanité, sur un des plus grands bienfaits de la Révolution française, l'établissement de mesures universelles.

Cette grande opération, qui intéresse toutes les nations, occupe six commissions de l'Académie : la première a été chargée de proposer à l'Académie les dispositions générales et d'en suivre l'exécution; c'est une espèce de commission à laquelle toutes les autres se réunissent comme à un centre.

La seconde s'occupe à déterminer, par des opérations astronomiques et géodésiques, l'étendue de l'arc du méridien terrestre qui traverse toute la France depuis Dunkerque jusqu'aux Pyrénées et depuis les Pyrénées jusqu'à l'Espagne. De cette mesure sera conclue la grandeur de la circonférence de la terre, dont la quarante millionnième partie sera le mètre ou l'unité de mesure usuelle. Les travaux de cette première commission sont très-avancés.

La troisième commission mesurera les bases sur lesquelles doivent s'appuyer les opérations géodésiques. Cette mesure se fera avec des règles de platine dont la dilatabilité par le chaud a été mesurée à un cinq cent millième de toise près; cette mesure sera terminée cette année.

La quatrième a déjà déterminé la longueur du pendule à l'Observatoire de Paris; elle se transportera incessamment à Bordeaux pour y répéter ces mêmes opérations sous le parallèle de 45 degrés.

La cinquième commission a été chargée de déterminer le poids d'un volume exactement connu d'eau distillée et d'en conclure l'étalon général des poids; elle a déjà fait son rapport.

Enfin, la sixième est chargée de comparer d'abord à la toise et à la livre de Paris toutes les mesures de longueur et de capacité, et tous les poids usités dans les départements de la République, et de déterminer ensuite leurs rapports avec les nouvelles unités de poids et de mesures.

Dans un dernier rapport que l'Académie a présenté à la Convention et qui a été renvoyé au Comité d'instruction publique, elle a fixé la longueur du mètre à un dixième de ligne près, ce qui suffit déjà pour les opérations habituelles du commerce, et elle a présenté tout le système des nouvelles mesures.

L'exactitude de toutes les parties de cette grande opération surpasse tout ce qui est sorti jusqu'ici de la main des hommes. Le plan ne pouvait en être conçu que par l'Académie des sciences; il ne peut être exécuté que par elle, en sorte que le sort de cette opération, qui intéresse tous les peuples de la terre est étroitement lié à l'existence et à la conservation de l'Académie.

La Convention nationale veut-elle arrêter dans la République française le mouvement progressif des sciences et des arts? Veut-elle suspendre les opérations qu'elle-même a ordonnées? Veut-elle se priver des secours qu'elle attendait de l'Académie des sciences pour la rédaction des ouvrages classiques destinés pour les écoles primaires et secondaires, la suppression de l'Académie des sciences produirait immanquablement la plus grande partie de ces effets, et nous sommes assurés d'avance que ce n'est pas son intention? Veut-elle, au contraire, assurer à la nation française une prépondérance durable sur les nations les plus industrieuses de l'Europe, elle n'y parviendra qu'en conservant les établissements qui tendent à augmenter la sphère des connaissances, qu'en assurant leur utilité par des règlements sages, qu'en rapprochant davantage les arts des sciences, sans cependant les confondre, parce que leur esprit comme leur but est différent.

Le Comité d'instruction publique est dépositaire d'un projet de règlement rédigé par l'Académie des sciences d'après les ordres de l'Assemblée constituante. Lorsque vous aurez décrété la conservation de l'Académie, il vous proposera d'arrêter les bases de ce règlement et de le renvoyer ensuite à l'Académie, à laquelle il convient de s'en rapporter pour les détails de son organisation.

Enfin, la suppression de l'Académie des sciences ne procurerait aucune économie pour le trésor public, puisque, dans tous les cas, il serait indispensable de conserver aux membres actuels de l'Académie le traitement dont ils jouissent, et d'après l'assurance duquel ils ont renoncé aux professions qui leur auraient procuré les moyens de vivre dans la société.

SECONDE LETTRE A M. LAKANAL,

DÉPUTÉ À LA CONVENTION.

Le 18 juillet 1793.

Citoyen,

Comme je n'ai point connaissance des projets qui sont présentés pour la suppression ou l'organisation de l'Académie des sciences, il se pourrait que les observations que j'ai eu l'honneur de vous adresser hier ne répondissent pas complétement à vos vues.

J'entends dire, par exemple, qu'on propose de faire de l'Académie des sciences une société des sciences et arts. L'esprit qui dirige les savants, permettez-moi de vous l'observer, n'est nullement celui qui dirige et qui doit diriger les artistes. Le savant ne travaille que par attachement pour les sciences et pour ajouter à la réputation dont il jouit. A-t-il fait une découverte, il s'empresse de la publier, et son objet est rempli s'il s'en est assuré la propriété, s'il est constaté authentiquement qu'elle est de lui. L'artiste, au contraire, soit dans ses recherches, soit dans les applications qu'il fait des découvertes d'autrui, a toujours en vue une spéculation de bénéfice; il ne publie que ce qu'il ne peut se réserver; il ne raconte que ce qu'il ne peut pas cacher.

La Société profite et de la découverte du savant et de la spéculation intéressée de l'artiste. Tous deux sont des êtres précieux pour la chose publique. Mais, réunissez les artistes et les savants, chacun d'eux perdra l'esprit qui leur est propre : le savant deviendra spéculateur, il ne travaillera plus, ni pour la gloire, ni pour l'avancement des connaissances humaines; il lui paraîtra plus doux de s'occuper de son profit, et dès lors il n'y aura plus d'académiciens proprement dits.

Citoyen, cet esprit de désintéressement qui règne dans l'Académie des sciences est un don précieux qui lui a été transmis depuis son origine et qui n'a jamais varié. Les membres qui la composent vivent au milieu des artistes; ils sont dépositaires de leurs secrets. Des moyens de fortune s'offrent tous les jours pour eux; il n'est pas d'exemple qu'un seul académicien ait jamais eu l'idée d'en profiter. Convertissez cette simplicité de mœurs en un esprit de spéculation, et la plus belle des associations, celle où il règne le plus de morale, de simplicité et de vertus, l'Académie des sciences, n'existera plus.

BUREAU DE CONSULTATION

DES

ARTS ET MÉTIERS.

LISTE DES MEMBRES DU BUREAU.

ACADÉMIE DES SCIENCES.

LES CITOYENS

LE ROY.........	Aux galeries du Louvre.
COUSIN.........	Au Collége de France.
LAVOISIER,......	Boulevard de la Madeleine.
DESMARETS... ..	Rue Croix-des-Petits-Champs, n° 55.
BORDA.........	Rue de la Sourdière, n° 12.
VAUDERMONDE....	Rue de Charonne.
COULOMB.......	Rue Favard, n° 4.
BERTHOLLET.....	Hotel des Monnaies.
BEAUMÉ.........	Quai de la Ferraille, aux Trois-Marcs.
BRISSON........	Rue de Tournon, 17.
PERRIER........	Rue du Mont-Blanc, n° 72.
FOURCROY.......	Rue des Bourdonnais, maison de la Couronne-d'Or.
PELLETIER.......	Rue Jacob.
LA GRANGE......	Rue Froid-Manteau.
LA PLACE.......	Rue des Piques chez Arthur.

Le bureau de consultation, considérant qu'il est soumis à une responsabilité morale que l'opinion publique et celle des artistes ont droit d'exercer sur lui;

Que cette responsabilité est indépendante de la responsabilité réelle à laquelle est assujetti le ministre de l'Intérieur;

Que par cette distinction s'établit la limite naturelle des fonctions que le ministre et le bureau de consultation ont réciproquement à remplir pour l'exécution de la loi;

Que le bureau de consultation et le ministre ne peuvent se dispenser d'avoir continuellement sous la main les pièces sur lesquelles repose cette double responsabilité, et qu'il importe surtout au bureau d'établir un ordre qui facilite les recherches et qui répande la clarté sur toutes ses opérations, a délibéré et arrêté ce qui suit :

ARTICLE PREMIER.

Le bureau choisira parmi ses membres, au scrutin et à la majorité absolue des suffrages, un secrétaire qui sera chargé de recueillir les notes de ce qui aura été agité et arrêté dans chaque séance, et d'en rédiger les procès-verbaux.

ART. 2.

Le secrétaire sera renouvelé tous les trois mois, à la première séance d'avril, de juillet, d'octobre et de janvier de chaque année, sans pouvoir être continué; le même membre cependant sera susceptible d'être réélu après une interruption de trois mois.

ART. 3.

Chaque séance s'ouvrira par la lecture du procès-verbal de l'assemblée précédente, et après que la rédaction aura été discutée et définitivement approuvée, la minute sera signée et parafée à tous les renvois par le secrétaire et par le président.

ART. 4.

S'il s'élevait de trop longues discussions sur quelques articles du procès-verbal, il sera nommé par le président deux commissaires, qui, de concert avec le secrétaire, présenteront une nouvelle rédaction à la séance suivante.

ART. 5.

Le secrétaire nommé par le bureau fera faire, dans l'intervalle d'une séance à l'autre, deux copies du procès-verbal, l'une sur un registre qui demeurera déposé au secrétariat, l'autre sur une feuille séparée, qui sera adressée au ministre ou remise au préposé qu'il aura désigné, après quoi les minutes seront déposées dans les cartons du secrétariat, par ordre de date, pour y avoir recours au besoin. Chaque séance sera signée sur le registre par le secrétaire et par le président; il en sera de même de l'expédition destinée pour le ministre.

ART. 6.

Le même ordre sera observé à l'égard des rapports faits par les membres du bureau et des arrêtés pris en conséquence. La transcription en sera faite double : l'une sur un registre à ce destiné, qui demeurera dans les bureaux du secrétariat; l'autre sur un cahier séparé, pour le ministre. Les minutes seront ensuite déposées dans leur ordre dans les cartons du secrétariat.

ART. 7.

Les commissaires nommés par le bureau pour lui rendre compte des demandes et inventions qui auront été renvoyées par le ministre, communiqueront avec les artistes pour tous les éclaircissements ou renseignements dont ils pourront avoir besoin; mais le secrétariat du bureau ne communiquera qu'avec le ministre, et par écrit seulement. En conséquence, il ne sera délivré par le secrétaire aucune expédition ni aucun extrait de pièces à qui que ce soit sans une autorisation expresse du bureau.

79.

ART. 8.

Le secrétaire du bureau sera chargé de projeter les lettres que le bureau sera dans le cas d'écrire, soit aux ministres, soit aux comités de l'Assemblée nationale, le bureau se réservant néanmoins de nommer des commissaires particuliers pour toutes les rédactions qui lui en paraîtront susceptibles.

ART. 9.

Toutes les minutes de lettres qui seront écrites par le bureau, ainsi que toutes les lettres qu'il recevra, seront transcrites sur un ou plusieurs registres dans leur ordre de date.

ART. 10.

Il sera tenu dans le bureau du secrétariat un registre d'entrée où chaque affaire aura son article particulier. On y enregistrera la date du renvoi fait par le ministre ou par les comités, le nom des commissaires qui auront été nommés, le nom de celui auquel les pièces auront été remises, la note de tous les arrêtés pris successivement par le bureau jusqu'à l'arrêté définitif; enfin, la date de l'envoi fait au ministre de l'expédition du rapport et du jugement.

ART. 11.

Le bureau ne recevra de réclamations contre ses arrêtés ou jugements que par écrit et par l'intermédiaire du ministre. Ces réclamations seront lues au bureau, qui jugera s'il doit les renvoyer aux mêmes commissaires ou en nommer de nouveaux. Lorsqu'il sera intervenu deux décisions ou jugements sur une même affaire et sur le rapport de deux commissions différentes, le bureau ne pourra plus s'en occuper, si ce n'est sur une réquisition expresse du ministre ou des comités de l'Assemblée nationale.

ART. 12.

Il sera dressé dans le bureau du secrétariat des états des différentes affaires renvoyées au bureau de consultation, des commissaires qui auront été nommés, des sommes qui auront été accordées, avec distinction d'années, et tous autres dont l'expérience pourra faire connaître l'utilité.

ART. 13.

La loi du.......... ayant réservé au ministre la nomination des employés qu'il sera nécessaire d'attacher au bureau de consultation et la fixation de leurs appointements, le bureau se concertera avec le ministre sur les arrangements à faire pour l'exécution de la présente délibération.

RAPPORT

SUR

LES TRAVAUX DU CITOYEN DESMARETS

RELATIFS À L'ART DE LA PAPETERIE.

Le ministre de l'Intérieur a cru devoir consulter la Convention nationale sur une demande du citoyen Desmarets, membre de l'Académie des sciences et du bureau de consultation, ci-devant inspecteur général des manufactures, tendant à obtenir l'application, en sa faveur, des art. 6, 7 et 8 du titre II du décret du 3 août 1790, qui accorde des récompenses aux citoyens qui auront fait des découvertes utiles.

La Convention nationale a renvoyé cette demande à son comité du commerce, qui, avant de prononcer, a cru devoir prendre l'avis du bureau de consultation sur la réclamation du citoyen Desmarets, sur l'utilité et les avantages des procédés qu'il annonce avoir introduits de l'étranger, et sur les droits qu'il peut avoir à la récompense qu'il sollicite.

L'avis que le comité du commerce attend du bureau de consultation n'a pas, comme on voit, pour objet d'admettre le citoyen Desmarets au partage des récompenses ordinaires que le bureau est chargé de distribuer annuellement. Sa demande, si telle avait été son objet, aurait dû être adressée directement par le ministère de l'Intérieur; elle aurait dû être accompagnée de toutes les pièces que la loi exige, et d'ailleurs le citoyen Desmarets, comme membre du bureau, n'aurait pas pu participer aux récompenses qu'il distribue, au moyen de la renonciation faite par les membres dès les premiers instants de leur réunion.

Nous nous bornerons donc au simple compte des travaux du citoyen Desmarets relativement à la papeterie, à l'exposé des services qu'il a rendus à cette branche importante du commerce et de l'industrie, et nous terminerons en rapprochant des circonstances dans lesquelles il se trouve, le prononcé des lois qu'il invoque en sa faveur.

Honoré de la confiance d'un administrateur vertueux, M. Turgot, qui avait le courage de professer la liberté sous le règne d'une autorité absolue, ou plutôt sous le règne d'une aristocratie beaucoup plus despotique encore, le citoyen Desmarets avait visité, depuis 1763 jusqu'en 1768, les papeteries du Limousin, dont M. Turgot était intendant, et celles de toutes les provinces voisines; il avait trouvé partout une fabrication languissante, des produits peu satisfaisants, et des papiers très-éloignés de cet état de perfection dont la Hollande était en possession depuis longtemps.

Cependant la matière première était la même, car une partie des chiffons qu'emploient les papeteries de Hollande se tirent de France. C'était donc dans la préparation, dans l'insuffisance des machines servant à la trituration, dans le système général de fabrication que résidait le vice de nos fabriques. Créer un nouvel art sur d'autres principes aurait été une entreprise trop hasardeuse, surtout trop dispendieuse et trop longue; il était plus simple de prendre l'art où il en était en Hollande, de le transplanter pour ainsi dire en France, et de mettre tout à coup la nation française au niveau de ce qui se faisait de plus parfait en Europe.

Le citoyen Desmarets fit part de ses vues à M. de Baudoin, père, alors intendant des finances; sa proposition fut accueillie. Il partit sous l'autorisation et aux frais du gouvernement, visita les principales papeteries de Hollande et des Flandres, qui en sont voisines, rapporta des descriptions et des dessins, et forma du tout un mémoire qu'il lut à l'Académie des sciences le 20 février 1771, sous le titre de *Premier mémoire sur les manipulations qui sont en usage dans les papeteries de Hollande, avec l'explication physique des résultats de ces manipulations.*

Un des principaux résultats que présente ce travail, c'est que, c'est moins dans la contexture de l'étoffe du papier proprement dit que consiste la différence des papiers de France et de ceux de Hollande, que dans la différence des apprêts. Ces apprêts ont pour objet d'adoucir le grain du papier sans le détruire, car on sait que le papier trop lissé n'est d'un usage ni commode ni agréable; que l'encre s'y étend avec trop de facilité, et que les traits des caractères n'ont point cette netteté désirable qui constitue les belles écritures.

On remplit d'abord cet objet dans les fabriques de Hollande en faisant subir au papier une sorte de feutrage très-léger qui en lie toutes les parties, qui commence à aplatir le grain et qui adoucit les surfaces. On opère le feutrage en échangeant un grand nombre de fois le papier en porses blanches et en lui faisant éprouver à plusieurs reprises, sous la presse, des degrés de compression gradués et qui vont chaque fois en augmentant. Cette force extérieure, appliquée au papier à mesure que l'eau en est exprimée, en rapproche les parties, agglutine les différents filaments de la pâte et remplit les vides à mesure qu'ils sont formés. Le papier de France qui n'a pas subi cette préparation a des pores plus ouverts, il est en quelque façon spongieux, et ses filaments sont moins adhérents que ceux du papier de Hollande.

Cette pratique, usitée en Hollande, de changer le papier en porses et d'en exprimer l'eau par la presse a encore un grand avantage : le

papier est moins chargé d'eau lorsqu'il arrive aux étendoirs, et il est
beaucoup plus facile de le dessécher graduellement et également, indépendamment de l'attention qu'ont les fabricants hollandais de ne
porter leur papier dans les étendoirs que lorsqu'il est à demi desséché.
Ils attachent à cette opération beaucoup plus d'importance que l'on n'a
coutume d'en attacher en France. Le citoyen Desmarets décrit la disposition de leurs étendoirs ; il en donne les plans, les profils, tous les
détails propres à en faciliter la construction. Il fait voir que la dessiccation trop rapide qu'éprouve le papier dans les étendoirs de France,
est une des causes principales qui nuisent à sa perfection ; que l'air circule trop librement dans nos étendoirs ; qu'il saisit le papier, le dessèche
brusquement, inégalement ; qu'il acquiert une roideur et une inflexi-
bilité qui ne lui permettent plus de prendre les apprêts auxquels il
est destiné.

C'est encore à la rapidité de la dessiccation qu'on doit attribuer les
rides et plis que présentent souvent les papiers de fabrique de France.
On sait que l'usage est d'étendre le papier sur des cordes par paquets
de huit à dix feuilles. Ces feuilles sèchent inégalement quand elles ont
été tendues très-humides : les premières, plus exposées aux courants
d'air, perdent d'abord leur humidité par les bords ; elles prennent une
retraite d'environ un trente-deuxième, et comme elles restent adhé-
rentes aux feuilles inférieures, qui sont encore humides, et par conséquent plus longues, elles les obligent de se plisser. Les papiers fabriqués
en Hollande, desséchés avec plus de précaution, présentent rarement
ces difformités.

Le mode de dessiccation influe encore considérablement sur l'uniformité du collage, c'est-à-dire sur un des points qui contribuent le
plus à la perfection du papier. L'étoffe du papier préparé et séché rapidement, à la manière de France, forme une espèce de carton fort dur
et qu'il est difficile de ramener, même en le mouillant, au degré de
ramollissement nécessaire pour qu'il puisse être pénétré par la colle.
Aussi les papiers de France sont-ils en général très-inégalement collés.
Le citoyen Desmarets s'en est assuré par une expérience très-simple ;

il a mis de la couleur dans de la colle, et, après y avoir plongé du papier préparé à la manière française, les feuilles se sont trouvées très-diversement coloriées.

Dans la plupart des fabriques de Hollande on échange encore le papier après qu'il est collé, et on le passe à la presse avant de le porter à l'étendoir. Cette opération contribue à faire pénétrer la colle jusque dans l'intérieur du papier, à ccucher les filaments de la pâte qui pourraient s'être élevés à la surface des feuilles; elle adoucit le papier et lui donne une espèce de glacé.

De ces différentes observations le citoyen Desmarets conclut que le papier français est un feutre imparfait, une étoffe qui a manqué une partie de ses apprêts et qui est restée dans un état d'imperfection. Mais il faut convenir en même temps que cette imperfection des papiers de France, relativement à l'écriture, au dessin et au lavis, n'est pas d'une aussi grande importance relativement à l'impression, qui exige au contraire que le grain du papier soit un peu plus marqué, qu'il soit moins refoulé, moins feutré.

Le citoyen Desmarets, dans le premier mémoire, s'était principalement occupé des apprêts, et son but avait été de faire voir à quel point ils peuvent influer sur la qualité du papier. Dans un second mémoire, imprimé dans le recueil de l'Académie pour 1774, il a traité, dans un grand détail, de la nature et de la qualité des pâtes hollandaises et françaises, de la manière dont elles se comportent dans les procédés de la fabrication et relativement aux apprêts, des cylindres et des moyens employés à la trituration.

On voit dans ce mémoire que l'art de la papeterie a été transporté de France en Hollande par les protestants de l'Angoumois, qui quittèrent cette province lors de la révocation de l'édit de Nantes : mais comme l'unique agent des machines en Hollande est le vent, comme cet agent n'est ni continu ni uniforme, il arrivait souvent que le vent leur manquait au moment où le chiffon était parvenu au point de pourrissage propre à la trituration. Leurs matières étaient exposées à se gâter et à se perdre par les progrès de la fermentation; ne pouvant changer le genre de leurs machines, ils travaillèrent à se rendre maîtres du pourrissage. Ils essayèrent d'employer le chiffon à différents degrés, et ils furent conduits insensiblement à reconnaître que le pourrissage, regardé comme essentiel dans les fabriques de France, pouvait être entièrement supprimé; mais, d'un autre côté, l'expérience leur apprit qu'à mesure qu'on diminuait le pourrissage les moyens de trituration devenaient plus difficiles; on fut donc obligé d'imaginer de nouvelles machines; les maillets furent perfectionnés et les cylindres y furent substitués.

C'est donc la nécessité qui, en Hollande, a conduit à la perfection de la fabrication. On a fait mieux qu'en France, parce qu'on avait moins de moyens de faire. Ce n'est pas, au surplus, la seule occasion qu'on ait eue de remarquer que les efforts que l'industrie humaine est obligée de faire pour lutter contre les difficultés la conduisent souvent au delà du but qu'elle s'était proposé d'atteindre.

Tandis que les fabricants français transportés en Hollande y donnaient l'essor à leur industrie, ceux restés en France se trouvaient sous la gêne d'un régime réglementaire qui asservissait leur génie. Non-seulement les règlements relatifs aux manufactures prescrivaient le pourrissage, mais ils en déterminaient la durée. On n'avait point alors en France l'idée de la perfectibilité dont l'industrie humaine est susceptible; on croyait qu'il suffisait de se moduler sur la meilleure fabrique existante et de dire impérativement à toutes les autres : Allez et faites de même. On ignorait que, en fixant ainsi les arts à un degré qu'on regardait alors comme le maximum de perfection qu'ils pussent atteindre, on enchaînait le génie, que l'on consacrait les erreurs, qu'on renonçait à tout moyen de perfectibilité; on ignorait enfin que, quand le gouvernement a répandu l'instruction et les lumières, il a fait tout ce qu'il peut faire, tout ce qu'il a droit de faire, et qu'il doit s'en rapporter ensuite, pour l'exécution, à cette force toujours active, toujours agissante dont les efforts du jour s'ajoutent à ceux de la veille et seront ajoutés à ceux du lendemain, en un mot, à l'intérêt parti-culier.

Ces premiers changements faits en Hollande à la fabrication conduisirent à des résultats tout à fait inattendus; non-seulement la fabrication fut plus belle, elle fut encore plus économique : car on s'aperçut qu'on retirait de la même quantité de chiffons quinze à vingt
livres par quintal de plus que par les méthodes usitées en France,
économie d'une extrême importance dans un pays où le chiffon est
rare.

La route, une fois tracée, il ne s'agissait plus que de la suivre : les
travaux relatifs à la fabrication du papier se modifièrent insensiblement;
ils s'adaptèrent à la qualité de la pâte qu'on avait à travailler : il se
forma ainsi de la réunion des manipulations un nouvel art différent par
ses principes, différent par ses résultats, de celui pratiqué en France.

C'est ce nouvel art que le citoyen Desmarets a décrit jusque dans
ses plus petits détails, dans le mémoire inséré dans le recueil de l'Académie pour 1774. Ce mémoire, ainsi que le premier, a été imprimé
séparément et répandu dans les fabriques françaises.

Jusqu'ici nous n'avons vu dans le citoyen Desmarets que le savant
qui voyage pour s'instruire et pour instruire ses concitoyens. Sa tâche
paraissait être remplie. Nous allons le voir maintenant sollicité par les
administrations, par le commerce, par les fabricants de papiers eux-
mêmes, pour venir diriger, dans les différentes papeteries de France,
les changements qu'il avait conseillés. Il est rare que ceux qui ont
proposé de grands changements aient la satisfaction de les voir exécutés, mais il est plus rare encore qu'on apporte à ces grands objets
d'intérêt public autant de zèle et de suite qu'en a mis le citoyen Desmarets.

Les états de la ci-devant province de Languedoc furent les premiers
dont l'attention s'éveilla sur la nécessité de faire de grands changements
dans la fabrication du papier; ils engagèrent le citoyen Desmarets à
faire la visite des papeteries d'Annonay, où les citoyens Montgolfier et
Johannel avaient déjà fait l'essai de quelques-unes des nouvelles pratiques usitées en Hollande. Le citoyen Desmarets s'y transporta, et dans
le rapport qu'il fit aux états après les avoir visitées et étudiées, il pro-

posa d'établir en Languedoc une fabrique dans laquelle non-seulement
on mettrait en activité les machines hollandaises, la plupart inconnues
en France, mais encore dans laquelle on introduirait tous les procédés
assortis à l'emploi de ces machines; il demanda de plus que cette nouvelle fabrique devînt une école publique ouverte à tous et où chacun
pût venir prendre tous les renseignements et toutes les instructions dont
il pourrait avoir besoin.

Ce plan fut adopté et il a été exécuté sous l'inspection du citoyen
Desmarets. On sait quel en a été le succès, à quel degré de réputation
se sont élevées les fabriques d'Annonay. Le public a entre les mains les
belles éditions de Didot, où le mérite de la typographie lutte avec la
bonté du papier, et le papier que nous admirons est précisément celui
qui est fabriqué par les procédés et avec les machines portés de Hollande à Annonay par le citoyen Desmarets.

Un autre établissement fut fait, presque dans le même temps, à
Essonne, sur les dessins et d'après les instructions du citoyen Desmarets; il y fit l'établissement d'un étendoir hollandais propre à sécher
le papier soit après le changeage, soit après le collage. Cette fabrique
est maintenant entre les mains d'un des frères Didot; elle a servi de
modèle à un grand nombre d'autres qui se sont empressées d'admettre les mêmes perfectionnements et les mêmes réformes.

Un semblable modèle manquait aux fabriques des environs d'Angoulême. Le citoyen Desmarets se rendit leur solliciteur auprès de l'administration du ci-devant comte d'Artois. Il ne lui fut pas difficile de faire
sentir que les fabriques des environs d'Angoulême, qui avaient riva-
lisé jusqu'alors avec celles d'Annonay, ne pouvaient plus soutenir la
concurrence si elles ne recevaient pas les mêmes degrés de perfectionnement. Des fonds furent accordés, et le citoyen Desmarets a eu encore
la satisfaction de voir s'élever dans cette partie de la France une papeterie à la Hollandaise : c'est celle d'Henri Villermain, dont les produits
prouvent chaque jour que l'entrepreneur était digne de posséder et
d'employer des machines aussi parfaites.

Tous les détails que nous venons de mettre sous les yeux du bureau sont authentiques; ils sont tous extraits ou de mémoires imprimés, ou de pièces revêtues de signatures. Nous n'avons été que des historiens fidèles; nous supprimons tout éloge, même toute réflexion, pour ne laisser parler que les faits, et nous concluons que le citoyen Desmarets est en droit de réclamer en sa faveur les dispositions de la loi du 22 août 1790, titre II, art. vi, vii et viii, qui s'expliquent ainsi.

« Art. vi. — Les artistes, les savants, les gens de lettres, ceux qui « auront fait une découverte propre à soulager l'humanité, à éclairer « les hommes ou à perfectionner les arts utiles, auront part aux récom-« penses nationales, d'après les règles générales établies dans le titre Ier « du présent décret et les règles particulières qui seront énoncées ci-« après.

« Art. vii. — Celui qui aura sacrifié ou son temps ou sa fortune, ou « sa santé, à des voyages longs et périlleux, pour des recherches utiles « à l'économie publique, au progrès des sciences et des arts, pourra « obtenir une récompense proportionnée à l'importance de ses décou-vertes et à l'étendue de ses travaux.

« Art. viii. — Les encouragements qui pourraient être accordés aux « personnes qui s'appliquent à des recherches, à des découvertes et à « des travaux utiles, ne seront point donnés à raison d'une somme an-« nuelle, mais seulement à raison des progrès effectifs de ces travaux. « et la récompense qu'ils pourraient mériter ne leur sera délivrée que « lorsque leur travail sera entièrement achevé. »

Jamais application ne fut plus exacte et plus rigoureuse; le citoyen Desmarets a perfectionné un des arts les plus importants pour le com-merce et pour l'industrie nationale; il a prévenu la chute de nos pape-teries, qui étaient écrasées par la supériorité des productions des pape-teries hollandaises; il a transporté en France un art qui y était inconnu, et en un petit nombre d'années la face de nos fabriques a été changée;

il a sacrifié pour un intérêt national majeur son temps et sa santé; il y a consacré des voyages longs, pénibles et qui n'étaient point exempts de dangers. C'est donc une justice rigoureuse que nous croyons lui rendre en déclarant que sous tous les rapports il a droit à l'application de la loi du 22 août 1790.

Fait au bureau de consultation, au Louvre, le...

DÉLIBÉRATION.

Le bureau de consultation, après avoir entendu le rapport de ses commissaires, considérant que le citoyen Desmarets a transporté en France l'art de fabriquer les beaux papiers de Hollande, si recherchés pour l'écriture, le dessin et le lavis, et qu'il a ajouté de nouveaux degrés de perfection à ceux destinés pour l'impression; qu'il a mis la République française en état de partager un commerce important dont la Hollande était presque uniquement en possession; qu'il a fait pour cet objet des voyages longs, pénibles et qui n'étaient point exempts de dangers; enfin qu'il ne s'est point contenté d'éclairer et d'instruire par des écrits; qu'il n'a regardé sa tâche comme remplie que lorsque les nouveaux établissements qu'il a dirigés ont été montés, qu'ils ont été en pleine activité et que le succès en a été pleinement assuré, estime que le citoyen Desmarets a bien mérité de la République, et qu'il est dans le cas de l'application de la loi du 22 août 1790, concernant la distribution des récompenses nationales.

RAPPORT

SUR

L'HUILE DE PEPINS DE RAISIN.

Le citoyen Charles-Marie Canales Oglon a sollicité l'année dernière une somme sur les fonds destinés à l'encouragement des arts et de l'industrie, pour l'employer à élever en France une fabrique d'huile à brûler de pépins de raisins. Cette huile ne répand, suivant lui, ni odeur ni fumée, et donne une lumière aussi belle que la bougie.

Dans un premier rapport qui a été fait de cette demande, et dans la discussion qui l'a suivi, il a été observé que la proposition du citoyen Oglon ne présentait rien que de connu; que les procédés qu'il indiquait étaient pratiqués dans quelques parties de l'Italie et dans le Levant; qu'ils avaient été imprimés dans le Journal de physique de 1771, tome Ier, page 302; dans l'Avant-Coureur de la même année, page 726, et dans la feuille du Cultivateur, n° 127, du 21 décembre 1791.

Cependant le bureau, par son arrêté du 20 septembre, considérant : « qu'encore que les procédés qu'annonce Canales Oglon pour extraire « de l'huile des pépins de raisin se trouvent consignés dans divers « ouvrages; néanmoins cette méthode économique, qui se pratique avec « succès en Piémont, en Italie et dans tout le Levant, n'a point encore « été adoptée en France, et qu'il est intéressant de l'y accréditer par la « voie efficace de l'exemple, est d'avis, conformément à la loi du 12 sep- « tembre 1791, qu'il soit accordé au citoyen Canales Oglon, et à titre « d'encouragement, une somme de deux mille livres pour faire cette « année des essais en grand. Les commissaires demeurent toutefois « chargés de suivre avec soin les expériences dont il s'agit, afin que, sur « le rapport circonstancié qu'ils en feront au bureau, il soit par lui

« statué, s'il y a lieu, sur les récompenses que pourra mériter le citoyen
« Canales Oglon. »

Le vœu du bureau a été rempli; des expériences en grand ont été
faites, et deux commissaires, les citoyens Serrières et Jumolin en ont
été témoins; mais l'immaturité des raisins de cette année a empêché
qu'elles n'eussent un succès complet : le dépenses ont été grandes et les
produits médiocres. Le citoyen Canales Oglon assure avoir dépensé
une somme de 8,000 francs, et il demande avec instance que le bureau
prononce définitivement sur la récompense à laquelle il croit avoir
droit et sur laquelle le bureau s'est réservé de statuer.

D'après cet exposé, le bureau a à examiner, 1° jusqu'à quel point la
loi lui permet de décerner des récompenses pour des objets publiquement établis à l'étranger et déjà connus en France par des ouvrages
imprimés; 2° s'il n'est pas contraire à l'esprit de la loi d'employer à
favoriser des établissements de fabrique les fonds destinés à récompenser les découvertes faites par les artistes; 3° enfin, s'il est permis au
bureau de récompenser des projets de fabrique proposés, mais non
encore réalisés.

Le bureau voudra bien, avant de prononcer sur ces questions, se
faire relire les dispositions de la loi.

RAPPORT

SUR

LES TRAVAUX DU CITOYEN DUPAIN-TRIEL,

INGÉNIEUR GÉOGRAPHE.

Le citoyen Dupain-Triel, ingénieur géographe domicilié à Paris, s'est
présenté au ministre de l'Intérieur muni des certificats et pièces exigés

par la loi, à l'effet d'être admis à participer aux récompenses nationales, et, le tout ayant été renvoyé au bureau de consultation, il a nommé les citoyens Le Roi, Desmarets et Lavoisier pour en faire le rapport.

Avant d'essayer de fixer l'opinion du bureau sur les travaux géographiques et littéraires du citoyen Dupain-Triel et sur les récompenses auxquelles il peut avoir droit, nous croyons nécessaire d'entrer dans quelques détails sur l'art de l'ingénieur géographe, sur les connaissances qu'il exige ou qu'il suppose, et sur les idées très-différentes qu'on peut attacher à cette qualité.

La science de la géographie, ou plutôt l'art du géographe, dans le sens que nous donnons aujourd'hui à ce mot, est beaucoup moins ancien qu'on ne le croit communément : longtemps l'art du géographe n'a consisté qu'à faire le dépouillement des anciens historiens et des relations des voyageurs, à évaluer la distance des villes entre elles par des journées de chemin, à établir une concordance entre les différents auteurs et à combiner des probabilités. Les cartes géographiques n'étaient alors que le résultat d'estimations plus ou moins exactes, si bien que deux géographes également habiles pouvaient, d'après les mêmes recherches, d'après le dépouillement des mêmes auteurs, faire deux cartes très-différentes, et que, si le même auteur avait recommencé une seconde fois le même ouvrage sans avoir le premier sous les yeux, il est plus que vraisemblable qu'il aurait fait deux cartes très-différentes.

L'art du géographe se réduit, même encore aujourd'hui, à cet état conjectural, pour tout ce qui concerne la géographie ancienne, et nous avons vu de nos jours le célèbre Danville publier, à différentes époques de sa vie, des cartes très-différentes d'un même pays.

Le renouvellement des sciences en Europe a formé une nouvelle époque pour la géographie, et ce n'est à proprement parler que depuis ce temps qu'elle a commencé à devenir véritablement un art et une science. La latitude et souvent la longitude des principales villes de l'Europe ont été déterminées par les astronomes. L'Académie des sciences surtout a recueilli soigneusement leurs observations, en sorte

que la position des principales villes du monde a été fixée d'une
manière précise sur le globe terrestre, et que la géographie a pu
partir d'un certain nombre de points fixes, et rectifier ainsi sur les
cartes les erreurs de l'estime. Nos richesses en ce genre s'augmentent
même chaque année et pour ainsi dire chaque jour, depuis surtout
que les observations astronomiques sont devenues plus familières aux
marins, depuis qu'ils sont munis d'instruments plus commodes et plus
exacts, depuis que l'habitude du calcul s'est répandue et que l'usage
des tables astronomiques est devenu familier à un plus grand nombre
de personnes.

Enfin les travaux entrepris en. . . . . par l'Académie des sciences
pour la mesure du méridien qui passe par l'observatoire de Paris, ont
formé pour la géographie une troisième époque très-remarquable. Ces
travaux ont fait naître à M. de Cassini l'idée de lever trigonométrique-
ment la carte de toute la France et d'enchaîner tous les clochers, tous
les lieux remarquables, par une suite de triangles qui s'appuieraient
sur un petit nombre de bases mesurées à la toise. Ce grand ouvrage,
dont les détails effrayent l'imagination, dont l'idée paraissait en quelque
façon gigantesque au moment où elle a été proposée, a non-seulement
été conçu, mais exécuté, et il l'a été par une Société particulière sous
la direction de M. de Cassini, presque sans aucun secours du Gouvernement et en un petit nombre d'années. La France seule, dans tous
les royaumes de l'univers, jouit d'une carte trigonométrique qui représente tous les détails de son sol, les bois, les montagnes, les vallées, etc.
Jamais un plus grand ouvrage ne sortit de la main des hommes;
jamais aucun ne mérita plus de reconnaissance à ceux qui l'ont entrepris et exécuté. Tout ce qui a été fait depuis sur la géographie de la
France n'en a été que la copie.

M. de Cassini avait besoin, pour l'exécution d'une aussi grande
entreprise, d'un grand nombre de coopérateurs; les uns pour lever les
cartes sur le terrain, les autres pour les dessiner et pour les graver.
Le citoyen Dupain-Triel, qui avait fait les dernières campagnes du
maréchal de Saxe en qualité d'ingénieur géographe, qui joignait à

l'habitude d'opérer sur le terrain la facilité du calcul et l'exercice du dessin, fut un de ces coopérateurs.

Pendant que le grand travail de la carte de France s'exécutait avec une activité et une suite dont il y a peu d'exemples, la multiplicité des détails qu'il présentait et sa perfection même devinrent un sujet de regret pour les savants et les minéralogistes. Ils crurent qu'il aurait été facile d'y ajouter de nouveaux points d'utilité et de perfection en représentant sur les cartes, par des caractères particuliers, les productions minéralogiques de chaque canton. Ces caractères, il est vrai, n'auraient pas exprimé le niveau auquel se trouve chaque matière, ils n'auraient pas donné l'idée de l'ordre et de l'arrangement des couches, mais cela aurait été déjà beaucoup pour le naturaliste que de savoir que tel pays contient principalement des matières calcaires, que tel autre contient du granit, tel autre des matières de volcan, etc.

On reprocha aussi à la carte de Cassini, du moins à l'égard du plus grand nombre des feuilles, d'avoir laissé beaucoup de choses à désirer dans la manière de graver et de représenter les coteaux et les montagnes. Il aurait peut-être été possible, en adoptant la méthode que M. du Fourny a proposée le premier et qui l'a été depuis par M. de Carla, de faire connaître avec quelque précision la hauteur des montagnes, la profondeur des vallées et la pente des rivières. Cependant une partie de ces reproches a tourné au profit de l'ouvrage, et dans les dernières cartes on a eu l'attention de marquer les carrières, les mines, les ardoisières, les tuileries, etc. mais il n'a été rien fait dans la vue de donner une idée des niveaux.

Nous espérons que le bureau nous pardonnera cette digression sur un ouvrage aussi important auquel M. Dupain-Triel a concouru. Elle était d'ailleurs nécessaire pour établir les distinctions que nous avons annoncées, et l'on voit clairement, d'après ce que nous venons de dire, qu'il existe réellement trois espèces de géographes.

Le géographe érudit, qui travaille d'après l'histoire et pour l'histoire;

Le géographe trigonomètre, qui lève les cartes, qui les réduit et qui les dessine;

Le *géographe* qui, d'après *des bases données*, dresse des cartes pour l'instruction et pour l'usage du public.

Les travaux de la jeunesse de M. Dupain-Triel se rapportent à la seconde classe, et ceux dont nous allons entretenir le bureau se rapportent principalement à la dernière.

Le département des mines et minières ayant désiré en 1765 de former le tableau général des productions minéralogiques de la France, plusieurs savants furent chargés de concourir à ce grand travail. Les citoyens Guettard et Lavoisier voyagèrent d'abord par ordre du Gouvernement dans les provinces qu'on nommait alors Alsace, Lorraine, Franche-Comté, Champagne, Soissonnaise. Le citoyen Dupain-Triel fut chargé de correspondre avec eux, de réduire les cartes de Cassini, de faire tous les dessins, les coupes et profils, et d'exécuter toutes les gravures relatives à ces voyages; les citoyens Guettard et Lavoisier n'ayant pu achever ce travail entrepris alors sur un plan trop dispendieux et peut-être trop vaste, le citoyen Monnet le continua dans la Lorraine allemande et dans quelques autres provinces, et toujours avec le concours et l'assistance du citoyen Dupain-Triel. Le résultat de ce travail fut une carte minéralogique d'une partie de la France en seize feuilles, exécutée en entier par le citoyen Dupain-Triel, et qui est dans ce moment sous les yeux du bureau. Le citoyen Lavoisier devait joindre à cette description géographique et minéralogique un nivellement de ces mêmes provinces par le baromètre. Il a entre les mains tous les matériaux de ce nivellement; mais la multiplicité des recherches et des calculs qu'il exige, la nécessité de rectifier les erreurs des nivellements du baromètre par des mesures réelles et géométriques, ne lui a pas encore permis de le publier. Il s'est borné à donner quelques profils de terrains qui ont été gravés en marge des cartes. C'est encore au citoyen Dupain-Triel que nous devons ces détails importants qui, non-seulement donnent un certain ensemble aux indications répandues sur les cartes minéralogiques, mais même y ajoutent la connaissance des bases principales sur lesquelles portent les terrains de la superficie.

Le Gouvernement ayant abandonné la suite de ce plan faute de fonds qu'il pût y appliquer, les citoyens Lavoisier et Dupain-Triel crurent devoir le reprendre en sous-œuvre et sous une autre forme. Une carte de France manuscrite, en 13 feuilles grand aigle, a été faite dans cette vue par le citoyen Dupain-Triel; deux années de son temps ont été employées à ce long et fastidieux travail; mais le temps a absolument manqué au citoyen Lavoisier pour le seconder. Cependant une immense quantité de matériaux ont été rassemblés et qui n'ont point encore été mis en œuvre. Or, jamais peut-être circonstance ne fut plus favorable pour l'exécution d'une entreprise de ce genre. Rien en effet ne serait plus facile que de rassembler par l'entremise des corps administratifs les matériaux nécessaires pour former une carte minéralogique de chaque département, et la réunion de ces cartes formerait l'atlas minéralogique de la France. On peut donc espérer que les longs et pénibles travaux de M. Dupain-Triel, pour cet objet, ne seront point perdus.

Arrêté dans sa course après quinze années de travail, l'activité du citoyen Dupain-Triel s'est portée sur d'autres objets d'utilité publique, relatifs à son art. Il a publié d'abord en 1781, en deux feuilles, une carte du cours des fleuves, des rivières et des canaux navigables de France. Cette carte était principalement destinée à l'intelligence d'un mémoire de M. de Vauban. Depuis il a corrigé et considérablement augmenté cette carte. Il vient même d'en publier une troisième édition sous le titre de *Tableau géographique de la navigation de l'intérieur du royaume de France*. Cette carte présente le nom et le cours de toutes les rivières et de tous les canaux navigables; elle indique le lieu où elles commencent à porter bateau, la longueur et le genre de navigation propre à chaque département, souvent même la grandeur et la charge des bateaux. L'auteur y a représenté les principales chaînes de montagnes qui traversent la France, les bassins qu'elles forment, en sorte que cet ouvrage est tout à la fois instructif pour le naturaliste, pour l'administrateur et pour le commerçant, et il le sera encore plus pour ceux qui seront chargés de concourir à l'éducation nationale.

Nous avons déjà parlé de l'art d'exprimer les niveaux par la gravure, art dont la première idée paraît appartenir aux citoyens du Fourny et de Carla. Le citoyen Dupain-Triel en a donné un essai dans un mémoire imprimé et dans une carte qui y était jointe. Il a même essayé de faire l'application de cette méthode à un travail en grand sur la France. Il a présenté à l'Assemblée nationale un mémoire accompagné de cartes, intitulé : *Recherches géographiques sur les hauteurs des plaines du royaume, sur les côtes des mers pour tout le globe et sur les différents ordres de montagnes.* Cet ouvrage, comme on le sent, ne peut être qu'un essai : il faudrait un travail de plusieurs générations pour le fonder sur des opérations précises et géométriques; mais c'est beaucoup que d'avoir donné des approximations, d'avoir appelé sur cet objet l'attention des savants et des administrateurs; enfin d'avoir indiqué ce qu'on peut faire en ce genre. Il manque sans doute dans ces cartes des détails essentiels et nécessaires pour assurer les résultats qui y sont représentés et éviter la confusion à laquelle ils peuvent donner lieu; cependant nous devons dire que l'auteur a facilité singulièrement la reconnaissance des différents degrés de hauteur ou d'élévation des niveaux depuis la mer jusqu'au sommet des plus hautes montagnes, en employant certaines couleurs qui servent comme de limites à des différences en hauteur de 5o en 5o toises, et en subdivisant encore ces intervalles par des lignes qui marquent des espaces de 1o toises en 1o toises. C'est ainsi par exemple qu'on s'élève au sommet du mont Dore, en passant du vert au jaune, du jaune au rouge, et en tenant compte des subdivisions tracées par des lignes qui comprennent tous les terrains qui se trouvent correspondre pour la hauteur, et cette manière d'indiquer les niveaux nous paraît si avantageuse, que nous croyons qu'il est important de l'adopter et d'en faire usage dans les cartes où l'on parviendra à rassembler des observations plus sûres et plus nombreuses, au moyen desquelles la configuration des terrains pourra être désignée, de manière à reconnaître toutes les ci-devant provinces de France et les différents départements dans lesquels elles sont comprises aujourd'hui.

Dans la carte sur les différents ordres de montagnes, l'auteur distingue celles de roc vif qui ne présentent aucun banc régulier; celles en couches inclinées qui comprennent les marbres, les schistes, les montagnes volcaniques, qui présentent des couches de lave étendues suivant la pente naturelle qu'avait le terrain à l'époque où elles ont coulé, enfin les montagnes en couches horizontales. Or, dans tout cela, le citoyen Dupain-Triel a rendu d'une manière sensible et facile à saisir le résultat des observations des naturalistes les plus célèbres, notamment des citoyens Rouelle et Desmarets. On voit aussi dans ces cartes les différentes formes des bords correspondant des vallées, pour achever de mettre sous les yeux de la jeunesse tout ce qui peut lui donner, une idée de la figure des terrains jointe à ce qui concerne leur constitution intérieure. Le citoyen Dupain-Triel se propose de donner, outre cela, des développements aussi lumineux qu'instructifs de tous ces objets dont il a les bases, qu'il a communiquées aux commissaires.

En 1788, le citoyen Dupain-Triel a entrepris un nouveau dictionnaire universel de la France d'après les relevés faits sur la carte de Cassini. Cet ouvrage devait être divisé en 183 cahiers, correspondant aux 183 feuilles de cette carte. La réunion de ces cahiers devait présenter l'ensemble de toutes les paroisses, de leurs dépendances, de l'agriculture et de la population de toute la France. Le prospectus et le premier cahier de cet ouvrage ont paru; mais le citoyen Dupain-Triel a été obligé de l'interrompre faute de moyens pour le continuer.

Ces travaux, uniquement relatifs à l'art qu'il a toujours professé, ne l'ont point empêché de s'occuper d'autres objets d'utilité publique. Il a publié, il y a deux ans, une brochure intitulée : *Coup d'œil sur l'établissement de colléges municipaux pour les sciences, arts et métiers.*

Enfin, il a communiqué aux commissaires un ouvrage manuscrit sur toutes les parties de l'art militaire, qu'il se propose de livrer incessamment à l'impression. C'est principalement à ce noble et utile usage qu'il se propose d'employer les fonds qu'il peut espérer d'obtenir, d'après le rapport du bureau de consultation.

Cet ouvrage sur l'art militaire contient des éléments de géométrie clairs et précis, des détails relatifs à la partie de la trigonométrie essentiellement nécessaires à l'ingénieur militaire, des éléments de fortification, de castramétation, des principes généraux sur l'art d'asseoir un

camp. Il est aisé de reconnaître dans ce traité l'homme qui a opéré
par lui-même et qui enseigne ce qu'il a lui-même pratiqué ou vu pratiquer.

Nous n'insisterons pas ici sur plusieurs ouvrages d'une moindre
importance publiés par le citoyen Dupain-Triel, tels que le tableau
comparé de la grandeur des principales villes du monde. Cependant
nous croyons devoir rappeler ce que nous avons dit déjà sur la coupe
instructive des terrains de chaque feuille de l'atlas minéralogique, sur
les avantages des différents repères au moyen desquels on suit avec
facilité les gradations de hauteur des terres dans la carte des niveaux,
et sur les formes des croupes de nos vallées bien propre à en donner
une juste idée. Enfin nous devons dire, en terminant cet exposé, qu'il
n'est aucun ouvrage du citoyen Dupain-Triel qui ne fasse honneur à
son intelligence et à son talent.

Pour prix d'une vie aussi utilement et aussi laborieusement employée,
le citoyen Dupain-Triel n'a en perspective qu'une vieillesse indigente.
Il est âgé de soixante et dix ans, ses organes s'affaiblissent et il touche
au moment où son travail ne pourra plus le faire subsister.

Nous croyons que d'après ces diverses considérations, d'après l'importance dont est pour la société l'art de l'ingénieur géographe, dont
le citoyen Dupain-Triel s'est occupé toute sa vie, d'après l'utilité dont
ses travaux ont été pour les sciences et surtout pour la minéralogie,
pour le commerce et pour la navigation, il mérite le *maximum* des
récompenses de la première classe.

LAVOISIER.

RÉFLEXIONS

SUR L'ÉDUCATION PUBLIQUE

PRÉSENTÉES À LA CONVENTION NATIONALE

PAR LE BUREAU DE CONSULTATION DES ARTS ET MÉTIERS.

Le bureau de consultation des arts et métiers, qui, par son institution, se trouve placé entre les sciences et les arts, qui est continuellement à portée de voir comment les découvertes se font, comment elles se propagent, qui a profondément réfléchi sur ce qui peut contribuer aux progrès des arts et à la perfectibilité de l'esprit humain, s'étonne de ce que dans tous les plans qui vous ont été présentés pour l'établissement d'une éducation publique nationale, les arts semblent avoir été entièrement oubliés. Les arts embrassent cependant l'universalité des travaux dont s'occupent les hommes réunis en société : tous les hommes sont destinés à en exercer un ; le but de l'éducation publique est donc de former des artistes.

Le bureau de consultation, pénétré de cette vérité, a cru devoir vous présenter ses idées sur l'éducation publique ; un plan formé par une réunion de savants et d'artistes vous paraîtra peut-être digne de quelque attention.

Il n'existe pas et il n'a existé chez aucune nation une éducation publique proprement dite, si l'on en excepte quelques républiques peu considérables de la Grèce ; or il est difficile de se former des idées de ce qui n'existe pas. Les plans relatifs à l'éducation ne peuvent donc être discutés, modifiés et définitivement rédigés que par des hommes occupés à considérer les idées abstraites. Ce soin doit, de plus, être confié à des hommes qui ont profondément réfléchi sur la manière dont les idées se forment, dont elles s'enchaînent et, en général, sur la logique des sciences et de l'esprit humain. Nul homme existant ne réunit les connaissances nécessaires pour exécuter ce grand ouvrage; il ne peut être achevé que par une réunion de ce qu'il y a de plus habile et de plus profond. On ne pense pas que cette commission doive excéder dix ou douze personnes. Si Rousseau, Condillac, Diderot, Dalembert, Helvetius existaient, ils devraient en être membres; il faudrait surtout y joindre des savants instruits dans tous les genres de connaissances, et auxquels la pratique des arts ne fût pas étrangère. La Convention peut trouver de grandes ressources dans les Sociétés savantes.

Si une semblable société eût été établie dès les premiers temps de la révolution, si on lui eût donné une pleine confiance, l'éducation publique serait maintenant en pleine activité. Malheureusement la Convention a laissé échapper l'instant favorable; elle a fait fausse route, et il est difficile qu'elle puisse décréter, même à l'égard des écoles primaires, autre chose que des bans avant l'instant qui paraît être marqué pour sa séparation.

PROJET DE DÉCRET

CONCERNANT L'INSTRUCTION PUBLIQUE

PRÉSENTÉ

PAR LE BUREAU DE CONSULTATION DES ARTS ET MÉTIERS.

DIVISION DE L'INSTRUCTION.

Il y aura, dans la République française, des écoles primaires ou communes pour tous les enfants, sans distinction ni exception; ils ne pourront y être reçus avant l'âge de six ans;

Des écoles élémentaires des arts, qui seront établies dans les chefs-
lieux de district, où les enfants ne seront reçus qu'à l'âge de onze ans ;

Des instituts ;

Des lycées.

Il y aura de plus, à Paris, différentes commissions composées des
citoyens qui seront parvenus dans chaque science au dernier degré de
l'échelle des connaissances, et qui seront uniquement occupés de l'a-
vancement des sciences et des arts.

Enfin, deux jurys pour la distribution des récompenses nationales.

TITRE PREMIER.

Des écoles nationales communes.

ARTICLE PREMIER.

Les écoles nationales communes seront divisées en deux sections ; une
pour les garçons, l'autre pour les filles. Les écoles pour les garçons seront
confiées à un instituteur; celles pour les filles seront confiées à une institutrice.

ART. 2.

Ces écoles devant être distribuées de manière que les enfants puissent s'y
rendre commodément de tous les points de la République; il en sera établi
une par mille habitants.

Dans les lieux où la population est dispersée, il pourra être établi un instituteur adjoint, placé sur la demande de l'administration du district, et d'a-
près un décret de l'Assemblée nationale.

Dans les lieux où la population est rapprochée, une seconde école ne sera
établie que lorsque la population s'élèvera à deux mille individus ; une troisième, lorsque la population s'élèvera à trois mille, et ainsi de suite.

ART. 3.

On aura soin, dans l'éducation de ce premier âge, de proportionner la marche de l'instruction au développement successif des organes et des facultés des enfants; de ne leur présenter que des objets sensibles; de ne point fatiguer leur attention en les occupant trop longtemps d'un même genre d'étude.

La lecture, l'écriture, l'enseignement des premières règles d'arithmétique seront entremêlés de leçons élémentaires sur l'histoire naturelle, sur la structure des végétaux et des animaux; de récits historiques, de traits de patriotisme et de bienfaisance; de promenades relatives aux travaux champêtres et aux arts économiques. Toute cette partie de l'instruction leur sera principalement donnée sous forme de délassements et de jeux.

ART. 4.

Lorsque les enfants auront ainsi acquis, par l'exercice de leurs sens, une somme suffisante d'idées et de connaissances, on leur enseignera les principes élémentaires de la morale : on leur expliquera quels sont les droits et les devoirs des hommes ; quel est le but qu'ils se proposent en se réunissant en société ; comment s'établissent les propriétés ; comment elles se transmettent. On leur donnera quelques notions sur le commerce, sur les échanges, sur la manière dont s'établit, par la concurrence, le prix des marchandises et des denrées ; sur l'ordre à établir dans une entreprise et dans une exploitation ; sur la tenue des livres de compte. On leur enseignera surtout l'art de s'instruire par le moyen des livres, de se servir d'un dictionnaire, d'une table des matières ; de se reconnaître sur un plan, sur une carte géographique ; de suivre une description sur un dessin et sur une figure ; enfin on les exercera au chant pour les fêtes civiques.

Cette première partie de l'éducation, quoique donnée séparément, sera la même pour les enfants des deux sexes.

ART. 5.

On apprendra, particulièrement aux garçons, à se servir de la règle et du compas, à mesurer les surfaces, à arpenter un champ, à toiser les solides. On leur donnera une notion de tous les arts qui sont à leur portée, en les conduisant chez ceux qui les professent ; on leur fera connaître les principaux instruments qu'ils emploient et la manière de s'en servir; on insistera surtout sur ce qui concerne l'économie rurale, la culture des terres, des plantes potagères, le jardinage, la taille des arbres, le soin et l'éducation des bœufs et des chevaux, l'art de la ferrure, le charronnage. On les exercera de temps en temps au maniement des armes.

ART. 6.

On donnera particulièrement aux filles des notions sur les arts auxquels leur sexe est principalement destiné, tels que la filature, le travail de l'aiguille, la préparation des aliments, les détails intérieurs d'un ménage, les arts économiques, le soin des animaux domestiques.

ART. 7.

Pour servir de guide à l'instituteur et à l'institutrice, il sera incessamment rédigé un cours complet de tout ce qui devra être enseigné aux enfants dans les écoles communes. Les objets d'histoire naturelle et de physique, les opérations des arts et tout ce qui devra faire le sujet de l'instruction y seront représentés par des figures : il sera de plus composé pour les enfants un extrait raisonné de ce cours général, afin de leur retracer d'une manière claire et méthodique tout ce qui aura été expliqué par l'instituteur et l'institutrice.

Ces livres seront rédigés d'après la meilleure méthode d'enseignement qu'indique l'état actuel des connaissances, et d'après les principes de liberté, d'égalité, de justice distributive, d'humanité, de bienfaisance, de pureté de mœurs et de dévouement à la chose publique, qui sont consacrés par la constitution et qui forment la base de la morale universelle.

Ces livres seront divisés par cahiers, de manière à pouvoir être renouvelés à peu de frais lorsqu'ils seront déchirés, usés ou perdus.

ART. 8.

Il y aura quelque différence entre les livres classiques à l'usage des écoles des campagnes et de celles des villes : on insistera davantage, dans les premiers, sur tout ce qui a rapport à l'agriculture ; on insistera davantage, dans les seconds, sur les connaissances relatives aux arts et au négoce.

ART. 9.

Les élèves de l'une et de l'autre section des écoles nationales communes seront organisés séparément en sociétés modelées à peu près sur le plan de la grande société politique et républicaine, afin qu'ils acquièrent de bonne heure, et sans contention d'esprit, des idées saines de l'ordre et de la justice, qui font la base de toute institution sociale. Les fautes seront, en conséquence, punies d'après le jugement d'un jury choisi parmi les enfants : ce jury prononcera sur le fait ; l'instituteur et l'institutrice feront l'application de l'article du règlement.

TITRE II.

Écoles élémentaires des arts.

ART. 10.

Il sera établi, dans chacun des chefs-lieux de district de la République, pour les enfants de l'un et de l'autre sexe, des écoles publiques élémentaires des arts : les enfants ne pourront y être admis qu'à l'âge de onze ans accomplis, et qu'en justifiant qu'ils ont suivi un cours complet dans les écoles communes.

ART. 11.

On y enseignera aux garçons :

1° Le dessin et la perspective.

2° La géométrie descriptive ou graphique, la stéréotomie, les principes de la composition des machines, l'évaluation de leurs effets, et tout ce qui est relatif aux arts considérés dans leurs rapports géométriques et mécaniques.

3° Des éléments d'histoire naturelle, de physique expérimentale et de chimie considérées sous leur rapport avec les arts et avec les besoins les plus ordinaires de la société.

4° Les principes élémentaires de l'art social, de l'économie politique, du commerce, de la constitution et de la législation française. On y donnera des détails plus étendus que dans les écoles communes sur la manière dont se contractent les engagements entre les particuliers, sur la nature et la forme des différents actes qui les consacrent, sur les successions et les partages. L'instituteur qui sera spécialement chargé de cette partie de l'instruction expliquera à ses élèves les principes de la grammaire générale, et particulièrement ceux de la grammaire française ; il leur proposera des questions à résoudre sur différents points de l'art social, des projets d'actes à rédiger, des sujets à traiter ;

il les exercera et les accoutumera à exprimer leurs idées par écrit avec clarté
et précision.

ART. 12.

On donnera aux filles quelques leçons de dessin ; on les perfectionnera dans
le travail de l'aiguille ; on leur donnera des principes sur ce qui constitue le
beau dans les arts de goût et d'agrément. On leur enseignera les éléments des
arts qui sont à leur portée, principalement de ceux que le plus grand nombre
d'elles sont destinées à exercer, tels que la préparation des aliments, la conduite d'un ménage, le soin des malades, l'éducation physique des enfants. On
leur développera les principes de la morale, on leur donnera quelques notions d'histoire et de géographie locale.

ART. 13.

Ces différents objets d'instruction seront répartis entre quatre instituteurs
et deux institutrices, qui s'assembleront une fois par semaine pour former le
conseil d'instruction du district.

ART. 14.

Les instituteurs et les institutrices, tant des écoles communes que des
écoles élémentaires des arts, établiront, les dimanches et les soirs pendant
l'hiver, des conférences sur les arts et sur la morale, où pourront assister
les personnes de tout âge.

ART. 15.

La loi ne peut porter atteinte au droit qu'ont tous les citoyens d'ouvrir des
cours, écoles ou pensionnats libres pour l'éducation de la jeunesse, et pour
y recevoir des enfants de l'un et de l'autre sexe ; elle exige seulement qu'ils en
fassent préalablement déclaration à la municipalité de leur domicile et au
district de l'arrondissement duquel ils se trouveront, afin qu'il puisse être
pris des informations sur leur vie et mœurs, sur leur civisme, et que la
salubrité du local puisse être constatée par des officiers de santé.

TITRE III.

Des instituts.

ART. 16.

Il sera établi dans chacun des chefs-lieux de département, sous le nom
d'instituts nationaux, des écoles élémentaires des sciences et des arts, dans
lesquelles on enseignera :

				NOMBRE DE COURS.
Langues, littérature et beaux-arts.	La grammaire générale			1
	Les langues	Modernes	Française	
			Étrangères les plus convenables aux localités	1
		Anciennes	Latine	1
			Grecque	1
	L'art d'écrire			
	La théorie générale et élémentaire des beaux-arts, surtout de la poésie et de l'éloquence			1
	Le dessin			1
	La musique			1
Connaissances morales et politiques.	L'histoire			
	La géographie			1
	L'analyse des sensations et des idées			
	La logique et la méthode des sciences			1
	L'économie politique			
	Les droits et les devoirs de l'homme, considérés de nation à nation, d'individu à individu, et dans le rapport de l'individu avec le gouvernement			1
	Les principes généraux du commerce, et de la circulation des denrées			
	Les principes généraux des constitutions politiques			1
	La constitution française			
	La législation française			
Connaissances mathématiques et physiques.	L'histoire naturelle des trois règnes			1
	La physique et la chimie expérimentale			1
	Les éléments de	mathématiques		1
		Mécanique		

			NOMBRE DE COURS.
Connaissances mathématiques et physiques.	Les éléments de.	Optique. . . . . ; Astronomie. . . . . ; Hydrographie.	1
	L'application des sciences du calcul et de la géométrie.	A la physique. . . . . ; Aux sciences morales et politiques.	
Arts, et application des sciences aux arts.	Les éléments d'anatomie.		1
	Les principes de chirurgie.		
	L'art des accouchements.		
	La médecine	Humaine . . . . ; Vétérinaire.	2
	La matière médicale.		
	La pharmacie.		
	L'hygiène.		
	Les éléments d'agriculture et d'économie rurale.		
	Les éléments de l'art militaire et de la gymnastique.		1

ART. 17.

Les leçons seront distribuées de manière que le même professeur puisse se charger de l'enseignement de plusieurs sciences à différentes heures de la journée. Tous les professeurs réunis formeront un conseil général d'instruction publique qui s'assemblera une fois par mois : ils en choisiront cinq parmi eux pour former un directoire qui s'assemblera une fois par semaine.

ART. 18.

La ville de Paris, à raison de sa population, aura cinq instituts ; la ville de Bordeaux, deux ; la ville de Lyon, deux ; les autres chefs-lieux de département n'en auront qu'un.

ART. 19.

Il y aura dans chaque institut une bibliothèque, un cabinet d'instruments de physique, de modèles de machines, d'instruments d'astronomie, d'instruments des arts, d'histoire naturelle, ainsi qu'un jardin pour la botanique et l'agriculture. Ces collections seront bornées aux objets d'une utilité générale ;

celles relatives à l'histoire naturelle seront aussi complètes qu'il sera possible pour toutes les productions du département.

ART. 20.

Le conseil général tiendra, aux époques qui seront déterminées, des assemblées publiques dans lesquelles il rendra compte des découvertes faites dans les sciences et dans les arts. Les membres du conseil général pourront lire, dans ces assemblées, des mémoires sur les diverses connaissances qui font partie de l'enseignement.

TITRE IV.

Lycées nationaux.

ART. 21.

Il sera établi dans chacune des villes ci-après, sous le titre de lycées nationaux, des écoles des sciences et arts, savoir : à

Lille ou Douai.
Blois, Tours ou Orléans.
Bordeaux.
Dijon.
Lyon.
Metz, Châlons ou Nancy.
Montpellier.
Paris.
Rennes.
Rouen.
Strasbourg.
Toulouse.

ART. 22.

On y enseignera toutes les sciences comprises dans le tableau ci-après, savoir :

			NOMBRE DE COURS.
Langues, littérature et beaux-arts	Langues et littérature modernes.............	Grammaire générale et langue française...................	1
		Anglaise....................	1
		Allemande..................	1
		Italienne, espagnole, ou autre, convenable aux localités.....	1
	Langues et littérature anciennes............	Orientales..................	1
		Grecque....................	1
		Latine.....................	1
	Théorie développée des beaux-arts.........	Éloquence..................	
		Poésie.....................	
		Peinture...................	
		Sculpture..................	1
		Architecture...............	
		Musique...................	
	Dessin................................		1
	Peinture..............................		1
	Sculpture.............................		1
	Composition et exécution de la musique.................		1
	Antiquités............................		1
Connaissances morales et politiques.	Histoire considérée sous les rapports...........	De la morale...............	
		De la politique.............	
		De l'industrie..............	
		Du commerce...............	1
	Chronologie...........................		
	Géographie............................		
	Analyse des sensations et des idées..............		
	Méthode des sciences...................		1
	Morale et droit naturel.................		
	Science sociale........................		
	Économie politique.....................		
	Finances..............................		1
	Commerce.............................		
	Droit public et législation.	Droit des gens.............	
		Droit public de l'Europe.......	1
		Lois des divers peuples anciens et modernes.................	
	Législation française...................		1

		NOMBRE DE COURS.
Connaissances mathématiques et physiques.	Physique expérimentale.	1
	Chimie.	1
	Minéralogie.	1
	Géologie et géographie physique.	
	Botanique.	1
	Physique végétale.	
	Zoologie.	1
	Entomologie.	
	Géométrie transcendante et analyse mathématique	1
	Mécanique.	1
	Hydraulique.	
	Mécanique céleste.	
	Application de l'analyse aux objets physiques.	
	Géographie mathématique.	1
	Application du calcul aux sciences morales et politiques.	
	Astronomie d'observation et hydrographie.	1
Arts et application des sciences aux arts.	Anatomie, physiologie et anatomie comparée.	1
	Pharmacie et matière médicale.	1
	Médecine théorique.	1
	Médecine pratique des maladies internes et externes	1
	Théorie et pratique des accouchements.	1
	Maladies des femmes en couches et des enfants.	
	Art vétérinaire.	1
	Hygiène.	1
	Méthode et histoire de la médecine.	1
	Agriculture et économie rurale.	1
	Art d'exploiter les mines.	1
	Métallurgie.	
	Art militaire.	1
	Science navale.	1
	Arts et métiers. Stéréotomie, ou géométrie des arts et partie géométrique des constructions, et des arts et métiers.	1
	Partie mécanique et physique des arts et métiers.	1
	Partie chimique des arts et métiers.	1

ART. 23.

Pour l'enseignement des sciences ci-dessus, il sera établi dans chaque lycée un nombre suffisant de professeurs, qui se répartiront entre eux les différents cours d'instruction ; ces professeurs formeront un conseil général d'instruction publique de département, qui s'assemblera une fois par mois et qui réglera tout ce qui sera relatif au régime intérieur du lycée. Ce conseil nommera un directoire qui s'assemblera une fois par semaine et qui sera composé de sept personnes.

ART. 24.

Il y aura auprès de chaque lycée une grande bibliothèque, des jardins pour la botanique et l'agriculture, une collection aussi complète qu'il sera possible d'histoire naturelle et de pièces anatomiques, une collection d'instruments de physique, un laboratoire de chimie, des modèles de toutes les machines usuelles, les instruments de tous les arts, une collection d'antiquités, de tableaux et de statues. Les cabinets et bibliothèques des lycées et des instituts seront publics.

ART. 25.

Le conseil général d'instruction publique de chaque lycée s'assemblera, à des époques déterminées, pour rendre compte au public des découvertes faites dans les sciences et dans les arts; les professeurs qui composeront ces assemblées pourront lire des mémoires sur les connaissances qui font partie de l'enseignement.

ART. 26.

En considération de l'étendue de la ville de Paris et de son immense population, son lycée sera double; l'un établi à Paris, et divisé en plusieurs *muséums*, ainsi qu'il va être expliqué ci-après; l'autre à Versailles, dans les bâtiments nationaux destinés à cet objet.

TITRE V.

Dispositions particulières pour le lycée central de la République, établi à Paris.

ART. 27.

Le lycée central de Paris sera divisé en six *muséums* particuliers.

Le premier, destiné à l'enseignement des langues anciennes et modernes des belles-lettres, de l'art de penser, de raisonner et d'écrire, de toutes les sciences morales et politiques, de l'histoire, de la géographie et des antiquités, sera établi à la Bibliothèque nationale.

Le second, destiné à l'enseignement des arts d'agrément, tels que la peinture, la sculpture, l'architecture, la musique, sera établi au Louvre, dans les salles précédemment occupées par l'académie de peinture et de sculpture.

Le troisième, destiné à l'enseignement des sciences mathématiques, de la physique expérimentale, de la chimie, de la métallurgie, de la géométrie descriptive, des arts chimiques et physiques, sera établi au collége des Quatre-Nations. Toutes les machines et inventions relatives aux arts, qui appartiennent à la nation, et qui peuvent être utiles à l'enseignement public, seront transportées dans ce dépôt pour être continuellement exposées sous les yeux du public, et pour servir aux démonstrations des professeurs. Mais, en attendant que le local puisse être convenablement préparé, qu'il y ait été construit un laboratoire, un amphithéâtre, et que les instruments de physique et de chimie appartenant à la nation y aient été transportés, les leçons relatives aux sciences mathématiques continueront d'être données au Collége national de France; celles de chimie et de minéralogie continueront d'être données dans les amphithéâtres et laboratoires du Jardin des Plantes, du Collége de France et de la Monnaie.

Le quatrième, destiné à l'enseignement et à la pratique de l'astronomie, sera fixé à l'Observatoire national.

Le cinquième, destiné à l'enseignement de l'histoire naturelle, de la physique végétale, de la botanique, de la minéralogie, sera fixé au Jardin des Plantes, qui sera dorénavant désigné sous le nom de *Muséum d'histoire naturelle*.

Le sixième, destiné à l'enseignement de la médecine humaine et vétérinaire,

de l'anatomie, de la chirurgie, de l'art des accouchements, de la matière mé-
dicale et de la pharmacie, sera fixé dans la maison nationale dite *les Écoles de
chirurgie*, à laquelle seront faites toutes les réunions nécessaires.

TITRE VI.

Sociétés nationales pour l'avancement des sciences et des arts et pour le perfectionnement de l'esprit humain.

ART. 28.

Les travaux et les fonctions de ces sociétés auront pour objet de reculer les
limites des connaissances en tout genre, principalement celles qui ont le plus
d'influence sur le progrès des arts, et de correspondre avec les sociétés savantes
étrangères pour enrichir la République française des découvertes faites dans les
sciences et des inventions qui peuvent intéresser les arts : elles tiendront leurs
séances à Paris.

ART. 29.

Ces sociétés seront au nombre de quatre, subdivisées en différentes sections, qui, chacune, s'assembleront séparément, mais qui pourront se réunir
en assemblées communes à des époques déterminées, pour se communiquer
les découvertes communes à plusieurs sections.

Une de ces sociétés s'adonnera aux sciences mathématiques et physiques :
Une à l'application des sciences aux arts ;
Une aux sciences morales et politiques ;
Une à la littérature et aux arts d'agrément.

ART. 30.

La société nationale des sciences mathématiques et physiques sera composée
de 80 personnes, dont 60 résideront à Paris, 10 dans les départements de la
République ; les 10 autres seront choisis parmi les savants étrangers les plus
distingués.

Les 60 membres résidents seront partagés comme suit :

		NOMBRE de membres.
Organisation de la société des sciences mathématiques et physiques.	Analyse mathématique	10
	Astronomie.	20
	Mécanique théorique.	
	Chimie et minéralogie.	10
	Botanique et physique végétale.	10
	Zoologie, anatomie et physique animale.	10
	Membres résidents dans les départements de la république	10
	Membres étrangers.	10
	Total	80

ART. 31.

La société pour l'application des sciences aux arts sera composée de 220 membres, tant français qu'étrangers.

Elle sera partagée en trois divisions, ainsi qu'il suit :

			NOMBRE de membres.
Organisation de la société pour l'application des sciences et arts.	1re division. Art de guérir.	1re section. Médecine humaine et vétérinaire.	20
		2e ——— Chirurgie.	10
		3e ——— Matière médicale	10
		Membres résidents dans les départements	30
		Membres étrangers.	10
		Total	80
	2e division Économie rurale.	1re section. Agriculture et économie rurale	30
		Membres résidents dans les départements de la république.	30
		Membres étrangers.	10
		Total	70
	3e division Arts relatifs aux différents besoins de la société.	1re section. Arts mathématiques, physiques et chimiques	30
		Artistes et manufacturiers résidents dans les départements de la République.	30
		Artistes étrangers.	10
		Total	70

Les membres attachés à chacune des trois divisions de cette société tiendront leurs séances séparément.

ART. 32.

La société des sciences morales et politiques sera composée de 42 membres, ainsi qu'il suit :

		NOMBRE de membres.
Organisation de la société des sciences morales et politiques.	1re section. Métaphysique, analyse des sensations et des idées logiques des sciences.	6
	2e ——— Droit naturel, droit des gens, sciences sociale, morale, publique et privée.	6
	3e ——— Législation	6
	4e ——— Commerce et économie politique	6
	5e ——— Histoire ancienne et moderne.	6
	Membres résidents dans les départements.	6
	Membres étrangers.	6
	TOTAL	42

ART. 33.

La société de littérature et des arts d'agrément sera composée de 64 membres, qui s'assembleront en commun. Ils seront distribués ainsi qu'il suit :

		NOMBRE de membres.
Organisation de la société des arts d'agrément.	1re section. Grammaire et critique.	8
	2e ——— Langues	8
	3e ——— Éloquence et poésie.	8
	4e ——— Antiquités et monuments.	8
	5e ——— Peinture	4
	6e ——— Sculpture.	4
	7e ——— Architecture.	4
	8e ——— Musique	4
	9e ——— Déclamation.	2
	Membres résidents dans les départements.	8
	Membres étrangers.	6
	TOTAL	64

ART. 34.

Tous les mois, la société des sciences mathématiques et physiques, et celle pour l'application des sciences aux arts, s'assembleront dans une salle commune, qui sera disposée à cet effet : elles y rendront compte, en public, des découvertes faites dans les sciences et dans les arts. Le résultat de ces séances sera imprimé aux frais de la République et envoyé dans les départements.

Les sociétés nationales des sciences morales et politiques, de littérature et des beaux-arts, se réuniront également chaque mois en une assemblée commune, et dans le même objet.

ART. 35.

Deux fois l'année, aux époques qui seront déterminées, il se tiendra une séance de toutes les sociétés réunies.

Toutes les séances, généralement quelconques, particulières ou communes, seront publiques.

ART. 36.

Pour établir une relation plus intime entre les travaux des différentes sociétés, et pour répandre plus généralement la méthode des sciences, chacune des six assemblées particulières nommera, tous les ans, 20 membres, dont 4 auront séance et voix délibérative dans chacune des cinq autres assemblées. De ces 4 membres, 2 seront renouvelés chaque année.

ART. 37.

La Convention nationale reconnaît le droit qu'ont tous les citoyens de former des sociétés libres pour concourir au progrès des sciences, des lettres et des arts, en se conformant aux décrets rendus pour les sociétés populaires.

TITRE VII.

Jurys pour la distribution des récompenses nationales.

ART. 38.

Il sera établi, pour la distribution des récompenses nationales, deux jurys composés chacun de 32 membres. Le premier, sous le titre de jury des arts et métiers, sera substitué au bureau de consultation, et remplira les fonctions qui lui ont été attribuées par le décret du 10 septembre 1791; le second, sous le titre de jury des sciences, des lettres et des beaux-arts, sera chargé de la distribution des récompenses auxquelles auront droit les gens de lettres les plus distingués, les artistes célèbres dans les arts d'agrément, tels que la peinture, la sculpture, la musique, la déclamation.

ART. 39.

Les 32 membres qui doivent former le jury des arts et métiers seront choisis, pour la première fois, savoir, 16 par la société des sciences physiques et mathématiques, et par celle de l'application des sciences aux arts, réunies ensemble; ces 16 membres s'assembleront aussitôt après leur nomination pour nommer 16 autres membres, et compléter ainsi le nombre de 32. Après l'année révolue, 8 des 16 membres choisis par la société des sciences et des arts sortiront par voie du sort, et seront remplacés par un nombre égal de membres choisis au scrutin par la même société; 8 autres membres sortiront également par la voie du sort, et seront remplacés par 8 autres, choisis au scrutin par le jury de consultation complet. L'année suivante ce seront les 16 plus anciens qui sortiront de droit, et qui seront remplacés de la même manière, sans qu'aucun des membres puisse être continué au delà de deux ans. Les membres actuels du bureau de consultation continueront leurs fonctions jusqu'à la parfaite organisation du jury des arts et métiers, établi par l'article précédent.

ART. 40.

Le jury des sciences, des lettres et des arts d'agrément, sera également formé, pour la première fois, de 16 membres choisis par les sociétés réunies des sciences politiques et morales et de littérature. Les 16 premiers élus se compléteront en en choisissant 16 autres. Après l'année révolue, moitié de ces membres sortira par la voie du sort, et l'autre moitié par ancienneté; ils seront remplacés de la même manière qu'il a été exposé ci-dessus pour le jury des arts et métiers.

ART. 41.

Le comité d'instruction publique présentera incessamment un plan d'organisation définitive des écoles communes, des écoles élémentaires des arts,

84.

des instituts et des lycées, et proposera un plan pour la partie administrative
et pour le mode d'exécution.

ART. 42.

Jusqu'à ce que le plan arrêté par le présent décret puisse être mis en pleine
exécution, il ne sera rien innové relativement aux dépenses de l'instruction
publique. Les mêmes sommes continueront d'être payées par la trésorerie nationale, et tous les établissements existants seront provisoirement conservés.

ART. 43.

La Convention, réconnaissant qu'il est de sa justice d'assurer une subsistance
à ceux qui s'occupent de l'honorable fonction d'instruire leurs semblables, de
reculer les bornes des connaissances humaines, et qui préparent la prospérité
générale de la nation par le mouvement progressif qu'ils impriment aux
sciences et aux arts, comme aussi de mettre les artistes en état de faire de nouvelles expériences, de confirmer celles qui ont été précédemment faites, de
s'assurer de l'effet des nouvelles machines, de faire l'application aux arts et
aux travaux en grand des inventions qui peuvent être proposées, arrête qu'il
sera faite chaque année un fonds de.........pour être employé en traitement des membres, frais d'expériences, constructions, entretien des machines
et autres dépenses généralement quelconques des membres qui composeront
les différentes sociétés établies par le présent décret : le tout, en conformité
du règlement qui sera arrêté par le comité d'instruction publique de la Convention nationale. Le compte de cette somme sera rendu, chaque année, directement au comité d'instruction publique des législatures suivantes.

Tous les savants, gens de lettres et artistes qui jouissaient de traitements
ou de pensions sur la trésorerie nationale continueront de jouir de la même
somme pendant leur vie, et lesdits traitements et lesdites pensions seront impu-
tés sur la somme ci-dessus, en sorte que cette somme ne sera parfaitement
libre, et ne pourra être affectée aux objets qui seront réglés par le comité
d'instruction publique qu'à mesure des vacances et des extinctions.

Les savants, gens de lettres et artistes ne seront astreints, pour toucher
leurs attributions, qu'à fournir un certificat de résidence et d'assiduité, qui
sera délivré par les président, vice-président et secrétaire de la société à laquelle ils appartiendront.

RAPPORTS

SUR

LA FABRICATION DES ASSIGNATS.

Avant que la commission s'occupe du travail qui lui a été renvoyé par le Comité des assignats et monnaies, il paraît nécessaire de poser quelques principes et d'établir quelques définitions.

On se sert continuellement du mot de contrefaçon sans l'entendre, ou plutôt chacun en s'en servant y attache une idée différente. Si par le mot de contrefaçon on entend une imitation rigoureuse dans toutes ses parties et dans tous ses détails, on peut dire que les contrefaçons sont impossibles; la nature elle-même, qui jette, pour ainsi dire, dans un même moule les corps d'une même espèce, ne parvient jamais à former deux individus semblables. Il n'existe pas dans la nature deux feuilles d'un arbre de la même espèce qui ne présentent des différences faciles à apercevoir pour un œil attentif et accoutumé à l'observation.

Ceux qui proposent des procédés pour faire des assignats incontrefaisables n'offrent donc rien de merveilleux, car il n'y a pas d'assignats, quelque grossièrement fabriqués qu'on les suppose, qu'il soit possible de contrefaire dans ce sens rigoureux.

C'est l'erreur dans laquelle sont tombés presque tous ceux qui se sont présentés avec des procédés nouveaux pour prévenir la contrefaçon des assignats, et cette erreur a été souvent partagée par ceux qui étaient chargés de les juger.

Le problème à résoudre n'est donc pas de fabriquer des assignats

incontrefaisables; car d'un côté le problème est résolu, du côté des
artistes; et de l'autre il est impossible à résoudre à l'égard du peuple,
qu'il sera toujours aisé de tromper, au moins pour quelque temps, par
des imitations grossières. L'objet à remplir est de multiplier tellement
les difficultés de la contrefaçon, que personne ne puisse l'entreprendre
sans avoir à sa disposition de grands artistes de différents genres, de
grandes manufactures et un grand concours de moyens qui exigent de
la publicité.

Les grands talents sont rares, et c'est déjà beaucoup que d'exclure
du nombre des contrefacteurs tous les gens médiocres qui forment le
plus grand nombre. Il est rare d'ailleurs que les artistes d'un grand
talent soient exposés à la séduction qui naît du besoin : ils ont la plupart
une subsistance assurée, une réputation à conserver, et il est difficile
de supposer qu'ils compromettent une existence honorable pour courir
après une augmentation de fortune aussi éventuelle et accompagnée
d'aussi terribles dangers.

On peut, en quelque façon, augmenter à volonté la difficulté des
grandes entreprises de contrefaçon, en employant le concours de beaucoup d'artistes de genres différents. Car si les grands artistes sont rares,
s'il est plus rare encore de trouver dans un grand artiste l'intérêt et
la volonté de prostituer son talent, la difficulté devient incomparablement plus grande s'il faut, pour opérer les contrefaçons, la réunion
de plusieurs grands-artistes. Ce concours devient à peu près impossible
d'après les règles des probabilités.

Un autre principe, dont ceux qui se sont mêlés dans l'origine de la
fabrication des assignats n'ont pas assez senti l'importance, quoiqu'il
eût été souvent rappelé au comité des finances de l'Assemblée constituante, c'est que les assignats sortis des presses nationales doivent
présenter entre eux, soit pour la fabrication du papier, soit pour la
gravure et l'impression, une parfaite identité, car, dès que les assignats
nationaux diffèrent entre eux, il n'existe plus de caractère pour distinguer l'assignat vrai d'avec le faux, et le faussaire adroit a une foule
de moyens pour échapper à la peine.

La théorie de la fabrication des assignats et les principes d'après lesquels ont peut espérer d'en prévenir la contrefaçon consiste donc :

1° Dans l'emploi des grands talents pour toutes les parties de la fabrication ;

2° Dans la réunion, le concours et la dépendance de plusieurs grands artistes de différents genres ;

3° Dans le choix de caractères distinctifs, qui doivent être à la portée des personnes les moins instruites ;

4° Dans l'identité parfaite, autant qu'il est possible à l'industrie humaine de l'atteindre, de tous les assignats mis en circulation.

Nous allons appliquer successivement ces principes aux différents arts qui concourent à la fabrication des assignats, et principalement à la fabrication du papier, sur laquelle la commission est consultée.

DES FILIGRANES.

Les filigranes n'étaient point considérés dans l'origine comme un moyen de sûreté dans la fabrication du papier. C'était simplement une marque de fabrique qui était suffisamment bien, pourvu qu'elle fût nette ; et les fabricants de papier n'avaient aucun intérêt à se servir, pour cet objet, d'artistes très-habiles.

L'émission des billets de la caisse d'escompte, de quelques papiers publics et des billets de confiance, ont commencé à éveiller l'attention sur ce genre de sûreté ; mais l'exercice de cet art, alors nouveau, ayant été confié à ceux qui étaient dans l'usage de construire les anciens filigranes, ou plutôt les anciennes marques de fabrique, l'objet qu'on se proposait n'a été que bien imparfaitement rempli.

Obligé de faire plusieurs formes pour satisfaire à la célérité exigée dans la fabrication, on se bornait alors à copier le filigrane de la première ; mais ces imitations grossières n'établissaient pas une identité suffisante entre les feuilles de papier sorties de différentes formes.

Les filigranes étaient d'ailleurs composés de lames très-flexibles, susceptibles de s'étendre, de se déranger ; elles n'étaient assujetties qu'avec des fils de crin qui se rompaient : on était obligé d'y faire des réparations fréquentes. Ces formes demeuraient rarement une semaine, un jour même de suite dans le même état, en sorte qu'il n'existait entre les différentes feuilles de papier qu'une ressemblance très-grossière.

Aujourd'hui qu'on s'occupe d'une refonte générale des assignats et qu'on appelle le secours de tous les arts pour concourir à cette grande opération, il faut non-seulement s'attacher à établir une identité parfaite dans toutes les formes destinées à la fabrication d'une même espèce d'assignats, mais encore employer des procédés particuliers pour donner aux filigranes la solidité convenable pour empêcher qu'ils ne s'étendent, qu'ils ne se déforment, pour les fixer invariablement dans la même position par rapport aux autres parties de la forme, pour qu'on puisse les renouveler facilement et promptement lorsqu'ils deviennent défectueux.

Le sieur Tugot paraît avoir des moyens simples, ingénieux et très-sûrs pour remplir ce premier objet.

Restera ensuite à déterminer les meilleurs procédés pour réunir les filigranes à la toile et pour les fixer d'une manière constante et invariable dans la place qu'ils doivent occuper. Peut-être à cet égard conviendrait-il de fabriquer tout le fond des formes en filigranes plus ou moins serrés, formés sur une même matrice par le procédé du citoyen Tugot.

Quel que soit le parti qui sera pris à cet égard, l'art de ménager dans le papier des parties plus ou moins claires, plus ou moins transparentes, de former de plus grandes épaisseurs dans les parties destinées à l'application du timbre, de gaufrer la toile pour obtenir des enfoncements et des reliefs, devenant très-difficile et au-dessus des moyens qu'ont les formaires attachés aux fabriques de papier, il paraît nécessaire de séparer entièrement ces deux parties de la fabrication, la confection du papier et la construction des formes, et de fournir ces dernières toutes faites aux fabricants de papier.

Ce sera d'ailleurs un avantage, toutes choses égales, pour la sûreté, de séparer la construction des formes et la fabrication du papier : les intelligences seront plus difficiles et ce sera une difficulté de plus, ajoutée à beaucoup d'autres, pour les contrefacteurs.

DE LA MATIÈRE PREMIÈRE DU PAPIER.

La refonte générale des assignats exigeant une fourniture immense de papier, il faut exclure de la fabrication toutes les matières premières qui ne sont pas extrêmement communes, toutes celles dont un emploi considérable occasionnerait ou la pénurie ou le renchérissement, toutes celles qui pourraient mettre la France dans la dépendance de l'étranger.

On ne peut d'après cela, du moins dans l'état actuel de nos connaissances, choisir qu'entre le chiffon blanc et le chiffon jaune ou écru, le chanvre et le lin écrus.

Le chiffon blanc a le mérite de la beauté : on est assuré d'en trouver en abondance, et d'ailleurs, en cas de disette ou de renchérissement, on peut se procurer à cet égard des ressources pour ainsi dire illimitées; mais en même temps il forme un papier moins solide que les trois matières que l'on vient de citer.

Il paraît qu'on est également assuré de trouver une quantité suffisante de chiffons écrus : les vieilles guêtres des habitants de la campagne, les vestes, les culottes, les sarraux de toile en fournissent abondamment. Le papier qu'ils fournissent n'est pas blanc, il est grisâtre; et peut-être conviendrait-il, si on l'emploie, de lui donner une petite teinte d'une couleur quelconque qui sauverait le désagrément de sa couleur naturelle.

Ce papier est meilleur que celui de chiffon blanc et moins sujet à l'usure par le frottement.

Le papier de chanvre réunit encore de plus grands avantages du côté de la solidité. Il existe dans le chanvre une partie glutineuse qui s'incorpore dans le papier qui en est fabriqué. Ce papier a quelque ressemblance avec le parchemin et la baudruche: il est demi-transparent, il est d'une extrêmement grande solidité, et on pense qu'il doit être préféré à tous autres, surtout pour les assignats de petites sommes qui

sont exposés à une circulation beaucoup plus active. C'est peut-être
d'ailleurs un avantage que de n'être point d'un usage habituel dans les
arts, d'exiger des procédés de fabrication particulière, de ne pouvoir
être travaillé que dans des manufactures en grand.

Si la commission se détermine à faire des expériences sur la solidité
du papier de chanvre, sur sa résistance à l'usure, sur sa légèreté et sa
finesse, à force égale et par rapport aux autres espèces de papier, on
peut être assuré d'avance que les résultats lui seront favorables.

A l'égard du lin écru, il n'aurait vraisemblablement aucun avantage
sur le chanvre et le prix en serait beaucoup plus cher.

DU PAPIER DOUBLÉ.

Plusieurs des artistes qui ont fourni des échantillons au concours
ont imaginé de réunir ensemble, par la pression, deux feuilles de papier
très-mince et de former des papiers à deux surfaces diversement colorées. Les frères Johannot ont surtout très-bien réussi dans ce genre de
fabrication ; plusieurs autres fabricants ont également présenté de
beaux échantillons de papier doublé.

Ce genre de fabrication a ses difficultés : premièrement il faut que
la couleur tienne solidement au papier ; autrement, quand on applique
les deux feuilles l'une sur l'autre et qu'on les presse, la couleur macule
de part et d'autre ; elles se confondent et ne forment plus qu'une couleur mixte souvent désagréable ; secondement, il faut que chaque feuille
destinée à cette réunion ait été lavée à grande eau jusqu'à ce qu'elle
sorte sans couleur, ce qui rend la fabrication difficile et dispendieuse.

On éviterait beaucoup d'embarras et de difficultés si l'on employait
pour faire des papiers doublés des matières brutes ou non teintes. On
pourrait, par exemple, comme le proposent les frères Johannot, réunir
ensemble une feuille de chiffon blanc et une feuille de papier de chanvre. On aurait un papier qui serait très-blanc sur une face et par conséquent très-propre à recevoir la gravure et l'impression. Il serait un
peu bis sur l'autre face, mais l'épaisseur du papier de chanvre dont il

serait doublé lui donnerait une grande solidité. On est porté à croire
que ce papier serait préférable à tous et que c'est celui qui réunirait
le plus d'avantages pour la beauté, la solidité et la difficulté de la
contrefaçon.

DES PAPIERS FAITS EN FABRIQUE DE MATIÈRES DE DIFFÉRENTES COULEURS.

Il est possible de fabriquer des papiers composés de bandes et de
dessins de différentes couleurs incorporés dans la pâte même. MM. Montgolfier paraissent avoir à cet égard un procédé particulier, dont ils n'ont
il est vrai, présenté que des essais grossiers. Il est également possible,
et les échantillons fournis par différents fabricants le prouvent, surtout
ceux de Buges, des frères Johannot et Montgolfier, d'incorporer des
dessins de différentes couleurs entre des feuilles de papier blanc ou
coloré, très-minces, et de les réunir ensuite par une pression; mais il
est à craindre que ces papiers ne soient d'une exécution difficile, parce
qu'il faut les fabriquer à deux fois, dans deux et même dans trois cuves
différentes qui contiennent de la pâte diversement colorée.

Ce genre de fabrication paraît d'ailleurs avoir un grand inconvénient.
Quand la forme a été trempée dans une cuve chargée de pâte colorée
en rouge, par exemple, on ne peut la tremper dans une cuve dont la
pâte est colorée en bleu, sans occasionner un mélange de couleurs qu'on
ne pourrait éviter sans laver les formes et par conséquent sans perdre
de la matière. Il y aurait donc à la fois difficulté et renchérissement.
Ces sortes de fabrications difficiles ne peuvent d'ailleurs se faire que
feuille à feuille, c'est-à-dire par assignat séparé, ce qui occasionne
une grande perte de temps.

Avant cependant de prononcer l'exclusion de ces moyens, qui con-
courraient à rendre les contrefaçons difficiles, il paraîtrait nécessaire
de réunir plus de connaissances sur les procédés de la fabrication.

D'après les réflexions qu'ont vient de présenter, on pense que les questions sur lesquelles la commission est provisoirement dans le cas de délibérer peuvent être posées comme il suit :

1° Séparera-t-on la fabrication des formes de celle du papier?

2° Quel parti prendra-t-on pour obtenir une identité constante dans les formes, au moins pour chaque espèce d'assignats?

3° Quels artistes emploiera-t-on pour le filigrane?

4° Quels artistes emploiera-t-on pour la fabrication des toiles?

5° Quels artistes emploiera-t-on pour la réunion des filigranes et des toiles?

6° Ne serait-il pas possible de faire des formes dont le fond serait d'une seule pièce, par la méthode du citoyen Tugot, soit en les fabriquant en filigrane plus ou moins serré, soit en réunissant à ce moyen la méthode du citoyen Didot pour ménager différentes épaisseurs au papier et obtenir des clairs et des ombres?

7° Emploiera-t-on pour matière première du papier le chiffon blanc?

8° Emploiera-t-on le chiffon écru?

9° Emploiera-t-on le chanvre écru?

10° Emploiera-t-on le lin écru?

11° Emploiera-t-on du papier de deux couches et de deux matières différentes?

12° Emploiera-t-on du papier de deux feuilles diversement colorées?

13° Emploiera-t-on le moyen proposé par les frères Montgolfier, c'est-à-dire du papier composé de bandes de différentes couleurs teintes en pâte?

14° Emploiera-t-on des timbres de couleur entre deux feuilles de papier blanc et coloré d'une ou de plusieurs matières?

15° Employera-t-on plusieurs fabriques pour la confection du papier destiné à la refonte des assignats, ou concentrera-t-on toute la fabrication dans une seule?

16° Si l'on emploie plusieurs fabriques, quelles sont celles qu'on doit préférer?

PREMIER RAPPORT.

Quoique les commissaires de l'Académie des sciences et du bureau de consultation réunis n'aient à donner leur opinion que sur le choix du papier destiné aux assignats; sur les moyens de perfectionner la fabrication et surtout d'en prévenir la contrefaçon; il existe cependant une telle connexité entre les différentes opérations, entre les différents arts qui doivent concourir à la fabrication des assignats, qu'il leur sera impossible de se renfermer strictement dans la question sur laquelle le Comité a jugé à propos de les consulter.

Le choix du papier, d'ailleurs, est subordonné à une foule de considérations sur lesquelles les commissaires ont besoin d'être éclairés : car le papier ne doit pas être indistinctement le même pour toutes les espèces d'assignats. Ceux qui sont destinés à une circulation plus rapide demandent un papier plus fort ; ceux qui sont destinés à être conservés longtemps dans les portefeuilles peuvent être formés d'un papier plus mince ; enfin l'espèce du timbre, la disposition des ornements, des gravures, des caractères d'impression exigent des différences dans la qualité du papier, dans son épaisseur, dans la manière de distribuer les clairs et les ombres, ainsi que les traits de filigranes.

Le problème que les commissaires ont à résoudre est donc en quelque façon un *problème indéterminé*; ils manquent, pour le résoudre, de *données* qui leur sont indispensablement nécessaires; et ils ont besoin d'éclaircissements préliminaires qu'ils ne peuvent recevoir que du Comité. Ils se borneront, en conséquence, dans ce premier rapport, à poser quelques principes et à présenter au Comité un plan successif d'opérations sur lesquelles ils s'empresseront de l'aider de leur concours aussitôt qu'il leur aura fait connaître ses intentions.

On se sert continuellement dans la société du mot de *contrefaçon*, sans en bien déterminer le sens, ou du moins ceux qui s'en servent y attachent des idées très-différentes. Si par le mot de contrefaçon on entend une imitation rigoureuse de l'assignat dans toutes ses parties et dans tous ses détails, on peut dire que les contrefaçons sont impossibles. Il ne dépendrait pas du même artiste, quelqu'habile qu'on pût le supposer, de faire deux assignats semblables; et la nature elle-même, qui jette pour ainsi dire dans un même moule les corps d'une même espèce, ne parvient jamais à faire deux individus parfaitement semblables. Mais cette imitation rigoureuse que l'art ne peut atteindre n'est pas nécessaire pour en imposer aux yeux de la partie la plus nombreuse du public. Il est aisé de le tromper par des contrefaçons imparfaites, et c'est contre ce genre de surprise qu'il est important de le prémunir.

Les moyens par lesquels on peut espérer de parvenir à ce but consistent :

1° A ménager, dans le papier destiné à servir de monnaie, des caractères frappants et qui puissent être facilement saisis par tout le monde;

2° A faire concourir à la fabrication le plus grand nombre qu'il est possible d'arts différents et surtout d'arts dont les agents n'aient entre eux ni rapports ni connexité;

3° A employer pour chaque partie de la fabrication les talents les plus distingués; car il est facile à l'artiste supérieur d'imiter et de copier les productions de l'artiste médiocre, tandis qu'il est impossible à l'artiste médiocre d'imiter les productions du grand artiste;

4° A faire en sorte d'arriver, dans la confection de l'assignat, à une identité tellement parfaite, que tout assignat puisse servir de moyen de vérification et qu'en appliquant l'un sur l'autre deux assignats vrais et en les examinant au transparent toutes les parties, tous les points concourent avec une exactitude rigoureuse.

C'est en combinant ainsi les obstacles moraux et les obstacles physiques, c'est en multipliant tellement les difficultés, que personne ne puisse entreprendre la contrefaçon sans avoir à sa disposition de grands

artistes de différents genres, de grandes fabriques, un grand concours
de moyens qui exigent de la publicité, qu'on pourra espérer de rendre
la contrefaçon des assignats, sinon absolument impossible, au moins
extrêmement difficile.

Quoique ces principes aient été sentis en général par ceux qui ont
envoyé des papiers pour le concours; quoiqu'ils aient tous fait preuve
d'une grande intelligence et d'une connaissance très-approfondie de
leur art, on peut dire cependant, comme ils en conviennent eux-
mêmes, qu'ils ont travaillé plutôt en artistes qu'en fabricants de papier.

La plupart des échantillons qu'ils ont présentés sont de dimensions
si petites, ils ont été exécutés avec des formes d'une si médiocre étendue,
qu'il serait imprudent d'en tirer des conséquences précipitées sur la
possibilité de les fabriquer en grand. La commission pense d'ailleurs
qu'en combinant tous les moyens proposés par les artistes et en y ajoutant ceux que l'expérience et la discussion lui a suggérés, il n'est pas
impossible de faire mieux encore qu'aucun des échantillons présentés,
surtout relativement à la perfection des formes, à l'identité des dessins,
du filigrane et même relativement au mélange des matières premières
propres à la fabrication du papier. Elle va présenter ses idées sur ces
différents objets, en suivant la division naturelle des différentes parties
de la fabrication de l'assignat.

DE LA CONSTRUCTION DES FORMES, DES TOILES, DES VERJURES

ET DES FILIGRANES.

Les formes dont on se sert pour la fabrication du papier consistent
en un châssis de bois très-léger, qui soutient des fils de laiton plus ou
moins déliés ou posés parallèlement les uns à côté des autres à de très-
petites distances, et on leur donne alors le nom de *verjures*, ou croisés
comme un tissu, et alors on les nomme *toiles*. Ces dernières servent à
fabriquer le papier *vélin*. On plonge les formes dans la cuve qui contient la pâte destinée à former le papier, on en puise une quantité
déterminée. Lorsque ensuite on retire la forme, l'eau s'écoule par les

intervalles que laissent entre eux les fils de laiton; la pâte reste sur cette espèce de filtre; elle y forme un feutre qui prend de la consistance en séchant.

Les fabricants, pour incorporer dans le papier le nom et la marque de leur fabrique ont très-anciennement imaginé d'attacher aux verjures ou à la toile métallique de la forme des fils de laitons contournés en lettres ou en dessins de différentes figures : on leur a donné dans les papeteries le nom de *filigrane*. Depuis, lorsqu'il a été question de fabriquer du papier destiné aux billets de confiance ou aux effets publics, on a imaginé de faire de ces *enseignes* ou marques de fabrique un moyen de sûreté : mais, quoique réellement ils aient constitué jusqu'ici une des plus grandes difficultés que les faussaires aient eu à vaincre dans la contrefaçon des assignats, l'expérience a cependant appris qu'on ne devait y donner qu'un degré de confiance médiocre, et d'après le peu de soin surtout qu'on a apporté dans leur fabrication.

Les lettres ou dessins tracés par le filigrane se dessinent en clair sur l'étoffe du papier et c'est ce qu'il est facile de reconnaître en regardant la feuille au transparent : les contrefacteurs ont imaginé trois moyens très-ingénieux pour imiter les clairs; on se dispensera de les décrire ici, dans la crainte de répandre ces procédés d'une industrie funeste.

A cette possibilité d'imiter les effets du filigrane se joint un autre inconvénient : c'est celui d'affaiblir l'étoffe du papier, inconvénient très-grand, principalement pour les assignats, qui sont destinés à une circulation très-active.

Ces considérations, dont plusieurs des fabricants qui se sont présentés pour le concours paraissent avoir été frappés, ont fait penser à la Commission qu'il serait préférable de substituer des lettres et dessins opaques aux lettres et dessins que le filigrane ne peut tracer qu'en clair dans le papier. On ajouterait par là à la solidité du papier, tandis que le filigrane en affaiblit la contexture en diminuant son épaisseur; on déjouerait même encore plus complétement les contrefacteurs si l'on entremêlait dans les dessins des *clairs* et des *obscurs*. Les échantillons qui ont été présentés prouvent que l'art peut y parvenir, et la Commission d'ailleurs en a reconnu la possibilité dans les conférences qu'elle a eues avec les artistes.

Guidée par les mêmes principes et surtout dans la vue de donner une identité parfaite à toutes les parties de l'assignat, la Commission a encore pensé qu'il serait utile de fabriquer d'une seule pièce la partie de la forme qui doit répondre à chaque assignat. On pourrait mouler ces formes d'après des procédés particuliers connus des citoyens Tugot et Bouvier; on y ménagerait des parties claires et des parties obscures, et la précision pourrait être telle, d'après les détails dans lesquels ces artistes sont entrés avec la Commission, que les dessins du papier répondraient toujours rigoureusement à la même place dans l'assignat et s'entrecouperaient dans des points déterminés avec la gravure et l'impression, de manière à donner un grand nombre de points de reconnaissance que les contrefacteurs ne pourraient obtenir quand même ils parviendraient à employer le même procédé.

Quelque assurée que la Commission se croie des grands avantages des moyens proposés par les citoyens Tugot et Bouvier, cependant, comme dans les arts c'est toujours à l'expérience à démontrer la possibilité des moyens indiqués par le raisonnement et par la théorie, la Commission pense qu'il serait à propos de mettre, le plus tôt possible, ces artistes en activité; de leur accorder, comme ils le demandent, un local dans lequel ils pourraient exercer commodément leur industrie : on leur ferait exécuter, à titre d'essai, une forme en grand, d'après des dessins qui seraient convenus, et l'on ne prendrait un parti définitif qu'après que le succès aurait pleinement justifié les espérances qu'on a conçues. Les citoyens Tugot et Bouvier ne demandent pas beaucoup de temps pour cet essai.

La Commission désirerait encore que le citoyen de Lisle, qui dirige la fabrique de Buges et qui paraît avoir des idées particulières sur le même objet, fût mandé à Paris, pour y conférer avec la Commission. A l'égard des autres artistes qui ont proposé quelque chose d'analogue, ils sont à Paris et la Commission se propose de les entendre.

Quel que soit au surplus le parti que prendra le Comité, la Commission pense, comme le rapporteur du Comité des finances, que c'est principalement dans le papier que consiste la sûreté de l'assignat; que la confection des formes ne doit point être abandonnée aux fabricants de papier et aux formaires ordinaires; que les toiles, les filigranes, tous les ustensiles nécessaires à la fabrication doivent être faits dans le local de l'administration et sous la surveillance des commissaires.

DE LA MATIÈRE PREMIÈRE DU PAPIER.

Il est difficile de prendre une opinion fixe et déterminée sur le choix du papier et sur la matière première dont il doit être formé, jusqu'à ce que le Comité ait arrêté un *plan général* sur les coupures des assignats, jusqu'à ce qu'il en ait déterminé les espèces et les sommes. Le genre de gravure qui sera adopté, la distribution des ornements, la nature du timbre influeront nécessairement sur le choix, en sorte qu'on ne peut encore donner sur cet objet que des conclusions provisoires.

En général, la refonte dont le Comité s'occupe exigeant une fourniture immense, il est nécessaire d'exclure de la fabrication du papier toutes les matières premières qui ne sont pas extrêmement communes, toutes celles dont un emploi considérable occasionnerait ou le renchérissement ou la pénurie; toutes celles qui pourraient mettre la république française dans la dépendance de l'étranger.

On ne peut d'après cela, du moins dans l'état actuel de nos connaissances, choisir qu'entre le *chiffon blanc*, le *chiffon jaune* ou écru, le *chanvre* ou le *lin écru*. Ces quatre matières peuvent même être réduites à trois, si l'on considère que le lin écru serait beaucoup plus cher que le chanvre et qu'il ne présenterait aucun avantage particulier.

Le chiffon blanc a le mérite de la finesse et de la beauté; on est assuré d'en trouver en abondance; le linge ne manque pas en France, et, en cas de disette de chiffon, le patriotisme français offrirait à la Convention des ressources pour ainsi dire illimitées.

On peut être presque également assuré de trouver une quantité suffisante de chiffons écrus; les vieilles guêtres des habitants de la campagne, les vestes, les culottes, les sarraux de toile en fournissent
abondamment. Le papier qui se fabrique avec cette espèce de chiffon
est grisâtre, et, sous ce point de vue, il n'est pas également propre
pour les papiers destinés à l'écriture et à l'impression, mais c'est un
avantage de plus à l'égard des assignats, parce que le défaut de concurrence le rend moins cher. Il est d'ailleurs plus solide que le papier
de chiffon blanc, même que celui non pourri, et sa teinte grisâtre n'est
pas même désagréable à la vue.

Le chanvre écru présente encore de plus grands avantages du côté
de la solidité. Il existe dans le chanvre une partie glutineuse qui s'incorpore dans la pâte du papier et qui lui donne l'apparence du parchemin et de la baudruche : ce papier a même l'avantage de pouvoir
être nettoyé quand il est sale, et la Commission le croit préférable à
tout autre pour les assignats de petites sommes et pour ceux en général destinés à une circulation habituelle.

Voilà donc trois matières premières qui pourront fournir abondamment à la fabrication du papier destiné aux assignats : on peut par
leur mélange dans différentes proportions varier pour ainsi dire à l'infini la force et la qualité du papier. On pourrait destiner le chiffon
blanc non pourri aux assignats de fortes sommes qui se conservent
dans les portefeuilles et qui ne sont pas aussi exposés au frottement
et à l'usure que les coupures d'assignats.

On emploierait le chanvre écru à fabriquer un papier parchemin
pour les assignats au-dessous de cinq livres, enfin les intermédiaires
seraient formés avec un papier composé d'un mélange de chiffon blanc
et de chiffon écru ou de chanvre dans la proportion que l'expérience
ferait reconnaître comme le plus convenable.

Si l'on croyait utile de donner, même au papier des assignats de
fortes sommes, une plus grande solidité, il serait encore facile de remplir cet objet au moyen d'un papier composé d'une couche très-mince
de pâte de chiffons blancs et d'une couche très-mince de pâte de chiffon

ou de chanvre écru; on fabriquerait ainsi des papiers qui réuniraient la blancheur à la solidité. La Commission est déjà convaincue, d'après la lecture des mémoires des différents fabricants et d'après l'inspection des échantillons, que ce genre de fabrication ne serait ni très-difficile ni très-dispendieux; il aurait l'avantage de présenter une difficulté de plus aux contrefacteurs.

La Commission, pour ne rien donner au hasard, a pris sur elle de faire construire des appareils au moyen desquels elle pourra déterminer, par des expériences sûres, la force et l'épaisseur des papiers. Ceux qui, toutes choses d'ailleurs égales, soutiendront le poids le plus considérable mériteront la préférence; et la Commission ne doute pas que le résultat de ces expériences ne soit favorable au papier de chanvre.

La Commission aurait un grand nombre de réflexions à soumettre au Comité sur la rédaction des marchés à faire avec les fabricants de papier. Le poids et les dimensions sont les éléments principaux qui doivent entrer dans la fixation du prix : on pourrait donc stipuler que la rame de papier de telle dimension et de tel poids sera payée un tel prix; que la rame ne pourra pas être au-dessous d'un certain poids et qu'elle ne pourra pas en excéder un autre; tout ce qui serait hors des limites convenues serait mis au rebut.

On remédierait, par cette manière de libeller les marchés, au grand inconvénient d'avoir des papiers de différentes épaisseurs, car les papiers les plus épais prennent en séchant plus de retraite que les autres, toutes les parties du dessin, du filigrane, de la gravure, des caractères d'imprimerie cessent alors d'être entre elles dans les mêmes distances respectives, et les assignats ne présentent plus cette exacte identité qu'on doit désirer d'atteindre.

Il est nécessaire, d'après les mêmes considérations, que le papier reçoive toujours un même degré de collage; car le papier plus ou moins collé prend encore des degrés de retraite différents; on pourrait essayer, pour parvenir à cette uniformité de collage, d'employer un pèse-liqueur, dont la graduation exprimerait la quantité de colle contenue dans la liqueur où se plonge le papier; on entretiendrait cette liqueur toujours au même degré par des additions d'eau ou de colle, suivant le besoin.

La Commission rendra compte au Comité de ses expériences sur tous ces objets; elle y apportera tout le zèle et toute la célérité dont elle est capable.

DES PAPIERS COLORÉS COMPOSÉS DE COUCHES OU DE BANDES DE DIFFÉRENTES COULEURS.

Dans le nombre des échantillons de papier remis par les concurrents, il s'en trouve dont chacune des faces présente une couleur différente. La fabrique de Buges, celle des frères Johannot à Annonay, celle des frères La Garde, ont également réussi dans ce genre de fabrication. Ces papiers se fabriquent en remplissant deux fois la forme dans deux cuves différentes, qui contiennent de la pâte diversement colorée. Cette fabrication exige seulement une grande attention pour que les matières soient bien dégorgées et qu'elles ne se délayent pas l'une sur l'autre lorsqu'elles sont en contact.

Les frères Montgolfier ont aussi présenté des essais d'un papier formé de la réunion de bandes diversement colorées. C'est l'origine d'un art nouveau susceptible de faire des progrès et dont les applications peuvent devenir un jour précieuses pour la société : il ne serait pas impossible, à en juger par les premières tentatives, qu'on parvînt un jour à faire en fabrique des papiers à fleurs imitant les papiers peints et imprimés; mais la Commission, tout en sentant le mérite de ces inventions, ne croit pas qu'il soit encore possible de les appliquer à la fabrication du papier destiné à la confection des assignats. Indépendamment des difficultés et peut-être de la longueur de la fabrication, on ne serait pas même assuré d'atteindre le but, parce que les contrefacteurs parviendraient vraisemblablement à imiter, par des *enluminures*, ce qu'on aurait pris tant de peine à faire en fabrique.

CONCLUSIONS.

La Commission, en résumant les différentes observations présentées dans ce rapport, ne croit pouvoir mieux conclure qu'en transcrivant ici littéralement les propres paroles du citoyen Lévrier de Lisle, l'un des concurrents :

« En considérant séparément, dit-il, les échantillons déposés, on est « porté à croire que tous les fabricants qui se sont présentés au con- « cours se sont entendus pour offrir les mêmes modèles, mais exécutés « par des moyens différents. Chaque production contient des traces de « verjures variés des empreintes de filigranes transparents ou opaques, « des vignettes, etc. il n'y a de différence que dans l'ordre et la confi- « guration des dessins, plus ou moins artistement tracés dans les échan- « tillons de certaines fabriques. »

Le citoyen de Lisle en infère que, si chacun des fabricants à pu rendre à peu près les mêmes objets, chacun parviendra également à exécuter le papier qui sera regardé comme le mieux traité et le plus inimitable.

En adoptant les conclusions du citoyen de Lisle, dont le langage ne peut pas être suspect, et en rendant comme lui aux autres concurrents la justice qui leur est due, la Commission ajoute que, sans donner une préférence exclusive à aucun des échantillons présentés, mais en adoptant un système mixte, composé de tout ce qu'il y a de meilleur dans les différentes propositions qui ont été faites et y ajoutant quelques nouveaux degrés de perfection, il convient de partager la fabrication du papier des assignats entre plusieurs fabriques et peut-être entre les sept qui se sont présentées au concours, en accordant à chacune d'elles la confection du papier destiné à une espèce d'assignats. Ce parti, que la nécessité semble commander, assurera le service na- tional, qui pourrait être compromis, si la fourniture était concentrée dans un trop petit nombre de fabriques et surtout si elle était confiée à une seule; il en résultera une émulation entre les fabricants et des ressources assurées dans le cas où des circonstances imprévues mettraient quelques-unes des fabriques hors d'état de compléter leurs fournitures.

Enfin la Commission terminera en demandant au Comité :

1º De déterminer, le plus tôt possible, les coupures de sommes et les quantités de chaque espèce d'assignats qui sont nécessaires pour remplacer ceux qui sont actuellement en circulation ;

2º De rassembler promptement tous les artistes qui doivent concourir à la fabrication, tels que dessinateur, constructeurs de formes et de filigranes, graveur en cachets, graveur en taille douce, graveur en lettres, imprimeurs et tout autres ; de les engager à se concerter pour présenter incessamment au Comité des modèles d'assignats de chaque espèce, lesquels modèles, après avoir été soumis à l'examen et à la discussion du Comité, seront irrévocablement arrêtés ;

3º De recommander aux artistes de se concerter tellement entre eux, chacun pour la partie qui le concerne, qu'il existe une identité parfaite entre tous les assignats d'une même espèce, que les dessins du filigrane ou celui des clairs et des obscurs qui en tiendront lieu occupent les blancs de l'impression et de la gravure et se combinent ou s'entrecoupent avec elles de manière à présenter dans toutes les parties de l'assignat, soit par la seule inspection, soit par la superposition d'une feuille sur l'autre, des caractères irrécusables de reconnaissance ;

4º D'autoriser la Commission à faire faire par les citoyens Tugot et Bouvier, suivant les procédés qu'ils ont indiqués et dans un local qui sera désigné par le Comité, un modèle de forme dans lequel chacune des parties répondant à un assignat sera d'une seule pièce et chacune des pièces parfaitement semblables entre elles ;

5º D'ordonner que le citoyen de Lisle, qui dirige la fabrique de Buges et qui annonce avoir des procédés particuliers pour former dans les papiers destinés aux assignats des clairs et des obscurs, se rende à Paris pour conférer avec les commissaires sur les moyens qu'il a proposés ; .

6° D'arrêter que dans tous les cas la construction des formes; des toiles, des filigranes, sera séparée de la fabrication du papier, conformément à ce qui a été proposé par le Comité des finances, dans son rapport du 4 janvier dernier; qu'en conséquence les formes, et tout ce qui en dépend, seront exécutées dans le local de l'administration et fournies toutes faites aux fabricants de papier.

Telles sont les conclusions provisoires des commissaires réunis de l'Académie des sciences et du bureau de consultation; ils sont pénétrés de l'importance de l'objet auquel ils sont appelés à concourir; ils savent combien il exige de célérité; ils ne tarderont donc pas un moment à s'en occuper aussitôt que le Comité des assignats leur aura fait connaître ses intentions et qu'il les aura mis en état de les remplir.

Fait au Louvre, dans la salle d'assemblée de l'Académie des sciences et du bureau de consultation, le 27 février 1793, l'an second de la République française.

RAPPORT

DÉFINITIF

SUR LE CHOIX DU PAPIER.

Les commissaires de l'Académie des sciences et du bureau de consultation des arts et métiers ont déjà annoncé dans un premier rapport qu'en adoptant pour le papier destiné à la fabrication des assignats un système mixte, et en empruntant ce qu'il y a de mieux dans les différentes propositions qui ont été faites par les artistes qui se sont présentés au concours, il était possible de parvenir, soit pour la solidité du papier, soit pour la difficulté de la contrefaçon à des résultats plus parfaits que tout ce qui avait été proposé.

Ils ont désiré, en conséquence, que le Comité des assignats et monnaies voulût bien autoriser le citoyen Louis de Lisle à faire à la fabrique de Buges, d'après les indications qu'ils ont données, quelques essais sur des mélanges de pâte et sur les filigranes. Le succès a répondu à leur attente et les échantillons qu'ils viennent de recevoir de la fabrique de Buges les mettent en état de fixer définitivement leur opinion sur le choix du papier.

Ces échantillons sont au nombre de cinq :

Le premier, sans numéro, est du papier de chiffon blanc ordinaire.

Le second, marqué n° 1, est un papier formé avec la matière de papier parchemin pur et sans mélange.

Le troisième, n° 2, est formé d'un quart de chiffon blanc et de trois quarts de matière parchemin.

Le quatrième, n° 3, est composé de parties égales de chiffons blancs et de matière parchemin.

Enfin le cinquième, n° 4, est composé de trois quarts de chiffons blancs et de un quart de matière parchemin.

Pour écarter tout arbitraire et pour être en état de porter un jugement d'après des expériences positives, les commissaires ont fait exécuter une machine au moyen de laquelle on peut charger des bandes de papier de différents poids, jusqu'à ce qu'elles se rompent, et déterminer ainsi leur force et la ténacité de leurs parties. Les cinq échantillons envoyés de Buges, ayant été soumis à cette épreuve, ont donné les résultats suivants :

Une bande de 4 pouces du papier de pâte de chiffon blanc sans mélange a rompu sous un effort de 14 livres.

Une bande des mêmes dimensions, du mélange des trois quarts de chiffons blancs et d'un quart de matière parchemin, a rompu sous un effort de 21 livres.

Une bande des mêmes dimensions, du papier formé de parties égales de chiffons blancs et de matière parchemin, a rompu sous un effort de 25 livres.

Une bande de mêmes dimensions, formés de trois quarts de matière parchemin et d'un quart de chiffons blancs, a rompu sous un effort de 42 livres.

Une bande des mêmes dimensions de papier, de matière parchemin pur et sans mélange, a rompu sous un effort de 31 livres.

Les commissaires, se sont assurés, avec ce même appareil, que la force d'un même papier était à peu près proportionnelle à la grandeur de la bande, c'est-à-dire qu'une bande de deux pouces soutenait un poids à peu près double de celui soutenu par une barde d'un pouce, qu'une bande de trois pouces soutenait un poids triple.

Mais les expériences auraient été insuffisantes, elles auraient même pu, jusqu'à un certain point, induire en erreur, si les commissaires n'en eussent ajouté d'autres; car le même papier peut varier considérablement d'épaisseur d'une feuille à l'autre, et même dans différentes parties de la même feuille; on pourrait donc ainsi attribuer à des diffé- rences de qualité dans la pâte ce qui proviendrait des différences d'épaisseur dans le papier, en sorte que l'épaisseur du papier est évidemment un élément qui doit entrer dans le résultat du calcul.

Les commissaires à cet égard ont été conduits par les considérations suivantes :

Le papier est d'autant plus fort, qu'à épaisseur égale il est susceptible d'une résistance plus forte, ou ce qui revient au même, qu'il est plus mince à résistance égale, ce qui peut s'énoncer ainsi : *la force du papier est en raison directe du poids qu'il supporte et en raison inverse de son épaisseur;* d'où il suit que, pour comparer la force de différents papiers, il faut diviser le poids qu'ils peuvent porter par leur épaisseur.

Mais, d'un autre côté, l'épaisseur du papier est à peu près proportionnelle à son poids à surface égale. Ainsi, pour comparer la force de différents papiers, il faut, 1° déterminer les poids qui supportent des bandes de dimensions égales de ces papiers; 2° en déterminer les poids à surfaces égales d'un pied carré par exemple; puis divisant le premier des nombres par le second, on aura une suite de valeurs qui représenteront la force respective des différents papiers soumis aux expériences.

En appliquant ces principes aux cinq échantillons des papiers envoyés de Buges, les commissaires ont reconnu que le pied carré du papier de chiffons blancs, pèse 70 grains $\frac{6}{10}$;

Que le pied carré d'un mélange de trois quarts de chiffons blancs et d'un quart de matière parchemin pèse 86 grains $\frac{6}{10}$;

Que le pied carré du papier composé de parties égales de chiffons blancs et de matière parchemin pèse 83 grains $\frac{7}{10}$;

Que le pied carré du papier composé de trois quarts de matière parchemin et d'un quart de chiffons blancs pèse 87 grains $\frac{4}{10}$;

Enfin, que le pied carré de papier de matière de parchemin pèse 58 grains.

Divisant ensuite par ces nombres le poids sous lequel chaque papier a rompu, et supposant égale à 1,000 la force de papier de chiffons blancs, les commissaires ont obtenu pour les autres espèces de papier la table de comparaison suivante.

TABLE DE COMPARAISON DES FORCES DES DIFFÉRENTS PAPIERS ÉPROUVÉS
À QUANTITÉS ÉGALES DE MATIÈRE.

Papier chiffon blanc	1,000
Papier composé de trois quarts de chiffons blancs et d'un quart de matière parchemin	1,215
Papier composé de parties égales de chiffons blancs et de matière parchemin	1,505
Papier composé d'un quart de chiffons blancs et de trois quarts de matière parchemin	2,367
Papier composé de matière parchemin pur et sans mélange	2,652

D'où l'on voit que la force du papier parchemin est presque triple de celle du papier de chiffons blancs, et qu'un mélange d'un quart de chiffons blancs introduit dans ce papier n'en diminue presque pas la force.

Si l'on s'en tenait uniquement à ce que présentent ces expériences, et si l'on ne consultait que la force des différents papiers, on serait conduit à conclure que le papier parchemin pur et celui qui contient les trois quarts de matière parchemin seraient préférables à tous les

autres; mais une considération importante oblige de modifier cette
conclusion. Le filigrane ne paraît qu'à peine sur le papier parchemin;
il n'est pas même encore très-sensible sur le papier dans lequel il
entre trois quarts de matière parchemin, il ne sera peut-être pas impossible de remédier en partie à cet inconvénient, en donnant plus de
relief aux filigranes et plus de profondeur aux parties creuses, destinées
à former des ombres; mais, dans tous les cas, les commissaires ne
pensent pas qu'on doive employer dans la fabrication du papier destiné
aux assignats plus des trois quarts de matière parchemin, ni qu'on
doive en employer moins de moitié. Les nouvelles expériences dont
s'occupent à Buges, les citoyens Fouché et Fucine, et le compte qu'ils
en rendront à leur retour, fixeront définitivement l'opinion du comité
sur la proportion des mélanges. On peut prendre en général pour principe, qu'il faudra forcer le plus possible le mélange de matière parchemin, sans excéder cependant la limite où la quantité de cette matière nuirait à la netteté du filigrane.

En adoptant ainsi différents mélanges de matière parchemin et de
chiffons ordinaires, par exemple de trois quarts de matière parchemin
pour les assignats de petites sommes, de moitié pour ceux de fortes
sommes, de deux tiers pour ceux de sommes intermédiaires, on sera
assuré d'avoir un papier d'une teinte et d'une qualité particulières, entièrement inusitées dans le commerce, que les contrefacteurs ne pourront
imiter sans avoir à leur disposition de grandes fabriques, et des moyens
de broiement qui ne se rencontrent pas dans les fabriques ordinaires.

Cette nature de papier sera moins sujette à l'usure que les papiers
ordinaires, ils ne seront ni cassants, ni exposés à se couper; ils présenteront aux yeux les moins exercés des caractères frappants de reconnaissance; ils pourront supporter l'encre, le numérotage et les signatures
à la main, enfin ils paraissent répondre mieux que tout ce qui a été
proposé à ce qu'exige la fabrication des assignats.

Quant au mode d'exécution, au partage de la fourniture entre différentes fabriques, à la confection des filigranes et à tout ce qui concerne l'ensemble de la fabrication, les commissaires ne peuvent que se

référer aux conclusions qui terminent leur premier rapport du 27 février, à leur lettre du... mars, qu'ils prient le comité de vouloir bien se faire remettre sous les yeux.

Fait au Louvre, dans la salle d'assemblée de l'Académie des sciences et du bureau des consultations, le... avril 1793, l'an IIe de la République française.

RAPPORT

SUR

LES PROPOSITIONS DU CITOYEN MAUGARD

ET SUR LA QUESTION DE SAVOIR

SI LES ASSIGNATS DESTINÉS À ÊTRE MIS EN CIRCULATION DOIVENT ÊTRE DÉTACHÉS

D'UN TALON OU REGISTRE À SOUCHE.

Les registres à souche ou à talons sont, en matière de banque et de perception, des registres composés de deux parties distinctes; l'une dormante qui doit rester constamment attachée à la reliure du registre, l'autre qui est destinée à en être séparée.

On établit un rapport entre la souche et l'expédition ou l'effet quelconque qui doit en être détaché, au moyen d'un numéro correspondant inscrit sur l'un et sur l'autre.

Les tailles dont on se servait dans les temps où l'habitude d'écrire était moins répandue, ont dû naturellement faire naître l'idée du registre à souche ou à talons. On s'en sert depuis longtemps pour les registres de perception, pour les effets publics ou nationaux, pour les actions des différentes associations de banque et de commerce, etc. Depuis on a encore employé les souches ou talons pour les mandats que les particuliers qui ont leur compte à la caisse d'escompte sont dans le cas de tirer sur la caisse; on a même porté la précaution jusqu'au point de les faire signer transversalement au dos, à l'endroit où le mandat doit être séparé du talon; le mandat n'est acquitté qu'autant que les deux parties de la signature se rapportent exactement. Les avantages bien reconnus des mandats et des lettres de change à talon ont engagé quelques-unes des sociétés de banque et de secours qui ont mis dans ces derniers temps des billets de confiance en circulation, à les faire également à souche et à talons. Elles ont ménagé dans le filigrane des traits qui se croisent et qui passent du talon au billet; elles ont fait exécuter des dessins irréguliers et des figures bizarres, que le ciseau doit séparer, et elles sont ainsi parvenues à multiplier les difficultés de la contrefaçon.

Cependant le temps, l'expérience et la réflexion ont appris que ce moyen, qui n'était susceptible d'aucune objection et qui remplissait complétement son objet relativement aux mandats et autres effets de ce genre, n'avait pas les mêmes avantages à l'égard des billets de confiance et au porteur.

Premièrement, les mandats sont toujours délivrés à une personne connue qui en touche communément elle-même le montant à la caisse. Il est très-rare qu'ils passent par plus de deux ou trois mains intermédiaires. Ainsi, d'un côté, la sûreté est absolue pour la caisse, au moyen du talon; de l'autre, elle l'est pour le porteur du mandat, puisqu'il a toujours une garantie certaine dans la personne qui le lui a transmis, et que, d'ailleurs, cette nature d'effets étant libre, chacun a droit, sur le plus léger soupçon, de la refuser.

Il n'en est pas de même pour un billet au porteur et surtout pour un assignat, dont l'acceptation est forcée, qui, jeté une fois dans le public, opère successivement des milliers de payements, qui circule dans tous les départements de la République et qui ne rentre souvent pour être brûlé qu'au bout de plusieurs années.

Il est évident que la sûreté qui peut résulter du talon, pour ce genre d'effets, est absolument nulle pour le public, qui n'a point entre les mains la pièce de conviction; qu'elle n'est pas beaucoup plus grande pour les receveurs des deniers nationaux, puisque le talon ne peut pas être à leur disposition; tout ce qu'ils peuvent faire dans l'état actuel, quand ils soupçonnent de faux l'assignat qui leur est présenté, est de le faire signer au dos par le présentateur et de l'envoyer à Paris : or, dans la supposition où les assignats seraient détachés d'un talon, ils n'auront encore que ce seul et unique moyen. Il y a plus : il est possible que le talon ne fournisse pas à la nation un moyen de sûreté aussi absolu, aussi à l'abri de toute objection qu'on peut le croire au premier coup d'œil. Il est impossible, en effet, de calculer jusqu'où peut aller la funeste industrie des contrefacteurs : on ne peut éviter, par exemple, que l'assignat ne s'use par une longue circulation; on ne peut pas même empêcher qu'on ne l'use, qu'on ne le déchire à dessein du côté du talon : c'est peut-être un des moyens qu'emploieront les faussaires pour parvenir à leur but; ils ne mettront en circulation que des assignats qu'ils auront rendus vieux, avant même de les livrer à la circulation, dont ils auront détruit une portion du côté du talon. Dès lors l'assignat usé de deux à trois lignes, ne se rapportera plus exactement avec le talon et les vérifications deviendront presque aussi incertaines, presque aussi arbitraires qu'elles le sont aujourd'hui.

Les partisans des assignats à talon proposent, pour ôter aux faussaires ce moyen d'échapper à la vérification, de rendre une loi qui défende de recevoir dans les caisses publiques et, en général, dans les payements, tout assignat dont le talon ne sera pas entier. Mais cette loi, en supposant qu'elle soit nécessaire, ne sera peut-être pas rigoureusement juste, car il est impossible de répondre qu'en détachant l'assignat du talon, le ciseau passera toujours exactement par le même endroit; comment donc le particulier auquel on présentera un assignat pourra-t-il distinguer si la section a été faite deux lignes plus loin qu'à l'ordinaire, ou bien s'il a été détaché à dessein deux ou trois lignes depuis que l'assignat a été mis en circulation? Il est évident qu'il peut manquer un intermédiaire sans qu'il en ait connaissance, et qu'on ne peut, sans injustice, le rendre responsable d'une altération qui n'est pas de son fait et qu'il n'a aucun moyen de reconnaître et de vérifier.

Ces considérations, sans doute, atténuent les avantages et le mérite des talons; mais on ne prétend pas dire, cependant, qu'ils les anéantissent entièrement.

Il est certain, par exemple, qu'indépendamment de toute autre considération, l'addition du talon ajoutera à la difficulté de la contrefaçon; que la marbrure du papier, telle que la propose le citoyen Maugard, obligera les faussaires d'employer un art de plus; et l'on sait que cette complication d'un grand nombre d'arts différents, et dont les agents n'ont point de communication habituelle, est un des meilleurs moyens de déconcerter les manœuvres.

Mais on ne doit pas se dissimuler qu'en augmentant ainsi les difficultés de la contrefaçon on multipliera aussi les embarras et la dépense de la fabrication.

Quoique ce que nous avons à dire à cet égard s'applique presque entièrement aux assignats à talon en général, c'est cependant le procédé proposé par le citoyen Maugard que nous aurons principalement en vue dans les calculs qui vont suivre.

Il convient d'abord que, dans ce nouveau mode de fabrication, il y aura une augmentation d'un quart environ dans la quantité du papier employé, il convient encore que la marbrure formera un nouvel objet de dépense de 5o livres par rame, en sorte que le prix du papier se trouvera plus que doublé. Mais, à ces augmentations prévues par le citoyen Maugard, il est encore probable que le nouveau mode de fabrication emploiera plus de temps, et c'est une considération importante lorsqu'il est question d'un service public qui doit faire face en même temps et aux dépenses journalières de la nation et au retrait des anciens assignats, que les circonstances exigent de bannir promptement de la circulation.

A l'égard de la vérification et du rapprochement qu'il conviendra de faire de l'assignat et du talon, soit dans les cas de contestation, soit lorsque les assignats rentreront dans les caisses nationales pour être brûlés, il sera facile aux commissaires de faire voir que le citoyen Maugard ne s'est nullement formé l'idée des difficultés que ces opérations entraîneront, de l'immensité du local qu'elles exigeront et du nombre de commis nécessaires pour y suffire. On ignore encore quelles seront les dispositions de la Convention pour les quantités et pour les sommes des assignats à fabriquer. Cependant, comme il est né-cessaire de reposer les calculs sur des bases quelconques, on supposera que la somme des assignats à fabriquer sera de 1,800,000,000 livres, et que cette somme sera divisée comme il suit :

Assignats de 500 liv.	400,000,000 livres.
———— de 100 liv.	400,000,000
———— de 50 liv.	500,000,000
———— de 25 liv.	250,000,000
———— de 10 liv.	250,000,000
Total.	1,800,000,000 livres.

On supposera encore que les assignats de 500 livres et de 100 livres seront de six à la feuille; que ceux de 50 livres seront de huit à la feuille; que ceux de 25 livres et de 10 livres seront de dix à la feuille; enfin on supposera que les registres seront de 100 feuilles ou de 200 feuillets.

Il est facile d'après ces données de calculer la quantité de rames de papier, de feuilles et de registres qui résulteront de cette combinaison. C'est l'objet du tableau suivant :

ESPÈCES D'ASSIGNATS.	SOMMES.	NOMBRE		
		RAMES.	FEUILLES.	REGISTRES.
Assignats de 500 livres.	400,000,000	267	133,333	1,333
———— de 100 livres.	400,000,000	1,333	666,667	6,667
———— de 50 livres.	500,000,000	2,000	1,000,000	10,000
———— de 25 livres	250,000,000	2 000	1,000,000	10,000
———— de 10 livres	250,000,000	5,000	2,500,000	25,000
Total.	1,800,000,000	10,600	5,300,000	53,000

Si l'on veut maintenant calculer quel sera l'emplacement nécessaire
pour contenir 53,000 registres à talon dans un ordre qui rende les
vérifications promptes et faciles, on reconnaîtra qu'il est nécessaire de
les distribuer sur des tablettes dans l'ordre des numéros; que les intervalles des tablettes destinées à les recevoir, doivent être disposés de
manière qu'ils puissent y tenir debout, que ces intervalles ne pourront,
par conséquent, être de moins de 16 pouces; qu'il tiendra difficilement
plus de huit de ces tablettes en hauteur, dans des pièces d'une élévation ordinaire. Enfin, en ne supposant aux registres qu'un pouce
d'épaisseur, il faudra un développement de 4,416 pieds de tablettes,
ce qui suppose une vaste maison uniquement disposée à cet objet.

Si maintenant on considère la difficulté de la vérification, la nécessité où l'on sera de descendre pour chacune le registre auquel elles
auront rapport, de chercher le numéro, de rapprocher l'assignat du
talon, de reporter le registre, de prendre une note succincte de la vérification; si l'on fait de plus attention que le bureau de vérification
aura une correspondance habituelle à entretenir avec les 580 receveurs de districts de la République, avec les 88 payeurs de départements, avec la Trésorerie nationale, les payeurs des rentes, etc. on
concevra qu'il est difficile de confier à un même commis plus de mille
registres, et qu'il en faudra, par conséquent, 53 pour la seule vérification, sans parler de ceux attachés particulièrement à la correspondance. C'est au comité des assignats et monnaies seul qu'il appartient
de peser ces considérations dans sa sagesse. Il est hors de doute que
les talons, surtout tels qu'ils sont proposés par le citoyen Maugard,
ajouteront à la difficulté de la contrefaçon, que, sans donner une
nouvelle sûreté aux porteurs des assignats, ils augmenteront beaucoup
celle de la nation.

Ce qu'on peut ajouter encore, c'est que, si la Convention et le comité
ne sont point effrayés de l'augmentation de difficultés de dépenses et
de temps qu'entraînera l'introduction des talons, les moyens proposés
par le citoyen Maugard paraissent réunir plus de sûreté que tout ce
qui a été proposé jusqu'ici.

LETTRE

RELATIVE À L'ESSAI DES CHIFFONS.

Le comité des assignats et monnaies nous presse, citoyen, pour avoir une réponse définitive relativement au papier destiné à la fabrication des assignats. Cependant, avant de fixer notre choix, nous désirerions connaître, d'une manière plus positive, l'effet des différents mélanges de chanvre et de chiffon écru avec le chiffon blanc.

La commission des membres de l'Académie des sciences et du bureau de consultation me charge, en conséquence, de vous écrire et de vous prier de faire fabriquer, avec toute l'attention et toute la célérité dont vous êtes capable, quelques feuilles de papier dans lesquelles vous ferez varier les proportions du chanvre ; nous désirerions avoir cinq à six feuilles de chaque échantillon.

Vous pourrez vous servir pour ces essais de la première forme que vous aurez sous la main, parce que l'objet de ces essais n'est uniquement que de nous mettre à portée de fixer notre opinion sur la casse du papier, indépendamment du filigrane et de toute autre considération. Nous vous prierons de vouloir bien nous faire l'envoi de ces échantillons aussitôt que vous le pourrez, et d'y joindre toutes les observations que vous croirez propres à éclairer le comité.

Je ne sais si le citoyen Servières vous a dit que dans notre rapport provisoire nous avions proposé de fabriquer les assignats de cinq livres et au-dessous avec du papier parchemin, c'est-à-dire avec du papier de chanvre ; les assignats de fortes sommes, avec de beau papier chiffon blanc, et les assignats intermédiaires avec des mélanges de chiffon blanc et de chanvre dans différentes proportions. Aujourd'hui, nous crai-

88.

gnons que le chanvre pur ne donne un papier qui se froisse d'une
manière désagréable et auquel l'encre d'impression ne tienne pas,
c'est ce qui nous fait désirer d'essayer des mélanges.

Je vous prie, citoyen, de recevoir l'assurance de tout mon attachement.

RAPPORTS DIVERS.

1° SUR LES PROPOSITIONS DES CITOYENS WALLIER ET STRAUBHARLH.

Le citoyen Wallier, convaincu de la nécessité de ne fabriquer que
des assignats identiques, propose pour remplir cet objet, 1° de les
faire tous de la même forme, de ne faire varier que l'expression nominale de la somme et la couleur des impressions;

2° De les imprimer sur du papier transparent, conformément au
modèle qu'il a précédemment proposé : ce papier est précisément celui
que les commissaires ont proposé d'adopter, en y mélangeant cependant de la pâte de chiffon blanc;

3° D'imprimer tous les assignats avec la même planche, ou du
moins avec des planches rigoureusement conformes entre elles.

Il annonce, à cet égard, avoir un procédé particulier supérieur à celui
proposé par le citoyen Meunier, de l'Académie des sciences. Il promet
de multiplier autant qu'on le voudra le nombre des planches, sans que
les dernières présentent aucune différence avec les premières, et d'obtenir un degré de perfection supérieur a tout ce qui a été présenté
jusqu'à ce jour.

Cette proposition du citoyen Wallier conduit à une discussion des
plus importantes, relativement à la fabrication des assignats.

Tout le monde s'accorde à convenir qu'il est nécessaire que tous les
assignats soient identiques, c'est-à-dire parfaitement conformes les uns

aux autres, au moins à l'égard de ceux d'une même somme ; mais on ne s'accorde pas sur les moyens de parvenir à ce but.

On a jusqu'à présent employé principalement la gravure à cachets : on sait que cette gravure se fait sur de l'acier qu'on trempe, après que le poinçon est gravé ; on se sert ensuite de ce poinçon pour frapper des matrices en cuivre, dans lesquelles on fond les caractères destinés à former la planche.

Ce procédé a un grand inconvénient ; on ne peut frapper ainsi des matrices en cuivre que d'une très-petite étendue ; autrement il faudrait une pression trop forte, à laquelle les poinçons eux-mêmes ne résisteraient pas. On est donc obligé de former l'assignat de plusieurs pièces, qu'on réunit ensuite pour former la planche ; or il est extrêmement difficile de disposer toutes ces pièces de manière à ce qu'elles soient toutes dans chaque planche à des distances rigoureusement égales. Les caractères d'imprimerie sont des gravures absolument de même genre ; ils dérivent également d'un poinçon d'acier avec lequel on frappe une matrice dans laquelle on fond l'alliage destiné à former les caractères. On a bien, par ce moyen, des caractères identiques ; mais il est impossible par les procédés qu'on a employés jusqu'ici de les assembler de manière à ce que toutes les distances soient les mêmes dans différentes planches. C'est à cette cause qu'on doit attribuer les différences qu'on observe dans les assignats, même d'égale somme.

La gravure en taille-douce n'a pas cet inconvénient, mais elle en a beaucoup d'autres. D'abord elle est plus facile à imiter que la gravure à cachet et le nombre des artistes habiles dans ce genre de gravure est incomparablement plus considérable. En second lieu, une même planche ne peut tirer qu'un nombre d'exemplaires très-limité ; il faut ensuite retoucher la planche et il n'y a plus, dès lors, d'identité entre les assignats imprimés avec la première planche et avec la planche retouchée.

On a imaginé pour remédier à ces inconvénients de graver des planches en acier, destinées à servir de poinçons et avec lesquels on put frapper des planches en cuivre qui, dès lors, ne pouvaient manquer de se trouver toutes parfaitement semblables ; mais ce moyen a encore présenté de grandes difficultés dans l'exécution. Il est impraticable pour de grandes planches, pour les petites même : on n'arrive pas toujours à la netteté désirable; on est obligé de retoucher et de réparer les cuivres, et dès lors on manque le but et on perd le mérite de l'invention.

Le citoyen Wallier annonce avoir un procédé qui lui est particulier et qui ne présente pas les mêmes inconvénients; mais il ne donne aucun détail sur les moyens d'exécution qui lui sont propres : il est donc impossible de prononcer sur le mérite de sa découverte. Cependant l'objet est d'une telle importance que le comité des assignats ne doit rien négliger pour s'assurer si le citoyen Wallier a véritablement un procédé particulier comme il l'annonce, et pour se mettre en état de l'apprécier.

Les propositions du citoyen Straubharlh ont absolument le même objet que celles du citoyen Wallier; on a même quelque lieu de croire que leurs procédés ont beaucoup d'analogie, et c'est par cette considération qu'on les a réunis dans un même rapport.

Le citoyen Straubharlh s'explique à cet égard d'une manière un peu plus ouverte que le citoyen Wallier, et il annonce que son moyen est l'art du polytypage. On commencerait, dans le plan qu'il propose, à faire faire en acier ou en cuivre les planches destinées à tirer les assignats; on les polytyperait ensuite et on formerait tel nombre de planches qu'on jugerait à propos, qui seraient toutes parfaitement semblables entre elles, puisque toutes seraient coulées dans un même moule. Le métal qu'il emploierait pour polytyper serait assez dur pour que les planches pussent tirer jusqu'à 20,000 épreuves; on les remplacerait ensuite par d'autres. Le citoyen Straubharlh n'indique pas l'espèce d'alliage qu'il se propose d'employer pour donner beaucoup de dureté à ses planches; mais il est aisé, d'après les connaissances acquises et qui commencent à se répandre, de deviner son procédé.

Des réflexions qui précèdent, tant sur les propositions du citoyen Wallier que sur celles du citoyen Straubharlh, il résulte que le point auquel doit tendre le comité doit être de faire des assignats rigoureusement identiques; qu'on ne peut y parvenir qu'au moyen de planches d'une seule pièce, dont aucune des parties ne sera mobile et que le polytypage est le moyen le plus simple, le plus expéditif et le moins dispendieux qu'on puisse employer pour y parvenir.

Les commissaires de l'Académie et du bureau de consultation réunis concluent donc à ce que les moyens proposés par le citoyen Wallier et par le citoyen Straubbarlh soient adoptés lors de la refonte des assignats. Il sera seulement nécessaire que celui de ces deux artistes auquel le comité des assignats croira devoir donner la préférence se concerte pour l'exécution avec les graveurs soit en cachets, soit en lettres, qui seront chargés des poinçons.

2° SUR LES PROPOSITIONS DU CITOYEN FURET.

Le citoyen Furet, horloger, rue Saint-Honoré, propose dans un mémoire présenté au comité des assignats et communiqué aux commissaires de l'Académie des sciences et du bureau de consultation, sous le n° 1,042,

1° De faire à talons les assignats destinés à la refonte générale;

2° D'employer pour légendes des lettres majeures d'imprimerie mobiles;

3° De faire les talons avec des arabesques également mobiles;

Ces moyens rentrent absolument dans ceux proposés par le citoyen Maugard, sur lesquels les commissaires ont fait dans le temps un rapport très-circonstancié; ils ne peuvent que s'y référer ainsi qu'à l'exposé qu'ils ont fait des avantages et des inconvénients des talons dans la fabrication des assignats.

Cette question importante est une de celles sur lesquelles il est le plus instant que le comité prenne un parti, d'autant plus que la décision doit influer sur toutes les parties de la fabrication; tout ce que les commissaires peuvent ajouter aujourd'hui aux conclusions qu'ils ont prises dans leur rapport, c'est que le plan du citoyen Furet n'est point aussi développé que celui du citoyen Maugard, et qu'il ne présente pas, à beaucoup près, aux contrefaçons autant de difficultés.

Les autres propositions contenues dans le mémoire du citoyen Furet relativement au choix du papier, à l'impression, au timbrage, aux liqueurs qui doivent être employées pour cette dernière opération, ne renferment, au surplus, que des indications vagues, des réflexions la plupart justes, il est vrai, qui ne présentent rien de nouveau; on en peut dire autant des objections qu'il fait contre la gravure en taille douce ainsi que des motifs de préférence qu'il donne en faveur de la gravure en cachets. Le comité sait parfaitement apprécier les avantages et les inconvénients de chacune de ces espèces de gravures, et le mémoire du citoyen Furet n'est point dans le cas de rien ajouter à ses connaissances.

On pense donc que, sous tous les rapports, il ne mérite aucune considération.

3° SUR LE MÉMOIRE DE M. MONTGOLFIER.

Le décret du 3 août 1792, relatif aux artistes et entrepreneurs qui voudront concourir à la fabrication du papier des assignats, embrasse quatre objets :

1° La fourniture et fabrication la plus parfaite, la plus prompte et la plus économe du papier actuellement employé pour les assignats;

2° Parmi les procédés connus, l'emploi des plus ingénieux, des plus convenables et des plus propres à augmenter la difficulté des contrefaçons;

3° Des procédés nouveaux dans la fabrication, dont le secret, réservé aux inventeurs, fait le désespoir des contrefacteurs;

4° Un procédé nouveau pour le timbrage et le numérotage des assignats.

Les échantillons de M. de Montgolfier présentent un moyen nouveau; il consiste, 1° dans une réunion de papiers de différentes couleurs teints en pâte, et dont il ne présente que des essais grossièrement exécutés;

2° Une manière de timbre de couleur pris entre deux épaisseurs de papier, ce qui rendrait les contrefaçons difficiles.

Il présente aussi des échantillons de papier double, mais moins bien exécutés que ceux de Didot, Johannot, La Garde et de Coste.

4° SUR LA PROPOSITION DE DIDOT LE JEUNE POUR LE PAPIER D'ASSIGNATS.

Il a combiné les clairs et les ombres dans les échantillons qu'il présente d'une manière très-intelligente et qui paraît neuve, ce ne sont pas des filigranes qu'il emploie, mais à ce qu'il paraît des enfoncements dans la toile ou, enfin, un procédé quelconque au moyen duquel il y a plus d'épaisseur de pâte dans une partie du papier que dans une autre. Il est nécessaire de connaître son procédé qui paraît préférable au filigrane.

C'est à peu près ce qu'il y a de plus neuf dans les objets présentés.

5° SUR LA MATIÈRE PREMIÈRE DU PAPIER.

On a proposé pour rendre la contrefaçon plus difficile, d'employer pour fabriquer le papier, des matières premières autres que le chiffon. Ce moyen ne présentera pas les avantages qu'on en attend, dès qu'il s'agit d'une fabrication en grand et de rassembler une grande masse de matières, il faut employer beaucoup de gens et alors les procédés ne peuvent demeurer secrets.

D'ailleurs, avant de se livrer à aucun parti de ce genre, il faut être bien assuré des ressources et des quantités de matières premières qu'on peut se procurer.

Au reste les propositions de Johannot en ce genre, paraissent mériter attention.

6° SUR LES CONCLUSIONS DU CITOYEN CHAUDRON.

Il propose de réunir :
1° Le gaufrage de la carte;
2° Les filigranes;
3° Le picotage;

4° Les couvercles découpés.

Il rejette les papiers de différentes couleurs.

Il ne verrait pas d'inconvénient à adopter les camaïeux.

A l'égard des matières premières, il en adopte trois :

Celles proposées par le citoyen Johannot,

Les chiffons écrus;

Les chiffons blancs;

Le tout bien collé.

7° SUR LES MOYENS D'EXÉCUTION DU CITOYEN CHAUDRON.

1° Il faut que les formes soient faites à Paris sous les yeux du comité chargé de la surveillance;

2° Que les matières du gaufrage soient également faites à Paris;

3° On ménagerait des parties plus épaisses pour l'application des timbres.

Il offre 500 livres de pâte par jour, à 40 sous la livre, pour les papiers ordinaires; à 2 livres 15 sous, pour ceux de l'épaisseur de ceux de la caisse d'escompte.

Les pâtes colorées seraient de 20 sous plus chères, quelle que fût la couleur, la cochenille exceptée.

Du reste, il présente des échantillons analogues à ses différentes propositions.

Le n° 3 serait d'une exécution facile, il ne présente que des clairs et des ombres.

Le n° 8 présente des dessins de différentes couleurs et d'une contrefaçon difficile, mais les procédés sont chers, longs et dispendieux.

Le n° 9 présente des reliefs qui augmenteraient encore les difficultés.

On voit que le citoyen Chaudron est en état d'exécuter dans sa fabrique tout ce que l'on peut proposer en ce genre.

8° SUR LES MÉMOIRE DE M. DE LA GARDE AÎNÉ (DU MARAIS).

Il faut d'abord poser pour principe qu'il n'y a pas de papier qui soit inimitable.

Ce qu'un artiste intelligent a fait, un autre peut également le faire.

Mais comme il est facile au bon artiste d'en copier un médiocre, mais qu'il est beaucoup plus difficile à l'artiste médiocre d'atteindre à la perfection de l'artiste supérieur, c'est dans le perfectionnement de l'ouvrage qu'il faut chercher des sûretés contre les contrefaçons.

Les papiers qui ont été fabriqués pour la caisse d'escompte étaient d'une grande perfection, mais la confection des filigranes et des formes laisse beaucoup à désirer.

L'économie dans un objet de cette importance, n'est qu'une considération secondaire.

Le Corps législatif croit avoir détruit les corporations et cependant il en existe une de fait entre les ouvriers qui travaillent à la fabrication du papier. Ils font la loi aux fabricants, ne veulent pas permettre qu'ils forment des apprentis; ils expulsent tous ceux qui ne sont pas papetiers, enfin ils font la loi pour le prix de leurs journées.

M. de La Garde aîné, propose un règlement pour la police des fabriques.

Telles sont les réflexions que présente le citoyen La Garde dans un premier mémoire du 26 janvier.

Dans un second mémoire le citoyen La Garde aîné ajoute :

« Il y a des procédés qui compliquent beaucoup la fabrication, qui la rendent chère, longue et difficile, sans ajouter beaucoup à la difficulté de la fabrication. » Cet ordre de procéder doit être rejeté.

Célérité dans la fabrication;

Difficultés dans la contrefaçon;

Prix modique.

Voilà le programme à remplir. Il prétend avoir satisfait à tout dans le papier dont l'échantillon est joint sous le n° 7.

89.

Les papiers dont chaque face est de couleur différente sont beaux et bien, mais épais.

Les papiers à cartons blancs et rouge ne sont pas d'une exécution praticable pour un travail en grand.

Il y a des papiers blancs à vignettes rouge foncé, qui paraissent n'être pas doubles; c'est un mérite que d'avoir exécuté les échantillons à cause de la difficulté vaincue. Mais le papier a l'air trop image et ne paraît pas convenir.

Il y a deux échantillons de papier parchemin qui paraissent très-propres à être employés en assignats.

Le citoyen La Garde a essayé de fabriquer des papiers de deux couleurs, et il y a bien réussi, mais ils sont trop épais.

Il a aussi fabriqué des échantillons où les mots République française sont en couleur, incorporés dans un papier blanc. On voit qu'il y a deux feuilles appliquées et une découpure colorée dans l'entre-deux; mais ces feuilles sont trop épaisses.

Pour tous les papiers simples, blancs et colorés, on peut être aussi d'une grande perfection de fabrication en fournissant les formes et les filigranes mieux exécutés. Ce n'est pas que le citoyen La Garde n'emploie de bons ouvriers pour ses formes, mais on peut faire beaucoup mieux.

9° SUR LA FABRIQUE DE COURTALIN EN BRIE.

Le citoyen La Garde jeune, n'a envoyé aucun mémoire sur sa fabrication et sur les moyens qu'il emploie. Il a seulement fait passer ses échantillons au comité des assignats et monnaies, avec une explication ou notice.

La pâte et la qualité du papier sont en général très-belles; il avarie beaucoup les filigranes et les vergeures; il a fait des papiers moitié velin, moitié avec vergeures, mais, à cet égard, avec de bons artistes on peut faire mieux; la qualité du papier est susceptible de se prêter à tous les perfectionnements qu'on voudra.

Il offre le papier assignat de la grandeur de ceux du n°..., à raison de 70 livres la rame; il en fournirait 100 rames par jour.

Il paraît que le papier reviendrait à 50 sous la livre.

La caisse d'escompte payait ses billets 100 livres la rame, et les matières ainsi que la main-d'œuvre étaient alors beaucoup moins chères.

Il n'entre, au surplus, dans aucun détail, sur les moyens d'exécution qu'il se propose d'employer.

Les échantillons joints aux mémoires sont parfaitement beaux quant à la qualité du papier, mais les différents dessins des filigranes sont grossièrement exécutés.

10° SUR LES PROPOSITIONS DES FRÈRES JOHANNOT, FABRICANTS DE PAPIER À ANNONAY.

Les échantillons qu'ils présentent sont en général bien exécutés.

Les objets à mettre en délibération pour ce qui les concerne consistent dans ce qui suit :

1° Emploiera-t-on le chiffon blanc ordinaire pour le papier destiné aux assignats?

2° Emploiera-t-on le chanvre, qui forme un papier baudruche ou parchemin?

3° Emploiera-t-on une couche de l'un et une couche de l'autre, conformément à l'échantillon sous le n° 40?

4° Emploiera-t-on l'une des couches de différentes couleurs.

Je remarquerai sur ce dernier article, que les frères Johannot paraissent avoir des moyens très-simples, très-expéditifs, qui rendraient les contrefaçons extrêmement difficiles. Les n°ˢ 35 et 14 rempliront, à ce qu'il me semble, parfaitement l'objet.

Le n° 40, qui est de chiffon blanc d'un côté et de chanvre de l'autre, le remplirait peut-être encore mieux, parce que le papier n'est point teint.

Il y a, au surplus, à ajouter l'art de faire les filigranes à celui du fabricant de papier, et ce genre de perfectionnement doit être traité à part, il est applicable à tous les papiers proposés.

Je crois que le papier de chanvre, soit seul, soit double de pâte de chiffons blancs, est préférable à tout autre.

Si l'on adopte le papier parchemin pur et simple, ce sont les nᵒˢ 39 et 32 qui sont préférables; si l'on adopte le papier double chiffon et chanvre, c'est le nᵒ 40.

11° SUR LES PROPOSITIONS FAITES PAR LE CITOYEN CHAUDRON.

Les moyens présentés par les différents fabricants de papier pour la refonte des assignats peuvent se diviser en diverses classes.

1° Les filigranes.

Sur ce premier article on doit observer, 1° les difficultés plus ou moins grandes qu'ils peuvent présenter pour la contrefaçon; 2° leur élégance et la perfection de l'exécution; 3° la difficulté d'être dérangé, car on conçoit que l'intention étant que les papiers soient tous parfaitement identiques, c'est une condition nécessaire que le filigrane ne se dérange en aucune manière pendant le temps de la fabrication.

De là la nécessité d'attacher solidement toutes les parties du filigrane, même de les souder.

Vient ensuite l'art de les réunir et de les attacher à la toile.

Le citoyen Chaudron, pour l'échantillon nᵒ 3 qu'il propose, a employé une forme dans laquelle le filigrane consiste en une espèce de broderie dont les parties les plus fortes sont assujetties avec des fils de laiton très-fins, le filigrane a d'abord joint la toile, et le tout est tendu uni et lisse, au moyen de feuilles d'étain dont il n'explique pas très-clairement l'emploi.

12° SUR L'EMPLOI DES CLAIRS ET DES OMBRES.

Dans presque tous les échantillons présentés, il se trouve des parties plus ou moins transparentes, plus ou moins opaques, le citoyen Chaudron pense que ces effets sont dus non-seulement à des filigranes, mais encore à des reliefs qu'on donne à des parties de la toile qui composent la forme et les reliefs; il pense qu'on les donne en la gaufrant.

À l'égard des doubles ombres, c'est-à-dire des parties les plus opaques, il pense qu'on les opère au moyen de plaques découpées dont on couvre le fond de la forme, il se dépose plus de matière sur les portions de la toile qui répondent au vide de ces découpures, que dans celles qui répondent aux pleins. Sans doute il est nécessaire de recharger la forme à deux fois dans ce genre de fabrication, ce qui allonge beaucoup le travail.

Il paraît, suivant les détails dans lesquels entre le citoyen Chaudron, que l'on commence par charger la forme avec le couvercle découpé, que les parties destinées à fournir les ombres sont faites les premières et qu'on recharge ensuite la forme en plein, après avoir retiré le couvercle découpé.

On conçoit comment on peut, par ce moyen, faire des papiers où il existe de la pâte de différentes couleurs; on conçoit encore comment il est possible de varier les couleurs, le grain de la pâte, etc. et de créer un art de faire du papier très-difficile à imiter, mais en même temps très-long à fabriquer.

Pour remplir cet objet et faire des ombres de différentes forces dans le papier, il propose de gaufrer la toile tant en creux qu'en relief, avec les dessins que l'on voudrait former en donnant aux creux différentes profondeurs, suivant deux plans différents aux reliefs, pareillement dans différents plans; il aurait ainsi cinq ordres de clairs et d'obscurs, savoir les deux plans en relief, les deux plans en creux et le plan de la toile, il faudrait ensuite faire des découpures qui répondissent aux creux et aux reliefs.

Comme ces opérations se feraient en plusieurs fois et en replongeant la forme dans la cuve ou dans différentes cuves, il faudrait beaucoup d'attention pour ne pas déranger les parties déjà faites.

C'est par des moyens analogues que l'on fabrique des papiers de différentes couleurs ou de mêmes couleurs plus ou moins foncés par

place. Mais une difficulté de plus, c'est que les formes, en passant
d'une cuve dans une autre, y portent la teinte dont elles étaient im-
prégnées, de sorte que les couleurs sont altérées; il vaut mieux, en
conséquence, employer des camaïeux; d'ailleurs, comme les couvercles
découpés se dérangent, on est exposé à faire anticiper les couleurs les
unes sur les autres, ce qui confond les dernières.

Il paraît qu'une difficulté des toiles gaufrées, est de ne pouvoir être
tendues.

13° SUR LES PAPIERS DE DEUX COULEURS.

On a présenté des papiers dont chaque surface est d'une couleur
différente. Ces papiers sont formés de deux feuilles faites séparément,
et qu'on applique l'une sur l'autre. Pour que les couleurs ne se confondent pas, il faut les fixer sur chaque feuille avec un mordant; on
lave d'ailleurs chaque feuille jusqu'à ce que l'eau sorte claire, ensuite
on pose les deux feuilles l'une sur l'autre et on les réunit par une
pression.

LETTRE DE LAVOISIER.

AUX MEMBRES COMPOSANT LE BUREAU DE CONSULTATION
DES ARTS ET MÉTIERS,

Le 29 germinal, l'an II de la république française, une et indivisible.

Mes chers collègues,

Le moment approche, du moins je l'espère, où rendu à des occupations dont il aurait été à souhaiter que je n'eusse jamais été détourné, je pourrai reprendre la suite de vos travaux.

Désirant à cette occasion pouvoir rendre un compte exact de ma conduite depuis le commencement de la Révolution, permettez-moi de réclamer votre témoignage : en voici l'objet.

Je désirerais que soit dans un certificat, soit dans un extrait du procès-verbal du bureau, ou sous une forme quelconque que vous jugeriez convenable, vous voulussiez bien attester, qu'après avoir contribué à l'avancement des connaissances humaines par des découvertes de quelqu'importance dans la physique et dans la chimie, découvertes qui ont influé sur le progrès des arts, et qui sont consignées dans un grand nombre de mémoires insérés dans le recueil de la ci-devant Académie des sciences, j'ai été appelé au bureau de consultation à l'époque de sa formation; que j'ai assisté avec assiduité à ses séances; que j'ai cherché à m'y rendre utile, et à remplir le vœu de son institution en éclairant le bureau sur le mérite des artistes qui avaient des droits aux récompenses nationales.

Je désirerais aussi que la commission particulière qui a été nommée au commencement de 1793 sur la demande du comité des assignats et monnoies pour éclairer la Convention sur les moyens de perfectionner la fabrication des assignats, et d'en rendre la contrefaçon plus difficile, voulut bien certifier que pendant plus de trois mois qu'à duré l'activité de cette commission, j'ai concouru à ses travaux avec zèle et activité; les rapports de cette commission ayant été faits directement au comité des assignats et monnoies sans passer par le bureau de consultation, ce certificat ne peut être donné qu'individuellement par les membres qui la composaient, à moins que, sur leur témoignage, vous ne jugiez à propos de tout réunir dans un même certificat. Cette Commission était composée, autant que je puis me le rappeler, des citoyens Servières, Trouville, Jumelin, Desmarest, Bertholet et moi.

Si la forme d'un certificat vous paraît insolite, peut-être pourriez vous prendre pour remplir le même objet, la forme d'un rapport qui serait fait au bureau, et qui serait terminé par un considérant et par un prononcé. Ce n'est pas la première fois que vous auriez nommé des commissaires pour vous rendre compte des travaux particuliers de quelques membres du bureau et des droits qu'ils pouvaient avoir acquis à la reconnaissance publique. Pourrai-je me flatter que vous me rangerez dans cette classe? Je ne vous demande que de certifier des faits, et je vous prie même d'éviter dans leur exposition tout ce qui pourrait ressentir l'influence des sentiments d'amitié et de confiance dont vous m'avez souvent donné des preuves.

Salut et fraternité.   LAVOISIER.

BUREAU DES CONSULTATION DES ARTS ET MÉTIERS.

Séance du 4 floréal, l'an ii de la république, une et indivisible.

PRÉSIDENCE DU CITOYEN LAGRANGE.

Noms des membres présents :

Servières, Lagrange, Coulomb, Borda, Desaudray, Le Roy, Silvestre, Trouville, Hallé, Jumelin, Dumas.

Les commissaires nommés sur la demande du citoyen Lavoisier pour

rendre compte au bureau des travaux chimiques et physiques de ce citoyen, font un rapport sur cet objet, le bureau prononce en ces termes :

« Le bureau de consultation des arts et métiers, après avoir entendu
le rapport de ses commissaires sur la demande et sur les travaux du
citoyen Lavoisier ; considérant le nombre et l'importance des découvertes de ce citoyen ; la grande et utile révolution qu'elles ont contribué à opérer dans la chimie ; les lumières qu'elles ont répandues
sur la nature de beaucoup de substances mal connues jusqu'à nos jours
et sur les principaux phénomènes de la végétation et de l'économie
animale ; les avantages qui en ont résulté pour presque tous les arts
qui ont quelque rapport avec la chimie, tels que la teinture, l'essai
et l'exploitation des mines, etc. Enfin, que le suffrage de la plupart
des savants de l'Europe assigne au citoyen Lavoisier un rang distingué
parmi les hommes qui ont honoré la France ; considérant encore que le
citoyen Lavoisier a partagé avec zèle et assiduité les travaux du bureau
de consultation pour assurer aux artistes utiles les récompenses dûes à
leurs talents, a arrêté que ce témoignage de son estime sera consigné
dans son procès-verbal, et qu'il sera adressé un extrait au citoyen Lavoisier. »

Séance levée à 9 heures décimales, signé à la minute.

LAGRANGE, SILVESTRE, secrétaire.

MÉMOIRE

SUR

UNE NOUVELLE MÉTHODE DISTILLATOIRE

APPLIQUÉE À LA DISTILLATION DES EAUX-DE-VIE

ET À CELLE DE L'EAU DE MER.

(PRÊT À COPIER ET À IMPRIMER CE 1er JUILLET 1775 [1].)

PRÉFACE.

La première idée de la machine distillatoire dont il sera question dans cet écrit remonte à 1770. Il en fut d'abord exécuté différents modèles en petits, et notamment un dans le mois de janvier 1773 ; enfin, peu de temps après, par les ordres de M. de Boynes, alors ministre de la marine, la machine fut exécutée à Paris en grand, à peu près dans les proportions de celle représentée dans les planches II, III et IV. Cette machine a été soumise alors à des épreuves multipliées, sous les yeux de plusieurs membres de l'Académie royale des sciences, de nombre de personnes distinguées par leur connaissances et par leur rang [2], et le succès en a été complet.

Il y a donc plus de six ans [3] que cet ouvrage aurait pu être publié, si on

---

[1] Le manuscrit de ce mémoire est tout entier de l'écriture de Lavoisier et porte en marge, de sa main : «Donné une expédition à M. Magalheus, le 17 mai 1775. Voir à ce sujet la note explicative qui accpmpagne ce mémoire, page   . (*Note de l'éditeur.*)

[2] M. Turgot, alors intendant de Limoges, actuellement contrôleur général des finances ; M. Trudaine, conseiller d'État, intendant des finances ; M. Montigny ; M. Macquet ; M. Leroy ; M. Lavoisier ; M. Desmarets, et plusieurs autres. (*Note de l'auteur.*)

[3] On écrivait ceci en 1776. (*Note de l'auteur.*)

eût été moins jaloux de ne donner que es résultats certains, fondés sur la théorie et confirmés par l'expérience.

Pendant qu'on était ainsi occupé de recherches et d'expériences, le capitaine Constantin-John Phipps a publié à Londres un ouvrage in-4° intitulé : *A Voyage towards the nord pole undertaken by his Majesty's command in 1773.* London, 1774. On y trouve la description d'une machine distillatoire, de l'invention du docteur Irving, destinée à dessaler l'eau de mer. Elle consiste en un long tuyau de métal, adapté par un bout à une chaudière, et qui communique de l'autre avec un vase ou récipient. On entretient l'eau de la chaudière bouillante, et on rafraîchit continuellement le tuyau avec des torchons imbibés d'eau fraîche. On y peut voir, page 205 et suivantes, la description qu'en a donné le docteur Irving lui-même [1]. Sans entrer dans le détail des inconvénients de cette méthode, de l'embarras qu'elle entraîne et de l'effet médiocre qu'on doit en attendre, il sera aisé de reconnaître combien elle a peu de rapport avec celle qu'on publie aujourd'hui.

Ce qui paraîtra sans doute très-digne de remarque, c'est que, d'après un article inséré, pages 217 et 218 de l'ouvrage du capitaine Phipps, on dirait, d'après les propres paroles du docteur Irving qu'il rapporte, que ce dernier avait quelque connaissance du principe dont on se propose de donner l'application dans cet ouvrage; bien plus, en comparant les dates des expériences faites à Paris, avec le temps de son départ, on s'appercevra qu'il ne serait pas impossible qu'il n'eût eu, avant de s'embarquer, communication de ce qui se passait à Paris. Ce qu'il y a de très-certain, c'est que la machine dont on donne ici la description a été publique à Paris et exposée aux yeux des physiciens pendant tout le cours de 1773, tandis que l'ouvrage du capitaine Phipps n'a été imprimé qu'en 1774.

Au reste, quand on supposerait que le docteur Irving a eu connaissance, avant son départ, de la méthode qu'on expose ici, il y a apparence qu'il ne lui est parvenu que des notions incertaines et peu détaillées, qui n'ont servi qu'à l'égarer; car on ne pourrait pas concevoir autrement, comment il aurait pu préférer un moyen évidemment défectueux à un autre beaucoup plus simple et qui n'est susceptible d'aucun inconvénient.

---

[1] L'on a inséré aussi dans le journal de physique de M. l'abbé Rozier, mois d'octobre 1779, page 318, la description de cette machine, avec le plan d'une autre assez différente, du même docteur Irving, pour le même effet.

INTRODUCTION.

SUR LA DISTILLATION EN GÉNÉRAL.

1. Quoique l'art de la distillation soit d'une grande antiquité, quoiqu'il ait été décrit par Geber, chimiste arabe, dès le vııı° siècle, et qu'on puisse par conséquent lui assigner une origine plus reculée, on ne peut douter cependant qu'il ne laisse encore beaucoup à désirer.

2. Ce n'est pas que presque tous les chimistes, depuis Geber, ne se soient occupés de la distillation; que plusieurs d'entr'eux n'aient essayé de faire des changements, des additions, des modifications aux appareils distillatoires usités de leur temps : mais il paraît en même temps qu'ils se sont toujours tenus renfermés dans le cercle étroit des premières idées. Les cucurbites ont toujours conservé la figure de la courge ou calebasse, à l'imitation de laquelle ont été formés les premiers modèles, et dont ils ont emprunté leur nom. On s'est contenté de les allonger, de les raccourcir, d'en rétrécir ou d'en élargir l'ouverture : mais le fond n'a point changé. De même l'alambic, garni de son chapiteau, est encore aujourd'hui l'*homo galeatus*, l'homme couvert d'un casque, dont parlent les anciens alchimistes.

3. Le peu de progrès de l'art de la distillation, vient, sans doute, de ce que la plupart des chimistes ont envisagé cette opération plutôt relativement à l'objet philosophique, qu'à l'objet économique. C'était assez pour eux de parvenir au but de leur opération par une méthode exacte et commode; il leur importait peu qu'elle fût un peu plus longue et un peu plus dispendieuse.

4. Il n'en est pas de même relativement aux arts. Le problème à résoudre n'est pas seulement de produire un effet quelconque, mais, s'il est permis de s'exprimer ainsi, de parvenir au *maximum* de l'effet, et au *minimum* de la dépense. La solution de ce problème n'intéresse

pas seulement les particuliers, elle intéresse l'État lui-même : c'est
d'elle en effet que dépend la chûte ou le succès de presque tous les
établissements relatifs; c'est elle qui établit la balance entre le commerce de province à province, de nation à nation; c'est elle enfin qui
rompt l'équilibre et la concurrence, ou qui les rétablit.

5. S'il est un état où l'art de la distillation ait une liaison intime
avec le commerce national et avec le système politique du gouvernement, c'est surtout en France où, premièrement, cet art, appliqué à
la conversion des vins en *eaux-de-vie*, forme une branche de consommation considérable dans l'intérieur du royaume, un objet d'exportation à l'extérieur, enfin un produit considérable pour les revenus du
roi; secondement, où la navigation attend de l'art de la distillation les
moyens de *dessaler l'eau de la mer* avec plus de simplicité, de commodité et d'économie qu'on ne l'a fait jusqu'à présent.

6. On a pensé, d'après cela, que ce serait bien mériter du gouvernement français et de l'humanité en général, que de donner des moyens
de tirer plus de parti, qu'on ne l'a fait jusqu'à ce jour, des deux agents
qui servent à opérer la distillation, la chaleur et le refroidissement; de
produire plus d'effet d'une manière plus simple et moins dispendieuse;
enfin, d'appliquer les améliorations dont l'art de la distillation est susceptible, non-seulement aux arts, mais encore au dessalement de l'eau
de la mer.

7. L'objet de la distillation est en général de réduire un fluide quelconque en vapeurs par le moyen de la chaleur, et de le condenser ensuite par le refroidissement. L'appareil qu'on emploie communément
pour produire cet effet, est connu sous le nom d'alambic, il consiste :
1° en une cucurbite ou chaudière, 2° en un chapiteau, 3° en un réfrigérant.

8. C'est dans le chapiteau que s'opère la condensation des vapeurs,
et pour la favoriser, on lui applique par dessus, aussi bien qu'au tuyau
de décharge, une quantité d'eau froide plus ou moins considérable.
On conçoit que cette eau ne peut rafraîchir la vapeur sans s'échauffer
elle-même; qu'elle doit par conséquent acquérir insensiblement un

degré de chaleur presque égal à celui de la vapeur, et qu'alors elle cesse d'être capable de la condenser. Cette circonstance a fait sentir aux premiers distillateurs la nécessité de renouveler de temps en temps l'eau du réfrigérant, et on a été même, dans les fabrications en grand, jusqu'à faire passer à travers un courant d'eau continu.

9. L'application qu'on a faite du serpentin à la distillation des eaux-de-vie prouve bien qu'on a senti cette difficulté; mais en même temps le serpentin étant un tuyau fort étroit, d'un fort petit diamètre, on aurait dû s'apercevoir qu'il était impossible qu'une grande masse de vapeurs y fût introduite à la fois; que par conséquent une grande partie des molécules en expansion devait être forcée de rester dans le chapiteau, et que, refroidie de proche en proche par le voisinage du réfrigérant, la plus grande partie devait retomber dans la chaudière. Il arrive donc nécessairement, dans notre manière ordinaire de distiller, qu'une partie des molécules du fluide circulent un grand nombre de fois alternativement de la chaudière dans le voisinage du chapiteau; et du voisinage du chapiteau dans la chaudière, avant d'être engagées dans le serpentin.

10. Quelque bon que fût ce dernier moyen, on n'en a pas encore tiré tout le parti possible; on a presque toujours fait arriver le courant d'eau à la partie supérieure du réfrigérant : mais on ne s'est point aperçu que, l'eau froide étant plus lourde que l'eau chaude, cette dernière se présentait toujours à la partie supérieure du vaisseau. Il arrive de là, 1° que l'eau froide ne peut arriver au réfrigérant sans traverser une masse d'eau chaude fort considérable, et sans s'échauffer par conséquent elle-même, et qu'elle ne produit pas par conséquent tout l'effet refroidissant qu'on avait droit d'en attendre; 2° qu'une portion considérable d'eau froide ne parvient pas même jusqu'à la surface du réfrigérant, qu'elle remonte auparavant et s'échappe sans avoir presque produit aucun effet. Un peu de réflexion aurait appris aisément le moyen de remédier à cet inconvénient. Il ne s'agissait que *d'introduire l'eau froide dans le réfrigérant par un tuyau aboutissant à la partie inférieure; tandis que le tuyau de sa décharge aurait été adapté à la su-*

périeure : alors l'eau serait arrivée, la plus froide possible, à la surface du réfrigérant, ei serait sortie la plus chaude possible du réfrigérant.

11. Cette objection n'est pas la seule qu'on ait à opposer à l'usage du serpentin : sa forme exige un grand vaisseau pour le contenir. Or, un grand vaisseau ne peut être rempli que par un grand volume d'eau; et il en résulte que l'eau qui a été échauffée par le contact du serpentin ne peut pas sortir aussi promptement qu'il serait à désirer; qu'elle est obligée de traverser la nouvelle eau froide qui arrive aû réfrigérant; qu'elle l'échauffe de proche en proche, de sorte qu'on peut dire avec vérité, qu'à l'exception du premier instant, on a toujours de l'eau tiède, et non de l'eau froide, en contact avec le serpentin.

12. Enfin, la matière même dont est formé le serpentin, fournit un nouvel obstacle au refroidissement; communément il est de plomb ou d'étain, et il a une grande épaisseur. Il s'ensuit, par une conséquence nécessaire, que, dès qu'il a acquis un certain degré de chaleur, sa masse oppose une résistance continuelle à l'action refroidissante de l'eau; de sorte, par exemple, que si l'on suppose que l'eau froide agisse comme 5o, et que la chaleur du tuyau résiste comme 1o, il ne restera plus que 4o pour représenter l'effet refroidissant réel.

13. On n'a point eu non plus assez d'égards, dans la construction de nos appareils distillatoires, à un principe certain et inconstestable : c'est que l'effet réfrigérant n'a lieu qu'en raison des surfaces froides qui touchent à la vapeur et qui la condensent. Une suite de ce principe est qu'on ne saurait trop multiplier les surfaces réfrigérantes; cependant nos appareils distillatoires, au mépris de ce principe, présentent une petite surface à un très-grand volume de vapeurs.

14. Une grande partie de ces principes sont applicables à la construction des fourneaux, et de très-simples réflexions feront sentir combien les nôtres sont défectueux. Un fourneau, quel qu'il soit, n'est, à proprement parler, que *l'inverse d'un réfrigérant.* L'objet, dans les deux cas, est de combiner de la manière la plus avantageuse l'effet de l'échauffement, si l'on peut se permettre cette expression, et du refroidissement; de la chaleur acquise, avec celui de la chaleur communiquée.

Mais cet objet est souvent manqué dans nos fourneaux : dans la plupart, l'air froid s'introduit librement dans le foyer, et va frapper le fond de la chaudière qu'il refroidit au lieu de l'échauffer; tandis que, d'un autre côté, une portion de l'air échauffé s'échappe avant de s'être dépouillé de sa chaleur et de l'avoir transmise dans la chaudière. (Voyez le n° 76 ci-dessous.)

15. Il serait superflu de suivre plus loin cette comparaison et d'insister davantage sur des vérités aussi palpables; il suffit de les avoir indiquées aux physiciens pour qu'ils les sentent. On se contentera donc de déduire, de toutes les considérations précédentes, un certain nombre de principes propres à servir de guide dans la construction des machines distillatoires en général, et plus particulièrement de celle qu'on se propose de décrire.

16. Les principes relatifs à la construction des machines distillatoires sont, 1° de présenter la plus grande surface réfrigérante possible à la liqueur réduite en vapeur; 2° de lui présenter continuellement cette surface au plus grand degré de refroidissement possible; à cet effet, de faire en sorte que l'eau arrive, la plus froide possible, à la surface réfrigérante, et qu'elle ressorte le plus tôt qu'il est possible, parce que dès qu'elle est échauffée, loin de pouvoir être utile relativement au but de l'opération, elle ne peut plus au contraire qu'y nuire; 3° de disposer les choses de manière que les vapeurs, une fois engagées dans le voisinage du réfrigérant, ne puissent plus retomber dans la chaudière; 4° de donner très-peu de masse et d'épaisseur à la surface métallique réfrigérante, afin que l'eau froide soit appliquée, le plus immédiatement qu'il est possible, à la vapeur.

17. Les principes relatifs à la construction des fourneaux, sont de faire en sorte, 1° qu'aucune portion d'air froid ne puisse pénétrer dans le foyer et frapper dans le fond de la chaudière; 2° que tout l'air qui s'introduit dans le foyer, traverse en entier, avant d'y arriver, la masse de matière embrasée; 3° que cet air, ainsi échauffé, ne sorte du fourneau qu'après avoir circulé autour de la chaudière dans toute son étendue; qu'après s'être appliqué, en quelque façon, à tous les points

de sa surface et s'être dépouillé en sa faveur de toute la chaleur qu'il avait contractée; en sorte qu'après être arrivé, le plus chaud possible, à la chaudière, il en sorte le plus froid possible.

D'un autre côté, la chaudière pouvant être regardée, d'après les principes exposés ci-dessus, comme une espèce de réfrigérant par rapport à l'air échauffé qui la frappe, on conçoit qu'elle doit présenter le plus de surface qu'il est possible; qu'elle doit être formée d'un métal mince, qui, par sa masse, ne détruise pas une partie de son effet refroidissant, etc.

18. On va donner l'application de ces principes généraux, premièrement à la distillation des eaux-de-vie, secondement à la solution du fameux problème du dessalement de l'eau de la mer. Les deux machines qu'on va décrire, et qui sont, à proprement parler, la même, sont simples et d'une exécution facile, et l'on peut assurer avec d'autant plus de confiance qu'elles rempliront leur objet, qu'elles ont été éprouvées en grand avec le succès le plus complet.

———

PREMIÈRE PARTIE.

DE LA DISTILLATION DES EAUX-DE-VIE ET DE TOUTE AUTRE LIQUEUR.

19. On a vu, dans les réflexions préliminaires qu'on vient de donner sur la distillation en général, quels sont les défauts du serpentin, et comment la petitesse du tuyau dont il est formé met obstacle à l'introduction des vapeurs. On y a substitué en conséquence un large tuyau carré de métal, de huit ou dix pouces sur chaque face, et de dix ou douze pieds de longueur, qui sert à la fois de chapiteau et de serpentin. Ce tuyau, auquel on donnera ici le nom de *tuyau distillatoire*, est dans une situation horizontale, et la vapeur y monte par une autre portion de tuyau carré qui s'ajuste, d'une part, avec lui, et de l'autre avec la chaudière.

20. Trois raisons principales ont engagé à employer plutôt la forme

carrée que la forme ronde : la première est que ce tuyau ne pouvant, à cause de sa grandeur, être formé que de feuilles de métal soudées ensemble, l'exécution de la forme carrée sera beaucoup plus facile, beaucoup moins dispendieuse et beaucoup plus solide; la seconde est qu'on pourra même l'exécuter en fer-blanc, si on le juge à propos, ce qui en diminuera beaucoup le prix; enfin la troisième, qui est la plus essentielle, est que la figure carrée, à volume égal, présente plus de surface que la ronde : elle est donc, par cela seul, préférable, d'après les principes qui ont été établis plus haut.

21. Au lieu d'employer une grande masse d'eau pour refroidir continuellement la surface extérieure du tuyau distillatoire, on a préféré employer au contraire une petite quantité d'eau, mais qui se renouvelle très-souvent. L'eau sort, par ce moyen, aussitôt qu'elle est échauffée, c'est-à-dire dès l'instant où, comme on l'a déjà dit, elle ne peut plus que nuire au succès de l'opération. Pour remplir cet objet, on a distribué l'eau réfrigérante en une couche de six ou sept lignes d'épaisseur qu'on a appliquée tout autour du tuyau distillatoire, et on l'y a maintenue, par le moyen d'une seconde enveloppe carrée, également de métal, qui environne de toutes parts le tuyau distillatoire à six ou sept lignes de distance.

22. La seule inspection de la planche I rendra ce mécanisme sensible. La figure 1re représente l'atelier d'un fabricant d'eau-de-vie, garni de deux fourneaux et de deux appareils distillatoires de différentes grandeurs, construits d'après les principes exposés dans ce mémoire. On se contentera d'en donner ici une description très-abrégée, dans la crainte de compliquer, par trop de détails, ce qui est simple en soi. Ceux qui désireront une description plus étendue trouveront de quoi se satisfaire dans l'explication des figures; on n'y a négligé aucun des détails propres à mettre les lecteurs à même de faire exécuter cette machine sous leurs yeux, sans embarras ni difficulté.

23. L'atelier, représenté par la figure 1re, est composé de deux chambres : la première, qui est la plus petite, et qui se présente à gauche de la planche, contient les fourneaux; la seconde, qui est à

droite, contient l'appareil distillatoire proprement dit, et les bassiots K K,
dans lesquels toute l'eau-de-vie est reçue à mesure qu'elle sort du tuyau
distillatoire.

24. Ces deux chambres sont séparées par un mur H H H, qu'on a
représenté ici brisé, pour laisser voir tous les détails qui sont nécessaires pour l'intelligence de la machine.

25. C'est à travers ce mur que passe le gros tuyau qp, qui conduit
la vapeur de la chaudière au réfrigérant, et c'est dans son épaisseur
que sont placées les cheminées des fourneaux.

26. La précaution de séparer par un gros mur le fourneau de l'endroit où s'écoule l'eau-de-vie à mesure qu'elle se distille, est très-im-
portante dans les appareils distillatoires ordinaires pour prévenir l'inflammation de l'eau-de-vie, accident qui n'arrive pas trop rarement
dans les travaux en grand. Quoique cette précaution ne soit pas aussi
essentielle dans la machine que l'on décrit ici, parce que l'eau-de-vie
coule à une très grande distance du fourneau, on n'a pas cru cependant devoir la négliger, et on laisse à la prudence des constructeurs
d'en faire usage ou non.

27. A A' représentent les deux fourneaux, garnis chacun de sa
chaudière. Celle qui appartient au fourneau A n'a que deux pieds de
diamètre; celle qui appartient au fourneau A' a deux pieds et demi;
mais ces dimensions peuvent varier à volonté, suivant la quantité de
vin ou d'autres liqueurs qu'on se propose de mettre à la fois en distillation, pourvu toutefois qu'on ait soin de faire les changements relatifs dans les autres dimensions de la machine.

28. On décrira particulièrement ici la machine distillatoire qui appartient au fourneau A, parce qu'elle se présente sur le devant de la
planche, et que les détails en sont plus sensibles.

29. P O est le grand tuyau carré, de feuilles de cuivre étamées, ou
de feuilles de fer-blanc, dont il a été question plus haut. Il contient
intérieurement un second tuyau, également carré, qu'on a nommé ci-
dessus *tuyau distillatoire*, lequel est proportionné de manière qu'il laisse
entre ses parois et celles du tuyau extérieur un espace vide d'un demi-

pouce, dans lequel circule l'eau réfrigérante; ce double tuyau est soutenu sur des pieds de bois G G, G G.

30. L'eau qui se répand ainsi dans l'espace réfrigérant, est tirée
d'un réservoir E de bois, doublé de plomb, qu'on remplit au moyen
d'une pompe, et elle y est conduite par un tuyau $h\,h'$, qui communique
avec la partie la plus basse de l'espace réfrigérant. Il serait encore mieux
de se servir d'un cours d'eau continu, dérivé d'un ruisseau voisin, si
les circonstances le permettaient.

31. Lorsque l'eau a circulé dans l'espace réfrigérant, et qu'elle a
produit son effet, elle ressort par un tuyau $g'\,g''$, qui la conduit hors
de la maison. Ce tuyau est ajusté à la partie la plus haute du réfrigérant, afin que ce soit toujours l'eau la plus légère et, par conséquent,
la plus chaude qui s'y porte de préférence.

32. L'eau-de-vie, réduite en vapeurs dans la chaudière, est conduite dans le tuyau distillatoire intérieur par le gros tuyau carré $q\,p;$
elle est condensée par le contact des parois du tuyau P O, qui sont
continuellement rafraîchies; enfin elle se rassemble et coule par le
tuyau f dans le bassiot K.

Cet écoulement est favorisé par une pente de trois pouces par toise
que le tuyau distillatoire a de ce côté.

33. Les figures 3 et 4 rendent ces détails plus sensibles : la première représente une section verticale du fourneau, de la chaudière,
et du commencement du distillatoire; R″ R″ représente l'ouverture
circulaire, par laquelle on introduit la liqueur à distiller dans la chaudière. Cette ouverture, ainsi que le couvercle X, est garnie d'un double
rebord, dont l'usage est exposé dans l'explication de la figure 18,
n° 181.

R‴ R‴ représente l'ouverture par laquelle la chaudière communique
avec le réfrigérant r, et le gros tuyau carré qui conduit la vapeur dans
ce tuyau distillatoire ou réfrigérant r, xy', xy', représente l'intervalle
dans lequel se répand l'eau froide.

34. La figure 4 représente l'extrémité du même tuyau distillatoire;
il est rompu de manière à laisser voir l'intéreur O du tuyau dans lequel

se condense la vapeur, l'enveloppe *b b* de ce tuyau intérieur, et celle *p p*
du tuyau extérieur. On y voit également le tuyau de cuir *h' h''*, qui
conduit l'eau du réservoir à l'espace réfrigérant *x y'*, *x y'*; le tuyau *f*,
qui conduit l'eau-de-vie de l'intérieur du tuyau distillatoire dans l'entonnoir *m*, et dans le bassiot ou espèce de baquet K, figure 5; enfin le
tuyau de décharge *i*, qui sert à vider entièrement l'eau dans l'espace
réfrigérant quand la machine ne travaille plus.

35. Le second tuyau distillatoire P'O', figure 1re, devant avoir jusqu'à vingt ou vingt-cinq pieds de longueur, suivant la grandeur de la
chaudière, il serait souvent embarrassant de le construire en une seule
ligne droite, et il faudrait donner trop de longueur à l'atelier. On peut
lever cette difficulté, en faisant revenir ce tuyau en retour d'équerre,
comme on le voit dans la machine distillatoire A' P' P' O' O'.

36. Quoique les deux machines distillatoires de la figure 1re soient
réprésentées appuyées sur des pièces de bois, on peut également les
appliquer contre une muraille, les y attacher par des liens de fer, ou
les suspendre à des potences. Ces différentes dispositions dépendent du
local et sont indifférentes en elles-mêmes. Il ne faut pas oublier seulement que ce tuyau doit avoir une pente d'environ trois pouces par
toise de ، en O pour l'écoulement de l'eau-de-vie.

37. Pour ce qui regarde le développement complet des principes
dont on a parlé ci-dessus, appliqué à l'art de la distillation, le lecteur
ne pourra pas manquer d'en être satisfait en lisant avec un peu d'attention l'explication des figures contenues dans la planche I, au n° 74
et aux n^os suivants.

38. On pourra juger de la prodigieuse quantité de l'eau-de-vie ou
de toute autre liqueur qu'on sera à même de distiller avec peu de frais,
moyennant une machine de cette construction faite en grand, selon ces
principes, en calculant d'après les effets produits par celle d'une grandeur fort au-dessous des ordinaires, dont on parlera dans la note du
numéro 46 ci-dessous [1].

---

[1] On a appris, pendant qu'on était occupé de l'impression de cet ouvrage, que

M. Argant, qui a travaillé sur la distillation
des eaux-de-vie, proposait, au lieu de les

SECONDE PARTIE.

DE LA DISTILLATION DE L'EAU DE LA MER.

39. Après avoir introduit dans les arts une manière de distiller qui produit le plus d'effet, à dépense égale, il reste à faire l'application des mêmes principes à un objet qui n'est pas moins intéressant pour l'humanité et qui n'est pas moins digne de l'attention des gouvernements, et surtout des puissances maritimes : c'est le dessalement de l'eau de la mer.

40. Quoique cette matière ait déjà exercé la sagacité d'un grand nombre de physiciens, quoique le gouvernement anglais en ait déjà encouragé les premiers essais par des récompenses considérables[1], on ne craint pas de dire cependant qu'on n'a point encore précisément atteint le but qu'on s'était proposé.

41. Personne n'ignore plus aujourd'hui que la distillation est le seul moyen qu'on puisse employer pour séparer de l'eau les sels fixes qu'elle tient en dissolution. Les filtrations répétées, les mélanges, les combinaisons de toute espèce, ne peuvent pas seuls produire cet effet, et les tentatives qui ont été faites par ces différentes voies n'ont servi qu'à annoncer le peu de connaissances de ceux qui les ont tentées. Cette vérité, bien reconnue, a ramené tous ceux qui se sont occupés, dans ces derniers temps, du dessalement de l'eau de la mer, à la distillation[2]. Mais, comme en même temps l'art était encore peu avancé,

conserver dans des futailles, d'employer de grands réservoirs doublés de plomb et bien fermés. Il y a lieu de croire que cette méthode diminuerait les déchets et les coulages, et qu'elle aurait de grands avantages.

[1] Le docteur Irving a obtenu, dit-on, du parlement d'Angleterre, 5ooo livres sterlings pour une machine distillatoire qu'il a présentée comme de son invention.

[2] Rien de plus absurde que des objec-

tions du vulgaire contre l'usage de l'eau distillée pour la vie humaine, comme si sa pureté la rendait moins saine, tandis que les mauvaises qualités de plusieurs sources ne proviennent évidemment que du mélange des matières hétérogènes qui la dépravent, ou comme s'il était possible d'avoir de l'eau douce qui ne fût pas le résultat d'une vraie distillation. En effet, l'eau de la mer, et de tout autre endroit où elle se trouve répan-

et que ses principes n'avaient point été suffisamment approfondis, ils n'ont employé que des moyens défectueux, et ils ont porté dans la distillation des eaux de la mer toutes les imperfections de nos appareils distillatoires ordinaires.

42. Détailler ici les défauts de chacune de ces manières de distiller, ce serait répéter presque tout ce qui a été dit dans le commencement de cet écrit. On se contentera donc d'ajouter ici que, indépendamment des inconvénients généraux et communs à tous les appareils distillatoires, ceux adaptés à la distillation de l'eau de la mer en ont encore qui leur sont particuliers : celui d'occuper beaucoup de place dans le vaisseau; celui de consommer beaucoup de bois ou de charbon; enfin celui de contribuer, par leur construction même, au goût empyreumatique, qui accompagne presque toujours' plus ou moins les eaux distillées.

On a cherché à corriger tous ces défauts dans la nouvelle machine qu'on propose aujourd'hui, et on serait tenté de croire qu'on y a réussi, si on ne savait en même temps que, dans des choses de cette espèce, c'est à l'expérience en grand seule, et surtout au temps, qu'il appartient de prononcer; au reste, ce qu'on peut affirmer sans attendre le suffrage du temps, c'est :

43. Premièrement, qu'elle n'occupera point, à proprement parler, de place dans le vaisseau, qu'elle n'embarrassera pas la manœuvre, et qu'elle n'empêchera pas que le bâtiment ne tienne la même quantité de marchandises, de vivres et de munitions;

44. Secondement, qu'elle n'exigera pas l'établissement d'un feu particulier pour elle; mais qu'elle profitera seulement de celui fait dans la cuisine soit du capitaine, soit de l'équipage, pour le service ordinaire du vaisseau;

due, est élevée en forme de vapeurs par l'action de la chaleur; ces vapeurs sont condensées dans la suite par le froid de l'atmosphère : elles se rassemblent et retombent sur la terre en forme de pluies et de rosées, dont toutes les sources, fontaines et rivières sont formées. Le procédé de la distillation artificielle ne diffère aucunement de celui de la nature que dans la petitesse de son opération.

45. Troisièmement, qu'au moyen de ce que la vapeur non-seulement ne sera pas comprimée, mais même qu'elle sera dans un milieu plus rare, en quelque façon, que l'air de l'atmosphère, l'eau de la chaudière ne prendra pas un degré de chaleur excédant à celui de l'eau bouillante, et conséquemment elle n'aura point de goût empyreumatique, parce que l'impression du feu sera la moindre possible;

46. Quatrièmement, que, dans les temps de nécessité, elle pourra fournir une très-grande quantité d'eau[1]; et, en mettant tout au plus bas, au moins un muid ou deux cents quatre-vingt-huit pintes en vingt-quatre heures.

47. La machine distillatoire qu'on propose ici d'adapter aux vaisseaux est construite sur les mêmes principes que celle décrite au commencement de cet écrit, ou plutôt elle est, à proprement parler, la même; mais l'état de mouvement continuel, auquel une machine de cette espèce doit nécessairement se prêter à la mer, exigeant quelques précautions particulières, il est nécessaire d'en dire ici un mot.

48. Il faut, premièrement, que dans toute situation du vaisseau la circulation de l'eau, qui entre continuellement et ressort du réfrigérant, ne soit point interrompue; secondement, que l'eau distillée coule toujours dans les vases ou barils destinés à la recevoir; troisièmement enfin, que, dans aucun cas, l'eau douce de la distillation ne puisse retomber dans la chaudière, ni l'eau salée repasser de la chaudière dans le réfrigérant. La réunion de ces circonstances complique infiniment la solution du problème, et, quelque simples que puissent paraître les

---

[1] Avec une machine plus petite que celle qu'on décrit ici, et dont l'épreuve a été faite en présence de MM. Turgot, Trudaine, de Montigny, Macquer, Leroy, Lavoisier, Desmarets et un grand nombre d'autres personnes, on a obtenu communément 15 pintes par heure, ce qui revient à 360 pintes en vingt-quatre heures; mais comme on ne veut supposer que le feu sera toujours soutenu au même degré dans le vaisseau, on n'a évalué ici cette quantité qu'à 12 pintes par heure, et à 288 par jour. On a lieu d'espérer, si la machine est exécutée à bord d'un vaisseau, qu'elle rendra beaucoup plus qu'on ne promet ici.

moyens qu'on a employés pour en remplir les conditions, ils sont le résultat de longues méditations, de combinaisons multipliées, de nombre de tentatives infructueuses.

49. Ceux qui connaissent la marine française savent que dans les vaisseaux et frégates du roi la cuisine est placée sous le gaillard de l'avant, à l'entrée de l'entre-pont. On voit, planche II, figure 8, une section verticale d'une frégate de deux ponts et demi; la cuisine y est désignée par la lettre A. On a rompu, dans la planche III, figure 12, la cloison de devant de cette cuisine pour en laisser voir l'intérieur. On y aperçoit qu'elle est double. VV représente le côté destiné pour le service du capitaine. W représente celui destiné pour le service de l'équipage.

50. C'est dans l'entre-deux même de ces cuisines qu'on a cru devoir placer la chaudière; on ne l'a pas faite ronde, mais de forme ovale ou elliptique, afin qu'elle occupât moins d'espace. Elle servira, en quelque façon, de plaque aux cheminées des deux cuisines; il ne pourra être fait de feu, de part et d'autre, qu'elle n'en soit échauffée, et on sera sûr qu'il se formera, pendant la plus grande partie de la journée, de l'eau douce, sans que la consommation de matière combustible en soit sensiblement augmentée; bien plus, on a eu la précaution, comme on le voit planche III, figure 12, d'élever la chaudière de quelques pouces au-dessus du foyer : on pourra, par ce moyen, entretenir l'eau de la chaudière toujours bouillante pendant la nuit, ou au moins très-chaude, en poussant dessous la braise et les cendres chaudes [1].

51. On voit, dans la même figure 12, le tuyau qp, qui conduit la vapeur de la chaudière au réfrigérant; mais au lieu d'introduire cette vapeur par l'extrémité P, planche I, figure 1re du tuyau distillatoire, comme on l'a fait dans la machine destinée pour distiller à terre les eaux-de-vie; on a été obligé ici de l'introduire par le milieu. Il en ré-

---

[1] On renvoie, pour les détails de cette chaudière et du tuyau distillatoire, pour leurs dimensions et pour les précautions qu'on a prises pour les former, à l'explication des figures.

sulte, en quelque façon, un double tuyau distillatoire ou double réfrigérant, dont un seul cependant travaille à la fois, suivant que le vaisseau penche d'un côté ou d'un autre.

52. La figure 9, planche II, présente à la vue le tuyau distillatoire
P O, P' O', garni de son enveloppe réfrigérante, et dans la place qu'il
doit occuper dans le vaisseau, c'est-à-dire appliqué le long d'une des
poutres de traverse qui règnent auprès de la cuisine; il y est fixé par
des attaches de fer K, K. On a rompu cette poutre en P' au côté droit de
la figure 9, pour laisser la machine entièrement à découvert. On voit,
dans cette même figure, le tuyau ƒN, par lequel l'eau distillée coule
du tuyau distillatoire intérieur dans les barils R, R. On y voit aussi le
robinet *i*, qui sert à vider entièrement le réfrigérant quand la machine
ne travaille plus.

53. L'intervalle dans lequel l'eau réfrigérante doit circuler pour
opérer la condensation des vapeurs est, dans cette machine, ainsi que
dans celle destinée à la distillation des eaux-de-vie, de six à sept lignes
environ; mais comme il est nécessaire qu'elle puisse servir dans toutes
les positions que peut prendre le vaisseau, et que l'eau réfrigérante
puisse se porter de l'un et de l'autre côté, on a été obligé de placer le
réservoir qui la contient au milieu du tuyau distillatoire, ou, ce qui
revient au même, au milieu du vaisseau. On concevra aisément que
l'objet n'aurait pas été rempli peut-être si on l'eût mis à l'une des deux
extrémités, et que, dans certaines positions, il ne serait presque point
entré d'eau dans le réfrigérant.

54. La place qu'on a assignée au réservoir E, dans les figures 8,
9, 11, 12 et 13, est celle qu'il doit occuper dans une frégate de deux
ponts et demi; mais cette place ne lui est pas tellement essentielle
qu'on ne puisse l'en éloigner lorsque les circonstances l'exigeront.
Dans les grands vaisseaux à trois ponts, par exemple, cette même
place est occupée par un petit cabestan : alors on pourra reculer le
réservoir et le placer entre les étais du mât de misaine, qui vont au
mât de beaupré depuis la galerie d'avant jusqu'au mât de misaine. Il y
a une place spacieuse en cet endroit, et il ne s'agira que d'employer

un tuyau de cuir un peu plus long pour conduire l'eau du réservoir au réfrigérant.

55. Les figures 8 et 11, planche II, représentent ce réservoir en perspective, recouvert d'une enveloppe de bois qui le défend des chocs et accidents qui pourraient l'endommager.

56. M, M, figure 11, représentent des bancs pratiqués des deux côtés pour la commodité de l'équipage.

57. Les figures 12 et 13 de la planche III représentent ce même réservoir E, dépouillé de son enveloppe de bois : dans la première, il est en perspective; dans la seconde, il est en coupe. *l* L représente le tuyau de cuir par lequel arrive l'eau élevée par la pompe.

58. L L L représente celui de métal auquel s'adapte le tuyau *l*. La pompe est représentée séparément, figure 10, avec le long tuyau de plomb *b b*, qui suit la courbure de la quille dans le devant de la proue, et qui va puiser l'eau dans la mer. Cette pompe se place à l'avant du vaisseau.

59. Quoiqu'on ait supposé ici le réservoir fait de cuivre étamé, on peut également le construire en bois, et un grand tonneau même pourrait remplir ce même objet, à la solidité près, en y perçant les ouvertures convenables.

60. La figure 13 fait voir le tuyau $h\,h'\,h''$, partie de métal, partie de cuir, par lequel l'eau pourra arriver du réservoir au réfrigérant[1]. Cette eau, après avoir circulé dans l'intervalle qui se trouve entre le tuyau distillatoire intérieur et son enveloppe extérieure, sort, suivant la position du vaisseau, par l'un des deux tuyaux g, g, figure 8, et coule sur le pont, à moins qu'on n'aime mieux prolonger ces mêmes tuyaux g, g jusque dehors du vaisseau. On voit plus distinctement l'un de ces tuyaux représenté dans la coupe verticale de l'appareil distillatoire, suivant sa longueur représentée planche IV, figure 19. Ce tuyau y est désigné par $g\,g'\,g''$.

61. Comme les robinets, lorsqu'ils sont d'un certain volume, sont

---

[1] Voyez, dans les n° 65 et suivants, une autre manière beaucoup plus avantageuse pour conduire cette eau au réfrigérant de la machine.

d'une exécution difficile et qu'il est rare de les obtenir sans défauts,
au lieu d'en employer un pour régler la quantité d'eau que le réservoir
doit fournir au réfrigérant, on a préféré d'avoir recours à un mécanisme particulier, exposé dans les figures 23 et 27. Il consiste à faire
passer le tuyau de cuir $h'h''$ entre deux pièces de bois X, X et R, qu'on
peut serrer l'un contre l'autre autant que l'on veut, par le moyen
d'une vis, dont V représente la tête. Il est évident qu'à mesure qu'on
applatira ainsi le tuyau $h'h''$ il y passera moins d'eau, et qu'on peut
parvenir même à en intercepter tout passage.

62. Comme l'eau qui a traversé le réfrigérant y a contracté un certain degré de chaleur, et qu'elle est plus que tiède lorsqu'elle sort sur
le pont par les tuyaux g, g, figures 8 et 9, il y a de l'avantage à s'en
servir par préférence pour remplir la chaudière; ce qui doit être fait à
chaque fois que les deux tiers de l'eau salée sont évaporés, comme on
l'exposera au nº 165 ci-dessous. On évite d'ailleurs, par là, la peine et
l'embarras de la transporter et de la verser. On a adapté, en conséquence, près de l'extrémité de chaque tuyau de décharge g'', g'',
planche III, figure 12, deux tuyaux de communication xx, xx, en
plomb, qui se réunissent (ainsi qu'on l'a exprimé par les lignes ponctuées) pour porter de l'eau à la chaudière.

63. Cette construction se trouve mieux développée dans la figure 13;
on y voit l'un des deux tuyaux xx, son robinet W, enfin l'entonnoir D,
dans lequel tombe l'eau pour s'introduire dans la chaudière par un
tuyau particulier destiné à cet objet. Il n'est pas difficile de sentir la
raison qui a déterminé à employer ainsi deux tuyaux, quoiqu'il
n'y en ait communément qu'un seul qui puisse servir à la fois; c'est
afin qu'on puisse avoir de l'eau, de quelque côté que soit penché le
vaisseau.

64. Il reste à parler d'une autre précaution essentielle pour empêcher que l'eau distillée, qui est déjà condensée dans la partie la
plus basse du tuyau distillatoire, mais qui n'a pas encore coulé dans
les barils, ne retombe dans la chaudière lorsque le vaisseau vient à
changer de bord, c'est-à-dire à pencher du côté opposé à celui où il

penchait auparavant. On pare à cet inconvénient au moyen d'un rebord *u u*, planche IV, figures 19 et 22, qui s'élève d'un demi-pouce
ou d'un pouce au-dessus du niveau du fond du tuyau distillatoire. Ce
tuyau laisse, comme on le voit, figure 22, une petite gouttière *u u* d'un
pouce environ, qui permet à l'eau de passer d'un côté à l'autre du
tuyau distillatoire.

65. La méthode qu'on vient d'indiquer (n° 60) pour conduire
l'eau froide au réfrigérant est, sans doute, la plus simple et la plus
commode, et c'était dans cette vue qu'elle avait été adoptée, lorsque
les planches ont été gravées. Mais il faut avouer qu'on retomberait
alors, au moins toutes les fois que le vaisseau penchera, dans l'inconvénient exposé n° 10, et qu'on a corrigé dans le n° 30. On a donc
pensé, depuis la gravure des planches, qu'il serait préférable de faire
arriver l'eau du réservoir E, figures 12 et 13, au réfrigérant, par les
deux extrémités CA et BD, figures 16 et 17, plutôt que de l'y amener
par son milieu E et F. On n'a pas cru devoir faire, dans la gravure, le
changement qu'exige cette nouvelle disposition, dans la crainte d'endommager les cuivres. Mais on va s'efforcer de faire entendre en quoi
ils consistent.

66. On conçoit d'abord aisément que pour conduire l'eau du réservoir E aux deux extrémités du tuyau distillatoire, il faudra, au lieu
d'un tuyau de métal *h′h″*, figure 13, en employer deux tout semblables, qui partiront également du fond du réservoir. On adaptera, à
leur extrémité inférieure, un tuyau de cuir assez long pour pouvoir
porter l'eau jusqu'en *g′*, figures 16 et 17, la partie du tuyau de métal
g′g″ se trouvant alors supprimée. Par ce moyen, l'eau réfrigérante, au
lieu d'entrer par *h′*, figures 16 et 17, et de sortir par *g′*, aura une
marche inverse. Elle entrera, au contraire, par *g′*, pour ressortir par *h′*.
Les tuyaux de cuir qui rempliront cet objet, c'est-à-dire qui porteront
l'eau du réservoir E à l'extrémité *g′* du réfrigérant, passeront dessous
et le long des planches du pont, auxquelles ils seront suspendus. Il
faudra surtout éviter qu'ils ne touchent, ou même qu'ils ne s'approchent trop près du tuyau réfrigérant, dans la crainte que l'eau qu'ils

contiendront ne s'échauffe et qu'elle n'arrive pas au réfrigérant aussi fraîche qu'il est possible.

67. On conçoit encore que, d'après les principes exposés au numéro précédent, le tuyau de décharge, par où l'eau chaude découlera du réfrigérant, doit être adapté à la partie supérieure du tuyau distillatoire. Mais au lieu de lui faire traverser l'épaisseur du pont, et de faire couler l'eau par dessus, comme dans la disposition représentée par les figures, il sera beaucoup préférable de le plier tout de suite pour le faire arriver au robinet W.

On évitera par là le grand effort que la colonne d'eau ne manquera pas d'exercer contre les parois du tuyau distillatoire. On sait en effet que, selon les lois de l'hydrostatique, la pression des fluides est toujours en raison des bases multipliées par les hauteurs; ainsi plus le tuyau de dégorgement de l'eau sera haut, plus l'effort de l'eau contre les parois du tuyau distillatoire sera grand. On diminuera considérablement cet effort par le moyen qu'on vient de proposer.

68. Il est à observer que comme le robinet W ne sera pas toujours ouvert, et que, comme il est nécessaire cependant que, l'eau du réfrigérant ait un écoulement continuel, il sera nécessaire d'embrancher sur ce même tuyau de décharge, un peu au-dessus du robinet W, un bout de tuyau de plomb recourbé, à peu près comme il est représenté par la ligne ponctuée xy, figure 13. Ce sera par ce tuyau que l'eau chaude se dégorgera, toutes les fois que le robinet W ne sera point ouvert. On pourra la recevoir dans une barrique ou autre vaisseau, qu'on renouvellera à mesure, et qu'on videra dans la mer, après en avoir fait usage pour laver la vaisselle ou le linge des matelots, etc. (Voyez le n° 156).

N. B. Il est presque inutile d'avertir qu'on doit appliquer à chacun des deux tuyaux de cuir, dont on vient de parler dans le n° 66, le même mécanisme décrit dans le n° 61, pour régler la quantité d'eau nécessaire à la réfrigération.

69. Tout le mécanisme qu'on vient d'expliquer n'a rien de compliqué ni de trop dispendieux, et on y trouvera l'avantage de pouvoir

distiller l'eau de la mer, dans quelque position que soit le vaisseau, soit qu'il penche d'un côté ou de l'autre, et sans avoir besoin de faire aucun changement à la machine. Si on ne croyait pas devoir tenir beaucoup à cet avantage, on aurait un moyen de rendre l'appareil distillatoire, qu'on vient de décrire, encore plus simple. Il consisterait à supprimer la moitié du tuyau distillatoire, et à ne conserver, par exemple, que la seule partie ED, figure 16, qu'on attacherait également par-dessous le pont du vaisseau, comme on l'a exposé plus haut. Ce demi-tuyau distillatoire, auquel on pourrait se contenter de donner 6 à 8 ou 10 pieds de long, tout au plus, communiquerait avec la chaudière R, figures 12 et 13, par un tuyau pqr. Il pourrait être disposé de manière à pouvoir se retourner à volonté, et on le placerait toujours du côté où pencherait le vaisseau, à moins qu'on ne préfère de le fixer à demeure de l'un des deux côtés. Mais, alors il faudrait renoncer à faire usage de la machine, toutes les fois que le vaisseau ferait route sur le bord opposé à celui du côté duquel serait placé le tuyau distillatoire.

70. On pourrait également, dans la vue de simplifier, substituer un simple tonneau au réservoir E, placé sur le pont, et on y adapterait un tuyau hh', figure 12, qui porterait l'eau réfrigérante à l'extrémité g', figures 16 et 17, de la partie conservée; et on recevrait l'eau qui sortirait dans un baquet ou autre vase quelconque, comme on l'a exposé au n° 68. Ceux qui sont accoutumés à la navigation savent combien il y a de matelots et de charpentiers habiles à bord de presque tous les vaisseaux, et combien ils ont d'intelligence pour tirer tout le parti possible de leur situation, et particulièrement lorsqu'il s'agit de satisfaire à des besoins de première nécessité.

71. Une considération qui montre les avantages d'avoir de ces machines distillatoires à bord des vaisseaux, même sans avoir égard aux cas extrêmes où se sont trouvés réduits plusieurs équipages de manquer d'eau douce pour le soutien de la vie, c'est l'épargne, ou, pour mieux dire, le profit qu'on fera en mettant à bord du vaisseau d'autant plus des autres provisions et munitions de guerre, ou même de marchandises. On sait, en effet, que dans un voyage de long cours le

poids de l'eau douce nécessaire pour le trajet et le volume qu'elle occupe sont très-considérables, surtout lorsque l'équipage est fort nombreux, et à plus forte raison lorsqu'il y a des troupes à bord.

72. Il est de coutume, dans les grands vaisseaux de quelques nations, d'avoir deux grandes chaudières établies à demeure sur le même
foyer de la cuisine, pour faire cuire en même temps des légumes et de
la viande; mais il y a trois ou quatre jours de la semaine pendant lesquels on ne fait usage que d'une seule chaudière, et l'on est obligé,
pour lors, de mettre de l'eau dans celle qui est de relais, pour que son
fond ne soit pas brûlé et endommagé par le feu, ce qui ne manquerait pas d'arriver si elle restait vide. Il est donc évident que, dans un
tel cas, on peut faire la distillation de l'eau de mer dans cette chaudière, où l'on ne fait point la cuisine dans le jour, sans augmenter la
dépense de l'échauffage.

73. Enfin, l'on pourrait encore pousser l'économie jusqu'à mettre
en profit la vapeur qui se perd par l'ébullition des comestibles; car si
l'on adaptait au couvercle de la chaudière, où l'on fait bouillir la nourriture de l'équipage, une de ces petites machines distillatoires, dont
j'ai parlé en dernier lieu (n° 69), il en résulterait une bonne quantité
d'eau qui, au pis aller, pourrait être employée à faire bouillir d'autres comestibles, ou à d'autres usages semblables, dans le cas où elle
aurait contracté quelque goût ou odeur désagréable, et qu'elle ne fût
point propre pour être bue.

N. B. Le procédé de la dessalation de l'eau de mer ne demande
aucune autre attention, dans la pratique, que celle de ne pas pousser
la distillation au delà des trois quarts de l'eau salée qu'on met dans la
chaudière. On trouvera, au n° 164, ci-dessous, comment il sera aisé
d'arranger la construction de cette machine pour qu'on soit averti du
moment où la distillation arrivera à ce terme.

EXPLICATION DES FIGURES.

PLANCHE PREMIÈRE.

Figure 1re, représentant l'intérieur de l'atelier d'un fabricant d'eau-de-vie.

74. La figure 1re représente en perspective l'intérieur de l'atelier d'un fabricant d'eau-de-vie, garni de deux fourneaux et de deux machines distillatoires de différentes grandeurs.

75. A A' représentent les deux fourneaux garnis chacun de sa chaudière; celle qui appartient au fourneau A n'a que deux pieds de diamètre; celle qui appartient au fourneau A' a deux pieds et demi. Ces proportions peuvent être changées à volonté, suivant la quantité de vin qu'on veut mettre en distillation, pourvu toutefois qu'on ait soin de faire les changements relatifs aux autres dimensions de la machine.

76. Z Z, ouvertures du foyer de chaque fourneau par lesquelles on introduit le bois ou autres matières combustibles. Ces ouvertures doivent avoir des plaques ou portes de fer qui les bouchent exactement, et elles ne doivent jamais être ouvertes qu'au moment où on y introduit les combustibles, afin d'empêcher que l'air ne puisse frapper contre le fond de la chaudière avant d'avoir traversé le bois ou le charbon embrasé, placé sur la grille *uu*, figure 3, et de s'être ainsi fortement échauffé, comme on l'a remarqué au n° 14.

V V, ouvertures des cendriers.

77. WW, marches ou degrés par lesquels on descend pour le service du fourneau. On a jugé à propos d'établir le bas des fourneaux à quelques pieds au-dessous du niveau du terrain pour deux raisons : 1° afin de pouvoir agir plus commodément, soit pour emplir les chaudières, soit pour les nettoyer; 2° pour diminuer, le plus qu'il a été possible, la hauteur à laquelle doit être élevée l'eau qui doit couler sans cesse du réservoir E dans le réfrigérant.

78. X X, couvercles des chaudières. Voyez-en la description au n° 181, ci-dessous.

79. *yy*, clefs ou registres au moyen desquels on peut donner plus ou moins d'ouverture aux cheminées, et régler en proportion le degré du feu.

Pour les autres détails relatifs aux fourneaux, aux chaudières et aux cheminées, voyez l'explication des figures 3, 6 et 7 de cette même planche.

80. HHHH, muraille qui sert à séparer la pièce dans laquelle sont placés les fourneaux de celle où coule l'eau-de-vie. Cette précaution a pour objet d'éviter les inflammations et les accidents. On a représenté ici cette muraille rompue, pour laisser voir le tuyau qp qui la traverse.

81. qp, portion cintrée du tuyau carré qui conduit la vapeur de la chaudière au réfrigérant.

N. B. Ce tuyau se trouvant engagé dans la maçonnerie sera défendu des impressions de l'air extérieur; il ne fera par conséquent point office de réfrigérant, et les vapeurs ne s'y condenseront pas, surtout lorsque la muraille sera suffisamment échauffée.

82. P O, P'P'O'O', deux machines distillatoires, substituées au serpentin ordinaire. Chacune consiste en un tuyau carré de métal, qui contient, dans son intérieur, un second tuyau carré de métal (n°s 19, 29 et 34). Ce mécanisme sera détaillé très au long lorsqu'il sera question d'appliquer cette même machine à la dessalation de l'eau de mer. (Voyez l'explication de la planche IV, fig. 19, 20, 21 et 22.) Il suffit de remarquer, dans ce moment, que c'est dans l'intervalle que ces deux tuyaux laissent entr'eux que coule continuellement l'eau froide, qui doit opérer la condensation des vapeurs. Cette eau est conduite du réservoir E par un tuyau de cuir hh'; elle se répand dans tout l'intervalle compris entre les deux tuyaux carrés, lequel est de 7 à 8 lignes; enfin, après avoir circulé et produit son effet, elle se décharge par le tuyau $g'g''$, dont la coupe est représentée par g' dans la figure 3.

83. Cet intervalle des deux tuyaux est exposé à la vue dans les figures 3, 7 et 4. Cette dernière représente l'extrémité du réfrigérant rompu. On y voit le tuyau de cuir $h'h''$ qui donne entrée à l'eau réfrigérante: le tuyau f, par lequel coule l'eau-de-vie à mesure qu'elle est condensée dans le tuyau intérieur O; enfin le tuyau de décharge i, garni de son robinet, lequel ne sert que pour vider entièrement le réfrigérant quand la machine ne travaille plus.

84. La longueur de ces tuyaux réfrigérants doit être proportionnée à la grandeur de la chaudière. Lorsque la pièce dans laquelle on les établit n'est pas assez longue pour les prolonger autant qu'il est nécessaire, on les continue, soit en retour d'équerre, soit en leur faisant faire tel autre angle que les circonstances exigent. C'est ce qu'on a pratiqué dans cette planche à l'égard de la machine distillatoire P'P' O'O' figure 1 et 2.

85. Il est encore à observer que ces tuyaux doivent aller en diminuant insensiblement depuis leur origine PP' jusqu'à leur extrémité OO', attendu qu'une partie de la vapeur, se condensant chemin faisant, la portion qui reste à la fin n'exige plus un aussi grand espace pour être contenue.

86. G G G G G (fig. 1ʳᵉ), sont les bancs ou supports de charpente sur lesquels la machine est posée : il faut qu'ils soient suffisamment solides, et, pour éviter qu'ils ne se prêtent à quelque mouvement qui pourrait déranger le réfrigérant, on les a fixés au plancher par des attaches de fer *nnnnn*.

87. On pourrait, au lieu d'employer des supports de bois, établir la machine sur un massif de maçonnerie. On pourrait également l'appuyer contre une muraille, à laquelle elle serait fixée par des potences de fer. Le choix de ces différents moyens dépend des circonstances et doit être laissé à la prudence du constructeur.

88. Tout cet appareil distillatoire doit avoir une pente d'environ trois pouces par toise, depuis l'origine P P′ des tuyaux jusqu'à leur extrémité O O′, pour favoriser l'écoulement de l'eau-de-vie, qui, comme on l'a déjà dit, s'échappe par le tuyau *f* (fig. 1, 2 et 4), et tombe dans l'entonnoir *m* du bassiot K.

89. K K, bassiots, espèces de baquets destinés à recevoir l'eau-de-vie à mesure qu'elle coule du tuyau *f*. La section d'un de ces bassiots est représentée séparément, figure 5 (Voyez l'explication de cette figure).

90. *kkkk*, crampons en fer qui assujettissent la machine de côté et la maintiennent ferme. Si on croyait qu'ils ne fussent pas suffisants pour remplir leur objet, on pourrait y substituer des liens de fer qui tourneraient autour de la machine.

91. *hh′, hh′*, tuyaux de cuir par où l'eau arrive du réservoir E aux réfrigérants ; ces tuyaux s'ajustent en *h″* (fig. 1 et 4), qui est un bout de tuyau de cuivre, avec une ficelle.

Pour régler la quantité d'eau que doivent fournir ces tuyaux, on les a fait passer entre deux petites pièces de bois dont l'une est mobile sur une charnière, et qui peuvent se rapprocher ou s'éloigner l'une de l'autre. (Voyez le n° 61.) La pression qu'on leur fait essuyer entre ces deux pièces de bois diminue le volume du passage de l'eau. Ce mécanisme se trouve détaillé dans l'explication des figures 23 et 27, planche IV.

92. *g′g″*, tuyau de décharge par où l'eau sort du réfrigérant, après avoir circulé dans l'intervalle compris entre les deux tuyaux carrés qui composent la machine distillatoire. Cette eau peut être reçue dans un bassin hors de la maison, et, après qu'elle aura été suffisamment refroidie, être repompée et élevée de nouveau dans le réservoir E. On conçoit, sans qu'il soit besoin de le dire, que ce bassin ne doit être que très-peu au-dessus du niveau de *g″*, afin qu'il n'y ait à parcourir que le moins d'espace en hauteur qu'il sera possible, pour ramener l'eau au réservoir E. On évitera l'embarras d'employer ainsi plusieurs fois la même eau si on peut se procurer un cours d'eau continu, tirée d'un ruisseau : alors le tuyau *g″* sera prolongé

jusqu'au dehors de la maison, comme on a eu·intention de l'indiquer par des lignes de points dans la figure 2.

93. *i i*, tuyaux et robinets de décharge qui servent à vider entièrement l'eau du réfrigérant, quand la machine ne travaille plus.

Figure 2, représentant la projection sur le plan, ou le plan géométral des machines distillatoires, représentée dans la figure précédente ; mais sur une échelle plus petite.

94. Les mêmes choses étant exprimées par les mêmes lettres, l'explication de la figure précédente peut s'appliquer également à celle-ci.

Figure 3, représentant une section verticale (suivant la ligne A N de la fig. 6) du fourneau, de la chaudière, et du commencement du tuyau distillatoire.

95. R R R′ R′ R″ R″ R″ R‴, intérieur de la chaudière qui est engagée dans la maçonnerie A A, et qui y est soutenue par quatre tenons, dont deux C C sont en évidence.

96. On peut en outre, si on le juge nécessaire, la soutenir par-dessous avec des barres de fer *n n*; et mieux encore sur la circonférence de la maçonnerie du fourneau Z‴ B′, en rétrécissant son contour d'environ deux pouces : ce qui vaut mieux que les barres de fer; car celles-ci ne tardent pas à être rongées et·détruites par la continuation du feu. C'est par cette méthode que les grandes chaudières des machines à feu sont soutenues de façon que le feu agit immédiatement sur presque toute l'étendue du fond de la chaudière, qui est exposée nue à son activité.

97. R″ R″, ouverture par laquelle on introduit la liqueur à distiller; on la ferme ensuite avec un couvercle X. Le rebord, tant de ce couvercle que de la chaudière, est double, par les raisons qui seront exposées ci-après. On en peut voir une description plus détaillée, planche IV, figure 18.

98. R‴ R‴, ouverture par laquelle la vapeur monte de la chaudière dans le tuyau *q p b r*. On observera que cette ouverture doit avoir, dans tout son contour, un rebord *d d* d'un demi-pouce environ de hauteur, qui s'oppose à ce que l'eau-de-vie, qui pourrait être condensée avant d'être engagée dans le tube distillatoire, ne retombe dans la chaudière.

99. L'espèce de gouttière, formée par le rebord dont on vient de parler, doit avoir un peu de pente vers *b*, pour déterminer l'eau-de-vie à couler de ce côté. Cette pente, comme on l'a dit plus haut, doit être commune à tout le tube distillatoire, et d'environ trois pouces par toise. La ligne ponctuée *t t*, qui est horizontale, rend cette pente sensible.

V V, cendrier.

u u, grille qui soutient le bois ou autre matière combustible.

y, registre qui sert à diminuer, à volonté, l'ouverture de la cheminée, et à régler ainsi le feu. On en a parlé ci-dessus au n° 79.

100. F F, intervalle d'environ 4 ou 6 pouces qui se trouve entre les parois intérieures du fourneau et la surface de la chaudière. L'objet de cet intervalle est de pouvoir y faire circuler la flamme, lorsqu'on le juge à propos, et échauffer ainsi la surface latérale de la chaudière. Pour comprendre le mécanisme de cette construction, il est nécessaire de jeter les yeux sur la figure 6, qui représente la section horizontale du fond de la chaudière et de la maçonnerie, suivant la ligne D D de la figure 3. On y voit deux ouvertures ou trous carrés B et C, qui communiquent tous deux avec le foyer Z''' de la figure 3.

101. Ces deux ouvertures B et C sont séparées l'une de l'autre par une cloison verticale de maçonnerie *x*. L'ouverture B communique directement avec la cheminée B' B' B B de la figure 3, ou plutôt elle n'est autre chose que la cheminée même. Celle C, au contraire, ne communique à la cheminée que par l'espace F F' F''. Une coulisse horizontale Z *pp* (représentée séparément, fig. 4bis, pl. II) sert à fermer à volonté, suivant qu'on la pousse plus ou moins, l'ouverture B ou l'ouverture C. On a représenté, figure 6, cette coulisse par des lignes ponctuées avec les mêmes lettres : dans l'une, l'ouverture B est ouverte; dans l'autre, c'est l'ouverture C.

102. Lorsqu'on veut échauffer à la fois le fond et la surface latérale de la chaudière, on pousse la coulisse Z *pp* jusqu'en B, de manière qu'elle ferme l'ouverture B, et qu'elle laisse ouverte celle C : alors la flamme qui, après avoir échauffé le fond de la chaudière, sort par l'ouverture C, se trouvant arrêtée par la cloison *x*, est obligée de parcourir l'espace F F' F'' avant d'arriver à la cheminée. Mais, il est aisé de sentir que cette disposition du fourneau, qui est très-avantageuse et très-économique tant que la chaudière est pleine ou à peu près pleine de liqueur, aurait beaucoup d'inconvénients lorsqu'elle est en partie vide : alors, la flamme, frappant sur les parois vides de la chaudière et leur communiquant une chaleur de beaucoup supérieure à celle de l'eau bouillante, ne manquerait pas de donner un goût de brûlé à l'eau-de-vie.

103. Pour éviter cet inconvénient, il est nécessaire, lorsque la liqueur commence à baisser dans la chaudière, d'interdire à la flamme la circulation dans l'espace F F' F''. C'est ce qu'on opère avec facilité, en retirant la coulisse Z *pp*, jusqu'à ce qu'elle ferme l'ouverture C, et qu'elle laisse ouverte celle B : alors la flamme passe directement du foyer dans la cheminée B B, figure 3, sans circuler autour de la chaudière. Un peu d'habitude apprendra bientôt à celui qui gouverne la distillation à juger de l'instant auquel il doit avancer ou reculer ainsi la coulisse. (Voyez dans le n° 165 l'idée d'une jauge pour cet effet.)

104. Quoique dans la description qu'on vient de donner il reste encore une

petite portion de la surface latérale dans la chaudière de haut en bas accessible à la flamme depuis R jusqu'en R', figure 3, cependant comme le courant d'air, loin d'appliquer la flamme contre cette partie, tend à l'en éloigner au contraire en la dirigeant vers la cheminée B, figure 6, qui en est à cinq ou six pouces de distance, il n'y a pas à craindre qu'il en puisse résulter aucun goût de brûlé pour l'eau-de-vie. Il serait facile au surplus, soit de recouvrir ce petit espace d'une plaque de tôle, soit de le revêtir d'un enduit léger de maçonnerie.

105. T, figure 3, tuyau de décharge, qui sert à vider la chaudière. On l'a représenté ici bouché.

106. qp, tuyau carré de métal qui traverse le mur, et par lequel la vapeur est conduite de la chaudière au réfrigérant. Ce tuyau s'ajuste en bb avec le réfrigérant r. Il faut qu'il y soit luté de manière à ne laisser échapper aucune vapeur. (Voyez le n° 182, ci-dessous.)

107. $xy'\,xy'$, intervalle d'un demi-pouce qui se trouve entre le tuyau carré extérieur et l'intérieur, et dans lequel circule l'eau réfrigérante.

108. g', section du tuyau qui sert à décharger l'eau qui a circulé dans le réfrigérant.

109. On n'a pu représenter, dans cette figure, qu'une très-petite portion du réfrigérant; mais on a eu soin de détailler son extrémité dans la figure suivante.

Figure 4, représentant l'extrémité de la machine distillatoire, rompue pour en laisser distinguer l'intérieur.

110. O, intérieur du tuyau distillatoire $xy'\,xy'$, intervalle qui se trouve entre les deux tuyaux carrés, et dans lequel coule continuellement l'eau réfrigérante qui sert à condenser la vapeur.

111. pp, surface du tuyau extérieur.

bb, surface du tuyau intérieur.

112. z, une des petites lames de métal pliée qui se place entre l'enveloppe pp, qui forme le tuyau extérieur, et celle bb, qui forme le tuyau intérieur. Ces lames sont placées, de distance en distance, dans toute l'étendue de la machine. Leur objet est de maintenir les feuilles de métal toujours à une distance égale et d'empêcher que la machine ne se difforme. La manière de les tailler et de les placer se trouve détaillée n° 194, planche IV, figures 21, 24, 25 et 26.

113. $h'h''$, portion du tuyau de cuir par laquelle l'eau arrive du réservoir au réfrigérant

114. f, tuyau qui communique avec l'intérieur O du tuyau distillatoire et par lequel s'écoule l'eau-de-vie à mesure qu'elle est condensée; elle est reçue dans le bassiot K, dont la section verticale est représentée figure 5.

Figure 5, représentant la coupe verticale d'un des bassiots, en partie rempli de liqueur.

115. Le bassiot est une espèce de baquet à double fond dont le supérieur est percé d'un trou *n*, dans lequel s'ajuste l'entonnoir *m*, qui reçoit la liqueur à mesure qu'elle coule du tuyau distillatoire par le tuyau *f*, figure 4.

Figure 6, représentant la section horizontale du fourneau et de la chaudière, prise un peu au-dessus du fond de la chaudière suivant la ligne D D, figure 3.

116. R, c'est le fond de la chaudière.

117. T, tuyau de décharge garni de son bouchon N par lequel on vide la chaudière, lorsque la distillation est finie.

118. C, ouverture dont il a été parlé dans l'explication de la figure 3 par laquelle passe la flamme, après avoir échauffé le fond de la chaudière pour circuler dans l'espace F F′ F″. (Voyez les nᵒˢ 101 et 102.)

119. Z, manche de la coulisse, qui sert à boucher, à volonté, l'ouverture C, ou l'ouverture B. L'usage de cette coulisse a déjà été exposé dans l'explication de la figure 3, n° 101 et suivants.

Figure 7, représentant la section horizontale de la chaudière, de la cheminée et du fourneau, suivant la ligne t t de la figure 3, c'est-à-dire, prise au-dessus de l'embouchure de la chaudière.

120. Les mêmes lettres, dans cette figure et dans la précédente, exprimant les mêmes objets que dans les figures 1, 2 et 3, on n'entrera pas dans de plus grands détails.

PLANCHE II.

Figure 8, représentant tout l'ensemble d'un appareil distillatoire adapté à une frégate du Roi.

121. G G H G G, coupe transversale et verticale du vaisseau, à l'endroit de la cuisine.

122. A, cuisine dont les détails sont représentés en perspective dans les figures 9, 11, 12 et 14.

123. La même cuisine est représentée en coupe dans les figures 13 et 15, planche III.

124. *n n n*, attaches ordinaires, qui fixent la cuisine au pont inférieur du vaisseau.

125. B, C, ouvertures supérieures des cheminées des deux cuisines, savoir B celle du capitaine, et C celle de l'équipage.

126. E, réservoir qui fournit l'eau nécessaire au réfrigérant.

127. I, son ouverture supérieure, pour le nettoyer au besoin.

128. gg, extrémité supérieure des deux tuyaux ($g''g'$ de la fig. 12), par lesquels se décharge continuellement l'eau qui sort du réfrigérant, après avoir produit son effet. Ils sont recouverts dans une boîte de bois pour les préserver des accidents. Cette boîte est représentée ici ouverte, pour laisser les tuyaux exposés à la vue.

129. Mais dans la construction exposée dans le n° 65 et les n°ˢ suivants, qui, en effet, est la plus avantageuse, ces tuyaux de décharge sont placés autrement, comme on l'a déjà expliqué assez en détail.

130. F, couvercle qui sert à fermer le réservoir.

131. fN, tuyau de plomb, par où l'eau distillée descend de la machine distillatoire dans le baril R.

132. R R, barils dans lesquels coule l'eau distillée, suivant que le vaisseau penche d'un côté ou d'un autre.

Figure 9, représentant, comme la figure 8, la coupe transversale et verticale G G G G du vaisseau, vue par-dessous en perspective.

133. O P P O, machine distillatoire, qui consiste en deux tuyaux carrés renfermés l'un dans l'autre, comme il sera exposé ci-après.

134. La face supérieure de ce double tuyau est représentée séparément, planche III, figure 17; sa face latérale, figure 16 et sa coupe, planche IV, figures 19 et 20.

135. K K, attaches de fer qui servent à fixer la machine distillatoire au plancher. Ces attaches sont supprimées du côté droit, attendu qu'on a rompu la poutre pour mettre à découvert en entier de ce côté la machine distillatoire P O.

136. fN, fN, tuyaux de plomb, par où coule l'eau distillée dans les barils R R.

137. ii, robinets de décharge qui servent à vider entièrement le réfrigérant quand la machine ne travaille plus.

Figure 10, représentant la pompe qui fournit l'eau au réfrigérant.

138. Cette pompe est foulante et aspirante, et doit être placée à l'avant du vaisseau, pour puiser l'eau dans la mer et la transmettre au réservoir.

139. cc, double levier auquel sont appliqués les hommes qui font travailler la pompe.

dd, corps de pompe.

140. bbb, tuyau de plomb qui passe le long de la quille du vaisseau à l'avant, qui en suit la courbure, et dont l'extrémité est plongée dans la mer pour en aspirer l'eau.

141. lll, tuyau de cuir par lequel l'eau est forcée de monter de la pompe dd

dans le réservoir E, figure 8. Il s'ajuste en L, figure 11, avec le bout du tuyau de métal, qui tient au réservoir.

Figure 11, représentant la portion du pont ou gaillard sur laquelle est le réservoir, à vue d'oiseau. et sur une plus grande échelle que les figures 8 et 9.

142. I E, ouverture supérieure du réservoir.

F, son couvercle de bois.

B, ouverture supérieure de la cheminée du capitaine.

C, ouverture supérieure de la cheminée de l'équipage.

aaaa, équerres de fer ou attaches qui fixent le réservoir sur le pont.

L, bout de tuyau de métal, auquel s'attache celui de cuir *lll*, figure 10, qui conduit l'eau de la pompe au réservoir. (Voyez le n° 151.)

143. M M, bancs de bois qu'on a pratiqués près du réservoir pour la commodité de l'équipage, et sous lesquels on a ménagé de petites armoires. Ces bancs peuvent être changés ou supprimés, comme on le jugera à propos, et il suffira que le réservoir soit recouvert d'une enveloppe de bois qui le préserve des chocs qui pourraient l'endommager.

PLANCHE III.

Figure 12, représentant, en perspective, la cuisine du vaisseau, le réservoir et la machine distillatoire tronquée par les deux bouts.

144. On a rompu, en partie, le devant de la cuisine, pour en laisser voir l'intérieur. On a pareillement supprimé une partie du pont supérieur et l'enveloppe de bois qui recouvre le réservoir.

W, cuisine de l'équipage.

V V, cuisine du capitaine.

145. R, chaudière dont la coupe verticale est représentée figure 13; la coupe horizontale, figure 15; et la coupe géométrique, planche IV, figure 18.

146. Cette chaudière est placée, comme on voit, dans la cloison qui sépare les deux cuisines, de manière cependant que la plus grande partie est du côté de la cuisine W des matelots : c'est aussi de ce même côté que sont son ouverture et son couvercle.

Cette chaudière est élevée de sept pouces au-dessus du foyer, afin que le feu des deux cuisines frappe à son fond et contribue à l'échauffer.

147. *q p*, tuyau carré, destiné à conduire la vapeur de la chaudière R dans la machine distillatoire P P. Ce tuyau est encore du côté de la cuisine de l'équipage. (Voyez fig. 15.)

148. *N. B.* Lorsqu'on adoptera la méthode exposée dans le n" 69, il vaudrait mieux avoir ce tuyau $q\,p$ soudé au tuyau distillatoire, formant un coude en équerre. Dans ce cas il y aurait un trou carré dans le couvercle de la chaudière, avec un rebord d'environ un pouce de hauteur, dans lequel on ajusterait le bout inférieur de ce tuyau $q\,p$, et en l'entourant avec une bandelette de toile ou un torchon trempé dans l'eau, on empêcherait tout à fait la vapeur de s'échapper au-dehors, comme on le dira, ci-dessous au n° 182.

149. P P, milieu de la machine distillatoire qu'on a brisée en $g'\,m$, $g'\,m$, et dont on voit l'intérieur au côté droit de la figure. On y aperçoit les deux tuyaux carrés dont elle est composée, et l'intervalle qu'ils laissent entre eux. C'est dans cet intervalle que coule continellement l'eau froide qui sert à condenser la vapeur contenue dans le tuyau intérieur. On n'entrera pas ici dans de plus grands détails sur ce mécanisme; il se trouvera exposé au long dans l'explication des figures de la planche IV.

150. E, réservoir qui contient l'eau froide; il doit être de cuivre étamé, à moins qu'on ne préfère, comme on l'a dit plus haut, y substituer un tonneau de capacité suffisante.

F, son ouverture supérieure.

ll, tuyau de cuir, qui conduit l'eau de la pompe dans le réservoir E.

151. L L L, tuyau de métal auquel s'ajuste, par le moyen d'une ligature, le tuyau de cuir ll. Ce tuyau se continue, ainsi qu'on l'a exprimé, par des lignes ponctuées L L, jusqu'à la partie supérieure du réservoir. Ce tuyau aurait pu également être placé en dehors du réservoir; mais on a eu intention de le défendre des accidents.

152. h, bout de tuyau de métal qui traverse le pont du vaisseau et le fond du réservoir, et qui s'ajuste avec un tuyau de cuir h', pour conduire l'eau du réservoir E dans le réfrigérant de la machine distillatoire P P. Le mécanisme qui sert à régler la quantité d'eau nécessaire pour son objet est représenté dans les figures 23 et 27 de la planche IV.

N. B. Dans la construction proposée dans le n° 65 et les n°⁸ suivants il doit y avoir deux tuyaux, comme celui marqué par h, ainsi qu'on l'a déjà expliqué.

153. $g'\,g''$, $g'\,g'$, sont les tuyaux de décharge par lesquels l'eau, après avoir circulé dans le réfrigérant, sort et coule sur le pont. On voit l'extrémité supérieure $g\,g$ de ces deux tuyaux au-dessus du pont, dans les figures 8 et 11. On les couvre avec une espèce de boîte de bois pour les préserver d'accidents.

N. B. Les tuyaux $x\,x$, $x\,x$ (qui sont des branches sorties des tuyaux $g'\,g''$, $g'\,g''$) des figures 16 et 17 doivent être de plomb; s'ils étaient de cuivre, ils ne manqueraient pas d'être endommagés par l'eau chaude. Cependant, comme dans l'ar-

rangement décrit dans le n° 65 et les n°ˢ suivants ces mêmes tuyaux servent à conduire l'eau froide du réservoir au réfrigérant, il sera alors plus avantageux de les
faire de cuir.

154. Si l'on trouvait quelque inconvénient à laisser couler l'eau librement sur le
pont, il faudrait prolonger les tuyaux de décharge $g'g''$, $g'g''$ jusqu'au dehors du
vaisseau. Voyez au surplus ce qui a été prescrit ci-dessus, relativement à ces tuyaux,
dans les n°ˢ 65, 66 et 67. Les mêmes observations s'appliquent également aux
tuyaux xx, xx, dont on va parler.

155. xx, xx, tuyaux de plomb qui s'embranchent sur les tuyaux $g''g''$, près de
l'extrémité de leur décharge. Ces deux tuyaux se réunissent, ainsi qu'on l'a exprimé,
par des lignes ponctuées, pour donner de l'eau à la chaudière. Cette construction
se trouve mieux développée dans la figure 13. On y voit le tuyau xx, son robinet W, enfin l'entonnoir D, dans lequel l'eau tombe pour s'introduire dans la chaudière. On a été obligé d'employer ainsi deux tuyaux xx, afin que le robinet pût
toujours fournir de l'eau, de quelque côté que le vaisseau fût penché.

156. Cependant lorsqu'on adoptera la construction exposée dans le n° 65, qui
en effet est préférable à celle dont on vient de parler, exprimée par les figures de
ces planches, alors on n'aura besoin que d'un seul tuyau pour fournir l'eau déjà
échauffée à la chaudière, comme on l'a déjà exposé assez en détail au n° 68. Le
reste de cette même eau, quoique sale, étant à demi-chaude, peut être employé
à laver du linge ou la vaisselle, et à un grand nombre d'usages dans le vaisseau.

Figure 13, représentant la coupe verticale de la machine selon la longueur de la chaudière, c'est-à-dire
dans le sens de la quille du vaisseau, et du côté de la cuisine de l'équipage.

157. R, coupe de la chaudière.

X, son couvercle en perspective. (Voyez la construction au n° 181, ci-après.)

158. qpr, tuyau par lequel la vapeur monte de la chaudière dans le tuyau de
la machine distillatoire.

159. On observera que ce tuyau s'élève environ d'un demi-pouce au-dessus du
fond du tuyau intérieur distillatoire; ce qui forme un rebord qui se voit plus sensiblement dans la figure 22, planche IV, et qui est marqué par uu. L'objet de
ce rebord est d'empêcher que l'eau qui se condense dans le tuyau distillatoire ne
retombe dans la chaudière. (Voyez le n° 185.)

160. t, intérieur du tuyau distillatoire, environné de l'enveloppe dans laquelle
circule l'eau réfrigérante.

161. $lLLL$, tuyau par lequel l'eau arrive au réservoir.

162. $h'h''$, tuyau de cuir, qui s'adapte, d'un bout en h', avec le tuyau de métal h
qui tient au fond du réservoir, et de l'autre en h'' avec celui qui tient au réfrigérant.

*(Voyez dans le n° 65 et les. nᵒˢ suivants, l'autre arrangement de cette machine, qui est aussi simple et plus avantageux que celui décrit dans cet article.)

163. D, entonnoir par lequel on verse l'eau dans la chaudière, soit pour l'emplir au commencement de l'opération, soit pour la renouveler à mesure qu'elle s'évapore.

164. Comme il est important que la vapeur de l'eau contenue dans la chaudière ne puisse pas s'échapper par l'ouverture de l'entonnoir D, on pourra garnir la tige d'un robinet qu'on ouvrira ou qu'on fermera à volonté. Mais, pour remplir le même objet, il sera préférable de prolonger le tuyau de l'entonnoir, et de lui donner assez de longueur pour que son ouverture inférieure descende jusqu'un peu au-dessous du milieu de la hauteur intérieure de la chaudière, ainsi qu'il est représenté (fig. 13) par la ligne ponctuée Y′, et par $\delta\lambda$.

165. D'après cette disposition, aussitôt que les deux tiers de l'eau salée contenue dans le chaudron auront été évaporés, le bout de la tige de l'entonnoir ne plongeant plus dans l'eau, il y aura libre communication de l'entonnoir à l'extérieur de la chaudière. En conséquence, la vapeur commencera à sortir par l'entonnoir D, et celui qui veillera à la distillation sera averti qu'il est temps d'ouvrir le robinet S, pour faire écouler l'eau saumâtre, et de la remplir ensuite avec l'eau chaude du réfrigérant par le robinet W, etc.

166. xx, tuyau garni de son robinet W, qui conduit l'eau du tuyau de décharge g'', figure 12, à l'entonnoir D, ainsi qu'il a été exposé dans l'explication de la figure 12.

167. T, robinet et tuyau de décharge pratiqué au fond de la chaudière pour en faire écouler toute l'eau, et la mettre à sec. Il est aisé de sentir qu'on ne peut faire usage de ce robinet que quand il n'y a plus de feu sous la chaudière.

168. Dans le cas contraire, c'est-à-dire dans celui où l'on est obligé de renouveler l'eau pendant que le feu est encore allumé, il est nécessaire de laisser environ un pouce d'eau au fond de la chaudière, pour éviter qu'elle ne soit brûlée par l'action du feu. Pour que cet objet puisse être rempli avec sûreté et facilité, on a pratiqué en S un robinet, dont le tuyau s'ouvre à un pouce environ au-dessus du fond de la chaudière. Cette circonstance oblige seulement de renouveler l'eau un peu plus souvent.

169. Y′Y, plaques de fer, qui recouvrent les tuyaux d'entrée et de sortie de l'eau, pour les garantir de l'action trop vive du feu.

170. Z, plaque de fer, qui forme la séparation des deux cheminées, au-dessous de la chaudière, dans la supposition où l'on jugera cette séparation nécessaire. Assurément il vaudrait mieux que cette cloison n'existât pas, ou au moins qu'on pût l'ôter à volonté.

Figure 14, représentant en perspective la cuisine, vue du côté de celle du capitaine.

171. Les lettres expriment les mêmes objets que dans les figures précédentes. On observera seulement qu'il n'y a, de ce côté, qu'une petite portion de la chaudière qui fasse saillie, pour recevoir l'action du feu de la cuisine du capitaine, et qu'elle est entièrement fermée de ce côté.

Figure 15, représentant le plan horizontal et géométral des deux cuisines et de la chaudière.

172. On y distingue la partie aa, qui fait saillie du côté de la cuisine V du capitaine; la partie bb, qui fait saillie du côté de la cuisine de l'équipage W; l'ouverture R, par laquelle on ouvre la chaudière pour la nettoyer; celle qp du tuyau carré, qui conduit la vapeur de la chaudière au réfrigérant : enfin les tuyaux et robinets S et T, qui servent, soit à vider entièrement la chaudière, soit à la vider en partie, suivant les circonstances.

173. La section verticale de la chaudière est représentée planche IV, figure 18.

Figures 16 et 17, représentant la machine distillatoire en entier; vue par devant, figure 16,
dessus, figure 17.

174. h', bout du tuyau de cuir, qui sert à porter l'eau froide du réservoir au réfrigérant; ce tuyau se voit en entier dans la figure 13.

175. N. B. Ce tuyau est disposé autrement dans la construction exposée dans le n° 65 et les n°° suivants, comme on en a déjà averti ci-dessus.

176. L'eau, qui est ainsi fournie par le tuyau h', se répand à l'entour du tuyau distillatoire dans l'espace formé par la double enveloppe; elle y circule, et s'élève ensuite par les tuyaux $g'\,g''\,g'\,g''$, qui, dans ce cas, doivent être de plomb, par la raison donnée au n° 153, pour s'écouler enfin sur le pont par les ouvertures $g''\,g''$, figure 12; à moins qu'on ne préfère de prolonger ces tuyaux $g''\,g''$ pour conduire l'eau jusqu'au dehors du vaisseau.

177. C'est cette même eau qui s'écoule par les tuyaux $g''\,g''$ qu'on peut détourner, quand on le juge à propos, par les tuyaux xx, xx, figures 12, 16 et 17, soit pour remplir la chaudière, soit pour tout autre usage. (Voyez ce qu'on a dit ci-dessus à la fin du n° 156, etc.)

178. i, robinet destiné, comme on l'a vu plus haut, à faire écouler toute l'eau réfrigérante, contenue dans la double enveloppe, quand la machine ne travaille plus.

179. fN, fN, tuyaux de plomb, par lesquels l'eau distillée coule du tuyau distillatoire intérieur dans les barriques R R, figures 8 et 9.

180. Il n'y a communément qu'un seul de ces tuyaux qui serve à la fois, suivant que l'inclinaison du vaisseau porte l'eau à s'écouler d'un côté ou de l'autre.

PLANCHE IV.

Figure 18, représentant une section verticale de la chaudière.

181. On est parvenu à fermer la chaudière avec exactitude et commodité, au moyen d'un double rebord, pratiqué tant à la chaudière qu'à son couvercle. Le bord extérieur *a a* du couvercle entre dans l'intervalle *u u*, que laissent entre eux les deux rebords de la chaudière. La petite couche d'eau qui se rassemblera par la vapeur dans ce même intervalle *u u* suffira pour empêcher, d'une part, que la vapeur de la chaudière ne puisse s'échapper par là, et de l'autre, que la fumée du foyer ne puisse y pénétrer.

182. Mais en général il n'y a qu'à mettre une bandelette de linge mouillée, ou un torchon trempé dans l'eau, autour de chaque jointure de l'appareil distillatoire, pour empêcher la sortie des vapeurs qui s'élèvent dans l'opération. Au surplus, si, à cause des mouvements du vaisseau, il ne restait pas dans la rainure dont il s'agit au numéro précédent assez d'humidité pour interrompre la communication de l'intérieur à l'extérieur, on pourrait remplir l'espace *u u* avec un peu de terre à four, détrempée dans de l'eau; mais on ne pense pas qu'on soit jamais obligé d'avoir recours à ce dernier expédient, lorsqu'on y appliquera à l'entour un morceau de toile de linge trempé dans l'eau, comme on vient de le dire.

183. Il est à observer que le rebord extérieur de la chaudière est un peu plus bas que l'intérieur. Cette circonstance a pour objet d'éviter que l'eau qui se rassemblera dans la rainure *u u*, et dont la quantité pourrait s'augmenter, puisse jamais retomber dans la chaudière, et communiquer un goût de fumée à l'eau.

Figure 19, représentant la section verticale de la machine distillatoire, prise sur la ligne A B de la figure 17.

184. *r*, extrémité du tuyau *q p r* de la figure 13, lequel porte la vapeur de la chaudière au tube distillatoire.

185. *u u*, rebord d'un demi-pouce au moins, dont le tuyau *r* s'élève au-dessus du niveau du fond du tuyau distillatoire, pour empêcher que l'eau distillée, lorsqu'elle est condensée, ne retombe dans la chaudière, comme il est dit au n° 64.

186. *x y*, *x y*, intervalles que laissent entre eux les deux tuyaux carrés, qui forment la machine distillatoire. C'est dans cet espace (qui est d'environ un demi-pouce) que coule continuellement, comme on l'a déjà dit, l'eau froide qui condense la vapeur contenue dans le tuyau intérieur.

187. *g g′ g″*, tuyau de décharge, par lequel l'eau s'échappe du réfrigérant, et

s'écoule, soit sur le pont, soit en dehors du vaisseau. Ces mêmes tuyaux se voient,
dans leur entier, dans les figures 12 et 17, où ils sont exprimés par les lettres g' g''.
Mais ces mêmes tuyaux sont arrangés différemment dans la construction décrite
au n° 65 et aux n°ˢ suivants.

188. *i*, robinet de décharge pour vider entièrement la machine.

Figure 20, représentant la coupe horizontale du même appareil distillatoire, suivant la ligne C D de la
figure 16.

189. Les lettres correspondantes s'appliquent aux mêmes objets que dans la
figure précédente.

190. *f*N, tuyau de plomb qui communique, d'une part, avec l'intérieur O
du tuyau distillatoire; et qui, de l'autre, conduit l'eau distillée dans les barils R R
des figures 8 et 9.

191. *h''*, bout du tuyau de métal par où l'eau arrive du réservoir au réfrigérant.

192. Ce tuyau, comme on l'a déjà vu, ne communique qu'avec l'intervalle des
deux lames qui forment le réfrigérant.

193. Mais, dans l'autre arrangement du n° 65 et des n°ˢ suivants, ce même
tuyau est celui par où découle l'eau, après qu'elle a servi à la réfrigération.

Figure 21, représentant un bout du tuyau distillatoire.

194. Une portion de l'enveloppe extérieure a été rompue pour laisser voir les
petites pièces de métal *z z z z*, qui se placent entre les feuilles qui composent le tuyau
extérieur et le tuyau intérieur. Ces petites pièces servent à maintenir l'enveloppe
extérieure toujours à une distance égale du tuyau distillatoire intérieur : elles empêchent que l'effort de l'eau, qui coule dans l'espace réfrigérant, ne difforme la
machine, et ne déjette les feuilles de métal, soit en dedans, soit en dehors; enfin,
c'est d'elles que dépend toute la solidité de la construction de la machine distillatoire.

Ces pièces de cuivre sont représentées séparément, figures 24, 25 et 26, de
moitié de leur grandeur naturelle.

195. On commence par tailler, dans une feuille de cuivre étamée, un parallé-
logramme (fig. 24) de deux à trois pouces de long, sur un pouce et demi de large.
On y fait de chaque côté, d'un coup de cisailles, une entaille ou coupure C C d'un
demi-pouce; enfin on en plie les deux bords *a a b b*, *a a b b* parallèlement à la longueur, c'est-à-dire suivant les lignes *b b b b*.

196. Cette première opération donne à ces lames la forme représentée dans la
figure 25, puis, en la repliant en équerre par le milieu, c'est-à-dire suivant la
ligne C C, on parvient à leur donner la forme indiquée par la figure 26.

197. L'emploi et l'assemblage de toutes les pièces du tube distillatoire demandant des attentions particulières de la part de l'ouvrier, il ne sera pas inutile d'entrer ici dans quelques détails.

198. La première pièce à faire est le tuyau distillatoire intérieur; il doit être formé de feuilles de cuivre étamées des deux côtés, et l'on peut, sans inconvénient, y employer des feuilles aussi longues qu'on le juge à propos. Il n'en est pas de même de l'enveloppe extérieure, les petites pièces de cuivre représentées figure 26 ne devant pas être placées, pour la solidité de l'ouvrage, à plus de quinze pouces de distance, il s'ensuit qu'on ne peut employer, pour l'enveloppe extérieure, que des feuilles également de quinze pouces de longueur.

199. Lors donc que l'ouvrier aura fini tout le tuyau intérieur, et qu'il aura préparé une grande quantité de pièces représentées, figure 26, il en soudera quatre ou cinq $z'z'z''z''$ sur le tuyau intérieur, comme il est indiqué figure 21 : puis il appliquera, par-dessus la feuille, W l'étamage en dedans, et il la soudera en l'échauffant par dehors avec le fer à souder.

200. La première feuille placée, il fera la même disposition pour une seconde, et ainsi de suite, jusqu'à ce que le tuyau intérieur soit recouvert, dans toute sa longueur, sur ses quatre faces, et le tout bien soudé. Il est à observer que chaque feuille doit être placée en recouvrement environ d'un demi-pouce sur la voisine, et cette circonstance contribue encore à augmenter beaucoup la solidité de l'ouvrage.

Figure 22, représentant la coupe verticale du milieu de la machine distillatoire sur la ligne E F des figures 16 et 17, planche III.

201. rr, portion du tuyau montant qpr, représenté dans la figure 13, par lequel la vapeur entre dans le tuyau distillatoire.

202. uu, rebord qui empêche l'eau qui s'est condensée de retomber dans la chaudière.

203. h, tuyau de cuivre qui communique avec le réservoir.

204. h'', tuyau également de cuivre qui communique au réfrigérant. On y adapte un tuyau de cuir $h'h''$, comme le représente la figure 23.

205. Mais, dans la construction décrite dans le n° 65 et les nᵒˢ suivants, ce tuyau, au lieu d'être attaché à la partie inférieure du réfrigérant ou tuyau distillatoire, comme la figure le représente, doit être dans sa partie supérieure, c'est-à-dire en x, comme on l'y voit marqué par des points.

206. X, châssis de bois dont l'usage se fera mieux sentir par l'explication des figures 23 et 27.

207. t, l'intérieur du tuyau distillatoire où se fait la condensation de la vapeur,

95.

Figures 23 et 27, représentant (la première en coupe, la seconde en perspective) le châssis de bois qui
sert à régler, par le moyen de la pression, la quantité d'eau qui passe par le tuyau de cuir $h' h'$ des
figures 12 et 13.

208. P P' P' P, figure 27, portion du tuyau distillatoire.

209. p', P' P', figures 23 et 27, son renflement dans le milieu.

210. X X Z, châssis carré de bois qui est appliqué au plancher supérieur du
vaisseau par la traverse de bois Z.

211. h'', bout de tuyau de métal auquel s'ajuste, par une ligature, le tuyau
de cuir $h' h'$.

212. t, l'intérieur du tuyau distillatoire dont on a parlé au n° 207.

213. R, pièce de bois mobile sur une charnière Y, et qu'on peut serrer plus
ou moins contre le châssis X X par le moyen d'une vis, dont V exprime la tête.

214. C'est entre cette pièce de bois et le châssis que passe le tuyau de cuir $h' h'$,
et il est sensible qu'au moyen de la vis V on peut le comprimer autant qu'on le
juge à propos, et diminuer ainsi la quantité d'eau qu'il doit fournir.

215. Cette quantité d'eau doit être tellement proportionnée que l'eau, après avoir
circulé dans le réfrigérant, sorte par le tuyau de décharge, sans être plus que tiède.

216. Il est à observer que le trou par où passe la clef V ne doit pas être exactement rond, mais un peu ovale, afin de se prêter au mouvement circulaire de la
pièce de bois R sur la charnière Y comme centre.

217. On observera encore que la traverse de bois R doit être garnie en dedans
d'une espèce de coussin, 1° pour empêcher que la pression n'endommage, à la
longue, le tuyau de cuir $h' h'$; 2° parce que la pression se fera mieux par un corps
élastique que par un corps dur.

218. L'explication des figures 24, 25 et 26 se trouve comprise dans celle de
la figure 21.

TABLE.

NOTE DE L'ÉDITEUR.

Il a été publié, en 1781, un petit volume in-4° de 43 pages accompagné de quatre planches, sans nom d'auteur, sans indication de libraire ni d'imprimeur, sans permis d'imprimer ni privilége.

Cet ouvrage a pour titre : *Nouvelle construction d'alambic pour faire toute sorte de distillation en grand avec le plus d'économie dans l'opération et le plus d'avantage dans le résultat, en deux parties; la première comprenant son application à la distillation des eaux-de-vie; et la seconde à la dessalaison des eaux de mer à bord des vaisseaux; avec des figures en taille-douce.*

A la suite de ce titre se trouve cette mention : *Première édition, destinée à être distribuée gratis, dans les provinces de France. La seconde édition sera destinée à être vendue au bénéfice des hôpitaux.*

Je possédais cet ouvrage depuis longtemps et malgré les nombreux passages où la main d'un maître se reconnaît sans hésitation, le titre d'un français contestable, *nouvelle construction d'alambic, etc.* ainsi que l'indication prétentieuse qui le suit, ne m'aurait guère permis de l'attribuer à Lavoisier, dont le style est toujours si correct, et dont les rapports avec le public ont toujours été marqués au coin du bon goût et de la simplicité.

Cependant j'ai retrouvé le manuscrit de cet ouvrage, de la main de Lavoisier, y compris la préface, l'explication des figures et la table des matières, le tout surchargé et corrigé toujours de sa main, sans apparence d'aucune autre écriture.

J'ai retrouvé, en outre, deux notes également de sa main, qui font connaître l'histoire du travail auquel se rapporte cet important document.

Un savant étranger avait fait connaître en 1773, à M. Trudaine, l'existence d'un appareil distillatoire exécuté à bord d'un vaisseau anglais en vue de dessaler l'eau de mer. Une commission avait été chargée de suivre cette indication; Lavoisier avait fait le travail et rédigé l'ouvrage qui en rendait compte.

Ce savant étranger était un Portugais du nom de Magalheus ou Magellan, qui avait rendu à Lavoisier de petits services de correspondant. Il habitait Londres et envoyait, sur sa demande, à Lavoisier les instruments et les livres anglais dont celui-ci avait souvent besoin, et qu'il se procurait chez les fabricants ou les libraires de Londres.

Lavoisier fit parvenir à Magalheus, le 1ᵉʳ juillet 1775, une copie de l'ouvrage qu'il venait d'écrire et en reçut les observations que sa rédaction lui avait inspirées. La correspondance que nous donnons plus loin en fournit la preuve.

Que s'est-il passé de 1775, époque à laquelle remonte la composition et l'envoi du manuscrit, à 1781, époque de sa publication; nous l'ignorons. Mais cet ouvrage anonyme est l'œuvre de Lavoisier; il porte son empreinte partout; à son époque il était seul capable de l'écrire; le principe qu'il pose est le même principe qu'il appliquait bientôt au traitement des salpêtres : *Obtenir le maximum d'effet avec le minimum de dépense.*

L'industrie doit donc inscrire dans ses annales le nom de Lavoisier comme l'inventeur du chauffage systématique et de la distillation continue, de même qu'il est l'inventeur de la lixiviation systématique ou continue; trois applications d'un même principe qui, sous une foule de formes, servent de plus en plus de guide dans la conception de tous les appareils des arts et de la science.

Nous réunissons ici les pièces qui peuvent donner quelques lumières sur cet incident singulier de la vie scientifique de Lavoisier.

EXPOSÉ DE CE QUI A ÉTÉ FAIT PAR LES ORDRES DE M. BOYNES ET DE M. TURGOT RELATIVEMENT À L'EXÉCUTION D'UNE MACHINE À DESSALER L'EAU DE MER.

(Présenté à M. Turgot, le 1ᵉʳ septembre 1774.)

MANUSCRIT DE LAVOISIER.

Un savant étranger très-connu en France, mais qui désire de n'être pas nommé, communiqua à M. de Trudaine dans le mois de février 1773 l'idée d'un appareil distillatoire propre à dessaler l'eau de la mer qu'il avait vu exécuté à bord d'un vaisseau anglais; la nouveauté des principes sur lesquels était construite cette machine et l'importance de l'objet engagèrent M. de Trudaine à en parler à M. de Boynes, alors ministre de la marine. Il fut convenu avec ce ministre qu'on essayerait

En suivant l'ordre chronologique, la pièce suivante, sans date, paraît se placer ici :

RAPPORT.

(DE LA MAIN DE LAVOISIER.)

M. Turgot ministre de la marine ayant intention de faire exécuter, à bord du premier vaisseau du roi qui partira pour une expédition de long cours, la machine anglaise à dessaler l'eau de la mer par distillation, il est préalablement nécessaire qu'il veuille bien donner ses ordres sur les objets qui suivent.

1° La machine sera-t-elle faite en fer-blanc comme celle qui a été exécutée à Paris, et dont M. Turgot a vu l'effet par lui-même? ou bien en cuivre, etc. On pense sur ce premier article que le fer-blanc n'a d'autre inconvénient que de durer peu, mais en même temps le bon marché compense avec avantage la différence de solidité, et, tout examiné, on le croit préférable, surtout pour un essai. Il n'a pas d'ailleurs les dangers du cuivre.

2° Cette machine sera-t-elle exécutée sur les lieux et par les ouvriers du pays, ou bien enverra-t-on de Paris l'ouvrier qui a exécuté la première?

Quoique cette machine soit simple, il est certain qu'elle ne laisse pas de présenter quelques difficultés dans les détails. Il faut nécessairement la modifier pour l'appliquer au local de la cuisine d'un vaisseau, et cette opération ne peut être faite avec certitude que par quelqu'un qui connaisse bien les principes de construction de la machine et qui ait au moins des idées élémentaires de physique; l'ouvrier qui a été employé à la construction de la machine faite à Paris réunit tous ces avantages, et l'on croit préférable à beaucoup d'égard de s'adresser à lui pour une seconde. La seule objection est l'augmentation de dépense qui en résultera. Il faudra payer le déplacement de l'ouvrier, et il pourra en résulter une augmentation de dépense de 3 à 400 livres; mais en même temps il y a lieu d'espérer qu'on en sera dédommagé avec avantage par la perfection de la machine, par le moins de temps qu'on emploiera pour l'exécuter, enfin par la moindre perte de matière.

On ajoutera que l'ouvrier est aussi honnête qu'intelligent, qu'il ne séjournera que le temps nécessaire, qu'il épargnera les frais le plus qu'il sera possible, et que non-seulement il exécutera la machine avec succès, mais encore qu'il mettra les ouvriers du pays en état d'en exécuter de semblables; à son retour, il remettra le mémoire de ses déboursés, et il se contentera de la récompense qu'on voudra lui donner.

Dans le cas où le ministre jugerait à propos de donner des ordres pour son départ, il sera nécessaire qu'il veuille bien lui faire délivrer une avance de 6 ou 800 livres pour les frais de voyage et d'achat de fer-blanc.

Enfin l'ouvrage, fruit des expériences de Lavoisier, est rédigé de sa main tout entier, comme on l'a dit plus haut; il est couvert de ces ratures et surcharges qui indiquent un travail tout à fait personnel et spontané.

Lavoisier en fait parvenir une expédition à Magellan et il reçoit en réponse les observations qui suivent, dont il n'a été tenu aucun compte par l'éditeur de 1781, quel qu'il soit. Le texte de l'ouvrage imprimé est absolument conforme au manuscrit primitif de Lavoisier, et si Magellan en a été l'éditeur, il n'a pas eu égard à ses propres remarques.

Mon cher confrère et très-cher ami,

Je vous écrirai celle-ci à mesure que je lis votre ouvrage. L'avertissement est admirable.

N° 4. « La solution de ce problème.....elle intéresse l'état.....c'est d'elle que dépend la chute ou le succès de *presque* tous les établissements. » Ôtez le mot *presque*, et spécifiez en disant: *tous les établissements de ce genre.* « C'est elle qui *peut* établir la balance entre cette *branche* de commerce....C'est elle qui *peut* rompre l'équilibre, la concurrence, ou qui peut les rétablir, etc. »

N° 5. Il faut amplifier un peu plus ici sur les avantages généraux de cette invention relativement à la navigation.

N° 6. Ajoutez la transition, par exemple : «Entrons en matière,» ou «Nous allons en développer les principes, etc.»

N° 8. Otez ces mots à la fin: «On a été même dans les fabrications en grand jusqu'à faire passer à travers un courant d'eau continu.» Ces mots sont ici mal à propos. Il faut commencer le n° 9 disant: «Mais on n'en a pas fait une bonne application; car l'eau froide qu'on renouvelle, etc.» Il ne faut pas parler ici d'un courant, parce que, s'il est un courant, il emportera l'eau déjà chaude. L'application du courant doit venir lorsque vous traiterez de la rechute ou circulation de la vapeur condensée sur la surface du liquide, etc. qui viendra plus bas dans le n° 11.

N° 11. Il faut le diviser en deux, en ôtant ce qui regarde la circulation ou rechute de la vapeur, qui se refroidit de proche en proche : et faisant voir que même dans le cas d'avoir un courant d'eau froide (ce qui est très-rare, et impossible d'avoir dans presque toutes les fabriques distillatoires) alors cette eau froide, en touchant le chapiteau, y cause la circulation de la vapeur dont vous parlez dans le n° 8 ci-dessus.

N° 13. Mauvaise expression de 50 pour l'eau froide, et 10 pour la chaleur du tuyau! il faut mettre du moins 25 ou même 30 pour la chaleur du tuyau du serpentin. Voici une notice qui vient à propos, ou du moins mérite d'être mise en note. Suivant les expériences du Dr Black le degré de la chaleur de la vapeur est souvent 1012. Or l'eau bouillante n'étant que 212 (toujours dans l'échelle de Fahrenheit), on voit que les 800 degrés doivent opérer à échauffer le tuyau avant que la vapeur soit réduite en masse, comme l'eau bouillante : et ces 800 degrés doivent être réduits à zéro par le refroidissement de l'eau qui est en contact avec la surface extérieure du chapiteau et du serpentin etc, avant que cette réduction ait place. Avez-vous un bon thermomètre chimique, c'est-à-dire à mercure avec un fort long col? Faites cette expérience, mettez-le dans un chapiteau où l'on évaporera de l'eau, mais sans toucher le fluide qui bouillonne, et remarquez à combien de degrés il monte au delà du point de l'eau bouillante (212 degrés de Fahrenheit) : bien entendu qu'il faut ne pas avoir d'eau réfrigé-

rente sur ce chapiteau; et qu'il y faut rabattre le contact de l'air froid dans
la partie du tuyau hors du chapiteau. Mais, pour revenir, il faut changer
les chiffres 5o, 1o, 4o, etc. de ce n° 13.

Explication de la figure 1, planche Ire, n° 7. «Cette eau est conduite du réservoir E par un tuyau de cuir h' h'», *ajoutez* «à chacune des deux machines
distillatoires : elle se répand . . . »

N° 24. Ajoutez à la fin après les mots : *soit de le revêtir d'un enduit léger de maçonnerie,* «ou en y faisant une espèce de cloison de maçonnerie, de façon
que la communication entre *F'''* et *B* fig. 2, soit au-dessus de la ligne *tddt*
de la figure 3; car alors l'action du feu qui sortira par la cheminée B'B'AB,
ne pourra toucher aucunement la paroi R'R de la chaudière. »

N° 28. Souvenez-vous de faire changer les chiffres de cette figure, c'est-à-dire
le 7 en 2 : et de la citer ainsi : (fig. 4) dans le n° 8 ci-dessus.

N. B. Il faut relire soigneusement cette description ayant examiné les
figures chaque fois qu'on les citera, après en avoir corrigé les nombres dans
les planches. Autrement on citera à faux les figures par des nombres faux, et
il y aura une grande confusion.

Il faut ajouter encore un mot dans l'introduction du dessalement de l'eau de
mer sur les deux objets, savoir : celui de fournir de l'eau douce à l'équipage
dans des voyages longs; celui d'éviter dans quelques cas pressants le retard
d'aller prendre de l'eau, soit pour se trouver trop éloigné des pays amis, soit
pour ne pas manquer quelque coup important dans les expéditions maritimes.
Enfin on peut encore s'épargner de la place pour d'autres objets, soit des munitions ou des marchandises, en ne prenant qu'une petite quantité de barriques d'eau, qui seront remplies d'eau douce par la machine, à mesure qu'on
en distille, etc.

Cahier de la distillation de l'eau de mer.

N° 12. MM fig. 9 représente des *bancs* (non pas des *barres*), etc.

Il faut ajouter à ce *cahier* c'est-à-dire à la fin de cette introduction pour la
distillation de l'eau de mer deux mots en disant «qu'on va entrer dans l'explication des figures contenues dans la planche 2 et suivantes, dont le lecteur
concevra encore mieux le sens s'il veut se donner la peine de lire ce qui se

trouve de commun dans la machine qu'on a représentée dans la planche 1re destinée à la distillation des eaux-de-vie sur mer.

De même il faudra faire une espèce de transition ou passage, au bout du premier discours sur les eaux-de-vie, disant : « Qu'on va parler de l'application de cette machine distillatoire pour servir à bord des vaisseaux pour dessaler l'eau de mer : et que dans la suite on expliquera en détail toutes les pièces représentées dans les quatre planches etc.

Quelle a donc été la part de Magellan dans ce travail ? Ce n'est pas lui qui a rédigé l'ouvrage; ce n'est pas lui qui a donné les plans aux ouvriers ou suivi la construction des appareils; ce n'est pas lui qui en a dirigé les épreuves.

Il a fait une proposition au gouvernement français concernant un appareil à dessaler l'eau de mer, qu'il avait vu sur un vaisseau anglais. Il est difficile de lui assigner un autre rôle dans cette affaire et de lui attribuer une part quelconque d'invention.

Cependant Lavoisier n'a jamais revendiqué cet ouvrage et l'avertissement de l'édition qui en a été publiée porte : « Que l'auteur et l'éditeur se sont plu « à garder l'anonyme vis-à-vis du public, ... que l'auteur ne serait plus en « état de refaire ce traité à présent, dans un âge déjà avancé et à cause des in-« commodités et de l'affaiblissement de sa santé, qui semblent s'augmenter de « plus en plus. »

Ces dernières circonstances ne pouvant pas s'appliquer à Lavoisier, il en faudrait conclure que l'ouvrage est de Magellan.

Mais l'éditeur, quel qu'il soit, s'est trompé, et Magellan lui-même était complétement dans la vérité quand il disait dans sa lettre à Lavoisier : « Je vous « écris à mesure que je lis *votre ouvrage*, » car il faut restituer cet ouvrage à Lavoisier, qui seul en est l'auteur. (*L'Éditeur.*)

NOTE

DE

M. LE CAPITAINE DE MARIVAUX[1].

Les archives de la marine contiennent tout un gros carton de documents sur le sujet de la distillation de l'eau de mer.

Les *projets* sont fort nombreux et datent de très-loin. Le premier qui ait reçu une exécution pratique est de Poissonnier, médecin du roi, et de 1763. Un rapport du 10 août 1763 donne la description de la cucurbite établie sur le vaisseau *les Six-Corps*. M. de Chézac, qui commande ce vaisseau, donne dans diverses lettres de cette époque des résultats d'expériences.

En rade, le 22 août, il fait 261 pots d'eau douce avec 3/4 de corde de bois (corde de quatre pieds sur 8).

Le 26 septembre à la mer, avec 2/3 de corde de bois, il produit 522 pintes en onze heures et demie.

Une petite modification de l'alambic permet de faire 600 pintes en 12 heures « en brûlant de 70 à 80 bûches. »

Le 12 novembre 1763, un brevet du roi accorde à M. Poissonnier une pension de six mille livres, reversible sur son fils, « pour avoir inventé le moyen de dessaler l'eau de mer. »

Un dessin de M. de Chezac diffère dans la forme seulement de celui de Poissonnier, sans doute parce que ce dernier, qui est une épure faite avec soin, est un projet, et que l'autre représente des ustensiles anciens utilisés pour cette expérience. Lapérouse dans un de ses rapports se félicite des services rendus à ses équipages par l'appareil à distiller.

---

[1] M. le capitaine de Marivaux a bien voulu procéder à une recherche minutieuse dans les archives de la marine, pour y retrouver les procès-verbaux ou correspondance relatifs au travail de Lavoisier. Il n'a pas réussi, mais sa note indique quel était à la Marine l'état de la question à cette époque. (*Note de l'Éditeur.*)

1764. Plan de la machine à dessaler l'eau de mer, établie par M. Poissonnier
pour le vaisseau *les Six-Corps*.

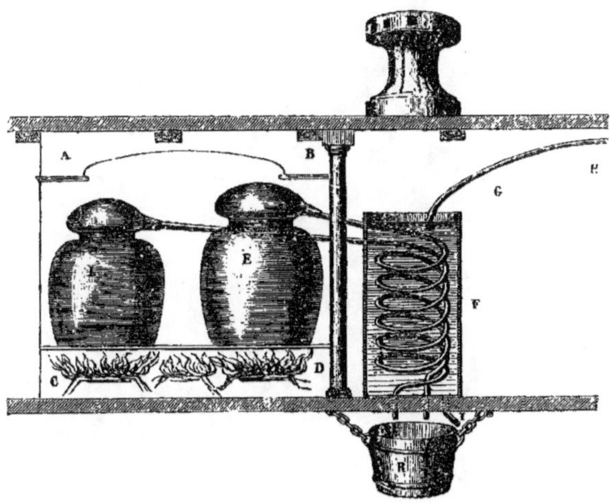

A B C D Cuisine de l'équipage.

E Cucurbite pour distiller l'eau de mer.

F Réfrigérant qui contient les serpentins.

G Canal qui porte l'eau dans le réfrigérant.

H Pompe (de la poulaine) qui donne l'eau dans le réfrigérant.

I   Canal pour vider l'eau chaude du réfrigérant.

L Chaudière de l'équipage à laquelle on peut ajouter une tête de mort dans le
cas où l'on aurait besoin de faire beaucoup d'eau douce, mais qui a son couvercle ordinaire quand elle sert à son usage journalier.

R Récipient placé dans l'entrepont.

Ce plan est accompagné d'une projection horizontale; la machine fut reproduite,
dans la même année, sur les vaisseaux *le Brillant*, *la Malicieuse* et *le Port-de-Mar-
seille*.

FIN DU TOME QUATRIÈME.

TABLE

DES

MATIÈRES CONTENUES DANS CE VOLUME.

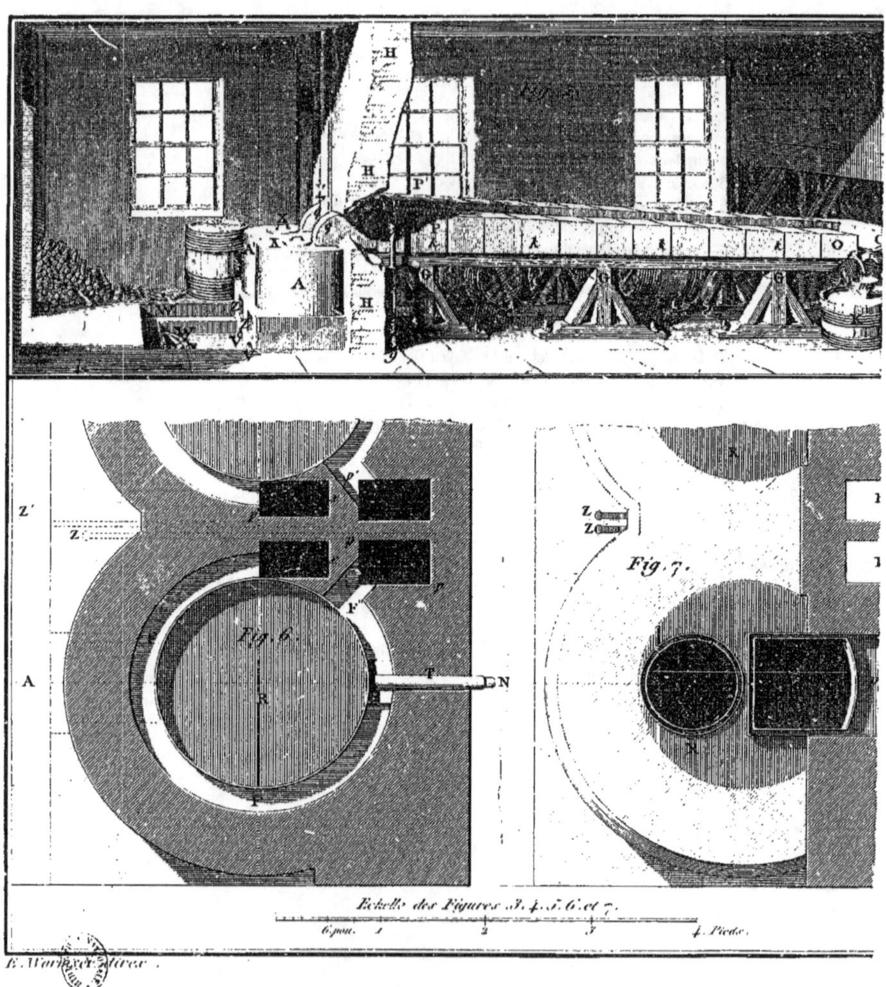

NOUVELLE MÉTHODE DISTILLATOIRE POU

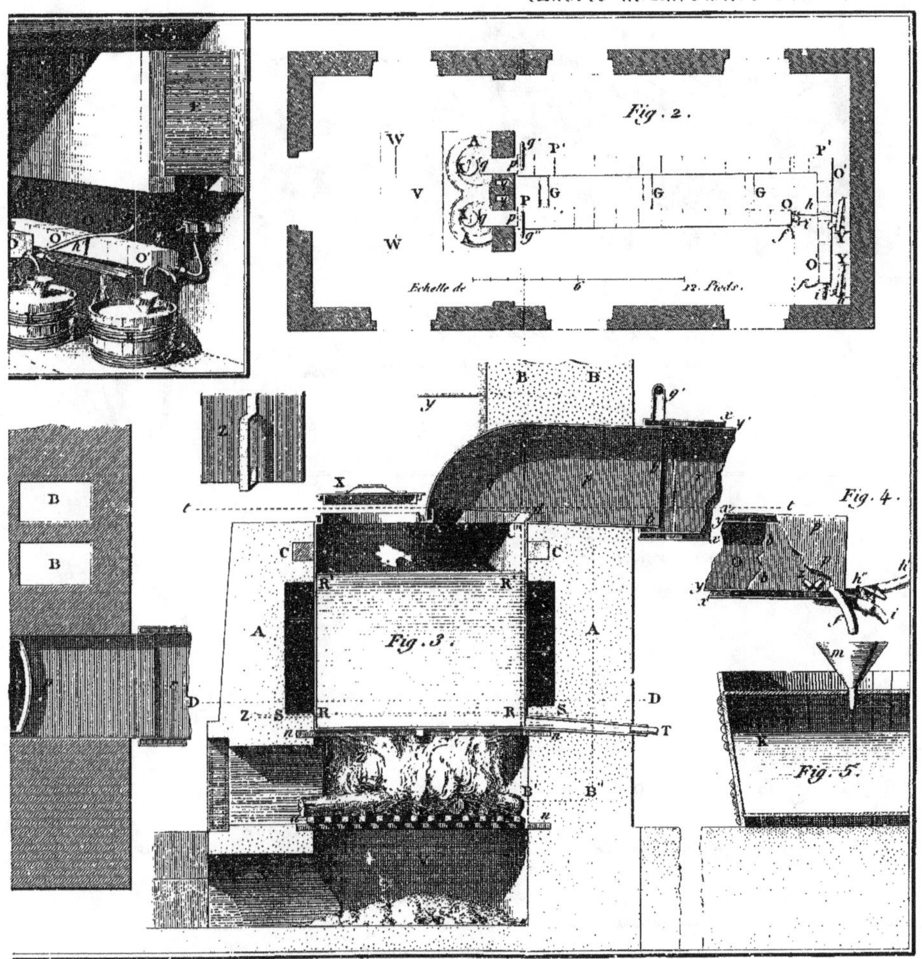

OUR LES EAUX DE VIE ET L'EAU DE MER.

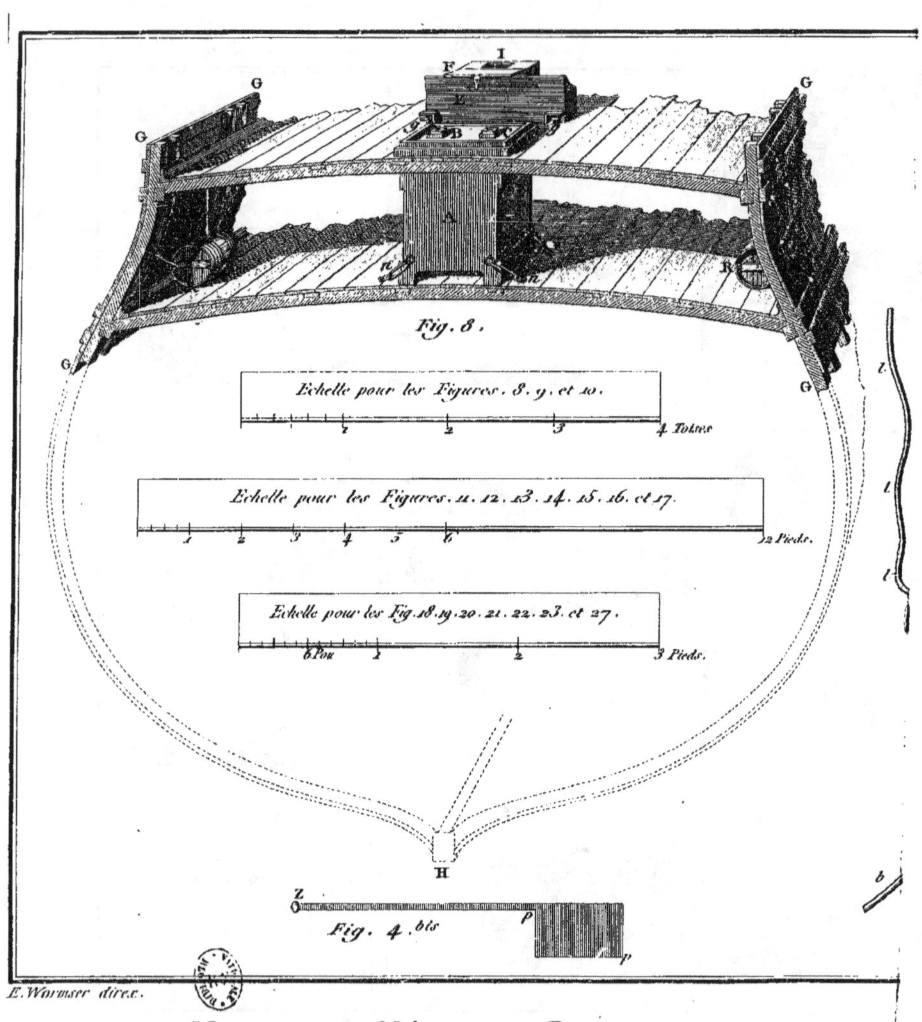

E. Wormser direx.

NOUVELLE MÉTHODE DISTILLATOIRE POUR

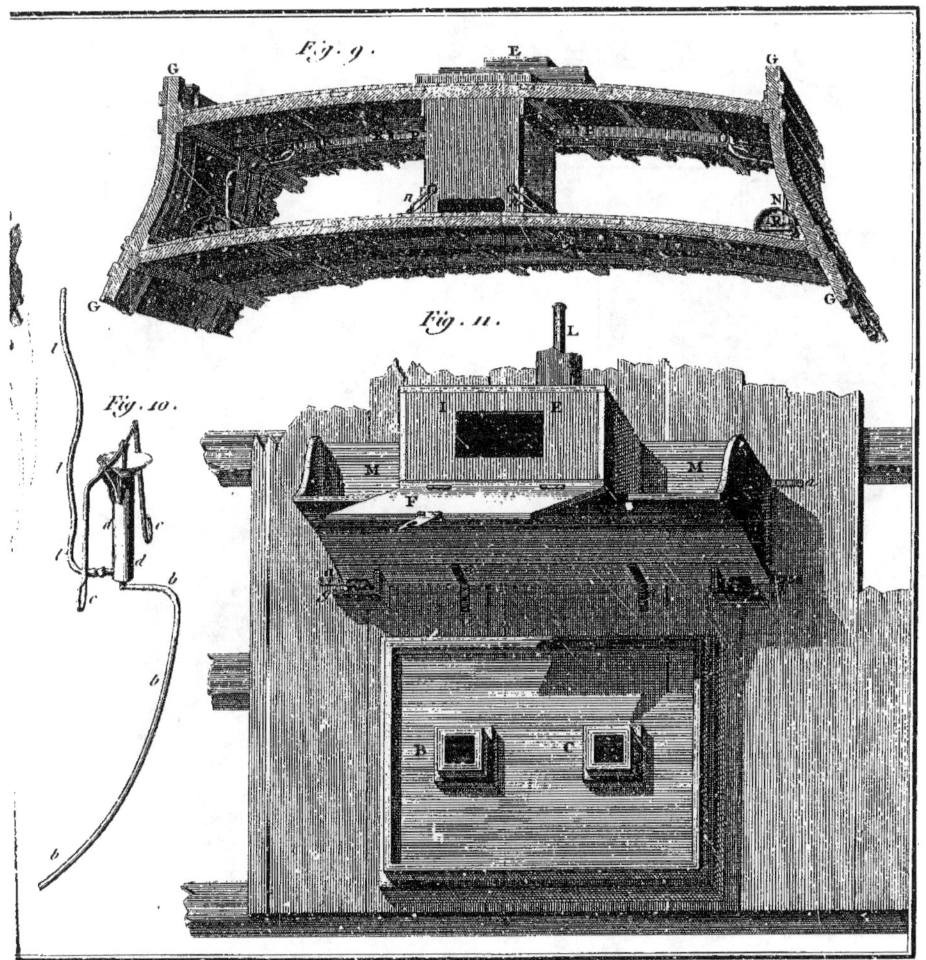

OUR LES EAUX DE VIE ET L'EAU DE MER.

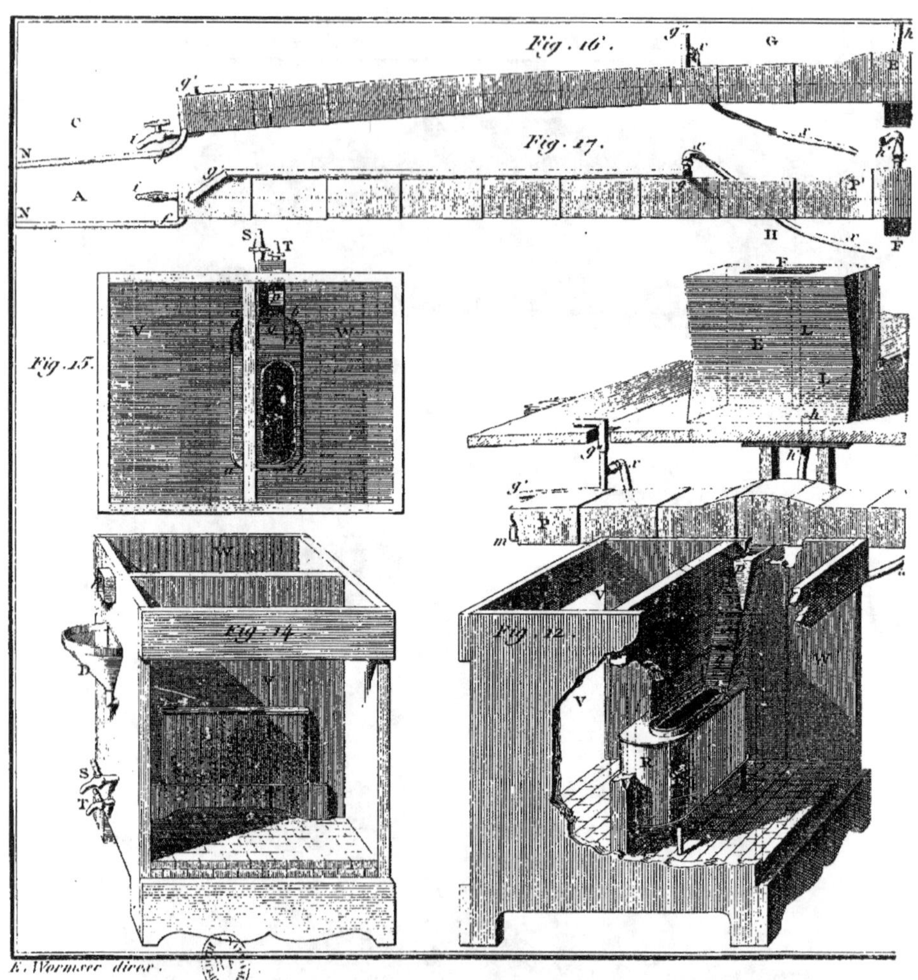

NOUVELLE MÉTHODE DISTILLATOIRE POUR

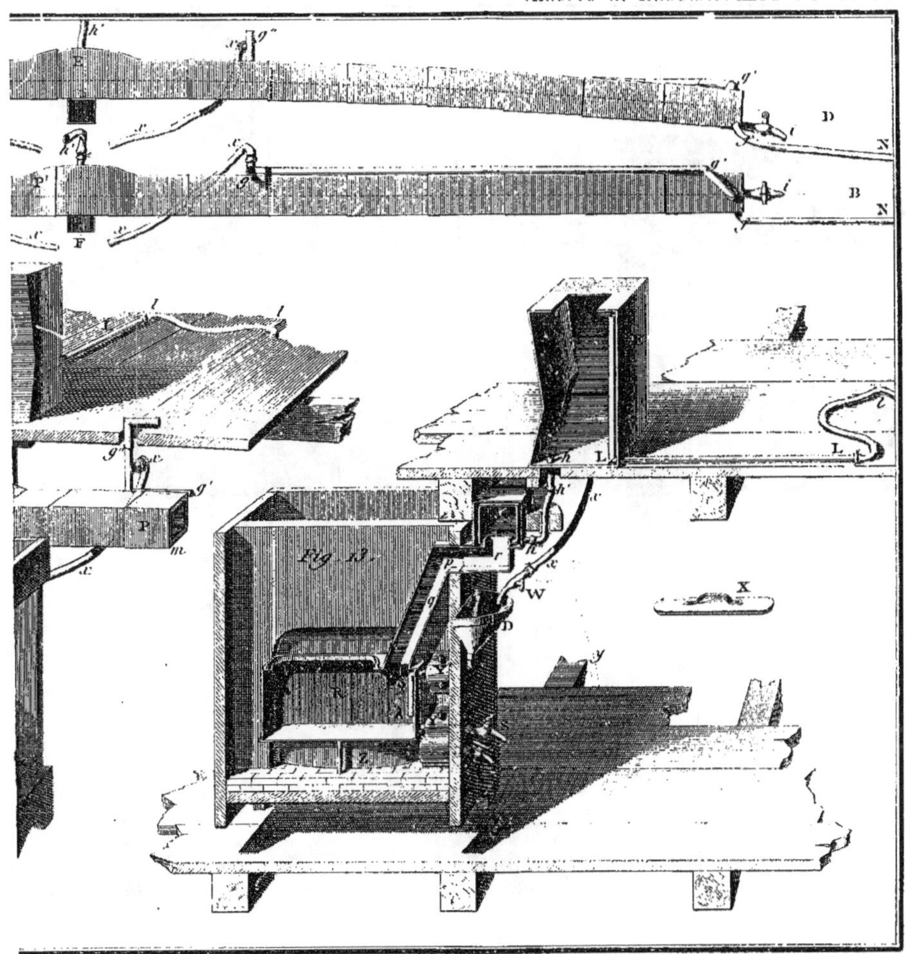

OUR LES EAUX DE VIE ET L'EAU DE MER.

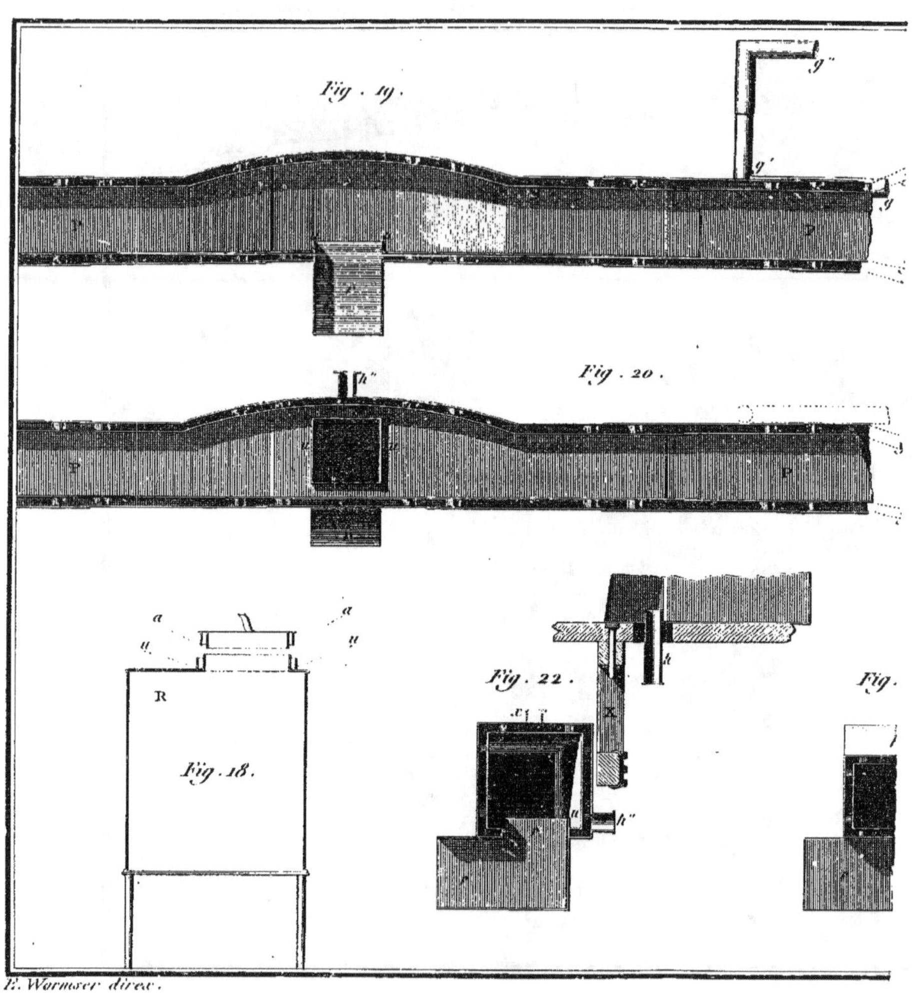

NOUVELLE MÉTHODE DISTILLATOIRE POUR

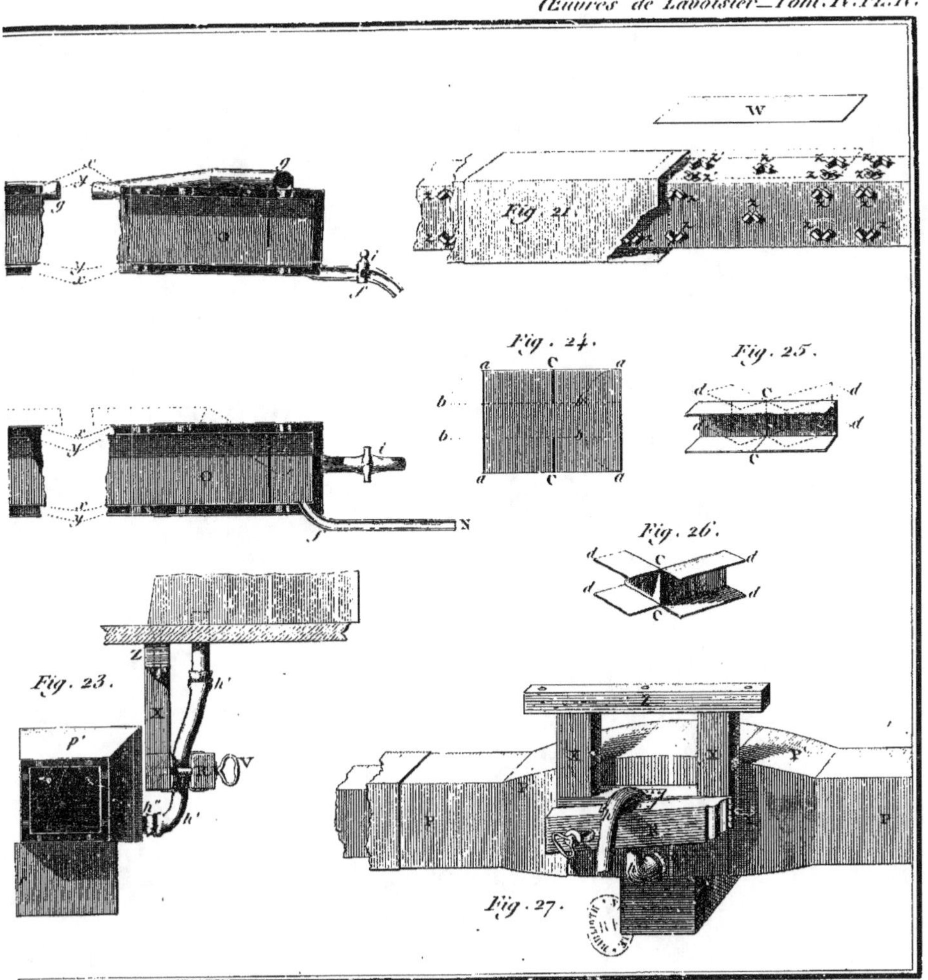

...OUR LES EAUX DE VIE ET L'EAU DE MER.